高 等 学 校 教 材

生物制药理论与实践

梁世中　主编

化学工业出版社

·北京·

内 容 简 介

本书系统介绍了与生物制药相关的基础理论知识及工艺要求，各类生物药物的性质和作用，相应的制备方法及工艺实例。本书内容充实、新颖，对生物制药理论与实践进行了比较全面的阐述。

本书可作为医药学、制药工程、生物制药等相关专业的本科生教材，也可供相关专业的研究生学习参考，同时也可供从事制药工程、生物制药及相关领域的工程技术人员参考。

图书在版编目（CIP）数据

生物制药理论与实践/梁世中主编．—北京：化学工业出版社，2005.4（2021.6重印）

高等学校教材

ISBN 978-7-5025-6846-7

Ⅰ．生… Ⅱ．梁… Ⅲ．生物制品：药物-制造-高等学校-教材 Ⅳ．TQ464

中国版本图书馆 CIP 数据核字（2005）第 027656 号

责任编辑：何 丽 文字编辑：焦欣渝
责任校对：王素芹 装帧设计：于 兵

出版发行：化学工业出版社（北京市东城区青年湖南街 13 号 邮政编码 100011）
印 装：涿州市般润文化传播有限公司
787mm×1092mm 1/16 印张 25¾ 字数 640 千字 2021 年 6 月北京第 1 版第 9 次印刷

购书咨询：010-64518888 售后服务：010-64518899
网 址：http://www.cip.com.cn
凡购买本书，如有缺损质量问题，本社销售中心负责调换。

定 价：69.00 元
版权所有 违者必究

前　言

生物制药技术是由生物化学、分子生物学、细胞生物学、微生物学、化学工程和制剂学等多学科先进技术形成与发展起来的实用制药技术。自 1973 年 DNA 重组技术得以成功应用以来，传统生物技术发生了质的改变，现代生物技术得到了迅速的发展。随着 2003 年 4 月"人类基因组计划"的完成，人类将从此进入后基因组时代，生物制药将进入到实质性加速发展阶段，60％以上的生物技术成果将被用于医药行业。

随着中国生物制药工业的迅速发展，生物制药专业应运而生。但目前该专业具有特色的教材甚少。本书就是针对生物制药专业的特点，结合编者多年教学和科研实际经验，并参考了国内外新近出版的相关专著和教材，以及相关的文献资料编写而成。

本书由梁世中主编，共分十一章，其中第二章由梁世中编写，第十章由宗敏华编写，第一章、第三章由朱明军编写，第四章由廖美德编写，第五章、第八章由王菊芳编写，第六章、第九章由吴晓英编写，第七章由胡飞编写，第十一章由崔堂兵编写。

本书内容充实、新颖，对生物制药理论与实践进行了比较全面的阐述，可作为大专院校本科生教材，也可供相关专业的研究生学习参考，同时本书也可供从事制药工程、生物制药及相关领域的科研人员和工程技术人员参考。

由于我们的水平有限，书中难免存在缺点和疏漏之处，敬请专家和读者批评指正。

编者
2005 年元旦于广州

目　录

第一章 绪 论

第一节 概 述

一、生物技术及其在制药行业的应用

以基因工程、细胞工程、酶工程、发酵工程为代表的现代生物技术近 20 年来发展迅猛，并日益影响和改变着人们的生产和生活方式。所谓生物技术（biotechnology）是指"用活的生物体（或生物体的物质）来改进产品、改良植物和动物，或为特殊用途而培养微生物的技术"。生物工程则是生物技术的统称，是指运用生物化学、分子生物学、微生物学、遗传学等原理与生化工程相结合，来改造或重新创造设计细胞的遗传物质，培育出新品种，以工业化规模利用现有生物体系，以生物化学过程来制造工业产品。简言之，就是将活的生物体、生命体系或生命过程产业化的过程。包括基因工程、细胞工程、酶工程、微生物发酵工程、生物电子工程、生物反应器、灭菌技术及新兴的蛋白质工程等，其中，基因工程是现代生物工程的核心。基因工程（或称遗传工程、基因重组技术）就是将不同生物的基因在体外剪切组合，并和载体（质粒、噬菌体、病毒）DNA 连接，然后转入微生物或细胞内，进行克隆，并使转入的基因在细胞/微生物内表达产生所需要的蛋白质等目的产物。

目前，人类 60% 以上的生物技术成果集中应用于医药工业，用以开发特色新药或对传统医药进行改良，由此引起了医药工业的重大变革，生物技术制药得以迅速发展。

生物制药就是把生物工程技术应用到药物制造领域的过程，其中最为主要的是基因工程方法。即利用克隆技术和组织培养技术，对 DNA 进行切割、插入、连接和重组，从而获得生物医药制品。生物药品是以微生物、寄生虫、动物毒素、生物组织为起始材料，采用生物学工艺或分离纯化技术制备并以生物学技术和分析技术控制中间产物和成品质量制成的生物活化制剂，包括菌苗、疫苗、毒素、类毒素、血清、血液制品、免疫制剂、细胞因子、抗原、单克隆抗体及基因工程产品等。其在诊断、预防、控制乃至消灭传染病，保护人类健康，延长寿命中发挥着越来越重要的作用。

二、生物制药行业特征

生物制药产业是世界公认的最具发展前景的"朝阳产业"，它以其高技术、高投入、长周期、高风险、高收益等特征成为全球化时代最为活跃的经济力量。

1. 高技术

高技术主要表现在其高知识层次的人才和高新的技术手段。生物制药是一种知识密集、技术含量高、多学科高度综合互相渗透的新兴产业。以基因工程药物为例，上游技术（即工程菌的构建）涉及目的基因的合成、纯化、测序，基因的克隆、导入，工程菌的培养及筛选；下游技术涉及目标蛋白的纯化及工艺放大，产品质量的检测及保证。生物医药的应用扩

大了疑难病症的研究领域，使原先威胁人类生命健康的重大疾病得以有效控制。21世纪生物药物的研制将进入成熟的提供可实用技术阶段，使医药学实践产生巨大的变革，从而极大地改善人们的健康水平。

2. 高投入

生物制药是一个投入相当大的产业，主要用于新产品的研究开发及医药厂房的建造和设备仪器的配置。目前国外通常开发一种新药平均需要耗资 2.5 亿美元，有的高达 10 亿美元。新药生产工序复杂，研制周期长，从筛选到投入临床需要 10 年的时间。国外一些著名制药企业不惜花巨资研制新药，以提高产品的竞争力，科研投入一般都达到其产品销售总额的 15％ 以上。显然，雄厚的资金是生物药品开发成功的必要保障。

3. 长周期

生物药品从开始研制到最终转化为产品要经过很多环节：实验室研究阶段、中试生产阶段、临床试验阶段（Ⅰ期、Ⅱ期、Ⅲ期）、规模化生产阶段、市场商品化阶段以及监督每个环节的严格复杂的药政审批程序。而且产品培养和市场开发较难，所以开发一种新药周期较长，一般需要 8～10 年甚至 10 年以上的时间。

4. 高风险

生物医药产品的开发存在着较大的不确定风险。新药的投资从生物筛选、药理、毒理等临床前实验、制剂处方及稳定性实验、生物利用度测试直到用于人体的临床实验以及注册上市和售后监督一系列步骤，可谓是耗资巨大的系统工程。任何一个环节失败都将前功尽弃，并且某些药物具有"两重性"，可能会在使用过程中出现不良反应而需要重新评价。一般来讲，一个生物工程药品的成功率仅有 5％～10％，时间却需要 8～10 年，投资 1 亿～3 亿美元。另外，市场竞争的风险也日益加剧，"抢注新药证书、抢占市场占有率"是开发技术转化为产品时的关键，也是不同开发商激烈竞争的目标，若被别人优先拿到药证或抢占市场，也会前功尽弃。

5. 高收益

生物工程药物的利润回报率很高。一种新生物药品一般上市后 2～3 年即可收回所有投资，尤其是拥有新产品、专利产品的企业，一旦开发成功便会形成技术垄断优势，利润回报能高达 10 倍以上。美国 Amgen 公司 1989 年推出的促红细胞生成素（EPO）和 1991 年推出的粒细胞集落刺激因子（G-CSF）在 1997 年的销售额已分别超过和接近 20 亿美元。2002 年全球最畅销的降血脂药立普安，一个品种的年销售额就达到 86 亿美元。

第二节　生物制药在国外的发展

一、发展概况

全球医药市场于 20 世纪 50 年代开始加速发展，70 年代增速达到顶峰，平均年增长率达到 13.8％，80 年代为 8.5％。90 年代之后，虽然全球经济增速放缓，各国政府纷纷采取措施遏制医疗费用的快速增长，但世界医药市场始终保持着良好的发展势头。据美国 IMS 健康公司的统计数字显示，世界药品市场 2002 年按恒定汇率计算增长 8％，全球药品实际总销售额为 4303 亿美元（IMS 统计数据包括近 90％ 的处方药和一些非处方药，数据来源于 80 多个国家和地区）（图 1-1）。

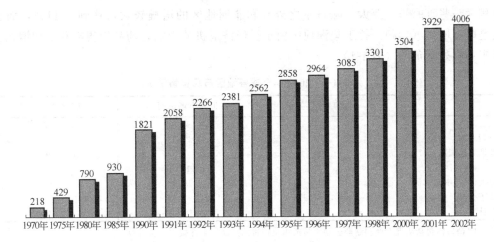

图 1-1 历年世界药品市场销售规模（单位：亿美元）

美国是现代生物技术的发源地，又是应用现代生物技术研制新型药物的第一个国家。多数基因工程药物都首创于美国。自 1971 年第一家生物制药公司 Cetus 公司在美国成立开始试生产生物药品，至今已有 1300 多家生物技术公司（占全世界生物技术公司的 2/3），生物技术市场资本总额超过 400 亿美元，年研究开发经费达 50 亿美元以上；正式投放市场的生物工程药物 40 多个，已成功地开发出 35 种重要的治疗药物，并广泛应用于治疗癌症、多发性硬化症、贫血、发育不良、糖尿病、肝炎、心力衰竭、血友病、囊性纤维变性及一些罕见的遗传性疾病。另外有 300 多个品种进入临床实验或待批阶段；1997 年生物药品市场销售额约为 60 亿美元，2003 年达到 600 亿美元。

欧洲在发展生物药品方面也进展较快。英、法、德、俄罗斯等国在开发研制和生产生物药品方面成绩斐然，在生物技术的某些领域赶上并超过美国。如德国赫斯特集团公司把经营重点改为生命科学，俄罗斯科学院分子生物学研究所、莫斯科大学生物系、莫斯科妇产科研究所及俄罗斯医学遗传研究中心等多个科研机构近年来在研究和应用基因治疗方面都取得了重大进展。

日本在生命科学领域亦有一定建树，目前已有 65% 的生物技术公司从事生物医药研究，日本麒麟公司生物医药方面的实践也处于世界前列。新加坡政府最近宣布规划科技园区并耗巨资建设用于吸引世界几家大的生物医药公司落户其中。韩国、中国台湾省在该方面也雄心勃勃。

生物医药产业在最近几年快速发展的主要原因在于：①国际制药集团与相关大学、科研机构建立了密切的研究开发模式，有利于新的生物技术和生物药品的研制开发和进入临床实验，有利于科学技术迅速转化为生产力；②新的技术"工具箱"（tool box）涌出，如基因组学（genomics）、生物信息学（bioinformatics）、基因图像（transcriptimaging）、信息传递（signaltransduction）、重组化学（combinatorialchemistry）等，给产品发现和发展带来了大跃进；③国际风险资本为生物医药产业提供巨额融资；④生物技术工业对医药业的影响明显，前景看好，生物技术公司被确认；⑤FDA 本身的改革使得新药的批准时间减少，尤其是治疗癌症、艾滋病的新药批准时间加快。

北美、欧盟和日本药品市场占全球药品市场 85% 的份额，处于领先地位。其中北美地区的销售额为 2036 亿美元，超过全球药品市场总销售额的一半，同比增长幅度达到 12%，是全球最有吸引力的市场。欧盟地区的药品销售呈现稳定增长（8%），其他欧洲国家的增长幅度稍大一些（9％）。亚太（除日本之外）和非洲地区的增幅较大，达到了11％，而日本仅仅是略有增长（1％）。拉丁美洲地区由于受经济危机的影响，药品销售额和平均增长幅度近年来一直处于负数（表1-1）。

表1-1　2002年全球各地区药品销售情况

地　区	销售额/亿美元	占世界市场份额/％	同比增长率/％
北美	2036	51	12
欧盟地区	906	22	8
欧洲其他国家	113	3	9
日本(包括医院)	469	12	1
亚太(除日本)、非洲	316	8	11
拉丁美洲	165	4	−10
合计	4006	100	8

注：1. 销售额包括从批发商和制药公司直接或单位销售的产品，全部按出厂价计算。

2. 同比增长按恒定汇率计算。

全球医药市场经过近10年的快速发展，市场进一步集中。欧、美、日成为全球最主要的三大医药市场，始终占据全球3/4以上的市场份额，且呈逐年增长趋势。1989年三大医药市场的份额为75.9％，1991年达到82％，2002年又上升至88％。目前中国医药市场规模约为180亿美元，占全球药品市场的比重不足5％。

随着经济全球化进程的推进，跨国企业在全球医药市场中的地位日益提升，所占比重不断增长。1994年全球医药20强企业销售收入占全球医药市场的50％，2002年上升到66％，全球药业市场呈现寡头垄断的趋势（表1-2）。

表1-2　2002年世界制药20强企业

位次	公　司　名　称	国别	销售金额/亿美元	增幅/％	研发费用/亿美元
1	辉瑞	美国	282.8	12	51.7
2	葛兰素史克必成	英国	282	8	42.9
3	默克	美国	216.3	1	26.7
4	阿斯特拉捷利康	英国	178.4	9	30.6
5	安万特	法国	172.5	11	36.7
6	强生	美国	172	15.5	27
7	诺华	瑞士	153.6	4	26
8	百美时施贵宝	美国	147	−2	22
9	法玛西亚普强	美国	120.3	1	23.2
10	惠氏公司	美国	117	7	20.8
11	礼来	美国	110.7	−4	21.4
12	罗氏	瑞士	108.1	3	24.2
13	雅培公司	美国	92.7	13.4	15
14	先灵普劳	美国	87	4	14
15	赛诺菲-圣德拉堡公司	法国	80.1	14.8	13
16	勃林格殷格翰公司	德国	79.2	13	14
17	武田	日本	71.5	4.3	8.43
18	先令AG大药厂	德国	54	10	10.1
19	拜耳	德国	51.2	−16	10.9
20	安进	美国	49.9	40	11

注：世界制药50强排序始终坚持以纯粹的人用药品销售金额作为排序标准，不包括设备、诊断试剂、动物健康产品、OTC产品或医药服务。惟独例外的是一些小的制药公司，其报告中并不区分销售收入类别。

世界制药前10强公司中每一家公司的销售收入都超过115亿美元，合计销售收入为1841.9亿美元，占全球处方药市场的46％。

二、市场现状及前景

在产品市场领域，单品种销售的市场集中度也呈现不断增高趋势。目前全球单品种销售收入超过 10 亿美元的上市药品共有 23 个。2002 年全球最畅销的 10 种药物的总销售额达到 447 亿美元，已占到 2002 年全球药品销售额的 1/10。

据 1995 年及 1996 年美洲药品研究及制造商协会的调查报告，生物技术药品开发经美国 FDA 及欧盟批准和审核进入临床实验的药品 1994 年为 143 件，1995 年为 234 件，1996 年为 250 件。在主要产品种类中，国际市场销售最好的基因工程药物有促红细胞生长素（EPO）、G-CSF、白介素、干扰素（α、β、γ）、胰岛素、TPA 等，还有细胞因子、受体类药物、凝血因子Ⅷ等，疫苗以乙肝病毒疫苗为主，此外还有用于检测诊断的 PCR 技术的试剂、克隆用的探针等实验用品。

在欧洲生物技术药物市场上，1995 年市场份额最大的是人胰岛素，为 38%，但其达到了增长峰值，从增长角度而言，干扰素增长率由 1995 年的 2.3% 增加到 2002 年的 9.5%，品种由过去的干扰素 α 增加到四个品种，重组 DNA 干扰素 β 在欧洲获得用于多发性硬化症将会提高干扰素总市场份额。集落刺激因子亦保持上述增长率，但该市场主要被粒细胞巨噬细胞集落刺激因子所统治，而该产品因其副作用遇到了促销问题，其营业额从 1995 年的 4.5% 下降到 2002 年的 1.3%。EPO 从 1995 年的 0.6% 上升到 2.25%，生长激素新适应证的批准和提出申请加快这一市场的发展，1995 年其占欧洲生物技术药物市场的 16.3%，但政府的降价措施使增长幅度减少到 2002 年的 14%。据欧洲 Frost & Sullivan 公司的最新市场研究报告估计，欧洲 EPO、集落刺激因子、干扰素、人胰岛素和人生长素等领域的生物技术派生市场规模由 1995 年的 23.4 亿美元增加到 2002 年的 41.5 亿美元，这主要是由于新产品的不断上市和适应证的增加。

三、国外生物制药的最新发展动向

在欧美市场上，针对现有的重组药物进行分子改造的某些第二代基因药物已经上市，如重组新钠素、胞内多肽等；另外，重组细胞因子融合蛋白、人源单克隆抗体、细胞因子、反义核酸以及基因治疗、制备抗原的新手段、新技术、转基因动物模型的应用等也都有了实质性进展。国外生物医药的最新发展动向，突出表现在以下几个方面：

（1）克隆技术　1997 年克隆"多莉"羊的出现使人类的克隆技术出现划时代的革命。更值得注意的是与克隆技术相关的一项最新进展。1999 年 4 月美国的研究技术开发以干细胞为基础的再生药物将具有庞大的市场，可治疗软骨损伤、骨折愈合不良、心脏病、癌症和衰老引起的退化症等疾病。

（2）血管发生　1998 年 5 月《纽约时报》介绍两种处于临床前开发阶段的抗血管生长因子 angio-statin（制管张素）和 endostatin（内皮抑制素）的功效，引起投资者竞相购买 En-treMed 公司的股票，使该公司的市值在一天内增加 4.87 亿美元，达到 6.35 亿美元。第三种抗血管生长蛋白称为 vasculo-statin（血管抑制素），1998 年 5 月发布时只有体外试验数据。1998 年 3 月公布了第一次用生长激素刺激心脏周围的血管生长的临床实验结果，该法可用于防治冠状动脉疾病引起的动脉阻塞。此类血管发生疗法与癌症疗法的作用正好相反，它通过刺激动脉内壁的内皮细胞生长，形成新的血管，以治疗冠状动脉疾病和局部缺血。

（3）艾滋病疫苗　艾滋病疫苗的研究重新引起人们的注意。1998 年 6 月 VaxGen 宣布在美国和泰国进行一种新的艾滋病疫苗 Aidsvaxgp120 的Ⅲ期临床。这是一种新的双价疫苗，该公司认为它将比以前的单价疫苗更有效。1999 年 6 月美国国立卫生研究院新成立了一个疫苗研究中心，将研制艾滋病疫苗作为中心任务之一。目前已有艾滋病疫苗上市应用。

（4）药物基因组学　药物基因组学利用基因组学和生物信息学研究获得的有关病人和疾病的详细知识，针对某种疾病的特定人群设计开发最有效的药物，以及鉴别该特定人群的诊断方法，使疾病的治疗更有效、更安全。采取这种策略，医药公司可以针对一种疾病的不同亚型，生产同一种药物的一系列变构体，医生可以根据不同的病人选用该种药物的相应变构体。这一技术可根据病人量身定制新药，使功效和适应证十分明确，可以减少临床试验病人人数和费用，缩短临床审批周期；药物上市后，由于具有明确、特异的功效和较小的副作用，更容易说服医生使用这类价格较贵的新药。当然，药物基因组技术的应用也有不利的一面。大多数药物因针对性加强，使得适应证减少，市场规模也随之缩小；此外，由于与遗传学检查联用而导致的隐私权问题也有待解决。

（5）人类基因组计划　人类基因组测序掀起了新一轮竞争高潮。目前基因组全 DNA 序列的测定已经完成。

（6）基因治疗　基因治疗就是将外源基因通过载体导入人体内并在体内（器官、组织、细胞等）表达，从而达到治病目的。自 1990 年临床首次将基因导入患者白细胞，治疗遗传病重度联合免疫缺损病以来，到 1998 年接受基因治疗的病人已达 400 多例，目前国外临床研究主要集中在遗传病（联合免疫缺损病 SCID、ADA 缺损症等）、心血管疾病、肿瘤、艾滋病、血友病和囊性纤维化（CF）等上，但临床效果表明，目前基因治疗只对 ADA 疗效显著，作为对糖尿病、血友病和囊性纤维化（CF）的补充治疗有一定疗效。基因治疗掀起了一场临床医学革命，为目前尚无理想治疗的大部分遗传病、重要病毒性传染病（如肝炎、艾滋病等）、恶性肿瘤等开辟了广阔前景，随着"后基因组"的到来，基因治疗有可能在 21 世纪 20 年代以前成为临床医学上常规治疗手段之一。

（7）动植物变种技术　经过 20 多年的发展，生物技术已从最初狭义的重组 DNA 技术扩展到较为广泛的领域，目前人类已经掌握利用生物分子、细胞和遗传学过程生产药物和动植物变种的技术。

（8）新药研发压力巨大，成功率有限　全球新药研发费用不断攀升，在国外，普遍占到公司销售额的 15％左右，而新药上市数量却整体呈下降趋势。1990 全球新药研发投入为 84 亿美元，2002 年增加到 320 亿美元，2002 年全球医药前 10 强企业的新药研发总投入占其销售总收入的 15％以上（表 1-3），但全球每年上市的新活性物质数量已由 1996 年的 51 个下降至 2002 年的 35 个，处于历史最低水平。大型制药公司降低了新药品种数量，尤其表现在全新药物的数量减少上。2002 年美国食品药品监督管理局（FDA）新批上市的药品数量为 78 个，比 2001 年增加 13 个，其中全新新药实体为 17 个，数量有所下降，创新性药物开发的难度日益加大。另外，由于新药开发带来的商业利润与过去相比有所下降，制药公司将更加重视现有药品生命周期的管理，更加重视正在进行许可申请的药品，以满足公司投资者对利润的要求。与其他地区的公司相比，美国公司似乎具有更强的后期开发能力，其在 2001 年下半年有 42 种新药处于研发第Ⅲ阶段，而欧洲公司只有 33 种，日本公司仅有 19 种。就数量和最大预测销售额而言，美国礼来公司和美国辉瑞公司似乎是最好的，但英国阿斯利康公司的后期产品研究开发质量最高。

表 1-3　2002 年全球医药前 10 强新药研发投入占销售额比重

公 司 名 称	研发经费投入占销售收入比重/%	公 司 名 称	研发经费投入占销售收入比重/%
辉瑞	18.3	强生	15.7
葛兰素史克	15.2	诺华	16.9
默克	12.3	百美时施贵宝	15.0
阿斯利康	17.2	法玛西亚	19.3
安万特	21.3	惠氏	17.8

（9）生物制药成为新的亮点　在发达国家，生物技术已经成为一个新的经济增长点，其增长速度大致是在 25%～30%，而整个世界经济增长速度平均只有 2.5%左右，因此它大致是整个经济增长平均数的 8～10 倍左右。全球生物技术产业市场仍以美国为主，欧洲其次，日本紧追在后。但在未来 10 年欧洲及日本地区将比美国具有更高的成长率。在全球生物技术产业结构方面仍以医疗为主，就未来 10 年的增长率来看，农业领域将具有较高的发展，这是因为各国将根据自有的特色发展生物技术产业，如欧洲发展农业、日本发展食品产业，日本以外的亚洲地区特别是中国，则着重于医疗及环境重建。

（10）兼并重组活跃，并购热潮不断升温　长期以来，新药开发一直是医药经济高速发展的主要推动力，面对新药研发的难度不断加大，大型制药企业集团为了继续保持快速的增长速度，在全球范围内掀起了大规模的兼并重组浪潮。以大规模兼并和跨国发展战略，大型制药企业集团建立全球性的生产与销售网络。在全球范围内最大程度地降低成本，实现产品利润，保持公司的持续增长。在未来一段时期内，这种并购和全球化发展战略仍将是大型医药企业的主要发展手段。

全球制药业的并购使得世界制药 50 强企业发生一定变化。2003 年美国辉瑞制药公司完成对法玛西亚的并购之后以第一名的身份超越英国葛兰素史克公司，市场优势扩大到 120 亿美元左右。有数据显示到 2002 年底，世界医药市场的原 50 强已经并购成现在的前 40 强，药品市场的财富日益集中到强势的跨国集团手中。

第三节　中国生物制药行业现状及发展前景

一、行业现状

1. 生物医药产业的总体状况

中国是一个发展中国家，经过 20 年的改革开放，经济建设快速发展，人民医疗水平得到很大提高，医药业也得到高速的发展。近年来医药业产值年均增长率在 16.6%左右，2001 年，中国生物医药制造业总值为 2041 亿元，占中国 GDP 的 2.1%；2002 年，中国生物医药制造业总值为 2378 亿元，占中国 GDP 的 2.3%左右。近几年，医药作为朝阳产业已成为投资的热点，大量业外资金的投入也随着宏观经济的增长将不断增加，而这些资金不可能是短期资金，其后续投入将源源不断，这对医药经济的持续增长将起到有力的推动作用。

2. 中国生物医药行业的发展特点

中国生物技术药物的研究和开发起步较晚，直到 20 世纪 70 年代初才开始将 DNA 重组技术应用到医学上，但在国家产业政策（特别是国家"863"高技术计划）的大力支持下，使这一领域发展迅速，逐步缩短了与先进国家的差距，产品从无到有，基本上做到了国外有的中国也有，目前已有 15 种基因工程药物和若干种疫苗批准上市，另有十几种基因工程药物正在进行临床验证，还在研制中的约有数十种。国产基因工程药物的不断开发生产和上市，打破了国外生物制品长期垄断中国临床用药的局面。目前，国产干扰素 α 的销售市场占有率已经超过了进口产品。中国首创的一种新型重组人干扰素 γ 并已具备向国外转让技术和承包工程的能力，新一代干扰素正在研制之中。

随着国产生物药品的陆续上市，国内生物制药企业在基础设备，特别是在上游、中试方面与国外差距缩小，涌现出大批技术实力较强的企业。最近中国对药品生产企业实施 GMP 管理，已经有正式生产文号的企业，正在按国际接轨要求准备 GMP 认证。通过 GMP 认证的企业在软件和硬件方面又上了一个台阶，不仅有利于产品的销售，而且有利于产品开拓国际市场。中国约有 80 多家基因工程产品开发研究单位，通过从上游、中试、正试生产过程的大量实践中，积累丰富的经验，培养和锻炼一大批从事生物技术的骨干，为中国 21 世纪生物技术领域发展，参与国际竞争打下了良好基础。

目前，国内市场上国产生物药品主要是基因乙肝疫苗、干扰素、白介素 2、G-CSF（增白细胞）、重组链激酶、重组表皮生长因子等 15 种基因工程药物。TPA（组织纤溶酶原激活剂）、白介素 3、重组人胰岛素、尿激酶等十几种多肽药品还进行临床 Ⅰ 期、Ⅱ 期试验，单克隆抗体研制已由实验进入临床，B 型血友病基因治疗已初步获得临床疗效，遗传病的基因诊断技术达到国际先进水平。重组凝乳酶等 40 多种基因工程新药正在进行开发研究。

近年来，中国医药行业总体规模在国民经济 37 个行业中排在 18～20 位之间，属中等水平。2001 年，医药制造业占全国工业总产值的 2%，比重虽然不高，但总资产贡献率达到 10.75%，在所有 37 个工业行业中排名第 5 位。1996 年医药制造工业增加值占全国工业增加值的 1.98%，列 37 个产业的第 20 位，2001 年增至 2.6% 和 14 位。2001 年医药工业利润总额、总资产贡献率、成本费用利润率、劳动生产率分别排名全国 37 个产业的第 8 位、第 5 位、第 3 位、第 6 位，在国民经济中的地位进一步提高。

2002 年，中国医药工业总值为 3300 亿元（人民币），增幅达到 18.8%，高出国民经济增幅 10 多个百分点。根据中国国民经济发展规划，到 2005 年中国 GDP 将达到 12.95 万亿元，人均 GDP 将达到 9400 元，按购买力平价法合 4600 美元，介于高中等收入与低中等收入国家之间。2010 年将实现 GDP 比 2000 年翻一番，达到 17.9 万亿元，人均 GDP 将达到 12800 元，按购买力平价法合 6000 美元，将进入高中等收入国家的行列。据此测算，中国药品费用支出占 GDP 的比重，2005 年将达到 1.3%～1.7%，2010 年将达到 1.5%～2.0%。按照经贸口统计数据显示，2000 年中国药品销售 1060 亿元，占 GDP 的 1.2%；2005 年中国药品销售额将为 1590～2100 亿元，5 年平均年增长率约为 8.5%～14.7%。2010 年中国药品销售额将达到 2680～3580 亿元，5 年平均年增长率约为 9.7%～12.9%。保健和医药事业稳步发展，进一步促进了药品需求：中国 1990～2001 年每年的人均用药水平分别为 13 元、15 元、18 元、20 元、31 元、38 元、43 元、50 元、62 元、74 元、85 元、99 元。目前，中国的药品消费水平还比较低，而中等发达国家人均药品消费额已在 40～50 美元之间。但从以上数字可以看出，随着国民经济的持续发展，人民生活水平的不断提高，中国人均用药水平也在逐年上升。通过对广大农村市场的进一步开拓，中国药品市场也将呈现出更大的发展空间。

2002 年中国生物医药制造业利润为 201.42 亿元（图 1-2），实现利税 365.77 亿元，"十五"以来平均增长率分别达到 25% 和 20%，实现了效益增长大于生产总量增长的局面，经济增长方式转变取得明显成效。

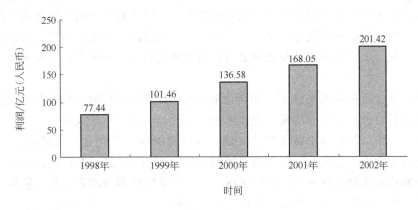

图 1-2　中国生物医药制造业利润

3. 中国医药行业存在的问题

中国生物医药产业虽然发展较快，但也存在着严重的问题，突出表现在研制开发力量薄弱，技术水平落后；项目重复建设现象严重；企业规模小，设备落后等几个方面。由于中国生物医药科研资金投入严重不足（1998 年整个行业投资才 40 多亿元，仅相当于美国生物医药公司开发一种新药的投入），实验室装备落后，直接制约了科研机构开发新药的能力。同时生产厂家只想坐享其成，不重视研究开发的投入，不重视培养新药的自主开发能力。目前国内基因工程药物大多数是仿制而来，国外研制一个新药需要 5～8 年的时间，平均花费 3 亿美元，而中国仿制一个新药只需几百万元（人民币），5 年左右时间；再加上生物药品的附加值相当高，如 PCR 诊断试剂成本仅十几元，但市场上却卖到 100 多元，因此许多企业（包括非制药类企业）纷纷上马生物医药项目，造成了同一种产品多家生产的重复现象。比如干扰素生产企业有 20 多家，EPO 有 10 多家，白介素有 10 家左右，盲目的重复生产将有可能导致恶性竞争。中国生物技术制药公司虽然已有 200 多家，但真正取得基因工程药物生产文号的不足 30 家。1998 年只有两家公司的年销售额超过 1 亿元，销售过千万元的厂商仅有 10 多家，其余各公司的销售额在几百万元至 1000 万元不等，各种干扰素加起来的销售额不过 5 亿元左右。全国生产基因工程药物的公司总销售额不及美国或日本一家中等公司的年产值。企业规模过小，无法形成规模经济参与国际竞争。

二、"入世"对中国生物制药行业可能造成的冲击

随着中国市场对外开放的逐步深入，国外发达国家的制药公司纷纷通过向中国直接出口药品、独资办厂、合资控股等多种方式，"进军"中国医药市场。进口药品在中国医药市场所占份额大幅度上升。1993 年为 11%，1998 年则占到 40% 以上，并且随着关税的降低，进口药品品种和数量还将进一步增加，"洋药"的大量涌入势必严重冲击年轻的中国生物制药产业。此外，随着中国加入 WTO，知识产权保护问题也将成为制约中国生物医药公司发展的沉重枷锁。入世对中国生物制药行业可能造成的冲击主要表现在：

（1）进口生物药品的冲击　从进口关税的角度看，目前制剂药品进口的关税为 20%；"入世"后，10 年内将减到 6.5% 的水平。目前中国的生物制药企业规模经济效益无法与国外大公司抗衡，一旦入世，国内的生物制药企业将失去靠关税政策保护的竞争力。面对如此

严峻的挑战，中国的生物制药业不能悲观消极地等待"狼来了"，而应把握机遇。客观地说，在生物技术的研究上，中国的起步并不晚，国际上的突破也不多，中国的多项生物技术在实验室阶段与国际水平接近甚至某些技术领先国际水平，但生物工程的产业化水平却很低。生物制药业应利用中国的科研优势，走"产学研"结合的道路，多渠道筹集项目开发基金，增加科技风险投资，加强技术改革与创新能力，重视开发有自主知识产权的高科技生物制药新产品。

（2）外资企业直接进入的冲击 世界上很多生物制药企业都已直接或间接进入中国市场，它们不仅将自己获得批准的药品迅速来中国注册，同时将生产线建在中国境内，有的还将新药开发的临床试验移到中国境内来完成，这将对国内相关企业造成威胁。1996 年生物工程药品进口额为 1.9 亿美元，占国内市场的 60%，1997 年为 1.45 亿美元，占国内市场的 40%，虽然额度和比例有所下降，但在国内独资或合资建厂明显增多，它们依靠资金和技术的优势，对中国正在发展的生物制药业产生了巨大的冲击。加入 WTO 后，这一现象将会进一步加剧。

（3）国外新药开发的冲击 生物制药是一个需要高投入的新兴行业，1997 年美国对生物工程的风险投资已超过 500 亿美元，而且每年追加的投资都在 50 亿美元以上。中国在生物制药研究上的资金投入严重不足，在新产品的研究上极其缺乏竞争力，新药开发进程缓慢。在国外，一项基因工程药物的研制就需耗资 1 亿美元甚至更多，而中国十几年来对生物制药的总投入还不到 100 亿元人民币。加入世界贸易组织后，中国生物制药企业将不断受到国外新产品的冲击，同样是一种新药研制，一旦国外竞争对手抢先申报药品专利权，就会使国内的前期开发投资落空。

（4）外国公司市场开发的优势 一个基因工程新药的市场开发需要很长的时间和大量的资金投入。由于欧美一些公司强大的资金实力，可以在市场开发上投入巨额资金，作大量的产品宣传，并可以在长时间不赢利的情况下继续生存，这是中国公司所无法相比的。

（5）知识产权的纷争 由于中国国力有限，对新药研究开发资金投入不足，目前除科兴生物技术公司干扰素外，国内生产的大部分基因工程药物都是模仿而来，这便潜伏着巨大的危机。一方面产品不能出口，只能内销；另一方面，仿制生产国外专利产品的做法将受到限制，一些产品的生产甚至可能会遇到产权纠纷的问题。随着国外高科技产品在国内申请专利，欧美国家来中国申请专利越来越多，如 EPO、G-CSF、TPA、EGF 等。中国已经加入 WTO，迟早要承认国家专利，目前大量仿制基因工程药物会引发大量的诉讼。国外大型制药企业早已虎视眈眈，瞄准国内最大的企业下手。如果败诉，则损失最大的是中国国内生产企业。

三、中国生物制药产业发展方向

鉴于中国生物医药目前发展的现状和国情，中国必须紧密跟踪国外生物医药开发研制的最新动向，紧密围绕生物技术新兴产业的建立和传统产业的改造来发展中国的生物技术药品，特别是要加强那些中国具有科技优势和资源优势项目的研究，增强技术创新和产品创新的能力，逐步形成中国在生物医药领域的优势技术和优势产品。具体来说，今后中国生物医药的发展应围绕以下几个方面重点展开。

（1）中草药及其有效生物活性成分的发酵生产 中草药经发酵、酶化后，其有效成分能被充分分离、提取，使其更具有生物活性，并含有大量的活性酶，服用后能被人体组织细胞迅速吸收，达到祛病、健体、双向免疫调节的功能，更好地发挥中草药这一天然药物的药效作用。因此，应用现代生物技术大规模工业化提取中草药的有效生物活性成分，发展具有中国特色的生物技术医药工业前景广阔。

（2）改造抗生素工艺技术　在目前各类药物中，抗生素用量最大，应开发采用基因工程与细胞工程技术和传统生产技术相结合的方法，选育优良菌种，开发并尽快使用大规模生产技术——青霉素酰化酶固定技术工艺生产半合成青霉素。加快应用现代生产技术生产高效低毒的广谱抗生素。

（3）大力开发疫苗与酶诊断试剂　这方面中国已有一定基础，开发重点是乙肝基因疫苗与单克隆抗体诊断试剂。

（4）开发活性蛋白与多肽类药物　这方面的开发重点是干扰素与 TPA 等。

（5）开发靶向药物，以开发肿瘤药物为重点　目前治疗肿瘤药物确实存在一个所谓"敌我不分"的问题，在杀死癌细胞的同时，也杀死正常细胞。导向治疗就是针对这个问题提出来的。所谓导向治疗就是利用抗体寻找靶标，如同导弹的导航器，把药物准确引入病灶，而不伤及其他组织和细胞。轻骑海药开发研制的抗肿瘤药物"紫杉醇"注射液就属于该类药物。它已于 1998 年 7 月正式投放市场。

（6）发展氨基酸工业和开发脑体激素　应用微生物转化法与酶固定化技术发展氨基酸工业和开发脑体激素，并对现在传统生产工艺进行改造。

（7）人源化的单克隆抗体的研究开发　抗体可以对抗各种病原体，亦可作为导向器，但目前的单克隆抗体，多为鼠源抗体，注入人体后会产生抗体（抗抗体）或激发免疫反应。目前国外已研究噬菌体抗体技术、嵌合抗体技术、基因工程抗体技术以解决人源化抗体问题。

（8）血液替代品的研究与开发　血液制品是采用大批混合的人体血浆制成的，由于人血难免被各种病原体所污染，如艾滋病病毒及乙肝病毒等，通过输血而使患者感染艾滋病或乙型肝炎的案例时有发生，因此利用基因工程开发血液替代品引人注目。上海海济生物工程有限公司目前开发研制成功的基因工程血清白蛋白，给患者带来福音。

（9）人体基因组的研究　人体疾病的发生不外是两方面的原因：一是外界病原体的侵入；二是生理功能的失调。能否抵抗病原体，人体是否具有稳定良好的生理状态都与基因调节有关，对人体基因的研究，必将发现新的致病或抗病基因，基因的密码是可以人工建成的，某些基因产物就可以开发为一种药物。人体约有 10 万个基因，由 30 亿个核苷酸组成。美国从 1991 年起耗资 30 亿美元完成人体基因组测序计划。到目前人类已克隆的基因还不到 4000 个，只占人体基因组的 3%～4%。对人体基因组的研究将导致许多新药的开发。可以预计，21 世纪从人体基因组中寻找开发各种新药物将是一个非常激动人心的壮举。

四、生物制药行业的兴起对人们的启示

生物制药作为生物工程研究开发和应用中最活跃、进展最快的领域，被公认为 21 世纪最有前途的产业之一。上市公司作为国内最具活力的企业群体，一向是科技成果产业化的推动者和积极参与者，在生物制药这个新兴产业也不例外。目前，中国涉足生物医药领域的上市公司共有 40 多家，但真正以生物工程制药作为主营业务的极少，只有天坛生物、金花股份、复星实业、海王生物等几家，其余大部分公司仍以原先的传统业务为主业，生物医药只占其业务的很小比例，有的还只是刚刚涉足这一产业。这些公司中不少是通过兼并重组迈向生物制药领域的。

生物医药在全球范围内的兴起，国内上市公司积极参与这一新兴产业给了人们许多启示。

其一，挖掘技术水平高、厂房设备先进并且拥有专利权的生物医药公司进行重点投资。生物制药公司与软件公司曾经在美国股市上领尽风骚，造就了无数百万富翁。近来，随着人类基因技术的重大进展，新的基因药物的不断问世，生物医药公司在美国股市上又风光重现，吸引了大批的投资者。中国的生物医药公司不仅上市晚，数量少，而且从未在股市上长时间"露脸"，其根本的原因在于投资者担心中国一旦"入世"，国内生物医药公司将受到进口药品冲击和国外同类公司关于侵犯"知识产权"的起诉。投资者的担心也正是中国生物制药公司的致命弱点。但如果完全放弃这一领域的投资也非明智之举，人们可以寻找、挖掘那些拥有专利权、自主知识产权的公司，尤其是那些对中草药有效活性成分进行生物技术提取的上市公司进行重点投资。

其二，投资银行业务应有重点地培养和挖掘生物医药类公司，并推荐其上市。1999 年10 月，中央在《关于加强技术创新，发展高科技，实现产业化的决定》中明确提出，要"优先支持有条件的高新技术企业进入国内和国际资本市场"。证券监管机构也多次强调，证券市场要进一步扶持高新技术企业。对于符合条件的，将不受额度、数量的限制，准予优先上市。同时，那些"因发展高科技项目急需资金的高科技上市公司，可优先列入增发新股试点范围；高科技上市公司申报配股时，对其收益率水平、两次配股间隔的时间以及配股总量等限制条件可以考虑适当放宽。高科技上市公司募集的部分资金，在充分信息披露的前提下，允许用于中间试验和风险投资"。从上述《决定》可以看出，包括生物医药在内的高科技公司在发行上市、配股和增发新股方面优先于一般公司。为了提高业务效率，公司投资银行人员在寻找和培养项目时应有意识、有重点地关注生物医药等高科技企业。

其三，积极帮助那些素质好、技术水平高的生物医药公司实现"借壳上市"。目前，40 多家生物制药类上市公司中大部分是通过资产重组迈向生物制药领域的，以后的"进入者"还有可能借鉴这种方式，更何况高新技术企业通过资产置换、股权置换、兼并收购等方式"借壳上市"，间接进入证券市场受到国家产业政策的鼓励。《决定》指出："高科技企业可以通过重组等方式控股上市公司，实施资产置换并改变其主营业务。"而且，随着中国证券市场的不断发展，资产重组业务将会成为券商投资银行的重要业务领域之一。

参 考 文 献

1 杨汝德. 基因克隆技术在制药中的应用. 北京：化学工业出版社，2004

2 郭勇. 生物制药技术. 北京：中国轻工业出版社，2000

3 中国生物工程学会. 中国生物技术产业发展报告. 北京：化学工业出版社，2003

4 杜方东，罗爱静. 中国生物制药现状与对策. 中国现代医药杂志，2002，12（19）：103～105

5 高洪善. 美国生物制药业发展与展望. 科学对社会的影响，2003，3：5～8

第二章 生物制药工程基础

第一节 培养基制备

一、培养基主要成分及常用原料

培养基就是生化反应过程中微生物生长和进行目的产物合成而提供的营养物质及辅助成分。最常用的是液体培养基，其次是固体培养基。由于不同的微生物菌种的生理生化特性不同，或由于所需要的目的产物或工艺设备不同，培养基配方及物态也千差万别。但万变不离其宗，综合起来培养基主要的营养成分为碳源、氮源、无机盐及生长因子等。下面分别对这些主要成分及相关的原料作简要的介绍。

1. 碳源

碳源是构成微生物细胞及代谢产物的碳架及所需的能量来源。直接作培养基的常用碳源物质有葡萄糖、蔗糖以及淀粉、糖蜜等。其中，应用最广泛的是葡萄糖。在抗生素和酶制剂等发酵生产中，也常使用玉米淀粉和马铃薯淀粉等作培养基成分。当然，在许多场合，常把淀粉原料经酶解液化糖化成淀粉糖（基本上由葡萄糖组成）后使用。此外，碳酸盐、油脂、甲醇和乙醇、纤维素物质也可作培养基碳源。

2. 氮源

氮是构成生物细胞蛋白质（包括酶）和某些代谢产物的主要成分。可以说，没有氮源，微生物发酵就不可能进行。当然，作为培养基的氮源可分成有机氮和无机氮两大类。常用的有机氮包括酵母抽提物、蛋白胨、玉米浆和黄豆饼粉等，而常用的无机氮源有硫酸铵、硝酸钾、氨水（或液氨）和尿素等。

3. 无机盐

钾、钠、镁、钙、铁、锌、磷、硫等矿物质元素是构成微生物细胞的重要成分。此外还有锰、钼、铜、钴等微量矿物质元素对微生物的生长、代谢往往也是必不可少的。它们除构成细胞质成分外，还可影响和调节细胞膜的通透性和渗透压，作为酶和辅酶的成分或激活剂等。

4. 生长因子

所谓生长因子，就是使生物细胞维持正常生长代谢必需的系列微量有机化合物，如维生素、氨基酸及生长激素等。生长因子可以纯化合物形式加入到培养基中，但生产上也经常是以富含生长因子的动植物组织抽提物（牛肉膏、麦芽汁、蛋白胨等）、酵母等微生物菌体抽提物和糖蜜、玉米浆等作原料加入。

5. 前体物质和促进剂

所谓前体是指那些能直接被微生物细胞利用合成目的代谢产物，如红发夫酵母（*Phaffia rhodozyma*）细胞可利用 α-蒎烯作前体物质合成虾青素，青霉素 G 生产时加入苯乙酸作前体物质可提高产量。

促进剂无论对酶反应或微生物发酵均有重要意义。例如，纤维素酶生产时需加入麸皮等纤维素物质作诱导促进剂，可大大提高酶产量；隐甲藻培养时加入适量的丙酮酸，可使 DHA 产量提高 126%；利用基因工程菌生产 hbFGF 时加入 1mmol/L 的 IPTG 作诱导剂，可使目的产物表达量提高 30%。

二、培养基制备

培养基原料需经过物理、化学等方法处理，以制成液态的或固态的生物发酵培养基，且大多要求接种发酵前培养基处于无菌和成分均匀状态。下面重点介绍最常用的培养基原料——淀粉和糖蜜的预处理以及液态培养基的灭菌。

（一）淀粉原料的处理和糖化

为了降低生产成本和抗生素发酵等生产工艺的要求，工厂生产往往使用谷物、薯类等初级淀粉原料，如玉米粉、木薯粉等。在投入发酵生产前，需要对原料进行筛选除杂和适度粉碎。具有一定粉碎度的玉米粉等按不同生产工艺需要，可直接用于配制培养基，通常更多的是把淀粉经液化糖化后使用。

1. 淀粉原料的筛选除杂

玉米、薯干等淀粉原料，往往在其收获、贮藏和运输过程混入泥块、沙石、碎木块、塑料甚至螺栓等铁器杂物，故用于配料发酵前需使用不同类型的筛选除杂机械设备（如振动筛、磁力除铁器、分级分选机等机械）进行预处理，以获得较纯净的淀粉原料，确保原料的质量和安全生产。

2. 淀粉原料的粉碎

玉米粒、薯干块等固体物料，经适度粉碎后，使淀粉原料的表面积增加，可加速培养基制备的蒸煮加热过程，从而节省蒸汽和动力，有利于生物发酵反应，提高淀粉原料的利用率，减少甚至消除原料输送时造成管道堵塞问题，从而提高生产效率和经济效益。

粒状或块状淀粉原料粉碎过程可分为湿式和干式粉碎两大类。湿式粉碎是把干的物料和一定配比的水混合后一起进入粉碎机经粉碎成浆状。当然，若淀粉原料是湿的（如鲜木薯），此时可不加水或只加少量水。湿式粉碎过程可消除粉尘飞扬，保持生产车间空气和环境干净。但粉碎的物料含大量水分，必须尽快用于培养基配制或糖化处理，以免杂菌繁殖变质。相反，若使用干式粉碎，则可按工艺要求获得粉状物料，便于存放随取随用，但粉碎过程难免有不同程度的粉尘污染环境。

淀粉原料粉碎常用的机械设备主要有锤式粉碎机、辊式粉碎机和盘磨机等，视不同种类的物料和粉碎程度不同而选用相应的设备。

3. 淀粉的糖化

在生物发酵制药生产中，作碳源的淀粉有时可直接用于配制培养基，但大多是先经液化和糖化后才用于制备培养基。由于淀粉颗粒在液化前有细胞壁和有规则的晶体结构，不易被糖化酶作用，必须先经液化处理。早期生产中是利用加温加压处理即蒸煮糊化，使原料淀粉的结晶组织和细胞膜破裂，其内容物呈融解状态（可溶性淀粉），才能被糖化酶催化反应生成葡萄糖，有利于微生物利用变成目的产物。淀粉原料蒸煮糊化的常用设备有罐式连续蒸煮和柱式连续蒸煮设备。

近几年，随着淀粉液化酶的大量生产和使用，淀粉液化基本上都使用蒸汽喷射连续液化工艺，应用该液化技术的关键是有能耐较高温度的淀粉液化酶（酶制剂）和设计合理的喷射液化器。华南理工大学碳水化合物研究室率先在中国成功设计高效的喷射液化器，先后在全国数十个单位推广应用。获得重大的经济效益和社会效益。

淀粉经蒸煮或酶催化液化后，冷却至 60℃ 左右进入间歇式或连续式糖化罐进行酶解糖化，反应保温时间 30min 左右，经化验确实已达到规定的糖化反应要求后，冷却至一定温度后送发酵工段配制培养基。典型的双酶法淀粉液化糖化工艺流程见图 2-1。

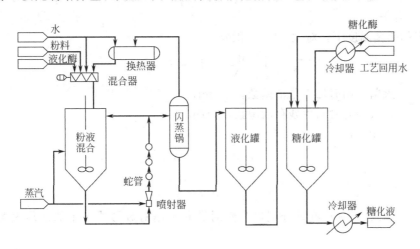

图 2-1　双酶法淀粉液化和糖化工艺流程

（二）糖蜜的稀释与澄清

糖蜜有甘蔗糖蜜和甜菜糖蜜之分，是糖厂生产过程的副产物，其中含蔗糖、葡萄糖和果糖等大量可发酵性糖类，此外还含有丰富的生物素等有利于微生物生长的有机物。通常，原糖蜜的浓度高达 80～85°Bé，且含有胶体、盐分和杂菌，通常需要把糖蜜进行稀释、酸化、澄清等预处理，以去除大部分不利于微生物发酵的物质和杀灭大部分杂菌，再供制备培养基使用。

1. 糖蜜的稀释

把高浓度的原糖蜜加水稀释，可根据生产规模和工艺要求使用间歇式或连续式稀释器。前者就是一套配有搅拌器的敞口式罐，后者有多种类型的连续稀释器，如水平式、立式、错板式、缩放式等。80～85°Bé 的原糖蜜经加水稀释至 30～45°Bé 进入酸化澄清处理过程。

2. 糖蜜的酸化澄清处理

经稀释器加水混合的稀糖蜜，加入浓硫酸调 pH 至 3.5～3.8，蒸汽加热升温至 95℃ 左右，保温维持一段时间后中和，静置自然沉降澄清或使用离心机强化澄清过程。经验表明，在糖蜜酸化过程同时添加高分子絮凝剂（注意：必须对生物无毒性），可提高糖蜜絮凝澄清除杂效果。

（三）液体培养基的灭菌

培养基从物态上可分成两大类——液体培养基和固体培养基。因为生物制药工业大多用液体培养基，故本章只介绍液体培养基的灭菌。培养基灭菌可采用加热、化学杀菌药物和各种物理场如紫外线、γ 射线、超声波等杀菌方法，对液体培养基还可用过滤、离心分离等除菌法。但在工业生产中，几乎都是采用蒸汽加热杀菌技术。

对数残留定律与理论灭菌时间

微生物细胞是一个复杂的高分子体系，其受热死亡是蛋白质变性失活所致，可以假定其失活死亡过程为一级化学反应。

设液体培养基活菌浓度为 N（个/ml），N 随时间 t 的变化率为 dN/dt，则有：

$$-dN/dt = kN \tag{2-1}$$

式中　k——反应速率常数，s^{-1} 或 min^{-1}，其值与微生物的种类、培养基成分及加热温度有关。

在一定的杀菌温度下，对式（2-1）积分：

$$\int_{N_0}^{N_s} \frac{dN}{N} = \int_0^{t_s} -kt\,dt \tag{2-2}$$

式中　N_0——灭菌开始时培养基活菌数，个/ml；

N_s——经灭菌 t_s 时间后残存活菌数，个/ml。

把式（2-2）积分得：

$$\ln(N_0/N_s) = kt_s \tag{2-3}$$

或

$$2.303\lg(N_0/N_s) = kt_s \tag{2-4}$$

式（2-3）和式（2-4）就是分别以自然对数和常用对数形式表示的加热灭菌对数残留定律。

由式（2-3）和式（2-4）可得出理论灭菌时间为：

$$t_s = \frac{1}{k}\ln(N_0/N_s) \tag{2-5}$$

或

$$t_s = 2.303\frac{1}{k}\lg(N_0/N_s) \tag{2-6}$$

值得强调的是，由式（2-5）和式（2-6）所计算出来的理论灭菌时间是在理想化的条件下得出的，实际上，由于微生物种类千差万别，且细菌芽孢耐热性特强，同时容器内培养基温度在不同位置会因搅拌和传热不均等而存在差异，更重要的是考虑到彻底灭菌的安全系数，所以在工厂实际生产中使用的是经验杀菌时间。通常，使培养基通过连续蒸汽加热装置升温至 130～140℃，加热 15～30s，再在维持罐中维持 8～25min。实验室常用小型灭菌锅在 121℃（0.1MPa 表压饱和蒸汽）下加热灭菌 15～30min。这些实际采用的灭菌时间均远较理论灭菌时间长数倍。

此外，尚需说明的是用式（2-5）和式（2-6）计算理论灭菌时间时，若要求杀菌绝对彻底，即 $N_s = 0$，计算出的理论灭菌时间为无穷大。故在工程中通常是要求 1000 罐培养基杀菌只允许残存一个活菌，这是工程计算常用的假定。

第二节　空气净化除菌

一、概述

（一）生物制药过程对空气洁净度和无菌度的要求

绝大多数生物制药发酵过程均是利用好氧或兼性厌氧微生物进行纯种培养，培养液中适度的溶解氧是微生物生长和代谢产物生成必不可少的条件。通常以空气作氧源，但空气中含有各种各样的微生物，城市空气中微生物浓度为 $10^3 \sim 10^4$ 个/m^3。若空气除菌不彻底而进入培养基后，在适宜条件下就会迅速繁殖，干扰甚至破坏预定发酵的正常进行，严重时甚至发酵失败而倒罐。因此，通风发酵必须使用洁净无菌的空气，故要求对新鲜空气进行净化除菌。

当然，生物制药生产不同的产品使用的菌种种类也不同，其细胞生长繁殖速度、发酵周期长短、代谢产物的性质、培养基的营养成分以及发酵过程的 pH、温度等也有不同程度的差别，对空气质量的要求也不同。其中，空气的无菌程度是一项关键指标。如要用酵母培养，其培养基以氮源为主，主发酵时可全部使用无机氮源，发酵过程 pH 控制在 4.5 左右，因此在这种发酵条件下，大多数细菌难以繁殖，加之酵母繁殖速度较快，发酵时间只需 10h 左右，因此对空气的无菌度要求不苛刻。但对于大多数的抗生素发酵，或是毕赤基因工程酵母生产生化药物需要 $3 \sim 7d$ 的发酵时间，对空气的无菌要求就十分严格。

生物发酵工业生产中使用的"无菌空气"，是指通过过滤除菌使空气含菌量为零或极低。通常，工业生产设计中实用染菌概率为 10^{-3}，即每 1000 批次发酵过程所用的全部无菌空气最多只允许有一个微生物，以此来进行空气过滤器的设计计算。

此外，生物制药过程必须按照 GMP 的要求进行设计。对不同的发酵生产和同一工厂内不同的生产区域（环节），有不同的无菌度的要求。中国已颁布了有关的空气洁净度级别，如表 2-1 所示。

表 2-1　环境空气洁净度级别

生产区分类	洁净度级别[①]	尘　埃		菌落数[②]/个	工　作　服
		粒径/mm	粒数/(个/L)		
一般生产区					无规定
控制区	>100000 级	≥0.5	≤35000	暂缺	色泽或式样应有规定
	100000 级	≥0.5	≤3500	平均≤10	色泽或式样应有规定
洁净区	10000 级	≥0.5	≤350	平均≤3	色泽或式样应有规定
	局部 100 级	≥0.5	≤3.5	平均≤1	色泽或式样应有规定

① 洁净度级别以动态测定为准。

② 使用 9cm 培养皿露置 0.5h 测定。

（二）空气净化除菌方法

空气除菌就是除去或杀灭空气中的微生物，可使用介质过滤、辐射、化学药品、加热、静电吸附等方法。其中，介质过滤和静电吸附方法是利用分离过程把微生物粒子除去，其余的方法是使微生物蛋白质变性失活。

1. 热杀菌

热杀菌是一种有效的、可靠的方法，例如，细菌孢子虽然耐热能力很强，但悬浮在空气中的细菌孢子在 218℃ 保温 24s 就被杀死。但是如果采用蒸汽或电来加热大量的空气，以达到杀菌目的，则需要消耗大量的能源和增设许多换热设备，这在工业生产上是很不经济的。大生产上利用空气被压缩时所产生的热量进行加热保温杀菌在生产上有重要意义。在实际应用时，对空气压缩机与发酵罐的相对位置、连接压缩机与发酵罐的管道的灭菌及管道长度等问题都必须精心考虑。为确保安全，应安装分过滤器将空气进一步过滤，然后再进入发酵罐。

2. 辐射杀菌

X射线、β射线、紫外线、超声波、γ射线等从理论上都能破坏蛋白质活性而起杀菌作用。但应用较广泛的还是紫外线，它的波长在253.7～256nm时杀菌效力最强，它的杀菌力与紫外线的强度成正比，与距离的平方成反比。紫外线通常用于无菌室和医院手术室等空气对流不大的环境消毒杀菌。但杀菌效率低，杀菌时间长，一般要结合甲醛蒸气或苯酚喷雾等来保证无菌室的高度无菌。紫外线辐射杀菌用于发酵工业生产尚值得进一步研究。

3. 静电除菌

近年来，一些企业已采用静电除尘法除去空气中的水雾、油雾、尘埃和微生物等，在最佳条件下对$1\mu m$的微粒去除率高达99%，消耗能量小，每处理$1000m^3$空气每小时只耗电$0.2～0.8kW$，空气压力损失小，一般仅为$30～150Pa$，设备也不大，但对设备维护和安全技术措施要求较高。常用于洁净工作台和洁净工作室所需无菌空气的预处理，再配合高效过滤器使用。

静电除尘是利用静电引力吸附带电粒子而达到除菌除尘目的。悬浮于空气中的微生物，其孢子大多带有不同的电荷，没有带电荷的微粒在进入高压静电场时都会被电离变成带电微粒，但对于一些直径很小的微粒，它所带的电荷很小，当产生的引力等于或小于气流对微粒的拖带力或微粒布朗扩散运动的动量时，则微粒就不能被吸附而沉降，所以静电除尘对很小的微粒效率较高。

4. 过滤除菌法

过滤除菌是目前生物技术工业生产中最常用的空气除菌方法，它采用定期灭菌的干燥介质来阻截流过的空气所含的微生物，从而获得无菌空气。常用的过滤介质按孔隙的大小可分成两大类：一类是介质间孔隙大于微生物，故必须要有一定厚度的介质滤层才能达到过滤除菌目的；而另一类介质的孔隙小于细菌，含细菌等微生物的空气通过介质，微生物就被截留于介质上而实现过滤除菌，称之为绝对过滤。前者有棉花、活性炭、玻璃纤维、有机合成纤维、烧结材料（烧结金属、烧结陶瓷、烧结塑料）和微孔超滤膜等。绝对过滤在生物工业生产上的应用逐渐增多，它可以除去$0.2\mu m$左右的粒子，故可把细菌等微生物全部过滤除去。还开发成功可除去$0.01\mu m$微粒的高效绝对过滤器。由于被过滤的空气中微生物的粒子很小，通常只有$0.5～2\mu m$，而一般过滤介质的材料孔隙直径都比微粒直径大几倍到几十倍，因此过滤除菌机理比较复杂，下面将重点介绍。

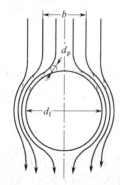

图 2-2　单纤维空气流线
d_f—纤维直径；d_p—微粒直径；b—能使微粒滞留的区间宽度

（三）介质过滤除菌机理

空气的过滤除菌原理与通常的过滤原理不一样，一方面是由于空气中气体引力较少，且微粒很小，常见悬浮于空气中的微生物粒子大小在$0.5～2\mu m$之间，而深层过滤常用的过滤介质（如棉花）的纤维直径一般为$16～20\mu m$，当填充系数为8%时，棉花纤维所形成网络的孔隙为$20～50\mu m$。微粒随空气流通过过滤层时滤层纤维所形成的网格阻碍气流前进，使气流无数次改变运动速度和运动方向而绕过纤维前进，这些改变引起微粒对滤层纤维产生惯性冲击、重力沉降、拦截、布朗扩散、静电吸引等作用而把微粒截留在纤维表面。图 2-2 为一带颗粒的气流流过单纤维截面的假想模型。当气流为层流时，气体中的颗粒随气流做平行运动，靠近纤维时气流方向发生改变，而所夹带的微粒的运动轨迹如虚线所示。接近纤维表面的颗粒（处于气流宽度为 b 中的颗粒）被纤维捕获，而位于 b 以外的气流中的颗粒绕过纤维继续前进。因为过滤层是由无数层单纤维组成的，所以就增加了捕获的机会。

根据理论分析，纤维介质过滤除菌有五个作用机理，即：惯性冲击滞留作用机理、拦截滞留作用机理、布朗扩散作用机理、重力沉降作用机理和静电吸附作用机理。当空气流过过滤介质时，上述五种除菌机理均同时起作用。当气流速度较高时，惯性冲击起主要作用；当气流速度较低时，扩散作用占主导地位；当气流速度中等时，可能是拦截滞留作用起主导作用。

二、空气过滤除菌流程及设备简介

（一）空气过滤除菌流程介绍

空气除菌流程是按发酵生产时对无菌空气的要求，如无菌程度、空气压力、温度和湿度等，并结合采气环境的空气条件和所用除菌设备的特性，根据空气的性质制定的。

要把空气过滤除菌，并输送到需要的地方，首先要增加空气的压力，这就需要使用空气压缩机或鼓风机。而空气经压缩后，温度会升高，经冷却会释出水分，空气在压缩过程中又有可能夹带机器润滑油雾，这就使无菌空气的制备流程复杂化。

对于风压要求低、输送距离短、无菌度要求也不很高的场合（如洁净工作室、洁净工作台等）和具有自吸作用的发酵系统（如转子式自吸发酵罐、喷射式自吸发酵系统等），只需要数十帕（Pa）到数百帕的空气压力就可以满足需要。在这种情况下可以采用普通的离心式鼓风机增压，具有一定压力的空气通过一个大过滤面积的过滤器，以很低的流速进行过滤除菌，这样气流的阻力损失就很小。由于空气的压缩比很小，空气温度升高不大，相对湿度变化也不大，空气过滤效率比较高，经一、二级过滤后就能符合所需无菌空气的要求。这样的除菌流程很简单，关键在于离心式鼓风机的增压与空气过滤的阻力损失要配合好，以保证空气过滤后还有足够的压强推动空气在管道和无菌空间中的流动。

要制备无菌程度较高且具有较高压强的无菌空气，就要采用较高压的空气压缩机来增压。由于空气压缩比大，空气的参数变化就大，就需要增加一系列附属设备。这种流程的制定应根据所在地的地理、气候环境和设备条件而考虑。如在环境污染比较严重的地方，要考虑改变吸风的条件，以降低过滤器的负荷，提高空气的无菌度；在温暖潮湿的南方，要加强除水设施，以确保过滤器的最大除菌效率和使用寿命；在压缩机耗油严重的流程中要加强消除油雾的污染等。另外，空气被压缩后温度升高，需将其迅速冷却，以减小压缩机的负荷，保证机器的正常运转。空气冷却将析出大量的冷凝水形成水雾，必须将其除去，否则带入过滤器将会严重影响过滤效果。冷却与除水除油的措施，可根据各地环境气候条件而改变，通常要求压缩空气的相对湿度为 50%～60% 时通过过滤器为好。

总之，生物工业生产中所使用的空气除菌流程要根据生产的具体要求和各地的气候条件而制订，要保持过滤器有高的过滤效率，应维持一定的气流速度和不受油、水的干扰，满足工业生产的需要。下面将介绍一个典型的实用性空气过滤除菌流程，如图 2-3 所示。

（二）空气过滤设备

1. 空气过滤除菌对数穿透定律

过滤除菌效率就是滤层所滤去的微粒数与原空气所含微粒数的比值，它是衡量过滤设备

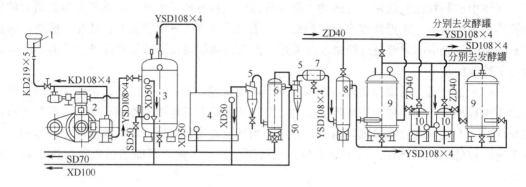

图 2-3　实用性空气过滤除菌流程

1—粗滤器；2—空压机；3—空气贮罐；4—沉浸式空气冷却器；5—旋风式油水分离器；6—二级空气冷却管；

7—除雾器；8—空气加热器；9—空气过滤器；10—金属微孔管过滤器（或上接纤维纸过滤器）；

K—空气进气管；YS—压缩空气管；Z—蒸汽管；S—上水管；X—排水管；D—管径

的过滤效能的指标，即过滤效率 η 为：

$$\eta = \frac{N_1 - N_2}{N_1} = 1 - \frac{N_2}{N_1} \tag{2-7}$$

式中　N_1——过滤前空气中微粒浓度，个/m³；

　　　N_2——过滤后空气中微粒浓度，个/m³；

　　N_2/N_1——过滤后与过滤前空气中微粒浓度的比值。

　　实践证明，空气过滤器的除菌效率主要与微粒的大小、过滤介质的种类和纤维直径、介质填充密度、滤层厚度以及通过的气流速度等因素有关。

　　在研究空气过滤器的过滤规律时，为简化研究先提出 4 个假设：①流经过滤介质的每一纤维的空气流态并不因其他邻近纤维的存在而受到影响；②空气中的微粒与纤维表面接触后即被吸附，不再被气流卷起带走；③过滤器的过滤效率与空气中微粒的浓度无关；④空气中微粒在滤层中的递减均匀，即每一纤维薄层除去同样比例的微粒数。

　　在上述假设下，空气通过单位滤层后，微粒浓度下降与进入空气的微粒浓度成正比，即：

$$-\frac{dN}{dL} = kN \tag{2-8}$$

式中　N——滤层中空气的微粒浓度，个/m³；

　　　L——过滤介质滤层厚度，m；

　　dN/dL——单位滤层除去的微粒数，个/m⁴；

　　　k——过滤常数，m⁻¹。

　　对式（2-8）整理并积分，即：

$$-\int_{N_1}^{N_2} \frac{dN}{N} = k \int_0^L dL$$

得到：

$$\ln \frac{N_2}{N_1} = -kL \tag{2-9}$$

$$\frac{N_2}{N_1} = \exp(-kL) \tag{2-10}$$

以常用对数表示，则有：

$$\lg \frac{N_2}{N_1} = -k'L \tag{2-11}$$

或

$$\frac{N_2}{N_1} = 10^{-k'L} \tag{2-12}$$

式（2-9）～式（2-12）揭示了深层介质过滤除菌的对数穿透定律，它表示进入滤层的空气微粒浓度与穿透滤层的微粒浓度之比的对数是滤层厚度的函数。常数 $k(k')$ 值与多个因素有关，如纤维的种类、纤维直径、填充密度、空气流速、空气中微粒直径等。通常可选择特定的条件通过实验方法确定，当然常用过滤介质（如棉花）的 k' 值可在有关参考资料中查阅。

2. 常用过滤介质

过滤介质是过滤除菌的关键，它的特性不仅影响介质的消耗量、过滤动力消耗、操作劳动条件、维持更换等，决定设备的结构、尺寸，还关系到运转过程的可靠性。对过滤介质的要求是过滤效率高、阻力小、空气流量大、能耐受灭菌的高温等，常用的过滤介质有棉花（不脱脂）、超细玻璃纤维、活性炭、化学纤维、烧结多孔材料等。

评价一种过滤介质是否优越，最重要是看它的过滤效率 η，而过滤效率是过滤常数 k 和滤层厚度 L 的函数，k 值越大，L 值越小；同时阻力降 ΔP 越小，耗能越低，因此可把 $kL/\Delta P$ 的值作过滤介质综合评价指标。过滤器的总过滤效率可用下式表示：

$$\bar{\eta} = 1 - \exp(-kL) \tag{2-13}$$

可以上式对各种过滤器的效率进行比较。下面介绍常用的过滤介质。

（1）棉花　棉花是传统的过滤介质，工业规模或实验室均使用。最好选用纤维析出疏松的新鲜棉花。棉花直径为 $16 \sim 21 \mu m$。介质装填要均匀，填充密度要求 $150 \sim 200 kg/m^3$。

（2）玻璃纤维　充填用过滤介质玻璃纤维直径一般为 $8 \sim 19 \mu m$。其阻力损失通常比棉花小。如果使用硅硼玻璃纤维，则可得较细（直径 $0.3 \sim 0.5 \mu m$）的高强度纤维，可用其制成 $2 \sim 3 mm$ 厚的滤材，制成的过滤器可除去 $0.01 \mu m$ 的微粒，故可滤除噬菌体和所有的微生物菌体。

（3）活性炭　活性炭有很大的比表面积，主要通过表面吸附作用截留除去空气流的微生物。一般使用直径 $3 mm$，长 $5 \sim 10 mm$ 的圆柱状活性炭。它对空气的阻力小，仅为棉花的 $1/12$ 左右，但过滤效率也比后者低。故生产上通常在两层棉花中装一层活性炭，炭层占总过滤层厚的 $1/3 \sim 1/2$。

（4）超细玻璃纤维纸　把质量较好的无碱玻璃，采用喷吹法制成直径 $1 \sim 1.5 \mu m$ 的细长纤维的超细玻璃纤维。通常不能直接充填于过滤器中，而是采用造纸工艺制成 $0.25 \sim 1 mm$ 厚的纤维纸（厚度 $0.25 mm$ 的超细玻璃纤维纸，$20 m^2$ 只有 $1 kg$ 重），形成的网格孔隙约为 $0.5 \sim 5 \mu m$，比棉花小 $10 \sim 15$ 倍，故有较高的过滤效率。但这种过滤纸强度低，易受潮，故可使用某些树脂溶液浸渍处理以改善其过滤及机械强度。

（5）烧结多孔材料　种类较多，有烧结金属、烧结陶瓷、烧结塑料等。最普遍应用的是中国核工业净化过滤工程技术中心研制成的微孔烧结金属过滤器,采用金属镍为材质,经特殊粉末冶金技术制成,具有压降小(初始过滤压降不大于 0.01MPa)、过滤效率高、耐蒸汽高温灭菌的优点,使用寿命长达一年,过滤效率达 99.999%。

(6)新型高效过滤介质 随着科学技术的发展和生物发酵条件的需求,相继研制出新型的过滤介质,形成的网格微孔直径只有 0.01~0.22μm,小于细菌粒子,故细菌等微生物不可能穿过,称之为绝对过滤。绝对过滤器也有两大类:一类是可 100% 除去微生物粒子,如 MilipOre 公司的 0.22μm 的膜式过滤器,可耐受蒸汽高温杀菌的膜材有聚偏氟乙烯(PVDF)和聚四氟乙烯(PTFE);另一类绝对过滤器可滤除小至 0.01μm 的微粒,故可滤除全部噬菌体,如英国 Domnick Hunter(DH)公司的产品,不仅可 100% 滤除 0.01μm 以上的微粒,还可耐 121℃ 反复加热杀菌,被公认为最安全可靠的空气除菌过滤器。中国核工业净化过滤工程技术中心研制的聚偏二氟折叠式空气过滤器,具有国际先进水平。

3. 空气过滤器特性及过滤系统简介

下面以英国 DH 公司和中国核工业净化过滤工程技术中心的空气过滤器为代表加以介绍。DH 公司的过滤器包含两种过滤介质:一种是由 0.5μm 的超细玻璃纤维制成(Bio-x 滤材);另一种是膨化 PTFE(HIGH FLOW TETPOR),其特性见表 2-2 所示。

表 2-2 英国 DH 公司两种过滤介质特性

项　　目	Bio-x	HIGH FLOW TETPOR
滤材材质	玻璃纤维	聚四氟乙烯(PTFE)
滤层厚度	1000μm	150μm
滤材层数	3层	单层
过滤精度	0.01μm	0.01μm
里外衬材质	硼硅酸纤维	耐热 PP
中心柱材质	316 不锈钢	316 不锈钢
外套筒材质	316 不锈钢	耐热 PP
滤芯内径	36mm	36mm
空气流量(10in[①]滤芯)	2.16m³/min(标准情况)	2.25m³/min(标准情况)
操作温度	150℃	80℃
耐蒸汽杀菌	121℃,20min,100 次	121℃,250h
	125℃,20min,80 次	125℃,225h
	130℃,20min,70 次	130℃,200h
	140℃,20min,50 次	140℃,180h
出厂测试(穿透率)	DOP<0.0001%	DOP<0.0001%
耐压	单支滤芯 0.7MPa	单支滤芯 0.7MPa
	多支滤芯 0.6MPa	多支滤芯 0.6MPa
压力降　初始	<0.01MPa	<0.01MPa
更换	0.07MPa	0.07MPa

① 10in(英寸)=0.254m。

中国核工业净化过滤工程技术中心研制的已获得广泛应用的 JLS 型微孔烧结金属过滤器分 D、Y 和 W 型,其中 JLS-D 型空气过滤器滤除 0.3μm 以上微粒的过滤效率高达99.9999%,其规格、尺寸见表 2-3。

表 2-3　JLS-D 型空气过滤器技术特性

型　　号	过滤能力/(m³/min)	外形尺寸/mm×mm	进出口管径 φ/mm	参考质量/kg
JLS-D-001	0.01	22×150	6×1	0.2
JLS-D-003	0.03	25×180	6×1	0.3
JLS-D-005	0.05	30×240	10×1.5	0.5
JLS-D-010	0.10	45×500	20×2	3
JLS-D-025	0.25	75×520	20×2	5
JLS-D-050	0.50	114×620	20×2	9
JLS-D-1	1.0	164×793	34×3.5	27
JLS-D-3	3.0	238×1085	48×4	36

　　理论和实践均证明，使用微孔膜等绝对过滤器必须安装空气预过滤器，以滤除铁锈、尘埃等微粒，可延长主过滤器的使用寿命。对无菌程度要求高的发酵系统，需装设阻力小的绝对空气过滤器。图 2-4 是 JLS 型空气过滤系统流程示意图。而以 PVDF（聚偏氟乙烯）膜制成的 JPF 型过滤器具有过滤效率高、空气流量大、疏水性好、耐蒸汽加热灭菌、安装与更换方便等特点。多滤芯过滤器结构如图 2-5 所示。单支滤芯过滤器主要技术参数如表 2-4 所示。

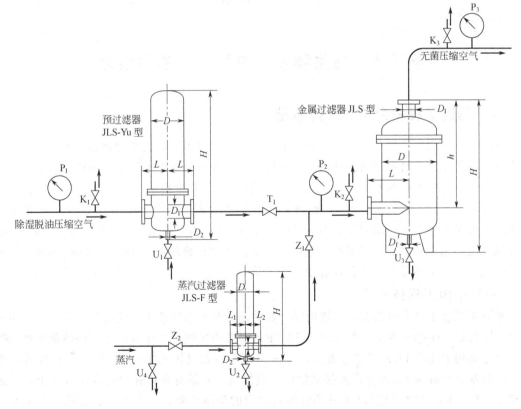

图 2-4　JLS 型空气过滤系统流程

$P_1 \sim P_3$—压力表；$K_1 \sim K_3$—测试口取样阀；$U_1 \sim U_4$—排污阀；Z_1，Z_2—蒸汽阀；T_1—调节阀

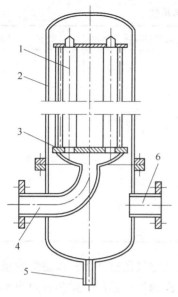

图 2-5　JPF 多滤芯膜折叠空气过滤器

1—滤芯；2—过滤器体；3—滤芯固定孔板；
4—进气口；5—排污口；6—空气出口

表 2-4　JPF 折叠式空气过滤器主要技术参数

项　目	内　容
过滤精度/μm	0.01
过滤效率/%	99.9999
通量（标准状况）（10min）/(m³/min)	≥5(0.1MPa 压力,0.01MPa 压差)
蒸汽灭菌	(125±2)℃,30min/次,160 次
耐压/MPa	0.2(正向压差)
初始压降/MPa	0.005
长度/mm	125,250,500
直径/mm	70
过滤面积/m²	0.32,0.65,1.3
过滤介质	PVDF 膜
内外支撑层	耐热聚丙烯
外套	耐热聚丙烯
中心柱	不锈钢网筒
端盖	耐热聚丙烯
密封圈	氟橡胶或硅橡胶(ϕ57mm)

这种 JPF 型多滤芯空气过滤器单个过滤器的过滤能力为 $0.5 \sim 150 m^3/min$，相应的型号为 JPF-05～JPF-150。为了维持这种膜过滤器的高效除菌特性，延长其使用寿命，需装设预过滤器，定名为 YUD 型。

第三节　微生物发酵与酶催化基本理论

一、基因工程和微生物发酵基础

基因工程是现代生物技术的核心和上游基础。应用基因工程技术构建选育具有高水平的有大规模商业化生产目的的产物的基因工程菌株，结合先进的发酵工程和分离纯化技术，使一个又一个的生物技术药物不断实现产业化。据报道，至 20 世纪末全球已有近百种基因工程药物上市，300 种正进行临床试验，而研究开发中的则多达 2000 多个。在中国，已成功开发生产上市的基因工程药物有干扰素 α（1a、2a 和 2b）和干扰素 γ、白介素 2、乙肝疫苗、碱性成纤维细胞生长因子、红细胞生长素、人生长激素和胰岛素等 18 种，2000 年的销售额达 200 亿元，产生了重大的社会效益和经济效益。

（一）基因工程技术简介

基因工程技术由系列的实验步骤构成，目的是把某一生物体中的遗传信息转入另一生物体中。以构建微生物基因工程菌为例，基因重组通常由下述六步组成：①从供体微生物细胞中，通过酶切消化或 PCR 扩增等方法，分离出带有目的基因的 DNA 片段；②在体外，将带有目的基因的外源 DNA 片段连接到能够自我复制，并带有选择标记的载体分子上，形成重组 DNA 分子；③将重组 DNA 分子转移到适当的受体细胞，并与之一起增殖；④从大量的细胞繁殖群体中，筛选出获得了重组 DNA 分子的受体细胞克隆；⑤从这些筛选出来的受体细胞克隆中提取已经得到扩增的目的基因，并作序列分析等鉴定；⑥将目的基因克隆到表达载体上，导入宿主细胞，大量培养重组微生物，使之在新的遗传背景下实现功能表达，产生出人类所需要的目的产物。图 2-6 为上述过程示意。

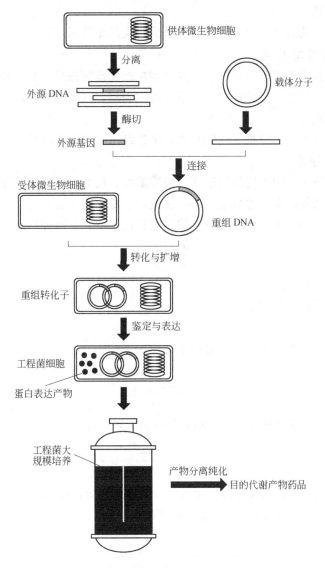

图 2-6 微生物基因工程技术制药过程示意

作为现代生物工程技术，外源基因的稳定高效表达是基因工程技术高效实施的关键。为此需从以下四个方面考虑。

① 利用载体 DNA 在受体细胞中独立于染色体 DNA 而自主复制的特性，将外源基因与载体分子重组，通过载体分子的扩增提高外源基因在受体细胞中的剂量，借此提高其宏观表达水平。这需要 DNA 分子高拷贝复制以及高的稳定性。

② 筛选、修饰和重组启动子、增强子、操纵子、终止子等基因的转录调控元件，并将这些元件与外源基因精细拼接，通过强化外源基因的转录提高其表达水平。

③ 选择、修饰和重组核糖体结合位点及密码子等 mRNA 的翻译调控元件，强化受体细胞中蛋白质的生物合成过程。

④ 基因工程菌（细胞）是现代生物工程中的微型生物反应器，在强化并维持其最佳生

产效能的基础上，从工程菌（细胞）大规模培养的工程和工艺角度切入，合理控制微型生物反应器的增殖速度和最终浓度，也是提高外源基因表达产物产量的主要环节，这里涉及生物化学工程的基本原理。

总而言之，分子遗传学、分子生物学以及生化工程是基因工程的三大基石。

（二）微生物发酵基础

通过基因工程技术等育种方法获得目的产物生产优良菌株后，其后是要通过优化的大规模培养过程以实现大量生产目的产物。以下就微生物培养（发酵）方法、过程动力学等基本原理和技术作概括性介绍。

微生物发酵方法可分为分批（间歇）法、半连续法、连续法以及补料分批发酵等。

1. 分批发酵（培养）

在分批发酵过程中，微生物细胞浓度、基质浓度、代谢产物浓度及 pH 等都不断发生变化。细胞生长可分为停滞期、对数生长期、减速期、稳定期和衰老期。在对数生长期，对特定的微生物利用特定的基质，细胞以一定的比生长速率增长，即有：

$$\frac{dc_X}{dt} = \mu c_X \tag{2-14}$$

式中　c_X——细胞浓度，g/L；

　　　μ——微生物比生长速率，h^{-1}；

　　　t——时间，h。

设发酵开始时细胞浓度为 $c_{X,0}$，则积分式（2-14）得：

$$\ln \frac{c_X}{c_{X,0}} = \mu t \tag{2-15}$$

根据式（2-15）可得对数生长期中细胞浓度倍增时间为：

$$t_d = \frac{\ln 2}{\mu} \tag{2-16}$$

式（2-16）对细菌和大多数酵母是正确的，但对霉菌和动植物细胞生长不适用。当基质浓度是限制性因子时，可用 Monod 方程表述比生长速率。

$$\mu = \frac{\mu_{max} c_S}{K_s + c_S} \tag{2-17}$$

式中　μ_{max}——对某特定基质的最大比生长速率；

　　　c_S——基质浓度；

　　　K_s——饱和常数，当 $c_S \gg K_s$ 时，$\mu = \frac{1}{2}\mu_{max}$。

式（2-17）是半经验方程，部分微生物的 K_s 如表 2-5 所示。

表 2-5　部分微生物在一定基质条件下的 K_s 值

微　生　物	基　质	K_s/(mg/L)	微　生　物	基　质	K_s/(mg/L)
Aspergillus	葡萄糖	0.5	*Hansenula polymorpha*	甲醇	120
Candida	甘油	4.5	*Saccharomyces cerevisiae*	葡萄糖	25
E. coli	葡萄糖	2.0～4.0			

上述 Monod 方程只适用于细胞浓度较低和基质限制的情况。在较高细胞浓度下，代谢产物对细胞生长的影响不能忽略。故还有不少学者提出不同的细胞生长模型，如：

Tessier 方程
$$\mu = \mu_{\max}(1 - e^{-K_s c_s}) \tag{2-18}$$

Moser 方程
$$\mu = \frac{\mu_{\max} c_S^n}{K_s + c_S^n} \tag{2-19}$$

Contois 方程
$$\mu = \frac{\mu_{\max} c_S}{K_s c_X + c_S} \tag{2-20}$$

值得指出的是，抗生素等目的产物大多是在分批发酵的减速期和稳定期中生成的，此时细胞的生长很缓慢或停止增殖，但细胞的代谢常会发生大的改变，因此合成所需要的代谢产物。不同的微生物菌种和生长条件，达到最大目的代谢产物浓度的时间也不同，故发酵成熟收获时间要通过分析检测或根据生产经验确定。

因为很多微生物发酵均存在不同程度的底物抑制，故底物初始浓度均有一定限制，所以分批发酵的生产效率较低。通常可用式（2-21）表示底物的抑制（非竞争性抑制）。

$$\mu = \frac{\mu_{\max} c_S}{K_s + c_S + \dfrac{c_S^2}{K_i}} \tag{2-21}$$

或

$$\mu = \frac{\mu_{\max} c_S \exp\left(-\dfrac{c_S}{K_i}\right)}{K_s + c_S} \tag{2-22}$$

式中　K_s——饱和常数；

K_i——抑制剂的平衡常数。

2. 补料分批发酵

所谓补料分批发酵，就是在分批发酵的基础上，在某段时间内间歇或连续补充加入新鲜的培养基（通常为碳源和氮源），发酵过程罐内培养基总量不断增加，减缓培养液所含碳氮源浓度的衰减，因而可使微生物细胞的对数生长期和稳定期延长，使细胞浓度增加和提高代谢产物的终浓度。值得注意的是，生长稳定期的微生物通常会产生蛋白酶，因此在进行基因工程菌发酵生产活性蛋白药物时就必须注意在细胞生长至稳定期之前就终止发酵或构建蛋白酶缺陷型菌株。当然，到目前为止细胞浓度的在线检测技术与仪器仍不够理想，一般的自控发酵罐未装配细胞浓度检测仪，故常用间接检测发酵液的 pH 变化、有机酸和 CO_2 的产生量等来指导发酵的控制。

补料分批发酵的补料策略可分为无反馈补料和反馈补料。前者具体又有间歇补料、恒速连续补料和指数递增连续补料等工艺。相关的补料时间、补料速率及补料总量、补料液中含糖和氮源浓度等的最佳值必须通过实验小试确定。至于反馈补料，通常是根据发酵系统中碳源浓度和氮源浓度或 pH、溶氧值等检测结果指导补料液的添加。

例如药用酵母生产过程，在连续发酵稳定期或分批培养的对数生长期，把葡萄糖或蔗糖浓度控制在某一范围（如 10g/L），低于此值时就补加浓糖液，但至今糖浓度大多无在线检测，故也可用溶氧值的变化来间接反映糖是否缺乏，当溶氧值突然升高时表示培养基缺糖，此时即补料。至于氮源补料，常用氨水，使用氨水不仅补充氮源，而且可以调节 pH。通过分批补料操作，可获得比分批操作高数倍的酵母浓度，同时保持高的菌体对糖的产率。

3. 连续发酵

无论是分批发酵，还是补料分批发酵，微生物细胞均经历停滞期、对数生长期、减速期、稳定期等 4 个生长阶段，而且分批操作必须每批都要经过发酵罐清洗、空消、实消、发酵、放料等多个环节，因此总的发酵周期长，设备利用率低，生产效率低。补料分批发酵虽然比分批发酵可大大延长对数生长期，提高产物浓度，但是对许多发酵生产，均存在不同程度的产物抑制细胞生长或抑制新的产物生成。因此研究开发了连续发酵方法，即发酵过程不断往发酵罐内加入新鲜的培养基，同时不断取出成熟的发酵液，由于保证提供一定浓度的营养基质，又使代谢产物的浓度控制在一定范围，因而可保证微生物细胞有良好的生长代谢环境，使细胞生长维持长的对数生长期，大大提高了发酵速度。连续发酵处于稳定态时，细胞浓度 c_X、基质浓度 c_S、代谢产物浓度 c_P 均维持定值。

（1）连续发酵过程的定量描述　假定微生物细胞浓度的变化在连续发酵过程稳定状态下可忽略不计，并令：

$$D = F/V$$

式中　D——稀释速率，s^{-1}；

　　　F——进入发酵系统某一浓度的新鲜培养基量，m^3/s；

　　　V——发酵罐有效容积，m^3。

则根据物料衡算可得到：

$$\mu = D \tag{2-23}$$

式中　μ——比生长速率，s^{-1}，$\mu = \dfrac{\frac{1}{c_X}}{\frac{dc_X}{dt}}$

由式（2-23）可见，稳定态连续发酵微生物细胞比生长速率等于稀释速率 D，在一定范围内改变 D，则 μ 也随之变化。

根据 Monod 方程，若流加新鲜培养基的基质浓度为 $c_{S,0}$，则可推出连续发酵稳态系统的细胞浓度为：

$$c_X = Y_{X/S}\left(c_{S,0} - \frac{DK_s}{\mu_{max} - D}\right) \tag{2-24}$$

式中　$Y_{X/S}$——基质转化为细胞的系数，g 细胞/g 基质。

在连续发酵过程中，稀释速率 D 有一个临界值 D_c，即当 D 增大至某一值时，c_S 趋近于 $c_{S,0}$，细胞浓度趋向零，即此时因基质在罐内停留时间太短，以致微生物来不及生长繁殖便随之排出罐外，称此现象为"冲出"（wash out）。由衡算方程可得临界稀释速率为：

$$D_c = \frac{\mu_{max} c_{S,0}}{K_s + c_{S,0}} \tag{2-25}$$

在连续发酵操作时应使稀释速率小于 D_c。

（2）连续发酵的优缺点（与分批发酵相比）　连续发酵的优点主要有：连续进料和排料，细胞浓度、基质浓度和代谢产物浓度稳定，细胞生长和代谢旺盛，产物的质量和产量稳定，所需的发酵罐容积小，便于自动控制，下游的分离纯化设备投资小，生产效率高。

但连续发酵也存在缺点和问题：一是因发酵周期长，细胞易突变，特别是用基因工程菌发酵时，少量细胞可能会丢失重组质粒，丢失质粒的细胞生长繁殖更快，故基因重组的细胞所占比例趋于下降，使产物的表达量减少，可把外源基因整合到宿主染色体上来解决此问题；二是在长时间维持无杂菌污染是相当困难的，尤其对大规模的工业生产。

由于连续发酵存在上述主要缺点，故目前在生物制药及其他生物工程生产上大部分发酵产品仍采用间歇发酵工艺。可以预计，随着生物技术与过程检测控制水平的提高，连续发酵在生物制药上的应用将越来越广泛。

二、酶催化基本理论与实践

酶和微生物、动植物细胞、微藻等构成了生物催化剂，酶本身是微生物等生物细胞生产的、具生物催化活性的蛋白质。和传统的化学催化相比，酶反应具有高度的专一性；有很高的催化效率；且酶反应的条件温和，通常在常温常压下进行，故酶反应对设备的要求不高。但酶反应也有不足之处，因酶是生物活性蛋白质，在强酸、强碱、高温、重金属离子等作用下极易变性失活，而且易被杂菌污染。故在利用酶作催化剂进行生物加工时，必须从工艺条件上尽可能充分发挥其优点，避开其缺陷与不足。下面概略介绍酶反应的基本理论及其在生物制药中的应用。

（一）酶反应基本理论

1. 单底物酶促反应动力学——米氏方程

对单底物酶促反应，底物首先与酶结合，形成复合物后再分解成产物并使酶释放。

$$E+S \underset{k_{-1}}{\overset{k_{+1}}{\rightleftharpoons}} ES \xrightarrow{k_2} P+E \tag{2-26}$$

式中　E——酶；

　　　S——底物；

　　ES——酶和底物的复合物；

　　　P——产物。

设底物浓度 c_S 比酶浓度 c_E 大得多，复合物浓度 c_{ES} 为动态平衡的不变值，则可推导出产物的生产速率为：

$$v = \frac{v_{max} c_S}{K_m + c_S} \tag{2-27}$$

式中　K_m——米氏常数，mol/L；

　　v_{max}——最大反应速率。

式（2-27）就是著名的 Michaelis-Menten 方程，常简称作米氏方程。

利用米氏方程求解酶反应动力学问题时，关键是需要求取 K_m 和 v_{max} 值。把式（2-27）两边取倒数，整理后可得：

$$\frac{1}{v} = \frac{K_m}{v_{max}} \frac{1}{c_S} + \frac{1}{v_{max}} \tag{2-28}$$

因为在一定条件下对一定的酶反应，K_m 和 v_{max} 为常数，故可通过实验测定不同 c_S 的 v 值，利用回归方法便可求得 K_m 和 v_{max} 值。

实际上，由于存在底物或抑制剂的抑制会降低酶反应速率，相关的计算公式如下：

（1）底物抑制的酶反应方程　有时，酶反应速率会随底物浓度升高而下降，称此为底物抑制。此时酶反应速率为：

$$v = \frac{v_{max} c_S}{c_S + K_m' + \dfrac{c_S^2}{K_s}} \tag{2-29}$$

式中　K_m'——修正的米氏常数，mol/L；

　　K_s——底物抑制的离解常数，mol/L。

（2）抑制物抑制的酶反应方程　与底物结构类似的物质，能在活性部位与酶结合，阻碍酶与底物结合、反应，此现象称为竞争性抑制，此时酶反应速率为：

$$v = \frac{v_{max}c_S}{K_m\left(1+\dfrac{c_I}{K_i}\right)+c_S} \tag{2-30}$$

式中　K_i——结合物 EI 的离解常数；

　　　c_I——抑制剂浓度。

有另一种情况，即抑制剂在酶的活性部位以外与酶结合，但也影响酶反应速率，称此为非竞争性抑制，此时酶反应速率为：

$$v = \frac{v_{max}c_S}{(K_m+c_S)\left(1+\dfrac{c_I}{K_i}\right)} \tag{2-31}$$

（3）还有第三种抑制情况，即抑制剂仅与复合物 ES 作用生成 ESI，使酶反应速率下降，此时：

$$v = \frac{v_{max}c_S}{K_m+\left(1+\dfrac{c_I}{K_i}\right)c_S} \tag{2-32}$$

2. 影响酶活性的环境因素及稳定性

除了前述的底物、抑制剂会影响酶的反应速率外，还有温度、pH、离子强度和电场、磁场、光照及超声波等环境因素也会影响酶活性，其中尤以温度和 pH 的影响最大。

（1）温度对酶反应速率的影响　首先，酶是活性蛋白质，基本上均是在常温下催化，有一定的适宜温度范围；在此温度范围内，酶反应速率基本符合阿累尼乌斯定律，即反应速率常数 $k = A\exp\dfrac{E_a}{RT}$，且有一个最佳反应 pH。

（2）pH 对酶反应速率的影响　酶分子中由氨基酸组成，侧链可能带正电荷或负电荷，pH 改变时，可使基团的离解和所带电荷发生变化，因而影响酶的活性。和温度一样，每一种酶也有一适宜的 pH 范围，且有最佳的 pH，在此 pH 下，酶催化反应速率达最大。

由于游离酶在所催化的反应溶液中难以回收，不仅增加了生产成本，且加大了下游分离纯化的压力，故生产中常用固定化酶。

（二）固定化酶

所谓固定化酶就是把游离酶经处理约束限制在一固定空间或载体上形成的酶。固定化酶既可用于连续酶催化系统，又可在分批催化后回收反复使用，故广泛应用于生物制药、食品加工和环境工程上，如应用固定化青霉素酰胺酶水解青霉素 G 生产 6-氨基青霉烷酸（6-APA）等。酶固定化方法可分为 4 大类，即包埋法、吸附法、交联法和共价结合法等。在进行酶固定化过程中，必须在适宜条件下进行，因为酶是活性蛋白质，一切会使蛋白质变性的因素（如高温、强酸、强碱等）均应避免，通常都在温和的条件下进行固定化操作。在实验室试验研究或是在工业生产上，究竟选择哪一类固定化方法，应参考现有的成功经验或是通过试验比较，最后优选确定。

1. 固定化酶反应的特性变化

由于酶分子被固定约束在一固定空间的载体中，使其微环境发生变化，从而导致固定化酶反应动力学等特性随之改变。主要变化如下：

（1）酶活力的改变　由于酶的空间构象发生改变或因载体的空间障碍，以及底物和产物进出载体的扩散阻力的影响，从而酶经固定化后活力通常比游离酶低，催化的专一性也可能改变。

（2）稳定性提高　由于酶分子的基团与载体发生了多点连接，使酶蛋白质结构变得更稳定，因而提高了对酸、碱、化学试剂和热的稳定性。

（3）最适作用温度的改变　酶反应的最适温度是酶催化反应速率与酶失活速率的综合反映。酶经固定化后，稳定性提高，失活速率降低，最后使最适酶反应温度上升。

（4）最适 pH 的改变　因为固定化载体的基团所带电荷随之变化，加上载体疏水性的不同，因而使微环境下底物浓度与主体溶液中的浓度产生差异，最终使酶反应速率改变，因此使最适 pH 改变。

（5）反应动力学常数的改变　由于固定化酶分子局限于固定空间内，底物需通过外部和内部扩散进入载体内才能与酶分子复合催化，生成的产物同样需通过内部和外部扩散回到液相主体，因而有扩散限制反应速率的问题。对应的米氏方程的 K_m 和 v_{max} 称之为表观值，这两个值与游离酶的 K_m 和 v_{max} 是不相等的。

（6）相对酶活力与半衰期　经固定化操作往往使酶活力受损失，单位质量酶蛋白固定化酶与游离酶活力的比值就称为相对酶活力；而固定化酶活力在催化过程其活力下降至初始活力的 50% 时所经过的时间被称作半衰期。这两个指标是衡量酶固定化工艺优劣的最重要的技术和经济指标。

2. 酶反应器

（1）游离酶反应器　游离酶在反应溶液中呈均相，酶分子易于与底物碰撞复合催化，故常用机械搅拌反应器和超滤膜反应器。前者可进行分批、半连续和连续操作，而后者则采用连续操作或间歇循环操作，且可回收酶。

（2）固定化酶反应器　固定化酶反应器有多种形式，目前常用的形式及操作方法如表 2-6 所示。

表 2-6　固定化酶反应器形式及特性

形　式	操 作 方 法	特　点
搅拌罐	间歇、连续、半连续	应用机械搅拌作用使固定化酶悬浮分散于反应溶液中
固定床或填充床	连续	应用多孔筛板(网)使固定化酶粒填充在反应塔中，反应溶液流过床层进行酶反应
流化床	间歇、连续	固定化酶颗粒在反应器内在流动料液或气流带动下不断运动，可强化质量传递
膜式	连续	固定化酶膜可加工成平板式、管式和中空纤维式反应器

除了表 2-6 介绍的几种形式的固定化酶反应器外，还有其他形式。在选用固定化酶反应器形式时，主要根据固定化酶的形状和大小、底物的物化特性、酶反应动力学、固定化酶的稳定性、生产规模及生产工艺要求等多因素进行综合分析，抓住主要矛盾，进行全面的技术和经济分析，最后确定最适宜的反应器。

3. 固定化酶在生物制药生产的应用举例

随着生物技术的发展，固定化酶在生物制药领域获得越来越多的应用。例如，利用固定化青霉素酰化酶催化天然的青霉素 G 或青霉素 V 生产 6-APA，它是进一步合成氨苄青霉素（氨苄西林）的中间产物。第二个例子是利用固定化氨基酰化酶处理含有 L 型和 D 型的外消旋氨基酸混合物，使 L 型的氨基酸脱酰基，然后结晶分离，再把 D 型氨基酸消旋化，生成的乙酰-DL-氨基酸混合物又进入酶反应器被催化，如此往复循环就获得生物活性的纯 L 型氨基酸。利用这种酶法进行氨基酸光学拆分，以化学合成法生产获得的 DL-氨基酸中生产纯的 L 型氨基酸技术，已用于 L-甲硫氨酸、L-苯丙氨酸、L-酪氨酸和 L-丙氨酸等工业化生产，获得良好的经济效益和社会效益。该技术的工艺流程如图 2-7 所示。

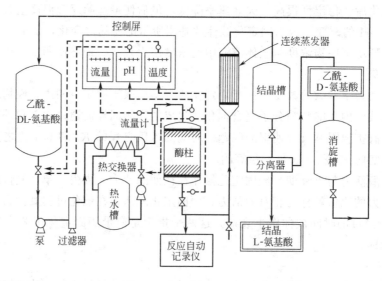

图 2-7　固定化氨基酰化酶连续催化生产 L 型氨基酸工艺流程

三、生物反应器

生物反应器是微生物发酵和酶催化的核心设备。除了酒精、乳酸等少数的发酵为厌气之外，绝大部分的生物制药生产都是使用通气发酵反应的。故本书只介绍通气生物反应器。无论是使用酶、微生物还是动植物细胞（组织）作生物催化剂，也不管其目的产物为抗生素、氨基酸还是生物活性蛋白，所需的通气生物反应器均应具有良好的传质和传热性能，结构严密，防杂菌污染，培养基混合和流动良好，有可靠的检测和控制，方便维修和清洗，能耗较低等。目前，常用的通气发酵罐有机械搅拌式、气升式等，其中前者占主导地位。

（一）常用的通气生物反应器

1. 机械搅拌通气生物反应器

常见的机械搅拌生物反应器（也称发酵罐）是上下为椭圆封头的圆柱罐，主要部件有搅拌器、空气分布器、冷却管、消泡器等，内装设温度、pH、溶氧等传感器，100m³ 大型通气机械搅拌发酵罐的结构如图 2-8 所示。

关于通气机械搅拌发酵罐有几点值得说明：

（1）罐体上的管路尽可能减少，罐内壁及接口等尽可能光滑、无死角。

（2）搅拌器叶轮有涡轮式、推进式等，应根据培养的微生物细胞的特性优选，三种常见的搅拌器叶轮见图 2-9。

（3）搅拌轴封是发酵罐渗漏杂菌的薄弱环节，必须精密，通常用双端面机械轴封。

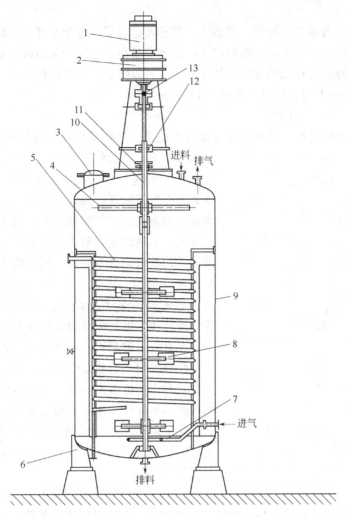

图 2-8 100m³通气机械搅拌发酵罐

1—电机；2—齿轮箱；3—人孔；4—消泡器；5—冷却蛇管；6—支撑座；7—空气分布器；

8—搅拌叶轮；9—罐体；10—搅拌轴；11—无菌轴封；12—轴承；13—联轴器

（4）发酵罐必须有足够的冷却器，大型罐常用竖式列管或蛇管，而实验室小型罐和种子罐可用夹套式换热器。

（5）溶氧速率和效率是通气发酵罐的重要指标，根据传质理论，溶氧传质速率为：

$$OTR = k_La[c^*(O_2) - c(O_2)] \qquad (2-33)$$

式中 k_La——体积溶氧系数，h^{-1} 或 s^{-1}；

$c^*(O_2), c(O_2)$——相应温度、压强下饱和溶氧浓度和发酵液中溶氧浓度，mol/m^3。

根据试验研究，通气机械搅拌罐的 k_La 为 $100\sim 1000h^{-1}$，通常，c/c^* 宜控制在 $20\% \sim 40\%$，在此溶氧饱和值下，既可保证充分的溶氧供应，又可节约供

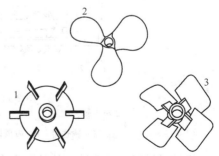

图 2-9 发酵罐搅拌器叶轮类型

1—六直叶平叶涡轮；2—推进式；

3—Lightnin A-315 式

氧能耗。

（6）关于搅拌与通气 通常，罐越大，搅拌转速越低，每个发酵罐在设计时均有一个最大转速的值，过高的搅拌转速可能使微生物细胞受损伤，不同种类的微生物，耐受的搅拌剪切强度不同，对球状或杆状的细菌和酵母，通常可以耐受的最高搅拌叶尖线速度为 7～10m/s。至于通气量，最大的空截面气速取 1.75～2m/min。

2. 气升式发酵罐（ALR）

除了机械搅拌罐之外，气升式发酵罐也常使用。这类反应器具有结构简单、不易染菌、溶氧效率高、能耗低等优点，目前世界上用于微生物发酵大型的气升环流式生物反应器体积高达 3000 多立方米。气升式反应器有多种类型，常见的有气升环流式、鼓泡式、空气喷射式等，其工作原理是使无菌空气通过喷嘴或喷孔射进发酵液中，通过气液混合的湍流作用使气泡分割细碎，同时由于形成的气液混合物密度降低而向上运动，而气含率小的发酵液则下沉，形成循环流动，实现混合与溶氧传质。图 2-10 为气升环流式发酵罐结构及循环流动示意图。

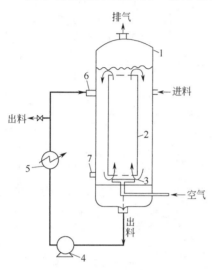

图 2-10 具有外循环冷却的气升环流式发酵罐

1—发酵罐；2—导流筒；3—空气分布器；
4—循环泵；5—热交换器；6，7—喷嘴

气升式发酵罐不需机械搅拌装置，结构简单，加工和维修方便，有较高的溶氧速率和溶氧效率，剪切力小，对生物细胞损伤少，尤其适合植物细胞和组织的培养以及酵母、微藻等细胞培养。

除了前述的通气机械搅拌罐和气升式发酵罐外，还有机械自吸式、喷射自吸式和溢流自吸式发酵罐也常用于生产中。

3. 机械通风固相发酵设备

通风固相发酵是传统的发酵生产工艺，生物制药领域可应用于某些抗生素和酶制剂等生产。通风固相发酵具有设备简单、投资省等优点。下面举例说明机械通风固相发酵系统，如图 2-11 所示。

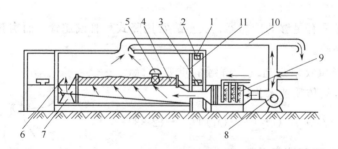

图 2-11 机械通风固相发酵系统

1—输送带；2—高位料斗；3—送料小车；4—料室；5—进出料机；6—料斗；
7—输送带；8—鼓风机；9—空调室；10—循环风道；11—闸门

机械通风固相发酵设备的发酵室多用长方形水泥池，宽约 2m，深 1m，长度则根据生产场地及产量等选取，但不宜过长，以保持通风均匀；发酵室底部应比地面高，以便于排水，池底应有 8°～10°的倾斜，以使通风均匀；池底上有一筛板，发酵固体物料置于筛板上，料层厚度约 0.3～0.5m。发酵池一端（池底较低端）与风道相连，其间设一风量调节闸门。通风常用单向通风操作，为了充分利用冷量或热量，一般把离开料层的排气部分经循环风道回到空调室，另吸入新鲜空气。

（二）生物反应器的检测及控制

在微生物发酵以及其他生物反应过程中，为了使生产稳定高产，降低原材料消耗，节省能量和劳动力，防止事故发生，实现安全生产，必须对生物反应过程和反应器系统实行检测和控制。

生物反应器的检测是利用各种传感器及其他检测手段对反应器系统中各种参数进行测量，并通过光电转换等技术用二次仪表显示或通过计算机处理打印出来。当然，除了用仪器检测外，最古老的方法是通过人工取样进行化验分析获得反应系统的有关参数的信息。生物反应系统参数的特征是多样性的，不仅随时间而变化，且变化规律也不是一成不变的，是属于非线性系统。

在生物反应过程中及反应器的检测控制中，首先要明确下述几点：

① 进行检测的目的是什么？

② 有多少必须检测的状态参数，这些参数能否测量检出？

③ 能测定的参数可否在线检测，其响应滞后是否太大？

④ 从状态参数的检测结果，如何判断该生物反应器及生物细胞本身的状态？

⑤ 反应系统中须控制的主要参数是什么？这些需控制的参数与生物反应效能如何相关对应？

1. 生物反应过程主要检测的参数

在发酵工厂中，生物反应器有关的主要过程可分成培养基灭菌、生物反应以及产物分离纯化过程。对生物反应器系统，为了掌握其中生化反应的状态参数及操作特性以便进行控制，需检测系列的参数如表 2-7 所示。

表 2-7　生物反应器中需检测的参数

参数类别	参　数	影响的状态	参数类别	参　数	影响的状态
物理参数	温度	细胞生长、反应速率及稳定性	化学参数	pH	反应速率及无菌度
	压强	溶氧速率、无菌操作		溶氧浓度	细胞生长及反应速率
	液面	操作稳定性、生产率		溶解 CO_2 浓度	反应速率
	泡沫高度	操作稳定性		氧化还原电位	反应速率及转化率
	培养基流加速度	生物反应效率		排气的氧分压	氧利用速率及反应速率
	通气量	溶氧与搅拌速率		排气的 CO_2 分压	氧利用速率及反应速率
	发酵液黏度	溶氧和混合、细胞生长及无菌状态		培养基质浓度	反应速率及转化率
	搅拌功率	溶氧速率及混合状态		产物浓度	生物反应效率
	搅拌转速	溶氧速率及混合状态		前体浓度	反应速率及效率
	冷却介质流量与温度	细胞生长及反应速率	生物量	细胞浓度	反应速率及生产率
	加热蒸汽压强	灭菌速度与时间		酶活性	反应速率
	湿度	固体发酵速率及效果		细胞生长速率	反应速率
	酸、碱及消泡剂用量	反应速率及无菌度			

2. 生物反应过程常用检测方法及仪器

（1）检测方式及仪器的组成 生物发酵生产中，生物反应器检测监控仪器最有代表性。根据大的分类，可把检测仪器分成在线检测（on-line measurement）和离线测量（off-line measurement）。前者是仪器的电极等可直接与反应器内的培养基接触或可连续从反应器中取样进行分析测定，如发酵液的溶氧浓度、pH 及温度、罐压等；而离线检测是从反应器中取样出来，然后用仪器分析或化学分析等方法进行检测。对生物发酵过程的控制来讲，在线检测是首选方式，便于用计算机等直接对给出的参数值进行分析比较而实现自动控制或优化控制。当然，在线测定要求所用的传感器能耐受蒸汽加热灭菌，有较高的精度和稳定性，且响应时间不能太长。而最常用的检测仪器的基本构成如图 2-12 所示。

图 2-12 生物反应检测仪器的基本构成
1—传感器；2—信号转换；
3—信号放大；4—输出显示

被测定量 作用量

（2）生物发酵液营养成分与产物的分析 发酵液中待检测的物质成分见表 2-8。

表 2-8 发酵液中营养成分与产物

催化剂类别	检测物质分类	发酵中待检测的物质成分
微生物细胞	营养基质	葡萄糖、麦芽糖、乳糖、醋酸、铵盐、酚、BOD 等
	代谢产物及副产物	乙醇、氨、蛋白质、抗生素、氨基酸、有机酸(乳酸、醋酸、柠檬酸等)、酶、甲烷、氢和二氧化碳等
	营养盐及生长因子	无机离子类如 K^+、Na^+、Ca^{2+}、Mg^{2+}、NH_4^+、NO_3^-、生物素、维生素等
动物细胞	营养基质	葡萄糖、氨基酸等
	代谢产物及副产物	蛋白质类(TPA、GCSF、EPO、INF 等)、乳酸、氨、尿素、CO_2
	生长因子	维生素、激素、抗生素(青霉素、链霉素等)
植物细胞	营养基质	糖类(蔗糖、葡萄糖、麦芽糖、乳糖、半乳糖)、醋酸、铵盐、硝酸盐、氨基酸等
	代谢产物及副产物	次生代谢产物(如植物色素、皂苷、紫杉醇等)、氨、CO_2
	生长素	维生素、植物激素(如 2,4-D,NAA,6-BA 等)

3. 生物传感器在微生物发酵过程检测的应用

微生物发酵生产和试验中已研制开发成功的生物传感器见表 2-9。

表 2-9 发酵过程物质检测用生物传感器

检测物质		检测用的生物传感器及换能器件
糖类	葡萄糖	酶电极(葡萄糖氧化酶与氧电极)
		微生物电极(*Peseudomonas Fluorescens* 和电极)
	蔗糖	酶电极(蔗糖酶、葡萄糖氧化酶和氧电极)
	麦芽糖	酶电极(葡萄糖淀粉酶、葡萄糖氧化酶和电极)
	半乳糖	酶电极(半乳糖酶和电极)
	乳糖	酶电极(半乳糖酶、葡萄糖氧化酶和电极)

续表

检测物质		检测用的生物传感器及换能器件
有机酸	乳酸	酶电极(乳酸氧化酶与氧电极或过氧化氢电极)
	丙酮酸	酶电极(丙酮酸氧化酶电极和氧电极)
	草酰乙酸	酶电极(草酰乙酸脱羧酶和二氧化碳电极)
	醋酸	微生物电极(酵母 *Trichosphoron Brasicae* 和酶电极)
	蚁酸	微生物电极(柠檬酸细菌和氢电极)
醇	乙醇	酶电极(乙醇脱氢酶和氧电极或过氧化氢电极)[①]
		酶电极(乙醇氧化酶和氧电极或过氧化氢电极)[①]
		微生物电极(酵母 *Trichosphoron Brasicae* 和氧电极)[②]
氨基酸	L-氨基酸	酶电极(L-氨基酸氧化酶和氧电极或过氧化氢电极)[③]
		酶电极(脱氨酶和氨电极)
		酶电极(脱羧酶和 CO_2 电极)
	谷氨酸	微生物电极(大肠杆菌和 CO_2 电极)
抗生素	青霉素	酶电极(青霉素酶或 β-内酰胺酶和 pH 电极)
	头孢霉素	微生物电极(柠檬酸菌和复合型玻璃电极)
其他	BOD	微生物电极(酵母 *Trichosphoron Cutanium* 和氧电极)
	甲烷	微生物电极(甲烷氧化菌和氧电极)
	氨	微生物电极(硝化菌和氧电极)
	亚硝酸盐	微生物电极(亚硝酸氧化菌 *Nitrobacter* sp. 和氧电极)

① 选择性欠佳,可用特殊的选择性膜联合解决。

② 稳定性较好。

③ 选择性较差。

有关生物传感器的检测原理如图 2-13 所示。

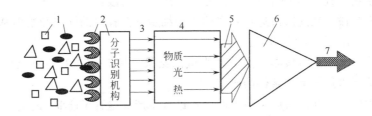

图 2-13　生物传感器的检测原理

1—待测物质;2—生物功能材料(分子识别检测部);3—生物反应信息;
4—换能器件;5—电信号;6—信号放大;7—输出信号

4. 生物反应过程控制概论

生物反应过程检测的目的是为了提供对生物反应有影响的信息,便于对反应器进行适当的控制,而控制的最终目的,在于创造良好条件,使生物催化剂处于高效的催化活性状态,以使所进行的生物反应高速、高效、收率高,降低原材料和能量消耗,同时保证产品质量。生物反应器的控制主要包括温度、pH、溶氧浓度(具体是通气量与搅拌转速)、基质和细胞浓度等的控制,具体如图 2-14 所示。

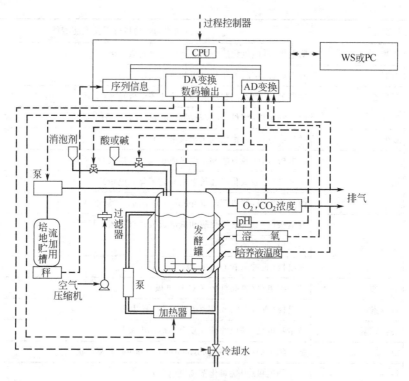

图 2-14 通气机械搅拌发酵控制系统

发酵过程控制系统可分为两种：程序控制和反馈控制。中小型生产设备可简单使用程序控制。在大规模的工业生产中，为了防止错误操作和减轻劳动强度，往往把程序控制和反馈控制相结合。随着计算机技术的发展和生化过程模拟水平的提高，期待将来可以建立高级控制——最优控制。

（三）生物反应器的比拟放大

任何一个生物工程产品的研究开发都必须经历三个阶段：

（1）实验室阶段　在此阶段进行基本的生物细胞（菌种）的筛选和培养基的研究，通常是使用摇瓶或 1～5L 的生物反应器进行。

（2）中试阶段　在此阶段参考实验室小试的结果，用 5～500L 生物反应器进行发酵反应，以进行环境因素最佳操作条件的研究。

（3）工厂化生产　在此阶段利用生产设备进行生产试验直至商业化生产，获取经济和社会效益。

在上述的三个阶段中，对同一生物发酵，使用不同规模的发酵罐进行的生物反应是相同的，但反应溶液的混合状态、传质与传热性能等不尽相同，因此细胞生长与代谢产物生成的速率也有差别。如何估计不同规模的生物反应器中生物反应的状况，尤其是反应器放大过程中如何维持细胞生长与生物反应速率相似是生物反应器放大的关键问题。所谓生物反应器的放大，就是指以实验室小试或中试设备所取得的试验数据为依据，设计制造并运转大规模的生物反应系统。生物反应过程的复杂性远大于普通的化工过程，影响过程的参变数很多，不仅有传统化工过程的传质和传热、流体动力学及反应动力学，而且生物细胞的生长、酶（酶系）的活性及细胞的生理特征等影响因素非常复杂。反应器是生物工程设备的核心，其放大就成为生物发酵过程放大的关键。

生物反应器的放大方法有多种，可归纳为理论放大法、半理论放大法、量纲分析法和经验放大法等。因为生物反应的复杂性，至今常用的放大法是经验放大规则。

机械搅拌通气发酵罐的经验放大法主要有 4 种，即：①以体积溶氧系数 k_La 相等为基准；②以单位体积发酵液搅拌功率 P_0/V_L 相等为基准；③以搅拌器叶尖线速度相等为准则；④维持培养基溶氧浓度不变。

这四种经验放大准则各适用于不同的特定情况，其中第①基准即 k_La 相等的准则用于高好氧发酵可获得良好的效果；对于溶氧速率控制生物反应的非牛顿型发酵液，用第②基准即 P_0/V_L 相等的准则通常获得良好的放大效果。

根据实验研究和生产实践，对于机械搅拌通风发酵罐的放大是需要系统的知识和经验。首先，不同规模的发酵罐应大体维持几何相似但不是一成不变；为了维持不变的 k_La 和剪切浓度，可适当改变几何尺寸比例；最常用的方法是维持体积溶氧系数 k_La 恒定，有时需兼顾搅拌剪切强度不变或改变不大。实际上，放大设计的成功还需生产实践验证。机械搅拌通气发酵罐较合理的放大过程可概括为如图 2-15 所示。

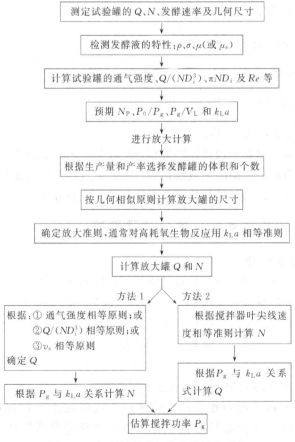

图 2-15　机械搅拌通气发酵罐放大过程

第四节　产物的提取与纯化

和自然界存在的天然物料一样，用发酵和酶催化生产的原始产物，几乎都是混合物，通常都必须经分离纯化处理才能获得最终产品。而且，分离纯化的设备投资和运转费用在总投资和生产成本中占相当高的比重。所以，分离纯化方法的选择优化以及新型分离纯化工艺设备的开发研制，具有极重要的意义。

生物技术产品的特点之一是其品种多，生化及物化特性千差万别。一个大型的生化制药公司可能生产上百种生化药物，且生物分离有下述特征：①发酵液中目的产物浓度低，如抗生素为 $1\% \sim 3\%$，酶为 $0.2\% \sim 0.5\%$，维生素 B_{12} 甚至只有 0.002% 的含量，同时发酵液中还会有物化性质类似的副产物和杂质；②目的产物几乎都是热敏性的，对 pH 较敏感，易失活；③易受微生物污染而变质。

生物工程产品的多样性和特殊性导致了各式各样的分离方法和应用。例如，基因工程活性蛋白药物一般使用下述的分离步骤：

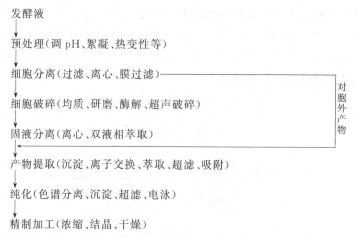

为了实现生产的高效率和低消耗，在进行分离纯化工艺和设备设计前，必须考虑下述几个问题：①产品的价值；②产品的质量及指标；③分离过程产物和杂质的所在位置；④产物和主要杂质特殊物化性质；⑤各种可能分离方法的技术经济分析比较。

一、发酵液的预处理和细胞的分离及破碎

（一）发酵液的预处理

发酵液和其他生物反应溶液通常是难过滤的，其原因是这些液体的高黏性和非牛顿型流体特性，以及微生物细胞易受压迫变形，形成高压缩性的滤饼，从而使滤液难以透过。所以，发酵液在过滤或离心前常需预处理。下面介绍三种预处理方法，通过预处理，微生物细胞的沉降速度常可提高数十倍，过滤速度可提高数倍。

1. 加热处理

最简单又廉价的预处理方法就是把成熟发酵液加热至一定温度。加热不但改善了料液的过滤性能，同时还进行了巴斯德杀菌。但使用此法往往受产物的热敏性限制。同时需注意的是，使用此法时必须严格控制温度，可通过试验确定适宜的加热温度，切勿盲目升温，否则不仅浪费能量，而且使细胞内容物外溢至胞外，影响产物的分离纯化，降低回收率。

2. 凝聚和絮凝

第二种预处理方法是添加电解质或高分子絮凝剂到成熟发酵液中使之凝聚或絮凝。所用的化学药剂有简单的电解质酸和碱，也可用天然的或合成的高分子物质。酸和碱可改变溶液的 pH 值，从而使粒子带电状况改变。通常，若粒子带电量减少，则凝聚，易被过

滤除去。

天然或合成高分子絮凝剂既可使料液中微粒的静电斥力降低，又可被吸附到邻近的胶体粒子上。当其一端吸附某一粒子后，另一端又吸附另一胶体粒子，结果使分散状态的胶体微粒絮凝而逐渐变大，直至形成肉眼可见的粗大絮凝体，易于被过滤分离。生物分离上常用的絮凝剂有聚丙烯酰胺、聚亚胺衍生物以及醋酸纤维素、多糖、动植物胶等天然高分子絮凝剂。

最后强调的是，过滤预处理工艺条件的确定必须根据生产实践或试验结果进行优化改进。此外，可同时使用高聚物和电解质混合絮凝剂。

3. 使用助滤剂

改进发酵液过滤性能的第三种方法是添加助滤剂。发酵液中的胶体微粒被吸附到助滤剂微粒上，而后者是不可压缩的，因而使压缩性高的微生物菌体形成的滤饼可压缩性大大降低，故大大提高过滤速率。

常用助滤剂有硅藻土、珍珠岩等，其基本物化特性及助滤性能见表 2-10。对于单细胞蛋白生产以及产物不能含硅的场合，可使用淀粉作助滤剂。

表 2-10 常用助滤剂物化特性及助滤性能

名 称	密度/(kg/m³)		适用 pH	吸 水 率	备 注
	干	湿			
硅藻土	130～190	240～280	7.5～10	250%	常用于抗生素等过滤
珍珠岩	110～150	240～260	7.5		

助滤剂的微粒大小、粒度分布及添加量对过滤速度影响很大。商品助滤剂有多种规格，粒度分布不同，应针对不同发酵液的过滤要求，通过试验确定最佳的助滤剂。

但是，使用助滤剂也有不足之处，一是助滤剂会降低滤液澄清度，一些抗生素会与硅藻土形成不可逆的结合，再者也形成环境污染源。

（二）细胞分离及破碎

1. 细胞的分离

在生物反应领域，几乎所有的发酵液均存在或多或少的生物细胞或其他悬浮固体，因此在提取阶段即从发酵液中收获菌体，或在原料或半成品制作过程中需进行把悬浮固体与溶液分离的操作。固液分离操作常用方法为过滤与离心分离，通过这两个操作过程均可得到溶液和固态浓缩物（细胞或滤渣）两部分。若目的产物存在于细胞内，则必须经历细胞破碎过程才能进一步进行产物的提取分离，细胞破碎往往是生物分离的辅助步骤。

（1）过滤 过滤是传统的化工单元操作，其原理是原料通过固态过滤介质时，使细胞等固态悬浮物与溶液分离。早年生产面包鲜酵母，就是用板框压滤机把酵母菌体从成熟发酵液中分离开来。但对更微小的微生物细胞，发酵液的过滤就变得复杂了，甚至无法进行，此时就需使用离心分离设备。

对不同的过滤对象，应根据下列因素选取合适的过滤设备：①滤液的黏度、腐蚀性；②固态悬浮物的粒度、浓度以及可压缩性；③目的产物是存在于液体部分还是在细胞等悬浮固体中。

过滤设备多式多样，有传统的板框式压滤机、板式过滤机、回转真空过滤机等。在本书中不一一详述，细节可参阅有关的手册。总之，过滤设备的选型首先应在满足产物分离工艺要求的前提下，使设备投资和运转操作费最低。

到目前为止，工业规模生产中有关的过滤工艺、设备选型及设备设计等问题，还不能单纯用理论解决，通常先在实验室用简单小型过滤实验装置对滤饼的压缩特性、操作参数、发酵液预处理、滤饼洗涤等进行研究，最简单的实验装置是采用布氏漏斗过滤，其装置如图2-16所示。

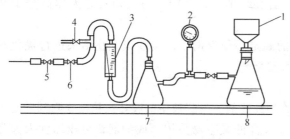

图 2-16　布氏漏斗过滤实验装置

1—布氏漏斗；2—真空表；3—浮子流量计；4—放空阀；

5—截止阀；6—调节阀；7—干燥瓶；8—滤液瓶

值得注意的是，在使用小型过滤装置进行实验研究以便解决过滤设备的放大时，必须保证实验物料和实际生产时相同。同时，发酵感染杂菌、温度改变、细胞自溶等也会改变料液的物化特性。此外，还必须使小型实验装置尽可能与工业生产设备属同一类型，同时控制过滤压力差应与大生产时操作压强一致。这样就可用实验结果估算生产时过滤所需时间和过滤面积。再有，通过过滤实验，还有助于确定最佳发酵结束时间，因成熟发酵液的质量对产品的提取精制收率有重要影响。表2-11列举一些典型发酵液的过滤实验数据。

表 2-11　某些发酵液的真空过滤速率

产物名称	所用微生物	真空过滤速率 /[10^{-3}m³/(h·m²)]	产物名称	所用微生物	真空过滤速率 /[10^{-3}m³/(h·m²)]
卡那霉素	*Str. kanamycetius*	0.6～0.8	林可霉素	*Str. lincoinensis*	2.6～3.8
青霉素	*Penicillium chrysogenum*	12～16	新霉素	*Str. fradise*	1.0～1.2
红霉素	*Str. erythreus*	2.9～5.7	蛋白酶	*Bacillus subtilis*	0.9～3.7

除了板框压滤和转鼓真空过滤外，对于可生成可压缩滤饼料液的过滤，可采用微滤或超滤来提高过滤速率，因为这两种方法可以实现几乎无滤饼生成的过滤分离过程。若悬浮微粒太细而难于用过滤分离时，可应用下述的离心分离方法。

（2）离心分离　离心机是利用转鼓高速转动所产生的离心力，来实现悬浮液、乳溶液的分离或浓缩的分离机械。离心力场产生的离心力可以比重力高几千甚至几十万倍。离心分离设备在生物工程产业上的应用十分广泛，例如，从各种发酵液分离菌体和流感、肝炎的疫苗以及干扰素制造等都大量使用各种类型的离心分离机。

习惯上，把离心机分为过滤式离心机、沉降式离心机和分离机。其中，过滤式离心机的转鼓壁上开有小孔，上有过滤介质，用于处理悬浮固体颗粒较大、固体含量较高的场合；沉降式离心机用以分离悬浮固体浓度较低的固液分离；而分离机则指用于分离两种互不相溶的、密度有微小差异的乳浊液。图2-17为密封连续沉降式离心机结构简图。

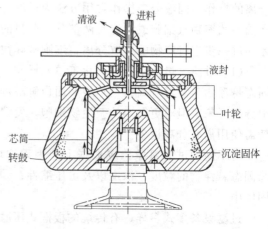

图 2-17　密封连续沉降式离心机结构

离心分离基本原理是利用悬浮粒子与周围溶液间存在密度差的原理。根据斯托克斯定律，悬浮液中固体微粒的重力沉降速度为：

$$v_g = \frac{d_s^2}{18\mu}(\rho_s - \rho)g \tag{2-34}$$

在离心力场中，悬浮固体粒子的沉降速度为：

$$v_c = \frac{d_s^2}{18\mu}(\rho_s - \rho)\omega^2 r \tag{2-35}$$

式中　g——重力加速度常数，m/s^2；

d_s——悬浮固体粒子直径，m；

μ——溶液黏度，Pa·s；

ρ——液体的密度，kg/m^3；

ρ_s——固体粒子密度，kg/m^3；

ω——转鼓回转角速度，弧度/s；

r——转鼓中心轴线与微粒间距离，m。

式（2-35）是离心分离计算的基础。下面介绍离心分离机的一个重要参数——离心分离因素。定义悬浮粒子在离心力场中受到的离心惯性力与其受重力之比为分离因素，即：

$$f_c = \frac{F_c}{G} = \frac{m\omega^2 r}{mg} = \frac{\omega^2 r}{g} \tag{2-36}$$

离心分离因素 f_c 越高，悬浮粒子就越容易分离。

下面举例说明悬浮粒子沉降与离心分离的计算。

【例 2-1】 用室式分离机从发酵液中分离酵母细胞，离心机由多个离心圆筒构成。离心操作时这些圆筒的轴线与转鼓回转轴线相垂直，且离心筒内的液面与回转轴线相距 0.03m，筒底到回转轴线距离为 0.1m。酵母细胞可视为球形，直径为 8.0×10^{-6} m，细胞的密度为 1050kg/m^3。若离心转速为 3000r/min，发酵液的物性为 $\rho=1000$kg/m^3，$\mu=1.0\times10^{-3}$Pa·s。求酵母细胞从发酵液完全分离所需时间。

解　由式（2-35）可得出酵母离心沉降速率：

$$v_c = \frac{dr}{dt} = \frac{d_s^2}{18\mu}(\rho_s - \rho)\omega^2 r$$

由题意知，离心筒内液面附近的细胞沉降到管底所需分离时间最长，故方程的边界条件为：

$$t=0 \qquad r_0 = 0.03\text{m}$$
$$t=t_1 \qquad r_1 = 0.10\text{m}$$

在此边界条件，积分上述离心沉降速率方程，可得出酵母完全分离时间。

$$t = \frac{18\mu\ln\frac{r_1}{r_0}}{d_s^2(\rho_s-\rho)\omega^2}$$

$$= \frac{18\times10^{-3}\ln\frac{0.1}{0.03}}{(8.0\times10^{-6})^2(1050-1000)\left(\frac{3000}{60}\times2\pi\right)^2} = 68.6 \text{ (s)}$$

在生物制药生产等生物分离过程常用的离心机类型有管式、带喷嘴碟片式、间歇排渣碟片式和篮筐式离心机四种，其结构示意图如图 2-18 所示。下面分别介绍其工作原理和结构。

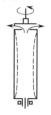

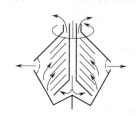
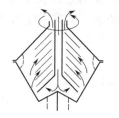

(a) 管式离心机　　(b) 带喷嘴碟片式离心机　　(c) 间歇排渣碟片式离心机　　(d) 篮筐式离心机

图 2-18　四种常用离心机结构示意

① 管式离心机　管式离心机有一管状转鼓，结构虽然简单，但具有很高的离心分离因素，而且转鼓易冷却。生产规模的连续超速管式离心机，其转速可达 10000～80000r/min，离心分离因素高达 180000g，可用于分离病毒、肝细胞等微粒子。管式离心机适用于固体颗粒直径 0.01～100μm，固相浓度小于 1%，两相密度差大于 10g/m³ 的难分离的悬浮液或乳浊液的分离，如微生物、抗生素、蛋白质、病毒等的分离。

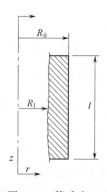

图 2-19　管式离心机分离原理

管式离心机的分离原理可用图 2-19 进行分析。如图所示，料液中微粒与回转轴距离为 r，与管底距离为 z，且微粒随料液在泵送下在管中由下而上运动，其速度为：

$$v = \frac{dz}{dt} = \frac{Q_L}{\pi(R_0^2 - R_1^2)} \tag{2-37}$$

式中　Q_L——给料流速，m³/s；

R_0——转鼓内径；

R_1——液流内表面中心距。

实际上，管式离心机的转速高达 $(1 \sim 8) \times 10^4$ r/min，所以重力的作用可忽略。

由理论分析可得出，当 v_g 较高，即粒子直径或其密度较高时，粒子将很快运动到鼓壁；而当泵送流速 Q_L 增加时，则悬浮固体粒子将向上走得更远才能运动到壁面。显然，对于那些刚好能被分离沉降的粒子，如果其进入转鼓时（即 $z=0$ 时）处于 $r_0=R_1$ 的位置，则其随液流向上运动到转鼓顶部时，即 $z=L$ 时，粒子刚好沉降运动到转鼓壁面而被截获分离，即此时 $r=R_0$。通过积分可得有效分离适宜的泵送流量 Q_L 为：

$$Q_L = \frac{\pi(R_0^2 - R_1^2)Lv_g\omega^2}{g \ln \dfrac{R_0}{R_1}} \tag{2-38}$$

从式（2-38）不难得出下述重要结论：对管式离心机，正常分离操作所允许的最大料液流速即生产能力 Q_L，是反映粒子和料液特性的沉降速度 v_g，以及离心机特性参数 L、R_1、R_0 和 ω 的函数。而且，由于管式离心机的转速很高，分离因素很大，故 R_1 几乎等于 R_0。令 $R = \frac{1}{2}(R_1 + R_0)$，则从式（2-38）中可得：

$$\frac{R_0^2 - R_1^2}{\ln(R_0 - R_1)} = R_1(R_0 + R_1) = 2R^2 \tag{2-39}$$

把式（2-39）代入式（2-38），得：

$$Q_L = v_g\left(\frac{2\pi L R^2 \omega^2}{g}\right) = Cv_g \tag{2-40}$$

$$C=\frac{2\pi l R^2 \omega^2}{g}。$$

可见，管式离心机生产能力取决于两方面：其一是待分离固体粒子及溶液的性质（由 v_g 反映）；二是 C 所代表的特定离心机的分离特性。

② 碟片式离心机　碟片式离心机是沉降式分离机的一种，在工业生产上应用最为广泛。碟片式离心机分离原理如图 2-20 所示，设和碟片母线平行的方向为 x 方向，与碟片母线垂直的方向为 y 方向。设一固体微粒位于 $A(x,y)$ 点，如图所示，即 x 为沿碟片间隙方向与碟片外沿的距离，y 为粒子与最下面碟片外缘的距离，且碟片外缘与内缘的半径分别为 R_0 和 R_1。下面分析微粒的运动过程。

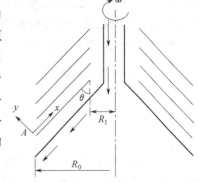

图 2-20　碟片式离心机分离原理示意

a. 微粒沿 x 方向的运动。固体微粒在碟片间隙中，沿 x 与 y 方向运动，在泵送的对流作用和离心沉降联合作用下，微粒沿 x 方向的速度为：

$$\frac{\mathrm{d}x}{\mathrm{d}t}=v_0-v_c\sin\theta \tag{2-41}$$

式中　θ——碟片与转鼓轴线夹角；

v_0——泵送作用下的液体流速，m/s；

v_c——粒子在离心力作用下的运动速度，m/s。

b. 微粒沿 y 方向的运动速度分量为：

$$\frac{\mathrm{d}y}{\mathrm{d}t}=v_c\cos\theta \tag{2-42}$$

要达到固液分离的目的，则必须使固相微粒在相邻两碟片间运动时抵达上碟片底部。不难看出，相同的微粒若处于碟片外半径处，即 $x=0$，且在相邻两碟片的下碟片上，即 $y=0$ 处，处在这样的位置的微粒是最难分离的。如果在其离开隙道前刚好抵达上碟片底部，即其坐标为 $x=(R_0-R_1)/\sin\theta$，$y=L$（相邻两碟片表面距离），则这微粒在离心力场作用下，将沿碟片底部运动到碟片的外缘，汇集到滤渣中。

设 n 为碟片间隙数，根据上述的边界条件分析，由系列微分方程可得出定积分：

$$\frac{gQ}{L}\int_0^l f(y)\mathrm{d}y=\int_0^{\frac{N_0-N_1}{\sin\theta}}2n\pi v_g\omega^2(R-x\sin\theta)^2\cos\theta\mathrm{d}x \tag{2-43}$$

上式积分并整理得：

$$Q=\left[\frac{2n\pi\omega_2}{3g}(R_0^3-R_1^3)\cot\theta\right]v_g \tag{2-44}$$

令 $C=\frac{2n\pi\omega_2}{3g}(R_0^3-R_1^3)\cot\theta$，则式（2-44）变成：

$$Q=Cv_g \tag{2-45}$$

由此可见，碟片式离心机的生产能力 Q 与管式离心机有相似的表达式。而离心机允许的最大料液流量即生产能力 Q，取决于参数 v_g 和 C。其中，v_g 是由悬浮固体微粒的特性决定的，与离心机性能无关，而 C 的量纲是长度的平方，反映了离心机的几何特性，而与粒子性质无关，故称 C 为离心机的几何特性参数。

下面举例说明管式离心机的有关计算。

【例 2-2】 用管式离心机从发酵液中分离大肠杆菌细胞，已知离心管（即转鼓）内径为 0.127m，高 0.73m。转速为 16000r/min，生产能力 $Q=0.2m^3/h$。求：（1）细胞的离心沉降速度 v_g；（2）若大肠杆菌细胞破碎后，微粒直径平均降低 1 倍，细胞浆液黏度升高 3 倍。试估算用上述离心机对破碎细胞液的处理能力。

解 （1）应用管式离心机生产能力计算式（2-40），可求出破碎前细胞的终端沉降速度。

$$v_g = \frac{Q_L g}{2\pi L R^2 \omega^2}$$
$$= \frac{(0.2/3600) \times 9.81}{2\pi \times 0.73 \times 0.127^2 \times (16000 \times 2\pi/60)^2}$$
$$= 2.62 \times 10^{-9} \ (m/s)$$

（2）细胞破碎后，反映悬浮微粒特征的终端沉降速度 v_g 改变了，但因用的是同一台离心机，故反映离心机特性的参数 C 不变。所以有：

$$\frac{Q_{L_2}}{Q_{L_1}} = \frac{v_{g_2}}{v_{g_1}}$$

其中下标 1 和下标 2 分别表示菌体细胞破碎前和后。而 $v_g = \frac{d_s^2}{18\mu}(\rho_s - \rho)$，故细胞破碎后所得浆液离心分离处理量为：

$$Q_{L_2} = Q_{L_1} \times \frac{v_{g_2}}{v_{g_2}} = Q_1 \left(\frac{d_{s_2}}{d_{s_1}}\right)^2 \left(\frac{\mu_1}{\mu_2}\right)$$
$$= 0.2 \left(\frac{1}{2}\right)^2 \left(\frac{1}{4}\right) = 0.0125 \ (m^3/h)$$

由计算结果知，细胞破碎一分为二后，其离心分离生产能力大大下降，只有破碎前的 1/16。

（3）离心分离过程的放大　大规模离心分离操作的设计包括利用实验室小试数据对现有型号离心机的生产能力进行估算预测。

应该说，实验室小型离心操作试验与工业规模的离心分离过程是存在很大差异的。如何使之关联起来呢？对此有两种估算方法：第一种方法是应用等效时间 t_e 的近似方法；第二种方法是利用离心机的几何特性参数 C，如式（2-45），进行定量分析。

应用第一种方法，可对给定的分离方法计算离心力和离心时间的乘积去估计分离的难易程度。引入等效时间 t_e：

$$t_e = \frac{\omega^2 R_0}{g} t \tag{2-46}$$

式中　R_0——特征半径，通常用转鼓半径表示；

　　t——分离时间，s。

某些微生物细胞或微粒的典型 t_e 值如表 2-12 所示。

表 2-12　某些微粒的离心等效时间 t_e 值

微 粒 名 称	等效时间 t_e/s	微 粒 名 称	等效时间 t_e/s
真核细胞，叶绿体	3×10^5	细菌细胞，线粒体	18×10^6
真核细胞碎片，细胞核	2×10^8	细菌细胞碎片	54×10^8
蛋白质沉淀物	9×10^5	核糖体，多核蛋白质	11×10^8

t_e 值一经小试确定，就可选择具有相似 t_e 值的大型离心机。但必须认识到，这种 t_e 值相等的放大方法仅仅是粗略的估算。另外，用于估算 t_e 值的小型离心机可一机多用，附设三种可变换的转鼓，即第一种转鼓是管式的，可用 10ml 带刻度的离心管，这便于 t_e 值的测定，因在一定转速下的离心力是易于计算的，从而可确定 t_e；第二种转鼓是用于乳浊液分离的碟片式；第三种则是带喷嘴排渣的碟片式转鼓，用于固液分离可连续操作。

离心机放大的第二种方法是应用参数 C，如前述的式（2-40）和式（2-45），对于已有的离心机的选用，用参数 C 来计算是最有用的方法。但若要选择新型号的离心机，则最好的方法是测定 t_e 值然后再估算。

这里，把最关键的公式即离心机几何特性参数 C 的计算列举于下。

管式离心机
$$C = 2\pi L R^2 \omega^2 / g \tag{2-47}$$

碟片式离心机
$$C = \frac{2n\pi\omega^2}{3g}(R_0^3 - R_1^3)\cot\theta \tag{2-48}$$

在离心机选型时，必须首选那些能满足参数 C 的要求，以适应分离过程所需的微粒终端沉降速度 v_g 和分离能力 Q 值。其中，v_g 值可用上面介绍的小型试验离心机通过实验确定。

必须指出，在离心机放大和选型时，在应用 t_e 值的测定和应用参数 C 进行估算时，还必须根据离心分离实践经验进行具体分析，即通过对处理料液特别是悬浮微粒的特性进行实验测试，并根据各类离心机的操作分离性能，最好还能向离心机生产厂商详细了解其使用特性，表 2-13 和表 2-14 分别列举了常用离心分离机的特性和在生物分离中的应用实例。

表 2-13 常用离心机的特性及选用

分 离 特 性	管 式	碟 片 式		螺旋倾析离心机
		间歇排渣	连续（喷嘴式）	
使用分离过程	澄清 液-液分离、液-液-固分离	澄清、浓缩 液-液分离、液-固分离	沉降浓缩 液-液分离、液-液-固分离	沉降浓缩 液-固分离
料液含固量/%	0.01～0.2	0.1～5	1～10	5～50
微粒直径/10^{-6}m	0.01～1	0.5～15	0.5～15	>2
排渣方式	间歇或连续	间歇排出	连续	连续
滤渣情况	团块状（间歇）	糊膏状	糊膏状	较干
分离因素/g	10^4～6×10^5	10^3～2×10^4	10^3～2×10^4	10^3～10^4
最大处理量/(m³/h)	10	200	300	200

表 2-14 微生物及生化物质的分离

发 酵 产 物	微生物名称	微粒大小/10^{-6}m	离心分离相对流量/%	适合的离心机类型
面包酵母	啤酒酵母	5～8	100	喷嘴碟片式
柠檬酸	黑曲霉	3～10	30	螺旋式、间歇排渣式
抗生素	霉菌	3～10	20	螺旋式
抗生素	放线菌	3～20	7	间歇排渣式
酶	枯草杆菌	1～2	7	喷嘴碟片式、间歇排渣式
疫苗	梭菌	1～2	5	间歇排渣式

下面举例说明离心分离过程的放大。

【**例 2-3**】 某发酵生产应用一酵母菌株生产活性蛋白。小试是使用管式离心机分离发酵液，已测定发酵液含湿菌体量 7%（体积分数），离心机转速为 2000r/min，经 30min 分离可得到浓浆状的菌体，离心转鼓管径 0.15m，运转时中空液柱内径 0.05m。试为日产 10m³ 发酵液的中试工厂选择配套离心分离机。

解 要解决此离心机选型，可通过下述三步骤求解：

（1）估算酵母细胞的沉降速度

根据小试结果，由式（2-35），得：

$$v_c = \frac{dr}{dt} = v_g \left(\frac{\omega^2 r}{g} \right)$$

积分上式并整理得：

$$v_g = \frac{g \ln \frac{R_0}{R_1}}{\omega^2 t} = \frac{9.81 \ln \frac{0.15}{0.05}}{(2\pi \times 2000 \div 60)^2 \times 30 \times 60}$$
$$= 1.36 \times 10^{-7} \text{ (m/s)}$$

根据题设要求和表 2-12、表 2-13，可知喷嘴碟片式离心分离机是适合本发酵液分离的。此外，还应用了碟片式离心机进行发酵液分离菌体实验，该离心机碟片数为 18，碟片倾角为 51°，转速 8500r/min，碟片外径 0.047m，内径 0.021m。最后，又把离心机转鼓改换成普通实验室用的管式离心装置进行试验，确认了发酵液酵母细胞的沉降速度与上述计算结果相近。

（2）由碟片式离心机小试结果，可求出参数 C 的值：

$$C = \frac{2n\pi\omega^2}{3g} (R_0^3 - R_1^3) \cot\theta$$
$$= \frac{2 \times 18\pi (8500 \div 60 \times 2\pi)^2}{3 \times 9.81} (0.047^3 - 0.021^3) \cot 51°$$
$$= 233.1 \text{ (m}^2\text{)}$$

由此求出该离心机对上述发酵液的最大处理量为：

$$Q = Cv_g = 233.1 \times 1.36 \times 10^{-7}$$
$$= 3.17 \times 10^{-5} \text{ (m}^3\text{/s)}$$

（3）由（1）和（2）的结果，可计算出中试工厂日处理 10m³ 所需的离心机的参数 C：

$$C = \frac{Q}{v_g} = \frac{10 \div 24 \div 3600}{1.36 \times 10^{-7}} = 851 \text{ (m}^2\text{)}$$

由计算出的 C 与已知喷嘴碟片分离机进行对照，就可以初选出所需机型。

2. 细胞破碎

发酵产物大多存在于细胞外，即培养液中，例如大多数氨基酸（如谷氨酸、赖氨酸等）、胞外酶、抗生素及多糖等，对这些发酵生产可直接进行产物的分离纯化。但是，有些目的产物存在于细胞内，如大多数蛋白质、类脂和部分抗生素，提取分离这些产物时就必须先进行细胞破碎。

从总体来说，细胞破碎方法可分成两大类：其一是机械法；其二是化学法，见表2-15。

表 2-15 细胞破碎方法及原理

分类	方 法	作 用 原 理	处理费用	应 用 例	备 注
化学法	渗透压作用	低表面张力使细胞膜破碎	低	红细胞破碎	作用温和
	酶水解	胞壁分解酶消化胞壁	高	使用溶菌酶	作用温和
	自溶	有机溶剂或缓冲溶液作用于胞壁	低	酵母自溶	作用温和
	冻结溶解	冻结-溶解的双重作用	中		
机械法	均质	锐孔均质剪切作用或旋转刀具破碎作用	中	酵母及动植物细胞破碎	可用于大规模生产
	研磨破碎	盘磨研磨剪切破碎	低		中小规模
	球磨破碎	玻璃珠球磨作用	低	微生物及动植物细胞	大规模
	超声破碎	超声波的机械振荡作用	高	悬浮细胞	小量

(1) 机械破碎法 在生物工程和发酵工业上，细胞破碎最常用的方法是采用机械破碎。其中，旋转刀片均质机、磨料研磨剪切和超声波破碎等方法常用于实验室小规模试验，其中第一种方法可用于丝状菌、动物细胞或组织的破碎，其余两种方法适用于大多数细胞悬浮液的处理。锐孔均质和球磨破碎法适用于大规模生产，常用于食品和生物化工生产。图 2-21 为锐孔均质机破碎细胞过程。

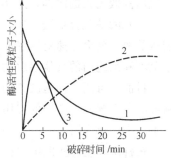

图 2-21 锐孔均质作用对
细胞的破碎过程

1—表观粒子大小；2—料液的富
马酸酶活性；3—乙酸脱氢酶活性

由图 2-21 可见，经均质破碎处理 0.5h 后，细胞粒子表观大小便达到某一低值且基本维持不变；与此同时，富马酸酶的活力却刚好与此相反，随破碎时间增加而上升。但是，乙酸脱氢酶的活力却大起大落，由起始的零值升至 5min 时的最高值，然后又随均质时间延长而急速下跌。其原因可能是此酶存在于细胞壁附近，很快就游离出来，但又易受均质的剪切而变性。很明显，若目的产物是富马酸酶，则均质破碎时间宜取 0.5h。

细胞悬浮液的破碎常借助乳品生产的均质机并加以适当改进。当细胞通过均质阀时，受机械压力和剪切作用而被破碎。

(2) 化学处理法 化学处理是细胞破碎常用的方法，具体的工艺有渗透压破碎、洗涤剂溶解、类脂溶解、酶消化分解和碱处理等。

① 渗透压冲击 最简单的化学处理方法是渗透压冲击，其处理过程相当简单。先把待破碎细胞倾入纯水中，纯水用量约为细胞体积的两倍。因为细胞内含有各种溶质，由于渗透压作用，细胞周围水分就渗透流入细胞器，引起细胞溶胀，甚至破碎。这样，细胞内容物就释放到溶液中。细胞对裂解的敏感度主要取决于细胞的种类，如红细胞易裂解，动物细胞也易裂解，但后者要先经机械法破碎动物组织后才能进行。而植物细胞壁往往含强韧的木质材料，其渗透性很低，很难用渗透压法破碎。细胞内的渗透压十分大，往往达 10^6 Pa 数量级。因此，渗透压冲击可导致细胞破碎。

② 表面活性剂的增溶 实践表明，胆盐（bile salt）和合成洗涤剂有增溶作用，可使细胞破碎。如胆甾醇在纯水中的浓度仅为 2×10^{-5} kg/m³，但若加入胆盐增溶后，可使胆甾醇的溶解度增至 40kg/m³。由于胆盐的作用可使胆甾醇的溶解度增加百万倍以上，故使含胆甾醇的细胞壁破碎。

牛黄胆酸钠（sodium taurocholate）是胆汁的成分之一，是人体的去污剂，其生理机能是溶解肠中的脂肪。它也是表面活性剂，其增溶作用有助于细胞破碎。

其他的表面活性剂，如十二烷基磺酸钠和磺酸钠等的增溶作用也是可使细胞破碎。

但是，上述的表面活性剂均须达到一定浓度后才有破碎细胞的作用。同时，细胞破碎后，在其后的产物提取精制过程，还需设法分离除去这些表面活性剂，以确保生物制品的纯度及质量要求。

③ 类脂的溶解作用　破碎细胞的另一种方法是使细胞壁的类脂分解。例如，把相当于细胞量 10% 的甲苯加到细胞悬浮液中，由于甲苯被吸收进细胞壁的类脂中，使胞壁溶胀，进而使细胞破碎，细胞内容物释放到周围的培养基中。

除甲苯外，苯对类脂的分解作用也十分强。但其易挥发，且有致癌作用。此外，氯苯、二甲苯及高级醇（如辛醇）等也有类似作用。

但至今这种破碎细胞的方法仍停留在实验室阶段。要使本法在工业生产中实用化，关键是找出高效无毒的溶剂，这还需进行更多的实验研究。

（3）酶消化分解法　用酶使细胞破碎是十分方便和有效的。只要往细胞悬浮液中加入一定量的酶，就会迅速对胞壁起酶解作用。因为酶具有严格的选择作用，且作用温和，故酶基本上不和细胞内的其他溶解物质作用。

目前，可用于细胞破碎的酶价格较高，故用酶破碎细胞的前处理方法费用高，这妨碍了酶解法在大规模生产中的应用。随着酶的生产成本降低，用酶解破碎细胞的方法将会在大规模生产中广泛应用。

在科研和生产实践中，往往把化学法、机械法和酶法结合使用，以提高细胞破碎效率。

二、产物的提取

对生物制药生产，产物的提取过程常用的有沉淀法、离子交换、萃取、吸附分离、超滤和蒸发等，下面分别予以介绍。

（一）沉淀法提取技术

在生化制品的分离提取技术中，沉淀法是最古老的常用方法。通常沉淀过程生成无定形的非结晶粗产品，纯度较低，需进一步精制。

1. 有机溶剂沉淀

有机溶剂沉淀的机理是溶质的化学势改变，沉淀析出产物的关键是溶剂的选择。对分子量大的蛋白质产物，因为要在等电点的 pH 下提取，故常用与水相混溶的丙酮或乙醇。对于中等分子量的抗生素，因第一阶段常用乙醇、丙酮等提取，故第二阶段用水作沉淀剂。此外，乙二醇也常使用。

为了实现良好的分离效果，除了溶剂的选择外，还必须遵循下述原则：

① 沉淀操作在较低温度下进行，可提高回收率和减少产物变性；

② 溶剂沉淀分离操作适宜的离子强度为 0.05～0.2mol/L；

③ 分子量相对较大的产物分离需较少的溶剂去促进沉淀，例如溶剂丙酮添加量 V 与产物相对分子质量 M 的经验关系式为：

$$V = 1.8 - 0.12 \ln M \tag{2-49}$$

④ 目的产物蛋白质的溶解度通常因存在其他蛋白质而降低；

⑤ 溶剂沉淀会使部分产物不可逆变性，因而降低产物回收率，所以溶剂沉淀分离工艺要通过实验研究或根据经验确定。

2. 等电点沉淀法

蛋白质、氨基酸等生化物质，当其水溶液的 pH 为某一值时，电荷量为中性，称此为等电点，在等电点下蛋白质和氨基酸的溶解度最低。基于此原理开发了等电点沉淀分离提取工艺。使用此法时需注意，在分离过程调节 pH 时，尽量避免减少目的产物的生物活性损失。

3. 盐析沉淀

利用盐类使产物从溶液中沉淀析出称为盐析。血浆蛋白等的分离常用此法。盐析分离法效率高，成本低，且几乎不会引起产物变性。溶液中的蛋白质的侧链是部分电离的，有带负电荷的羧基和带正电荷的铵基。当往蛋白质溶液中加入大量的盐类尤其是硫酸铵，形成的离子将会和蛋白质的侧链离子结合成离子对，从而使蛋白质沉淀析出。根据溶度积理论，若使用硫酸铵使蛋白质沉淀时，溶度积常数为：

$$K_{sp} = c_P c(NH_4^+)^m c(SO_4^{2-})^n \tag{2-50}$$

式中　c_P——蛋白质质量浓度，kg/m^3；

　　m，n——常数。

m 和 n 的数值可能较大，故易生成沉淀。此外，蛋白质分子间的疏水区互相缔合，这也有助于生成沉淀的稳定。对蛋白质的盐析沉淀，盐类选择原则为：

① 阴离子的沉淀效果顺序为柠檬酸盐＞PO_4^{3-}＞SO_4^{2-}＞CH_3COO^-＞Cl^-＞NO_3^-；

② 阳离子的沉淀效应顺序为 NH_4^+＞K^+＞Na^+；

③ 蛋白质析出沉淀的密度应与溶液不同，以便于沉淀分离和产物纯化；

④ 加入固态盐类，以减少溶液的稀释；

⑤ 蛋白质浓度和盐浓度的关系可用下述经验公式近似求得：

$$\ln c_P = a - bc_S \tag{2-51}$$

式中　c_S——盐的浓度，mol/L；

　　a，b——常数，其中 a 随温度和 pH 改变。

4. 加热沉淀

加热升温可使酶等蛋白质变性而沉淀析出。不同的蛋白质，开始变性沉淀的温度相异，因而可达到蛋白质分离纯化的目的。但需指出，加热使蛋白质沉淀，同时也可能使蛋白质发生不可逆变性。

生产实践中，利用加热升温同时调节 pH 的方法把血红素酶类和血红蛋白分离。

5. 沉淀分离过程的放大

实践表明，在相同条件下，目的产物的溶解度并不随实验装置的大小而改变。但随着沉淀设备的增大，沉淀过程动力学相应变化。很多情况下，放大后需保持单位体积溶液搅拌功率（P/V）不变，则沉淀时间也会相同。

（二）　萃取分离技术

萃取分离技术是 20 世纪 40 年代开发应用的，它比化学沉淀法分离程度高，比离子交换法选择性好，比蒸馏法能耗低。常用的萃取法有溶剂萃取和双水相萃取，前者用于小分子物质的提取，后者则用于蛋白质等大分子的提取。此外还有超临界萃取等。

1. 溶剂萃取

溶剂萃取的原理是利用欲提取的组分在溶剂中与原料液中溶解度的差异来实现分离目的。按操作方式可分成单级萃取和多级萃取，后者又进一步分成错流萃取和逆流萃取。影响萃取操作的因素很多，主要有萃取剂、pH和温度等，此外，盐析、乳化等也是影响因素。

2. 双水相萃取

蛋白质和核酸等生物大分子不能用溶剂萃取法，常采用双水相萃取。其原理是当把亲水性聚合物加入水中形成两相时，聚合物以不同的比例分配于这两相中，每一相中水均达75%以上，故生物蛋白质等在萃取系统中能保持自然活性。用于生物分离常用的双水相是PEG-葡聚糖和PEG-无机盐（磷酸盐、硫酸盐）。双水相萃取不仅可用于澄清发酵液处理，而且还可从含有菌体的原发酵液或细胞匀浆液中直接提取蛋白质。

3. 萃取操作的设备

萃取设备包括三部分，即混合设备、分离设备和溶剂回收设备。例如，用醋酸戊酯三级逆流萃取青霉素的设备流程如图2-22所示。

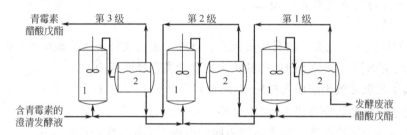

图 2-22　醋酸戊酯三级逆流萃取青霉素设备流程示意
1—搅拌混合罐；2—沉降分离器

（三）离子交换提取技术

离子交换提取法是基于一种合成的离子交换剂作吸附剂，以吸附溶液中需要分离的离子。工业中最常用的是离子交换树脂，广泛用于提取氨基酸、有机酸和抗生素等物质。首先，使发酵液中的目的产物吸附在离子交换树脂上，然后在适宜条件下洗脱，达到分离和浓缩的目的。离子交换法的特点是树脂无毒且可反复再生使用，少用或不用有机溶剂，因而提取设备较简单，操作方便，成本低。

1. 离子交换树脂

离子交换树脂通常有四种分类方法：一是按树脂骨架的主要成分可把树脂分成聚苯乙烯型、聚丙烯酸型和酚醛型树脂；二是按聚合的化学反应分为共聚型和缩聚型树脂；三是按树脂骨架的物理结构分为凝胶型（亦称微孔型）、大网格（亦称大孔）及均孔树脂；四是按活性基团的电离程度不同可分为强酸性、弱酸性阳离子交换树脂和强碱性、弱碱性阴离子交换树脂，活性基团决定着树脂的交换性能。

一种优良的离子交换树脂，除具有良好的化学稳定性外，应考察的理化性能包括颗粒度、交换容量、机械强度、膨胀度、含水量、密度及孔结构等。

2. 离子交换机理及选择性

通常认为离子交换过程是按化学摩尔质量关系进行的，且交换过程是可逆的，最后达到平衡，且平衡状态和过程无关，因此可把离子交换过程视作可逆多相化学反应。但和一般的多相化学反应不同，当发生离子交换时，树脂体积常发生改变，因而引起溶剂分子转移。

通常，离子和树脂间亲和力越大，就越易吸附；稀溶液在常温下，离子的化合价越高，就越易被吸附；对强酸和强碱树脂，任何 pH 下都可进行交换，但弱酸、弱碱树脂则分别在偏碱性、偏酸性或中性溶液中进行交换；对凝胶型树脂，交联度大，吸附量增加。此外，有机溶剂存在会使树脂脱水收缩，会降低吸附有机离子的能力，吸附无机离子的能力提高，利用此原理可加适当有机溶剂到洗脱液中以促进有机物的洗脱。

3. 离子交换设备

根据操作方式不同，可分为静态和动态交换设备两大类。其中，静态设备为一带搅拌器的反应罐，交换后通过沉降或过滤使树脂分离，然后进入解吸罐（柱）洗脱和解吸。

生产中常用的为动态交换设备，其中又可分为固定床和连续操作的流动床两类。固定床有单床（单柱或单罐）、多床（多柱或多罐串联）、复床（阳柱、阴柱）及混合床（阴、阳离子树脂混合于同一个罐或柱中）。溶液可在吸附柱中自上而下（正吸附）或自下而上（反吸附流动）。连续流动床是指溶液和树脂以相反方向连续不断进入和离开交换设备，当然也有单床和多床之分。

（四）吸附分离技术

1. 吸附分离原理及应用

吸附是利用固体（吸附剂）对液体或气体中某一组分具有选择吸附的能力，使其富集在固体表面上。若该组分是目的产物，然后用适当的解吸剂把产物从吸附剂上解吸下来，从而达到分离浓缩。根据吸附质与吸附剂之间存在的吸附力性质不同，划分成物理吸附和化学吸附。下面主要讨论物理吸附。

吸附分离技术的应用发展很快，在生物制药上用于抗生素的分离纯化、酶和活性蛋白的分离精制等。吸附分离技术具有高选择性，不用或少用有机溶剂，分离过程 pH 变化小，适用于稳定性较差的产物提取。

2. 吸附等温式

吸附分离问题是基于质量衡算和吸附平衡。典型的吸附等温线有三种类型，如图 2-23 所示。

上述三种吸附等温线的方程分别为：

第 1 类 $\qquad q=KC^n$ $\qquad$ (2-52)

第 2 类 $\qquad q=\dfrac{q_0 C}{K+C}$ $\qquad$ (2-53)

第 3 类 $\qquad q=KC$ $\qquad$ (2-54)

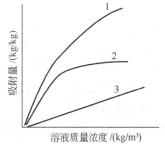

图 2-23 三种常见的吸附等温线
1—弗朗德利希吸附等温线；
2—朗格缪尔吸附等温线；
3—线性吸附等温线

式中 $\quad q$——单位吸附量，kg 溶质/kg 吸附剂；

$\quad K$——吸附平衡常数；

$\quad C$——溶液中吸附质质量浓度，kg 溶质/m^3 溶液；

$\quad n$——吸附指数（$n<1$，吸附效率高）；

$\quad q_0$——吸附质浓度很高时最大吸附量。

在生物制药生产抗生素、类固醇和激素等产品吸附分离符合式（2-52），而酶和蛋白等吸附分离符合式（2-53）。

3. 吸附剂的选择和影响吸附过程的因素

按化学结构可把吸附剂分为两大类：一类是有机吸附剂，包括活性炭、纤维素、大孔树脂等；另一类是无机吸附剂，如白土、硅胶和硅藻土等。生物工业常用的是活性炭和大孔树脂，尤其是后者因品种多、选择性强、物化性质稳定、机械强度好，且吸附速度快、易解吸，故应用最广泛。大孔吸附树脂按骨架极性强弱分为非极性、中极性和强极性三类。

影响吸附过程的因素主要有吸附剂、吸附质和溶剂性质及吸附操作条件等。

4. 吸附分离操作方法

（1）间歇吸附　在搅拌罐内加入料液与吸附剂，通过搅拌使之充分接触，在一定温度下维持一定时间，通过沉降或过滤等将吸附剂分离，再进行解吸操作。适于小规模生产。

（2）连续搅拌槽操作　适于大规模生产操作，可直接把发酵液送进吸附系统连续分离处理，而无需预先把发酵液中的固态物质分离除去。对连续搅拌槽吸附操作，需解决的工程问题是设备的放大，即把小型实验装置取得的吸附结果放大至生产规模。

（3）固定床吸附过程　所谓固定床就是内部盛满吸附剂的柱式塔，含目的产物（吸附质）的料液从柱的一端进入，流经吸附床后从另一端流出。这是应用最普遍的吸附分离设备。操作开始时，料液所含的吸附质绝大部分被吸附滞留，故流出残液的溶质浓度低；随着吸附的进行，流出残液的溶质浓度逐渐升高，到某一时刻，其浓度则急剧增大，此时被称为吸附过程的穿透点，应立即停止吸附操作，把吸附剂再生后才重新使用。

至于吸附过程动力学和吸附的设计计算请参阅有关吸附分离的设计手册。

（五）膜分离和超滤

生物分离常用的有微滤膜、超滤膜、电渗析膜和反渗透膜，其特点和应用等如表 2-16 所示。下面重点介绍超滤技术。

表 2-16　生物分离常用的滤膜

类型	膜 特 性	操作压强	应 用 范 围	应 用 举 例
微滤	对称微孔膜 $0.05\sim10\mu m$	$0.1\sim0.5MPa$	除菌，细胞分离，固液分离	空气过滤除菌、培养基除菌、细胞收集等
超滤	不对称微孔膜 $(1\sim20)\times10^{-3}\mu m$	$0.2\sim1.0MPa$	酶及蛋白质等生物大分子分离	酶和蛋白质的分离纯化，反应与分离偶联的膜反应器
电渗析	离子交换膜	电位差（推动力）	离子和大分子蛋白质的分离	产物脱盐，氨基酸的分离提取
反渗透	带皮层的不对称膜	$1\sim10MPa$	小分子溶质浓缩	醇、氨基酸及糖等的浓缩

超滤用于分离、净化和浓缩溶液，通常是从含小分子溶液中分离出大分子的组分，后者相对分子质量数千至数百万，微粒直径为 $(1\sim100)\times10^{-9}$ m 的混合物。超滤过程中，水（或溶剂）与小分子组分通过半透膜，大分子组分被截留于膜的高压侧。

1. 超滤基本方程

表示超滤膜基本参数的是水通量与截留率。理论上（即不考虑浓差极化现象），水通量和所受的外压成正比，即：

$$J_W = \frac{W}{A\tau} \tag{2-55}$$

或

$$J_W = L_p \Delta p \tag{2-56}$$

式中　J_W——水通量，mol(溶剂)/(m²·s)；

　　　L_p——穿透度；

　　　Δp——施加的外压，Pa；

　　　W——透过的水量，kg；

　　　A——膜的有效面积，m²；

　　　τ——超滤时间。

实际上由于超滤过程的浓差极化现象，有：

$$J_W = L_p(\Delta p - \alpha\pi) \tag{2-57}$$

式中　α——膜对溶质的排斥系数；

　　　π——渗透压，Pa。

式（2-57）就是超滤操作的基本方程。

对超滤操作，为提高超滤速率，必须用化学法和物理法消除或减少浓差极化。前者是使用化学清洁剂或酶等清洗滤膜表面的凝胶层，后者则设法提高膜表面的湍流程度或适当升温。最后需设法克服膜的污染。

2. 超滤膜及超滤装置

常用的超滤膜材料及特性见表 2-17。

表 2-17　常用的超滤膜材料及特性

膜　　材	典型的相对分子质量切割数值	工作 pH 范围	工作温度/℃	对有机溶剂耐受性
醋酸纤维素	$10^3 \sim 5 \times 10^4$	3.5～7	≤35	差
聚砜	$5 \times 10^3 \sim 5 \times 10^4$	0～14	≤100	中等
芳香聚酰胺	$10^3 \sim 5 \times 10^4$	2～12	≤80	中等
聚丙烯腈与聚乙烯共聚物	$3 \times 10^4 \sim 10^5$	2～12	≤50	中等

超滤装置有多种形式，关键是使膜的形状有利于提高料液的错流和湍流程度。四种形状的超滤装置最常用，如图 2-24 所示。

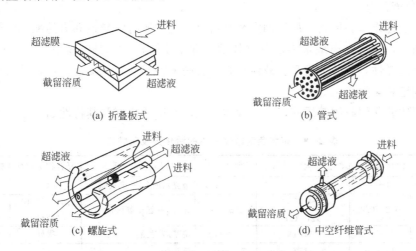

(a) 折叠板式　　　　(b) 管式

(c) 螺旋式　　　　(d) 中空纤维管式

图 2-24　四种常用的超滤装置

不论应用哪种类型的超滤装置，均可间歇操作，也可连续操作。但必须注意，为减小浓差极化，给料循环料液流量应比透过滤膜的渗透液量高 10 倍以上。

三、产物的纯化与精制

成熟的发酵液经前述的多个提取操作后,已经得到较高纯度的产物。但对大多数生物制药生产来说,要求终产品的纯度很高,故还必须通过本节所叙述的色谱分离、电泳、结晶、蒸发浓缩和干燥等纯化精制操作才能获得合格的终产品。

(一) 色谱分离技术

色谱分离是一组近似分离方法的总称。分离系统由两相组成:一是由表面积很大或多孔的固体组成的固定相;另一是由液体或气体组成的流动相。操作时,流动相流经固定相,由于物质在两相间的分配系数不同,导致易分配于固定相中的物质移动速度慢,而易分配于流动相的物质移动速度快,最后在不同时间离开色谱柱,从而达到纯化的目的。在生物制药领域应用最广泛的是洗提色谱。洗提色谱分离与固定床吸附不同之处在于前者的目标是纯化产物,而后者则着重于使目的产物浓集。

1. 洗提色谱载体

常用的洗提色谱载体如表 2-18 所示。要求其构成的色谱柱分离能力强,处理能力大,产物回收率高,生物活性损失小,使用寿命长,可再生反复使用半年以上。

表 2-18 常用的洗提色谱载体

规模	类型	固定相	分离机理	特性
大型	吸附	氧化铝,硅胶	范德华力	低选择性,价廉
	分配	硅藻土(用乙二醇浸渍处理)	液相间的分配	选择性低,价廉
	离子交换	磺化苯乙烯聚合物、葡聚糖	弱离子键或共价键	选择性高,规模可大可小
中型	凝胶过滤	葡聚糖、聚苯烯酰胺	扩散和吸附性质的差异	高选择性,规模可大型化
	亲和	固定于聚合物上的酶	特定生物化学反应	特异性高
小型	薄层、纸上	氧化铝、羟基磷灰石	弱范德华力	标准实验室分离或用于分析检验

2. 亲和色谱分离

亲和色谱也称作亲和层析,所用固定相是由对生化物质有特异亲和力的配位体偶联在惰性载体上构成,是生物分离最常用的色谱技术,常用于蛋白质、核苷酸和多肽等的分离纯化,具有高度选择性,产品纯度高。载体材料应有高度特异性,无疏水位点,具亲水性,容易使配位体固定和化学稳定等优点。

在把配位体偶联到载体基质前,先把载体活化,常用活化剂及其特性如表 2-19 所示。

表 2-19 亲和色谱载体常用的活化剂及其特性

活化剂	毒性	活化时间/h	配位体偶联时间/h	偶联 pH	偶联剂	复合物稳定性	非特异作用
戊酰胺醛	中	1~8	6~16	6.5~8.5	迈克尔加合物,席夫碱	好	—
溴化氰	高	0.2~0.4	2~4(25℃) 12(4℃)	8.5~10	异脲,亚氨甲氨酸酯	pH=5~10 时较稳定	阳离子
双环氧乙烷	中	5~18	15~18	8.5~12	烷基胺,乙醚	很好	—
高碘酸钠	无毒	14~20	过夜	7.5~8.5	烷基胺	好	—

3. 色谱分离机理和放大

如目的产物与色谱载体间存在扩散和化学作用,则可用下述五个步骤组成的机理描述:

①溶质从溶液主体传递到载体表面；②溶质由载体表面通过扩散进入载体中；③溶质和载体进行可逆反应，过程包括吸附、表面作用和解吸；④解吸的溶质从载体内部扩散到表面；⑤溶质由载体表面扩散进入液相主体。

对生物产品分离，通常受第②步和第④步的内部扩散速度控制，因为生物大分子的溶质其扩散系数小。

对于色谱分离，在实验室规模成功的基础上，必须进行科学放大，尽可能把生产能力提高而维持产物收率和纯度不变。在分离规模放大的同时，尽可能维持分离柱长度不变或增加不大，即增大色谱柱径，同时使液速维持恒定。因此，对大型色谱柱的脉冲进料和收集高峰洗脱液成为放大成败的关键。

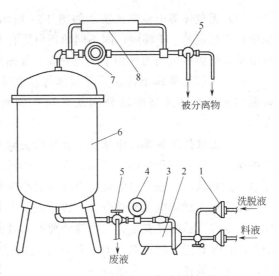

图 2-25　工业规模的色谱分离设备流程
1—过滤器；2—泵；3—调节阀；4—单色仪；5—三通阀；
6—色谱柱；7—流量计；8—检出仪

4. 色谱分离设备及流程

典型的色谱分离设备流程见图 2-25 所示。

（二）电泳分离技术

1. 电泳原理及方法

电泳分离纯化产物的原理是基于不同的溶液所带电荷及扩散系数不同，因而在电场力作用下运动速度不同，实验室经常使用电泳装置。对生物制药工业生产，无载体电泳法是最有发展前景的用于生物活性蛋白的分离纯化法。

2. 无载体电泳原理及方法分类

所谓无载体电泳，就是利用电泳分离室内处于稳定层流状态的含料液的电解质代替电泳载体进行电泳分离，其主要特点是可连续操作。无载体电泳主要可分成下述四类方法：

（1）无载体区带电泳法　其特点是料液在某位点连续注入，如图 2-26 所示。

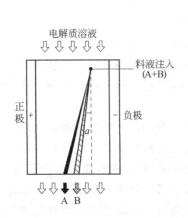

图 2-26　无载体区带电泳分离原理

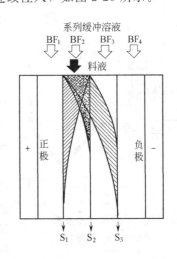

图 2-27　无载体等电点电泳分离

（2）无载体等电点电泳法　如图 2-27 所示。关键点是在电泳池的阳极和阴极间的电泳相中存在稳定的 pH 梯度，因不同的蛋白质有不同的等电点，故在不同的 pH 下带正电荷或负电荷，从而在电场力作用下实现分离。如图所示可实现三种不同蛋白质分离。

（3）无载体等速电泳法　无载体等速电泳的关键是使用含强酸和强碱基的引导液以及含弱酸和强碱基的极限液分别从电泳池的两侧流过，不同的溶质在电场力作用下达到分离。

（4）无载体流场梯度电泳法　此法的关键点是使用三种以上的电解质，即具有高离子强度的两种电解质溶质从两侧流入，含料液的低离子强度电解液从之间流过。其中的高离子强度电解液和低离子强度电解液的电导率大小应相差 20 倍以上。

要实现无载体电泳高效分离，应重点解决下述几点：①选择适宜的电泳池壁材料；②要使电泳池有合适的倾斜度；③电泳池要有高效的冷却系统，维持最佳操作温度；④稳定的电场电压；⑤有能长期连续运转、供液稳定的循环泵；⑥稳定的、适量的进料流速及进料浓度；⑦优选最佳的电解质溶液。

（三）蒸发浓缩与结晶技术

在生物制药和发酵生产中，常通过蒸发操作把溶液浓缩至一定浓度，再进行沉淀分离或喷雾干燥等处理，以提高生产效率和降低生产成本。蒸发浓缩通常和离子交换、超滤等分离纯化技术相结合。而结晶操作则是获得高纯度固体产品的方法，常和蒸发浓缩相结合。

1. 真空蒸发浓缩技术

生物制药工业涉及的产物大多是热敏性的，常采用较低蒸发温度和较短的操作时间，以保持高的生物活性，故常使用薄膜蒸发器，使溶液很快受热升温、汽化和浓缩，膜蒸发器加热时间短，通常只有几秒或几十秒。常用的膜式蒸发器有升膜式、降膜式、刮板式、离心薄膜式蒸发器等，而升降膜式蒸发器可兼备升膜式和降膜式蒸发器的优点，其设备结构如图 2-28 所示。通常为了提高热效率、节约蒸汽，实际上使用 2～5 效。

2. 结晶纯化技术

通过结晶过程可除去杂质，纯化产物，再结合超滤和干燥等操作，可获得纯度高和一定形状的产品，故结晶技术在生物制药等生物工程领域广泛用于产物的提取和纯化。

（1）结晶操作基本问题　结晶过程是在多相、多成分系统中质量传递与热量传递并存的过程，是非稳定的热力学过程。与结晶有关的基本概念有饱和度、纯度、晶核生成和单晶成长等。其中，晶核生成和单晶成长均取决于溶液的过饱和度，而结晶产物的纯度则与目的产

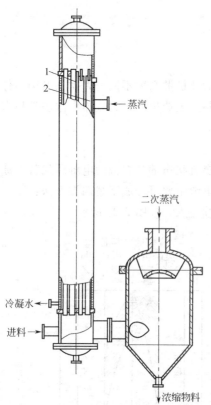

图 2-28　升降膜式蒸发器
1—升膜管；2—降膜管

物 P 的结晶因素（晶体中 P 的量与其在滤液中的量之比）与杂质 I 的结晶因素的比值成正比，即比值越大，产物纯度越高。

（2）结晶大小群体密度分布 根据理论和实验证明，连续结晶过程的晶群密度分布可用积分式描述，如表 2-20 所示。

表 2-20 晶粒分布和分因素

分 因 素	物理意义	定 义	在连续结晶器中总量	在连续结晶器中的分率
f_0	晶体数量	$\dfrac{\int_0^l n(l)\,\mathrm{d}l}{\int_0^\infty n(l)\,\mathrm{d}l}$	$\dfrac{n_0 G_r V}{Q}$	$1-e^{-x}$
f_1	晶体大小	$\dfrac{\int_0^l n(l)\,\mathrm{d}l}{\int_0^\infty n(l)\,l\,\mathrm{d}l}$	$n_0\left(\dfrac{G_r V}{Q}\right)^2$	$1-(1+x)e^{-x}$
f_2	晶体面积	$\dfrac{6\phi_v \int_0^l l^2 n(l)\,\mathrm{d}l}{6\phi_v \int_0^\infty n(l)\,l^3\,\mathrm{d}l}$	$12\phi_v n_0\left(\dfrac{G_r V}{Q}\right)^3$	$1-(1+x+0.5x^2)e^{-x}$
f_3	晶体质量	$\dfrac{\rho\phi_v \int_0^l n(l)\,l^3\,\mathrm{d}l}{\rho\phi_v \int_0^\infty n(l)\,l^3\,\mathrm{d}l}$	$6\phi_v \rho n_0\left(\dfrac{G_r V}{Q}\right)^4$	$1-(1+x+0.5x^2+x^3/6)e^{-x}$

注：x 为无量纲的长度，其值为 $x=\dfrac{lQ}{G_r V}$；l 为晶体的尺寸；n 为结晶群体密度；Q 为连续结晶器晶浆流出速率；G_r 为晶体长大速率；$n_0=B/G_r$；B 为成核速率；V 为连续结晶器的有效装液容积。

连续结晶器主导晶体尺寸为：

$$l_p = \frac{3G_r V}{Q} \tag{2-58}$$

式（2-58）为结晶设备设计的基础。

（3）间歇结晶过程和结晶过程的放大 目前，在抗生素等生物制药生产的结晶过程大多是应用间歇结晶操作。在确定产物的溶解度和温度的关系后，初选结晶条件，进行系列的结晶试验，研究初始浓度、结晶时间和终结晶温度的影响，从最终的晶体收率、产品纯度和晶粒大小分布、表面光洁度等综合考虑确定适宜的结晶条件。

关于间歇结晶过程的放大，目前以二次成核为核心且基于下述三个基准：一是维持单位体积搅拌功率不变；二是维持搅拌叶端线速度不变；三是维持晶体悬浮最低的搅拌强度不变。总之，结晶操作必须逐级放大。

（4）重结晶操作 通过一次结晶获得的晶体纯度通常仍不够高，其原因是：某些杂质会和产物产生共结晶；杂质被包埋于晶阵内；晶体表面黏附母液难以彻底洗净。因此，生产上往往需用重结晶操作以提高产品纯度。

（四）干燥技术

生物工程生产中，凡是固体产品均需经干燥加工过程。生物制药工业常用的干燥方法有冷冻干燥、对流干燥、真空干燥等。

1. 生物工程产品干燥特点和常用干燥方法

生化制品大多是热敏性物质，故要求干燥过程尽可能降低温度、短时快速，且要求过程洁净甚至无菌操作。根据物料的生化特性和产品的纯度、无菌度等质量要求，选取适宜的干燥工艺和设备。下面介绍常见的产品干燥方法，如表 2-21 所示。

表 2-21　生物工程生产常用的干燥方法

设　备　类　型	干　燥　物　料	设　备　类　型	干　燥　物　料
卧式沸腾干燥	柠檬酸晶体、酵母、抗生素	离心式喷雾干燥	酶制剂、酵母
沸腾造粒干燥	葡萄糖、味精、酶制剂(颗粒状)	喷雾干燥与振动流化干燥	酶制剂(颗粒状)
气流干燥	味精、抗生素、葡萄糖	滚筒干燥	酵母、单细胞蛋白
旋风式气流干燥	四环素类	真空干燥	青霉素钾盐、土霉素等
气流式喷雾干燥	蛋白酶、核苷酸、抗生素等	冷冻干燥	抗肿瘤抗生素、乙肝疫苗等
压力式喷雾干燥	酵母		

2. 真空干燥

真空干燥是在真空条件下操作的接触式干燥过程，水分在较低的温度下汽化蒸发，且不需空气作干燥介质，故适用于热敏性和在空气中易氧化物料的干燥。常用的设备有真空箱式干燥器、带式真空干燥器和耙式真空干燥器等。真空的形成需使用真空泵或水力(或蒸汽)喷射抽真空装置提供。

3. 冷冻干燥

冷冻干燥是把湿物料在低温(-10~-50℃)下冻结成固态，然后在高真空下(130~0.1Pa)使所含的水分直接升华成气态的干燥过程，也称为升华干燥。此外，冷冻干燥也是真空干燥的特例，与其他干燥方法相比，冷冻干燥温度低，特别适合高热敏性物料的干燥。

冷冻干燥系统可分为间歇操作和连续操作，但总体上由冷冻、真空、水汽去除三部分组成。图 2-29 是一种连续式冷冻干燥机的结构示意图。两种型号的真空冷冻干燥机技术性能如表 2-22 所示。

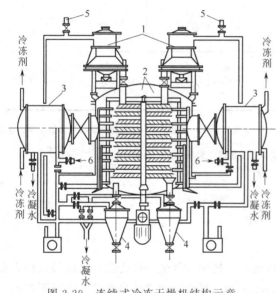

图 2-29　连续式冷冻干燥机结构示意

1—进口密封门；2—干燥室；3—冷阱；4—卸料室
5—抽真空；6—干燥介质进口

表 2-22　两种真空冷冻干燥机技术性能

型　　号	干燥面积 /m²	处理能力 /(kg/班)	最低温度 /℃	冷凝器最低温度 /℃	除水方式	抽真空时间 (到13Pa)/min	极限真空度 /Pa
ZLG-50	50	约500	-45	-55	喷水式	20	2.7
500-SRC-30XH	34.2	约342	-45	-62	喷水式	20	2.7

除了上述的真空干燥和冷冻干燥方法外，生物制药生产还常使用对流干燥技术和设备，包括喷雾干燥、气流干燥、流化床干燥等，这些干燥方法均利用气体作干燥介质，大多使用热空气，对易氧化的物料可使用氮气等惰性气体。被干燥物料被分散成流态化的微粒或颗粒状，因而具有受热蒸发面积大、干燥均匀、干燥速度快等优点，常用于抗生素、核苷酸等生化药物的干燥过程。

参 考 文 献

1　宋思杨，楼士林．生物技术概论．北京：科学出版社，1999

2 朱明军. 红发夫酵母 *Phaffia rhodozyma* 培养生产虾青素的研究. 华南理工大学博士学位论文. 2001

3 王菊芳. 隐甲藻 *Crypthecodinium cohnii* 培养生产 DHA 的优化及调控研究. 华南理工大学博士学位论文. 2000

4 梁世中. 生物工程设备. 北京: 中国轻工业出版社, 2002

5 梁世中. 生物分离技术. 广州: 华南理工大学出版社, 1995. 69~83

6 顾其丰. 生物化工原理. 上海: 上海科学技术出版社, 1997

7 瞿礼嘉, 顾红雅, 胡苹, 陈章良. 现代生物技术导论. 北京: 高等教育出版社, 1998

8 俞俊棠, 唐孝宣. 生物工艺学 (上、下册). 上海: 华东华工学院出版社, 1991

9 Lydersen B K, D'elia N A, Nelson K L. Bioprocess Engineering: Systems, equipment and facilities, ed. New York: John Wiley&Sons, INC, 1994

10 海野肇, 清水和幸, 岸本通雅. バィォプロセス工学 (计测と制御). 日本东京: 講谈社サィエンティフィク, 1996

第三章 氨基酸类药物

氨基酸（简称 AA）是构成生物体蛋白质分子的基本单位，与生物的生命活动有密切的关系。它在机体内具有特殊的生理功能，是生物体内不可缺少的营养成分之一。从结构而言，每个氨基酸至少有一个氨基和一个羧基，因而是一种两性化合物。植物所有氨基酸都可以自身合成，动物有些氨基酸必须从体外摄取，称为必需氨基酸。人体必需氨基酸有 8 种（亮氨酸、异亮氨酸、赖氨酸、蛋氨酸、苯丙氨酸、苏氨酸、色氨酸和缬氨酸），非必需氨基酸有 12 种，在生命过程中都起着重要作用。

英国化学家 Wollaston 于 1810 年从膀胱结石中分离出第一个氨基酸——胱氨酸。随后人类在自然界中发现了很多种氨基酸，其中最常见的有 20 种，游离存在的很少，绝大多数是组成蛋白质的基本单位。

国际上氨基酸的工业生产始于 20 世纪 50 年代，至今氨基酸相关产品的种类、数量和应用范围十分广阔，在食品、饲料、医药等方面发展很快，特别是药用氨基酸的输液和口服液、片剂已成为现代医疗中不可缺少的品种。生产氨基酸的大国为日本和德国。日本的味之素、协和发酵及德国的德固沙是世界氨基酸生产的三巨头。

中国氨基酸的生产起步较晚，最早只生产食品用谷氨酸钠及饲料用赖氨酸，自 20 世纪 70 年代后期为配套生产氨基酸输液才推动了氨基酸原料药的品种和数量的增加。有的品种在成本和质量上达到了国际先进水平，已有一些品种大量出口。在市场方面，由于氨基酸输液效果显著，目前在一些大城市其用药名次排在前 10 位上下，随着人口老龄化，人们保健意识增强，对氨基酸输液的要求还将不断增加。目前，中国氨基酸输液已超过 1.5 亿瓶，年销售额在 10 亿元以上。中国的谷氨酸钠产量居世界首位，赖氨酸产量也居世界前列。苏氨酸产量由于引进了前苏联的生产菌种，有了很大的提高。国内生产氨基酸的厂家主要是天津氨基酸公司、湖北八峰氨基酸公司，但目前无论生产规模还是产品质量都很难与国外抗衡。

与一些发达国家（日本、德国和美国等）相比，中国药用氨基酸原料的生产品种还不齐全，尚有丝氨酸、色氨酸、组氨酸及精氨酸四种氨基酸依然依赖进口，产品质量（色泽、溶解速度、外观等）还需进一步提高，生产技术水平也存在一些差距。

第一节 性质和作用

一、性质

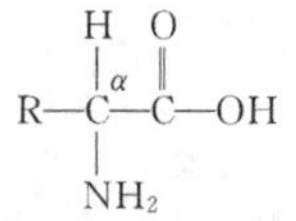

图 3-1 α-氨基酸的结构式

R 为 α-氨基酸的侧链

氨基酸通常由五种元素组成，即碳、氢、氧、氮、硫。目前已发现的氨基酸绝大多数是羧酸分子中 α-碳原子上一个氢被氨基取代而成的化合物，故称 α-氨基酸。结构式如图 3-1 所示。

从氨基酸结构式可知其具有两个特点：①具有酸性的

—COOH和碱性的—NH_2，为两性电解质；②如果R≠H，则具有不对称碳原子，因而是光学活性物质。这两个特点使不同的氨基酸具有某些共同的化学性质和物理性质。除甘氨酸无不对称碳原子因而无D型及L型之分外，一切α-氨基酸的α-碳原子皆为不对称碳，故有D型及L型两种异构体。

（一）物理性质

1. 晶形和熔点

α-氨基酸都是白色晶体，各有其特殊的结晶形状，熔点都很高，一般在200～300℃之间，而且多在熔解时分解，具体见表3-1。

表 3-1　氨基酸的一些物理性质

氨基酸	物理形状	熔点/℃	水中溶解度 (25℃)/%	氨基酸	物理形状	熔点/℃	水中溶解度 (25℃)/%
甘氨酸	白色单斜晶	290	24.99	天冬氨酸	菱形叶片状晶	270	0.5
丙氨酸	菱形晶	297	16.51	谷氨酸	四角形晶	249	0.84
缬氨酸	六角形叶片水晶	292～295	8.85	赖氨酸	扁形片状晶	224～225	易溶
亮氨酸	无水叶片状晶	337	2.19	精氨酸	柱片状晶	238	易溶
异亮氨酸	菱形叶片或片状晶	284	4.12	苯丙氨酸	叶片状晶	284	2.96
丝氨酸	六角形或柱状晶	228	5.02	酪氨酸	丝状针晶	344	0.046
苏氨酸	斜方晶	253	1.59	色氨酸	六角形叶片状晶	282	1.14
半胱氨酸	晶粉	178	溶于水	组氨酸	叶片状晶	277	4.29
胱氨酸	六角形晶	261	0.011	脯氨酸	柱状或针状晶	222	62.3
蛋氨酸	六角形片状晶	283	5.14				

2. 溶解度

各种氨基酸均能溶解于水，但水中溶解度差别较大，精氨酸、赖氨酸溶解度最大，胱氨酸、酪氨酸溶解度最小；在乙醇中，除脯氨酸外，其他均不溶解或很少溶解；都能溶于强酸和强碱中，不溶于乙醚、氯仿等非极性溶剂。具体见表3-1。

3. 旋光性

除甘氨酸外，所有的天然氨基酸都有旋光性。天然氨基酸的旋光性在酸中可以保持，在碱中由于互变异构，容易发生外消旋化。用测定比旋度的方法可以测定氨基酸的纯度。

（二）化学性质

氨基酸的化学性质与其特殊功能基团如羧基、氨基和侧链的基团（如羟基、羧基、碱基、酰胺基等）有关。氨基酸的氨基具有伯胺（RNH_2）氨基的一切性质（如与HCl混合、脱氨、与HNO_2作用等）。氨基酸的羧基具有羧酸羧基的性质（如脱羧、酰氯化、成盐、成酯、成酰胺等）。氨基酸的化学性质均是由二基团所产生，一部分是氨基参加的反应，一部分是羧基参加的反应，还有一部分是二者共同参加的反应。

1. α-氨基参加的反应

（1）与HNO_2反应　氨基酸的氨基与其他伯胺一样，在室温下与亚硝酸反应生成氮气。在标准条件下测定生成氮气的体积，即可计算出氨基酸的量。这是 Van Slyke 法测定氨基氮的基础。可用于氨基酸定量和蛋白质水解程度的测定。

（2）与酰化试剂反应　氨基酸的氨基与酰氯或酸酐在弱碱性溶液中发生反应时，氨基即被酰基化。酰化试剂在多肽和蛋白质的人工合成中被用作氨基的保护剂。

（3）烃基化反应　氨基酸氨基中的一个氢原子可被烃基取代，例如与2,4-二硝基氟苯在弱碱性溶液中发生亲核芳环取代反应而生成二硝基苯基氨基酸。该反应被用来鉴定多肽或蛋白质的氨基末端氨基酸。

（4）形成席夫碱反应　氨基酸的 α-氨基能与醛类化合物反应生成弱碱，即席夫碱（Schiff base）。

（5）脱氨基反应　氨基酸经氨基酸氧化酶催化即脱去 α-氨基而转化为酮酸。

2. α-羧基参加的反应

（1）成盐和成酯反应　氨基酸与碱作用即生成盐，氨基酸的羧基被醇酯化后，形成相应的酯。当氨基酸的羧基被酯化或成盐后，羧基的化学性能即被掩蔽，而氨基的化学反应性能得到加强，容易和酰基或烃基结合，这就是为什么氨基酸的酰基化和烃基化需要在碱性溶液中进行的原因。

（2）成酰氯反应　氨基酸的氨基如果用适当的保护剂（例如苄氧甲酰基）保护后，其羧基可与二氯亚砜或五氯化磷作用生成酰氯。

（3）脱羧基反应　氨基酸经氨基酸脱羧酶作用，放出二氧化碳并生成相应的伯胺。

（4）叠氮反应　氨基酸的 α-氨基通过酰化加以保护，羧基经酯化转变成甲酯，然后与肼和亚硝酸反应即变成叠氮化合物。此反应可使氨基酸的羧基活化。

3. α-氨基和 α-羧基共同参加的反应

（1）茚三酮反应　茚三酮在弱碱性溶液中与 α-氨基酸共热，引起氨基酸氧化脱羧、脱氨反应，最后茚三酮与反应产物氨和还原茚三酮发生作用，生成紫色物质。该反应可用于氨基酸的定性和定量测定。

（2）成肽反应　一个氨基酸的氨基可与另一个氨基酸的羧基缩合成肽，形成肽键。该反应可用于肽链的合成。

二、作用

氨基酸是构成蛋白质的基本单位，是具有高度营养价值的蛋白质的补充剂，广泛应用于医药、食品、动物饲料和化妆品的制造。

氨基酸在医药上主要用来制备复方氨基酸输液，也可用作治疗药物和用于合成多肽药物。目前用作药物的氨基酸有 100 多种。

复方氨基酸输液是由多种纯净结晶氨基酸切实按照人体需要的种类、含量和比例配制的灭菌水溶液，对改善病人营养、纠正氮平衡、提高病人抢救的成功率起着十分明显的作用，成为现代医疗中不可缺少的医药品种之一。复方氨基酸输液除含有亮氨酸、异亮氨酸、缬氨酸、苯丙氨酸、赖氨酸、蛋氨酸、苏氨酸和色氨酸等 8 种人体必需氨基酸外，还含有一些非必需氨基酸，一般还加入山梨醇、木糖醇等补充热量，提高体内氨基酸的利用率。复方氨基酸输液能增加血浆蛋白、组织蛋白，提高氮平衡，促进酶、免疫抗体及激素的生成，加速各种细胞的增生。在临床上主要用于：改善外科手术前病人的营养状态；供给胃肠病人的蛋白质营养成分；纠正肝病所导致的蛋白质生化合成紊乱；预防及治疗放射性、抗癌剂或其他原因引起的白细胞减少症；作为血浆代用品等。

一些氨基酸也可单独用作治疗一些疾病，主要用于治疗肝脏疾病、消化道疾病、脑病、心血管疾病、呼吸道疾病以及用于提高肌肉活力、儿科营养和解毒等。如谷氨酸、精氨酸和鸟氨酸等是临床常用的降血氨药物。胱氨酸具有促进毛发生长和防止皮肤老化等作用，适用于各种秃发症，可防治肝炎、放射性损伤、巨细胞减少症和药物中毒，也用于急性传染病、支气管哮喘、烧伤等辅助治疗。L-多巴是治疗由遗传性和一氧化碳中毒使酪氨酸在人体内代谢失调而引起震颤性麻痹症的特效药，对改善肌肉僵直、运动障碍最为显著，对震颤、语言、吞咽、流涎、姿势障碍和躯体平衡也有帮助，可使肝功能衰竭所致的肝昏迷病人的意识暂时恢复，消除僵直等。

近年来，利用氨基酸和母体药物结合制成药物前体，用以改善药物理化特性，提高药物疗效或降低副反应，如赖氨酸阿司匹林，有抑制血小板凝集和解热镇痛作用，其镇痛功效良好，没有成瘾性。此外，氨基酸衍生物在癌症治疗上出现了希望。不同癌细胞的增殖需要大量消耗某种特定的氨基酸，寻找这些氨基酸的类似物——代谢拮抗剂可能成为癌症治疗的一种有效手段。

用氨基酸合成的聚合物制造的膜或纤维具有柔软、亲水性、半透性、耐水性和无毒性等特点，可用来制造肾脏和外科缝合线。如果将聚合氨基酸渗透入杀菌剂、防腐剂和抗生素，可以预防和治疗暴露伤口的皮肤病，药片用其涂层，可防护药片内含物免受湿气、空气和光的影响，减轻药物对胃黏膜的刺激作用和药物发出的气味。

第二节　氨基酸类药物的生产方法

一、氨基酸的制备

氨基酸的生产方法常用的有水解提取法、化学合成法、微生物发酵法及酶合成法等。除少数氨基酸用水解提取法外，大部分氨基酸已采用化学合成法和发酵法生产，个别也采用前体发酵和酶合成法生产。

1. 水解提取法

水解提取法是最早发展起来的生产氨基酸的基本方法。它是以富含蛋白质的物质为原料，通过酸、碱或蛋白质水解酶水解成氨基酸混合物，再经分离纯化获得各种氨基酸的工艺过程。分为酸水解法、碱水解法和酶水解法。水解提取法的优点是原料比较丰富，投产比较容易；缺点是产量低，成本较高。目前仍有少数氨基酸（如酪氨酸、胱氨酸等）采用水解提取法生产。

（1）酸水解法　酸水解法是蛋白质水解常用的方法。一般是在蛋白质原料中加入约 4 倍重量的 6mol/L 的盐酸于 110℃加热回流 12～24h，使氨基酸充分析出，除去酸即得氨基酸混合物。酸水解法的优点是水解完全，不易引起氨基酸发生旋光异构作用，所得氨基酸均为 L 型氨基酸。缺点是色氨酸几乎全部破坏，含羟基的酪氨酸和丝氨酸部分破坏，水解产物可与醛基化合物作用生成一类黑色物质而使水解液呈黑色，需进行脱色处理。另外，由于使用大量的酸，所以对设备腐蚀严重，产生大量的废液，对环境影响较大，同时工人劳动条件较差。正因为如此，酸水解法目前较少使用。

（2）碱水解法　蛋白质原料经 6mol/L 氢氧化钠于 100℃水解 6h，即得各种氨基酸混合物，该法水解迅速彻底，色氨酸不被破坏，水解液清亮。但含羟基或巯基的氨基酸全部被破坏，且产生消旋作用，产物是 D 型和 L 型氨基酸混合物，工业上多不采用此方法。

（3）酶水解法　蛋白质原料在一定 pH 和温度条件下经蛋白水解酶作用分解成氨基酸和小肽混合物的过程称为酶水解法。酶水解法的优点是反应条件温和，无需技术设备，氨基酸不被破坏，无消旋作用；缺点是水解不彻底，水解时间长，产物中除氨基酸外，尚含较多肽类。故主要用于生产水解蛋白质及蛋白胨，较少用于生产氨基酸。

2. 微生物发酵法

发酵法是借助微生物具有合成自身所需氨基酸的能力，以糖为碳源，以氨或尿素为氮源，通过微生物的发酵繁殖，直接生产氨基酸，或是利用菌体的酶系，加入前体物质合成特定氨基酸的方法。其基本过程包括菌种培养、接种发酵、产品提取及分离纯化等。氨基酸产生菌是实现发酵法生产氨基酸的前提，在氨基酸发酵中起着非常重要的作用，早期氨基酸发酵多采用野生型菌株，20 世纪 60 年代以后，则多采用经人工诱变选育的营养缺陷型和抗代谢类似物变异菌株。随着现代生物工程技术的发展，已获得多种高产氨基酸基因工程菌株，其中苏氨酸和色氨酸基因工程菌已投入工业生产。目前大部分氨基酸可通过发酵法生产，如谷氨酸、谷氨酰胺、丝氨酸、酪氨酸、组氨酸等，产量和品种逐年增加。

微生物发酵法生产氨基酸的优点是直接生产 L 型氨基酸，原料丰富，可以以廉价碳源如甜菜或化工原料（醋酸、甲醇和石蜡）代替葡萄糖，成本大为降低。缺点是产物浓度一般较低，生产周期长，设备投资大，有副反应，单晶体氨基酸的分离比较复杂。

3. 化学合成法

化学合成法是利用有机合成和化学工程相结合的技术生产或制备氨基酸的方法。通常是以 α 卤代羧酸、醛类、甘氨酸衍生物、卤代烃、α 酮酸及某些氨基酸为原料，经氨解、水解、缩合、取代和加氢等化学反应合成 α 氨基酸。它的最大优点是可采用多种原料和各种工艺路线，特别是以石油化工产品为原料时，价格低廉，成本低，适合工业化生产。但化学合成工艺复杂，制造的氨基酸都是 DL 型消旋体，需进行拆分才能得到 L 型产品。日本用微生物固定化酶分离 DL 型成功，具有收率高、成本低、周期短等优点，促进了化学合成法生产氨基酸的发展。蛋氨酸、甘氨酸、色氨酸、苏氨酸、苯丙氨酸、丙氨酸、脯氨酸等已成功用化学合成法生产。

4. 酶合成法

酶合成法是指在某些特定酶的作用下使某些化合物转化成相应氨基酸的技术。其基本过程是以化学合成的、生物合成的或天然存在的氨基酸前体为原料，将含特定酶的微生物、植物或动物细胞进行固定化处理，通过酶促反应制备氨基酸。酶合成法的优点是工艺简单、周期短、耗能低、专一性强、产物浓度高、副产物少、收率高等。如何获得廉价的底物和酶是这一方法的关键。

二、氨基酸的分离

氨基酸的分离是指从氨基酸混合物中获得某种氨基酸产品的工艺过程，是氨基酸生产中的重要环节。氨基酸的分离方法很多，下面简单介绍一下几种常用的方法：

1. 等电点沉淀法

等电点沉淀法是氨基酸提取方法中最简单的一种方法。它是采用氨基酸的两性解离与等电点性质，不同的氨基酸有不同等电点，在等电点时，氨基酸分子的净电荷为零，氨基酸的溶解度最小，氨基酸分子彼此吸引成大分子沉淀下来。

2. 有机溶剂沉淀法

氨基酸溶液中，加入与水互溶的有机溶剂，能显著降低氨基酸的溶解度而发生沉淀。乙醇是最常用的有机溶剂，因为它无毒，适用于医药上使用，并能很好地用于氨基酸的沉淀。有机溶剂沉淀法常与等电点沉淀法配合使用。

3. 特殊试剂沉淀法

氨基酸可以和一些有机化合物或无机化合物生成具有特殊性质的不溶性衍生物，利用这一性质可以分离纯化某些氨基酸。如天冬氨酸可制成难溶性铜盐结晶，分离回收天冬氨酸；亮氨酸与邻二甲苯-4-磺酸反应，生成亮氨酸磺酸盐沉淀，后者与氨水反应，得游离氨基酸；组氨酸与氯化汞作用生成组氨酸汞盐沉淀，经处理得组氨酸；精氨酸与苯甲醛生成不溶于水的苯亚甲基精氨酸沉淀，经盐酸水解除去苯甲醛，即可得到纯净的精氨酸盐酸盐。

4. 离子交换法

离子交换法是利用离子交换剂对不同氨基酸吸附能力的差异进行分离的方法。氨基酸为两性电解质，在特定的条件下，不同氨基酸的带电性质及解离状态不同，对同一种离子交换剂的吸附力也不同，故可对氨基酸混合物进行分组或单一成分的分离。离子交换法是氨基酸工业中应用最为广泛的提取方法之一。

三、氨基酸的浓缩

浓缩是指低浓度溶液通过去除溶剂变为高浓度溶液的过程。在氨基酸生产中，常常需要将氨基酸提取液进一步浓缩，从而提高氨基酸的浓度，以利于下一个工序的操作。目前氨基酸生产中常用的浓缩方法有常压蒸发浓缩、减压蒸发浓缩和薄膜蒸发浓缩。

1. 常压蒸发浓缩

液体在常压下，加热使溶液汽化而达到浓缩的方法称之为常压蒸发浓缩。它的缺点是随着蒸发的进行，溶质的摩尔浓度增大，导致溶液传导不良，对流缓慢，蒸气压下降，沸点升高，从而导致蒸发速度下降，加热时间延长。故对于高温下易分解的物质，不宜采用常压蒸发。

2. 减压蒸发浓缩

溶液在减压下加热使溶剂汽化而浓缩的操作方法，称之为减压蒸发浓缩，即真空浓缩。其基本原理是通过降低液面压力，使液体沸点相应降低。真空度愈高，沸点愈低，因而所需浓缩时间也比常压浓缩缩短，加热时温度也比常压浓缩要低，因此被浓缩液的有效成分不易被破坏。

3. 薄膜蒸发浓缩

在真空（也有常压）加热条件下，使液体形成薄膜而迅速蒸发的操作方法，简称为薄膜蒸发浓缩。其基本原理是增加汽化表面，热的传导快而均匀，能较好地避免溶质的过热现象，故溶液的有效成分不易被破坏，浓缩效率高。

第三节　制备工艺及实例

一、甘氨酸

（一）性质及应用

甘氨酸又名氨基乙酸，结构式为 NH_2CH_2COOH，相对分子质量 75.07，是结构最简单的氨基酸类化合物。为白色单斜晶系或六方晶系晶体或白色结晶粉末，无臭无毒，有特殊甜味，相对密度 1.1607，熔点 232～236℃（分解）。易溶于水，在水中溶解度（25℃）为 25g/100ml，难溶于醇、丙酮和乙醚，微溶于吡啶，与盐酸反应能生成盐酸盐。

甘氨酸广泛存在于自然界中，早在 1820 年 Bracnnot 已从明胶中分离到甘氨酸，但至今为止，大部分甘氨酸仍来源于人工合成。甘氨酸在医药领域不仅大量用作氨基酸制剂的输液及金霉素缓冲剂，更是重要医药的中间体，可用以制备各种有效药剂，例如治疗帕金森病的特效药"L-多巴"的主要中间体即是甘氨酸；甘氨酸与碳酸钙的复合制剂可治疗神经性胃酸过多症；甘氨酸与阿司匹林、对乙酰氨基酚（扑热息痛）等反应制成的药物，不仅可提高药物的溶解度，增加药效，还有效抑制了药物产生的副作用，甘氨酸还可用以合成 DL-苯丙氨酸及 L-苏氨酸等重要氨基酸。另外，甘氨酸及其衍生物具有程度不同的抗菌活性。这一类抗菌剂的共同特点是原料来源丰富，价格低廉，应用于农作物时，易被植物吸收，不留残毒，不污染水源，同时多具有刺激植物生长作用，结果使农作物能获得较高的增产效果。本身的毒性很低，能广泛地应用于食品、化妆品、医院或家庭卫生等。

（二）制备方法

1. 从自然物质中提取

将 25kg 废蚕丝加入 6mol/L 工业盐酸 75L，在 110～120℃加热回流 22h，使之充分水解直到双缩脲反应不呈紫色为止，水解结束后加 1 倍体积水，再按每升体积加 30～40g 粉状活性炭，在 60℃搅拌 30min，过滤去除杂质得到棕色水解液约 150L，用活性炭吸附水解液中的酪氨酸，再用离子交换柱分离出甘氨酸、丙氨酸和丝氨酸。

2. 氯乙酸氨解法

氯乙酸氨解法是传统的甘氨酸合成工艺，在水相或醇相中以乌洛托品、氯乙酸、氨水（氨气或液氨均可）为原料合成，具体反应如下：

$$ClCH_2COOH + 2NH_3 \longrightarrow NH_2CH_2COOH + NH_4Cl$$

在乌洛托品的水溶液介质中加入氨水，再在 30～50℃时滴加氯乙酸，然后在 72～78℃保温反应 3h，出料后加入甲醇或乙醇进行醇析，过滤得到甘氨酸粗制品，再经精制及多次提纯得医药级甘氨酸。

氯乙酸氨解法原料消耗如下：氯乙酸（95%）1.6t/t；液氨 0.88t/t；乌洛托品（98%）0.35t/t；甲醇 1.11t/t。

工业品甘氨酸的售价为 2 万元/t（成本约 1.8 万元/t），医药级甘氨酸售价可达 3 万元/t。

氯乙酸氨解法简单，但要把生成的氯化铵分离出来颇有难度，即要得到较纯产物难度较大。通常采用的方法是用大量醇反复进行结晶以提高纯度，此法虽简单，但耗用醇量大，且影响收率，一般可采用 95% 浓度的乙醇或甲醇。

3. 施特雷克法

在甲醛中使氰化钾（或氰化钠）和氯化铵作用，同时加入冰醋酸使之析出亚甲基氨基乙腈的无色结晶，将产物过滤，在硫酸存在下加入乙醇，分解得到氨基乙腈硫酸盐，反应式如下：

$$HCHO + NaCN + NH_4Cl \longrightarrow CH_2 {=} N{-}CH_2CN + NaCl + H_2O$$

$$CH_2 {=} N{-}CH_2CN \xrightarrow[H_2SO_4]{C_2H_5OH} H_2NCH_2CN \cdot H_2SO_4$$

将以上反应的产物用氢氧化钡分解得到甘氨酸的钡盐。然后加入定量的硫酸使钡盐沉淀析出，经过滤将滤液浓缩放置冷却后析出甘氨酸结晶。

生产 1t 产品其原料消耗如下：甲醛 1.14t；氰化钠 0.93t；氯化铵 1.02t；氢氧化钡 1.43t；硫酸 0.725t；水 0.5t；电 900kW·h；汽 5t。

施特雷克法合成甘氨酸工艺的优点是产品易精制，生产成本低，适合大规模工业化生产。其缺点是氰化钠为剧毒物，操作条件苛刻，反应后的脱盐操作较繁杂，反应路线较长。

4. 生物合成法

自 1991 年以来，国外生物合成甘氨酸的技术有了新的进展。日本 Nitto 化学工业公司将培植的假细胞菌属、酪蛋白菌属、产碱杆菌属等菌种以 0.5% 加入到含甘氨酰胺基质中，在 30℃、pH＝7.9～8.1 的条件下反应 45h，几乎所有的甘氨酰胺水解成甘氨酸，转化率达 99% 以上。同时该公司的研究表明利用高活性的微生物菌种可以作为原料商业化规模生产甘氨酸。

二、丙氨酸

（一）性质及应用

1850 年，Streck 为了合成乳酸，将乙醛和氢氰酸及氨作用，结果发现了丙氨酸，40 年后，首次在天然产物中发现丙氨酸。丙氨酸结构式为 $CH_3CH(NH_2)COOH$，相对分子质量 89.04，外观为无色至白色结晶粉末，无臭无毒，相对密度 1.401，熔点 297℃（分解），等电点为 6.0。易溶于水，在水中溶解度为 20℃时 1.6g/L，微溶于乙醇，在乙醇中溶解度为 25℃时 166.5g/L，不溶于丙酮和乙醚。

丙氨酸广泛应用于食品、医药、饲料和化工等行业中，目前随着在食品和医药工业中应用量的扩大，对丙氨酸的市场需求也在不断增长。丙氨酸在医药工业中主要用于制造泛酸钙和治疗肝及肾上腺功能障碍等。

（二）制备方法

1. 从自然物质中提取

将 25kg 废蚕丝加入 6mol/L 工业盐酸 75L，在 110～120℃加热回流 22h，使之充分水解直到双缩脲反应不呈紫色为止，水解结束后加 1 倍体积水，再按每升加 30～40g 粉状活性炭，在 60℃搅拌 30min，过滤去杂质得到棕色水解液约 150L，用活性炭吸附水解液中的酪氨酸，再用离子交换柱分离出丙氨酸。

2. Streck 法

乙醛与氢氰酸形成氰醇，除去其中过量氰化氢后，加入氨溶液内，生成氨基氰乙烷，加碱水解得到丙氨酸的钠盐，经离子交换树脂处理得到 DL-丙氨酸，再由水或乙醇水溶液重结晶而得。具体反应过程如图 3-2 所示。

$$CH_3CHO + HCN \longrightarrow CH_3CH(OH)CN \xrightarrow{NH_3} CH_3CH(NH_2)CN$$

$$\downarrow NaOH$$

$$CH_3CH(NH_2)COOH \xleftarrow{离子交换} CH_3CH(NH_2)COONa$$

图 3-2　用 Streck 法制备丙氨酸的化学反应过程

Streck 法原料价格便宜，但氨基氰水解后分离比较困难，特别是丙氨酸和副产物分离比较复杂，稍有不当即影响产品质量，氨解反应条件苛刻，氢氰酸的运输比氨更为困难。

3. 酶转化法

采用生物工程高新技术，用酶转化的方法生产 L-丙氨酸，以延胡索酸为原料，经天冬氨酸酶和天冬氨酸-β-脱羧酶作用生产丙氨酸，具体反应过程如图 3-3 所示。

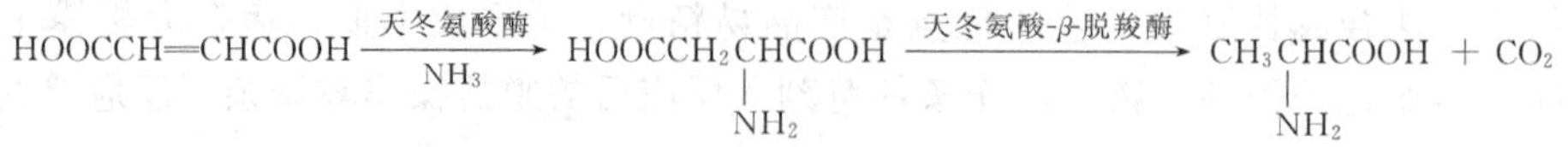

$$\text{HOOCCH}\!=\!\text{CHCOOH} \xrightarrow[\text{NH}_3]{\text{天冬氨酸酶}} \underset{\underset{\text{NH}_2}{|}}{\text{HOOCCH}_2\text{CHCOOH}} \xrightarrow{\text{天冬氨酸-}\beta\text{-脱羧酶}} \underset{\underset{\text{NH}_2}{|}}{\text{CH}_3\text{CHCOOH}} + \text{CO}_2$$

图 3-3　用酶转化法制备丙氨酸的化学反应过程

(1) 菌种的培养　德阿昆哈假单胞菌（*Pseudomonas dacunhae*）变异株斜面培养基组成为蛋白胨 0.25%、牛肉膏 0.52%、酵母膏 0.25%、NaCl 0.5%、琼脂 2.0%，pH＝7.0。种子培养基与斜面培养基相同，但不加琼脂。摇瓶培养基的组成为谷氨酸 3.0%、蛋白胨 0.9%、酪蛋白水解液 0.5%、磷酸二氢钾 0.05%、$\text{MgSO}_4 \cdot 7\text{H}_2\text{O}$ 0.01%，用氨水调 pH 至 7.2。将培养 24h 的新鲜斜面菌种接种于种子培养基中，30℃振摇培养 8h，再接种于摇瓶培养基中，30℃振荡培养 24h，如此逐级扩大至 1000ml 的培养罐中培养。培养结束后用 1mol/L HCl 调 pH 至 4.75，于 30℃保温 1h，离心收集菌体（含天冬氨酸-β-脱羧酶）备用。

(2) 细胞的固定及生物反应器的制备　取上述湿菌体 20kg，加生理盐水搅拌均匀并稀释至 40L，另取溶于生理盐水的 5%角叉菜胶溶液 85L，两液均保温 45℃后混合，冷却至 5℃成胶，浸于 600L 含 20g/L KCl（2%）和 0.2mol/L 己二胺的 0.5mol/L、pH＝7.0 的磷酸缓冲液中，5℃下搅拌 10min，加戊二醛至 0.6mol/L 浓度，5℃搅拌 30min，取出切成 3～5mm³ 的小块，用 20g/L KCl 溶液充分洗涤后，滤去洗涤液即得固定细胞。

取固定化假单胞菌装入耐受 1.515×10^7 Pa 压力的填充床式反应器（30cm×180cm）中备用。

(3) 转化、脱羧　取保温 37℃的 1mol/L 延胡索酸铵（含 1mmol/L MgCl_2，pH＝8.5）底物溶液，按一定速度连续流过固定化 *E.coli* 反应器，控制其达到最大转化率（＞95%），收集流出的转化液。再向转化液中加入磷酸吡哆醛至 0.1mmol/L 浓度，调 pH 至 6.0，保温 37℃，按一定速度流入固定化假单胞菌生物反应器，进行脱羧反应，控制其达到最大转化率（＞95%），收集脱羧液。

(4) 精制　取澄清脱羧液，于 60～70℃减压浓缩至原体积的 50%，冷却后加入等体积的甲醇，5℃结晶，放置过夜，滤取结晶，用少量冷甲醇洗涤，抽干，80℃真空干燥即得丙氨酸粗品。再将粗品加入 3 倍体积去离子水，于 80℃搅拌溶解，加 5g/L（0.5%）活性炭 70℃搅拌脱色 1h，过滤，滤液冷却后加等体积甲醇，5℃结晶过夜，滤取结晶，于 80℃真空干燥，即得 L-丙氨酸。

酶转化法全套装置由细胞培养系统、酶转化反应系统、精制提取系统三大部分组成，生产投资少，无污染，成本低，生产过程简单，反应温和，设备没有强烈腐蚀，易于操作控制，收率和产品纯度高，产品符合美国药典标准。吴梧桐主持研究筛选获得了 L-天冬氨酸-β-脱羧酶的高产菌，菌体酶活力为 4000～6000U/(g·h)，固定化细胞酶表现的活力＞6000U/(g·h)，底物转化率＞95%，产品总收率＞85%，纯度＞98.5%，固定化细胞使用的半衰期超过 90d，工艺稳定，三废少，工业成本低。

三、丝氨酸

(一) 性质及应用

1865 年 Cramer 从丝胶的酸水解物中分离出一种具有甘味的结晶物质，1880 年 Erlenmeyer 推定此化合物的结构为 α-氨基-β-羟基丙酸，也就是丝氨酸。丝氨酸呈六角形或柱状，在 20℃ 水中溶解度为 380g/L，等电点 pI＝5.68，熔点 228℃，分子式为 $C_3H_7NO_3$，相对分子质量 105.09，其结构式如图 3-4 所示。

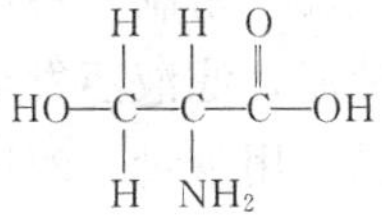

L-丝氨酸属于非必需氨基酸，但具有许多重要的生理功能和作用，在医药、食品和化妆品中有广泛的应用。L-丝氨酸在医药方面有以下功能：①合成嘌呤、胸腺嘧啶和胆碱的前体；②具有稳定滴眼液 pH 的作用，且滴眼后无刺激性；③丝氨酸的衍生物环丝氨酸是一种抗生素，可用于治疗结核病，偶氮丝氨酸是一种抗癌剂，常用于治疗肿瘤；④L-丝氨酸羟基经磷酸化作用能衍生出具有重要生理功能的磷丝氨酸，是磷脂的主要成分之一；⑤氨基酸输液的重要组成成分。

图 3-4 丝氨酸的结构式

（二）制备方法

丝氨酸的制备方法包括前体添加发酵法、化学合成法和废蚕丝水解提取法。

1. 废蚕丝水解提取法

（1）水解 取废蚕丝 12kg 置于水解缸内，加 6mol/L 盐酸 75L，浸湿加热至 110～120℃ 持续 22～24h，使其充分水解，双缩脲反应不呈紫色为止。水解结束后，加 1 倍体积的纯水，再加粉状活性炭（30～40g/L），降温 60℃ 以下搅拌 30min，过滤约得 150L 的水解液。

（2）脱酸、脱色 将水解液上颗粒活性炭柱（φ150mm×2000mm），流速 300ml/min，收集脱色液至脱色效果不佳为止。用纯水洗至中性，流速 400ml/min。再用 3mol/L 氨水进行洗脱，流速 250～300ml/min，收集洗脱液，待洗脱液茚三酮显色反应消失，停止洗脱。洗脱炭柱的酪氨酸，浓缩结晶得酪氨酸粗品。炭柱用纯水洗至中性后，用 6%～8% 氢氧化钠溶液进行处理，用量为活性炭体积的 1.5 倍，浸泡 2h，纯水洗脱至中性备用。

（3）732 阳柱初分 将脱色后的透明状水解液直接上 732 型强酸性阳离子交换树脂（φ300mm×2000mm），流速为 300ml/min，待流出液使茚三酮显紫红色反应，即停止上柱。用纯水洗涤柱，流速 400～600ml/min，至流出液呈中性，与另一未上柱的 732 阳柱相串联，用 0.1mol/L 氨水洗脱氨基酸，流速为 250～300ml/min，收集洗脱液，此洗脱液用正丁醇-乙酸-乙醇-水（4:1:1:2）和吡啶-水（3:1）为展开剂进行纸色谱鉴定。甘氨酸、丙氨酸含量较大的分为一组；苏氨酸、丝氨酸含量较大的分为另一组。732 阳柱再生采用以下方法：先用纯水洗至中性，用 2mol/L 氢氧化钠处理，流速为 100～200ml/min，浸泡 2h 后用纯水洗柱至中性，再用 2mol/L 盐酸转型，流速为 100ml/min，浸泡 2h 后用纯水洗至中性备用。

（4）纯化 将 732 阳柱分离出的丝氨酸、苏氨酸含量较大部分及甘氨酸、丙氨酸含量较大部分倒入大水缸内，用分析纯 NaOH 调 pH 至 8，然后上处理好的 717 强碱性阴离子交换树脂（φ300mm×2000mm），上柱液浓度 4%～5%，流速为 250ml/min，待流出液有茚三酮显色反应，则停止上柱。上柱完毕，用纯水洗柱，流速为 400ml/min，洗至中性。将上饱和的柱体与另一未上柱的 717 树脂柱串联，用 0.2mol/L 盐酸进行洗脱，流速为 250ml/min，洗脱液分别收集，直至流出液 pH 降至 3 时停止收集。然后按收集先后次序在滤纸上点样进行纸色谱，茚三酮显色鉴别分组，将丝氨酸、苏氨酸、甘氨酸和丙氨酸分装。将分装后的溶液分别真空减压浓缩，控制浓缩温度 60℃，每 50L 浓缩至 5L 左右，改用水浴蒸发浓缩。当出现大量结晶时，待温度降至室温后加入 3 倍体积 95% 分析纯乙醇，放冰箱内静置过夜，抽滤得结晶氨基酸，放入烘箱中，60℃ 下干燥 2h，得氨基酸粗晶。

（5）精制　将丝氨酸粗晶用 20 倍质量的 80～90℃ 纯水溶解，用活性炭进一步脱色。趁热抽滤，滤液蒸发至出现结晶，冷却后加入 3 倍体积 95% 乙醇，置冰箱 12h，抽滤得氨基酸结晶，用少量乙醇洗涤两次，在 60℃ 下干燥结晶即可。

2. 前体添加发酵法

L-丝氨酸处于氨基酸代谢的中间位置，参与许多生物物质的合成，代谢速度极快，因此与其他氨基酸相比，L-丝氨酸的直接发酵法生产十分困难。至今研究的大多是以甘氨酸、甘氨酸三甲内盐为前体的发酵法。其中以甘氨酸为前体生产 L-丝氨酸生产技术已经工业化。以甘氨酸为前体生产 L-丝氨酸的微生物大致可分为两类，即通常的异养型菌株和以 C_4 化合物为碳源的甲基营养型细菌。

Kubota 等采用含 5% 葡萄糖、2% 甘氨酸的合成培养基，从香蕉中分离到一株丝氨酸产生菌——嗜甘氨酸棒杆菌。在含有 5% 葡萄糖和 2% 甘氨酸培养基中可从甘氨酸积累 L-丝氨酸 9.4g/L，摩尔转化率为 17%。鉴于丝氨酸诱导的 SDMase 具有很强的丝氨酸分解作用，丝氨酸高产菌必须具备 SDMase 活性低这一条件。选择以丝氨酸为惟一氮源的培养基上不能生长的变异株，结果获得了 SDMase 活性低、丝氨酸产量增加的菌株，变异株在添加 3% 的甘氨酸培养基中积累 14g/L 丝氨酸，摩尔转化率为 33.3%。

小谷等在甘氨酸的培养基中分离到一株丝氨酸产生菌——丁烷诺卡菌，在含有 0.5% 甘氨酸、2% 葡萄糖培养基中产生 1.76g/L 丝氨酸。Tanaka 从丁烷诺卡菌出发诱变筛选丝氨酸分解缺陷变异株，在含有 2% 甘氨酸培养基中可积累 10g/L 丝氨酸。

Ema 选育获得具有高活性 SDMase 的白色八叠球菌。在含有甘氨酸 0.3%、葡萄糖 1%、硫酸氨 0.3%、酵母膏 1% 的培养基中，30℃ 培养 24h 添加甘氨酸，最适条件（30℃，pH=7.0）下发酵 6d，由 20% 甘氨酸可生成 22g/L 丝氨酸。

Morinaga 等从利用甲醇细菌中分离得到的假单胞菌 MS31，亦能从甘氨酸生产丝氨酸。当在甲醇培养基中生长后添加甘氨酸和甲醇，可积累丝氨酸 2.5g/L。由假单胞菌 MS31 进一步选育邻甲基丝氨酸抗变异株 S395，可以从 15g/L 甘氨酸积累丝氨酸 10～12g/L，对甘氨酸摩尔转化率达 57%。

Izumi 以甲醇为碳源培养生丝微菌 KM146，采用休止细胞由甲醇和甘氨酸合成丝氨酸，在含有甲醇 24g/L、甘氨酸 100g/L、菌体 30g/L、Tris-盐酸缓冲液（pH=9.0）0.05mol/L 的反应液中，经 24h 培养可生成约 24g/L 丝氨酸，摩尔转化率为 17%。

3. 化学合成法

化学合成法只能获得 DL-丝氨酸，要得到 L-丝氨酸还必须进行化学拆分。具体合成方法大致可分为三类：以羟基乙醛为原料的合成法；利用各种缩合反应的合成法；以乙烯基化合物为原料的合成法。由于化学合成法生产丝氨酸技术在原料药生产中较少使用，因此本文不再对这些方法进行详细说明。

四、胱氨酸

（一）性质及应用

胱氨酸是由两个半胱氨酸脱氢氧化而成的含硫氨基酸，分子式 $C_6H_{12}N_2O_4S_2$，相对分子质量 240.29。胱氨酸纯品为六角形板状白色结晶或结晶性粉末，无味，微溶于水，不溶于乙醇及其他有机溶剂，易溶于酸、碱溶液中，在热碱溶液中易分解，等电点为 5.06。熔点

260～261℃。其结构式如图 3-5 所示。

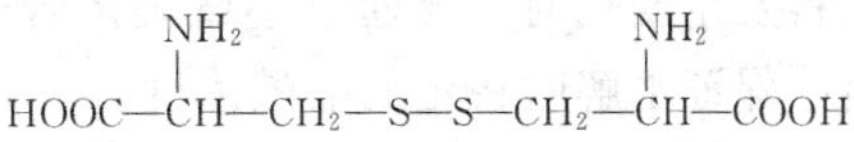

L-胱氨酸广泛应用在医药、食品、饲料、化妆品等方面，是一种昂贵的生化药品，国内外需求量很大。胱氨酸具有促进毛发生长和防止皮肤老化等

$$NH_2 \qquad\qquad NH_2$$
$$HOOC—CH—CH_2—S—S—CH_2—CH—COOH$$

图 3-5 胱氨酸的结构式

作用，对于先天性同型半胱氨酸尿症、病后产后及继发性脱发症、慢性肝炎、放射线损伤等的防治也有一定效果。对由各种原因引起的白细胞减少症和药物中毒也有改善作用。此外，还用于急性传染病、支气管哮喘、湿疹、烧伤等的辅助治疗。胱氨酸与肌苷配制成复方片剂，用于洋地黄中毒、白细胞减少症等。

（二）制备方法

胱氨酸的制备方法主要有发酵法、合成法和提取法三种。工业上生产胱氨酸是把人发、猪毛用强酸水解，从角蛋白分解成多种氨基酸，然后再从水解液中用各种方法把胱氨酸与其他氨基酸和杂质分离，提取出纯的胱氨酸。胱氨酸在人发和猪毛中的含量分别为 12% 和 14%，收率可达到 7.5%～8%，但中国实际生产中的收率只有 5% 左右，国外的收率可达 9% 以上。

下面主要介绍在中国常用的水解提取法。

(1) 工艺路线（图 3-6）

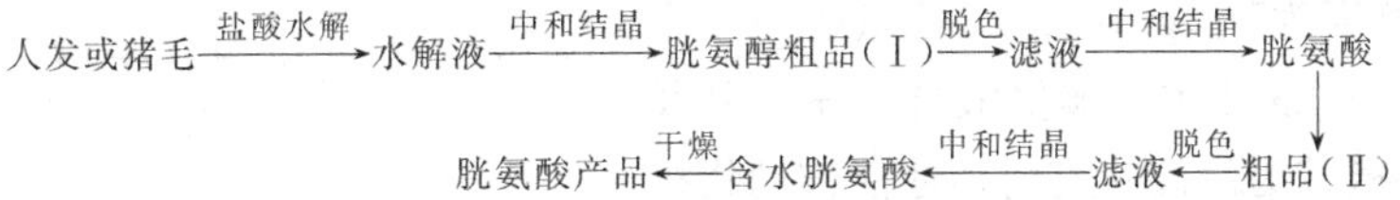

人发或猪毛 ——盐酸水解——→ 水解液 ——中和结晶——→ 胱氨酸醇粗品（Ⅰ）——脱色——→ 滤液 ——中和结晶——→ 胱氨酸

胱氨酸产品 ←——干燥—— 含水胱氨酸 ←——中和结晶—— 滤液 ←——脱色—— 粗品（Ⅱ）

图 3-6 水解提取法制备胱氨酸的工艺路线

(2) 工艺过程

① 水解 水解在水解缸内配制一定量 8.0～8.5mol/L 盐酸，加热至 75～80℃，迅速投入重量为盐酸 50%～55% 的人发或猪毛，温度升到 110℃ 时开始记时，水解 6h 后，用双缩脲法吸取水解液，滴 1% 的硫酸铜溶液，直到检验溶液无紫色出现为止，冷却，离心分离。

② 一次中和 将分离得到的滤液，在搅拌下加入 30%～35% 的工业氢氧化钠溶液，调节 pH 至 4.8 为止，静置 36h，离心分离得到胱氨酸粗品Ⅰ。

③ 一次脱色 将胱氨酸粗品Ⅰ放入缸中，加入重量为粗品Ⅰ60% 的 10mol/L 盐酸，再加入重量为粗品Ⅰ2.5 倍的水，加热至 70℃ 左右，搅拌溶解 0.5h，加入重量为粗品Ⅰ8% 的活性炭，升温至 80℃ 左右保温 0.5h，离心分离。

④ 二次中和 将分离得到的滤液加热到 80～85℃，搅拌加入 30%～35% 的氢氧化钠溶液，调节 pH 至 4.8 为止，静置 36h，离心分离，得到胱氨酸粗品Ⅱ。

⑤ 二次脱色 将胱氨酸粗品Ⅱ放入缸中，加入重量为粗品Ⅱ60% 的 1mol/L 盐酸（化学纯），加热到 70℃ 左右，再加入重量为粗品Ⅱ4% 的活性炭，升温至 85℃，保温搅拌 0.5h，离心分离。

⑥ 三次中和 将分离得到的滤液放入缸中，加入重量为滤液 1.5 倍的蒸馏水，加热至 75～80℃，搅拌后加入 12% 氨水中和，使 pH 达 3.5～4.0，此时胱氨酸结晶析出，离心分离，结晶用蒸馏水洗至无氯离子，低温干燥，即得精品胱氨酸。

(3) 注意事项

① 控制水解程度是提高收率的关键之一。对一定的原料，盐酸的用量要有适当的比例，

原料发生变化时，要通过小试确定合适的比例。水解缸上要安装冷凝设备，使盐酸不致逸出，保证水解时稳定的盐酸浓度。

② 被活性炭吸附的胱氨酸要进行回收；中和过程中的体积要掌握适当。体积过大则收率降低；体积控制过小，则产品纯度降低。

五、赖氨酸

（一）性质

赖氨酸的化学名称为 2,6-二氨基己酸，化学组成为 $C_6H_{14}O_2N_2$，具有不对称的 α-碳原子，故有两种光学活性的异构体（图3-7）。

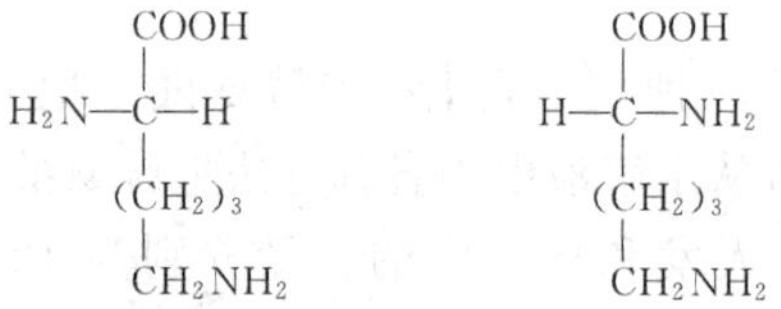

图3-7 赖氨酸的两种异构体的结构式

由于游离的赖氨酸易吸收空气中的二氧化碳，故制取结晶比较困难。一般商品都是赖氨酸盐酸盐的形式。赖氨酸盐酸盐的化学式为 $C_6H_{14}N_2O_2 \cdot HCl$，相对分子质量为182.65，含氮15.34%。其结构式如图3-8所示。

赖氨酸盐酸盐熔点为263℃，单斜晶系，比旋光度＋21°。在水中的溶解度（0℃）为53.6g/100ml，25℃时为89g/100ml，50℃时为111.5g/100ml，70℃时为142.8g/100ml，在酒精中的溶解度为0.1g/100ml。赖氨酸经口半致死量 LD_{50} 为4g/kg体重。赖氨酸含有 α-氨基及 ε-氨基，只有 ε-氨基为游离状态时，才能被动物机体所利用，故具有游离 ε-氨基的赖氨酸为有效氨

$$[H_3^+N-CH_2-CH_2-CH_2-CH_2-CH-COO^-]Cl^-$$
$$|$$
$$^+NH_3$$

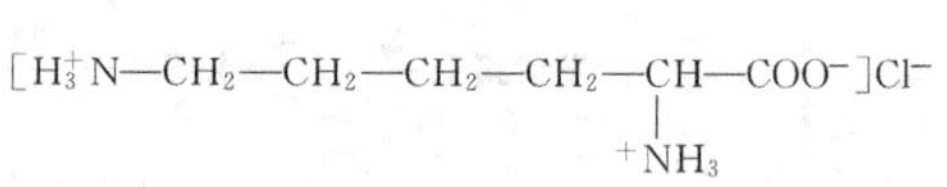

图3-8 赖氨酸盐酸盐的结构式

基酸。所以在提取浓缩时，要特别注意防止有效赖氨酸受热破坏而影响其使用价值。

（二）应用

赖氨酸是最重要的氨基酸之一，也是一种人体必需的氨基酸。近年来，国内外饲料工业及食品工业发展迅速；加之赖氨酸在医药工业上新的用途不断被发现，赖氨酸成为一种国际市场上发展前景良好、国内市场上缺口较大的产品；且原料来源丰富、生产技术成熟。2000年，全世界的L-赖氨酸年产量已达40万吨。

赖氨酸是人类和动物生长所必需的而又不能在体内合成的氨基酸之一，主要应用在饲料添加剂、食品添加剂及医药工业上。目前世界上赖氨酸产量的95%以上都作为饲料添加剂。赖氨酸是很好的鱼粉替代物，一般估计，在以谷物为主的饲料中，应加入0.2%～0.3%的赖氨酸。赖氨酸也可以用作食品添加剂。成人每日最低需要赖氨酸0.8g，人体缺乏L-赖氨酸时，就会发生蛋白质代谢障碍和机能障碍。有资料显示，在小麦面粉中添加0.2%的赖氨酸，则可使其蛋白质的营养有效率从原来的47%提高到71.1%。赖氨酸也可以用在医药工业。赖氨酸在医药上一般用作氨基酸输液。近来的有关研究发现赖氨酸对人的脑部神经细胞有很好的修复作用，并据此开发了新药"康脑灵"。有关专家还认为赖氨酸还可以治疗癫痫病、老年性痴呆、脑出血等。另外，L-赖氨酸在多肽合成化学、生化研究、赖氨酸衍生物制备（赖氨酸能与一些金属离子生成配合物赖氨酸铁、赖氨酸锌等，用作饲料添加剂）等用途上的需求量也在增加。

（三）制备方法

赖氨酸的制备方法有水解法、合成法、酶法和发酵法。

1. 水解法

将含蛋白质较多的物质加热水解，使其蛋白质分解成各种氨基酸，再用离子交换树脂或苦味酸盐提取赖氨酸。一般采用动物血粉作原料，此法特点是工艺简单，但原料问题较大，只适用于小规模生产。

2. 化学合成法

用化学合成法制取赖氨酸，工艺较多，所用原料不尽相同。工业上采用的主要为荷兰的DMS法及日本的东丽法，两法的主要区别在于原料不同：DMS法用己内酰胺，东丽法用环己烷。但两法都生成 α-氨基己内酰胺，再水解生成DL-赖氨酸，然后用酶法进行分割，生成L-赖氨酸。合成法生产赖氨酸，缺点是使用剧毒原料光气，且可能残留催化剂，用户对产品的安全性不放心，环保问题严重。

3. 酶法

酶法是利用生产己内酰胺时产生的大量副产物环己烯为原料，合成DL-氨基己内酰胺。用水解酶把L-氨基己内酰胺水解成赖氨酸；用消旋酶对D-氨基己内酰胺进行消旋，最后转化为赖氨酸，转化率接近100%，L-赖氨酸的积累浓度可达40%以上。日本宝酒造公司就是用酶法大量生产赖氨酸的。该法产品活性高，分离精制容易。

4. 发酵法

由于赖氨酸具有旋光性，而生物所能利用的只有L型，恰好微生物发酵所得的全部为L型，因此利用发酵法生产赖氨酸是最重要的方法。发酵法还有一大优点是原料来源十分广泛易得，且价格便宜，如淀粉（木薯淀粉、玉米淀粉）、糖蜜（甘蔗糖蜜、甜菜糖蜜等）。其原理是利用微生物的某些营养缺陷型菌株，通过代谢控制发酵，人为地改变和控制微生物的代谢途径来实现L-赖氨酸的生产。该法主要发酵原料是碳源。碳的种类很多，有糖蜜、葡萄糖、淀粉、薯干、醋酸、苯甲酸、乙醇和烃类等。但实际工业化的只有糖蜜、淀粉和醋酸等3种原料路线。

（四）发酵生产

1. 中国赖氨酸发酵法技术开发及生产发展历程

（1）菌种的选育　中国发酵法在20世纪60年代就开始了工艺研究；70年代末开始了对赖氨酸产生菌的筛选；80年代初，国内研究人员成功诱变了一株谷氨酸棒状杆菌，产酸率达4.5%；中国上海工业微生物研究所采用山芋淀粉为原料选育出的AU112菌种产酸率8%～10%，转化率35%～45%，提取率>85%，发酵周期70h左右。复旦大学以黄色短杆菌FM84—415为出发株，用亚硝基胍进行诱变筛选出突变株，摇瓶发酵产生赖氨酸盐酸盐，产酸率达8.43%，糖转化率达44.9%。广东省微生物研究所选出的具有抗赖氨酸结构类似物和耐高糖等特性的棒状杆菌GM530突变株，经过14～5000L发酵罐实验证明，该菌遗传性状稳定，产酸率和转化率较高。中国科研人员还采用先进的生物技术应用于赖氨酸发酵生产，如用原生质体融合技术获得融合菌株，糖转化率提高8%，发酵周期缩短11%。而将固定化细胞技术应用于赖氨酸生产，虽产酸率不高，但实行连续生产，对中国赖氨酸生产具有一定现实意义。

（2）赖氨酸生产　中国赖氨酸生产起步于20世纪70年代，当时仅有上海天厨味精厂少量生产；80年代中期国内建设了一些小型赖氨酸厂，基本上是将进口饲料级赖氨酸加工成食品添加剂。后由于食品级赖氨酸市场发展不如饲料级赖氨酸市场快，这些企业大都停产或转产。"六五"末期，根据饲料工业发展需要，国家先后在广西南宁、湖北武汉、福建泉州、吉林九站兴建 4 座千吨级发酵法生产装置。由于技术问题，只有福建大泉赖氨酸厂（福建泉州与泰国正大集团合资，利用日本技术）、广西赖氨酸厂（利用自己技术，其产酸率、提取率已接近国际先进水平，目前生产能力已达 1 万吨/年）发展较好。近年来，川化味之素有限公司年产 1 万吨生产线投产，长春大成生化工程开发有限公司年产 5 万吨赖氨酸的工程项目正式投产，这是中国最大的饲料级赖氨酸生产基地。

2. 国外发酵法生产 L-赖氨酸进展

（1）菌种选育　赖氨酸产生菌有细菌和真菌。细菌包括棒状杆菌、短杆菌、诺卡菌、念球菌、假单孢菌、埃希菌、芽孢杆菌等；真菌中主要有酵母、假丝酵母、隐球酵母等。其中细菌是经过二氨基庚二酸的代谢途径进行的；而酵母和霉菌则是通过生成 2-氨基己二酸中间物的另一条代谢途径进行的。酵母菌属只能产生胞内赖氨酸，不能分泌到发酵液中，故只能用于生产饲料酵母。所以目前虽然某些酵母已得到应用，但直接发酵生产赖氨酸还未达到工业化的程度。此外，某些真菌也可产生多种游离氨基酸，虽然其产量与细菌相比仍然比较低，但若通过细胞工程手段对现有菌种进行改造，从中筛选出高产赖氨酸菌种还是有可能的。

用于发酵生产的菌株主要是棒状杆菌和短杆菌属等细菌的各种变异株，其诱变方法是以紫外线、X 射线、氮芥和亚硝基胍等为主的处理方法，也有用细胞融合和基因工程等生物工程技术来育种。根据其表现类型可分为营养缺陷型、敏感型、类似耐药型（代谢调节变异）和组合型。

（2）发酵　日本生产赖氨酸主要用糖蜜，同时用豆饼水解液作为氮源；前苏联则用甜菜糖蜜作碳源，并采用含高丝氨酸的培养液和蛋白质-维生素浓缩物水解液发酵生产赖氨酸；波兰用醋酸混合液体作碳源，用菜籽粕的酸水解液作氮源，组成培养基，产酸率达 100g/L；中国则主要以淀粉水解液或甘蔗糖蜜为碳源，用毛发水解液代替豆饼水解液作为氮源发酵生产赖氨酸。

（3）提取　赖氨酸的提取主要采用离子交换法。前苏联采用发酵液直接喷雾干燥制得饲料用赖氨酸；日本则报道了用电渗析法提取 L-赖氨酸。

3. 国内外发酵法生产赖氨酸技术比较

目前，拥有全套成熟赖氨酸生产技术的国家并不多，只有美国、日本、中国（据意大利称也拥有该技术），很多国家是采用日本输出的技术。整体说来，采用淀粉（或纯糖）发酵，其产酸率、提取率高一些；而采用糖蜜发酵，其产酸率、提取率低一些。据介绍，国际上菌种产酸水平为 12%～14%，对糖转化率 45%。实际生产中，采用淀粉（或纯糖）发酵，其产酸率 9%～11%、提取率 83%～87%，原料消耗 3.2～3.5t 淀粉/t 赖氨酸；而采用糖蜜（含糖 50%）发酵，其产酸率 7%～9%，提取率 80%～85%，原料消耗 6～8t/t。中国广西赖氨酸厂，采用甘蔗糖蜜发酵，菌种产酸水平为 8.2%，提取率 82.4%，接近国际先进水平。

4. 赖氨酸生物合成途径

赖氨酸生物合成途径是 1950 年以后逐渐被阐明的。赖氨酸的生物合成途径与其他氨基酸有所不同，依据微生物种类而异。

细菌的赖氨酸生物合成途径需要经过二氨基庚二酸（DAP）合成赖氨酸，如图 3-9 所示。酵母、霉菌的赖氨酸生物合成途径，需要经过 α-氨基己二酸合成赖氨酸，具体如下：

α-酮戊二酸 → 高柠檬酸 → 高异柠檬酸 → 草酰酮戊二酸 → α-酮己二酸

赖氨酸 ← 酵母氨酸 ← α-氨基己二酸

同样是二氨基庚二酸合成赖氨酸途径，不同的细菌，赖氨酸合成的调节机制有所不同。

赖氨酸产生菌主要为谷氨酸棒杆菌、北京棒杆菌、黄色短杆菌或乳糖发酵短杆菌等，谷氨酸产生菌的高丝氨酸营养缺陷型兼 AEC 抗性突变株。与大肠杆菌不同，这些菌的天冬氨酸激酶不存在同工酶，而是单一地受赖氨酸和苏氨酸的协同反馈抑制，因此在苏氨酸限量培养下，即使赖氨酸过剩，也能形成大量天冬氨酸半醛。由于产生菌失去了合成高丝氨酸的能力，使天冬氨酸半醛这个中间产物全部转入赖氨酸合成而大量生产赖氨酸。

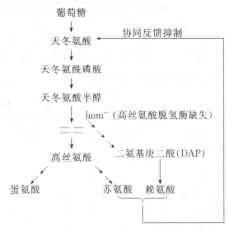

图 3-9　谷氨酸棒杆菌高丝氨酸缺陷型
赖氨酸合成途径
＝＝遗传缺陷型位置（hom⁻）

根据上述赖氨酸生物合成途径，由葡萄糖生成赖氨酸的化学反应式为：

$$3C_6H_{12}O_6 + 4NH_3 + 4O_2 \longrightarrow$$
$$2C_6H_{14}N_2O_2 + 6CO_2 + 10H_2O$$

赖氨酸对糖的理论转化率为 54.14%，但赖氨酸产品一般以赖氨酸盐酸盐的形式存在，赖氨酸盐酸盐对糖的理论转化率为 67.65%。

5. 赖氨酸发酵菌种及培养

国内赖氨酸生产曾经使用和正在使用的赖氨酸生产菌主要有：中科院北京微生物研究所选育的北京棒杆菌 AS1.563 和钝齿棒杆菌 PI-3-2（AEC^r、Hse⁻），黑龙江轻工研究所选育的 241134 及 179 等。这些菌种产酸水平一般为 7%～8%，转化率 25%～35%，对中国赖氨酸的生产起了较大的促进作用。但产酸率和转化率均较低，与国外先进水平相比还有较大差距。近年来，中国与国外合作，采用了一些国外产量较高的菌种进行赖氨酸生产，使产酸水平有了较大的提高。

6. 种子扩大培养

赖氨酸发酵一般根据接种量及发酵罐规模采用二级或三级种子培养。斜面种子培养基一般组成为：牛肉膏 1%，蛋白胨 1%，NaCl 0.5%，葡萄糖 0.5%（保藏斜面不加），琼脂 2%，pH＝7.0～7.2。经 0.1MPa，30min 灭菌，在 30℃条件下培养 24h，检查无菌，放冰箱备用。

一级种子培养基一般组成为：葡萄糖 2.0%，$(NH_4)_2SO_4$ 0.4%，K_2HPO_4 0.1%，玉米浆 1%～2%，豆饼水解液 1%～2%，$MgSO_4 \cdot 7H_2O$ 0.04%～0.05%，尿素 0.1%，pH＝7.0～7.2，0.1MPa，灭菌 15min。接种量约为 5%～10%。培养条件：1000ml 的三角瓶中，装 200ml 一级种子培养基，高压灭菌，冷却后接在 30～32℃振荡培养 15～16h，转速 100～150r/min。

二级种子培养基：除以淀粉水解糖代替葡萄糖外，其余成分与一级种子相同。培养条件：培养温度 30～32℃，通风比 1：0.2m³/(m³·min)，搅拌转速 150～300r/min，培养时间 8～11h。

根据发酵规模，必要时可采用三级培养，其培养基和培养条件基本上与二级种子相同。

7. 赖氨酸发酵工艺

赖氨酸发酵过程分为两个阶段，发酵前期（约 0～12h）为菌体生长期，主要是菌体生长繁殖，很少产酸。当菌体生长一定时间后，转入产酸期。赖氨酸发酵的两个阶段不像谷氨酸那样明显，但工艺的控制，应该根据两个阶段的不同而异。

（1）赖氨酸发酵工艺流程　赖氨酸发酵工艺流程如图 3-10 所示。

斜面菌种→转接活化→摇瓶种子培养→种子罐扩大培养→发酵罐→提取分离→赖氨酸产品

图 3-10　赖氨酸发酵工艺流程

（2）赖氨酸发酵培养基组成　不同菌种，其发酵培养基组成可能有所差异，赖氨酸发酵培养基组成如表 3-2 所示。

表 3-2　赖氨酸发酵培养基组成/%

培养基组分	谷氨酸小球菌	棒杆菌 1563	黄色短杆菌	培养基组分	谷氨酸小球菌	棒杆菌 1563	黄色短杆菌
葡萄糖	—	—	10	硫酸镁	—	0.05	0.04
糖蜜	20	10	—	生物素	—	—	$300\mu g/L$
玉米浆	—	0.6	—	味液	—	—	2
豆饼水解液	1.5	0.5	—	硫胺素	—	—	$200\mu g/L$
硫酸铵	—	2.0	4.0	铁	—	$20mg/L$	$20\mu g/L$
碳酸钙	2.0	1.0	5.0	锰	—	$20mg/L$	$20\mu g/L$
磷酸氢二钾	—	0.1	0.1	pH	7.2	7.2	7.5

（3）温度对赖氨酸发酵的影响　幼龄菌对温度敏感，在发酵前期，提高温度，生长代谢加快，产酸期提前，但菌体的酶容易失活，菌体容易衰老，赖氨酸产量少。赖氨酸发酵，前期控制温度 32℃，中后期 30℃。

（4）pH 控制　赖氨酸发酵最适 pH 为 6.5～7.0。在整个发酵过程中，应尽量保持 pH 平稳。

（5）种子对赖氨酸发酵的影响　种子对赖氨酸发酵影响较大，对数生长期的种子有利于菌体生长和赖氨酸发酵。二级种子扩大培养时，接种量较少，约 2%，种龄 8～12h，三级种子扩大培养时种量较大，约 10%，种龄一般为 6～8h。

（6）溶氧对赖氨酸发酵的影响　赖氨酸生产菌是耗氧菌，供氧充足有利于赖氨酸的发酵生产。供氧不足时，细菌呼吸受到抑制，赖氨酸产量降低。供氧严重不足时，产赖氨酸量很少而积累乳酸。这是因为在供氧严重不足时，丙酮酸脱氢酶不能充分发挥作用，而只能利用 CO_2 固定系统来合成天冬氨酸（赖氨酸是天冬氨酸族氨基酸）的缘故。对于谷氨酸棒杆菌的高丝氨酸缺陷型菌株，因其糖酵解酶系和三羧酸循环酶系的酶活均与氧的供给量有关。因此氧供给量的多少，直接影响糖的消耗速度和赖氨酸生成量。研究发现当溶解氧的分压为 4～5kPa 时，磷酸烯醇式丙酮酸羧化酶、异柠檬酸脱氢酶活性最大，赖氨酸生成量也最大。赖氨酸发酵的耗氧速率受菌种、培养基组成、发酵工艺、搅拌等影响。

（7）生物素对赖氨酸生物合成的影响　在以葡萄糖、丙酮酸为惟一碳源的情况下，添加过量的生物素，赖氨酸的积累显著增加。因为生物素量增加，促进了草酰乙酸的合成，增加了天冬氨酸的供给。另一方面，过量生物素又使细胞内合成的谷氨酸对谷氨酸脱氢酶起反馈抑制作用，抑制谷氨酸的大量合成，使代谢流转向合成天冬氨酸的方向进行。因此，生物素有促进草酰乙酸生成、增加天冬氨酸供给、提高赖氨酸产量的作用。

（8）硫酸铵对赖氨酸合成的影响　硫酸铵对赖氨酸合成影响很大。当硫酸铵含量较高时菌体生长迅速，但赖氨酸含量低。在无其他铵离子情况下，硫酸铵用量为 4%～4.5% 时，赖氨酸产量最高。

另外，还有一些其他因素对赖氨酸产量有一定影响，比如维生素 B_1 也可促进赖氨酸合成；在培养基中添加一定浓度的铜离子，可提高糖质原料发酵赖氨酸的产量。

（五）提取和精制

从发酵液中提取赖氨酸包括发酵液预处理、提取和精制三个过程。

1. 赖氨酸发酵液的主要性质

赖氨酸发酵液由于所用的原料、培养基组成及浓度、菌种和发酵工艺不同而有所差异。一般由以下四部分组成：

（1）氨基酸　代谢主产物赖氨酸，含量为 7%～13%，少量其他氨基酸，如缬氨酸、丙氨酸和甘氨酸，当发酵不正常时含有谷氨酸；少量有机酸，特别是发酵工艺控制不好时，含有乳酸。

（2）菌体　一般含量（干重）在 15～25g/L。

（3）培养基残留物　发酵液中还含有很多培养基残留物质，如残糖 6～15g/L（随原料不同而异）和无机离子等（如 NH_4^+、Ca^{2+}）。发酵液中的这些杂质对赖氨酸的提取和精制影响很大，特别是菌体和钙离子，应尽可能除去。

2. 发酵液的预处理

发酵液的预处理包括菌体和影响提取收率的杂质离子的除去。

去除菌体的方法有离心分离法和添加絮凝剂沉淀两种方法。离心分离法采用高速离心机（4500～6000r/min）分离除去菌体。添加絮凝剂沉淀法是先将发酵液调节到一定的 pH，添加适宜的絮凝剂（如聚丙烯酰胺等），使菌体絮凝而沉淀，加助滤剂过滤除去。

钙离子一般通过添加草酸或硫酸，生成钙盐沉淀而除去。经验证明，发酵液经过预处理后，提取收率明显提高。

3. 赖氨酸的提取

从发酵液中提取赖氨酸通常有四种方法：①沉淀法；②有机溶剂抽提法；③离子交换树脂吸附法；④电渗析法。目前工业生产均采用离子交换树脂吸附法提取赖氨酸，该法回收率高，产品纯度高。

赖氨酸是碱性氨基酸，等电点（pI）为 9.59。在 pH=2.0 左右时能最大程度地被强酸性阳离子交换树脂吸附，pH=7.0～9.0 时被弱酸性阳离子交换树脂吸附。强酸性阳离子交换树脂和弱酸性阳离子交换树脂对纯赖氨酸溶液和发酵液中的赖氨酸的吸附量是不同的。弱酸性阳离子交换树脂对纯赖氨酸的吸附能力大，但对发酵液中的赖氨酸吸附能力大为降低，这是因为发酵液中除赖氨酸外还有相当多杂质影响所致。因此，从发酵液中提取赖氨酸常选用强酸性阳离子交换树脂。强酸性阳离子交换树脂对氨基酸的交换势为：精氨酸＞赖氨酸＞组氨酸＞苯丙氨酸＞亮氨酸＞蛋氨酸＞缬氨酸＞丙氨酸＞甘氨酸＞谷氨酸＞丝氨酸＞苏氨酸＞天冬氨酸。氢型强酸性阳离子交换树脂对赖氨酸的吸附比铵型容易得多。但是铵型强酸性阳离子交换树脂能选择性地吸附赖氨酸和其他碱性氨基酸，不吸附中性和酸性氨基酸，故容易与其他氨基酸分离。另外，选用铵型树脂可以简化树脂的转型操作，如用氨水洗脱赖氨酸的同时，树脂已转成铵型，不必再生，所以从发酵液中提取赖氨酸均选用铵型强酸性阳离子交换树脂。

赖氨酸提取和精制工艺如图 3-11 所示。

4. 离子交换法提取赖氨酸

离子交换法提取赖氨酸可用三柱串联的方式，以提高赖氨酸收率。

（1）上柱吸附　上柱方式有正上柱和反上柱两种。容易造成树脂层堵塞时宜采用反上柱方式。正向上柱时，一般每吨树脂可吸附 90～100kg 赖氨酸盐酸盐，反向上柱时可吸附

70～80kg 赖氨酸盐酸盐。流出液 pH＝5 时表明吸附达到饱和。上柱流速应根据上柱液性质、树脂性质、上柱方式等具体情况决定。应在小柱中进行试验确定合适的上柱流速。一般正向上柱流速大些，可以 10L/min 的流速吸附；反上柱流速小些。上柱后，需用水洗去停留的菌体、残糖等杂质，直至洗涤水清亮，同时使树脂疏松以利洗脱。

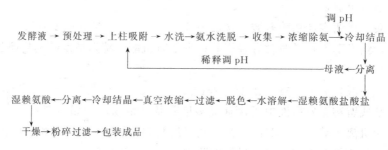

图 3-11　赖氨酸提取和精制工艺流程

（2）洗脱　从树脂上洗脱赖氨酸所采用的洗脱剂有氨水、氨水加氯化铵或氢氧化钠等。

氨水洗脱的优点是洗脱液经浓缩除氨后，含杂质较少，有利于后工序精制；缺点是树脂吸附的阳离子（如 Ca^{2+}、Mg^{2+} 等）不易洗脱，而残留在树脂中，随着操作次数的增加而积累，造成树脂吸附氨基酸能力降低。因此，在树脂使用一段时间后需要用酸或食盐溶液进行再生处理。使用氨水洗脱时，一般浓度为 3.6%～5.4%。如果用 5% 的氨水洗脱，收集液赖氨酸平均浓度可达 6%～8%，洗脱高峰段，赖氨酸盐酸盐含量可达 15%～16%。

氨水加氯化铵洗脱的特点是可以洗脱被树脂吸附的 Ca^{2+} 等阳离子，提高树脂的交换容量，由于在碱性条件下赖氨酸先被洗脱，然后才有 Ca^{2+} 等离子被洗脱，采取分段收集不会导致赖氨酸收集液中 Ca^{2+} 含量的增加。同时，通过调节氨水与氯化铵的物质的量之比为 1:1，可直接使赖氨酸形成单盐酸盐形式存在，不需再中和。

氢氧化钠洗脱的特点是没有氨味，操作容易，但在洗脱液中 Na^+ 含量较高，影响赖氨酸的精制。

一般来讲，为了浓缩需要较高浓度的洗脱剂，为了分离则只能用适当浓度的洗脱剂。如果洗脱剂浓度太高，达不到纯化的目的；如果洗脱剂浓度太低，洗脱时间长，收集不集中，赖氨酸浓度低。洗脱操作及洗脱液收集，采用单柱顺流洗脱，为了使洗脱集中，赖氨酸浓度高，应控制好洗脱速度，一般比上柱流速慢些，多用 6L/min 的速度洗脱，可根据柱的大小而不同。

用茚三酮检查流出液，当有赖氨酸流出时即可收集，一般 pH＝9.5～12，收率可达 90%～95%。

5. 赖氨酸的精制

（1）赖氨酸的浓缩　经过离子交换提取的赖氨酸洗脱液体积大、浓度低（约 60～80g/L），而且含有较多的氨（约为 10～15g/L），因此有必要对洗脱液进行浓缩，可采用单效蒸发进行浓缩以便收集氨。蒸发的主要工艺条件如下：温度 70℃ 以下，真空度 0.08MPa 左右。一般以真空度高些，温度低些为好，但并非绝对。因为真空度越高，水的蒸发潜能愈大，耗用的蒸汽也越多。蒸发的氨水蒸气经冷却后可以收集氨。

浓缩液一般浓缩至 19～20°Bé，赖氨酸盐酸盐含量约为 340～360g/L，用浓盐酸调节 pH 至 4.9，再继续浓缩至 22～23°Bé。在碱性溶液中浓缩时，温度不宜过高，时间也不宜过长，否则会生成 DL-赖氨酸。

（2）赖氨酸盐酸盐的结晶与分离　浓缩后的赖氨酸盐酸盐放入搅拌罐中，搅拌结晶 16～20h，为了使晶体不太细，结晶过程应控制温度，最好在 5℃左右结晶完毕停止搅拌，用离心机分离，用少量水洗晶体表面附着的母液。母液经浓缩，结晶，再结晶，直至不能析出晶体时，将母液稀释，上离子交换柱吸附回收赖氨酸。所得的晶体为赖氨酸盐酸盐粗晶体。

（3）赖氨酸盐酸盐的重结晶　结晶析出的赖氨酸盐酸盐粗晶体含量约为 78%～84%，除含有 15%～20%水分外，还含有色素等杂质，制造食品级和医药级赖氨酸盐酸盐需要进一步精制纯化。其方法是将赖氨酸盐酸盐粗结晶加一定量的水，加热至 70～80℃使其溶解成 16°Bé，加入 3%～5%活性炭，搅拌脱色，过滤得赖氨酸盐酸盐清液。将清液在 0.8MPa、70℃以下，真空蒸发至 21～22°Bé，放入结晶罐中搅拌结晶，16～20h 后经离心分离除去母液，晶体用少量水洗去表面附着的母液。赖氨酸盐酸盐晶体在 60～80℃下进行干燥至含水 0.1%以下，然后粉碎至 60～80 目，包装即得成品。如果制造饲料级赖氨酸盐酸盐则不必精制，直接将制得的粗赖氨酸盐酸盐经过干燥、粉碎、包装即得成品。

六、精氨酸

（一）性质

精氨酸（arginine）的化学名为 α-氨基-δ-胍基戊酸，分子式为 $C_6H_{14}N_4O_2$，相对分子质量 174，结构式如图 3-12 所示。

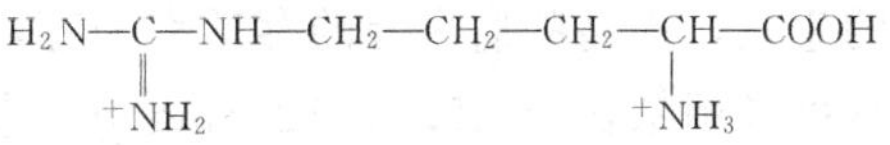

L-精氨酸是含有胍基的碱性氨基酸。其从水中析出的为白色菱形结晶，含 2 分子结晶水；从

$$H_2N-C-NH-CH_2-CH_2-CH_2-CH-COOH$$
$$\overset{\|}{\underset{+NH_2}{}} \qquad \qquad \underset{+NH_3}{}$$

图 3-12　精氨酸的结构式

乙醇中析出的为无水单斜片状结晶。溶于水，微溶于乙醇，不溶于乙醚。具强碱性，水溶液能从空气中吸收二氧化碳。含 2 分子结晶水的精氨酸在 105℃失水，230℃变棕，244℃分解。比旋光度 $[\alpha]_D^{20}$ +26.9°（1.65%，6mol/L HCl 中），+12.5°（3.5%水中）。水中最大吸收波长为 205nm。

（二）L-精氨酸的应用及生产现状

精氨酸最初是 Kossel 于 1896 年从鱼类精蛋白的水解液中发现。精氨酸在精子中常与核酸共存的精蛋白中大量出现（占鱼精蛋白中氨基酸 80%），所以定名为精氨酸。在植物中则以游离精氨酸的形式分布于种子和幼苗及花粉中。在无脊椎动物中则以磷酸精氨酸的形式存在于肌肉中。

20 世纪 40 年代，营养学家把氨基酸划分为必需氨基酸和非必需氨基酸时，认为精氨酸对成年人和动物是不必需的，故未列为必需氨基酸。后来发现它在婴儿及幼龄动物中自身合成不足，因而又有人将它称为半必需氨基酸。精氨酸在体内的活性构象为 L 型，即 L-精氨酸。目前，药用氨基酸均为 L 型，与人体内氨基酸构型相同，根据《中国药典》2000 年版二部，该品种被称为盐酸精氨酸，且都删去了"L"，其化学名为 L-2-氨基-5-胍基戊酸盐酸盐。到 20 世纪 80 年代，饲养业氨基酸添加剂的广泛应用和深入研究，发现对于小鸡和鱼类等水产动物来说，精氨酸却是必需的氨基酸。

遗传学界和医学界对精氨酸大量存在于与生殖有关的组织细胞之中一直给予巨大的关注。精氨酸缺乏时会延缓性成熟和精蛋白合成不足，影响受精，故许多医生把精氨酸作为男性抗不育药或治不育的保健食品。精氨酸与尿囊素做成复合剂，其溶解性增强，已应用于化妆品和药物的生产。还有以合成甘氨酸-脯氨酸-精氨酸为主要成分的聚合物作为表面活性剂和黏合剂。

精氨酸是机体内运输和贮存氮的重要载体，在肌肉代谢中极为重要。它帮助体内过量氮的排泄；它能刺激胰岛素、肾素等激素的生成，迅速降低血糖和减少脂肪的生成。所以，对肝脏过量氨积累之解毒与减轻脂肪肝、肝硬化形成都是大有好处的；精氨酸能防止胸腺退化，补充精氨酸能增加胸腺的重量促进胸腺中淋巴细胞与 CD 细胞之增长。对胸腺已萎化的中老年人，还能促进骨髓与淋巴中 CD 细胞的成熟与分化，以及血液中的单核白细胞对抗原与入侵细胞的反应，增加吞噬细胞，提高机体免疫功能。

1998 年，诺贝尔医学奖授予了研究一氧化氮（NO）在细胞、组织间信使作用的三位美国科学家。精氨酸是体内 NO 合成的前体物质，由此引发了世界性的精氨酸研究热潮。精氨酸是一氧化氮（NO）的前体，NO 是内源性细胞舒扩因子，能扩张小动脉血管（如阴茎的血管，使它坚挺起来），美国辉瑞公司据此开发了称为"伟哥"的治阳痿药物，一时风靡全球，身价百倍，供不应求。由于精氨酸的许多新功能的发现，其应用变得越来越广，越来越令人瞩目。

由于精氨酸与阿司匹林能直接合成精氨匹林，其良好的水溶性使这一抗风湿止痛的老牌药，可制成针剂，不仅剂量减少，而且更速效，成为更方便的止痛新药。精氨酸与焦谷氨酸配伍具有改善中枢神经系统和肝功能的作用，它对病毒性肝炎具有 90% 以上的治愈率，因而被应用于临床。据报道精氨酸可治疗智力发育迟缓，增强免疫力及防止胸腺退化，并可明显增加 T 淋巴细胞的活化反应，抑制血小板的凝聚和促进伤口的愈合。它还能抑制肿瘤细胞的生长，提高肿瘤患者的存活率与存活时间。1996 年，美国的里克托（Rector）对 15 名心衰患者用精氨酸（5.6～12.6mg/d）进行治疗，通过 6 周的交叉试验，结果他们的 6min 步行距离及外周血管功能均有明显改善。与安慰剂的对照组比较，还有改善动脉顺应性的功能。因此，精氨酸可能成为治疗心衰患者的又一新药。

此外，L-精氨酸在食品工业中是不可缺少的调味剂。以 L-精氨酸为原料制备的阳离子表面活性剂具有抗菌性强、毒性低等特点，是食品、化妆品等的优良防腐剂。1999 年，日本农林水产省颁布 L-精氨酸作为新的饲料添加剂用氨基酸。

1986 年，L-精氨酸的世界需求量为 1000t，1996 年 L-精氨酸的世界产量已达 1200t。目前，世界上 L-精氨酸的生产国主要是日本，其生产厂家为田道制药、味之素和协和发酵。中国采用发酵法生产 L-精氨酸尚未达到工业化水平。国际上以发酵法生产 L-精氨酸产量能够达到 5%～6%，提取率达到 85%（日本），中国发酵产量只有 2.5%，提取率为 75%。

谷氨酸
↓乙酰谷氨酸合成酶
N-乙酰谷氨酸
↓乙酰谷氨酸激酶
N-乙酰-γ-谷氨酰磷酸
↓N-乙酰谷氨酸半醛脱氢酶
N-乙酰谷氨酸-γ-半醛
↓乙酰鸟氨酸转氨酶
N-乙酰鸟氨酸
↓乙酰鸟氨酸激酶
鸟氨酸
↓鸟氨酸转氨甲酰酶
瓜氨酸
↓精氨琥珀酸合成酶
精氨琥珀酸
↓精氨琥珀酸酶
精氨酸

图 3-13　L-精氨酸的生物合成途径

（三）L-精氨酸的制备方法

L-精氨酸的生产方法最早主要是依靠化学合成法和蛋白质水解法，中国目前仍主要依靠蛋白质水解法生产 L-精氨酸。随着对微生物发酵法生产 L-精氨酸研究的不断进展，生物法已处于 L-精氨酸生产的主导地位。下面着重介绍以生物法生产 L-精氨酸。

发酵法生产 L-精氨酸是以葡萄糖、甘蔗糖蜜等廉价原料为碳源，利用优良的 L-精氨酸生产菌种来生产 L-精氨酸。对这种方法的研究由来已久，并取得了很大进展。

1. L-精氨酸生物合成途径及调控机制

L-精氨酸的生物合成途径如图 3-13 所示。

在大肠杆菌、枯草芽孢杆菌等微生物中，L-精氨酸生物合成途径中的第一个酶——乙酰谷氨酸合成酶受 L-精氨酸的反馈抑制，生物合成途径中的其余各个酶均受 L-精氨酸的反馈阻遏；而在谷氨酸棒杆菌、酵母菌等微生物中，L-精氨酸生物合成途径中的第二个酶——乙酰谷氨酸激酶受 L-精氨酸的反馈抑制，生物合成途径中的其他酶大部分受 L-精氨酸的阻遏，而且可以通过转乙酰基酶的作用，由 N-乙酰鸟氨酸生成 N-乙酰谷氨酸。

研究表明，与 L-精氨酸生物合成有关的结构基因在体内形成 L-精氨酸调节子（arginine regulon）。由谷氨酸生物合成 L-精氨酸需经 8 个酶催化，这一组酶的结构基因被协同阻遏，这 8 个酶由 9 个结构基因所编码，其中有 4 个酶由连锁的 4 个基因 E、C、B、H 分别编码，其他基因则分散在染色体上。L-精氨酸调节子除编码生物合成途径中的 8 个酶外，还有 $argR$ 基因（编码阻遏物蛋白的调节基因）和 $argP$ 基因（编码鸟氨酸、赖氨酸的运输蛋白）。L-精氨酸阻遏物蛋白必须与辅阻遏物精氨酰-$tRNA^{arg}$ 结合才能被活化。活性的阻遏物复合物阻遏 L-精氨酸调节子的转录，但它对各个基因的转录的抑制效应是不同的。例如，$argA$、$argD$、$argE$、$argI$ 转录的抑制效率分别为 250、20、17 和 $450\sim1000$。当 L-精氨酸阻遏物组成性合成时，每个细胞约有 200 个分子，这可能是由于有 7 个不同的操纵基因位点竞争 L-精氨酸阻遏物蛋白的缘故。已经确定 $argECBH$ 基因群，但它的 P—O 区处于 $argE$ 和 $argC$ 之间，$argE$ 与 $argCBH$ 的转录方向相反。现在尚不清楚是否借助衰减机制来控制这些基因的表达，可以认为 L-精氨酸调节子是借助阻遏机制惟一控制生物合成途径的。

根据 L-精氨酸的生物合成途径及代谢调节机制，要积累 L-精氨酸这样非支路代谢途径的终产物，可从以下几方面着手：

（1）解除菌体自身的反馈调节　L-精氨酸的生物合成受 L-精氨酸自身的反馈抑制和反馈阻遏，可采用抗反馈调节突变株，以解除 L-精氨酸自身的反馈调节，使 L-精氨酸得以积累。如从野生型谷氨酸棒杆菌 KY10025 出发，首先诱变出异亮氨酸缺陷突变株（Ile⁻）KY 10150，然后选育出 D-丝氨酸敏感突变株（D-Serˢ），开始能积累少量的 L-精氨酸（1.5mg/ml）。在诱变获得抗反馈突变株（D-Argʳ）KY10474，可产 L-精氨酸 6.5mg/ml。接着，用 L-精氨酸氧肟酸盐选育出抗反馈调节突变株并造成异亮氨酸缺陷的回复突变，经 L-精氨酸氧肟酸盐再一次选择，获得产 L-精氨酸可达 25mg/ml 的突变株 KY10576 和 KY10577。由表 3-3 可看到酶脱敏的程度与 L-精氨酸的大量积累有平行关系。

表 3-3　谷氨酸棒杆菌突变株中 L-精氨酸合成途径的酶活性调节与产量

菌　株	相　对　活　力				酶 2 对反馈剂的敏感性	L-精氨酸产量 /(mg/ml)
	酶 2	酶 4	酶 5	酶 6		
KY10025(野生型)	1.0	1.0	1.0	—	S	0
KY10150(Ile⁻)	—	—	—	1.0		0
DSS-S(D-Serˢ)	19.9	4.6	4.1	11.5	S	1.5
KY10474(D-Argʳ)	19.1	—	—	—	R	6.8
KY10480(ArgHxʳ)	18.2	—	—	—	R	16.6
KY10506(Ileʳ)	18.2	—	—	16.4	R	19.6
KY10577(ArgHxʳ)	18.7	7.0	6.9	19.3	R	20~25.0

注：1. 酶 2—N-乙酰谷氨酸激酶；酶 4—N-乙酰鸟氨酸氨基转移酶；酶 5—N-乙酰谷氨酸-乙酰鸟氨酸乙酰转移酶；酶 6—鸟氨酸氨甲酰转移酶。

2. S—敏感；R—抗性。

选育营养缺陷型的回复突变株也可以解除菌体自身的反馈调节。如选育 N-乙酰谷氨酸激酶缺陷的回复突变株，由于回复突变，使 N-乙酰谷氨酸激酶的活性中心的结构得以复原，但其调节部位的结构常常并没有恢复，结果一方面 N-乙酰谷氨酸激酶恢复了活性，而另一方面 L-精氨酸对它的反馈抑制却已解除或不十分严重，从而有利于 L-精氨酸的积累。据报道，选育 D-精氨酸抗性、精氨酸氧肟酸盐抗性、2-噻唑丙氨酸抗性、6-氮尿苷抗性、6-巯基嘌呤抗性、8-氮鸟嘌呤抗性、磺胺胍抗性、刀豆氨酸抗性、2-甲基蛋氨酸抗性、6-氮尿嘧啶抗性等突变株，均可提高 L-精氨酸的产量。

（2）增加前体物的合成　谷氨酸是 L-精氨酸生物合成的前体物，因此，选育氟乙酸抗性、酮基丙二酸抗性、氟柠檬酸抗性、重氮丝氨酸抗性、狭霉素 C 抗性、德夸菌素抗性、缬氨霉素抗性、寡霉素抗性、萘啶酮酸敏感、脱氢赖氨酸敏感等突变株（有利于谷氨酸积累的标记），可增大 L-精氨酸生物合成前体物的合成，从而有利于 L-精氨酸产量的提高。

（3）切断进一步代谢途径　要大量积累 L-精氨酸，需切断或减弱 L-精氨酸进一步向下代谢的途径，使合成的 L-精氨酸不再被消耗，如选育不能以 L-精氨酸为惟一碳源生长，即丧失 L-精氨酸分解能力的突变株。

2. L-精氨酸生产菌株

（1）突变株　在代谢控制育种理论的指导下，通过筛选营养缺陷型和结构类似物抗性突变株选育 L-精氨酸生产菌株研究的主要进展如表 3-4 所示。

表 3-4　诱变育种获得的 L-精氨酸菌种

年代	发现人	菌种	标记	L-Arg 产量 /(mg/ml)
1974	Nakayama	谷氨酸棒杆菌		5.1
1973	Tanabc	枯草芽孢杆菌	抗 5-氮尿嘧啶-6-氮胞嘧啶,2-硫尿嘧啶,5-氟尿嘧啶, 5-溴尿嘧啶,5-氮胞嘧啶	31.2
1978	Nakayama	枯草芽孢杆菌	蛋氨酸缺陷	5.8
1979	久保田浩二	黄色短杆菌	抗 2-间氮杂茂丙氨酸,抗刀豆氨酸,鸟嘌呤缺陷	25
1979	日本协和发酵公司	黄色短杆菌	抗 α-噻唑丙氨酸,抗磺胺胍,抗组氨酸缺陷	33
1981	日本协和发酵公司	枯草芽孢杆菌	抗 L-精氨酸氧肟酸盐,抗 5-羟基尿核苷,抗 3-唑丙氨酸,抗 6-氟色氨酸,抗 6-氮杂尿嘧啶,抗 2-硫尿嘧啶	14
1982	Akashi	黄色短杆菌	抗 2-噻唑丙氨酸,磺胺胍,单氟乙酸,组氨酸缺陷	36
1988	龚建华等	北京棒杆菌	组氨酸缺陷,磺胺胍抗性	20

木住等利用 L-精氨酸合成系中乙酰鸟氨酸酶的广泛底物的特性，由野生型菌株获得代谢调节变异株 RA4240 和 PA3179，前者解除了 L-精氨酸对 N-乙酰谷氨酸合成酶的反馈抑制，后者为 L-精氨酸分解能力缺损、L-精氨酸合成酶去阻遏双重变异株。通过转导噬菌体 PS20 将 RA4240 的 argA 基因转导到 PA3179 菌株中，获得 L-精氨酸生产菌株。由于没有结构类似物耐性等选择标记，木住巧妙地把与 argA 连锁的 LysA+ 作为选择标记同时转导，得到了具有上述三种变异的组合株 AT404，其 L-精氨酸产量达 25.2mg/L。

（2）基因工程菌　1983 年，藤亦等将 L-精氨酸生物合成有关的基因进行克隆，然后将含有 L-精氨酸生物合成酶系基因簇及卡那霉素抗性基因的重组质粒 pEArg1 分别导入到宿主谷氨酸棒杆菌 ATCC13868 及黄色短杆菌 ATCC14067 中，构建出 L-精氨酸工程菌株，经 72h 培养，得到 L-精氨酸产量可达 18mg/ml。1984 年，Momose 等用限制性内切酶将大肠杆菌（argHx^r，argR^-）NRRLB-12424 染色体 DNA 进行酶切后插入到质粒 pBR322 中，然后将所得重组质粒转化到 NRRLB-12425（argA⁻）中，以氨苄青霉素（氨苄西林）抗性和 L-精氨酸野生型（arg⁺）为选择标记选择转化子。其中产量最高的一株工程菌可产 L-精氨酸 1.9mg/ml。

（3）固定化细胞　固定化细胞法生产 L-精氨酸的方法是将黏质赛氏杆菌 Sr41AT48 的细胞经 48h 培养后包埋在浓度为 3% 角叉藻聚糖凝胶溶液中，并制成小珠状（直径 2mm），包埋量为 10^7 个活细胞/ml 凝胶，在 250ml 工作容量为 150ml 的气泡柱式反应器中进行反应，条件为 pH＝6.5，供纯氧 8h，L-精氨酸产量为 12mg/ml。这种方法对空气中氧浓度的要求很高，当氧浓度下降时，L-精氨酸的产量将急剧下降，这显然不利于降低产品成本和生产条件控制。

3. 国内外 L-精氨酸发酵的研究开发进展

中国氨基酸工业是从 20 世纪 60 年代开始逐步发展起来的，先后开展了蛋白质水解提取法、化学合成法、发酵法和酶法生产精氨酸的研究。精氨酸的生产最早是从蛋白水解液中提取，该法操作费时、收率低、不适于大规模生产。80 年代，中科院微生物研究所的龚建华等以谷氨酸产生菌钝齿棒状杆菌 AS1.542 为出发菌株，经 NTG 多次逐级诱变，获得了一株能够积累大量精氨酸的菌株 971.1。该菌属于组氨酸缺陷型，并具有对磺胺胍的耐药性。在此基础上，他们又对精氨酸的发酵条件进行优化，971.1 菌株发酵培养 96h，产酸最高可达 34mg/ml。继摇瓶发酵条件优化后，又进行了 200L 和 2000L 通风发酵罐的放大研究及其工艺条件的研究。在所获得的最佳工艺条件下，2000L 发酵罐的产酸平均为 29mg/ml，最高达 32mg/ml。发酵液中精氨酸的提取总收率为 55%，最高达 66%，产品质量符合药典标准。他们还对 L-精氨酸的提取工艺、发酵动力学模型、数学模型以及底物利用率等方面进行了研究。

国际上，氨基酸生产综合性厂家主要有日本味之素、协和发酵、田边制药以及德国 Deggusa 等四家公司。日本在氨基酸产量、品种和技术水平上均居世界领先地位。在精氨酸的发酵生产方面，日本同样具有世界领先水平，其产酸水平在 40～50mg/ml。

七、L-苯丙氨酸

（一）性质

L-苯丙氨酸通用名为 L-phenylalanine，缩写为 L-Phe，化学名称为 DL-α-氨基-β-苯丙氨酸，苯丙氨酸纯品为白色或无色片状结晶，属斜方晶系。有苦味，水中溶解度（25℃）2.96g/100ml，微溶于醇，不溶于乙醚等。熔点 283℃（同时分解），比旋光度－35.1°（c＝1.94，水中），减压升华，溶于水，难溶于甲醇、乙醇、乙醚。苯丙氨酸的分子式为 $C_6H_5C_2H_3(NH_2)COOH$，相对分子质量为 165.19。结构式如图 3-14 所示。

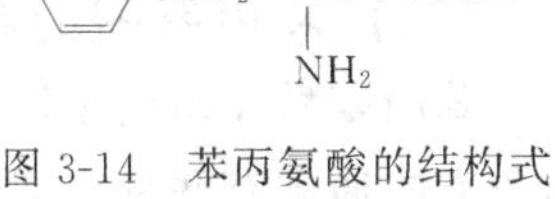

L-苯丙氨酸是组成蛋白质重要的氨基酸之一，也是人和动物的必需氨基酸。1879 年 Schulze 最初从羽扇豆幼苗中发现和分离出来。20 世纪初 Fischer 也从动物酪蛋白中成功地得到它。苯丙氨酸广泛存在于各种动植物蛋白质中，其在动物体内可以转化为

图 3-14　苯丙氨酸的结构式

L-酪氨酸，并与酪氨酸一样能在机体内代谢生成延胡索酸和乙酰乙酸。苯丙氨酸经脱氨作用可生成苯丙酮酸，它进一步脱羧变为苯乙酸排出体外。成人维持氮平衡每天需补充 1.1g 苯丙氨酸。

（二）苯丙氨酸的应用及生产现状

L-苯丙氨酸因含有苯环，故称为芳香族氨基酸。L-苯丙氨酸为必需氨基酸，用于医药工业，尤其是配制氨基酸输液。L-苯丙氨酸作为新型二肽甜味剂阿斯巴甜（aspartame，即天

冬酰苯丙氨酸甲酯）的组成成分而备受重视，其生产取得了很大进展。

苯丙氨酸主要用作试剂及医药上的胃肠外营养输液，亦可用作特殊人员合成膳食、必需氨基酸片等营养强化剂的成分。苯丙氨酸还可作为昆虫人工饲料的成分。苯丙氨酸对治疗苹果苞茄病亦有效，其作用方式是干扰病原菌或根际微生物代谢，使耐药性改变，从而达到防治效果。另外，自从发现 L-天冬酰苯丙氨酸甲酯具有比蔗糖甜 200 倍的性质后，1974 年美国已批准为代替对人体有害的糖精用作新甜味剂。随着阿斯巴甜投放市场，L-苯丙氨酸作为它的主要原料，需求量急剧增加。

D-苯丙氨酸营养上价值虽小，但它有出色的镇痛作用。临床实验已表明，它对一批长期用各种疗法无效的肌肉痛、关节痛、腰腿痛患者，疗效显著，并且无副作用。它能够抑制脑啡肽的分解，因而具有镇痛作用，专家们估计它有可能取代阿司匹林。

中国的 L-苯丙氨酸生产始于 1994 年，主要采用胱氨酸母液提取工艺，产量很低。1996年，中国科学院成都生物研究所开始研究肉桂酸解氨酶发酵法生产 L-苯丙氨酸技术，并实现了工业化生产。2000 年 4 月，南昌化工（集团）有限责任公司与南京化工大学合作，实现了 100t/a 海因酶法 L-苯丙氨酸的正常化生产。安徽科苑集团也成功开发了固体化酶法生产 L-苯丙氨酸技术，其 400t/a L-苯丙氨酸项目被列为 1999 年度国家级火炬项目。到 2001年，中国发酵法生产企业有 15 家，总生产能力为 2120t/a。表 3-5 列出了中国发酵法生产 L-苯丙氨酸企业。

表 3-5　中国发酵法生产 L-苯丙氨酸企业情况/(t/a)

企 业 名 称	生产工艺	生产能力	企 业 名 称	生产工艺	生产能力
浙江亚美生物化工股份有限公司	肉桂酸解氨酶法	300	上海味之素氨基酸有限公司	发酵法	100
南昌化工(集团)有限责任公司	海因酶法	300	河北冀荣氨基酸有限公司	发酵法	120
安徽科苑(集团)股份有限公司	固体化酶法	400	天津市津北生物化学制药厂	发酵法	100
平顶山易元制药有限公司	直接发酵法	100	浙江天新医药化工有限公司	发酵法	100
新疆伊宁复祥生化公司	直接发酵法	100	湖北峰江氨基酸有限公司	发酵法	100
宁波市镇海恒基氨基酸厂	发酵法	100	四川峨眉山荣高生化制品有限公司	发酵法	100
江苏武进市牛塘化工厂	发酵法	100			
连云港市味源酿造有限公司	红酵母发酵法	100	合计		2120

由于进口产品和 L-苯丙氨酸下游产品使用者习惯的影响，中国 L-苯丙氨酸的装置开工率不足，2000 年的实际生产量仅为 500～600t，而进口量约 700t。

国际上 L-苯丙氨酸的生产厂家主要集中在美国、日本和韩国，一般均采用酶法生产技术，1999 年的生产量为 2 万吨左右，仍然不能满足甜味剂阿斯巴甜的生产需要。

（三）苯丙氨酸的制备方法

苯丙氨酸在体内不能合成，必须由外界供给，因此研究其合成方法很有必要。苯丙氨酸制备方法通常有两种，即化学合成法和微生物发酵法。

1. 蛋白质水解提取法

从猪血粉的水解液中，可用树脂提取包括 L-Phe 的多种氨基酸，由于天然蛋白质中含L-Phe 量较低，故水解法较少使用。

2. 化学合成法

（1）苯甲醛与乙酰甘氨酸缩合法　先将甘氨酸乙酰化，获得乙酰甘氨酸，再与苯甲醛缩合成乙酰氨基肉桂酸内酯，后者经水解、还原、酶水解，即得到 L-苯丙氨酸。其化学反应过程如图 3-15 所示。

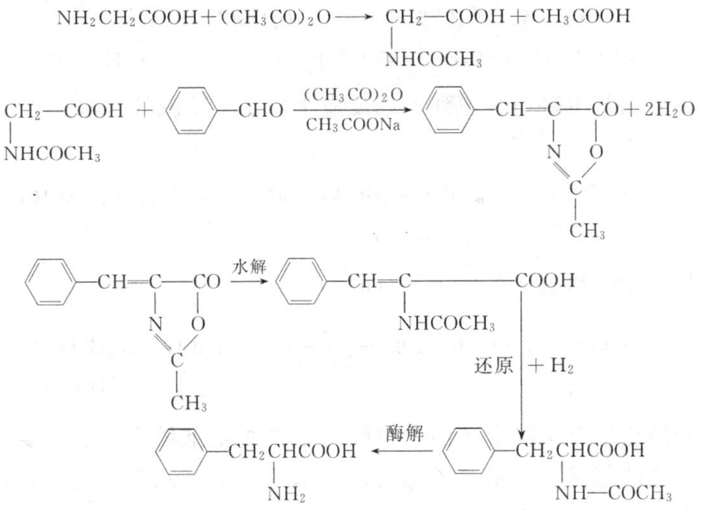

$$NH_2CH_2COOH + (CH_3CO)_2O \longrightarrow CH_2{-}COOH + CH_3COOH$$
$$\quad\quad\quad\quad\quad\quad\quad\quad\quad | \text{NHCOCH}_3$$

$$CH_2{-}COOH + \bigcirc{-}CHO \xrightarrow[\text{CH}_3\text{COONa}]{(\text{CH}_3\text{CO})_2\text{O}} CH{=}C{-}CO + 2H_2O$$

图 3-15　苯甲醛与乙酰甘氨酸缩合法合成苯丙氨酸的化学反应过程

此方法合成苯丙氨酸，原料易得，成本较低，但因工艺路线长、步骤多，所以收率较低。

（2）氰氨法　早在 1951 年，Henneberry 等曾用氰氨法制备苯丙氨酸，但化学产率和放化产率仅在 28％左右。1987 年，严兆明等以 $C_6H_5CH_2CHO$ 为原料制备 DL-苯丙氨酸-1-^{14}C，化学总产率和放化产率都达到 67％。然后再应用嗜热菌蛋白酶通过酶促由 DL-苯丙氨酸-1-^{14}C 与 Z-L-丙氨酸合成 Z-L-Ala-L-Phe-OME-1-^{14}C 二肽，藉此达到消旋苯丙氨酸的拆分，然后将二肽用嗜热菌蛋白酶在 N-甲基吗啉缓冲溶液中进行酶促水解反应，从而获得 L-苯丙氨酸。其化学反应过程如图 3-16 所示。

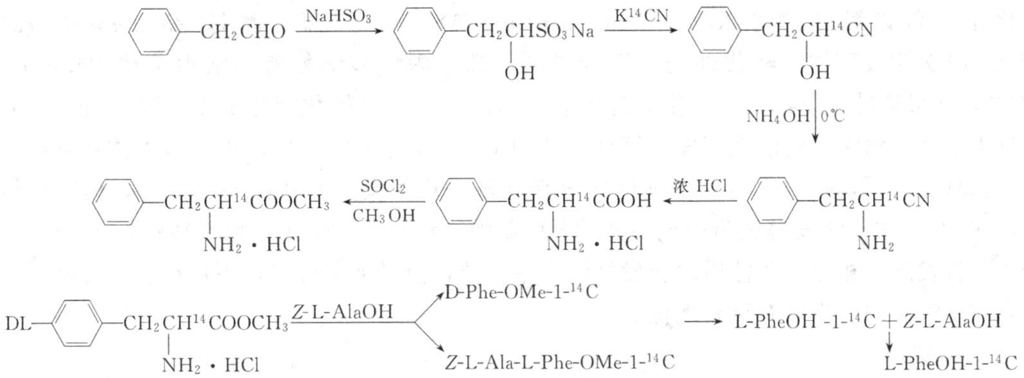

图 3-16　氰氨法制备苯丙氨酸的化学反应过程

此合成方法，在引入 K^{14}CN 以及随后的三步反应中条件较温和，最终产物的得率及纯度均较高。缺点是由于反应过程中引入剧毒物 K^{14}CN 导致三废污染严重。

（3）甘氨酸法　先对甘氨酸的两个功能基——羧基和氨基进行保护，使之生成苯亚甲氨基乙酸乙酯。然后，利用 α-亚甲基的氢原子的活泼性，使之在相转移条件下进行烷基化反应。最后，经水解反应，制得 DL-苯丙氨酸。

对羧基的保护采用酯化法，以氯化亚砜与乙醇反应生成氯化亚硫酸乙酯，再与甘氨酸反应生成甘氨酸乙酯。

$$C_2H_5OH + SOCl_2 \longrightarrow C_2H_5OSOCl + HCl$$

$$NH_2CH_2COOH + C_2H_5OSOCl \longrightarrow HCl + NH_2CH_2COOC_2H_5 + SO_2$$

对氨基的保护采用苯甲醛与甘氨酸乙酯反应生成 Schiff 碱的方法。

$$NH_2CH_2COOC_2H_5 + C_6H_5CHO \rightleftharpoons C_6H_5\overset{\overset{OH}{|}}{\underset{|}{C}}-NHCH_2COOC_2H_5 \rightleftharpoons C_6H_5CH=NCH_2COOC_2H_5 + H_2O$$

烷基化反应是在相转移催化条件下进行的。

$$C_6H_5CH=NCH_2COOC_2H_5 + C_6H_5CH_2Br \xrightarrow[CH_2Cl_2,KOH]{PTC} C_6H_5CH=N\overset{|}{\underset{CH_2C_6H_5}{CH}}COOC_2H_5 + HBr$$

合成苯丙氨酸的化学方法除上述的苯甲醛与乙酰甘氨酸缩合法、氰氨法、甘氨酸法外，还有 α-卤代酸法、乙酰氨基丙二酸二乙酯法、苄基丙二酸二乙酯法等。在这些合成方法中，有的收率较低；有的要使用剧毒的氰化物，产生含氰污水难以处理；有的副反应较多；有的工艺路线长，步骤多。但其中的甘氨酸法反应条件温和，原料易得，收率较高，无剧毒原料，无难以处理的三废问题，所用的有机溶剂可以回收利用，是一条很有发展前途的化学合成方法。

3. 微生物发酵法

自从谷氨酸发酵成功后，苯丙氨酸发酵法也越来越受人们的重视。早在 20 世纪 60 年代，日本就开始采用糖质原料发酵制造苯丙氨酸，而且已达到工业生产的要求，到了 70 年代，随着发酵工艺的改进，技术日益成熟，发酵液中积累苯丙氨酸已出现 $20\sim42.6\text{g/L}$ 的先进水平。

国内的微生物发酵法对非糖质原料发酵的报道比较多。尤其是 20 世纪 90 年代，南开大学化学系曾以黏红酵母 *Rhodotorula glutinis* AS2.102 和深红酵母 *Rhodotorula rubra* AS2.279 为出发菌株，经紫外诱变筛选得到一株苯丙氨酸解氨酶高活力菌株 *Rh. glutinis* NC06，在最适转化条件下，肉桂酸转化率达 57.7%，每升转化液生成 L-苯丙氨酸 11.54g。复旦大学微生物学系则以乳糖发酵短杆菌 ATCC13869 为出发菌株，进行人工诱变育种，获得一株具有苯丙氨酸结构类似物抗性并兼有酪氨酸营养缺陷型特征的变异株，用糖流加工艺，在 5L 台式小罐发酵试验中该菌株的苯丙氨酸产量达 25.2g/L，糖酸转化率 16.8%。与糖质原料发酵法相比，非糖质原料发酵法产率较低，但烃类来源多，不用粮食，价格低，所以它在发酵法中必将占有重要地位。

4. 酶法

酶法主要有肉桂酸酶法和苯丙酮酸酶法。该法因具有产物浓度高、纯化步骤少、生产能力强等优点，是目前国内外 L-苯丙氨酸的主要生产路线。酶法生产路线的优势主要取决于前体化合物的生产成本及生物催化剂（酶）的转化性能，优质价廉的前体化合物和稳定高效的酶转化过程是酶法生产 L-苯丙氨酸路线的主要前提。

肉桂酸酶法采用的前体化合物为反式肉桂酸。国内率先投产的 L-苯丙氨酸工厂均用此路线，该路线存在的主要问题为：底物转化率低，未反应的肉桂酸无法进行循环使用，污染环境以及肉桂酸成本较高等。

苯丙酮酸酶法采用的前体化合物为苯丙酮酸，它有 3 种生产方法：甘氨酸法、氯苄羰基化法和海因酶法。甘氨酸法流程较为简单，但生产成本过高；氯苄羰基化法生产工艺复杂，生产设备投资大；海因酶法由于采用了常压条件下的高效合成技术，使得苯丙酮酸的生产可以在低成本、高收率的情况下实现。因此，海因酶法被国内外工业研究部门认为是最直接和最经济的 L-苯丙氨酸生产方法。

（四）苯丙氨酸的发酵生产

1. 苯丙氨酸的生物合成途径及调节控制

谷氨酸棒杆菌中苯丙氨酸的合成及其反馈调节如图 3-17 所示。

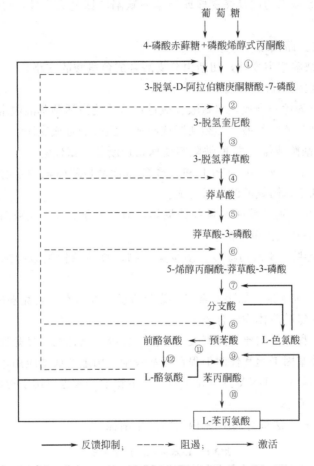

图 3-17　谷氨酸棒杆菌中苯丙氨酸的合成及其反馈调节

①3-脱氧-D-阿拉伯糖庚酮糖酸-7-磷酸合成酶；②3-脱氢奎尼酸合成酶；③3-脱氢奎尼酸脱水酶；④莽草酸脱氢酶；⑤莽草酸激酶；⑥5-烯醇丙酮酰-莽草酸-3-磷酸合成酶；⑦分支酸合成酶；⑧分支酸变位酶；⑨预苯酸脱水酶；⑩苯丙氨酸转氨酶；⑪前酪氨酸脱水酶；⑫酪氨酸转氨酶

细菌中芳香族氨基酸生物合成严格受到反馈调节。从 4-磷酸赤藓糖和磷酸烯醇式丙酮酸开始生成 L-苯丙氨酸经过 10 步酶促反应。生物合成的第一个关键酶——3-脱氧-D-阿拉伯糖庚酮糖酸-7-磷酸合成酶（DAHPS）受到 L-苯丙氨酸和 L-酪氨酸的协同反馈抑制和 L-酪氨酸的阻遏。另一重要酶为预苯酸脱水酶（PDT），同样受到 L-苯丙氨酸的反馈抑制，但受到 L-酪氨酸的激活。

根据苯丙氨酸的生物合成途径及反馈调节机制，苯丙氨酸产生菌育种要点如下：

（1）解除自身反馈调节　苯丙氨酸合成过量后就会抑制预苯酸脱水酶，与酪氨酸一起对 DAHPS 产生协同反馈抑制作用。通过选育结构类似物抗性突变株可以解除苯丙氨酸对这些关键酶的反馈调节，从而使苯丙氨酸高产。

① 选育苯丙氨酸结构类似物抗性突变株，如对氨基苯丙氨酸、对氟苯丙氨酸、苯丙氨酸氧肟酸和 β-2-噻蒽丙氨酸抗性突变株。

② 选育酪氨酸结构类似物抗性突变株，如 3-氨基酪氨酸、酪氨酸氧肟酸、D-酪氨酸、5-甲基酪氨酸和 6-氟酪氨酸抗性突变株。

③ 选育 DAHPS 缺陷的回复突变株或预苯酸缺陷的回复突变株，可获得解除苯丙氨酸反馈调节的高产菌株。

（2）切断或减弱支路代谢

① 选育色氨酸缺陷型突变株，切断由分支酸合成色氨酸的支路。

② 选育酪氨酸缺陷或渗漏突变株。

酪氨酸比苯丙氨酸优先合成，酪氨酸合成过量后才能激活预苯酸脱水酶，从而合成苯丙氨酸。若想使菌体高产苯丙氨酸，必须切断或减弱酪氨酸的合成支路。

③ 选育辅酶 Q 缺陷或维生素 K 缺陷突变株，切断其支路代谢。

（3）增加前体物的合成　由于 PEP 和 4-磷酸赤藓糖是苯丙氨酸生物合成的前体物，增加它们的合成，有利于苯丙氨酸的大量合成。

① 选育不能利用 D-葡萄糖或 L-阿拉伯糖等，但必须通过磷酸戊糖循环进行代谢的突变株，以提高 PEP 及 4-磷酸赤藓糖的量。

② 选育 6-巯基嘌呤、8-氮鸟嘌呤、磺胺类药物、嘌呤结构类似物抗性突变株，有利于苯丙氨酸的积累。

③ 选育抗核苷类抗生素，如狭霉素 C、德夸菌素、酸霉素（阿克唑酸）、桑霉素抗性突变株，也可增加苯丙氨酸前体物的合成。

（4）利用基因工程技术构建苯丙氨酸工程菌　传统上菌株的改良是通过突变、筛选和遗传重组来获得，随着基因工程和代谢工程在氨基酸生产菌上的成功应用，代谢流分析和定量生理学的发展、基因敲除、DNA 剪切等新的分子生物学手段也正用于构建苯丙氨酸工程菌。

2. 苯丙氨酸生产菌株

表 3-6 为采用各种方法选育的 L-苯丙氨酸产生菌株。

表 3-6　L-苯丙氨酸产生菌株

菌　　株	遗传标记	底　　物	ρ(L-Phe)/(g/L)
乳糖发酵短杆菌	Tyr⁻PEPʳ5-MTʳDec⁵	葡萄糖/B	25
大肠杆菌 K-12	Tyr⁻Trp⁻α-ABʳ2-TA⁷	葡萄糖/B	17.9
谷氨酸棒杆菌	Tyr⁻PEPʳ2-TAʳPAPʳPCPʳ	蔗糖/B	16.4
谷氨酸棒杆菌	放大 CM 和 PDT 基因	葡萄糖/B	19
乳糖发酵短杆菌	放大 DAHPS 基因	葡萄糖/B	21.5
大肠杆菌	解除 DAHPS 和克隆 CMPDT 基因	葡萄糖/B	19
大肠杆菌		葡萄糖/FB	46
深红酵母		反式肉桂酸	50
马棒杆菌		α-乙酰氨基肉桂酸	30

3. 苯丙氨酸发酵生产工艺

范代娣等应用基因工程菌进行发酵生产苯丙氨酸的研究，获得了 L-Phe 发酵的优化工艺参数为：搅拌转速 450r/min，发酵温度为 38.5℃，DO 控制在 20％，发酵液 pH 为 7.0，糖浓度控制在 1.5％，酪氨酸添加量为 1.0～1.2g/L；溶氧控制的葡萄糖流加补料和酪氨酸分批补料双重调控可以有效地控制菌体比生长速度，减少乙酸产生，提高菌体浓度和 L-Phe 浓度；经十几批发酵条件的摸索和 5 批稳定发酵，重组质粒稳定，重复性好，平均产酸达 36.8g/L。

八、L-苏氨酸

（一）性质

苏氨酸（threonine）是 W. C. Rose 在 1935 年发现于纤维蛋白水解物之中，并证明它是最后被发现的必需氨基酸，化学名 α-氨基-β-羟基丁酸，分子式 $C_4H_9NO_3$，相对分子质量 119.12，外观为无色或黄色结晶，易溶于水，不溶于无水乙醇、醚和三氯甲烷。其主要商品有 D-苏氨酸、L-苏氨酸、DL-苏氨酸及其钠盐和 DL-磷酸苏氨酸等。苏氨酸有四种立体异构体，具有生物学活性的只有 L 型。

（二）应用及生产现状

L-苏氨酸为人和动物的必需氨基酸之一，动物体内不能自身合成，必须由食物供给。苏氨酸缺乏可导致动物采食量降低、生长受阻、饲料利用率下降、免疫机能抑制症状等。L-苏氨酸是继蛋氨酸、赖氨酸、色氨酸之后第四种禽畜饲料必需氨基酸添加剂，对禽畜的生长发育、强化催肥、催奶、产蛋均有明显的促进作用。L-苏氨酸在食品、饲料、医药等方面有着极其重要的用途。在食品、饲料中添加少量 L-苏氨酸和 L-赖氨酸，可显著提高蛋白质的有效利用率。在面粉中添加 0.15％L-苏氨酸和 0.40％L-赖氨酸，其营养价值与牛奶蛋白相当；L-苏氨酸和 L-赖氨酸添加于幼儿食品中，对幼儿发育有益。在医药上，L-苏氨酸用于配制复合氨基酸输液，可作为代谢改善剂，抗溃疡，防辐射，对催眠、镇静等有较好效果。

苏氨酸为发现较晚的一种氨基酸，1935 年从水解酪蛋白中分离得到。20 世纪 50 年代日本的志村、植村两教授采用添加前体的方法发酵生产苏氨酸。70 年代末，前苏联的研究者们用苏氨酸工程菌规模生产苏氨酸。国内对苏氨酸的研究较晚，目前尚未形成规模。1986 年以前，L-苏氨酸主要用于医药行业，即用于生产氨基酸输液和营养液，由蛋白水解提取法和发酵法生产，全世界的年产量仅几百吨。近年来，随着 L-苏氨酸发酵产酸水平的提高，成本下降，L-苏氨酸已开始用于食品添加剂，2000 年全世界年产量已达 15000t。

（三）制备方法

苏氨酸的生产方法主要有生物合成法、蛋白质水解法和化学合成法三种。主要生产国家有日本、美国、德国、法国等。

1. 蛋白质水解法

蛋白质水解法是将酪蛋白、丝蛋白、丝胶蛋白用酸、碱或酶水解蛋白质后，在丁烯酸中与溴的甲醇溶液作用，再用氨进行氨基化，经离子交换树脂分离精制而得。这是一种传统的氨基酸生产方法，但目前采用较少。该方法操作复杂，需处理大量洗脱液，最主要的是苏氨酸在这些蛋白质中含量较低，尤其是提取目标氨基酸时，其他氨基酸作为废料处理掉，造成资源的浪费。

2. 生物合成法

生物合成法包括直接发酵法、酶转化法等。

（1）发酵法 发酵法是采用葡萄糖和淀粉为原料，以短杆菌、棒杆菌为菌种，经发酵后再精制提取得到成品。苏氨酸发酵所用的产生菌为变异性菌株，发酵过程为典型的控制代谢发酵。

日本的 Nkajma 采用从 *Providencia Rettgeri* TP3-105 出发诱导的对硫代异亮氨酸和 DL-天冬氨酸氧肟酸酯有抗性的 *P. Rettegeri* AXRIG-10 为苏氨酸的产生菌，在液体培养基中振荡培养 16h，再在含有葡萄糖、硫酸铵、无机盐和 L-异亮氨酸的培养基中 30℃ 培养 24h，可产生 L-苏氨酸。发酵法对菌种的生产能力和发酵设备及发酵条件要求都较高，因而生产往往受到限制。

（2）酶转化法　酶法的优点是专一性高、产品单一、易于精制，近年来很受重视。但酶法生产 L-苏氨酸的报道还不多。日本专利报道 L-苏氨酸可以用 *Pseudomonas* 或从细菌中所得的苏氨酸醛缩酶培养甘氨酸铜和乙醛得 L-苏氨酸。

用生物合成法制备氨基酸，寻找产生菌和酶是关键。天然氨基酸有些可以找到菌种和酶，有些则难以找到，使氨基酸的生产受到限制。近年来，随着化学工业的发展，用化学合成法或化学合成法与生物技术相结合来制备氨基酸，在氨基酸工业上发挥着越来越重要的作用。

3. 化学合成法

与发酵法相比，化学合成法最大的优点是在氨基酸品种上不受限制，特别是多种廉价原料的提供使合成法具有一定竞争力，是目前工业化生产苏氨酸的主要方法。具体反应中根据所用的介质不同，有水相反应和非水相反应两种合成方式。

（1）以反-2-丁烯酸为原料（图 3-18）　采用反-2-丁烯酸为原料，虽说原料易得，反应条件缓和、产率也不低，但该路线较长，分步操作，分步处理，过程繁杂，并且要用大量的易燃易爆物（如乙醚、丙酮等），加之含汞废液处理困难等，因而一般不采用此路线。

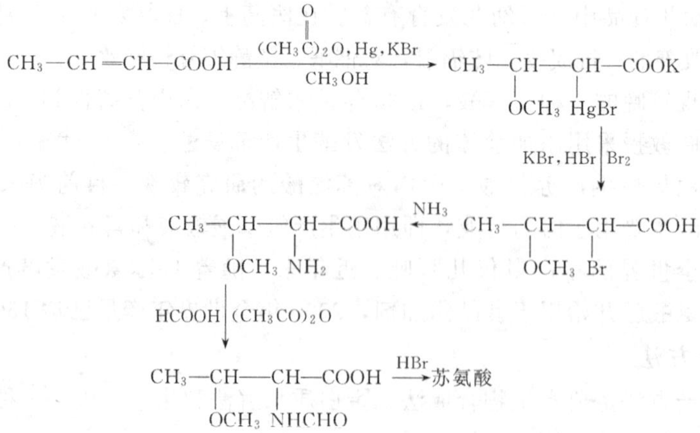

图 3-18　以反-2-丁烯酸为原料制备苏氨酸的化学反应过程

（2）以乙酰乙酸乙酯为原料　将乙酰乙酸乙酯氨化、还原，即可得 DL-苏氨酸，该路线反应条件要求高，且产率低。

（3）以甘氨酸为原料　目前苏氨酸的化学合成多采用甘氨酸铜路线，即甘氨酸→甘氨酸铜→苏氨酸铜→DL-苏氨酸。但采用的溶剂、铜盐、络铜解络方法及工艺过程不同。

最初以甲醇为溶剂，但因成本高、毒性大、环境污染严重而未工业化，后改用水作溶剂成本大大降低。铜盐有碳酸铜、氯化铜或硫酸铜，因碳酸铜价高而多采用其他两种。苏氨酸铜的解络脱铜有直接减压蒸馏法，加入稀硫酸酸解、加热得 DL-苏氨酸，现在应用较广的是用阳离子交换树脂解络脱铜。工艺过程有分步法和"一锅烩"法。

　　分步法是将反应生成的甘氨酸铜析出结晶、研细，加入碳酸钠、水、乙醛反应得苏氨酸铜，再脱铜得 DL-苏氨酸。分步法杂质少，后处理简单，但操作步骤多，导致最终产率低。

　　武汉化工学院的丁学杰教授则用"一锅烩"法制备 DL-苏氨酸，即先将甘氨酸制成甘氨酸铜，不经分离，然后降温加乙醛后升温至 $50\sim60℃$ 反应，再经处理可得苏氨酸粗品。此法操作简单，但产物中还含有一定比例的别苏氨酸，需利用二者溶解度的不同进行分离。后经进一步的改进，将高温缩合改为低温，不必搅拌，室温静置过夜即可。这样别苏氨酸铜因溶解度大留在液体中，苏氨酸铜则因溶解度小而析出，将沉淀过滤得苏氨酸铜，脱铜则得苏氨酸。

　　（4）DL-苏氨酸拆分制备 L-苏氨酸　化学合成的 α-氨基酸大多是无光学活性的消旋体，其中 L 型和 D 型各占一半，需用某些手段将它们分离才可得光学活性的对映体，这就是光学拆分。拆分方法有物理法、化学法和酶法。

　　物理法又称优质结晶法或钓鱼法，在没有纯对映体的情况下，有时用结构相似的其他手性化合物作晶种，如丝氨酸。这种方法工艺简单、成本低、效果好，在某些场合可以大规模拆分，但这种方法应用有限，只有消旋混合物才可用此法。

　　化学拆分法即用手性试剂将外消旋体中的两个对映体转化为非对映体，然后利用非对映体之间物理性质和化学性质的不同将其拆开。但该法所用的手性试剂均较贵，不适合工业上大规模拆分。

　　现在比较先进的拆分方法是色谱分离法，用液相色谱法（LC）解决立体问题，由于它具有快速、操作方便、成本不高等优点，已经受到广泛重视，尤其是使用手性固定色谱柱的直接拆分方法，发展最迅速。国内近几年这方面的研究也较活跃，如南开大学的袁直和何炳林等曾研究了亲水性手性配体树脂对氨基酸的拆分。用亲水性手性配体铜络合聚乙胺树脂作高效液相色谱固定相，对包括苏氨酸在内的一系列氨基酸进行了拆分研究。此法的不足是手性固定相或手性试剂很昂贵，大规模生产前期投资很大。

　　几乎所有氨基酸的酰基衍生物能与氨基酰化酶作用，有选择性地析出 L-氨基酸，其中 D-氨基酸经消旋后仍可继续再拆分，其原理如图 3-19 所示。

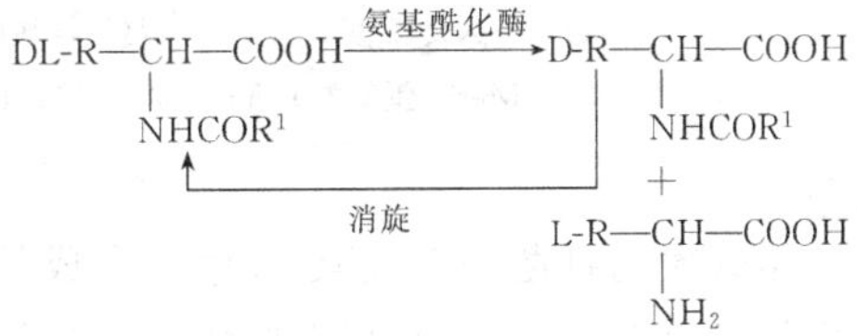

$$DL\text{-}R\!-\!\underset{\underset{NHCOR^1}{|}}{CH}\!-\!COOH \xrightarrow{\text{氨基酰化酶}} D\text{-}R\!-\!\underset{\underset{NHCOR^1}{|}}{CH}\!-\!COOH$$

$$+$$

$$L\text{-}R\!-\!\underset{\underset{NH_2}{|}}{CH}\!-\!COOH$$

消旋

图 3-19　DL-苏氨酸拆分制备 L-苏氨酸的原理

　　DL-苏氨酸的拆分也常用此法。最初 Neuberg 等先后用植物淀粉酶和动物肾中提取酰化酶拆分 N-乙酰-DL-色氨酸，后来千佃一郎等用发酵米曲霉或青霉菌中提取的氨基酰化酶拆分了多种氨基酸的酰化衍生物。

（四）L-苏氨酸的发酵生产

1. L-苏氨酸的生物合成途径及调节控制

L-苏氨酸的生物合成途径如图 3-20 所示。

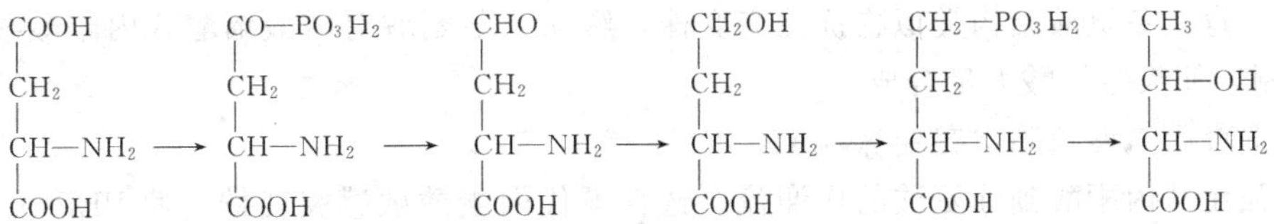

| 天冬氨酸 | 天冬氨酰磷酸 | 天冬氨酸 -β 半醛 | 高丝氨酸 | 磷酸高丝氨酸 | L-苏氨酸 |

图 3-20　L-苏氨酸的生物合成途径

大肠杆菌中 L-苏氨酸生物合成的调节机制比较复杂。天冬氨酸激酶（AK）由 3 种同工酶组成（AK-Ⅰ、AK-Ⅱ和 AK-Ⅲ）。AK-Ⅰ受到 L-苏氨酸的反馈抑制，同时还受到 L-苏氨酸和 L-异亮氨酸的多价阻遏；AK-Ⅱ对 L-苏氨酸不敏感，受到 L-蛋氨酸的反馈阻遏；AK-Ⅲ受到 L-赖氨酸的反馈抑制和阻遏。高丝氨酸脱氢酶由两种同工酶（HD-Ⅰ和 HD-Ⅱ）组成。HD-Ⅰ受到 L-苏氨酸的反馈抑制，同时还受到 L-苏氨酸和 L-异亮氨酸的多价阻遏；HD-Ⅱ对 L-苏氨酸不敏感，仅受到 L-蛋氨酸的反馈抑制 [图 3-21 (a)]。

黄色短杆菌、谷氨酸棒杆菌 L-苏氨酸生物合成的调节机制较简单。AK 和 HD 均为单一酶。AK 受到 L-苏氨酸和 L-赖氨酸的反馈抑制；HD 受到 L-苏氨酸的反馈抑制和 L-蛋氨酸的反馈阻遏。另外，L-蛋氨酸还反馈阻遏高丝氨酸激酶的合成 [图 3-21 (b)]。

乳糖发酵短杆菌中 L-苏氨酸生物合成调节机制也较简单，类似于黄色短杆菌，但不存在 L-蛋氨酸对高丝氨酸激酶的反馈阻遏 [图 5-21 (c)]。

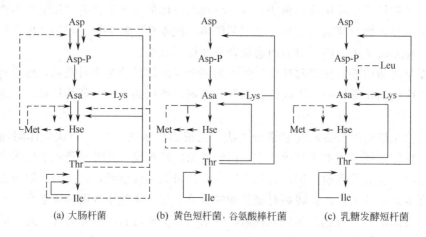

(a) 大肠杆菌　　　　(b) 黄色短杆菌, 谷氨酸棒杆菌　　　　(c) 乳糖发酵短杆菌

图 3-21　L-苏氨酸生物合成的调节机制

Asp—天冬氨酸；Asp-P—天冬氨酸磷酸；Asa—天冬氨酸-β-半醛；Hse—高丝氨酸；

Met—蛋氨酸；Thr—苏氨酸；Leu—亮氨酸；Lys—赖氨酸；Ile—异亮氨酸

⟶反馈抑制；--→阻遏

尽管大肠杆菌中 L-苏氨酸生物合成的调节机制比黄色短杆菌、谷氨酸棒杆菌和乳糖发酵短杆菌复杂，但通过基因工程的方法构建的新大肠杆菌具有更高的产酸率和转化率。根据 L-苏氨酸的生物合成途径及代谢调节机制，L-苏氨酸高产菌的育种要点如下：

（1）解除反馈调节　选育抗赖氨酸、苏氨酸结构类似物突变株，可解除苏氨酸、赖氨酸对 AK 的协同反馈抑制。

（2）切断或削弱支路代谢　选育赖氨酸、蛋氨酸等营养缺陷型（或营养渗漏型、营养缺陷回复）突变株，切断或削弱蛋氨酸或赖氨酸支路代谢。

（3）增加前体物质天冬氨酸的合成

① 选育天冬氨酸结构类似物抗性突变株，解除天冬氨酸对磷酸烯醇式丙酮酸羧化酶的反馈抑制，使天冬氨酸大量合成。

② 选育丙氨酸缺陷型突变株（Ala⁻）。

③ 强化从丙酮酸到苏氨酸的代谢流。选育氟代丙酮酸敏感突变株，使 PEP 大量积累；选育以琥珀酸为惟一碳源生长的突变株，强化 CO_2 固定反应。

（4）切断苏氨酸进一步代谢途径　切断苏氨酸进一步代谢途径，即选育异亮氨酸缺陷型菌株或异亮氨酸渗漏突变株。

　　（5）利用现代生物技术选育苏氨酸生产菌

　　① 利用转导和原生质体转化法选育苏氨酸生产菌。

　　② 利用原生质体融合技术选育苏氨酸生产菌。

　　③ 利用基因工程菌技术构建苏氨酸工程菌。

　　2. L-苏氨酸生产菌株（见表3-7，表3-8）

表 3-7　L-苏氨酸生产菌株

菌　株	遗传标记	底　物	L-苏氨酸产量/(g/L)
钝齿棒杆菌	$Met^- AHV^r$	葡萄糖/B	13
乳糖发酵短杆菌	$AEC^r Suc^g AHV^r$	葡萄糖/B	20～25
黄色短杆菌	AHV^r	葡萄糖/B	13.5
黄色短杆菌	$AHV^r Met^-$	葡萄糖/B	18
雷氏普罗威登斯菌	$Ile^- Leu^- Hse^r$	葡萄糖/FB	66
黄色短杆菌	$Ile^- Leu^- Pro^- AHV^r$	葡萄糖和乙酸/FB	65
谷氨酸棒杆菌	$AEC^r Met^- AHV^r$	葡萄糖/B	14
大肠杆菌	$Ile^- Met^- DAP^-$	果糖/FB	13.8
大肠杆菌	$Met^r Asp^r Hse^r$	葡萄糖/FB	76

表 3-8　由重组技术开发的 L-苏氨酸生产菌株

菌　株	基　因	遗传标记	底　物	L-苏氨酸产量/(g/L)
黄色短杆菌	大肠杆菌 Thr 操纵子	AHV^r	蔗糖/B	12
黄色短杆菌	大肠杆菌 Thr 操纵子	$Ile^- AHV^r$	葡萄糖/B	23
黄色短杆菌	大肠杆菌 Thr 操纵子	$Ile^- Leu^- Pro^- AHV^r$	葡萄糖和乙酸/FB	65
谷氨酸棒杆菌	大肠杆菌 Thr 操纵子	$Ile^- Leu^- Pro^- AHV^r$	葡萄糖/B	21
乳糖发酵短杆菌	ThrB ThrC	$Ile^- Leu^- AHV^r$	葡萄糖/FB	57.7
大肠杆菌	大肠杆菌 Thr 操纵子	$Ile^- Met^- VitB_1^- Pro^- AHV^r$	葡萄糖/FB	65
大肠杆菌	大肠杆菌 Thr 操纵子	$Suc^r Thr^r Hse^r$	蔗糖/FB	85

参 考 文 献

1　吴梧桐. 现代生化药学. 北京：中国医药科技出版社，2002

2　郭勇. 生物制药技术. 北京：中国轻工业出版社，2000

3　吴剑波. 微生物制药. 北京：化学工业出版社，2002

4　王旻. 生物制药技术. 北京：化学工业出版社，2003

5　齐香君. 现代生物制药工艺学. 北京：化学工业出版社，2004

第四章 多肽、蛋白质类药物

蛋白质（多肽）是一类重要的生物大分子，在生物体内占有特殊的地位，是细胞内原生质的主要成分之一，是生命现象的物质基础。蛋白质的生物学功能多种多样，它们是生物体内物质代谢的催化剂（酶），在调节生物体内物质运输和新陈代谢、调节或控制细胞的生长、分化和遗传信息的表达、信息的接受和传递、实现生物体的防御机制等诸多方面起着重要的作用。

蛋白质（多肽）由氨基酸通过酰胺键（肽键）连接而成聚合物，生物化学家称之为肽。生物界蛋白质（多肽）的种类估计在 $10^{10} \sim 10^{20}$，但所有的生物，从最简单的病毒直到人类，它们千变万化的蛋白质绝大多数都是由 20 种氨基酸组成。一种肽含有的氨基酸数目少于 10 个称为寡肽，超过 10 个的就称为多肽。氨基酸数目为 50 多个以上的多肽称之为蛋白质。从某种意义上讲蛋白质就是多肽。

目前生物医学在人体内已经发现的生物活性多肽有 1000 多种，它们在神经、内分泌、生殖、消化、免疫等系统中发挥着不可或缺的生理调节作用。如神经紧张肽（NT）能降低血压，对肠和子宫有收缩作用；细胞生长因子对靶细胞的增殖、运动、收缩、分化和组织的改造起调控作用等。鉴于多肽生物活性高，它们在人的生长发育、细胞分化、大脑活动、肿瘤病变、免疫防御、生殖控制、抗衰防老及分子进化等方面又具有极其特殊的功能，因此人们渴望着将生物活性多肽应用到医疗、保健、检测等多个领域中去，为人类造福。

自从 1953 年生物化学家用人工方法合成多肽催产素以来，伴随着分子生物学、生物化学技术的飞速发展，多肽的研究取得了惊人的、划时代的进展。人们已经开发上市的重要的治疗性多肽、蛋白类药物 40 多种，还有 720 多种药物处于Ⅰ～Ⅲ期临床试验阶段，其中 200 多种药物进入 FDA 的最后批准阶段。

第一节　多肽及蛋白质类药物的性质与作用

一、多肽、蛋白质类药物分类

从生物的角度看，蛋白质和多肽没有本质的区别，仅仅是分子结构大小不一致而已，但是，在这类药物的应用过程中，习惯于将多肽、蛋白质类药物划分为多肽激素类药物、细胞因子、抗体药物、抗菌肽和酶类药物等五种类型。其中，来源于动植物有机体的多肽、蛋白质类药物又称之为生化药物，来源于基因工程菌表达生产的多肽、蛋白质类药物称之为基因工程药物。为了叙述方便，本章将多肽、蛋白质类药物划分为多肽生化药物、细胞生长因子、抗体药物、抗菌肽和酶类药物五类，其中酶类药物在第五章中叙述。

二、多肽类生化药物

多肽类药物习惯上常指多肽类激素。现已知生物体内含有和分泌很多种激素、活性多肽，仅脑中就存在近 40 种，而人们还在不断地发现、分离、纯化新的活性多肽物质。多肽在生物体内的浓度很低，但生理活性很强，在调节生理功能时起着非常重要的作用。

1. 多肽的功能特性

多肽是生物体内重要的生物活性成分，其生理功能表现在以下几个方面：

其一，多肽是体现信息的使者，以引起各种各样的生理活动和生化反应的调节。

其二，多肽生物活性高，$1 \times 10^{-7} \text{mol/L}$ 就可发挥活性。如胆囊收缩素在千万分之一就可以发挥作用。

其三，分子小，结构易于改造，相对于蛋白质而言较易人工化学合成。如人工合成胰岛素就是一种 51 肽。

其四，许多活性多肽都是由无活性的蛋白质前体经酶加工剪切转化而来，它们中间许多都有共同的来源、相似的结构。研究活性多肽的结构与功能的关系以及活性多肽之间的结构异同与活性的关系，可以为新药的设计和研制提供基础材料。

2. 多肽类生化药物分类

依据多肽生化类药物的作用机制和存在的部位分为：

(1) 下丘脑-垂体肽激素 促甲状腺素释放激素、生长素抑制素（GRIF）、加压素（AVP）、催产素（OT）、促黑激素（MSH）等。

(2) 甲状腺激素 甲状旁腺激素（PTH）、降钙素（CT）。

(3) 消化道激素 胃泌素（34 肽、17 肽、14 肽、5 肽、4 肽）、胰泌素、胆囊收缩素（39 肽、33 肽、8 肽）、抑胃肽、胃动肽、肠血管活性肽、胰多肽、P 物质、神经降压肽、蛙皮肽（14 肽、10 肽）等。

(4) 胰岛激素 胰高血糖素、胰解痉多肽。

(5) 胸腺多肽激素 胸腺素、胸腺肽。

三、细胞生长因子

细胞因子（CK）是多种细胞所分泌的能调节细胞生长分化、调节免疫功能、参与炎症发生和创伤愈合等小分子多肽的统称。免疫球蛋白、补体不包括在细胞因子之列。细胞因子在生物体内的含量极低，目前主要依靠基因工程菌培养获得。

1. 细胞因子的作用特点

(1) 绝大多数细胞因子为分子质量小于 25kDa 的糖蛋白，分子质量低者（如 IL-8）仅 8kDa。

(2) 主要与调节机体的免疫应答、造血功能和炎症反应有关。

(3) 通常以旁分泌（paracrine）或自分泌（autocrine）形式作用于附近细胞或细胞因子产生细胞本身。

(4) 高效能作用，一般在 $\text{pM}(10^{-12} \text{mol/L})$ 水平即有明显的生物学作用。

(5) 多重的调节作用（multiple regulatory action），细胞因子不同的调节作用与其本身浓度、作用靶细胞的类型以及同时存在的其他细胞因子种类有关。

(6) 与激素、神经肽、神经递质共同组成了细胞间信号分子系统。

2. 细胞因子分类

根据细胞因子主要的功能不同一般分为以下几种类型：

(1) 白介素（interleukin，IL） 1979 年开始命名。由淋巴细胞、单核细胞或其他非单个核细胞产生的细胞因子，在细胞间相互作用、免疫调节、造血以及炎症过程中起重要调节作用，凡命名的白介素的 cDNA 基因克隆和表达均已成功，目前已报道白介素有 IL-1～IL-15。

（2）集落刺激因子（colony stimulating factor，CSF）　根据不同细胞因子刺激造血干细胞或分化不同阶段的造血细胞在半固体培养基中形成不同的细胞集落，分别命名为 G（粒细胞）-CSF、M（巨噬细胞）-CSF、GM（粒细胞、巨噬细胞）-CSF、Multi（多重）-CSF（IL-3）、SCF、EPO 等。不同 CSF 不仅可刺激不同发育阶段的造血干细胞和祖细胞增殖和分化，还可促进成熟细胞的功能。

（3）干扰素（interferon，IFN）　1957 年发现的细胞因子，最初发现某一种病毒感染的细胞能产生一种物质可干扰另一种病毒的感染和复制，因此而得名。根据干扰素产生的来源和结构不同，可分为 IFN-α、IFN-β 和 IFN-γ，它们分别由白细胞、成纤维细胞和活化 T 细胞所产生。具有抗病毒、抗肿瘤和免疫调节等作用。

（4）肿瘤坏死因子（tumor necrosis factor，TNF）　最初发现这种物质能造成肿瘤组织坏死而得名。可分为 TNF-α 和 TNF-β 两类，前者由单核-巨噬细胞产生，后者由活化 T 细胞产生，又名淋巴毒素（lymphotoxin，LT）。除具有杀伤肿瘤细胞的作用外，还有免疫调节作用，参与发热和炎症的发生。大剂量 TNF-α 可引起恶液质，又称恶液质素（cachectin）。

（5）趋化因子（chemokine）　具有趋化作用的细胞因子，能吸引免疫细胞到免疫应答局部，参与免疫调节和免疫病理反应。

（6）其他细胞因子　转化生长因子 TGF-β_1、TGF-β_2、TGF-β_3、骨形成蛋白（BMP）、表皮生长因子（EGF）、血小板衍生的生长因子（PDGF）、成纤维细胞生长因子（FGF）等。

四、抗体药物

抗体系指机体在抗原性物质的刺激下所产生的一种免疫球蛋白（主要由淋巴细胞所产生），因其能与细菌、病毒或毒素等异源性物质结合而发挥预防、治疗疾病作用。近年，抗体类药物以其高特异性、有效性和安全性正在发展成为国际药品市场上一大类新型诊断和治疗剂。抗体作为药物用于人类疾病的治疗具有很长历史。但整个抗体药物的发展却并非一帆风顺，而是在曲折中前进。第一代抗体药物源于动物多价抗血清，主要用于一些细菌感染性疾病的早期被动免疫治疗。虽然具有一定的疗效，但异源性蛋白引起的较强的人体免疫反应限制了这类药物的应用，逐渐被抗生素类药物所代替。第二代抗体药物是利用杂交瘤技术制备的单克隆抗体及其衍生物。具有良好的均一性和高度的特异性，在实验研究和疾病诊断中得到了广泛应用。近年来，随着免疫学和分子生物学技术的发展以及抗体基因结构的阐明，DNA 重组技术开始用于抗体的改造，制备各种形式的重组抗体。抗体药物的研发进入了第三代，即基因工程抗体时代。与第二代单抗相比，基因工程抗体具有如下优点：

① 通过基因工程技术的改造，可以降低甚至消除人体对抗体的排斥反应；

② 基因工程抗体的分子量较小，可以部分降低抗体的鼠源性，更有利于穿透血管壁，进入病灶的核心部位；

③ 根据治疗的需要，制备新型抗体；

④ 可以采用原核细胞、真核细胞和植物等多种表达形式，大量表达抗体分子，大大降低了生产成本。

自 1984 年第一个基因工程抗体人-鼠嵌合抗体诞生以来，新型基因工程抗体不断出现，如人源化抗体、单价小分子抗体（Fab、单链抗体、单域抗体、超变区多肽等）、多价小分子抗体（双链抗体、三链抗体、微型抗体）、某些特殊类型抗体（双特异抗体、抗原化抗体、细胞内抗体、催化抗体、免疫脂质体）及抗体融合蛋白（免疫毒素、免疫粘连素）等。到目前为止，美国FDA已经批准了16个抗体治疗药物，其中12个均为基因工程抗体。目前，中国已批准的诊断性单抗有31个，已有7个治疗性单抗产品获准在中国上市应用。其中5个为国外进口产品（如表4-1）。

表 4-1　中国 SFDA 批准上市和进入临床的抗体药物

抗 体 名 称	商品名	厂　家	抗体类型	研发阶段
Muromonab-CD3	Orthoclone	奥多生物技术公司（Ortho Bio-tech）	鼠源	批准上市
Rituximab	利妥昔	罗氏（Roche）公司	嵌合	批准上市
Trastuzumab	曲妥珠	罗氏（Roche）公司	人源化	批准上市
Basiliximab	巴利昔	诺华制药（Novartis）	嵌合	批准上市
Trastuzumab	贺塞汀	基因工程技术公司（Genentech）	人源化	批准上市
注射用鼠源性抗人 T 淋巴细胞 CD3 抗原单克隆抗体		武汉生物制品研究所	鼠源	批准上市
抗人 IL-8 单克隆抗体乳膏		东莞宏远逸士生物技术药业有限公司	鼠源	批准上市
碘[131I]人鼠嵌合型肿瘤细胞核单克隆抗体注射液		上海美恩生物技术有限公司	嵌合	批准上市
碘[131I]美妥昔单抗注射液		第四军医大学成都华神集团	鼠源	完成临床待批上市
H-R3		北京百泰生物药业公司	人源化	Ⅱ期临床
注射用鼠抗人 T 淋巴细胞 CD3 表面抗原单克隆抗体		济南天康生物制品有限公司	鼠源	临床研究
注射用抗肾病综合征出血热病毒单克隆抗体（Ⅰ型）		武汉生物制品所第四军医大学	鼠源	临床研究
抗人肝癌单抗 Hepama 1		中科院细胞所	鼠源	临床研究
抗乙型脑炎单抗		北京生物制品第四军医大学	鼠源	临床研究
注射用重组人 Ⅱ 型肿瘤坏死因子受体-抗体融合蛋白		上海美恩生物技术有限公司	嵌合	临床研究

抗体分子是生物学和医学领域用途最为广泛的蛋白分子。以肿瘤特异性抗原或肿瘤相关抗原、抗体独特型决定簇、细胞因子及其受体、激素及一些癌基因产物等作为靶分子，利用传统的免疫方法或通过细胞工程、基因工程等技术制备的多克隆抗体、单克隆抗体、基因工程抗体广泛应用在疾病诊断、治疗及科学研究等领域。根据美国药物研究和生产者协会（PhRMA）的调查报告，目前正在进行开发和已经投入市场的抗体药物主要有以下几种用途：①器官移植排斥反应的逆转；②肿瘤免疫诊断；③肿瘤免疫显像；④肿瘤导向治疗；⑤哮喘、牛皮癣、类风湿性关节炎、红斑狼疮、急性心肌梗死、脓毒症、多发性硬化症及其他自身免疫性疾病；⑥抗独特型抗体作为分子瘤苗治疗肿瘤；⑦多功能抗体（双特异抗体、三特异抗体、抗体细胞因子融合蛋白、抗体酶等）的特殊用途。

五、多肽抗生素

多肽抗生素通常指分子质量在 10kDa 以下，具有某种抗菌活性的多肽类物质。它们具有水溶性好、热稳定性强、免疫原性低、抗菌谱广的特点。随着研究的深入，人们相继发现这类多肽还具有抗真菌、寄生虫、病毒和癌细胞等功能。多肽抗生素来源广泛，目前人们已经在植物、动物、微生物和人体内分离到这类物质。据资料报道，已经分离得到的内源多肽抗生素共有 500 多种，其中来源于植物的 150 多种，来源于昆虫的 170 多种。

（一）多肽抗生素的特点

抗菌肽的抗菌机制与传统抗生素有所不同。生物抗菌肽以物理的方式作用于细菌的细胞膜，使细胞膜穿孔，细胞质外溢而达到杀菌的目的。由于抗菌肽均具有疏水和亲水的两亲性特征，带正电荷的分子与细胞膜磷脂分子上的负电荷形成静电吸附而结合在细胞的磷脂膜上，随后抗菌肽分子的疏水端插入细菌细胞膜的脂质膜中，进而牵引整个分子进入质膜，扰乱质膜上蛋白质和脂质原有的排列秩序，再通过抗菌肽分子间的相互位移而聚合形成跨膜离子通道，导致细胞质外流，细胞内离子大量丢失，细菌不能维持生命活动所需的胞内渗透压而死亡。尽管目前报道的抗菌肽来源和组成多种多样，但不论是 α 螺旋结构、伸展性螺旋结构、环链结构，还是 β 折叠构型，膜通道的形成能力对抗菌肽的抗菌活性都起着决定性的作用。

抗菌肽只对原核生物细胞产生特异性的溶菌活性，对最低等的真核生物如真菌及某些植物的原生质体、某些肿瘤细胞等也有一定的杀伤力，而对人体正常的细胞则无损伤作用。原因在于原核细胞与真核细胞结构尤其是细胞膜结构的不同，真核细胞质膜含有丰富的膜蛋白和胆固醇，特别是胆固醇的存在，使细胞膜趋于稳定，而且哺乳动物细胞中还存在高度发达的细胞骨架系统，其中的微丝、微管与质膜内层有着许多结合位点，这种结构是细胞维持特殊形态和渗透压的首要因素，它的存在抵抗了抗菌肽的溶菌作用。

（二）抗菌肽的分类与功能特征

抗菌肽最早由瑞典科学家 Boman 等从惜古比天蚕（*Hyatophoracecropia*）蛹中诱导分离出来，被称为天蚕素（cecropin）。随着人们研究的深入，相继在其他昆虫、哺乳动物、两栖动物、植物和人体中都分离到了类似物。抗菌肽的结构与功能密切相关，来自不同物种的抗菌肽分子结构有一定的差别，因此生物学功能及活性也有一定的差异。其分子构型不论是 α 螺旋或是 β 折叠，都有一个共同的特性，就是都具有两亲性。按抗菌肽分子结构及功能特征可将其分为四类。

1. α 螺旋结构类

α 螺旋结构类抗菌肽分子质量约 4kDa 的碱性多肽，由 33～39 个氨基酸组成，不含半胱氨酸，不形成分子内二硫键，分子内有 2 个 α 螺旋构成抗菌肽分子的高级结构。N 末端区域富含亲水性碱性氨基酸残基，如赖氨酸和精氨酸，所带正电荷有利于与细菌膜上的酸性磷脂头负电荷作用而吸附到细菌膜上；C 末端含较多的疏水性氨基酸残基，疏水性的尾部有利于抗菌肽插入细菌膜的双层脂质膜中。分子的两端各形成一个两亲性 α 螺旋，2 个 α 螺旋之间有甘氨酸和脯氨酸形成的铰链区，当抗菌肽结合到细菌细胞膜上时，α 螺旋相互聚集使细胞膜形成孔洞，细胞质外溢而致细菌死亡。若减少抗菌肽的 α 螺旋，其破坏细胞膜的能力降低，用圆二色谱法研究抗菌肽的高级结构发现，cecropin A 的第 1～11 位氨基酸残基有很强的形成 α 螺旋倾向。抗菌肽在磷酸盐缓冲液中呈自由卷曲的构象，加入六氟丙醇降低溶液的极性以模拟细胞膜的疏水环境时，抗菌肽的 α 螺旋数量明显增多，这说明抗菌肽只是在结合或接近细胞膜时才形成发挥功能的高级结构。

α 螺旋类抗菌肽包括最早分离得到的天蚕素，从柞蚕中分离到 cecropin B、cecropin D，从猪肠中分离的 cecropin P_1，从蟾蜍的皮肤中分离得到的 magainins，来源于南美蛙的 demaseptin，来源于树蛙的 dombininh 和从猪骨髓 RNA 中克隆表达的 PMAP-23、PMAP-27、PMAP-32 等。其中，magainins 对革兰阴性菌、革兰阳性菌、真菌、原生动物都有杀伤作用，但是对革兰阴性菌的活性比 cecropin 要低 10 倍左右。

2. 伸展性螺旋结构类

伸展性螺旋结构类抗菌肽不含半胱氨酸，但富含脯氨酸和/或精氨酸或色氨酸等，如从蜜蜂体内分离到的 apidaecins 中脯氨酸和精氨酸的含量分别高达 33% 和 17%，由 15～34 个氨基酸残基组成，在两性分子内部形成分子内的 α 螺旋。此类抗菌肽还有 coleoptericin 和 hemiptericin 分别来源于鳞翅目和半翅目昆虫，一级结构中富含甘氨酸，分子量一般较大。drosocin 来源于果蝇，在结构上与 apidaecins 具有一定的相似性，但是在其 11 位的苏氨酸羟基上连接着一个 O-二糖链-(N-乙酰半乳糖胺-半乳糖)。indolicidin 是来源于牛中性粒细胞的多肽抗生素，因其 13 个氨基酸中含有 5 个色氨酸，其 C 端是酰胺化的，对大肠杆菌和金黄色葡萄球菌都具有很强的杀菌活性。还有从猪骨髓中分离得到 PR-39 等。

3. 环链结构类

环链结构类抗菌肽在 C 末端有一个分子内二硫键，在 C 末端形成一个环链结构（loop-structure），而 N 末端为线状结构。如青蛙皮肤细胞产生的 brevinins，它们一般在 C 端有一个由 7 个氨基酸组成的"loop"和一个长的 N 端"尾巴"；来源于牛中性粒细胞 bactenecin，其 12 个氨基酸中含有 4 个精氨酸，在其第 2 位和第 11 位氨基酸残基间形成二硫键，对大肠杆菌和金黄色葡萄球菌都有活性。细菌产生的短杆菌肽（gramicidin）也属于此类。这一类抗菌肽有较强的抗菌活性。

4. β 折叠型

β 折叠类抗菌肽是在分子内有 2～6 个二硫键的抗菌肽类，分子质量约为 4～6kDa。有代表性的是动物防御素（animaldefensin），此类抗菌肽又习惯被称之为防御素。根据其分子结构可分为 α 型和 β 型两种。α-防御素已从人的中性粒细胞、兔的巨噬细胞、鼠和人的小肠 Paneth 细胞中分离到，一般含有 29～34 个氨基酸残基，可形成 3 个 β 片层结构，通过 Cys1-Cys6、Cys2-Cys4、Cys3-Cys5 方式形成的 3 个二硫键、Arg6 与 Glu24 之间的盐键及每个单体中 Cys、Tyr 和 Phe 残基间的相互疏水作用，保证了二聚体空间结构的稳定性。β-防御素广泛存在于不同的上皮组织中，可能参与上皮和黏膜的抗感染防御，一般含有 38～42 个氨基酸残基，是通过 Cys1-Cys5、Cys2-Cys4 和 Cys3-Cys6 方式形成二硫键。thionins 是一类来源于植物的多肽抗生素，含有 45～47 个氨基酸残基，有 6 个或 8 个半胱氨酸形成的 3 个或 4 个二硫键。thionins 抑制多种植物致病细菌和真菌，但是对假单胞菌属和欧文菌属的细菌不起作用。

（三）肽抗生素的作用机制

1. 抗菌活性

大多数肽抗生素都具有抗细菌的作用。乳链菌素是由乳酸球菌产生的多肽，它是酸性分子，有很强的抗腐败菌的活性，而且具有抑制梭菌和杆菌形成芽孢的能力。从乳铁蛋白中获得的抗菌肽是一种可以结合铁的糖蛋白，具有抗细菌作用。目前认为 cecropin、smagainins、defensins 等许多可形成双亲螺旋结构的多肽抗生素是通过作用于细菌的细胞膜，在膜上形成离子通道，引起胞内物质的外排而杀死细菌的。目前应用最多的一种多肽类抗生素——杆菌肽（bacitrcin）的抗菌谱与青霉素 G 相似，主要对革兰阳性菌（包括需氧菌或厌氧菌、有芽孢形成菌或无芽孢形成菌）有抗菌作用。此外，对少数革兰阴性菌、螺旋体和放线菌甚至对耐青霉素的葡萄球菌也有效，且与其他抗生素无交叉耐药性。许多多肽抗生素除了具有抗细菌的作用外，还具有抗真菌的作用。恩拉霉素（enramycin）主要对革兰阳性菌有效，对耐药性的葡萄球菌的其他菌株也有较强的抗菌作用，对革兰阴性菌无效，不会助长 R 因子的耐药性，且与人用抗生素无交叉耐药性。

2. 免疫活性

Samoro 等发现，人乳和牛乳酪蛋白受胰蛋白酶作用后可释放免疫调节肽，这些肽以及人工合成的肽在体中有明显的促进人、绵羊吞噬细胞活性的作用，促进淋巴细胞转移与淋巴因子释放。Marugama 等（1995）从牛酪蛋白酶解产物分离出凝血酶原肽（CEI），为血管紧张素 I 转换酶（ACE）的抑制剂，ACE 可激活血管紧张素 II 与舒缓激肽，后者影响免疫系统的调节。高萍等（2000）研究表明，注射一定剂量的猪胰多肽粗品，可提高仔猪免疫力。Hyown、Joren 等从牛乳中分离出可抑制肿瘤生长的肽。他们通过在体外克隆与鼠胚胎成纤维细胞、鼠淋巴细胞、人胃癌细胞共同孵育发现，可以产生细胞毒性物质，抑制肿瘤细胞生长。

3. 抗氧化作用

存在于肌肉中的肌肽，可在体外抑制铁红蛋白、脂氧化酶和单态催化的脂质氧化作用；还可作为贮存熟肉的氧化型酸肽抑制剂。Boldyrew（1988）等报道，肌肽具有抗氧化作用，可以抑制铁、铜、肌红蛋白和脂肪氧化酶引起的氧化反应，而游离的丙氨酸和组氨酸却没有抗氧化作用。Decker 等（1991）研究发现，肌肽可以抑制体内由铁、血红素蛋白、脂肪氧化酶和单质氧催化的氧化反应。某些肽和蛋白水解物是重金属清除作用的过氧化氢分解促进剂，从而降低氧化速率和减少脂肪过氧化氢含量。抗氧化肽天然防腐剂有可能成为动物饲料和人类食品市场中具有重大意义的开发产品。

4. 结合矿物质

由裂解酪蛋白获得的肽可结合和运输二价矿物离子，如乳蛋白是矿物质结合肽的主要来源。牛乳蛋白含有磷酸肽，其活性中心是磷酸化的丝氨酸和谷氨酸簇，酪蛋白磷酸肽呈中性和碱性时，通过磷酸丝氨酸与钙、锌、铁等离子结合，由小肠壁细胞吸收后再释放进入血液，从而避免了这些离子在小肠的中性和偏碱性环境中沉淀，促进了它们的吸收。张亚非等（1994）用断乳大鼠进行生长和代谢试验，研究酪蛋白磷酸肽对大鼠钙吸收和贮留的影响。发现添加占饲料含量 0.5% 的酪蛋白磷酸肽使大鼠钙吸收率和钙贮留率分别提高 5.13% 和 6.08%。有人用含有酪蛋白磷酸肽的食物饲喂大鼠，结果发现其大腿骨骼中标记钙的量明显高于对照组。此后通过对大鼠、小鼠、鸡、猪的试验都证明酪蛋白磷酸肽具有促进钙、锌、铁吸收的功能。

5. 杀虫、抗病毒的作用

一些多肽抗生素可以有效地杀灭寄生于人类或动物的寄生虫。Shiva-I（一种 cecropin 的类似物）可以杀死疟原虫；一种 ceropin/melittin 的杂合肽可以杀伤莱什曼鞭毛虫。目前发现多肽抗生素可以 3 种不同的机制起到抗病毒的作用：第一种是通过多肽抗生素直接与病毒粒子相结合而发挥作用。如 α-defensins、modelin-1 等对疱疹病毒的作用，plyphemusins 对 HIV 病毒的作用；第二种是抑制病毒的繁殖，如 mellotin 和 cecropin A 对 HIV 病毒的作用；第三种机制是通过模仿病毒的侵染过程而起作用，如 melititn 及其类似物 K71 的结构与烟草花叶病毒核衣壳与 mRNA 相互作用的区域具有相似性，通过干扰病毒的组装而对病毒产生作用。

抗菌肽有着独特的不同于抗生素的抗菌机理，它广泛存在于多种生物体内，是生物体对外界病原物侵染而产生的一系列免疫反应的产物，具有较强的广谱抗菌能力。

第二节　多肽、蛋白质类药物的制备

目前，多肽和蛋白质类药物的生产方法有两种：一是用传统的生化提取和微生物发酵法生产，如生化多肽类药物、抗菌肽；一是利用基因工程技术构建工程菌（细胞）生产，如细胞生长因子。尽管不同的多肽、蛋白质类药物的功能和性质多种多样，生产用多肽、蛋白质的原料有所不同，采用的提取分离方法也不同，但制备过程和提取分离纯化的原理基本相同，一般制备过程包括生物材料的选取与破碎、有效成分的提取、有效成分的分离纯化等几个步骤。蛋白质、多肽类药物制备的原理主要是利用生物体内不同的蛋白质、多肽之间的特异性差异如分子量大小、形状、酸碱性、溶解度、极性、电荷和对其他物质的亲和性等进行的。多肽、蛋白质类药物的制备方法可以归纳如表 4-2 所示。

表 4-2　多肽、蛋白质类药物分离、纯化方法类型

性　　质	具 体 方 法	性　　质	具 体 方 法
分子大小和形态 溶解度	差速离心、超滤、分子筛、透析 盐析、有机溶剂沉淀、等电点沉淀等	电荷差异 生物功能专一性	电泳、等电聚焦、离子交换色谱、吸附色谱 亲和色谱、疏水色谱、共价色谱

一、多肽、蛋白质类药物的提取

1. 生物材料的选择与前处理

生物材料的选择是此类药物制备的重要环节，材料的选择主要依据不同的药物而定。在工业生产上，一般选择：①材料来源丰富、容易获得；②有效成分含量高；③制备工艺简单，难于分离的杂质较少；④成本低经济效益好的生物材料或微生物材料为原料。选材时，根据目的物的分布，除选择富含有效成分的生物品种外，还应注意植物的季节性、地理位置和生长环境；动物的年龄、性别营养状况、遗传素质、生理状况和微生物菌种或细胞株的传代次数、培养基的成分和微生物细胞的生长时期等之间的差异。

材料选定后，必须尽量保持新鲜，尽快加工处理。如果所得材料不能立即进行加工时则应冷冻保存，对动物材料应深度冷冻保存。

2. 组织或细胞的破碎

分离提取蛋白质、多肽类物质必须首先破碎生物体组织或细胞，将它们从组织或细胞内释放出来，并保持原来的天然状态，不丢失生物活性。组织或细胞破碎时，应根据不同的情况选择适当的方法将组织和细胞破碎，一般破碎程度愈高目的产物产量愈高。如果材料是体液、代谢排泄物，或细胞分泌到细胞外的某些多肽激素、蛋白质、酶等则不需要破碎细胞。

组织和细胞破碎的方法很多，如机械法、物理因素法、化学法和酶解法等，生产中应根据生产实际，不同的生物材料应采用不同的破碎方法。动物组织、植物种子、叶片等一般使用高速组织捣碎机、匀浆器等；植物细胞具有坚硬的细胞壁，一般先用纤维素酶处理，细菌细胞一般先用溶菌酶处理，然后用超声波振荡、高速挤压或冻融交替等方法破碎。

3. 提取

提取是将预处理或破碎后的生物材料置于一定条件和溶剂中，让被提取的活性物质以溶解状态充分地释放出来，并尽可能保持天然状态，不丢失生物活性的过程。影响提取收率的重要因素主要取决于提取物在提取溶剂中的溶解度大小、由固相扩散到液相的难易、溶剂的 pH 及提取时间。一般来讲，极性物质易溶于极性溶剂；非极性物质易溶于非极性有机溶剂；碱性物质易溶于酸性溶液；酸性物质易溶于碱性溶液；温度升高，物质溶解度相应增大；远离等电点时，溶解度增大。因此，在目的物提取时应该考虑以下几个方面。

（1）溶剂的选择　物质的溶解度与溶质和溶剂的性质相关，生产中可以选择目的物溶解度大而杂质溶解度小的溶剂；或目的物溶解度小杂质溶解度大的溶剂。实际生产中常用的提取溶剂有水、稀盐、稀酸、稀碱或不同比例的有机溶剂。

（2）离子强度　一些物质在高离子强度下在水中的溶解度增加，而有些则相反，在高离子强度下溶解度减小。大多数蛋白质和多肽在低离子强度下溶解度较高，因此在提取蛋白质时多采用低离子强度的溶液，一方面可以提高溶解度，另一方面对蛋白质的生物活性具有一定的稳定作用。

（3）pH　多肽、蛋白质为两性物质，在等电点时，它们的溶解度最小。提取时应根据被分离物质的等电点采用适当的 pH 范围，一般选择 pH=6～8 的溶液。如果等电点在酸性范围可选择偏碱的缓冲溶液；反之选择偏酸的缓冲溶液。

（4）温度　随着温度的升高，物质的溶解度增加，但在较高温度条件下，生物活性物质容易变性失活，故提取时温度一般控制在 0～10℃。对于耐热蛋白质如胃蛋白酶可以适当提高提取温度。

（5）表面活性剂　生物体内的蛋白质一般多黏附在生物组织或细胞碎片上，生物制药中为了提高蛋白质的分离提取效果，常根据分离物质的特性加入一定量的表面活性物质增强蛋白质的乳化、分散和溶解程度。常用的表面活性剂有吐温 20、吐温 40、吐温 80、Triton 100、Triton 420 等，它们对蛋白的变性作用小。

在多肽、蛋白质提取时，提取条件的选择还应该考虑多肽、蛋白质在使用的溶剂、pH、温度等条件下的稳定性，如胰岛素在 pH=2.0 时的溶解度大于 pH=2.5 时的溶解度，但在 pH=2.5 时，胰岛素稳定性降低。同时还应该考虑提取时间，一般来讲提取时间越长，溶解率越高，同时杂质的溶解度也增大。因此必须综合分析各种影响因素，合理地搭配各种提取条件。

二、多肽、蛋白质的分离与纯化

（一）蛋白质的粗分离

多肽、蛋白质提取液获得后，选用一套适当的方法将所要的目的物与其他物质分开，一般采用盐析、等电点沉淀、有机溶剂分级分离等，这些方法的特点是简便、处理量大，既能除去杂质，又能浓缩蛋白质溶液，但分辨率低。

RNA 和 DNA 的去除多采用鱼精蛋白沉淀法。

（二）蛋白质的精制分离

样品经过粗制分级后，体积较小，杂质大部分已经除去，进一步分离提纯多采用柱色谱法，有时还采用密度梯度离心、电泳等方法。在柱色谱中，包括凝胶过滤色谱、离子交换色谱、吸附色谱、金属螯合色谱、共价色谱、疏水色谱和亲和色谱等。

1. 色谱的基本知识

色谱法又称层析法或色层分析法（chromatography），它是在 1903～1906 年由俄国植物学家 M. Tswett 首先系统提出来的。色谱法的最大特点是分离效率高，它能分离各种性质极相类似的物质。它既可以用于少量物质的分析鉴定，又可用于大量物质的分离纯化制备。因此，作为一种重要的分析分离手段与方法，它广泛地应用于科学研究与工业生产上。现在，它在石油、化工、医药卫生、生物科学、环境科学、农业科学等领域都发挥着十分重要的作用。

（1）色谱的基本理论　色谱法是一种基于被分离物质的物理、化学及生物学特性的不同，使它们在某种基质中移动速度不同而进行分离和分析的方法。利用物质在溶解度、吸附能力、立体化学特性及分子的大小、带电情况及离子交换、亲和力的大小及特异的生物学反应等方面的差异，使其在流动相与固定相之间的分配系数（或称分配常数）不同，达到彼此分离的目的。

（2）色谱的基本概念

① 固定相　固定相是色谱的一个基质。它可以是固体物质（如吸附剂、凝胶、离子交换剂等），也可以是液体物质（如固定在硅胶或纤维素上的溶液），这些基质能与待分离的化合物进行可逆的吸附、溶解、交换等作用。它对色谱的效果起着关键的作用。

② 流动相　在色谱过程中，推动固定相上待分离的物质朝着一个方向移动的液体、气体或超临界体等，都称为流动相。柱色谱中一般称为洗脱剂，薄层色谱时称为展层剂。它也是色谱分离中的重要影响因素之一。

③ 分配系数　是指在一定的条件下，某种组分在固定相和流动相中含量（浓度）的比值，常用 K 来表示。分配系数是色谱中分离纯化物质的主要依据。

$$K = \frac{c_s}{c_m}$$

式中　c_s——固定相中的浓度；

　　　　c_m——流动相中的浓度。

④ 分辨率（或分离度）　分辨率一般定义为相邻两个峰的分开程度。用 R_s 来表示，R_s 值越大，两种组分分离得越好。

⑤ 柱色谱　是指将基质填装在管中形成柱形，在柱中进行色谱操作，适用于样品分析、分离。生物化学中常用的凝胶色谱、离子交换色谱、亲和色谱、高效液相色谱等都通常采用柱色谱形式。主要柱色谱技术归纳如表 4-3 所示。

表 4-3　主要柱色谱技术及其分离机制

方　法	分　离　机　制	重　要　参　数
凝胶过滤色谱	分离物质的分子量(颗粒)大小	柱长度,径高比
离子交换色谱	电荷	pH,离子强度
疏水色谱	疏水性	极性,离子强度
亲和色谱	生物特异反应	配基,洗脱剂

（3）柱色谱的基本装置　柱色谱系统组成包括蠕动泵、色谱柱、填充基质、检测器、记录仪和收集器。近十几年来，新的色谱填料大量涌现，色谱系统已经实现了智能化和自动过程，其代表产品就是安法玛西亚公司的 AKTA 系列色谱系统和 Bio-Rad 的中低压色谱系统。

（4）柱色谱的基本操作

① 装柱　柱子装的质量好与差，是柱色谱法能否成功分离纯化物质的关键步骤之一。一般要求柱子装得要均匀，不能分层，柱子中不能有气泡等，否则要重新装柱。首先选好柱子，根据色谱的基质和分离目的而定。一般柱子的直径与长度比为 1：（10～50）；凝胶柱可

以选 1∶(100～200)，同时将柱子洗涤干净。将色谱用的基质（如吸附剂、树脂、凝胶等）在适当的溶剂或缓冲液中溶胀，并用适当浓度的酸（0.5～1mol/L）、碱（0.5～1mol/L）、盐（0.5～1mol/L）溶液洗涤处理，以除去其表面可能吸附的杂质。然后用去离子水（或蒸馏水）洗涤干净并真空抽气（吸附剂等与溶液混合在一起），以除去其内部的气泡。关闭色谱柱出水口，装入 1/3 柱高的缓冲液，并将处理好的吸附剂等缓慢地倒入柱中，使其沉降约3cm 高。打开出水口，控制适当流速，使吸附剂等均匀沉降，并不断加入吸附剂溶液（吸附剂的多少根据分离样品的多少而定）。注意不能干柱、分层，否则必须重新装柱。最后使柱中基质表面平坦并在表面上留有 2～3cm 高的缓冲液，同时关闭出水口。

② 平衡　柱子装好后，要用所需的缓冲液（有一定的 pH 和离子强度）平衡柱子。用恒流泵在恒定压力下走柱子（平衡与洗脱时的压力尽可能保持相同）。平衡液体积一般为3～5倍柱床体积，以保证平衡后柱床体积稳定及基质充分平衡。如果需要，可用蓝色葡聚糖 2000 在恒压下走柱，如色带均匀下降，则说明柱子是均匀的。有时柱子平衡好后，还要进行转型处理。

③ 加样　加样量的多少直接影响分离的效果。一般来讲，加样量尽量少些，分离效果比较好。通常加样量应少于 20% 的操作容量，体积应低于 5% 的床体积，对于分析性柱色谱，一般不超过床体积的 1%。当然，最大加样量必须在具体条件下多次试验后才能决定。应注意的是，加样时应缓慢小心地将样品溶液加到固定相表面，尽量避免冲击基质，以保持基质表面平坦。

④ 洗脱　选定好洗脱液后，洗脱的方式可分为简单洗脱、分步洗脱和梯度洗脱三种。

a. 简单洗脱　柱子始终用同样的一种溶剂洗脱，直到色谱分离过程结束为止。如果被分离物质对固定相的亲和力差异不大，其区带的洗脱时间间隔（或洗脱体积间隔）也不长，采用这种方法是适宜的。

b. 分步洗脱　这种方法按照递增洗脱能力顺序排列的几种洗脱液，进行逐级洗脱。它主要对混合物组成简单、各组分性质差异较大或需快速分离时适用。每次用一种洗脱液将其中一种组分快速洗脱下来。

c. 梯度洗脱　当混合物中组分复杂且性质差异较小时，一般采用梯度洗脱。它的洗脱能力是逐步连续增加的，梯度可以指浓度、极性、离子强度或 pH 等。最常用的是洗脱液中的 NaCl 浓度梯度。

⑤ 收集与保存　基本上都是采用部分收集器来收集分离纯化的样品。为了保持所得产品的稳定性与生物活性，一般采用透析除盐、超滤或减压薄膜浓缩，再冰冻干燥，得到干粉，在低温下保存备用。

⑥ 基质（吸附剂、离子交换树脂或凝胶等）的再生　色谱填料价格昂贵，许多填料都可以重复利用，但不同的填料需用不同的方法进行再生。如离子交换填料一般用高浓度的NaCl 溶液再生；凝胶填料可以用高盐、0.1～0.5mol/L NaOH 或 20% 的乙醇溶液再生。

2. 凝胶过滤色谱（gel chromatography）

凝胶过滤色谱是以多孔性凝胶填料为固定相，按分子大小顺序分离样品中各个组分的液相色谱方法。其分离原理在于凝胶过滤填料中含有大量的微孔，当含有不同分子大小的组分的样品进入凝胶色谱柱后，各个组分就向固定相的孔穴内扩散，组分的扩散程度取决于孔穴的大小和组分分子大小。比孔穴孔径大的分子不能扩散到孔穴内部，完全被排阻在孔外，只能在凝胶颗粒外的空间随流动相向下流动，它们经历的流程短，流动速度快，所以首先流出；而较小的分子则可以完全渗透进入凝胶颗粒内部，经历的流程长，流动速度慢，所以最后流出；而分子大小介于二者之间的分子在流动中部分渗透，渗透的程度取决于它们分子的大小，所以它们流出的时间介于二者之间，分子越大的组分越先流出，分子越小的组分越后流出。这样样品经过凝胶色谱后，各个组分便按分子从大到小的顺序依次流出，从而达到了分离的目的。这种方法利用分级分离，而不需要蛋白质化学结合，具有简单、方便、不改变样品生物学活性等优点。另外，可利用此方法更换蛋白质的缓冲液或降低缓冲液的离子强度。

凝胶过滤介质的种类很多，常用的凝胶主要有葡聚糖凝胶（dextran）、聚丙烯酰胺凝胶（polyacrylamide）、琼脂糖凝胶（agarose）以及聚丙烯酰胺和琼脂糖之间的交联物。另外还有多孔玻璃珠、多孔硅胶、聚苯乙烯凝胶等。

（1）葡聚糖凝胶 葡聚糖凝胶是指由天然高分子——葡聚糖与其他交联剂交联而成的凝胶。葡聚糖凝胶主要由 Pharmacia Biotech 生产。常见的有两大类，商品名分别为 Sephadex 和 Sephacryl。葡聚糖凝胶中最常见的是 Sephadex 系列，它是葡聚糖与 3-氯-1,2 环氧丙烷（交联剂）相互交联而成，交联度由环氧氯丙烷的百分比控制。Sephadex 在水溶液、盐溶液、碱溶液、弱酸溶液以及有机溶液中都是比较稳定的，可以多次重复使用。Sephadex 稳定工作的 pH 一般为 2～10。强酸溶液和氧化剂会使交联的糖苷键水解断裂。Sephadex 在高温下稳定，可以煮沸消毒，亲水性很好，在水中极易膨胀，不同型号的 Sephadex 的吸水率不同，它们的孔穴大小和分离范围也不同。数字越大的，排阻极限越大，分离范围也越大。

Sephacryl 是葡聚糖与亚甲基双丙烯酰胺（N, N'-methylenebisacrylamide）交联而成。是一种比较新型的葡聚糖凝胶。Sephacryl 的优点就是它的分离范围很大，排阻极限甚至可以达到 108，远远大于 Sephadex 的范围。所以它不仅可以用于分离一般蛋白质，也可以用于分离蛋白多糖、质粒甚至较大的病毒颗粒。Sephacryl 与 Sephadex 相比另一个优点就是它的化学和机械稳定性更高：Sephacryl 在各种溶剂中很少发生溶解或降解，可以用各种去污剂、胍、脲等作为洗脱液，耐高温。Sephacryl 稳定工作的 pH 一般为 3～11。另外，Sephacryl 的机械性能较好，可以以较高的流速洗脱，比较耐压，分辨率也较高，所以 Sephacryl 可以实现相对比较快速而且较高分辨率的分离。

（2）聚丙烯酰胺凝胶 聚丙烯酰胺凝胶是丙烯酰胺（acrylamide）与亚甲基双丙烯酰胺交联而成。改变丙烯酰胺的浓度，就可以得到不同交联度的产物。聚丙烯酰胺凝胶主要由 Bio-Rad、Bio-Gel、Laboratories 生产。聚丙烯酰胺凝胶的分离范围、吸水率等性能基本近似于 Sephadex。在水溶液、一般的有机溶液、盐溶液中都比较稳定。聚丙烯酰胺凝胶在酸中的稳定性较好，在 pH 为 1～10 之间比较稳定。但在较强的碱性条件下或较高的温度下，聚丙烯酰胺凝胶易发生分解。聚丙烯酰胺凝胶非常亲水，基本不带电荷，所以吸附效应较小。对芳香族、酸性、碱性化合物可能略有吸附作用，使用离子强度略高的洗脱液就可以避免。

（3）琼脂糖凝胶 琼脂糖凝胶是从琼脂中分离出来的天然线性多糖，它是琼脂去掉其中带电荷的琼脂胶得到的。琼脂糖是由 D-半乳糖（D-galactose）和 3,6-脱水半乳糖（anhydrogalactose）交替构成的多糖链。它在 100℃ 时呈液态，当温度降至 45℃ 以下时，多糖链以氢键方式相互连接形成双链单环的琼脂糖，经凝聚即成为束状的琼脂糖凝胶。琼脂糖凝胶在 pH 为 4～9 之间是稳定的，它在室温下很稳定，稳定性要超过一般的葡聚糖凝胶和聚丙烯酰胺凝胶。琼脂糖凝胶对样品的吸附作用很小。另外，琼脂糖凝胶的机械强度和孔穴的稳定性都很好，一般好于前两种凝胶，在高盐浓度下，柱床体积一般不会发生明显变化，使用琼脂糖凝胶时洗脱速度可以比较快。琼脂糖凝胶的排阻极限很大，分离范围很广，适合于分离大分子物质，但分辨率较低。琼脂糖凝胶不耐高温，使用温度以 0～30℃ 为宜。

（4）聚丙烯酰胺和琼脂糖交联凝胶　这类凝胶是由交联的聚丙烯酰胺和嵌入凝胶内部的琼脂糖组成。它们主要由 LKB 提供，商品名为 Ultragel。这种凝胶由于含有聚丙烯酰胺，所以有较高分辨率；而它又含有琼脂糖，这使得它又有较高的机械稳定性，可以使用较高的洗脱速度。调整聚丙烯酰胺和琼脂糖的浓度可以使 Ultragel 有不同的分离范围。

凝胶过滤色谱的基本操作步骤与前面介绍的柱色谱的操作过程基本相似，但凝胶过滤色谱有其自身的一些特点，主要表现在以下几个方面。

① 色谱柱的长度对分辨率影响较大，长的色谱柱分辨率要比短的高，色谱柱的直径和长度比一般在 （1∶25）～（1∶100） 之间。一般柱长度不超过 100cm，为得到高分辨率，可以将柱子串联使用。

② 凝胶柱的填装情况将直接影响分离效果，填装后的凝胶柱用肉眼观察应均匀、无纹路、无气泡。通常可以采用一种有色的物质，如蓝色葡聚糖 2000、血红蛋白等上柱，观察有色区带在柱中的洗脱行为以检测凝胶柱的均匀程度。如果色带狭窄、平整、均匀下降，则表明柱中的凝胶填装情况较好，可以使用；如果色带弥散、歪曲，则需重新装柱。有时为了防止新凝胶柱对样品的吸附，可以用一些物质预先过柱，以消除吸附。

③ 加样量对实验结果也可能造成较大的影响，加样过多，会造成洗脱峰的重叠，影响分离效果；加样过少，提纯后各组分量少，浓度较低，实验效率低。一般分级分离时加样体积约为凝胶柱床体积的 1%～5% 左右，而分组分离时加样体积可以较大，一般约为凝胶柱床体积的 10%～25%。如果有条件可以首先以较小的加样量先进行一次分析，根据洗脱峰的情况来选择合适的加样量。加样时要尽量快速，均匀。

④ 凝胶过滤色谱不依赖于流动相性质和组成的改变来提高分辨率，凝胶色谱洗脱液的选择不那么严格。但洗脱速度会影响凝胶色谱的分离效果，洗脱速度慢一些样品可以与凝胶基质充分平衡，分离效果好，流速控制在 2～10cm/h。

3. 离子交换色谱（ion-exchange chromatgraphy）

离子交换色谱是根据溶液中各种带电粒子与离子交换剂之间结合力的差异而进行的分离技术。离子交换色谱技术的固定相材料称为离子交换剂，它是由不溶惰性载体、功能基团和平衡离子组成。离子交换剂的惰性基质可以由多种材料制成，以琼脂糖（Sepharose）、纤维素（cellulose）、聚丙烯酰胺（Bio-gel）和葡聚糖（Sephadex）等为基质的交换剂具有很好的亲水性，适合于蛋白质等生物大分子的分离。平衡离子带正电荷的为阳离子交换剂，平衡离子带负电荷的为阴离子交换剂。根据功能基团的酸碱性不同分为强、中、弱三类。常用的离子交换剂和离子交换凝胶的类型见表 4-4 和表 4-5。

表 4-4　离子交换剂的类型与特点

交换剂	名　称	作　用　基　团	特　点
阴离子交换剂	二乙氨基乙基	$DEAE^+$—O—$C_2H_4N^+(C_2H_5)_2H$	最常用在 pH=8.6 以下
	三乙氨基乙基	$DEAE^+$—O—$C_2H_4N^+(C_2H_5)_3H$	
	氨乙基	AE^+—O—C_2H_4—NH_2	
	胍乙基	GE^+—O—C_2H_4—NH—C=N^+ H_2 　　　　　　　　　| 　　　　　　　　　NH_2	强碱性，极高 pH 仍有效
阳离子交换剂	羧甲基	CM—O—CH_2—COO	最常用在 pH=4 以上
	磷酸	P^-—O—PO_2^-	用于低 pH
	磺甲基	SM^-—O—CH_2—SO_3^-	
	磺乙基	SE^-—O—C_2H_4—SO_3^-	强酸性用于极低 pH

表 4-5　常用离子交换凝胶的类型与特性

类　　型	性　　能	离子基因	反离子	总交换容量/(毫克当量/g)
DEAE-Sephadex A-25 DEAE-Sephadex A-50	弱碱性、阴离子交换剂	DEAE$^+$	Cl$^-$	3.5±0.5
QAE-Sephadex-25 QAE-Sephadex A-50	弱碱性、阴离子交换剂	QAE$^+$	Cl$^-$	3.0±0.4
CM-A-Sephadex 25 CM-Sephadex A-50	弱碱性、阳离子交换剂	CM$^-$	Na$^+$	4.5±0.5
SP-Sephadex A-25 SP-Sephadex A-50	强碱性、阳离子交换剂	SP$^-$	Na$^+$	2.3±0.3

各种离子与离子交换剂上的电荷基团的结合是由静电力产生的，是一个可逆的过程。结合的强度与很多因素有关，包括离子交换剂的性质、离子本身的性质、离子强度、pH、温度、溶剂组成等。离子交换色谱就是利用各种离子本身与离子交换剂结合力的差异，并通过改变离子强度、pH 等条件改变各种离子与离子交换剂的结合力而达到分离的目的。蛋白质等生物大分子通常呈两性，它们与离子交换剂的结合与它们的性质及 pH 有较大关系。在一定的 pH 条件下，等电点 $pI<pH$ 的蛋白质带负电，等电点 $pI>pH$ 的蛋白质带正电。

目前，离子交换色谱技术的离子交换剂种类很多，在实际应用中应根据被分离物质的带电荷种类、分子大小、被分离物质的环境、被分离物的物理化学性质等进行选择，其中蛋白质的等电点是离子交换色谱的重要依据。当用阴离子交换剂分离蛋白时，交换体系的 pH 必须大于 pI；当用阳离子交换剂分离蛋白时，交换体系的 pH 必须小于 pI。

离子交换色谱是利用交换剂自身所带相反电荷与蛋白质的净电荷结合进行蛋白质分离纯化。当蛋白质溶液进入离子交换柱后，与交换剂无亲和力的蛋白质被洗脱，结合的蛋白质被保留在分离柱上，但它们与分离柱的亲和力各不相同，采用逐步增加洗脱液中 NaCl 浓度提高洗脱液的离子强度，逐渐洗脱出来，将不同的蛋白质分开。但由于生物样品中蛋白的复杂性，一般很难只经过一次离子交换色谱就达到高纯度，往往要与其他分离方法配合使用。

离子交换色谱过程如前所述，但在操作过程中应注意以下几方面。

(1) 离子交换剂的选择　选择离子交换剂时，除了上述的基本原则外，还应该注意基质的颗粒直径。一般来说，颗粒小，分辨率高，但平衡离子的平衡时间长，流速慢；颗粒大则相反。所以大颗粒的离子交换剂适合于对分辨率要求不高的大规模制备性分离，而小颗粒的离子交换剂适于需要高分辨率的分析或分离。

(2) 离子交换剂的处理和保存　离子交换剂使用前一般要进行处理。干粉状的离子交换剂首先要进行膨化，将干粉在水中充分溶胀，以使离子交换剂颗粒的孔隙增大，具有交换活性的电荷基团充分暴露出来，而后用水悬浮去除杂质和细小颗粒，再用酸碱分别浸泡。每一种试剂处理后要用水洗至中性，再用另一种试剂处理，最后用水洗至中性，以便进一步去除杂质，并使离子交换剂带上需要的平衡离子。市售的离子交换剂中通常阳离子交换剂为 Na 型（即平衡离子是钠离子），阴离子交换剂为 Cl 型。处理时一般阳离子交换剂最后用碱处理，阴离子交换剂最后用酸处理。常用的酸是 HCl，碱是 NaOH 或再加一定的 NaCl，这样处理后阳离子交换剂为 Na 型，阴离子交换剂为 Cl 型。使用的酸碱浓度一般小于 0.5mol/L，浸泡时间一般 30min。处理时应注意酸碱浓度不宜过高，处理时间不宜过长，温度不宜过高，以免离子交换剂被破坏。另外要注意的是，离子交换剂使用前要排除气泡，否则会影响分离效果。

（3）离子交换剂的再生　使用过的离子交换剂必须进行再生处理，使其恢复原来性状，其操作过程可以同（2）。

（4）色谱柱的平衡　在离子交换色谱中平衡缓冲液和洗脱缓冲液的离子强度和 pH 的选择对于分离效果有很大的影响。平衡缓冲液的离子强度和 pH 的选择首先要保证各个待分离物质如蛋白质的稳定。其次是要使各个待分离物质与离子交换剂有适当的结合，并尽量使待分离样品和杂质与离子交换剂的结合有较大的差别。一般是使待分离样品与离子交换剂有较稳定的结合，而尽量使杂质不与离子交换剂结合或结合不稳定。在一些情况下（如污水处理）可以使杂质与离子交换剂有牢固的结合，而样品与离子交换剂结合不稳定，也可以达到分离的目的。另外，注意平衡缓冲液中不能有与离子交换剂结合力强的离子，否则会大大降低交换容量，影响分离效果。

（5）上样　离子交换色谱的上样时应注意样品液的离子强度和 pH，上样量也不宜过大，一般为柱床体积的 1%～5% 为宜，以使样品能吸附在色谱柱的上层，得到较好的分离效果。

（6）洗脱缓冲液与流速　在离子交换色谱中一般常用梯度洗脱，通常有改变离子强度和改变 pH 两种方式。改变离子强度通常是在洗脱过程中逐步增大离子强度，从而使与离子交换剂结合的各个组分被洗脱下来；而改变 pH 的洗脱，对于阳离子交换剂一般是 pH 从低到高洗脱，阴离子交换剂一般是 pH 从高到低。由于 pH 可能对蛋白质的稳定性有较大的影响，故一般通常采用改变离子强度的梯度洗脱。

洗脱液的流速也会影响离子交换色谱分离效果，洗脱速度通常要保持恒定。一般来说，洗脱速度慢比快的分辨率要好，但洗脱速度过慢会造成分离时间长、样品扩散、谱峰变宽、分辨率降低等，所以要根据实际情况选择合适的洗脱速度。

4. 亲和色谱（affinity chromatography）

亲和色谱是一类利用生物分子间专一的亲和力而进行分离的一种色谱技术。它包含各种各样的形式，其共同特征在于蛋白质与结合在介质上的配基间的特异亲和力为工作基础。配基与被分离物之间亲和力具有高度的专一性，使得亲和色谱的分辨率很高，是分离生物大分子的一种理想的色谱方法。

亲和色谱的主要过程通常是：在载体表面先键合一个间隔臂，再连接配基（图 4-1）。固相化配基只能与其有特异亲和性的蛋白质分子相互作用而吸附，其余的分子不被吸附而流出色谱柱。然后改变流动相的条件，将吸附的蛋白洗脱下来。亲和色谱选择性强，纯化效率高，常常有一步获得满意的纯化效果，对于分离低浓度的蛋白质非常适用。其基本过程如图 4-2 所示。

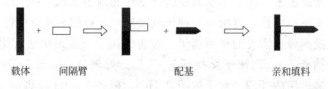

载体　　间隔臂　　　　配基　　亲和填料

图 4-1　亲和填料构建示意

与其他色谱技术相比，选择并制备合适的亲和吸附剂是亲和色谱的关键步骤之一。它包括基质和配体的选择、基质的活化、配体与基质的偶联等。制备亲和吸附剂的基质应具备：①物理化学稳定性好；②有较多的化学活性基团，能够和配体稳定的结合；③有均匀的多孔网状结构，孔径较大；④没有明显的非特异性吸附，不影响配体与待分离物的结合；⑤具有较好的亲水性，以使生物分子易于靠近并与配体作用等特性。一般纤维素以及交联葡聚糖、琼脂糖、聚丙烯酰胺、多孔玻璃珠等用于凝胶排阻色谱的凝胶都可以作为亲和色谱的基质，其中琼脂糖凝胶具有非特异性吸附低、稳定性好、孔径均匀适当、宜于活化等优点，得到了广泛的应用，如 Pharmacia 公司的 Sepharose-4B、Sepharose-6B 是目前应用较多的基

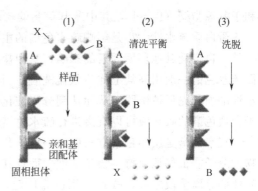

图 4-2　亲和色谱基本过程示意
A—亲和性基团配基；B—亲和性蛋白；
X—非亲和性蛋白

质。间隔臂分子是在配体和基质之间引入适当长度的"间隔臂"，即一段有机分子，其目的在于使基质上的配体离开基质的骨架向外扩展伸长，减少空间位阻效应，增加配体对待分离的生物大分子的吸附效率。但"间隔臂"长度要恰当，太短效果不明显；太长则容易造成弯曲，反而降低吸附效率。配体是亲和色谱中最为重要的组成部分，理想的配体应与待分离的物质有适当的亲和力并具有较强的特异性；具有较好的稳定性，在实验中能够耐受偶联以及洗脱时可能的较剧烈的条件，可以多次重复使用；与基质稳定的共价结合，在实验过程中不易脱落等。配基可以是具有生物学特异性的肽、抗体、底物、抑制剂、辅酶或核酸；也可以是具有相对特异性的凝集素、染料或疏水分子等。大多数情况下利用蛋白质与相应配基可逆性结合的方法，如酶与底物、抗原和抗体、核酸与阻遏蛋白、激素与受体蛋白等。

亲和色谱纯化生物大分子通常采用柱色谱操作方式。所选用的平衡缓冲液应具有合适的 pH 和离子强度以利于亲和吸附物的形成。上样时流速应比较慢，以保证样品和亲和吸附剂有充分的接触时间进行吸附。或者将上样后流出液进行二次上样，以增加吸附量。洗脱时可采用专一性洗脱或非专一性洗脱两种形式，非专一性洗脱是指通过改变缓冲液的 pH、离子强度、温度等方法使固定在配基上的亲和物的构象发生改变，降低其亲和力，将蛋白质从配基上洗脱下来；专一性洗脱是指在缓冲液中添加某种物质特异性地解吸待分离的蛋白质的方法，专一性洗脱常用于酶的分离纯化。已用过的亲和吸附填料必须用大量的洗脱液或较高浓度的盐溶液洗涤，除去非专一性吸附的杂质才能重复使用。每次色谱操作后都适当再生处理色谱填料，可以使色谱柱的寿命大大延长。

5. 疏水相互作用色谱（hydrophobic interaction chromatography）

疏水相互作用色谱简称疏水色谱，其原理与其他色谱技术的原理不同。疏水色谱是利用固定的疏水配体和蛋白质疏水表面区域之间的相互作用而进行分离的。可溶性蛋白在外表面上可能存在疏水小区，它能促进蛋白复合物的形成，也可能是与疏水配基结合部位或活性部位，它们是疏水相互作用色谱的结合力所在。尽管疏水色谱利用的是非特异性结合力，分辨率也不高，但非常实用。

疏水色谱基质表面带有大小不等的疏水性侧链——烷基或芳香基，碳链越长疏水性越强，一般为苯基、丁基、辛基，苯基疏水性较弱，辛基较强。但疏水作用太强时，需要极端的洗脱条件，容易导致蛋白失活。目前市场上常见的疏水性凝胶为苯基琼脂糖（Phenyal）

和丁基琼脂糖（Butyl），其中苯基琼脂的疏水性较低，是疏水色谱时常用的介质。

蛋白质疏水性大小是影响疏水色谱的主要原因，蛋白质疏水性大小除了与蛋白质性质有关外，也会受其他环境因素的影响，其中盐浓度增加时，蛋白质疏水性增强；反之变弱。因而疏水色谱一般用高盐上样，低盐洗脱。当逐渐降低洗脱液的盐浓度时，不同的物质会按疏水性的强弱先后被洗脱，从而达到分离纯化的目的。在蛋白质纯化过程中，硫酸铵沉淀或离子交换色谱的收获液可以直接进行疏水色谱纯化。

疏水色谱是反相色谱方法中的一种，其洗脱条件更温和，经此类介质分离纯化获得的生物大分子能很好地保持生物学活性，而且其分离的分辨率很高，是生物大分子分离纯化中最有效的分离手段之一，故其应用极为广泛，可应用于生物大分子和无机小分子物质的分离纯化。

6. 其他色谱技术

（1）固相金属亲和色谱　固相金属亲和色谱是利用暴露的蛋白质残基和介质上的金属离子之间相互作用进行纯化的技术。蛋白质表面的氨基酸，特别是组氨酸，与金属离子螯合时，蛋白质就会阻滞在金属柱表面，达到蛋白质分离效果。

（2）高效液相色谱技术　高效液相色谱法（HPLC）是近 20 年来发展起来的一项新颖快速的分离技术。它是在经典液相色谱法基础上，引进了气相色谱的理论，具有气相色谱的全部优点。由于 HPLC 分离能力强，测定灵敏度高，可在室温下进行，应用范围极广，无论是极性还是非极性、小分子还是大分子、热稳定还是不稳定的化合物均可用此法测定。对蛋白质、核酸、氨基酸、生物碱、类固醇和类脂等尤为有利。但 HPLC 的制备样品量小，仪器昂贵，一般多用于生物药物的检测。

三、蛋白质溶液的浓缩方法

蛋白质溶液的浓缩方法多种多样，依据其浓缩的原理可以分为蛋白质沉淀、脱水浓缩法和柱色谱浓缩法。

1. 蛋白质沉淀法

蛋白质在溶解过程中，其分子表面的亲水性基团容易与水分子作用生成水化膜，形成稳定的胶体溶液。另外，蛋白质分子为两性分子，当 pH 偏离等电点时，蛋白质分子带同种电荷，相互排斥，从而增加其分散能力。但是，一旦蛋白质分子表面的水化膜被破坏后，蛋白质分子很容易发生聚集，产生沉淀。沉淀法就是利用蛋白质的这一特性，在蛋白质溶液中添加盐、有机溶剂或改变蛋白质溶液的 pH 等方法使得蛋白质分子之间发生聚集产生沉淀，然后利用离心的手段，将沉淀分离从而达到蛋白质浓缩的效果。常用的方法有以下几种。

（1）中性盐沉淀法　又称为盐析，当蛋白质溶液中加入高盐时，溶液中的水与盐解离时产生的离子形成水合离子，水活度降低，导致蛋白质颗粒的水化层破坏，所带电荷也被中和产生盐析现象。但在低盐浓度条件下，蛋白质分子和水作用程度会有所增强，蛋白质溶解度增大。用作盐析的盐主要有硫酸铵、氯化钠、硫酸钠、硫酸镁等，其中以硫酸铵效果最佳。硫酸铵在水中的溶解度大，盐析时温度系数较低，常被用于蛋白质的分段盐析。

蛋白质盐析作用受盐种类、溶液 pH、温度和蛋白质浓度等因素影响：在相同浓度条件下二价离子盐的作用效果大于单价离子；溶液 pH 控制在等电点附近时有利于蛋白沉淀的产生；使用的蛋白质溶液的浓度控制在 $25\sim30mg/ml$，避免因蛋白质浓度过高，产生各种蛋白质的共沉淀作用，导致除杂蛋白的效果明显下降，或蛋白质浓度过低，导致硫酸铵用量大，回收率降低；温度对蛋白质和盐的溶解度有一定的影响，但在一般情况下，对蛋白质盐析的温度要求不严格，可在室温下进行。对于某些对温度敏感的酶或活性多肽来讲，要求在 $0\sim4℃$ 下操作，以避免活力丧失。

盐析法操作简单，成本低，不会导致蛋白质、多肽的生物活性的破坏，常被应用于实验室研究和大生产过程之中。

（2）有机溶剂沉淀法　溶液中加入有机溶剂能降低溶液的介电常数，减小溶剂的极性，从而削弱了溶剂分子与蛋白质分子间的相互作用力，增加了蛋白质分子间的相互作用，导致蛋白质溶解度降低而沉淀。另一方面，由于使用的有机溶剂与水互溶，它们在溶解于水的同时从蛋白质分子周围的水化层中夺走了水分子，破坏了蛋白质分子的水膜，因而发生沉淀作用。常用的有机溶剂为乙醇和丙酮。有机溶剂沉淀蛋白质时同样受温度、pH 和离子强度等因素的影响。操作时一般先将有机溶剂预冷，加入有机溶剂时在冰浴中进行，避免溶剂在溶解过程中产生热量导致蛋白质变性。溶剂的加入量以 2 倍体积为宜。使用时先要选择合适的有机溶剂，注意调整蛋白质样品的浓度、温度、pH 和离子强度，使之达到最佳的分离效果。沉淀所得的固体样品，如果不是立即溶解进行下一步的分离，则应尽可能抽干沉淀，减少其中有机溶剂的含量，如若必要可以装透析袋透析脱有机溶剂，以免影响样品的生物活性。

（3）等电点沉淀法　等电点沉淀法是利用具有不同等电点的两性电解质，在达到电中性时溶解度最低，易发生沉淀，从而实现分离的方法。但是，由于许多蛋白质的等电点十分接近，而且带有水膜的蛋白质等生物大分子仍有一定的溶解度，不能完全沉淀析出，单独使用此法分辨率较低，效果不理想，一般很少采用。

（4）有机聚合物沉淀法　有机聚合物是 20 世纪 60 年代发展起来的一类重要的沉淀剂，最早应用于提纯免疫球蛋白和沉淀一些细菌和病毒。近年来广泛用于核酸和酶的纯化。其中应用最多的是聚乙二醇 $HOCH_2(CH_2OCH_2)_nCH_2OH$（$n>4$）（polyethylene glycol，PEG），它的亲水性强，溶于水和许多有机溶剂，对热稳定，分子量范围广，在生物大分子制备中，用的较多的是相对分子质量为 $6000\sim20000$ 的 PEG。

PEG 的沉淀效果主要与其本身的浓度和分子量有关，同时还受离子强度、溶液 pH 和温度等因素的影响。在一定的 pH 下，盐浓度越高，所需 PEG 浓度越低，溶液的 pH 越接近目的物的等电点，沉淀所需 PEG 浓度越低。在一定范围内，高分子量和浓度高的 PEG 沉淀的效率高。

2. 脱水浓缩法

（1）透析　透析已成为生物化学实验室最简便最常用的分离纯化技术之一。通常是将半透膜制成袋状，将生物大分子样品溶液置入袋内，将此透析袋浸入水或缓冲液中，样品溶液中的大分子量的生物大分子被截留在袋内，而盐和小分子物质不断扩散透析到袋外，直到袋内外两边的浓度达到平衡为止。

（2）超滤　超滤是一种加压膜分离技术，即在一定的压力下，使小分子溶质和溶剂穿过一定孔径的特制的薄膜，而使大分子溶质不能透过，留在膜的一边，从而使大分子物质得到了浓缩和部分的纯化。

超滤根据所加的操作压力和所用膜的平均孔径的不同，可分为微孔过滤、超滤和反渗透三种。微孔过滤所用的操作压通常小于 4×10^4Pa，膜的平均孔径为 $50nm\sim14\mu m$，用于分离较大的微粒、细菌和污染物等。超滤所用操作压为 $4\times10^4Pa\sim7\times10^5Pa$，膜的平均孔径

为 $1\sim10nm$，用于分离大分子溶质。反渗透所用的操作压比超滤更大，常达到 $3.5\sim14MPa$，膜的平均孔径最小，一般为 $1nm$ 以下，用于分离小分子溶质，如海水脱盐、制高纯水等。超滤技术的优点是操作简便，成本低廉，不需增加任何化学试剂，尤其是超滤技术的实验条件温和，与蒸发、冰冻干燥相比没有相的变化，而且不引起温度、pH 的变化，因而可以防止生物大分子的变性、失活和自溶。超滤装置一般由若干超滤组件构成。通常可分为板框式、管式、螺旋卷式和中空纤维式四种主要类型。由于超滤法处理的液体多数含有水溶性生物大分子、有机胶体、多糖及微生物等，这些物质极易黏附和沉积于膜表面上，造成严重的浓差极化和堵塞。这是超滤法最关键的问题，要克服浓差极化，通常可加大液体流量、加强湍流和加强搅拌。

（3）冰冻干燥　冰冻干燥是先将生物大分子的水溶液冰冻，然后在低温和高真空下使冰升华，留下固体干粉。

3. 柱色谱浓缩法

柱色谱浓缩法就是利用蛋白质与离子柱、亲和柱或疏水柱配基之间的亲和力，将蛋白质吸附后，一步洗脱得到较高浓度的蛋白质溶液的方法。

第三节　生化多肽、蛋白质类药物提取工艺

一、降钙素

降钙素（calcitonin，CT）是由甲状腺内的滤泡旁细胞（C 细胞）分泌的一种调节血钙浓度的多肽激素。具有抑制破骨细胞活力，阻止钙从骨中释放、降低血钙的功能。临床上用于骨质疏松症、甲状旁腺机能亢进、婴儿维生素 D 过多症、成人高钙症等，还用于诊断溶骨性病变、甲状腺的髓细胞癌和肺癌。最近有报道降钙素还能抑制胃酸分泌，可治疗十二指肠溃疡。

（一）结构与性质

降钙素是由 32 个氨基酸残基组成的单链多肽，分子质量约 $3500Da$，N 端为半胱氨酸，它与 7 位上的半胱氨酸间形成二硫键，C 端为脯氨酸。去掉脯氨酸，保留 31 个氨基酸，则生物活性完全消失，说明降钙素肽链的脯氨酸与生物活性密切相关。

降钙素溶于水和碱性溶液，不溶于丙酮、乙醇、乙醚等有机溶剂，难溶于有机酸。25℃以下避光保存可稳定两年，水溶液于 $2\sim10℃$ 可保存 7d，降钙素可以被胰蛋白酶、胰凝乳蛋白酶、胃蛋白酶、多酚氧化酶、H_2O_2 氧化、光氧化及 N-溴代琥珀酰亚胺所破坏。降钙素广泛存在于多种动物体内，在人及哺乳动物体内主要存在于甲状腺、甲状旁腺、胸腺和肾上腺等组织中；在鱼类中，鲑、鳗等含量较多。已从人、牛、猪的甲状腺和鲑、鳗中分离出纯品。从鲑中获得的降钙素对人的降血钙作用比从其他哺乳动物中分离的降钙素的活力高 $25\sim50$ 倍，不同来源的降钙素其氨基酸排列顺序有一定的差异。

（二）生产工艺

制造降钙素的主要原料为猪甲状腺和鲑、鳗的心脏或心包膜等。降钙素的生产方法有提取法、化学合成法和基因工程法三种，主要采用提取法。提取法生产降钙素的工艺如下：

（1）工艺流程（图 4-3）

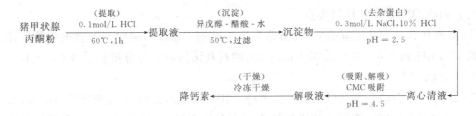

图 4-3　降钙素提取生产工艺流程

（2）工艺过程与控制要点　猪甲状腺经绞碎、丙酮脱脂，制成脱脂甲状腺粉 27kg，加入 0.1mol/L 盐酸 1540L，加热至 60℃搅拌 1h。加水 1620L 混匀，搅拌 1h，离心，沉淀用水洗涤，合并上清液和洗液再搅拌 2h 后离心。收集上清液，加 15L 异戊醇-醋酸-水（20∶32∶48）的混合液，搅匀，加热至 50℃，用硅藻土作助剂过滤，收集沉淀。沉淀溶于 8L 0.3mol/L 氯化钠溶液中，用 10％盐酸调节 pH＝2.5，离心除去不溶物。收集离心液，溶液用 10 倍水稀释后，通过 CMC（5cm×50cm）柱［CMC 柱 0.02mol/L 醋酸盐缓冲液（pH＝4.5）］平衡。收集含有降钙素的溶液，冻干或用 2mol/L 的氯化钠盐析，制得降钙素粉末，含量为 3.6U/mg。

（三）生物活性测定

样品用经过 0.1mol/L 醋酸钠溶液稀释过的白蛋白溶解，取 0.2ml 样品按倍比稀释法配制，选用雄性大白鼠，静脉注射后收集血液。血样品得血清钙值采取原子吸收光谱测定，对照采用从猪甲状腺中提取的 MRC 标准品。将标准品稀释至所需要的稀释度 2.5 MRC mU/0.2ml、5 MRC mU/0.2ml、10 MRC mU/0.2ml 和 20 MRC mU/0.2ml，然后用同样的方法给大鼠注射，1h 后测定血清钙值。根据标准品测定样品的生物活性，猪、猫、人降钙素的效价一般为 50～200 MRC U/mg，鲑鱼降钙素效价较高，相当于其他哺乳动物降钙素的 25～50 倍。国际卫生组织确定的降钙素标准品为猪 200U/mg、鲑鱼 2700U/mg。

二、人血白蛋白

白蛋白（albumin）又称清蛋白，是人血浆中含量最高的蛋白质，约占总蛋白的 55％，对人没有抗原性。主要功能在于维持血浆胶体渗透压，用于失血性休克、严重烧伤、低蛋白血症等。

（一）结构与性质

白蛋白为单链，由 575 个氨基酸残基组成，末端为天冬氨酸，C 末端为亮氨酸，分子质量为 65kDa，pI 值为 4.7，沉降系数（20W）为 4.6，电泳迁移率为 5.92。可溶于水和半饱和的硫酸铵溶液，硫酸铵的饱和度达到 60％以上时沉淀析出。白蛋白对酸较稳定，受热后聚合变性，在白蛋白溶液中加入氯化钠或脂肪酸盐能提高白蛋白的热稳定性。

（二）白蛋白的生产工艺

（1）工艺流程（图 4-4）

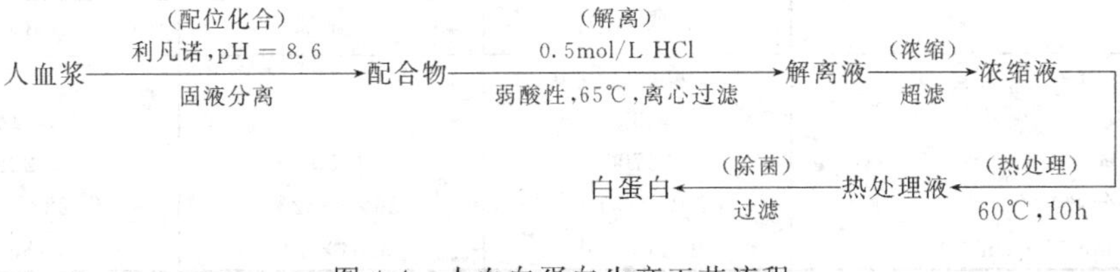

图 4-4　人血白蛋白生产工艺流程

（2）白蛋白制备工艺控制要点

① 配位化合（利凡诺沉淀）　人血浆泵入不锈钢夹层反应罐中，开启搅拌器，用碳酸氢钠溶液调节 pH 到 8.6，再泵入等体积的 2％的利凡诺溶液，充分搅拌后静置 2～4h，分离上清液与配合物沉淀。

② 解离　配合物沉淀加入无菌水稀释，用 0.5mol/L 的盐酸调节至 pH 弱酸性，加 0.15％～0.2％氯化钠，不断搅拌进行解离。充分解离后，65℃恒温 1h，立即用自来水夹层循环冷却。

③ 分离　冷却后的解离液离心，分离沉淀物，离心后用不锈钢压滤器澄清过滤。

④ 超滤　澄清后的滤液用超滤器超滤浓缩。

⑤ 热处理　浓缩液在 60℃恒温处理 10h，灭活病毒。

⑥ 澄清与除菌　用不锈钢压滤器澄清处理后的滤过液，用冷灭菌系统灭菌。

⑦ 分装　白蛋白含量及全项检查合格后，用自动定量灌注器进行分瓶灌装或冷冻干燥即得白蛋白产品。人血白蛋白有 10％和 25％两种规格。

（三）质量检验

白蛋白的质量检验包括性状、蛋白含量、纯度检验，以及无菌检验、安全试验、毒性试验、热原试验等。其中纯度检验白蛋白含量应大于 95％，冻干剂水分含量小于 1％，蛋白含量必须达到产品规程要求。其余检验试验必须合格。

三、绒促性素

人绒毛膜促性素简称绒促性素（human chorionic gonadotropin，HCG），是一种糖蛋白激素。其主要生理功能在于初孕阶段维持黄体继续发育，刺激黄体细胞产生黄体酮，使子宫内膜处于分泌期不致剥离出血，保证受精卵着床。受精 2～3 周就可以在尿中检测到 HCG，之后含量迅速增加，末次月经后 70d 达到最高峰，每日尿液中含量达到 40000～200000U，90d 后迅速下降至每日 10000～50000U，直至分娩都维持这一水平，一般收集45～90d 健康怀孕妇女的尿液提取 HCG。

（一）HCG 的性质

HCG 白色或类白色，易溶于水，不溶于乙醇、乙醚和丙酮等有机溶剂。干品稳定，溶液不稳定。$pI=3.2～3.3$，分子质量为 3.67kDa。由两个不同的亚基共价结合而成。利用脲或丙酮可以将 HCG 分解为两个独立的亚基。其中 α 亚基的 N 端具有不均一性，10％的分子 N 端少 2 个氨基酸残基，30％的分子 N 端少 3 个氨基酸残基。两个亚基均通过共价键与寡糖链结合，寡糖链由甘露糖、岩藻糖、半乳糖、N-乙酰葡萄糖胺组成，在糖链末端带有负电的唾液酸，每个 HCG 分子含有约 20 个分子的唾液酸。HCG 及其亚基的化学组成与性质见表 4-6。

表 4-6　HCG 及其亚基化学组成与性质

化 学 组 成	天然 HCG	α 亚基	β 亚基
生物活性/(U/mg)	10000～15000	无	无
氨基酸残基数	237	92	145
分子质量/kDa	36700	14500	22200
糖含量(质量分数)	29％～31％	26％～32％	28％～36％
消光系数 $\varepsilon/(mol^{-1} \cdot cm^{-1})$	$1.41×10^4$	$0.64×10^4$	$0.56×10^4$

（二）生产工艺

（1）工艺流程（图 4-5）

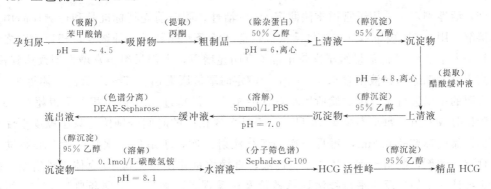

图 4-5 人绒毛膜促性素生产工艺流程

（2）工艺过程与控制要点

① 吸附　每升孕妇尿液加苯甲酸钠 25～30g，溶解后，边搅拌边缓慢加入冰醋酸 12～15ml，调节 pH 至 4.0～4.5。苯甲酸钠将转变为苯甲酸沉淀析出，同时 HCG 也因尿液 pH 接近其等电点而吸附于苯甲酸共同析出。继续搅拌 15min，静置 2h，用布氏漏斗抽滤得到沉淀物，压干得滤饼。滤饼在 4～8℃可以长期存放。

② 提取　滤饼中加入 100～150ml 丙酮溶解苯甲酸，蛋白质呈絮状沉淀，离心或过滤得到蛋白质沉淀，用少量丙酮洗涤，干燥得到 HCG 粗品。每升得粗品 0.5g。

③ 除杂蛋白、醇沉淀　加入 10 倍量得 50% 的乙醇，以 1mol/L 的 $NH_3 \cdot H_2O$ 调节 pH 至 6.0，搅拌 2h，静置 1h 后复测和调整 pH，过夜，离心收集上清液，沉淀按 5：1 加 50% 乙醇抽提，重复 2 次，每次搅拌 2h，合并 3 次上清液，高速离心（1200g，30min），上清液加等体积冷冻无水乙醇沉淀 HCG，离心干燥沉淀。产率为投料的 10%，生物活性为 500～1000U/mg。

④ 提取、醇沉淀　取上述沉淀按 1：20 加入 50% 的乙醇配制 0.3mol/L 醋酸钠缓冲液（pH＝4.8），搅拌 30min，离心收集上清。沉淀重复上述提取方法提取 2 次，合并 3 次上清液，加等体积冷冻无水乙醇沉淀 HCG，离心干燥沉淀。产率为投料的 20%。

⑤ 溶解、色谱分离、沉淀　上述沉淀用 5mmol/L 的磷酸缓冲液溶解，用 DEAE 柱吸附杂蛋白，滤液直接按④法沉淀 HCG。

⑥ 溶解、分子筛色谱、醇沉淀　上述沉淀用 0.1mol/L 的碳酸氢铵（pH＝8.1）溶解，经 Sephadex G-100 凝胶柱洗脱，收集目标峰，加入 5 倍的冷乙醇沉淀 HCG，离心得到沉淀，用少量的冷冻乙醇洗涤沉淀，干燥即得 HCG 精品。生物活性可达 12000～16000U/mg。

（3）工艺讨论

① 精制品以后各步操作应在 20℃以下无菌条件下进行，并抽样检查霉菌、细菌，测定效价和澄清度，合格后方可供制剂使用。

② HCG 唾液酸的丢失可以导致 HCG 的失活，因此操作过程中应尽量温和，避免强酸强碱处理。采用低温乙醇、丙酮洗涤干燥的工艺时，应降低试剂添加速度，并保持在低温下进行。

（三）检验方法

（1）纯度测定　纯度测定采用电泳法进行。2000 年版《中华人民共和国药典》（以下简称《中国药典》）规定 HCG 中不应含有雌激素类物质。雌激素类物质用摘除卵巢法测定。

(2) 活性测定　采用子宫增重法测定 HCG 活性。测定前先将标准品和待测样品用生理盐水溶解，用 0.5% 羧甲基纤维素钠溶液进行适度稀释，配制成三种浓度，相邻浓度之比相等，且不大于 2∶1。低剂量组子宫较正常子宫明显增重，大剂量组子宫增大不致达到极限。一般高剂量组 1ml 稀释液中含 0.3～0.8U。测定时取健康无伤、17～23 日龄、体重 9～13g、同一来源的小鼠进行，一次试验所用小鼠日龄相差不得超过 3d，体重相差不得超过 3g，按体重随机分成 6 组，每组不少于 15 只。于每日大致相同的时间分别给每只小鼠皮下注射稀释后的样品或标准品 0.2ml，每日一次，连续注射 3 次，于最后一次注射后 24h 将动物处死，称重，解剖，摘出子宫，压干子宫内液，直接称重并换算成每 10 克体重子宫重，按生物测定统计法中的量反应平行线法计算效价及试验误差。按照《中国药典》（2000 版）规定，每毫克 HCG 的效价不得低于 2500U。

四、胰岛素

胰岛素 (insulin) 是 1922 年从胰腺中提取得到得一种治疗胰岛素依赖性糖尿病的特效药物，1923 年开始临床使用。1965 年中国完成了世界第一个人工合成蛋白质——牛结晶胰岛素的全合成工作，其生物活性与天然牛结晶胰岛素相同。胰岛素广泛存在于人和动物的胰腺中，正常人的胰腺约含有 200 万个胰岛，占胰腺总质量的 1.5%。胰岛素在胰岛 β-细胞中合成，开始以很弱活性的胰岛素原的形式存在，进而分解成胰岛素进入血液循环，起到调节血糖水平的作用。临床上用于胰岛素依赖性糖尿病及糖尿病合并感染等疾病的治疗。

（一）结构与性质

1. 胰岛素的结构

胰岛素由 51 个氨基酸组成，有 A、B 两条链，A 链含有 21 个氨基酸残基，B 链有 30 个氨基酸残基，两链之间由 2 个二硫键相连，在 A 链本身还含有 2 个二硫键。

不同种属动物的胰岛素分子结构大致相同，主要差别在 A 链二硫键中间的第 8 位、第 9 位和第 10 位上的三个氨基酸及 B 链 C 末端的 1 个氨基酸残基，它们随种属的不同而不同。表 4-7 列出了人和几种动物的胰岛素氨基酸组成的差异，但它们的生理功能相同。

表 4-7　不同种属动物的胰岛素结构比较

来　源	氨基酸序列的差异			
	A8	A9	A10	B30
人	苏氨酸	丝氨酸	异亮氨酸	苏氨酸
猪、狗	苏氨酸	丝氨酸	异亮氨酸	丙氨酸
牛	丙氨酸	丝氨酸	赖氨酸	丙氨酸
羊	丙氨酸	甘氨酸	赖氨酸	丙氨酸
马	苏氨酸	甘氨酸	异亮氨酸	丙氨酸
兔	苏氨酸	丝氨酸	异亮氨酸	丝氨酸

由于猪的胰岛素与人的胰岛素只相差 B30 位的一个氨基酸不同，人的为苏氨酸，猪的为丙氨酸，其抗原性比其他来源的胰岛素低，因此中国目前临床所使用的多为猪胰腺来源的胰岛素。

胰岛素的前体是胰岛素原，胰岛素原可以看作为连接肽（C 肽）的一端与 A 链的 N 末端相连，一端与 B 链的 C 末端相连。不同种属动物的 C 肽的氨基酸组成也不相同，如人的为 31 肽、牛的为 26 肽、猪的为 29 肽。胰岛素原通过酶的作用被切除后形成有活性的胰岛素。

2. 胰岛素的性质

胰岛素为白色或类白色的晶体粉末，晶体为扁斜六面体。分子质量随来源不同而不同，其中人的为 5784Da，牛的为 5733Da，猪的为 5764Da，等电点为 5.3～5.4。在 pH＝4.5～4.6 范围内几乎不溶于水，在室温下的溶解度为 $10\mu g/ml$，易溶于稀酸或稀碱溶液，在 80％的乙醇、丙酮溶液中易溶，在 90％以上的乙醇和 80％以上的丙酮溶液中难溶，不溶于乙醚。在弱酸溶液中稳定，在水溶液中胰岛素分子的稳定性和溶解性受 pH、温度、离子强度等因素的影响，在酸性溶液中成单体状态，锌胰岛素在 pH＝2 的水溶液中呈二聚体，随着 pH 的升高，聚合度加大，在 pH＝4.0～7.0 时，聚合成不溶解状态的无定形沉淀。在高浓度锌的溶液中，pH＝6～8 时胰岛素的溶解度急剧下降。锌胰岛素在 pH＝7～9 时结晶，pH＞9 时则解聚变性而失活。胰岛素对多种还原剂和辐射敏感，容易失活。其中硫化氢、甲酸、醛、酸酐、维生素 C 和多数重金属等都能使胰岛素分子中的二硫键被还原、游离氨基被酰化、游离羧基被酯化和肽键被水解，导致胰岛素失去活性；紫外线、光氧化和微波均可以导致胰岛素失活。

（二）胰岛素的生产

由动物胰脏生产胰岛素的生产方法很多，目前被普遍采用的是酸醇法和锌沉淀法。此处介绍酸醇法胰岛素生产工艺。

（1）工艺流程

① 胰岛素粗制生产工艺（图 4-6）

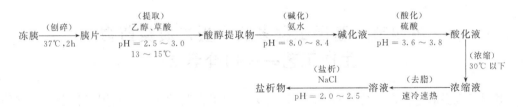

图 4-6　胰岛素粗制生产工艺流程

② 胰岛素精制生产工艺（图 4-7）

图 4-7　胰岛素精制品生产工艺流程

（2）生产工艺过程与控制

① 提取　冻胰块用刨胰机刨碎后加入 2.3～2.6 倍的 86％～88％的乙醇和 5％的草酸，在 13～15℃搅拌提取 3h，离心。滤渣再用 1 倍量的 68％～70％乙醇和 0.4％的草酸提取 2h，离心，合并乙醇提取液。

② 碱化、酸化　提取液在不断搅拌下加入浓氨水调节 pH 至 8.0～8.4（液温 10～15℃），立即进行压滤，除去碱性蛋白，滤液应澄清，并及时用硫酸调节 pH 至 3.6～3.8，

降温至 5℃，静置时间不小于 4h，使酸性蛋白完全沉淀。

③ 减压浓缩 吸取上清液至减压浓缩锅内，下层用帆布过滤，弃沉淀，滤液并入上清液，30℃以下减压去乙醇，浓缩至相对密度 1.04～1.05（原体积的 1/10～1/9）。

④ 去脂、盐析 浓缩液转入去脂锅内在 5min 内加热至 50℃后，立即用冰盐水降温至 5℃，静置 3～4h，分离出下层澄清液。用盐酸调节 pH 至 2.3～2.5，于 20～25℃下搅拌加入 27% 的固体氯化钠，保温静置数小时，析出物即为胰岛素粗制品。

⑤ 精制 盐析物按重量计算，加入 7 倍体积的蒸馏水溶解，再加入 3 倍体积的冷丙酮，用 4mol/L 氨水调节 pH 至 4.2～4.3，然后补加丙酮，使水溶液中水与丙酮的比例为 7：3。充分搅拌后，低温 5℃下放置过夜，次日离心得上清液。

在上清液中加入 4mol/L 的氨水调 pH 至 6.2～6.4，加入 3.6%（体积分数）的醋酸锌溶液（浓度为 20%），再用 4mol/L 的调 pH 至 6.0，低温放置过夜，次日过滤得滤液。

⑥ 结晶 将过滤液的沉淀用冷丙酮洗涤得到干品，再按干品质量（干重）每克加 2% 柠檬酸 50ml、6.5% 醋酸锌溶液 2ml、丙酮 16ml，并用冰水稀释至 100ml，使之充分溶解，5℃ 以下用氨水调节 pH 至 8.0，迅速过滤。滤液立即用 10% 的柠檬酸溶液调节 pH 至 6.0，补加丙酮使终浓度为 16%。慢速搅拌 3～5h 使结晶析出。在显微镜下观察，有结晶析出时再放置 5℃ 左右的低温下 3～4d 至结晶完全析出。离心收集晶体，并小心刷去上层灰黄色无定形沉淀，用蒸馏水或醋酸铵缓冲液洗涤，再用丙酮、乙醚脱水，离心后在五氧化二磷真空干燥箱中干燥，即得结晶胰岛素。

（三）质量检验

胰岛素效价测定一般用家兔血糖降低法或小鼠血糖降低法测定。规定产品每毫克效价不得低于 26U。

第四节 基因工程多肽、蛋白质类药物生产工艺——白介素 2

基因工程多肽、蛋白类药物的生产一般分为基因工程菌的构建、基因工程菌株（细胞）的培养与发酵、目标产物的分离纯化、质量控制四个阶段。其中基因工程菌构建包括目的基因的克隆、表达载体构建、宿主细胞的转化、基因工程菌（细胞）的筛选与表达等步骤。但基因工程药物生产只包含基因工程菌株（细胞）的培养与发酵、基因工程药物的分离纯化和质量控制。

白细胞介素简称白介素，是介导白细胞间相互作用的一类细胞因子，是淋巴细胞家族的一员。目前已有 IL-1～IL-18。许多白介素不仅介导白细胞的相互作用，还参与其他细胞如造血干细胞、血管内皮细胞、纤维母细胞、神经细胞、成骨细胞和破骨细胞等的相互作用。尽管白介素种类很多，目前 FDA 批准上市的只有白介素 2（interleukin-2，IL-2），国内已批准生产 IL-2，并用于临床。

IL-2 是由辅助 T 细胞经抗原或丝裂原等刺激，在巨噬细胞或单核细胞分泌的 IL-1 参与下，产生并分泌的糖蛋白。IL-2 能诱导 T 细胞增殖与分化，刺激 T 细胞分泌干扰素 γ，增强杀伤细胞活性，在调整免疫功能上具有重要作用。临床上用于治疗一些免疫功能不全以及癌症的综合治疗。IL-2 对创伤修复也有一定的作用。

（一）IL-2 的结构与性质

人 IL-2 的前体由 153 个氨基酸残基组成，在分泌出细胞时，其信号肽（含 20 个氨基酸残基）被切除，产生成熟的 IL-2 分子。其分子质量为 15420Da，不同来源的 IL-2 分子不均一，这种不均一是由糖组分的变化引起的。其平均分子质量为 14～17kDa，pI 为 7。在人 IL-2 的第 58 位、第 105 位、第 125 位是半胱氨酸（Cys）残基，其中第 58 位和第 105 位的两个氨基酸间形成分子内二硫键，第 125 位的 Cys 呈游离态，很不稳定，在某些情况下可与第 58 位或第 105 位的 Cys 错配成二硫键，从而导致 IL-2 失活。

IL-2 在 pH＝2～9 范围内稳定，56℃加热 1h 仍具有活性。但在 65℃下 30min 即丧失活性。在 4mol/L 尿素溶液中稳定，对巯基乙醇还原作用不敏感。对各种蛋白酶均敏感。

重组 IL-2 因细菌缺少翻译后的修饰功能都不是糖蛋白，分子质量为 14kDa，pI 大部分为 7.7，少部分为 8.3。

应用蛋白质工程技术在 IL-2 中将 125 位 Cys 分别由 Ser 或 Ala 取代，可制成生物活性、热稳定性和复性效果都比原 IL-2 强的新型 IL-2，现已获准临床应用。

（二）IL-2 的基因结构

人 IL-2 基因为单拷贝基因，定位于第四号染色体长臂的 26～28 区（q26～28）。IL-2 基因大约有 4930bp，由 4 个外显子和 3 个内含子组成，3 个内含子依次为 91bp、2292bp 和 1346bp。外显子 1 含 5′端非翻译区并编码 IL-2 起始的 49 个氨基酸，其中 20 个为信号肽；外显子 2 长 60bp，编码 20 个氨基酸；外显子 3 为 144bp，编码 48 个氨基酸；外显子 4 编码其余 36 个氨基酸，随后是终止密码子 TGA；polyA 信号在终止密码子之后的 26 个核苷酸处，IL-2 基因的表达主要受转录水平的调控。在 IL-2 基因 5′端上游有典型的启动子和增强序列。TATAAA 序列在翻译起始位点上游 77bp 处，转录起始位点在 53bp 处。

（三）基因工程 IL-2 的制备

（1）IL-2 cDNA 克隆　从 ConA 激活的人白血病 T 细胞株提取高活性 IL-2 mRNA 作为模板，逆转录单链 cDNA，经末端脱氧核苷酸转移酶催化，在 cDNA 末端连接若干 dCMP 残基，再以寡聚（dG）12～18 为引物，利用 DNA 聚合酶 I 成双链 DNA，经蔗糖密度梯度离心分离出此 cDNA 片段。通过 GC 加尾法将此 cDNA 片段插 pBR322 质粒 *Pst* I 位点，用重组质粒转化大肠杆菌 K12 株 X1776，得到 IL-2 cDNA 文库，利用 mRNA 杂交试验筛选 IL-2 cDNA 文库得到含 IL-2 cDNA 质粒的菌株，如图 4-8 所示。

（2）IL-2 工程菌株的培养与表达　利用大肠杆菌、酵母和哺乳动物细胞已经成功表达了重组人 IL-2，其中大量生产 IL-2 主要还是大肠杆菌。IL-2 基因工程菌经发酵培养和诱导表达后，离心收集菌体，即可得到含有 IL-2 的大肠杆菌菌体。

（3）包涵体的制备　菌体用 8 倍体积的 PBS 悬浮，经超声波破碎菌体后，离心收集沉淀，加入适量的 PBS 洗涤，离心收集沉淀物，重复 3 次即可得到粗制的包涵体。包涵体用 6mol/L 的盐酸胍或 8mol/L 尿素使包涵体解聚成单分子，再利用空气氧化或 1.5mol/L 还原型谷胱甘肽复性，恢复 IL-2 二硫键和正常分子结构，获得生物学活性。复性后的上清液可采用高效液相色谱或柱色谱纯化。

（4）IL-2 的纯化　IL-2 的进一步纯化多采用柱色谱法，其方法有以下几种：

① 疏水色谱法　利用 IL-2 的疏水性，经超滤浓缩后利用反相高效液相色谱和较高浓度的乙腈的流动相进行梯度洗脱，可得到高纯度的 IL-2。

② 通过受体亲和色谱进一步纯化，可得到纯度为 95% 以上的 IL-2。

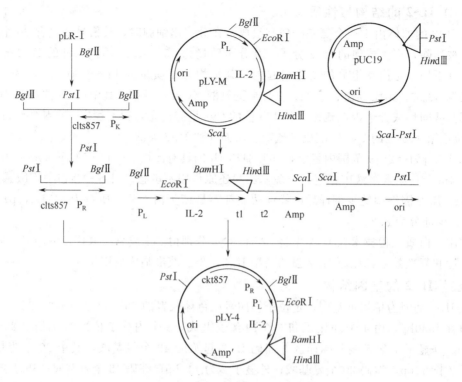

图 4-8　IL-2 高效表达质粒 pLY-4 的构建

③ 用 7mol/L 尿素溶解 IL-2 包涵体得到上清液，上清液经 Sephadex G-100 凝胶过滤和 W650 蛋白纯化 DEAE 离子交换色谱，最终可以得到纯度高达 98％以上均一的 IL-2。

参 考 文 献

1　齐香君. 现代生物制药工艺学. 北京：化学工业出版社，2004

2　林元藻，王凤山，王转花. 生化制药学. 北京：人民卫生出版社，1998

3　马大龙. 生物技术药物. 北京：科学出版社，2002

4　朱颐申，王卫国，邱芊. 生物加工过程，2004，2（3）：5～9

5　韩新燕，汪以真，许梓荣. 中国兽医学报，2002，22（2）：205～208

6　王琼，何清君. 四川师范学院学报（自然科学版），2000，21（2）：141～145

第五章 酶类药物

第一节 药用酶类概述

酶是生物催化剂，它在生理 pH 和温度下具有高度专一的催化活性，并能迅速产生高效的特异反应。例如，急性肺血栓病人在注射尿激酶后只需 2h 血栓就可基本溶解。酶类药物在治疗上的应用是随着科学技术进步而发展的，最早是应用粗酶制剂来治疗疾病。如神曲、麦芽等药物含有大量能降解糖、脂肪与蛋白质的水解酶，具有帮助消化的功能。近几十年来，酶类药物在治疗上有较大进展，因此对品种数量以及酶药物纯度、剂型提出了更高的要求。人们对药用酶开发、提纯以及临床应用等各方面都进行了大量工作，如天冬酰胺酶、链激酶就是典型例子。酶类药物应具备的条件。

① 在生理 pH（中性）下，具有最高活性和稳定性。如大肠杆菌生产的谷氨酰胺酶最适 pH 为 5.0，在 pH＝7.0 时基本无活性，所以这种酶制剂不能用于人类疾病的治疗。

② 对基质具有较高亲和力（低 K_m 值）。酶的 K_m 值较低时，只需少量的酶制剂就能催化血液或组织中较低浓度的基质发生化学反应，从而高效发挥治疗作用。

③ 血清中半衰期较长。即要求药用酶从血液中清除率较慢，以利于充分发挥治疗作用。

④ 纯度高，尤其注射用的纯度要求更高。

⑤ 免疫原性较低或无免疫原性。由于酶的化学本质是蛋白质，酶类药物都不同程度地存在免疫原问题，这是酶类药物的天然缺点，近年来为了改善酶类药物疗效，对酶进行化学修饰以期降低免疫原性，获得了比较理想的效果。

⑥ 有些酶需要辅酶或 ATP 和金属离子，方能进行酶反应，在应用治疗中常常因此受到限制，因此理想状态是最好不需要外源辅助因子的药用酶。

早期酶制剂主要用于治疗消化道疾病、烧伤及感染引起的炎症疾病，现在国内外已广泛应用于多种疾病的治疗，制剂品种已超过 700 余种（表 5-1）。

表 5-1　酶类药物

品　　种	来　　源	用　　途
胰酶（pancreatin）	猪胰	助消化
胰脂酶（pancrelipase）	猪胰、牛胰	助消化
胃蛋白酶（pepsin）	胃黏膜	助消化
高峰淀粉酶（taka-diastase）	米曲霉	助消化
纤维素酶（cellulase）	黑曲霉	助消化
β 半乳糖苷酶（β galactosidase）	米曲霉	助乳糖消化
麦芽淀粉酶（diastase）	麦芽	助消化
胰蛋白酶（trypsin）	牛胰	局部清洁,抗炎
胰凝乳蛋白酶（chymotrypsin）	牛胰	局部清洁,抗炎
胶原酶（couagenase）	溶组织梭菌	清洗
超氧化物歧化酶（superoxide dismutase）	猪、牛等的红细胞	消炎、抗辐射、抗衰老

续表

品　　　种	来　　源	用　　途
菠萝蛋白酶(bromelin)	菠萝茎	抗炎、助消化
木瓜蛋白酶(papain)	木瓜果汁	抗炎、助消化
酸性蛋白酶(acidic proteinase)	黑曲霉	抗炎、化痰
沙雷菌蛋白酶(serratiopeptidase)	沙雷菌	抗炎、局部清洁
蜂蜜曲霉蛋白酶(seaprose)	蜂蜜曲霉	抗炎
灰色链霉菌蛋白酶(pronase)	灰色链霉菌	抗炎
枯草杆菌蛋白酶(sutilins)	枯草杆菌	局部清洁
溶菌酶(lysozyme)	鸡蛋卵蛋白	抗炎、抗出血
透明质酸酶(hyaluronidase)	睾丸	局部麻醉、增强剂
葡聚糖酶(dextranaoe)	曲霉、细菌	预防龋齿
脱氧核糖核酸酶(DNase)	牛胰	祛痰
核糖核酸酶(RNase)	红霉素生产菌	局部清洁、抗炎
链激酶(streptase)	B-溶血性链球菌	部分清洁,溶解血栓
尿激酶(urokinase)	男性人尿	溶解血栓
纤溶酶(frbrinelysin)	人血浆	溶解血栓
半曲纤溶酶(brinloase)	半曲霉	溶解血栓
蛇毒纤溶酶(ancrod)	蛇毒	抗凝血
凝血酶(thrombin)	牛血浆	止血
人凝血酶(humar thrombin)	人血浆	止血
蛇毒凝血酶(hemocoagulase)	蛇毒	凝血
激肽释放酶(kallihrein)	猪胰、颌下腺	降血压
弹性蛋白酶(elasease)	胰脏	降压,降血脂
天冬酰胺酶(L-asparaginase)	大肠杆菌	抗白血病,抗肿瘤
谷氨酰胺酶(glutaminase)	—	抗肿瘤
青霉素酶(panilinase)	蜡状芽孢杆菌	青霉素过敏症
尿酸酶(uricase)	黑曲霉	高尿酸血症
脲酶(urease)	刀豆(植物)	—
细胞色素 C(cytochrome C)	牛、猪、马的心脏	改善组织缺氧性
组胺酶(histaminase)		抗过敏
凝血酶原激酶(thromoboplastin)	血液、脑等	凝血
链道酶(streptodornase)	溶血链球菌	局部清洁,消炎
无花果蛋白酶(ficin)	无花果汁液	驱虫剂
蛋白质 C(protein C)	人血浆	抗凝血,溶血栓

1. 促进消化酶类

利用酶作为消化促进剂，早已为人们所采用。这类酶是最早的医用酶，包括蛋白酶、脂肪酶、淀粉酶、纤维素酶等水解酶。后来发现有色人种多缺乏乳糖酶，婴幼儿在摄取牛奶时不易消化而下痢，因此有时还包括乳糖酶。这类酶的作用是水解和消化食物中的成分，如蛋白质、糖类和脂类。早期食用的消化剂，其最适 pH 为中性至微碱性，故常将酶与胃酸中和剂碳酸氢钠一同服用。最近已从微生物制得不仅能在胃中同时也能在肠中促进消化的复合消化剂，内含蛋白酶、淀粉酶、脂肪酶和纤维素酶。消化酶的问题是如何将上述各种酶以合理的配比，做成适于各种要求的、稳定的剂型。实用复合消化剂的配制如下：

（1）复合消化剂组成Ⅰ（胶囊）

① 用法、用量　1 日 3 次，食时、食后各服 1～2 粒。

② 成分

纤维素酶	50mg	脂肪酶	50mg
耐酸性淀粉酶	50mg	胰酶	150mg
耐酸性蛋白酶	100mg		

③ 适应证　消化阻碍、食欲不振、消化机能受阻、手术后消化力减退、促进营养。

（2）复合消化剂组成Ⅱ（胶囊）

① 用法、用量　1日3次，饭后立即服1～2粒。

② 成分

鱼精蛋白酶	150mg	纤维素酶	25mg
牛胆汁	50mg	细菌淀粉酶	50mg

③ 适应证　消化阻碍、慢性胃炎、胃下垂、肝炎、慢性胆囊炎、慢性胰腺炎。

美国FDA认为消化剂的有效性还不令人满意，所以不能作为广告刊登，大部分的消化酶是根据医师的处方或推荐使用的，但在日本和欧洲没有这种限制。美国所使用的消化酶制剂见表5-2。

表5-2　美国所使用的消化酶制剂

商　品　名	公　　司	含　有　酶　类
Accelerase	Organou	胰酶（淀粉酶、脂肪酶、蛋白酶）
Arco-lase	Arepharmaceutical	胰酶
Conerzyme	Ascher & Eomp	胰酶、纤维素酶
Digolase	Boxle & Comp	胰酶、木瓜蛋白酶、黑曲霉的酶
Geramine	Brown Pharmaceutical	胰酶、纤维素酶
Kanulose	Dorsey Laboratories	蛋白酶、胰酶、纤维素酶
Gustase	Geriatric Pharmaceutical	淀粉酶、蛋白酶、纤维素酶
Festal	Hoechst Pharmaceutical	胰酶、半纤维素酶
Takadiastase	Parke-Dowis	米曲霉的酶
Phazyme	Reed & Carnick	胃蛋白酶、胰酶
Donnazyme	A. H. Robins	胃蛋白酶、胰酶
Viokase	Viobin	胰酶

2. 消炎酶类

经非口服研究与临床应用表明蛋白酶对消炎确实有效，从而促进了蛋白酶作为消炎剂的开发。如临床上采用胰蛋白酶、胰凝乳蛋白酶、菠萝蛋白酶等治疗炎症和浮肿疾患，清除坏死组织。作为消炎酶的还有核酸酶、溶菌酶等，链激酶、尿激酶、尿酸酶也一般划属消炎酶。前两者可用于移去血块，治疗血栓静脉炎等；后者可用以分解尿酸，治疗关节炎。

表5-3为单一品种的消炎酶制剂，其中应用最多的是溶菌酶，其次为菠萝蛋白酶和胰凝乳蛋白酶，消炎酶一般做成肠溶性片剂。美国常用的消炎酶复方制剂见表5-4。

表5-3　片剂与胶囊中消炎酶的组成

消炎酶（单一品种）	发售品种数	含量/%	消炎酶（单一品种）	发售品种数	含量/%
溶菌酶	14	27.5	胰蛋白酶	3	5.9
菠萝蛋白酶	10	19.6	明胶肽酶	1	2.0
α-胰凝乳蛋白酶	8	15.7	合计	39	76.6
SAP	3	5.9			

表5-4　美国常用的消炎酶复方制剂

商　品　名	公　　司	含　有　酶　类
Chymoral	Armour Pharmaceutical	胰蛋白酶、胰凝乳蛋白酶
Adrenzyme	National Drug	胰蛋白酶、胰凝乳蛋白酶、RNA酶
Elase	Parke-Davis	血纤维蛋白溶酶
Ananase	Rekrer	菠萝蛋白酶
Avazyme	Wampole	结晶胰乳蛋白酶
Papase	Warner-chilcot	木瓜蛋白酶
Chymolase	Warren-Teed	胰酶

3. 抗肿瘤酶

酶能治疗某些肿瘤，而且和其他抗肿瘤药物的治疗机制完全不同。以 L-天冬酰胺酶治疗白血病为例：正常细胞中由于具有合成 L-天冬酰胺的相关酶类，因此可从 L-天冬酰胺、L-谷氨酰胺和 α 酮基琥珀酸酰胺等直接合成细胞所需要的 L-天冬酰胺。但是，白血病肿瘤细胞不同，它们体内缺乏这些酶，必须通过血液循环从正常细胞获取所需的 L-天冬酰胺。因此，对于白血病患者来说，如果给他们投注 L-天冬酰胺酶，并切断 L-天冬酰胺的外源供应，肿瘤细胞就会由于缺少必要的 L-天冬酰胺而"饿死"，从而达到治疗的目的。同理，据报道，谷氨酰胺酶、精氨酸酶、丝氨酸脱水酶、苯丙氨酸氨解酶和亮氨酸脱氢酶等也具有抗肿瘤活性。类似地，蝶呤脱氨酶由于能使蝶呤、叶酸等脱氨，切断嘧啶核苷酸等的供应，也同样具有抗肿瘤活性。

4. 与纤维蛋白溶解作用有关的酶类

血纤维在血液的凝固与解凝过程中有着重要的作用。健康人体血管中凝血和抗凝血过程保持良好的动态平衡，血管内既无血栓形成，也无出血现象发生。对血栓的治疗涉及以下几方面：防止血小板凝集；阻止血纤维蛋白形成；促进血纤维蛋白溶解。因此，提高血液中蛋白水解酶水平，将有助于促进血栓的溶解。目前已用于临床的酶类主要有链激酶、尿激酶、纤溶酶、凝血酶和曲菌蛋白酶等。

5. 其他治疗酶

如用超氧化物歧化酶来消除超氧负离子，防止脂质过氧化；用透明质酸提高毛细血管的通透性，作为一种药物扩散剂，增进药物的吸收效果；青霉素酶能分解青霉素，治疗青霉素引起的过敏反应；弹性蛋白酶有降血压和降血脂的作用；激肽释放酶能治疗同血管收缩有关的各种循环障碍；葡聚糖酶和右旋糖酐酶预防龋齿；细胞色素 C 是参与生物氧化的一种非常有效的电子传递体，用于组织缺氧治疗的急救和辅助用药。

第二节　酶类药物的制造过程

一、酶类药物的原料来源

（一）动物类或植物类原料

动物或植物中虽然普遍含有酶，但在种类和数量上差别很大，因此在选用原料时应注意以下几点。

① 尽量选择有效成分含量高的动物、植物及不同的器官及组织。提取不同的酶，原料选择也大有区别。如乙酰化酶在鸽肝中含量高，凝血酶选用牛血，透明质酸选用羊睾丸，溶菌酶选用鸡蛋清，超氧化物歧化酶选用动物的血和肝等。

② 注意原料的不同生长发育情况及营养状况。用动物器官提取酶，则与动物年龄、性别及饲养条件有关；植物原料要注意植物生长的季节性，选择最佳采集时间。

③ 原料来源是否丰富，原料易得，原料产地较近。

④ 提纯步骤是否简便易行。

动物原料采集后要立即处理，去除结缔组织、脂肪组织等，并迅速冷冻贮存。植物原料确定后，要择时采集并就地去除不用的部分，将有用部分保鲜处理。原料的保存方法主要有：①冷冻法，该法适用于所有生物原料，常用 $-40℃$ 速冻；②有机溶剂脱水法，常用的有机溶剂是丙酮，该法适用于原料少而价值高、有机溶剂对活性物质没有破坏作用的原料，如脑垂体等；③防腐剂保鲜，常用乙醇、苯酚等，该法适用于液体原料。

从动物或植物原料中提取酶类药物，要注意资源的综合利用，如动物脏器的综合利用、血液综合利用及人尿综合利用等，并扩大开发新资源，从海洋生物中找寻新药物。

从动物或植物中提取酶受到原料的限制，随着酶应用日益广泛和需求量的增加，工业生产的重点已逐渐转向微生物。用微生物发酵法生产药用酶，突出的优点是不受季节、气候和地域的限制，生产周期短，产量高，成本低，能大规模生产；同时由于微生物具有很强的适应性，可以通过各种遗传变异的手段，培育新的高产菌株。

（二）微生物发酵法生产酶类药物

1. 微生物酶制剂高产菌株的选育

菌种是工业发酵生产酶制剂的重要条件，优良菌种不仅能提高酶制剂产量和发酵原料的利用率，而且还与增加品种、缩短生产周期、改进发酵和提取工艺条件等密切相关。作为酶制剂的生产菌应有特定的要求：①产酶量高，酶的性质应符合使用要求；②不是致病菌，在系统发育上与病原体无关，也不产毒素；③稳定，不易变异退化，不易感染噬菌体；④能利用廉价的原料，发酵周期短，易于培养。

优良菌种的获得一般有三条途径：①从自然界分离筛选，自然界是产酶菌种的主要来源，土壤、深海、温泉、火山、森林等都是菌种采集地，筛选产酶菌的方法与其他发酵微生物的筛选方法基本一致，包括菌样采集、菌种的分离初筛、纯化、复筛和生产性能鉴定等步骤；②用物理或化学方法处理、诱变原有菌株；③用基因重组与细胞融合技术对菌种进行改良。然而不管是诱变还是用基因工程方法都必须有原始菌株，因此微生物的分离筛选是一切工作的基础。

2. 生物酶制剂生产的发酵技术

有了优良的生产菌株，只是酶生产的先决条件，要有效地进行酶制剂的生产还必须探索菌株产酶的最适培养条件。首先要合理选择培养方法、培养基、培养温度、pH 和通气量等；在大规模生产中还要摸索一系列工程和工艺条件，如培养基的灭菌方式、种子培养条件、发酵罐的形式和规模、通气条件、搅拌速度、温度控制等，这些条件决定酶生产本身的经济效益。

（1）培养基组成

① 碳源　碳是构成菌体成分的重要元素，是细胞内贮藏物质和生成各种代谢产物的骨架，也是微生物生长的主要能量来源。工业常用的廉价碳源有甘薯、玉米、麸皮、米糠等。

② 氮源　酶本身是蛋白质，而氮是组成蛋白质和核酸的主要元素。因此，在酶制剂生产中，氮源是不可缺少的原料。常用的有机氮源大多为农副产品（如豆饼、花生饼、菜籽饼等），无机氮源常用的有硫酸铵、氯化铵、尿素和磷酸氢二铵等。

③ 无机盐　微生物在生长繁殖和代谢过程中，需要无机盐提供多种金属离子和非金属离子。常用的无机盐有磷（磷酸二氢钾、磷酸氢二钾、磷酸氢二钠、磷酸氢二铵和磷酸等）、硫（硫酸镁等）、钾（磷酸钾、硝酸钾等）、镁（硫酸镁、氯化镁等）、钙（氯化钙、硫酸钙等）、钠（氯化钠、亚硝酸钠）以及锌、铜、钴、钼等微量元素。

④ 生长因素和产酶促进剂　微生物正常地生长繁殖还需要微量的维生素、氨基酸、嘌呤碱和嘧啶碱等物质，这类物质统称为生长因素。酶制剂工业生产上所需的生长因素，大多是由天然原料提供，如麦芽汁、酵母膏等，它们的生长因素含量都十分丰富。此外乳酸、植

酸盐、生物素也比较常用。若添加少量某种物质就能明显增加酶的产量，则这类物质通称为产酶促进剂。它们大多是酶的诱导物或表面活性剂，常见的有吐温80、脂肪酰胺磺酸钠、聚乙烯醇、糖脂、乙二胺四乙酸等。

（2）培养方式

① 固体培养法　亦称麸曲培养法。该法是利用麸皮或米糠为主要原料，另外视需要添加谷糠、豆饼等，加水拌成含水适度的半固态物料作为培养基。该法所需设备简单，劳动强度大，由于培养过程中对温度、pH的变化、细胞增殖、培养基原料消耗和成分变化等的检测十分困难，不能进行有效调节，是一种比较传统的方法。

② 液体培养法　利用液体培养进行微生物的生长繁殖和产酶。用液体培养法生产药用酶类，其培养基组成、培养温度、时间等各种培养条件的确定及发酵过程的控制随菌种和酶种类变化而异，需要进行个别研究探索。

（3）影响酶产生的一些因素　菌种的产酶性能是决定发酵效果的重要因素，但是发酵工艺条件对产酶的影响也是非常明显的。培养基组分、温度、pH、通气、搅拌、泡沫、产酶诱导剂等必须配合恰当，才能得到良好的效果。

① 温度　在发酵过程中，培养基中的营养物质被合成为菌体的细胞物质以及酶所催化的生化反应，都属吸热反应，而菌体生长时营养物质大量分解代谢的生化反应又属于放热反应。当菌体繁殖旺盛时，分解反应放出的热量大于合成反应吸收的热量，这时发酵液温度上升，加上通气带入的热量及搅拌时产生的机械热，发酵液温度可能过高，因此必须降温才能保持微生物生长繁殖和产酶所需的适当温度。不同的菌种对培养温度要求是不同的，同时由于菌种产酶最适温度和生长最适温度不尽相同，应在发酵过程中考虑到这种差异，严格控制温度，寻求生长最快和产酶量大的温度变化组合。

② pH　各种微生物对pH要求不同，一般酵母菌pH＝4～6，细菌和放线菌pH＝7左右。在酶制剂生产过程中，种子培养基和发酵培养基的pH直接影响到酶的产量和质量。在发酵过程中，微生物分解和同化营养物质，同时排出代谢产物，由于这些生化反应影响到培养基的pH，因此发酵液中的pH是不断变化的，这种pH的变化是反映发酵液中各种生化反应因素的综合标志。一般来说，如果培养基成分中C/N比值高者，发酵液偏酸性，pH偏低；C/N比值低者，发酵液偏碱性，pH偏高。pH还与通气、糖和脂肪的氧化有关。如果通气不足，糖和脂肪氧化不完全，则会产生如有机酸类的中间产物，pH就会降低。可见，各种反应都影响pH的改变。由于各个时间内各种反应优势不同，发酵液的pH相应地变动，故pH的变动情况，常作为发酵过程中生产控制的依据之一。

控制发酵液的pH通常可通过调节培养基原始pH、掌握原料的配比、保持一定的C/N等实现，或者添加缓冲剂使发酵液有一定的缓冲能力，也可通过调节通气量来实现，也可对pH进行在线控制。如果在特殊情况下，发酵液pH过高，则可用糖或淀粉调节，pH低则可用氨来调节。

③ 通气　各种微生物对氧的需要量是不同的。氧的摄取量多少以其呼吸强度表示。增加周围环境中的氧，可以加强微生物的呼吸强度，但至一临界值为止，此临界值称该微生物的临界氧浓度，供氧多少就根据此值来定。供氧过少，则达不到临界氧浓度而抑制了微生物正常生长；供氧过多，不仅造成浪费，而且还可能改变代谢途径，对产酶不利。

微生物在深层发酵中能利用的氧必须是溶解于培养基中的氧。从空气中的氧溶解到液体培养基中，再透过细胞膜进入原生质，最后才能发生反应。这个过程称为氧的传递。迄今为止，用于酶制剂生产的微生物，基本上都是好氧微生物。各种菌种在不同的培养时期，对通气量的要求也有差异。为了实时精确测定培养基的氧气供应，现在普遍采用溶氧仪，随时监测培养液中溶解氧浓度。

④ 搅拌　好气性微生物在深层发酵中除不断通气外，还需搅拌。搅拌能将气泡打碎，增加气液接触面积，加速氧的溶解速度。由于搅拌能使液体形成涡流，延长了气泡在液体中的停留时间，增加了气液接触时间；搅拌还可增加液体湍流速度，减少气泡周围液膜厚度，减少溶氧的阻力，提高空气的利用率；搅拌还可加强液体的湍流作用，有利于热交换和营养物质与菌体细胞的均匀接触，同时稀释细胞周围的代谢产物，有利于促进细胞的新陈代谢。

⑤ 泡沫和消泡剂　发酵过程中，由于发酵液受到强烈的通气搅拌，培养基中某些成分的变化及在代谢中产生气体，容易形成较多泡沫，而气泡往往不易消失，这是由于培养基中蛋白质分子排在气泡表面形成一层吸附膜，聚集成泡沫层之故。

泡沫的存在会阻碍二氧化碳的排除，直接影响氧的溶解，因而将影响微生物的生长和产物的形成。同时，泡沫层过高，往往造成发酵液随泡沫溢出罐外，不但浪费原料，还易染菌。又因泡沫上升，发酵罐装料量受到限制，降低了发酵罐的利用率，因此必须采取消泡措施。消泡措施除用机械力消泡外，还常用消泡剂消泡。常用消泡剂有天然油类、醇类、脂肪酸类、胺类、酰胺类、磷酸酯类、金属皂类和聚硅氧烷等，其中聚二甲基硅氧烷为较理想的消泡剂。中国酶制剂工业中常用的消泡剂为甘油聚醚或泡敌。

⑥ 添加诱导剂和抑制剂　某些酶制剂为微生物体内的诱导酶，在培养基中不存在诱导物质时，酶的合成便受到阻碍，而当有底物或底物类似物存在时，酶的合成就顺利进行。如白地霉脂肪酶的合成就是一个典型例子，在有蛋白胨、葡萄糖和少量无机盐组成的培养基中加入橄榄油，才能产生脂肪酶。另外，加诱导剂与添加时的菌龄有关，以上述脂肪酶为例，在培养 8h 添加诱导剂最为理想，而在 23h，则几乎不产酶。

用某种酶的抑制剂促进目标酶制剂的形成也是目前研究的课题之一。据报道，在多黏芽孢杆菌的培养中添加淀粉酶抑制剂，能增加 β 淀粉酶的产量。若把蛋白酶抑制剂乙酰缬氨酰-4-氨基-3-羟基-6-甲基庚酸添加到枝孢霉的培养液中，则酸性蛋白酶的产量可增加 2 倍。此外，在某些酶的生产中加入适量表面活性剂，也能提高酶制剂的产量，用得较多的是吐温 80 和 Triton X。

二、酶类药物的提取和纯化

1. 酶类药物的提取

（1）生物组织和细胞的破碎　酶类药物大部分存在于生物组织或细胞中，要提高提取率，则需对生物组织和细胞进行破碎。常用的破碎方法：一是磨切法，该法属于机械破碎方法，使用的设备有组织捣碎机、匀浆器、球磨机、乳钵等；二是压力法，这类方法有加压和减压两种，常用的法兰西压力釜效果良好；三是反复冻融法，该方法设备简便，活性保持好，但用时较长；四是超声波振荡破碎法，该方法破碎效果好，但由于局部发热，活性略有损失；五是自溶法或酶解法，大规模应用比较少。

（2）酶类药物的提取　生物组织与细胞破碎后要立即进行提取。提取前应详细了解预提取酶的性质，例如等电点、pH、温度、激活剂、抑制剂、稳定性等。提取的方法主要有水溶液法、有机溶剂法和表面活性剂法三种。

2. 酶类药物的分离纯化

酶的纯化是一个十分复杂的工艺过程，不同的酶其纯化工艺可有很大不同。对纯化的要求是以合理的效率、速度、收率和纯度，将酶类药物从细胞的全部其他成分特别是不想要的杂蛋白中分离出来，同时仍保留该酶的生物学活性和化学完整性。表 5-5 给出了目前常用的蛋白质分离纯化的方法及其方法所依赖的基础。

表 5-5　可用来分级分离蛋白质的分离方法

分　离　方　法	方法的基础	分　离　方　法	方法的基础
沉淀法		色谱法	
硫酸铵	溶解度	离子交换色谱	电荷、电荷分布
丙酮	溶解度	疏水交换色谱	疏水性
聚乙烯亚胺	电荷、大小	反相 HPLC	疏水性、大小
等电点	溶解度,pI	亲和色谱	配体结合位点
相分配法(如用聚乙二醇)	溶解度	DNA 亲和色谱	DNA 结合位点
电泳法		外源凝集素亲和色谱	糖基内容与种类
凝胶电泳	电荷、大小、形状	固定化金属亲和色谱	金属结合能力
等电聚焦电泳	pI	免疫亲和色谱	特异抗原位点
离心法	大小、形状、密度	色谱聚焦	pI
超滤法	大小、形状	凝胶过滤色谱	大小、形状

第三节　重要的酶类药物

一、胃蛋白酶

胃蛋白酶（pepsin，E. C. 3. 4. 4. 1）广泛存在于哺乳动物、鸟类、爬虫类及鱼类等的胃液中，以酶原的方式存在于胃底的主细胞里，为一种蛋白水解酶。药用胃蛋白酶从猪、牛、羊等家畜胃黏膜中提取。

（一）化学组成和性质

药用胃蛋白酶是胃液中多种蛋白水解酶的混合物，含有胃蛋白酶、组织蛋白酶、胶原酶等，为粗酶制剂。外观为淡黄色粉末，有透明或半透明两种，具有肉类的特殊气味及微酸味。吸湿性强，易溶于水，水溶液呈酸性，难溶于乙醇、氯仿、乙醚等有机溶剂。

干燥胃蛋白酶较稳定，100℃加热 10min 不失活。在水中于 70℃以上或 pH＞6.2 开始失活，pH＞8.0 呈不可逆失活。在酸性溶液中较稳定，但在 2mol/L 以上的盐酸中也会慢慢失活。

结晶胃蛋白酶呈针状或板状，经电泳可分出 4 个组分。其组成元素除 N、C、H、O、S外，还有 P 和 Cl。相对分子质量为 34500，等电点为 pH=1.0，最适 pH=1.5～2.0，可溶于 70%乙醇和 pH=4 的 20%乙醇中。

胃蛋白酶能水解大多数天然蛋白质底物，如角蛋白、黏蛋白、精蛋白等，尤其对两个相邻芳香族氨基酸构成的肽键最为敏感。它对蛋白质水解不彻底，产物为胨、肽和氨基酸的混合物。

胃蛋白酶最早于 1864 年载入了英国药典，随后世界许多国家都相继把它纳入药典，作为优良的消化药广泛应用。主要剂型有含糖胃蛋白酶散、胃蛋白酶片、与胰酶和淀粉酶配伍制成多酶片。还有胃蛋白酶酏，内含胃蛋白酶 5.5%，含乙醇 20%～30%。临床上主要用于因食蛋白性食物过多所致消化不良及病后恢复期消化机能减退等。

（二）生产工艺

（1）工艺路线（图 5-1）

$$猪胃黏膜 \xrightarrow[45\sim48℃,3\sim4h]{（自溶、过滤）\atop H_2O,HCl} 自溶液 \xrightarrow[24\sim28h]{（脱脂、去杂质）\atop 氯仿或乙醚} 上清液 \xrightarrow[40℃以下]{（浓缩、干燥）} 胃蛋白酶成品$$

图 5-1 胃蛋白酶的生产工艺路线

（2）工艺过程

① 原料的选择和处理 胃蛋白酶主要存在于胃黏膜基底部，采集原料时剥取的黏膜直径大小与收率有关。一般剥取直径 10cm、深 2～3mm 的胃基底部黏膜最适宜，每头猪胃平均剥取黏膜 100g 左右。冷冻胃黏膜用水淋解冻会使部分黏膜流失，影响收率，自然解冻可提高收率。

② 自溶、过滤 在夹层锅内预先加水 100L 及盐酸（C.P.）3.6～4L，加热至 50℃时，边搅拌边加入 200kg 猪胃黏膜，快速搅拌使酸度均匀，保持 45～48℃，消化 3～4h，得自溶液。用纱布过滤除去未消化的组织蛋白，收集滤液。

③ 脱脂、去杂质 常用的脱脂剂有乙醚、氯仿、四氯化碳 3 种。四氯化碳毒性大，不宜采用。乙醚脱脂温度需控制在 28～30℃，放置 24～30h，分层清楚。氯仿脱脂，沉淀放置时间比乙醚长，有时长达 3d。乙醚和氯仿两者比较起来乙醚的收率稍高，故选用乙醚。将滤液降温至 30℃ 以下，加入 15%～20% 乙醚，搅拌均匀后转入沉淀脱脂器内，静置 24～48h，使杂质沉淀，弃沉淀，得脱脂酶液。

④ 浓缩、干燥 取脱脂酶液，在 40℃ 以下浓缩至原体积的 1/4 左右，真空干燥，球磨过 80～100 目筛，即得胃蛋白酶粉。

⑤ 结晶胃蛋白酶的制备 药用胃蛋白酶原粉溶于 20% 乙醇中，加硫酸调 pH 至 3，移至冰箱，5℃ 放置 20h 后过滤，加硫酸镁至饱和，进行盐析。盐析物再在 pH=3.8～4 的乙醇中溶解，过滤。滤液用硫酸调 pH 至 1.8～2，即析出针状胃蛋白酶。针状沉淀再次溶于 20% pH=4 的乙醇中，过滤，滤液用硫酸调 pH 至 1.8，在 20℃ 放置，可得板状或针状结晶。

（三）检验方法

（1）质量标准 胃蛋白酶系药典收载药品，按规定每克胃蛋白酶应至少能使凝固卵蛋白 3000g 完全消化。在 109℃ 干燥 4h，失重不得超过 4.0%。每克含糖胃蛋白酶中含蛋白酶活力不得少于标示量规定。如 120U 或 1200U 等规格。

（2）活力测定 取试管 6 支，其中 3 支各精密加入对照品溶液 1ml，另 3 支各精密加入供试品溶液 1ml。置（37±0.5）℃ 水浴中，保温 5min，精密加入预热至（37±0.5）℃ 的血红蛋白试液 5ml，摇匀，并准确计时，在（37±0.5）℃ 水浴中反应 10min。立即准确加入 5% 三氯醋酸 5ml，摇匀，滤过，弃去初滤液，取滤液备用。另取试管 2 支，各精密加入血红蛋白试液 5ml，置（37±0.5）℃ 水浴中，保温 10min，再精密加入 5% 三氯醋酸溶液 5ml，其中一支加供试品溶液 1ml，另一支加盐酸溶液 1ml 摇匀，滤过，弃去初滤液，取初滤液，分别作为对照管。按照分光光度法，在波长 275nm 处测吸光度，算出平均值 $\overline{A_S}$ 和 $\overline{A}$，按下式计算：

$$每克含蛋白酶活力单位 = \frac{\overline{A} \times W_s \times n}{\overline{A}_s \times W \times 10 \times 181.19}$$

式中　$\overline{A}$——供试品的平均吸光度；

　　　$\overline{A_s}$——对照品的平均吸光度；

　　　W_s——对照品溶液每毫升中含酪氨酸的量，μg；

　　　W——供试品取样量，g；

　　　n——供试品稀释倍数。

在上述条件下，每分钟能催化水解血红蛋白生成 $1\mu mol$ 酪氨酸的酶量，为 1 个蛋白酶活力单位。

二、胰蛋白酶

胰蛋白酶（trypsin，E.C. 3.4.4.4）是从牛、羊、猪的胰脏提取的一种丝氨酸蛋白水解酶。

（一）组成和性质

胰蛋白酶是从牛、猪、羊的胰脏提取出来的结晶制成的冻干制剂。易溶于水，不溶于氯仿、乙醇、乙醚等有机溶剂。在 pH=1.8 时，短时煮沸几乎不失活；在碱溶液中加热则变性沉淀，Ca^{2+} 有保护和激活作用，胰蛋白酶的等电点为 pH=10.1。

牛胰蛋白酶原由 229 个氨基酸组成，含 6 对二硫键，其氨基酸排列顺序和晶体结构已被阐明。在肠激酶或自身催化下，酶原的 N 末端赖氨酸与异亮氨酸残基之间的肽键被水解，释放出缬-天-天-天-天-赖 6 肽，变成有活性的胰蛋白酶。牛胰蛋白酶相对分子质量为 24000，是由 223 个氨基酸残基组成的单一肽链。

猪胰蛋白酶的化学结构与牛胰蛋白酶十分相似，在氨基酸残基排列顺序中，只有 41 个氨基酸残基不同，但分子构型有很大区别。沉降系数 S_{20w} 为 2.77S，$pI=10.8$，热稳定性较牛胰蛋白酶稳定，Ca^{2+} 对酶的保护作用不及牛羊的明显，无螯合 Ca^{2+} 的中心部位。有 6 对二硫键，断裂 1~2 个键，均不至于破坏酶分子的完整结构而保护了酶的活性。酶的活力分别相当于牛的 72% 及羊的 61%。

羊胰蛋白酶与牛、猪的相似，但其活力略高于牛和猪的。

胰蛋白酶专一作用于由碱性氨基酸精氨酸及亮氨酸羧基所组成的肽键。酶本身很容易自溶，由原先的 β-胰蛋白酶转化成 α-胰蛋白酶，再进一步降解为拟胰蛋白酶，乃至碎片，活力也逐步下降而丧失。

冻干胰蛋白酶粉针剂，呈白色或类白色。局部用药视情况而定，可配成溶液（pH=7.4~8.2）、喷雾剂（0.5mg/ml）、油膏等用于体腔内注射、患部注射、喷雾、湿敷、涂搽、吸入等。临床上主要用于消除各种炎症和水肿。国内有报道在毒蛇咬伤部位立即注射胰蛋白酶，具有显著的解毒作用。

（二）生产工艺

1. 以牛胰为原料

（1）工艺路线（图 5-2）

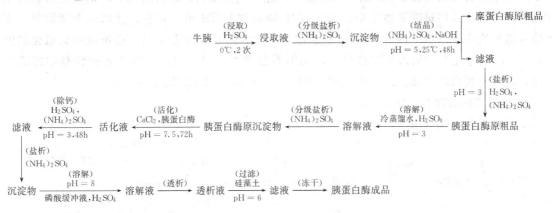

图 5-2　以牛胰为原料制备胰蛋白酶的工艺路线

（2）工艺过程

① 浸取　在宰杀牛后 1h 内取新鲜胰脏，除去脂肪、结缔组织等，浸入预冷的 0.125mol/L 硫酸中，迅速冷却，0℃ 左右保存。从酸中取出绞碎，再加入胰 2 倍量的 0.125mol/L 硫酸在冷室中浸取 24h，不断搅拌，过滤，滤饼用 1 倍量的 0.125mol/L 冷硫酸同法浸取 1h，合并 2 次滤液。

② 分级盐析、结晶　上述滤液加 $(NH_4)_2SO_4$（242g/L）使成 40% 饱和度，置冷室过夜，次日过滤，滤液再加 $(NH_4)_2SO_4$（205g/L），浓度增至 70% 饱和度，冷室过夜，过滤，用滤饼重量 3 倍的冷水溶解，再同上法重复加 $(NH_4)_2SO_4$ 至 40% 和 70% 饱和度分级盐析。

取两次 70% 饱和度盐析所得滤饼，用 1.5 倍量（质量比）冷水溶解，加入滤饼重量 0.5 倍的饱和硫酸铵溶液，用 5mol/L NaOH 调节 pH 至 5.0，25℃ 保温 48h，即有针状结晶（糜蛋白酶原粗品）析出。过滤，母液用 2.5mol/L 硫酸调 pH 至 3，加 $(NH_4)_2SO_4$ 至 70% 饱和度，置冷室过夜。次日过滤，收集滤饼，即为胰蛋白酶原粗制品。

③ 溶解、分级盐析　取粗制品用冷蒸馏水溶解，用 2.5mol/L 硫酸调 pH 至 3 左右（每升蒸馏水加固体硫酸铵 210g），溶解后放置冰箱过夜。次日吸去上层清液，加入少量硅藻土过滤至清。沉淀用水溶解，再加 490～735g $(NH_4)_2SO_4$ 使其浓度达 40% 饱和度，放置冰箱 1h。过滤至清，合并 2 次滤液，加入等体积饱和硫酸铵溶液，达 70% 饱和度，置冰箱过夜。次日过滤，滤饼加入酸性饱和硫酸镁溶液静置 1min，抽滤，待滤液开始流出，将漏斗上剩余的硫酸镁溶液倾去，抽滤至干即得胰蛋白酶原。

④ 活化　取胰蛋白酶原用 4 倍量冷 0.005mol/L 盐酸溶解，加入 2 倍量冷 1mol/L 氯化钙溶液及 5 倍量冷 pH=8 硼酸缓冲液和适量冷蒸馏水，使溶液总体积为滤饼重的 20 倍量，pH=7.5 左右，最后加入滤饼重 1% 的活力较高的结晶胰蛋白酶为活化剂（活力在 250U/mg 以上），搅匀，置冰箱中活化 72h 以上，得活化液。

⑤ 除钙、盐析、透析、冻干　取活化液加入 2.5mol/L 硫酸使 pH 下降至 3 左右，再加硫酸铵（242g/L）置冰箱 48h 使硫酸钙沉淀。过滤，滤液加硫酸铵（205g/L）使成 70% 饱和液，置冰箱过夜，次日过滤。按滤饼重加入 1.5 倍量硼酸缓冲液溶解，用硫酸或氢氧化钠溶液调 pH 至 8，过滤至清，将清液置透析袋中，放入冰冷的外透析液（取蒸馏水 400ml，加入硫酸镁 500g，加热溶解，再加入等体积的硼酸缓冲液，并调节 pH 至 8）中透析除盐，

不断摇动使其结晶，48h 后结晶开始形成，结晶完成需 1 周。透析液过滤，收集透析袋内结晶滤饼置于 1.5 倍量冷蒸馏水中，2.5mol/L 硫酸调节 pH 至 3 左右，使结晶全部溶解。再装入透析袋中于冰水中透析，每 2h 更换冰水一次，约 72h 左右取出，透析液用氢氧化钠液调节 pH 至 6 左右，加入少量硅藻土，用滑石粉助滤，过滤澄清，滤液置搪瓷盘中冷冻干燥，即得胰蛋白酶成品。总收率 9760000U/kg，酶活力 150U/kg。

2. 以羊胰为原料

(1) 工艺路线（图 5-3）

图 5-3　以羊胰为原料生产胰蛋白酶的工艺路线

(2) 工艺过程

① 提取　新鲜或鲜冻羊胰，剥去脂肪和结缔组织，绞碎，每 10kg 胰浆加 0.1mol/L 硫酸溶液（116ml 工业用硫酸加水到 20kg）20kg，搅拌 1~2h 后，放置过夜。次日，在不断搅拌下逐渐加入 3.52kg 工业硫酸铵，浓度达到 30% 饱和度，约 1h 加完，全部溶解，再放置 3~5h，过滤，得提取液。

② 分段盐析　在不断搅拌下每 10L 提取液加入工业硫酸铵 2.73kg，1~2h 内加完，达到 70% 饱和度，放置过夜。次日吸去上层清液（可供提取核糖核酸酶），过滤，得 430g 滤饼。滤饼用 4 倍量体积蒸馏水溶解，按溶解液计算加入 176g/L 的硫酸铵（C.P.）达 70% 饱和度，放置过夜。次日，减压抽干，收集滤饼。10kg 羊胰约得 300g 滤饼。

③ 透析、结晶　取 300g 滤饼加入 0.4mol/L、pH＝9 的硼酸缓冲液（取 49.9g 硼酸溶于蒸馏水中，加 80ml 5mol/L 氢氧化钠或 16g 固体氢氧化钠，用蒸馏水稀释至 1L，pH＝9~10；当与饱和硫酸镁混合时，pH 会降低，因此 pH 不必调到 9。加蒸馏水稀释 1 倍，即为 0.4mol/L 硼酸缓冲液）200ml 溶解，过滤除去不溶物，再加 200ml 结晶透析液（取 0.4mol/L 硼酸缓冲液与饱和硫酸镁等体积混合而成，pH＜8 时，用饱和碳酸钾逐渐滴加调 pH 至 8），装入透析袋中，在 0~5℃ 时，对结晶透析液进行透析，每 24h 换 1 次结晶透析液，3~4d 后透析袋内开始出现结晶，约 1 周结晶完全。

④ 再结晶、干燥　取袋内结晶用布氏漏斗过滤，约得 22g 胰蛋白酶结晶，同上操作再结晶 1 次约得 18g。结晶溶于 0.01mol/L 盐酸（8ml 盐酸加蒸馏水 10L）100ml 中，在 0.01mol/L 盐酸中透析去盐，冷冻干燥，得注射用结晶羊胰蛋白酶。收率为 0.6g/kg，酶活力 150U/mg 以上。结晶母液用 0.01mol/L 盐酸透析，过滤，用 2mol/L 氢氧化铵调节 pH 至 6.5 左右，冷冻干燥即得外用羊胰蛋白酶，收率为 5g/kg。

3. 以猪胰为原料

(1) 工艺路线（图 5-4）

(2) 工艺过程

① 提取、盐析　取 1kg 猪胰，去除脂肪及结缔组织，净重 738g，绞碎，加乙酸水溶液（pH＝4）于 4℃ 以下搅拌提取 24h，纱布过滤，弃去残渣，得提取液 2480ml，再加入固体 $(NH_4)_2SO_4$ 1428g，达到 75% 饱和度，离心，得上清液 3100ml，盐析沉淀物 90g。

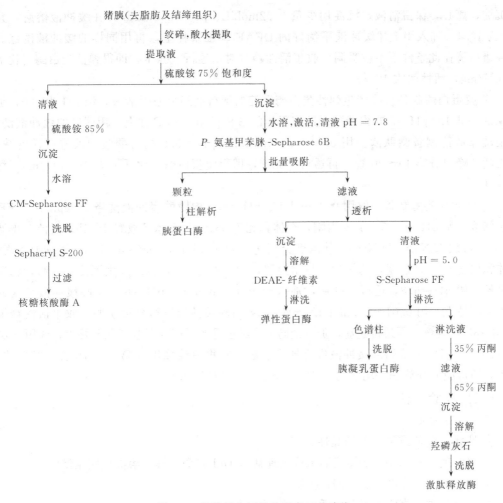

图 5-4　以猪胰为原料的联产工艺路线

② 核糖核酸酶 A 制备　取上清液加入 $(NH_4)_2SO_4$ 固体 372g，达到 85％饱和度，离心得沉淀，再将沉淀溶于少量水后，调 pH 为 6.0，然后加入到用 0.01mol/L、pH＝6.0 磷酸缓冲液（PBS）平衡过的 CM-Sepharose FF 色谱柱中，用平衡缓冲液洗涤 1～2 柱床体积后，再用 0.01mol/L、pH＝6.0 和 0.1mol/L、pH＝7.5 磷酸缓冲液共 1000ml 进行梯度洗脱，收集活性峰液 100ml。将活性峰液 5ml 调 pH 为 8.0，再加入用 0.05mol/L、pH＝8.0 磷酸缓冲液平衡好的 Sephacryl S-200 柱中，用同样的缓冲液洗脱，收集活性峰液 75ml。经透析脱盐、冻干，即得核糖核酸酶 A。比活力为 71000U/mg。

③ 胰蛋白酶制备　将上述 75％饱和度的盐析沉淀 90g，溶于 10 倍体积 1L 蒸馏水中，加入 $CaCl_2$ 粉末 30g，使其高出 $(NH_4)_2SO_4$ 0.1mol/L，调 pH 为 8.0，加入 5mg 结晶胰蛋白酶，于 4℃以下激活 24h，过滤，除去 $CaSO_4$ 沉淀，并调 pH 为 7.8，加入 P-氨基苯甲脒-Sepharose 6B 进行批量吸附，用 0.1mol/L Tris-0.05mol/L HCl、pH＝7.8 的缓冲液，边抽滤边洗涤，共用 2 倍树脂体积。收集未吸附的滤液留作分离其他酶。将抽滤成半干状树脂装柱，再用相同缓冲液平衡一个柱床体积，0.1mol/L 甲酸-0.05mol/L KCl、pH＝2.2 缓冲液洗脱，收集活性峰液。透析，冻干，即得胰蛋白酶。比活力为 23750U/mg，活性回收 60％。

④ 弹性蛋白酶制备　取未被 P-氨基苯甲脒-Sepharose 6B 吸附的滤液 1.5L 对水透析产

生沉淀，离心，保留清液，沉淀用少量 0.02mol/L、pH＝8.8 Tris-HCl 缓冲液溶解，并调 pH 为 10.4，加入用上述缓冲液平衡好的 DEAE-纤维素柱上，再用同样的缓冲液洗涤。因弹性蛋白酶在此条件下不被吸附，收集活性峰。对水透析，冻干，即得弹性蛋白酶。比活力 2010U/mg，活性回收 10％。

⑤ 糜蛋白酶制备　将产生弹性蛋白酶沉淀的透析液经离心得清液，调 pH 为 5.0，加入用 0.01mol/L、pH＝5.0 枸橼酸缓冲液平衡的 S-Sepharose FF 柱上，用同样的缓冲液洗涤，收集洗涤液待制备激肽酶。用 0.01～0.05mol/L、pH＝5.0 枸橼酸缓冲液进行梯度洗脱，收集活性峰组分第 16～20 管。再透析、冻干，即得糜蛋白酶。比活力为 23000U/mg，活性回收 37％。

⑥ 激肽释放酶制备　取用 0.01mol/L、pH＝5.0 枸橼酸缓冲液洗涤 S-Sepharose FF 柱的洗涤液，调 pH 为 4.5，加入丙酮，至体积比为 35％，4℃冰箱放置 2～4h，过滤，得滤液 205ml，再加入 NaAc 和 NaCl，使浓度分别达 0.065mol/L 和 0.035mol/L，继续加入丙酮，使体积比达 65％，过滤，滤饼用少量水溶解，调 pH 为 4.2，再次产生沉淀，过滤，滤饼用水溶解后调 pH＝6.8，透析脱盐后，加入到用 0.01mol/L、pH＝6.8 磷酸缓冲液平衡的羟基磷灰石柱上，用 0.01～0.2mol/L、pH＝6.8 磷酸缓冲液进行梯度洗脱，收集活性峰组分第 63～85 管溶液。再透析脱盐，加入到同一个经过重新平衡的羟基磷灰石柱上，改用 0.05～0.2mol/L、pH＝6.8 磷酸缓冲液进行梯度洗脱。收集活性峰组分第 55～70 管，经过透析，冻干，即得激肽释放酶。比活力为 130U/mg，活性回收 26％。

（三）检验方法

（1）质量标准

① 性状　白色或类白色结晶性粉末。

② 澄清度　本品 10mg 加蒸馏水或生理盐水 1ml 完全溶解。溶液应完全澄清。

③ pH　0.5％的水溶液，pH 应为 5～7。

④ 干燥失重　真空干燥到恒重，失重不得超过 8％。

⑤ 糜蛋白酶限度检查　不得超过 5％。

（2）活力测定　取底物溶液 30ml，加盐酸液（0.001mol/L）0.2ml，混匀，作为空白，取供试品溶液 0.2ml 与底物 N-苯甲酰-L-精氨酸乙酯（BAEE）溶液 3.0ml，立即计时并摇匀，使比色池内的温度在（25±0.5）℃，照分光光度法，在 253nm 的波长处，每隔 30s 读取吸光度，共 5min，每隔 30s 吸光度的变化率应恒定在 0.015～0.018 之间，恒定时间不得少于 3min。以吸光度为纵坐标，时间为横坐标，作图，取 3min 内直线部分的吸光度，按下式计算：

$$P = \frac{A_1 - A_2}{0.003TW}$$

式中　P——每毫克供试品中胰蛋白酶的活力，单位；

　　　A_2——直线上升终止的吸光度；

　　　A_1——直线上升开始的吸光度；

　　　T——A_1 至 A_2 读数的时间，min；

　　　W——测定液中供试品的量，mg；

　0.003——上述条件下，吸光度每分钟改变 0.003 相当于 1 个胰蛋白酶单位。

三、糜蛋白酶

（一）化学组成和性质

糜蛋白酶（chymotrypsin，E.C. 3.4.4.5）又称胰凝乳蛋白酶，是从牛、羊、猪的胰脏中分离出来的一种蛋白水解酶。糜蛋白酶有多种，除 α 型外，还有 β、γ、δ、π、ε 以及新糜蛋白酶等，均由酶原激活产生。

α-糜蛋白酶（牛）是由 245 个氨基酸残基组成的单一肽链，分子中有 5 对二硫键。呈白色或类白色结晶性或无定形粉末，易溶于水，不溶于有机溶剂。pI 为 8.1～8.6，相对分子质量 42000，最适 pH 为 8～9。干态稳定，水溶液中迅速失活，10% 水溶液 pH 约 3，以 pH＝3～4 的水溶液最为稳定。

α-糜蛋白酶原不被肠激酶激活，胃蛋白酶、氯化钙以及糜蛋白酶本身均不能使它激活，但胰蛋白酶可激活糜蛋白酶原成 α-糜蛋白酶，即分子中 5 对二硫键、单一肽链经激活后失去 2 个二肽（Ser14-Arg15 及 Thr 147-Asn148），形成由三条肽链组成的 α-糜蛋白酶。活性中心氨基酸残基为组 37、天 102、丝 195，作用于蛋白质时，优先水解 L-酪氨酸和 L-苯丙氨酸的羧基所形成的肽键。

猪糜蛋白酶与牛糜蛋白酶的结构基本相似，但其水解烟酰-L-酪氨酰肼（NTH）的活力高于牛糜蛋白酶。

（二）生产工艺

（1）工艺路线（图 5-5）

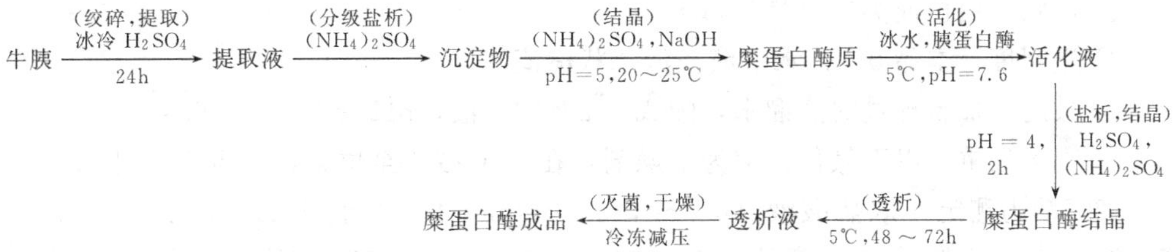

图 5-5　以牛胰为原料生产糜蛋白酶的工艺路线

（2）工艺过程

① 绞碎、提取　新鲜胰脏去除脂肪及结缔组织后，立即浸入预冷的 0.125mol/L 硫酸溶液中，迅速冷却，在 0℃ 左右保存，待积满 100kg 后投料。取胰用绞肉机（绞孔 ϕ＝3mm）连绞三次成胰浆，用 2 倍量的冰冷 0.125mol/L 硫酸溶液浸泡 24h。浸渍物用粗滤袋（或二层纱布）过滤，滤干后滤渣再用 1 倍量冷 0.125mol/L 硫酸液浸渍 1h，过滤弃滤渣，二次滤液合并，每升滤液加固体硫酸铵 242g，使浓度达 40% 饱和度，放置冷室过夜，虹吸上清液，底层沉淀加入适量硅藻土作助滤剂减压过滤，上清液和滤液合并，即得提取液。

② 分级盐析、结晶　每升提取液继续加硫酸铵 205g，使浓度达 70% 饱和度，放置冷室过夜，次日吸取上清液弃去，底层沉淀用布氏漏斗减压过滤，称其重量，按滤饼重用 3 倍量冷水溶解，重复上述硫酸铵 40% 和 70% 饱和度分级沉淀。取第 2 次 70% 饱和度沉淀滤饼，称其重量，用 1.5 倍量冰水溶解，加入滤饼重 0.5 倍量饱和硫酸铵溶液，用 5mol/L 氢氧化钠调 pH＝5 为止，在 25℃ 保温 48h，进行结晶（取结晶液一滴置载玻片上用 100 倍显微镜观察，应有明显针状结晶），再将结晶用大型布氏漏斗减压抽滤至干，即得糜蛋白酶原粗品。按牛胰质量计算，收率 5%～6%，滤液可供制胰蛋白酶原用。

取粗制酶原称重，加 7 倍量冰冷蒸馏水，滴加 2.5mol/L 硫酸调溶液 pH 至 2 左右，使之溶解，溶液置布氏漏斗上用酸洗滑石粉过滤，滤液应澄清，接着加 2 倍量饱和硫酸铵溶液，用 5mol/L 氢氧化钠调 pH 至 5，在 20～25℃ 保温静置 4h 以上，即有白色沉淀析出，如此反复 3 次，即得糜蛋白酶原结晶。

③ 活化、盐析、结晶　称取酶原结晶，加入 3 倍量冷蒸馏水，滴加少量硫酸溶解，然后加入 1 倍量 pH＝7.6、0.5mol/L 磷酸盐缓冲液及与所加 2.5mol/L 硫酸相当量的氢氧化钠，使 pH 稳定在 7.6，再加少量胰蛋白酶（每 100 克糜蛋白酶原，用 150 倍以上的胰蛋白酶 5mg），置于 5℃ 冰箱中活化 48h。然后用 0.5mol/L 硫酸调 pH 至 4，加入固体硫酸铵（按溶液计算 0.5kg/L）盐析，放置 2h 后用布氏漏斗减压过滤，弃滤液。沉淀称重加 3/4 倍量 0.005mol/L 硫酸溶解，加酸洗滑石粉滤清，加入少量晶种然后在 20～25℃ 放置 24h，即有大量结晶生成，布氏漏斗过滤，即得糜蛋白酶结晶。

④ 透析、灭菌、干燥　将上述酶结晶加入 2.5 倍量蒸馏水，滴加 0.005mol/L 硫酸使之溶解，每 350ml 装入一个透析纸囊中，悬于 5℃ 水浴中，使内外溶液处于同一水平线上，用自来水连续透析 48～72h，透析液用氯化钡检查无显著沉淀颗粒即可。透析液用酸洗滑石粉过滤，再进行灭菌过滤，滤液分装在高压灭菌的克氏瓶中，每瓶 125ml，瓶口用 4 层纱布包扎后立即冰冻干燥，然后将干燥品移至无菌玻璃盘中盖绸布 2 层，扎紧后，在五氧化二磷真空干燥器中减压干燥至水分合格后，抽样化验，合格后分装。每毫克不低于 250U。

（三）检验方法

（1）质量标准　本品效价按干燥品计算，每毫克不低于 800U。

① 性状　白色或类白色晶状粉末。

② 透明度　本品 0.2% 水溶液呈泡沫状澄清液。

③ 酸度　加新沸过的蒸馏水，配成 0.2% 的溶液，pH 应为 5.5～6.5。

④ 干燥失重　以五氧化二磷为干燥剂，在 60℃ 减压至恒重，失重不得过 5.0%。

（2）活力测定　取盐酸液（0.2ml，0.0012mol/L）与底物 ATEE（N-乙酰-酪氨酸乙酯）溶液 3.0ml 照分光光度法，在（25±0.5）℃，于 237nm 的波长处调节其吸光度为 0.200。再取供试品溶液 0.2ml 与底物溶液 3.0ml，立即记时盖紧并摇匀，每隔 30s 读取吸光度，共 5min，吸光度的变化率应恒定，恒定时间不得少于 3min。若变化率不能保持恒定，可用较低浓度另行测定，取 30s 的吸光度变化率应控制在 0.008～0.012，以吸光度为纵坐标，时间为横坐标，作图，取在 3min 内呈直线部分，按下式计算：

$$P = \frac{A_1 - A_2}{0.0075TW}$$

式中　P——每毫克糜蛋白酶的活力，U；

A_2——直线上开始的吸光度；

A_1——直线上终止的吸光度；

T——A_2 至 A_1 读数的时间，min；

W——样品质量，mg。

0.0075 为上述条件下，吸光度每分钟改变 0.0075 相当于 1 个糜蛋白酶单位。

四、糜胰蛋白酶

1963 年戚正武等首先从猪胰中获得了糜蛋白酶和胰蛋白酶的混合晶体，命名为糜胰蛋白酶。不同专一性的两种酶蛋白，在不同条件下如此紧密地结合在一起的现象，在结晶酶中还是少见的。1976年研制成功注射用结晶糜胰蛋白酶，是中国独创的酶制剂。

（一）化学组成和性质

结晶糜胰蛋白酶含糜蛋白酶和胰蛋白酶的比例为3∶2，经重结晶8次，其两种酶的相对含量始终保持不变。

猪胰蛋白酶相对分子质量为23400，氨基酸组成与牛、羊的胰蛋白酶有很大相似性。一级结构与牛胰蛋白酶很近似，N末端均为异亮氨酸，但分子构型有很大区别。猪糜蛋白酶原有相对分子质量A为24000、B为26000、C为29000三种，A和B在氨基酸组成上非常相似。

糜胰蛋白酶是两种酶的共晶体，具有两种酶的性质。水解酪蛋白的活力与牛 α-糜蛋白酶相当，但其中所含糜蛋白酶水解苯甲酰酪氨酸乙酯（BTEE）的活力却相当于牛、羊糜蛋白酶活力的3倍。结晶糜胰蛋白酶可溶于生理盐水或蒸馏水中，在干燥情况下比较稳定，水溶液状态下易失活，在pH＝7～8时活性最强。

原料用新鲜或冷冻新鲜猪胰。

（二）生产工艺

（1）工艺路线（图5-6）

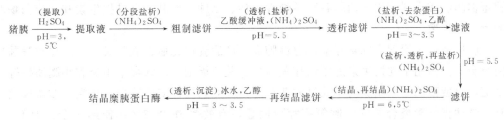

图5-6 制取糜胰蛋白酶的工艺路线

（2）工艺过程

① 提取 将新鲜或冷冻猪胰绞碎，加入2倍体积冷的0.125mol/L硫酸溶液，搅拌提取1h左右，于5℃放置过夜。次日用双层纱布过滤，滤渣用等体积冷0.125mol/L硫酸再提一次，合并两次滤液，得提取液。

② 分段盐析 上述提取液在不断搅拌下，逐渐加入工业硫酸铵至25％饱和度，并加少量活性白陶土助滤，低温放置1d后过滤，滤液再加硫酸铵至65％饱和度，低温放置过夜。次日过滤，得粗品滤饼。将滤饼溶于5倍体积冷蒸馏水中，用硫酸铵（C.P.）同上操作重复2次，收集25％～65％饱和度沉淀部分，得粗制滤饼。

③ 透析、盐析 将粗滤饼溶于3倍体积冷蒸馏水中，在低温下用0.01mol/L、pH＝5.5的乙酸缓冲液透析，过滤，上清液加硫酸铵（C.P.）至65％饱和度，沉淀抽滤，得透析滤饼。

④ 盐析、除杂蛋白 滤饼溶于3倍体积冷蒸馏水中，调节pH至3～3.5，加硫酸铵（C.P.）至25％饱和度，室温放置3～5h后，用0.5％活性炭助滤，得澄清滤液。然后在不断搅拌下缓慢加入25℃左右的乙醇，使乙醇浓度达10％，室温放置3h后过滤，得澄清滤液。

⑤ 盐析、透析、再盐析 滤液加硫酸铵（C.P.）至65％饱和度，过滤，得滤液。然后再在低温下用0.01mol/L、pH＝5.5乙酸缓冲液透析2d，过滤除去沉淀，上清液加硫酸铵（C.P.）至65％饱和度，过滤得滤饼。

⑥ 结晶、再结晶 滤饼溶于3倍体积冷蒸馏水中，用2.5mol/L硫酸调pH至3，用酸洗滑石粉助滤，澄清滤液在不断搅拌下缓慢加入1/3体积的饱和硫酸铵液，若有浑浊出现过

滤除去。滤液用 2mol/L 氢氧化钠调节 pH 至 6，再加入少许饱和硫酸铵至似浑非浑程度，于 25℃下放置，2h 后即有结晶析出，次日收集沉淀，得结晶滤饼。按上述操作程序再结晶 1 次，得再结晶滤饼。

⑦ 透析、沉淀　再结晶滤饼溶于适量稀盐酸，用 pH＝3～3.5 的冰水透析，透析液滤清后，在低温下缓慢加入 95%乙醇使醇的体积分数达 70%，沉淀过滤或离心，丙酮脱水 3 次，真空干燥，得注射用结晶糜胰蛋白酶原料，收率 4～7g/kg（猪胰）。

结晶母液加硫酸铵至 70%饱和度，过滤，滤饼同上操作，得外用糜胰蛋白酶原料。

五、菠萝蛋白酶

菠萝蛋白酶（E.C.3.4.4.24）是从菠萝汁或加工菠萝削下的废皮中提取的一种蛋白水解酶，简称菠萝酶。粗菠萝蛋白酶是各种成分的混合物，除了蛋白水解酶系外，有的还含磷酸酯酶、过氧化物酶、纤维素酶、其他糖苷酶及非蛋白物质。过去在临床上，大多数使用的是非单一成分的酶，目前尚不能明确阐述各组分所起的作用。

实验证明，菠萝蛋白酶具有消炎抗水肿作用，作用特点是能选择性水解纤维蛋白，对与凝血有关的纤维蛋白原仅有微弱的作用，不影响正常血液凝固。能分解肌纤维，可单独或与胰蛋白酶制成合剂使用，消除各种单纯性炎症、水肿、血肿，促进抗生素和化疗药物对病灶的渗透和扩散。

临床适用于治疗支气管哮喘、急性肺炎、产后乳房充血、乳腺炎、产后血栓静脉炎、视网膜炎等。试用于同抗生素配伍治疗关节炎、关节周围炎、蜂窝组织炎和小腿溃疡等。临床报道，以菠萝酶为主制成的小儿复方菠萝酶片，对急慢性支气管炎、哮喘、多痰顽咳、百日咳、慢性支气管炎合并肺气肿等症疗效明显，有效率为 92.7%；使用安全，无不良反应，用于小儿患者尤为合适。

（一）化学组成和性质

菠萝蛋白酶是来自菠萝的蛋白水解酶，为一种巯基酶。半胱氨酸能激活酶的活性，但受重金属抑制。本品为黄色无定形粉末，微有异臭，略溶于水，不溶于乙醇、丙酮、氯仿、乙醚等有机溶剂。最适 pH＝7，相对分子质量为 33000。

（二）生产工艺

1. 白陶土吸附法

（1）工艺路线（图 5-7）

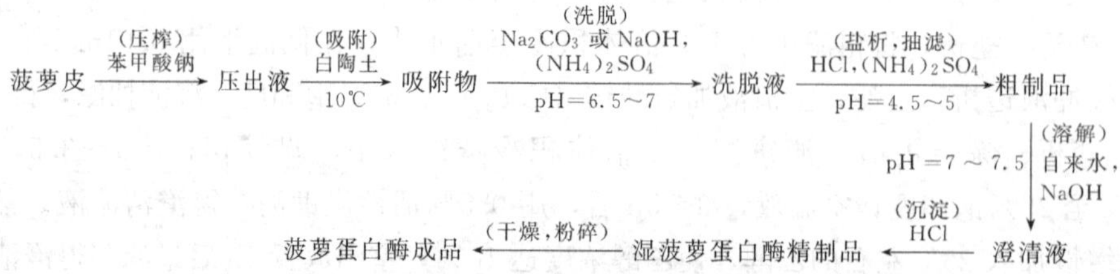

图 5-7　白陶土吸附法制备菠萝蛋白酶的工艺路线

（2）工艺过程

① 压榨　菠萝皮经压榨机压出汁液，将皮汁加 0.5g/L（0.05%）苯甲酸钠作防腐剂，送入原料库低温存放备用。

② 吸附、洗脱　压出汁液置不锈钢制保温缸中，不断搅拌，转速 40～60r/min，边搅拌

边加入白陶土，加入量为 40g/L（4%），在 10℃吸附 15～20min，静置过夜。次晨白陶土沉降良好，虹吸除去上清液，留下湿陶土，加入碳酸钠饱和液或 66g/L（6.6%）氢氧化钠调节 pH 至 6.5～7，再加入按湿土计 50% 的硫酸铵或食用精盐，搅拌 25～30min，进行洗脱，即用压滤机进行压滤。

③ 盐析、抽滤 压滤液置于钢桶内，加 9% 的盐酸，V(浓盐酸)：V(水)＝1：3 调节 pH 至 4.5～5，再加 200～250g/L（20%～25%）的硫酸铵进行盐析。待硫酸铵溶解后贮放冷库。次晨虹吸出上层硫酸铵溶液，下层析出稀酶糊，离心分离得粗酶糊。经布氏漏斗抽滤除去部分硫酸铵液，贮放于−20℃，待精制。

④ 溶解、沉淀 取酶粗品加 8～10 倍量的自来水，用 160g/L 氢氧化钠调节 pH 至 7～7.5，轻轻搅拌至溶解。要防止发泡，迅速压滤，分离除去杂质，得澄清液。最后用少量自来水冲洗管道及压滤机，洗液和上述澄清液合并，不断搅拌，加入 9% 盐酸调节 pH＝4，使酶析出，离心分离，得湿菠萝蛋白酶精制品。

⑤ 干燥、粉碎 湿酶精制品抽滤至滤饼产生裂纹，除去部分水分，风扇吹半干，真空干燥，再经球磨机粉碎，即得菠萝蛋白酶成品。

2. 鞣酸吸附法

（1）工艺路线（图 5-8）

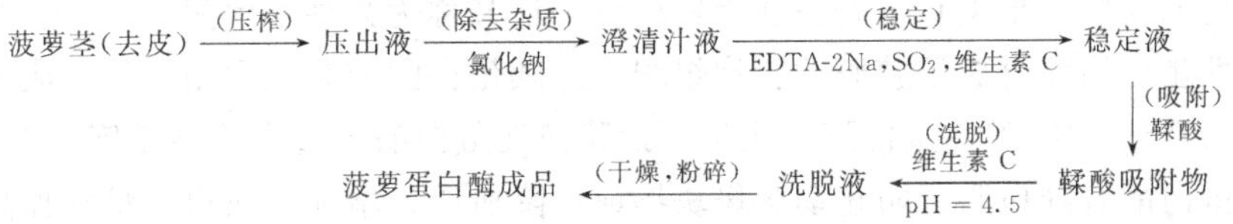

菠萝茎(去皮) $\xrightarrow{\text{(压榨)}}$ 压出液 $\xrightarrow[\text{氯化钠}]{\text{(除去杂质)}}$ 澄清汁液 $\xrightarrow[\text{EDTA-2Na, SO}_2,\text{维生素 C}]{\text{(稳定)}}$ 稳定液 $\downarrow$ 鞣酸 (吸附)

菠萝蛋白酶成品 $\xleftarrow{\text{(干燥,粉碎)}}$ 洗脱液 $\xleftarrow[\text{pH = 4.5}]{\text{(洗脱) 维生素 C}}$ 鞣酸吸附物

图 5-8 鞣酸吸附法制备菠萝蛋白酶的工艺路线

（2）工艺过程

① 压榨、除去杂质 冷冻去皮菠萝茎 25kg，解冻后破碎压汁，按压出汁液的体积量加 100g/L 氯化钠，在 10℃下自然沉降 12h，弃去沉淀物，得澄清汁液 6.5L。残渣用经枸橼酸调节 pH 至 4.5 的 100g/L 氯化钠浸泡 30min，进行两次压汁，在 10℃下澄清 14h 时，分离后得澄清液 5.6L。

② 稳定、吸附 混合上述澄清液，按汁液量加 0.05% 的 EDTA 钠盐、0.06% 的二氧化硫、0.02% 的维生素 C 作稳定剂，搅拌后再按体积加 0.4%～0.6% 的鞣酸进行吸附，得沉淀吸附物。

③ 洗脱、干燥 取鞣酸吸附物，用 pH＝4.5 维生素 C 溶液洗脱，过滤压干，减压干燥，即得菠萝蛋白酶成品。

（三）检验方法

（1）性状 富有菠萝香气，浅黄色或浅棕黄色粉末。

（2）蛋白酶水解活力测定

① 原理 菠萝蛋白酶在一定温度与 pH 条件下，水解酪蛋白底物，然后加入三氯乙酸中止酶反应，并沉淀除去未水解的酪蛋白，滤液对紫外光有吸收，用紫外分光光度法测定，根据吸光度计算酶活力。

② 酶活力单位定义 在测定条件下［pH＝7.0，(37±0.2)℃］，每分钟水解酪蛋白释出的三氯乙酸可溶物在 275nm 的吸光度与 1μg 酪氨酸的吸光度相当时，所需的酶量为 1U。

③ 测定步骤 适当稀释样品后，精密量取样品待测液 1ml，置具塞试管中，于（37±

0.2)℃预温 10min，迅速加入（37±0.2)℃预温的酪蛋白溶液 5ml，从开始加入起准确反应 10min，加入三氯乙酸溶液 5ml，混匀，保温 10min 后过滤。另量取 1ml 的样品待测液于 (37±0.2)℃预温 10min，精密加入三氯乙酸溶液 5ml，准确反应 10min，加入酪蛋白溶液 5ml，摇匀，保温 10min 后过滤，滤液作为上述溶液的空白对照。用分光光度计在 275nm 的波长处测吸光度 A。

以水作空白，在 275nm 的波长处测定 $50\mu g/ml$ 标准酪氨酸吸光度 A_s。

$$每克酶活力单位(U/g) = \frac{A}{A_s} \times M_标 \times \frac{V}{T} \times \frac{样品稀释倍数}{样品质量}$$

$$每毫升酶活力单位(U/ml) = \frac{A}{A_s} \times M_标 \times \frac{V}{T} \times 样品稀释倍数$$

式中　$M_标$——标准酪氨酸溶液浓度；

$\quad\quad V$——体积，11ml；

$\quad\quad T$——反应时间，10min。

六、弹性蛋白酶

弹性蛋白酶（elastase，E. C. 3. 4. 4. 7），又称胰肽酶 E，是一种肽链内切酶，广泛存在于哺乳动物的胰脏。根据它水解弹性蛋白的专一性又称为弹性水解酶。

胰弹性蛋白酶原合成于胰脏的腺泡组织，经胰蛋白酶或肠激酶激活后才成为活性酶。人胰每克含 0.3～6.2U 弹性蛋白酶，比牛、猪胰弹性蛋白酶含量大约高 5 倍。

弹性蛋白酶有降血脂、防止动脉斑块形成、降血压、增加心肌血流量和提高血中 cAMP 含量等功能。

（一）组成及性质

纯胰弹性蛋白酶是由 240 个氨基酸残基组成的单一肽链，分子内有 4 对双硫键。分子的一级结构及高级结构均已研究清楚。其肽链走向和空间构型与糜蛋白酶极为相似。在 pH=5.0 时，分子呈球形，分子内有两个 α 螺旋区，大小为 5.5nm×4.0nm×3.8nm。弹性蛋白酶是一种单纯蛋白酶，不含辅基和金属离子，也无变构中心，其活力取决于特异的三维结构。活性中心氨基酸残基为 His45、Asp93、Ser88，其反应在丝氨酸附近的氨基酸残基排列顺序为 Gly·Asp·Ser·Gly。

弹性蛋白酶为白色针状结晶，相对分子质量为 25000，pI 为 9.5，其最适 pH 随缓冲体系而略有差异，通常为 pH=7.4～10.3，在 0.1mol/L 磷酸缓冲液中 pH 为 8.8。结晶弹性蛋白酶难溶于水，电泳纯的弹性蛋白酶易溶于水和稀盐溶液（可达 50mg/ml)，在 pH=4.5 以下溶解度较小，增加 pH 可以增加溶解度。在 pH=4.0～10.5，于 2℃较稳定，pH<6.0 稳定性有所增加，冻干粉于 5℃下可保存 6～12 个月。在 −10℃ 保存更为稳定。

弹性蛋白酶除能水解弹性蛋白外还可水解血红蛋白、血纤维蛋白等，但对毛发角蛋白不起作用。许多抑制剂能使弹性蛋白酶活力降低或消失，如 $10^{-5}mol/L$ 硫酸铜、$7×10^{-2}mol/L$ 氯化钠可抑制 50% 酶活力，氰化钠、硫酸铵、氯化钾、三氯化磷也有类似作用，一般多为可逆的，大豆胰蛋白酶抑制剂、血清或肠内非透析物等也有抑制作用，其他如硫代苹果酸、巯基琥珀酸、二异丙基氟代磷酸等均能强烈抑制弹性蛋白酶的活力。

（二）生产工艺

1. 动物胰脏提取生产工艺

（1）工艺路线（图 5-9）

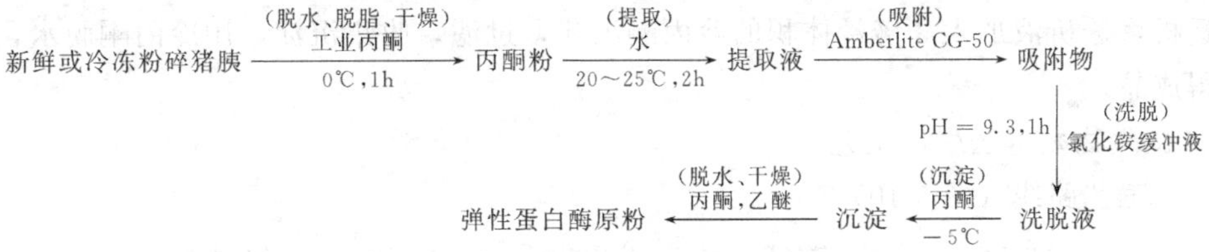

新鲜或冷冻粉碎猪胰 $\xrightarrow[\text{0℃,1h}]{\text{（脱水、脱脂、干燥）}}$ 丙酮粉 $\xrightarrow[\text{20～25℃,2h}]{\text{（提取）}}$ 提取液 $\xrightarrow[\text{Amberlite CG-50}]{\text{（吸附）}}$ 吸附物

弹性蛋白酶原粉 $\xleftarrow[\text{丙酮、乙醚}]{\text{（脱水、干燥）}}$ 沉淀 $\xleftarrow[\text{-5℃}]{\text{（沉淀）}}$ 洗脱液 $\xleftarrow[\text{氯化铵缓冲液}]{\text{pH＝9.3,1h（洗脱）}}$

图 5-9　以动物胰脏提取弹性蛋白酶原粉的工艺路线

（2）工艺过程

① 丙酮粉制备　新鲜或冷冻猪胰脏绞碎，加 3 倍量 0℃以下的丙酮，于 0℃左右搅拌脱水 1h，离心（丙酮进行回收处理），湿饼加 3 倍量丙酮，同法操作，湿饼置真空干燥箱干燥，粉碎，即得丙酮干粉。低温密闭保存，备用。

② 提取　丙酮粉加水［丙酮粉∶水＝1∶20（质量/体积）］，于 20～25℃搅拌提取 2h，板框压滤，得澄清提取液。

③ 树脂吸附　滤液用蒸馏水稀释至 2～3 倍，加 0.1mol/L、pH＝6.4 磷酸缓冲液平衡过的 Amberlite CG-50 树脂［原料∶树脂＝1∶2（质量比）］，在 20～25℃搅拌吸附 2h，收集树脂，用蒸馏水漂洗树脂至洗液无色，得吸附物。

④ 解吸　树脂加入 pH＝9.3、0.5mol/L 氯化铵缓冲液，搅拌洗脱 1h。分离树脂，洗脱液以 2mol/L 醋酸调至中性过滤，得澄明解吸液。

⑤ 丙酮沉淀　在 -5℃下，边搅拌边加入 3 倍量 -5℃的丙酮，加完后，继续搅拌 10min，于 -5℃静置，沉淀数小时。

⑥ 脱水、干燥　收集沉淀，用丙酮、乙醚各洗 2～3 次，真空干燥，得弹性蛋白酶原粉。

用常法获得的结晶弹性蛋白酶未经色谱法或电泳法纯制时是 E_1（elastomuease）与 E_2（elastoproteinase）的共晶体，E_1 具有水解弹性黏蛋白的活力，E_2 具有水解弹性蛋白的活力，电泳行为呈现快、慢两种成分，是药用制剂的主要成分。电泳均一纯或超离心单一峰纯的弹性蛋白酶为单一 E_2 成分，纯度达 99.9% 以上，含胰蛋白酶小于 0.01%，糜蛋白酶小于 0.04%，其他酶小于 0.001%。

⑦ 亲和色谱法纯化弹性蛋白酶　取弹性蛋白粉 5g（200 目，用牛颈韧带制备）和色谱纤维素粉 50g，用 0.05mol/L、pH＝4.5 乙酸缓冲液搅拌 40min，混匀后上柱（2.5cm×40cm），柱用上述缓冲液充分平衡，再将经 735 阳离子交换树脂分离制备的弹性蛋白酶 1g（15U/mg），用 0.05mol/L、pH＝4.5 乙酸缓冲液溶解，滤清，以 0.3ml/min 流速进柱。进样完毕后，继续用缓冲液洗涤，收集洗涤液于 280nm 测定吸收值，得到峰 A，然后用 1mol/L、pH＝4.5 乙酸缓冲液洗脱弹性蛋白酶，即得峰 B。合并峰 B 用 0.15mol/L 氯化钾透析，冻干，得电泳均一纯弹性蛋白酶，比活力提高 20 倍以上。

⑧ DEAE-Sephadex A-50 及 CMC 柱色谱纯化　将 DEAE-Sephadex A-50 色谱柱（3cm×100cm）预先用 pH＝9.5 的 0.01mol/L 碳酸盐缓冲液平衡。取药用弹性蛋白酶原粉 5g，用 250ml 与平衡色谱柱相同的缓冲液溶解，过滤，滤液沿柱壁缓缓加入，1ml/min 流速进柱，待样品完全进柱后，用 0.05mol/L、pH＝9.5 的碳酸盐缓冲液洗脱，分部收集，分别测定蛋白质浓度及酶活力。取酶活性组分，再上预先用 0.02mol/L 乙酸缓冲液平衡的 CMC 色谱柱（2cm×40cm）。将酶活性组分 125ml 用 2mol/L 乙酸调 pH＝5，沿壁加入，以 0.5ml/min 流速进柱，待完全进柱后，用 0.05mol/L、pH＝5 乙酸缓冲液和 1mol/L NaCl 液进行梯度洗

脱，分部收集，分别测定蛋白质浓度和酶活力。收集酶活性洗脱峰，扎袋，在5℃以下对水进行透析，透析液加入3倍量体积的冷丙酮沉淀，过滤，收集沉淀，用冷丙酮脱水，真空干燥即得成品。

2. 微生物发酵法生产工艺

（1）工艺路线（图5-10）

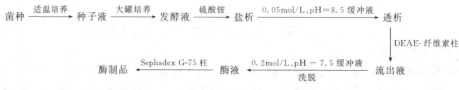

图5-10 微生物发酵法生产酶制品的工艺路线

（2）工艺过程 微生物弹性蛋白酶为胞外酶，发酵菌种有 *Pseudomonas aeruginosa* IFO3455、*Aspergillus versicolor* 837 等。发酵液于4℃、5000r/min离心30min，弃菌体沉淀，上清液即为粗酶液。粗酶液边搅拌边加入硫酸铵溶液，使饱和度达到30%，操作温度为4℃，于此温度静置过夜。次日11000r/min离心45min，上清液中继续添加硫酸铵粉末至65%饱和度，4℃静置过夜。11000r/min离心45min，沉淀溶解于pH=8.5、0.05mol/L的硼酸缓冲溶液中，透析。DEAE-纤维素柱色谱，0.2mol/L、pH=7.5缓冲液洗脱，含酶组分经Sephadex G-75柱色谱，收集得电泳均一酶制品。

（三）检验方法

（1）质量标准和检定方法简介 暂定标准规定，以刚果红弹性蛋白为底物，按干重计算每毫克的弹性蛋白酶活力不得低于15U。

（2）活力测定方法

① 标准曲线的制备 取试管6支，分别加入准确称量的刚果红-弹性蛋白5mg、10mg、15mg、20mg、25mg、12.5mg，1～5管各加入过量酶液（约200U弹性蛋白酶）5ml，第6管加入pH=8.8硼酸缓冲液5ml（为空白管）。于37℃保温至各管底物彻底水解，各加入pH=6.0磷酸缓冲液5ml，空白管离心沉淀除去底物，然后各管分别精确吸出4ml上清液，各加pH=8.8硼酸缓冲液1.0ml、pH=6.0磷酸缓冲液5ml，摇匀，于495nm测定吸光度，以各管比色时底物量为横坐标，以吸光度为纵坐标，绘制标准曲线。

② 供试液的配制 精密称取弹性蛋白酶适量，加适量pH=8.8硼酸缓冲液，研磨至全部溶解后，定容，并用缓冲液稀释成每毫升含2.5～3.0U弹性蛋白酶。

③ 样品活力测定 取试管3支，分别加入精密称取的刚果红-弹性蛋白20mg，加pH=8.8硼酸缓冲液3ml，置水浴预热至37℃，样品管加入预热至37℃的供试液2ml，空白管加入硼酸缓冲液2ml，置37℃水浴中充分振摇，准确保温20min，然后各管加入5ml磷酸缓冲液，离心15min，取上清液，于495nm测定吸光度，以供试液的吸光度从标准曲线上查得相应的弹性蛋白水解量，经换算求出样品的酶活力单位。按本法，在测定条件下，20min水解1.0mg刚果红-弹性蛋白所需的酶量为1U弹性蛋白酶。也有规定每分钟从底物释放1μg酪氨酸定为1个活力单位（EIU）。

对于纯弹性蛋白酶的活力测定也可用人工底物，其准确性更高，但不得有类似催化作用的酶混杂，才可应用。常用的人工底物有 N-苯甲酰-L-丙氨酸甲酯及琥珀酰-L-三丙氨酸-对硝基苯胺等。

七、胰酶

(一) 化学组成和性质

胰酶是从动物胰中提取的一种酶的混合物，含有胰蛋白酶、糜蛋白酶、多种肽酶、脂肪酶和淀粉酶等。呈白色或淡黄色无定形粉末，有特殊的臭味，有吸湿性，部分溶于水及低浓度的乙醇中，不溶于高浓度乙醇、丙酮和乙醚等有机溶剂。水溶液 pH＝2～3 时稳定，pH＝6 以上时不稳定，Ca^{2+} 的存在可增加其稳定性。遇酸、热及重金属、鞣酸等蛋白质沉淀剂则产生沉淀。

胰酶的特性，要视生产工艺而定。据报道，提取前将胰静放 2～3d 的胰酶含胰蛋白酶和胰淀粉酶较多，胰脂肪酶的活力则很低，多种浓度的乙醇会使脂肪酶失活。

制造胰酶以猪胰为原料，采用稀醇提取法。

胰酶主要促进蛋白质和淀粉的消化，对脂肪亦有一定的消化作用。临床上主要用于治疗消化不良、食欲不振及肝、胰腺疾病引起的消化障碍。

(二) 生产工艺

(1) 工艺路线（图 5-11）

$$猪胰浆 \xrightarrow[6\sim10℃,48h]{激活} 激活胰浆 \xrightarrow[pH=4\sim5,15\sim25℃]{提取} 提取液 \xrightarrow[0\sim5℃]{沉淀} 粗制胰酶 \xrightarrow[40℃以下]{脱脂、干燥} 胰酶成品$$

图 5-11　以猪胰脏提取胰酶的工艺路线

(2) 工艺过程

① 激活、提取　将冻猪胰绞碎成胰浆，于 6～10℃ 放置 48h，激活后，在搅拌下加入 2 倍量的 25％乙醇，用 30％盐酸调节 pH 至 4～5，加入适量的氯化钙，于 15～25℃ 保温提取 4～8h，过滤，滤饼同法再提取 1 次，合并 2 次提取液。

② 沉淀　将提取液加入预冷至 0～5℃ 的 95％乙醇，使乙醇的体积分数达到 75％，放置冷冻 10～15h 使其沉淀完全，过滤，收集沉淀，压干，得粗制胰酶。

③ 脱脂、干燥　取粗制胰酶置于循环脱脂器中，加入丙酮脱脂，直至无脂肪为止。在 40℃ 以下鼓风干燥，球磨成粉，通过 80 目筛，即得胰酶成品。对猪胰质量计算总收率为 9％～12％。

1980 年美国药典（USP）第 20 版和国家处方集第 15 版收载胰酶时规定：每毫克胰酶制剂含淀粉酶活力不少于 25 USP 单位（1 USP 单位可消化 1mg 淀粉），蛋白酶活力不少于 25 USP 单位（1 USP 单位消化 1mg 酪蛋白），脂肪酶活力不少于 2 USP 单位（1 USP 单位每分钟可从橄榄油底物中释放 $1\mu mol$ 的酸），承认胰酶粉、胰酶片和胰酶胶囊 3 种剂型，包肠溶衣不是 USP 的法定剂型。

胰脂酶是一种由猪胰腺提取的酶浓缩物，含脂肪酶、淀粉酶和蛋白酶。USP 标准规定每毫克胰脂酶含量不少于下列数值：脂酶 24 USP 活力单位、淀粉酶 100 USP 活力单位和蛋白酶 100 USP 活力单位。测定与胰酶相同，但 USP 规定，与胰酶相比，胰脂酶的脂肪酶活力是 12 倍、淀粉酶是 4 倍、蛋白酶是 4 倍。与 BP 规定的胰酶相比 USP 胰脂酶中的脂肪酶活力是 1.6 倍，蛋白酶是 1.6 倍，淀粉酶是 2 倍。USP 胰脂酶中脂肪酶相对于其他酶的比例和 BP 胰酶中的比例接近，欧洲国家实际上已将胰脂酶归入了广义的胰酶中。表 5-6 列出了国外的胰脂酶制剂。

表 5-6 国外胰脂酶制剂

剂 型	肠溶衣	来源	单剂量/mg	USP 单位			商品名(制造商)
				淀粉酶	蛋白酶	脂肪酶	
粉剂	无	猪胰	430	30000	30000	8000	Cotazym (Organon)
片剂	无	猪胰	400	10000	40000	9600	Ilozyme(Warren-Teed)
胶囊	无	猪胰	300	30000	30000	8000	Cotazym (Organon)
胶囊	无	猪胰	300	30000	30000	8000	Kuzyme HP (Kermers-Vrban)
微胶囊	有	猪胰	400	20000	25000	4000	Pancrease (Johnson R Johnson)

④ 药用胰酶改进工艺 将新鲜冻胰绞碎成胰糊,加 1.5 倍体积的 25％乙醇及激活剂 NaCl、$CaCl_2$、酶粉,置于室温下提取活化 10～20h,再加乙醇至体积分数为 70％,单层纱布过滤,滤液于冷室放置 2～8h,分离取沉淀,制粒,乙醚脱脂 3 次,在 35～40℃干燥,粉碎,即得药用胰酶。收率为 11.3％,蛋白酶活力为 3.98U/mg,淀粉酶为 93.33U/mg,脂肪酶为 28.24U/mg。改进后的新工艺,具有工艺简单、生产周期短、产品质量好、收率高以及生产条件缓和等优点,与国内其他生产工艺比较,可以在不增加特殊设备的情况下,提高收率,降低成本。

(三) 检验方法

活力测定:以胰蛋白酶、胰淀粉酶和胰脂肪酶的活力指标来衡量。

八、尿激酶

尿激酶(urokinase,缩写为 UK, E. C. 3. 4. 99. 26)是人体肾细胞产生的一种碱性蛋白酶,主要存在于人及哺乳动物的尿中。人尿平均含量 5～6IU/ml。日本用亲和色谱法分离纯化 UK,得率很高。美国开发新的资源,用人胎儿肾细胞培养,即组织培养法,在空间卫星上分离出专门产生 UK 的细胞并进行 UK 的结晶工作,含量比一般提高 100 倍;另外,又用基因工程方法,将产生 UK 的基因成功转移到细菌细胞上,再培养产生 UK。根据中国的实际情况,以尿为提取尿激酶的来源,比较适合中国国情。

临床上,尿激酶已广泛应用于治疗各种新血栓形成或血栓梗死等疾病。尿激酶与抗癌剂合用时,由于它能溶解癌细胞周围的纤维蛋白,使得抗癌剂能更有效地穿入癌细胞,从而提高抗癌剂杀伤癌细胞的能力,所以尿激酶也是一种很好的癌症辅助治疗剂。

(一) 组成及性质

尿激酶有多种相对分子质量形式,主要的有 31300、54700 两种。尿中的尿胃蛋白酶原(uropepsinogen)在酸性条件下可以被激活生成尿胃蛋白酶(uropepsin),后者可以把相对分子质量为 54700 的天然尿激酶降解成相对分子质量为 31300 的尿激酶。相对分子质量为 54700 的天然尿激酶由相对分子质量分别约为 33100 和 18600 的两条肽键通过二硫键连接而成。尿激酶是丝氨酸蛋白酶,丝氨酸和组氨酸是其活性中心的必需氨基酸。

尿激酶是专一性很强的蛋白水解酶,血纤维蛋白溶酶原是它惟一的天然蛋白质底物,它作用于精氨酸-缬氨酸键使纤溶酶原转化为有活性的纤溶酶。尿激酶对合成底物的活性与胰蛋白酶和纤溶酶近似,也具有酯酶活力,可作用于 N-乙酰甘氨酰-L-赖氨酸甲酯(AG-LME)。

尿激酶的 pI 为 pH＝8～9,主要部分在 pH＝8.6 左右。溶液状态不稳定,冻干状态可稳定数年。1％EDTA、人血白蛋白或明胶可防止酶的表面变性作用,0.005％鱼精及其盐与 0.005％ Chloexidine gluconate 等对酶有良好的稳定作用,在制备时,加入上述试剂可明显提高收率。二硫代苏糖醇、ε-氨基己酸、二异丙基氟代磷酸等对酶有抑制作用。

（二）生产工艺

1. 硅藻土吸附法生产工艺

（1）工艺路线（图 5-12）

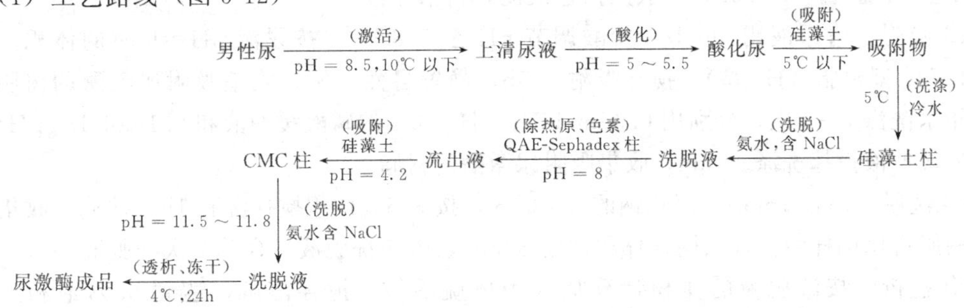

男性尿 $\xrightarrow[\text{pH}=8.5,10℃以下]{\text{（激活）}}$ 上清尿液 $\xrightarrow[\text{pH}=5\sim5.5]{\text{（酸化）}}$ 酸化尿 $\xrightarrow[\text{5℃以下}]{\text{（吸附）硅藻土}}$ 吸附物 $\xrightarrow[\text{冷水}]{\text{（洗涤）}5℃}$

CMC柱 $\xleftarrow[\text{pH}=4.2]{\text{（吸附）硅藻土}}$ 流出液 $\xleftarrow[\text{pH}=8]{\text{（除热原、色素）QAE-Sephadex柱}}$ 洗脱液 $\xleftarrow[\text{氨水，含 NaCl}]{\text{（洗脱）}}$ 硅藻土柱

$\downarrow$ （洗脱）氨水含 NaCl, pH＝11.5～11.8

尿激酶成品 $\xleftarrow[\text{4℃,24h}]{\text{（透析、冻干）}}$ 洗脱液

图 5-12 硅藻土吸附法制备尿激酶的工艺路线

（2）工艺过程

① 尿液收集　收集男性尿，所收集的尿液应在 8h 内处理。尿液 pH 控制在 6.5 以下，电导相当于 $20\sim30M\Omega^{-1}$，细菌数 1000 个/ml 以下，夏天加 0.8％苯酚防腐。

② 沉淀、酸化　将新鲜尿液冷至 10℃ 以下，用 3mol/L NaOH 调节 pH 至 8.5，静置 1h，虹吸上清液。用 3mol/L 盐酸调 pH 至 5.0～5.5，得酸化尿液。

③ 硅藻土吸附　酸化尿液加入 10g/L 的硅藻土（硅藻土预先用 10 倍量 2mol/L 盐酸搅拌处理 1h，水洗至中性），于 5℃ 以下搅拌吸附 1h。

④ 洗脱　硅藻土吸附物用 5℃ 左右冷水洗涤，然后装柱（柱比 1:1），先用 0.02％氨水洗涤至洗出液由浑变清，改用 0.02％氨水加 1mol/L 氯化钠洗脱尿激酶，当洗脱液由清变浑时开始收集，每吨尿约可收集 15L 洗脱液（100U/ml，3000U/mg）。

⑤ 除热原、去色素　上述洗脱液用饱和磷酸二氢钠调 pH 至 8，加氯化钠调电导相当于 $22M\Omega^{-1}$，通过预先用 pH＝8 磷酸缓冲液平衡过的 QAE-Sephadex 色谱柱（用量 20000～30000U/ml QAE-Sephadex），经过 5h 流完，收集流出液。色谱柱用 3 倍柱床体积的磷酸缓冲液洗涤，洗涤液与流出液合并。

⑥ CMC 浓缩　上述收集液用 1mol/L 乙酸调 pH＝4.2，以蒸馏水调电导至相当于 16～$17M\Omega^{-1}$，通过预先用 0.1mol/L、pH＝4.2 乙酸缓冲液（电导 $17M\Omega^{-1}$）平衡过的 CMC 色谱柱（用量 300000U/ml CMC），约 12h 上样完毕。用 10 倍柱床体积量的 pH＝4.2 的乙酸-乙酸钠缓冲液洗涤柱床后，改用 0.1％氨水加 0.1mol/L 氯化钠，pH＝11.5～11.8，洗脱尿激酶，此时可见尿激酶洗脱液成丝状流出，部分收集洗脱液（30000～40000U/ml，15000～20000U/mg）。

⑦ 透析除盐　洗脱液于 4℃ 对水透析 24h，一般换水 3～4 次，透析液离心去沉淀得离心液，抽样检验合格后稀释，除菌，加入适量赋形剂，分装，冻干即得成品尿激酶制剂。

2. 724 树脂吸附法生产工艺

（1）工艺路线（图 5-13）

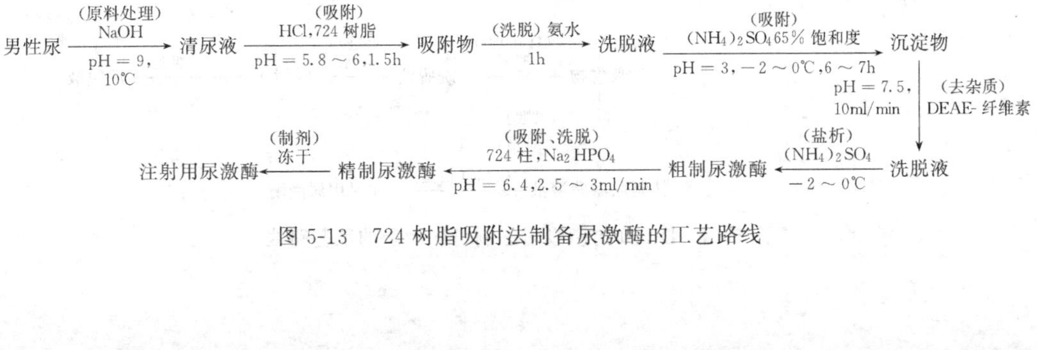

男性尿 $\xrightarrow[\substack{\text{pH}=9,\\10℃}]{\text{（原料处理）NaOH}}$ 清尿液 $\xrightarrow[\text{pH}=5.8\sim6,1.5h]{\text{（吸附）HCl,724 树脂}}$ 吸附物 $\xrightarrow[\text{1h}]{\text{（洗脱）氨水}}$ 洗脱液 $\xrightarrow[\text{pH}=3,-2\sim0℃,6\sim7h]{\text{（吸附）}(NH_4)_2SO_4\ 65\%\ 饱和度}$ 沉淀物 $\xrightarrow[\substack{\text{pH}=7.5,\\10ml/min}]{\text{（去杂质）DEAE-纤维素}}$

注射用尿激酶 $\xleftarrow[\text{冻干}]{\text{（制剂）}}$ 精制尿激酶 $\xleftarrow[\text{pH}=6.4,2.5\sim3ml/min]{\text{（吸附、洗脱）724 柱,}Na_2HPO_4}$ 粗制尿激酶 $\xleftarrow[-2\sim0℃]{\text{（盐析）}(NH_4)_2SO_4}$ 洗脱液

图 5-13 724 树脂吸附法制备尿激酶的工艺路线

（2）工艺过程

① 原料处理　收集新鲜男性尿，在 2～3h 内冷却至 10℃ 以下，用 5mol/L 氢氧化钠调节 pH 至 9，静置 1～1.5h，弃去灰白色沉淀，得清尿液。

② 吸附　清尿液用 5mol/L 盐酸调节 pH 至 5.8～6。按尿液 pH＝9 时的体积，加入 15g/L 724 型树脂（H^+ 型），搅拌吸附 1.5h，静置自然下沉。收集吸附尿激酶的树脂，用去离子水洗涤 2～3 次，分别用 0.05mol/L、pH＝6.4 的磷酸缓冲液和 0.1mol/L、pH＝6.4 的磷酸缓冲液搅拌洗涤 30min，收集吸附尿激酶的树脂。

③ 洗脱　用含 1mol/L 氯化钠的 2％氨水，按 3.5％体积搅拌洗脱 1h，抽滤，收集洗脱液，树脂再用同样溶液加入同样体积洗脱 30min，收集洗脱液，合并 2 次洗脱液。

④ 盐析　按洗脱液的体积计算加入固体硫酸铵，搅拌溶解，达到 65％饱和度。用 5mol/L 盐酸调节 pH 至 3，根据加酸的量再补加硫酸铵，保持 65％饱和度，于 -2～0℃ 沉淀尿激酶 6～7h，纸浆过滤，收集沉淀，再用 3～4g/L（0.3％～0.4％）的溶解液 [V（0.05mol/L、pH＝6.6 磷酸钾缓冲液）：V（1％氨水）＝2：3] 溶解。

⑤ 去杂质、盐析　将上述溶解液用 10 倍体积的去离子水透析 2h，再用 4 倍体积的 0.05mol/L、pH＝6.4 的磷酸钠缓冲液（含 0.01mol/L EDTA）平衡 3h，纸浆过滤除去不溶物。再上样于用缓冲液平衡的 DEAE-纤维素柱，流速 10～15ml/min，收集流出液和洗柱液，合并。按体积加入固体硫酸达 65％饱和度，于 -2～0℃ 沉淀 4h，纸浆过滤，沉淀用 0.05mol/L、pH＝7.5 磷酸钠缓冲液溶解，10 倍体积去离子水透析 2h，再用 0.05mol/L、pH＝7.5 磷酸钠缓冲液平衡 3h，过滤除去不溶物。滤液上 0.05mol/L、pH＝7.5 磷酸钠缓冲液平衡过的 DEAE-纤维素柱，流速 10ml/min，收集、合并流出液和洗柱液。按体积加入固体硫酸铵达 65％饱和度，于 -2～0℃ 沉淀 4h，离心并收集沉淀，得尿激酶粗制品。比活力约为 5000U/mg。

⑥ 吸附、洗脱　取粗制尿激酶溶于 0.1mol/L、pH＝6.4 磷酸钠缓冲液（含 0.1％ED-TA）中，上 80～100 目 724 弱酸型阳离子交换树脂柱（4cm×5cm），流速 1.5ml/min，全部上完后，用无热原水洗柱，流速 3ml/min，洗至无蛋白质为止（用浓硝酸法检查蛋白质）。用 0.01mol/L 磷酸二氢钠（含 30g/L 氯化钠、0.1mol/L EDTA）溶液洗脱尿激酶，流速 2.5～3ml/min，收集出现蛋白质的流出液，直到查不出蛋白质为止。比活力可达 (1.5～2)×10^4 U/mg 蛋白质。再用 pH＝8.75 磷酸缓冲液透析平衡 4h，上 724 树脂柱，流速 1.5ml/min，上完样后，用起始缓冲液洗柱至无蛋白质，再用 pH＝8.75 磷酸缓冲液（含 0.5mol/L 氯化钠）洗脱尿激酶，收集活力部分，调节 pH＝7，得精制尿激酶。

3. D-160 树脂吸附法生产工艺

（1）工艺路线（图 5-14）

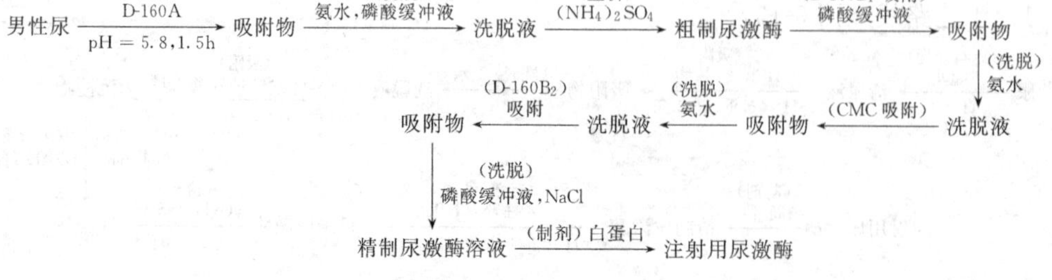

图 5-14　D-160 树脂吸附法制备尿激酶的工艺路线

（2）工艺过程

① 粗制 收集新鲜男性尿，加入处理好的 D-160A 离子交换树脂，搅拌吸附 1.5h，弃去尿，用水洗涤树脂去残尿及杂质，洗至澄清为止。用氨水洗脱，洗脱液用硫酸铵进行盐析，过滤，得滤饼为粗制尿激酶。收率为 70%。

② 精制 取粗制品溶解于 0.05mol/L 磷酸缓冲液中，过滤除去不溶物，滤液上 D-160B$_1$ 树脂柱吸附，氨水洗脱，收集活性部分。再上 CMC 柱吸附，氨水洗脱，洗脱液上 D-160B$_2$ 柱吸附，用磷酸缓冲液洗涤，氯化钠溶液洗脱，收集活性部分洗脱液，得精制尿激酶溶液。每吨尿约得 100～200ml，收率为 34.4%。

③ 制剂 取上述精制溶液，调节 pH 至 7，按 10000U 加入 1mg 白蛋白比例投料，以 0.3μm 微孔薄膜过滤，分装，冻干即得制剂成品。总收率为 24%。

（三）检验方法

成品尿激酶为无色（或米色）澄清液或白色冻干粉末。每毫克蛋白的酶活力不得低于 15000IU。其活力测定方法如下：

1. 气泡上升法

（1）试剂

① 巴比妥缓冲液 5.05g 巴比妥二钠，3.7g 氯化钠，0.2mol/L 盐酸 157ml，0.5g 明胶，用蒸馏水稀释到 500ml，调 pH 至 7.75。

② Tris 缓冲液 三羟甲基氨基甲烷 6.06g、赖氨酸盐 3.65g、氯化钠 5.8g，EDTA 二钠 3.7g，溶解成 1000ml，调 pH 至 9.0。

③ 血纤维蛋白原 用前以巴比妥缓冲液配成每毫升含 6.67mg 可凝结蛋白。

④ 牛凝血酶 用前以巴比妥缓冲液配成每毫升为 6 BP 单位。

⑤ 血纤维溶酶原 用前以 Tris 缓冲液配制成每毫升为 1.4U 酪蛋白，再与牛凝血酶溶液等量混合。

⑥ 尿激酶参照标准品 用巴比妥缓冲液稀释成每毫升 60IU。

（2）反应系统 血纤维的溶液 0.3ml。尿激酶巴比妥溶液（每毫升 6IU、12IU、18IU、24IU）1.0ml，血纤维溶酶原溶液和牛凝血酶等体积混合液 0.4ml。

（3）操作 取 12mm×75mm 小试管，置冰水浴中，依次加入上述溶液，迅速搅匀，立即置（37±0.5）℃水浴保温，记时。反应系统应在 30～45s 内凝结。凝块内有小气泡生成，当凝块溶解时，气泡逐渐上升，在气泡上升到反应系统体积一半时作为反应终点，记时。

反应终点时间－放入水浴时间 ＝ 凝块溶解时间

以酶浓度作纵坐标（以国际单位表示），凝块溶解时间为横坐标（以分表示），作标准曲线。将被测酶样品稀释成 10～20IU/ml，同上操作，根据凝块溶解时间，可从标准曲线上查得样品的活力单位。

2. 平板法

（1）试剂

① 血纤维蛋白原 0.25%（质量浓度）溶液 溶解液为 17 份生理盐水，1 份 0.03mol/L、pH＝7.8 磷酸缓冲液。

② 牛凝血酶 用生理盐水配成每毫升 60NIH 单位（2.2NIH 单位＝1BP 单位）。

③ 磷酸缓冲液 0.03mol/L、pH＝7.8。

④ 明胶溶液 用 0.03mol/L、pH＝7.8 磷酸缓冲液溶解明胶，配成 0.1% 明胶溶液。

⑤ 尿激酶样品　用明胶溶液配成适当浓度。

（2）操作　在直径为 10.5 cm 平皿里，加入 17ml 纤维蛋白原溶液，再加入 0.4ml 凝血酶溶液，快速摇匀（不能出现气泡和血丝），静置 0.5h，凝结后平板应基本透明无色，用微量注射器点 20μl，同时点上稀释成不同浓度的标准品，覆以玻盖，于 37℃ 温箱中保温 18h 后取出，用卡尺测出溶圈垂直两直径，相乘得一乘积。以溶圈直径乘积为纵坐标，标准品酶的浓度为横坐标作图，即可在图上查出样品的活力单位。

九、细胞色素 C

细胞色素 C（cytochrome C）存在于自然界中一切生物细胞里，其含量与组织的活动强度成正比。以哺乳动物的心肌（如猪心含 250mg/kg）、鸟类的胸肌和昆虫的翼肌含量最多，肝、肾次之，皮肤和肺中最少。酵母细胞中含量不多，但原料资源丰富。

细胞色素 C 是一大类天然物质，分为 a、b、c、d 等几类，每一类里包括极其相似的若干种。现已对将近 100 多个生物种属（包括动物、植物、真菌、细菌等）细胞色素 C 的化学结构进行了测定，研究得比较清楚。

细胞色素 C 在临床上主要用于组织缺氧的急救和辅助用药，适用于治疗脑缺氧、心肌缺氧和其他因缺氧引起的一切症状。常用剂型有细胞色素 C 注射液和注射用细胞色素 C 冻干制品。口服剂正在研究，采用相对分子质量 5 万的明胶与细胞色素 C 适当配比，形成细胞色素 C 明胶复合体，细胞色素 C 分子的活性结构部分被包藏在复合体中，阻断了氧化、光线等的破坏，因而明胶起到了保护剂和稳定剂的作用，增加了对蛋白酶的抵抗性，使之进入肠道后缓慢释放和吸收。

（一）组成、结构及性质

细胞色素 C 是含铁卟啉的结合蛋白质，铁卟啉环与蛋白质部分比例为 1：1。猪心细胞色素 C 相对分子质量 12200，酵母细胞色素 C 相对分子质量 13000 左右，pI 10.2～10.8。因以赖氨酸为主的碱性氨基酸含量较多，故呈碱性。每个分子含一个铁原子，约为相对分子质量的 0.43%。不同原料提取的细胞色素 C 在结构、组成、相对分子质量、含铁量和 pI 等方面有差异。

细胞色素 C 对干燥、热和酸都较稳定。它在细胞中以氧化型和还原型两种状态存在。氧化型水溶液呈深红色，在 pH＝2.5～9.35 之间不发生变性反应，在饱和硫酸铵中可溶解；还原型水溶液呈桃红色，溶解度较小。

（二）生产工艺

1. 以猪心为原料的生产工艺

（1）工艺路线（图 5-15）

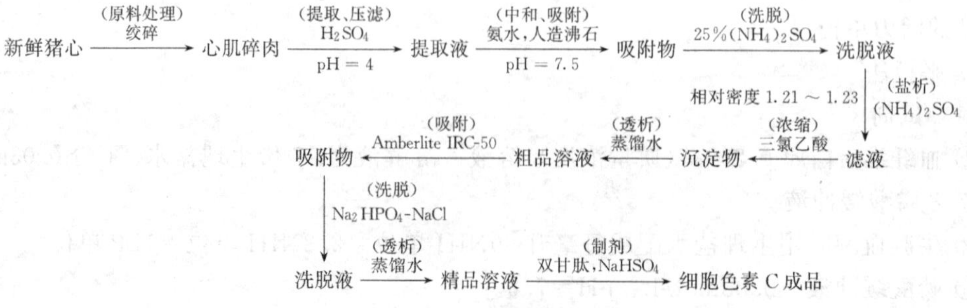

图 5-15　以猪心为原料提取细胞色素 C 的工艺路线

（2）工艺过程

① 绞碎、提取、压滤　取新鲜或冷冻猪心，去血块、脂肪和肌腱等，绞肉机中绞碎。称取心肌碎肉，加 1.5 倍量蒸馏水搅拌均匀，用 1mol/L 硫酸调整 pH=4 左右，常温搅拌提取 2h，压滤，滤液用 1mol/L 氨水调节 pH=6.2，离心得提取液。心渣再加等量蒸馏水同上法重复 1 次，合并两次提取液。

② 中和、吸附、洗脱　提取液加 2mol/L 氨水中和至 pH=7.5，在冰箱中静止沉淀杂蛋白，吸取上清液，每升提取液加入 10g 人造沸石，搅拌吸附 40min，静置倾去上层清液。收集吸附细胞色素 C 的人造沸石，用蒸馏水洗涤 3 次，2g/L 氯化钠溶液反复洗涤 4 次，再用蒸馏水洗至洗液澄清为止。过滤抽干，然后装柱，用 25% 硫酸铵溶液洗脱，得洗脱液。

③ 盐析、浓缩、透析　洗脱液加入固体硫酸铵达到 45% 饱和度（相对密度为 1.21～1.23），使杂蛋白析出，过滤。收集透明滤液，缓缓加入 20% 三氯乙酸（25 ml/L），边加边搅拌使细胞色素 C 沉淀析出，离心收集沉淀。将沉淀溶于蒸馏水，装入透析袋中，透析至无硫酸根为止，过滤得细胞色素 C 粗品溶液。

④ 吸附、洗脱、透析　粗品溶液通过处理好的 Amberlite IRC-50（NH_4^+）树脂柱吸附，然后将树脂移入大烧杯中，水洗至澄清为止，再分别上柱，用 0.6mol/L 磷酸氢二钠与 0.4mol/L 氯化钠混合液洗脱，流速为 2ml/min，洗脱液用蒸馏水透析去氯离子，得细胞色素 C 精制溶液。

⑤ 制剂　取含相当于 1.5g 的细胞色素 C 精制液，加 200mg 亚硫酸氢钠，搅拌溶解，再加双甘肽 1.5g 混合均匀，用 2g/L 氢氧化钠调节 pH 至 6.4 左右，加注射用水 100ml，过滤除热原，6 号垂熔漏斗过滤，测含量，灌注，冷冻干燥，即得每支含 15mg 细胞色素 C 的制剂。

2．以新鲜酵母为原料的生产工艺

（1）工艺路线（图 5-16）

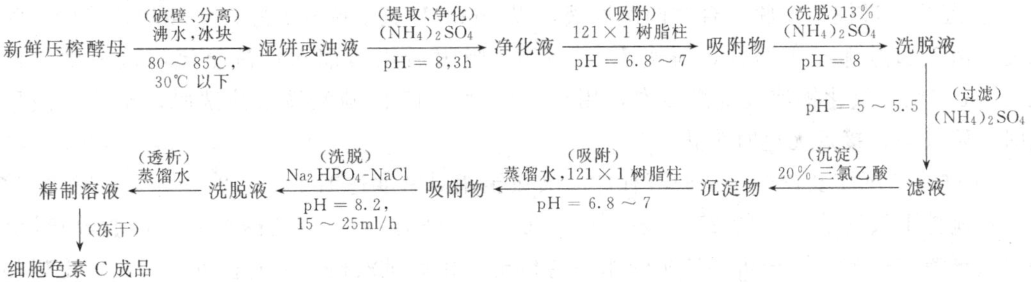

图 5-16　以新鲜酵母为原料制备细胞色素 C 的工艺路线

（2）工艺过程

① 破壁、分离　在搅拌下将新鲜压干酵母加入到等量的沸水中，升温至 80～85℃，然后迅速加至酵母 2 倍量的冰块中，骤冷至 30℃ 以下，使细胞壁破裂，过滤分离，得酵母湿饼或浊液。滤液供提取辅酶 A 用。

② 提取、净化　取酵母湿饼或浊液加入常水 0.65 倍及硫酸铵 0.075 倍量，搅拌溶解，用氨水调节 pH 至 8，搅拌提取 3h（或静置 12～15h），过滤，得净化液。滤渣供提取多糖和核糖核酸用。

③ 吸附、洗脱　取净化液加入常水 3.6～4 倍，用盐酸调节 pH 至 6.8～7，上弱酸性丙烯酸系阳离子交换树脂 112×1 柱（80～100 目）进行吸附，得红色树脂吸附物。挖出，按色泽深浅分别用常用水、蒸馏水及 pH=8 的 0.05mol/L 硫酸铵溶液洗涤后，按色泽由深到浅，自下而上重新上柱，力求紧实，再用 pH=8 的 13% 硫酸铵溶液洗脱，得粗品洗脱液。

④ 过滤、沉淀、吸附、洗脱、透析、冻干　将洗脱液冷至 2～5℃加入固体硫酸铵，使其浓度达到 80％～85％饱和度（每毫升洗脱液约加 0.41g 的硫酸铵），调节 pH 至 5～5.5，于 2～5℃静置 1.5～2h，离心，离心液再用布氏漏斗、4 号垂熔漏斗过滤，得滤液。于 5℃以下加入 200g/L（20％）的三氯乙酸（用量是滤液的 0.03～0.05 倍），使沉淀完全，过滤。收集沉淀物，加新鲜蒸馏水溶解，滤清后，用蒸馏水 30～40 倍稀释，调节 pH 至 6.8～7，过滤，滤液上（112cm×1cm）树脂柱（120～140 目）进行吸附，挖出红色树脂吸附物，用新鲜蒸馏水充分洗涤至洗液不浑浊。重新装柱，力求紧实，用 pH=8.2 的 0.06mol/L 磷酸氢二钠与 0.34mol/L 氯化钠混合液，以 15～25ml/h 的流速洗脱，得洗脱液。用新鲜蒸馏水透析至无盐，再经 6 号垂熔漏斗及硝化纤维薄膜无菌过滤，分装，冷冻干燥，即得细胞色素 C 成品。

3. 以牛心为原料的提取法

（1）工艺路线（图 5-17）

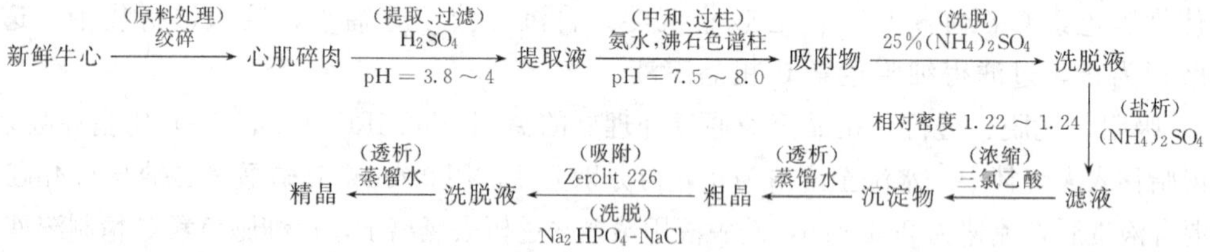

图 5-17　以牛心为原料提取细胞色素 C 的工艺路线

（2）工艺过程

① 提取、过滤　将牛心去脂肪等结缔组织，洗净，绞碎，第 1 次提取按心肌质量加 1.5 倍蒸馏水，第 2 次提取加 1.3 倍量，以 2mol/L 硫酸溶液调 pH 为 3.8～4.0，连续搅拌提取 1.5～2h，以 2mol/L 氨水调 pH 为 6.2，用双层纱布过滤。

② 沉淀、过柱、洗脱　合并两次滤液，以 2mol/L 氨水调 pH 为 7.5～8.0，静置，除去沉淀，清液通过沸石色谱柱，流速 15ml/min，吸附后用蒸馏水冲洗至流出液澄清，再用 2g/L（0.2％）氯化钠溶液洗涤 2 次，用相对密度 1.15 的硫酸铵溶液洗脱，至流出液呈红色时开始收集，接近无色时为止。

③ 过滤、沉淀及透析　洗脱液补加硫酸铵至相对密度达 1.22～1.24，静置，除去沉淀。在不断搅拌下按滤液体积的 25％缓缓加入 200g/L（20％）三氯乙酸溶液，过滤收集沉淀。加少量蒸馏水溶解，装透析袋置蒸馏水中透析至氯化钡试液检查无明显沉淀为止，得粗晶。

④ 精制　粗晶再通过 Zerolit 226 树脂色谱柱，经蒸馏水反复洗涤后，用 0.4mol/L 氯化钠-60mmol/L 磷酸氢二钠混合液洗脱，分段收集，头部和尾部合并，另作回收处理，中部装透析袋置蒸馏水中透析至硝酸银试液检查无明显沉淀为止，得精晶，收率为 15mg/kg。

（三）检验方法

（1）质量标准

① 性状：深红色的澄清液体。

② 含铁量：0.40％～0.46％。

③ 含酶量：每毫升中含细胞色素 C 不得少于 15mg。

④ 酶活力：不低于 95.0％。

（2）酶活力测定方法　取 0.2mol/L 磷酸盐缓冲液 5ml、琥珀酸盐溶液 1.0ml、供试品溶液 0.5ml，置 25ml 具塞比色管中，加去细胞色素 C 的悬浮液 0.5ml 与氰化钾溶液 1.0ml，加水稀释至 10ml，摇匀，以同样的试剂作空白，用分光光度法，在 550nm 波长处附近，间隔 0.5nm 找出最大吸收波长，并测其吸光度直至吸光度不再增加为止，作为还原吸光度；然后各加连二亚硫酸钠约 5mg，摇匀，放置约 10min，在上述同一波长处测定吸光度，直至吸光度不再增加为止，作为化学还原吸光度。细胞色素 C 活力按下式计算：

$$细胞色素 C 活力 = \frac{酶还原吸光度}{化学还原吸光度}$$

十、溶菌酶

溶菌酶（lysozyme，E. C. 3.2.1.17），又称胞壁质酶（muramidase）或 N-乙酰胞壁质聚糖水解酶（N-acetylmuramide glycanohydrolase）。它广泛存在于鸟类和家禽的蛋清里，鸡蛋清约含 0.3%。哺乳动物的鼻涕、眼泪、唾液、乳汁、血浆、尿、淋巴液、精液以及鼻黏膜、肠道、腮腺、皮肤、白细胞和组织（如肝、肾）细胞内和植物中的卷心菜、萝卜、无花果、木瓜、大麦中都含有，其中以蛋清含量最丰富。人体中的溶菌酶与其他酶、激素或维生素以复合物形式存在。

溶菌酶是一种具有杀菌作用的天然抗感染物质，具有抗菌、抗病毒、抗炎症、促进组织修复作用。临床上在五官科主要用于各种炎症，特别是对急性咽炎、急性喉炎、急性中耳炎等效果明显，但对于严重的急性炎症，必须与抗生素同时使用以发挥协同作用，还可防止牙龈炎和龋齿的发生，抑制菌斑和牙石的形成；在皮肤科用于治疗扁平疣、传染性软疣、寻常性疣、尖锐湿疣、带状疱疹等多种皮肤病；还可用于小儿或乳儿哮喘性支气管炎、呼吸道内膜肿胀等。国外发展了多种溶菌酶的复合制剂如溶菌酶·木瓜蛋白酶、溶菌酶·菠萝蛋白酶、溶菌酶·玻璃酸酶、溶菌酶·青霉素、溶菌酶·胃膜素等，更为广泛地开发了溶菌酶的新用途。

（一）组成、结构及性质

溶菌酶是一种碱性球蛋白，分子中碱性氨基酸、酰胺残基及芳香族氨基酸（如色氨酸）比例很高。鸡蛋清溶菌酶是由 129 个氨基酸残基排列组成的单一肽链，相对分子质量为 14388，分子内有四对双硫键，分子呈一扁长椭球体（4.5nm×3.0nm×3.0nm）。结晶形状随结晶条件而异，有菱形八面体、正方形六面体及棒状结晶等。人溶菌酶由 130 个氨基酸残基组成，与鸡溶菌酶有 35 个氨基酸的不同，其溶菌活性比鸡溶菌酶高 3 倍。

溶菌酶的活性中心为 Asp52 和 Glu35，它能催化水解黏多糖或甲壳素中的 N-乙酰胞壁酸（muramic acid）和 N-乙酰氨基葡萄糖之间的 β-1,4 糖苷键，使细胞壁不溶性多糖分解成可溶性糖肽。

溶菌酶是非常稳定的蛋白质。pH 在 1.2～11.3 范围内剧烈变化时，其结构几乎不变。遇热也很稳定，pH=4～7、100℃处理 1min 仍保持原酶活性；pH=5.5、50℃加热 4h 后，酶变得更活泼。热变性是可逆的，变性的临界点是 77℃，随溶剂的变化变性临界点也有变化，当变性剂 pH 在 1 以下时，变性临界点降低到 43℃。一般说来，变性剂能促进酶的热变性，但变性剂过量时，则酶的热变性变为不可逆。在碱性环境中，用高温处理酶活性降低。低浓度（10^{-7}mol/L）在中性和碱性环境中能使酶免受热的失活影响。

酶对变性剂相对不敏感（高浓度酶除外）。吡唑、十二烷基硫酸钠等对酶有抑制作用，滤纸也能抑制酶活性，氧化剂能使酶钝化。在 6mol/L 的盐酸胍溶液中，酶完全变性，而在 10mol/L 尿素中则酶不变性。用乙二醇、丙烯乙二醇、二甲基亚砜、甲醇、乙醇、二氧杂环己烷等进行有机溶剂变性实验，在 50℃ 以下时，除乙醇、二氧杂环己烷外，其他变性剂的浓度要在50％以上时才能引起溶菌酶的变性，氢氰酸能部分恢复酶活力。

药用溶菌酶为白色或微黄色的结晶或无定形粉末。无臭，味甜，易溶于水，不溶于丙酮、乙醚。在酸性溶液中十分稳定，而水溶液遇碱易被破坏，耐热至55℃以上。最适pH＝6.6，等电点为10.5～11。由于溶菌酶是碱性蛋白质，常与氯离子结合成为溶菌酶氯化物。目前多采用离子交换色谱法大规模自动化连续生产，快速、简单、经济。

（二）生产工艺

1. 以蛋清为原料的生产工艺

（1）工艺路线（图5-18）

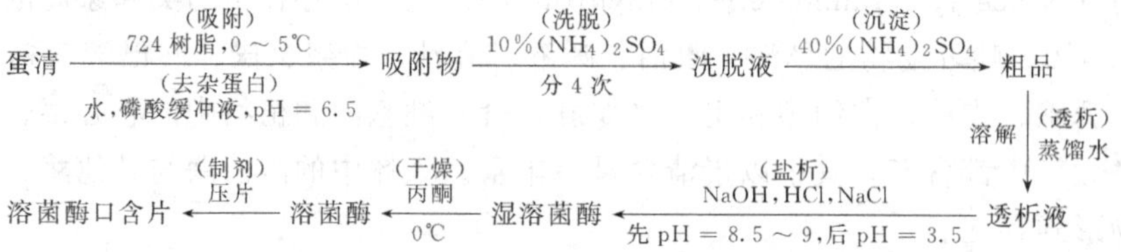

图5-18 以蛋清为原料生产溶菌酶的工艺路线

（2）工艺过程

① 724树脂的处理 用1mol/L HCl浸泡树脂2h，去离子水洗至中性，再用1mol/L NaOH浸泡2h。用去离子水洗至近中性，再用0.15mol/L、pH＝6.5的磷酸盐缓冲液浸泡过夜，过滤后备用。

② 吸附 新鲜冰冻蛋清70kg，用pH试纸测pH为8左右，解冻过铜筛，去除蛋清中的脐带、蛋壳碎片及其他杂质，于5～10℃加入处理好的11kg（pH＝6.5）724树脂，搅拌吸附6h，低温静置过夜。

③ 去杂蛋白、洗脱、沉淀 把上层清液倾出，下层树脂用清水洗去附着的蛋白质，反复洗涤4次（注意防止树脂流失），最后将树脂抽滤去水分。另取pH＝6.5、0.15mol/L磷酸缓冲液24L，分3次加入树脂中，搅拌约15min，每次搅拌后减压抽滤去水分。再用100g/L（10％）硫酸铵18L，分4次洗脱溶菌酶，每次搅拌30min，过滤抽干。合并洗脱液，按总体积加入320g/L固体硫酸铵使含量达到400g/L，有白色沉淀产生，冷处放置过夜，虹吸上清，沉淀离心分离或抽滤，得粗品。

④ 透析 将粗品加蒸馏水1.5kg使之溶解，装入透析袋，冷库透析24～36h，得透析液。

⑤ 盐析 向澄清透析液中慢慢滴加1mol/L氢氧化钠，同时不断搅拌，待pH上升到8.5～9时，若有白色沉淀，应立即离心除去，然后边搅拌边加3mol/L盐酸，使溶液pH达到3.5，按体积缓缓加入5％固体氯化钠，即有白色沉淀析出，在0～5℃冷库放置48h，离心或过滤得溶菌酶沉淀。

⑥ 干燥 沉淀加入10倍量0℃的无水丙酮，不断搅拌，使颗粒松细，冷处静置数小时，用漏斗滤去丙酮，沉淀用真空干燥，直到无丙酮臭味为止，即得口服或外用溶菌酶原料。收率按蛋清质量计算为2.5％。

⑦ 制剂 取干燥粉碎的砂糖粉，加入总量50g/L（5％）的滑石粉，通过120目筛，加50g/L淀粉浆适量，在混合机内搅拌均匀，制成软材，12目筛制粒，70℃烘干，用14目筛整颗，水分控制在2％～4％左右为宜。再按计算量加入溶菌酶粉混合，加1％硬脂酸镁，过16目筛2次，压片，即得溶菌酶口含片，每片含溶菌酶20mg。根据需要可制成肠溶片、膜剂及眼药水等。

2. 以蛋壳为原料的生产工艺

(1) 工艺路线（图 5-19）

蛋壳膜 $\xrightarrow[\text{pH}=3.0]{\text{(提取) HCl}}$ 上清液 $\xrightarrow[\text{pH}=4.6]{\text{(pI 沉淀) 乙酸}}$ 滤液 $\xrightarrow[\text{pH}=3.0]{\text{(凝聚沉淀) 聚丙烯酸}}$ 酶凝聚物 $\xrightarrow[\text{pH}=9.5]{\text{(解离) CaCl}_2}$ 上清液 $\xrightarrow[\text{pH}=9.5,\text{pH}=4.6]{\text{(结晶、再结晶) NaCl, HAc}}$ 结晶溶菌酶

图 5-19 以蛋壳为原料生产溶菌酶的工艺路线

(2) 工艺过程

① 提取 取新鲜和冰冻的流清或黏壳蛋的蛋壳，用循环水冲洗后粉碎，加 1.5 倍量 0.5% NaCl 液，以 2mol/L HCl 调 pH 为 3.0，于 40℃搅拌提取 45min，过滤，滤渣同上再提取 2 次，合并提取清液。

② pI 沉淀 将提取的上清液，调整 pH 为 3.0，于沸水浴中迅速升温至 80℃，随即迅速搅拌冷却，再用乙酸溶液调 pH 至 4.6，沉淀卵蛋白，离心收集滤液。

③ 凝聚沉淀 滤液用 NaOH 液调 pH 至 6.0，加入滤液体积一半量的 5% 聚丙烯酸（pH=3.0），搅匀后静置 15min，倾去上层浑浊液，收取黏附于器底的溶菌酶-聚丙烯酸凝聚物。

④ 解离 将酶凝聚物悬于水中，加 Na_2CO_3 液调 pH 为 9.5，使凝聚物溶解，再加聚丙烯酸用量 1/25 的 500g/L（50%）$CaCl_2$ 液，使酶-聚丙烯酸凝聚物解离，用 2mol/L HCl 调 pH 至 6.0，离心，收集上清液。沉淀用 H_2SO_4 处理，回收聚丙烯酸。

⑤ 结晶、再结晶 上清液用 NaOH 液调 pH 为 9.5，离心，除去以 $Ca(OH)_2$ 沉淀，离心液加入 5%NaCl，静置结晶。粗结晶溶于 pH=4.6 的 HAc 水中，除去不溶物，进行再结晶。每千克蛋壳膜中得再结晶产品 1g。

3. 亲和色谱法分离纯化

本法是利用溶菌酶在一定条件下具有甲壳质酶的功能，直接采用其底物甲壳质的衍生物如羧甲基甲壳质、甲壳质包被纤维素、脱乙酰甲壳质和脱氨基甲壳质作为吸附剂。以羧甲基甲壳质作吸附剂用 0.1mol/L 缓冲液平衡后，在 pH=6～8 范围内对天然溶菌酶、乙酰化溶菌酶和碘氧化溶菌酶都有很强的吸附能力；用 0.2mol/L 乙酸溶液可将酶定量洗脱。干燥的羧甲基甲壳质 64mg，可吸附溶菌酶 15mg。甲壳质包被纤维素后以 0.1mol/L 磷酸盐缓冲液（pH=8.0，含 0.1mol/L 氯化钠）充分平衡后，它可专一地吸附溶菌酶。以 0.1mol/L 乙酸洗脱，溶菌酶纯度可达 95%。它对碘氧化溶菌酶则几乎不吸附。甲壳质包被纤维素还可用于精制唾液和芋头中的溶菌酶。脱乙酰甲壳质在 30℃与溶菌酶接触 30min，然后用 2%丙胺（pH=11.5）洗脱，溶菌酶收率可达 55%。

亲和色谱分离提纯的倍数较高，质量较好，且可广泛应用于各种来源的溶菌酶，还能分离纯化经化学修饰而失活的溶菌酶以及具活性的溶菌酶，亦能用于检测酶与底物相结合的氨基酸残基。但由于亲和吸附剂的制作较为复杂，限制了它在工业上的大规模利用，目前仅停留在实验室规模。

近年还开发了超滤和亲和色谱联合使用的方法，首先用超滤除去大部分杂蛋白，然后采用色谱分离法精制。

（三）检验方法

本品为溶菌酶氯化钠的结晶或无定形粉末，外观略带黄色。每毫克活力不得低于 4000U，其活力测定方法如下：

(1) 底物的制备 菌种 *M. Lysodeikticu* 接种于固体培养基上，于 35℃培养 48h。用蒸馏水将菌体冲洗下来，离心，弃上清液。菌体用蒸馏水洗几次，将菌体用少量水悬浮，冻

干，得淡黄色粉末，供测定用。

（2）样品的称取　准确称取溶菌酶样品约 5mg 左右，加入适量磷酸缓冲液，使磷酸缓冲液含有溶菌酶样品 1mg。另称取底物 10mg，加少量上述缓冲液，匀浆 2min 后倾出。准确稀释到 50ml，此悬浮液于 450nm 的吸光度应为 0.7 左右。

（3）活力测定　将样品稀释成每毫升含溶菌酶 50μg。测定时，先吸取底物悬浮液 4ml 于比色杯中，在 450nm 波长处读出吸光度，此即零时读数。然后吸取 0.2ml 样品液加入比色杯中，迅速混合，同时用秒表计算时间，每隔 30s 读一次吸光度，到 90s 时共记下四个读数。根据单位活力定义，在 pH＝6.2、波长 450nm 时，每分钟引起吸光度下降 0.001 为 1 个酶活力单位。计算公式如下：

$$（零时吸光度－60s 吸光度）\times \frac{1000}{样品质量(\mu g)} \times 1000 ＝酶活力单位/mg$$

十一、L-天冬酰胺酶

L-天冬酰胺酶（L-asparaginase，E. C. 3. 5. 1. 1）是酰胺基水解酶，是一种重要的抗肿瘤药物，它在血液中能特异性地将 L-天冬酰胺的酰胺基水解，生成天冬氨酸和氨，活跃繁殖的白细胞因摄取不到足够的 L-天冬酰胺而生长受到抑制，起到治疗白血病的作用。自然界中，天冬酰胺酶广泛存在于动植物及微生物中，动物体内的天冬酰胺酶主要存在于哺乳动物和鸟类的胰、肝、肾、脾和肺中。中国应用大肠杆菌发酵法生产，供临床上作为抗肿瘤药使用。美国 L-天冬酰胺酶的商品名称为 Elspar。

（一）组成、结构及性质

大肠杆菌能产生两种天冬酰胺酶，即天冬酰胺酶Ⅰ和天冬酰胺酶Ⅱ，其中天冬酰胺酶Ⅱ具有抗癌活性。

性状：呈白色粉末状，微有吸湿性，溶于水，不溶于丙酮、氯仿、乙醚及甲醇。20％水溶液贮存 7d，5℃贮存 14d 均不减少酶的活力。干晶 50℃、15min 酶活力降低 30％，60℃、1h 内失活。最适 pH＝8.5，最适温度 37℃。

L-天冬酰胺酶的生产菌种是霉菌和细菌。

（二）生产工艺

1. 大肠杆菌发酵生产工艺

（1）工艺路线（图 5-20）

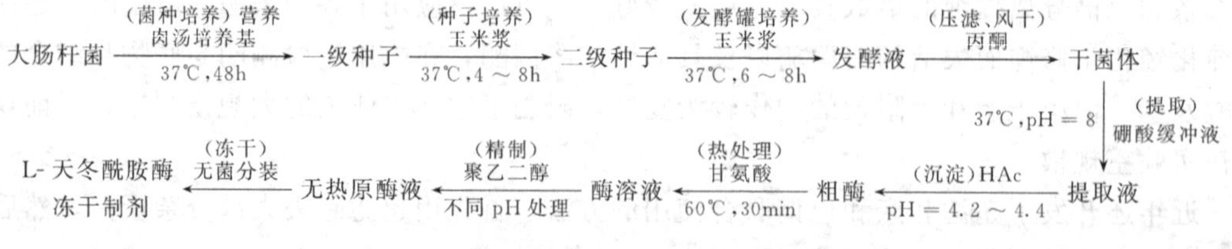

图 5-20　大肠杆菌发酵生产 L-天冬酰胺酶的工艺路线

（2）工艺过程

① 菌种培养　采取大肠杆菌 *Escherichia coli* ASI 357，普通牛肉培养基，接种到试管中后于 37℃培养 24h，茄瓶培养 8h，锥形瓶培养 16h。

② 种子培养　培养基用 30kg 玉米浆加水至 300kg，接种量 1％～1.5％，37℃，通气搅拌培养 4～8h。

③ 发酵罐培养 玉米浆 100kg 加水至 1000kg，接种量 8%，37℃通气搅拌培养 6～8h，离心分离发酵液，得菌体，加 2 倍量丙酮搅拌，压滤，滤饼过筛，自然风干成菌体干粉。

④ 提取、沉淀、热处理 每千克菌体干粉加入 0.01mol/L pH=8 的硼酸缓冲液 10L，37℃保温搅拌 1.5h，降温到 30℃，用 5mol/L 乙酸调 pH 至 4.2～4.4，压滤，滤液中加入 2 倍体积的丙酮，放置 3～4h，过滤，收集沉淀，自然风干，即得干粗酶。

取粗制酶 1g，加入 0.3%甘氨酸溶液 20ml，调节 pH 至 8.8，搅拌 1.5h，离心收集上清，加热到 60℃维持 30min 进行热处理。离心弃去沉淀，上清液加 2 倍体积的丙酮，析出沉淀后离心，收集酶沉淀，用 0.01mol/L、pH=8 磷酸缓冲液溶解，再离心弃去不溶物，得上清酶溶液。

⑤ 精制、冻干 上述酶溶液调 pH 至 8.8，离心弃去沉淀，清液再调 pH 至 7.7，加入 50%聚乙二醇，使浓度达到 16%。在 2～5℃放置 4～5d，离心得沉淀。用蒸馏水溶解，加 4 倍量的丙酮，沉淀，同法反复 1 次，沉淀用 pH=6.4、0.05mol/L 磷酸缓冲液溶解，得精制酶溶液。调节 pH 至 5～5.2，再加 50%聚乙二醇，如此反复处理 1 次，即得无热原的 L-天冬酰胺酶。溶于 0.5mol/L 磷酸缓冲液，在无菌条件下用 6 号垂熔漏斗过滤，分装，冷冻干燥，即得注射用 L-天冬酰胺酶成品，每支 10000U 或 20000U。

2. 改进的提取和纯化工艺

(1) 发酵 大肠杆菌的发酵工艺同上。

(2) 丙酮破壁 大肠杆菌发酵液离心弃上清，获得菌体细胞，用 20 倍菌体体积的丙酮分三次加入菌体细胞中，每次搅拌 10min，离心收集沉淀，室温上吹干、粉碎。

(3) 稀盐提取 将干粉状菌体溶解在 10 倍体积的提取液中（其中含 100mmol/L 的氯化钠、10mmol/L 的 EDTA），调 pH 至 6.0，室温搅拌 30min，离心收集上清。

(4) CM-Sephadex 色谱柱纯化 将上清酶液过预先用 10mmol/L、pH=6.0 的磷酸缓冲液平衡过的 CM-Sephadex 色谱柱，用 50mmol/L、pH=8.8 的磷酸缓冲液洗脱，收集 $OD_{280} > 0.1$ 的含有 L-天冬酰胺活性成分的洗脱液。

(5) DEAE-Sepharose 色谱柱纯化 将洗脱液调 pH 至 7.0，过用 10mmol/L、pH=7.0 的磷酸缓冲液平衡过的 DEAE-Sepharose 色谱柱，用 50mmol/L 的磷酸缓冲盐洗脱，收集收集 $OD_{280} > 0.1$ 的含有 L-天冬酰胺活性成分的洗脱液。

(6) 亲和色谱柱纯化 先将 Sepharose CL-6B 凝胶偶联上配基 L-天冬酰胺，再用 10mmol/L、pH=7.0 的磷酸缓冲液平衡。将酶液调 pH 至 7.0 后，过亲和柱。用 10mmol/L 的甘氨酸洗脱，收集收集 $OD_{280} > 0.1$ 的含有 L-天冬酰胺活性成分的洗脱液。

(7) 浓缩 用 Pellicon 超滤浓缩系统将酶液浓缩至酶活 10000IU/ml。装瓶，冻干即为成品。冻干制剂纯度达 98%以上，比活力大于 250IU/mg，各项指标均达到《中华人民共和国药典》（2000 年版，二部）的要求。

3. 蔗糖溶液提取纯化工艺

将菌体细胞中加入 5 倍体积的蔗糖提取液（蔗糖 40%，溶菌酶 200mg/L，EDTA 10mmol/L，pH=7.5）在 30℃振荡 2h，8000r/min 离心 30min，收取上清酶液，再加入 $(NH_4)_2SO_4$ 至 55%饱和度，调 pH 至 7.0，室温搅拌 1h，离心除去沉淀。取上清液加入 $(NH_4)_2SO_4$ 到 90%饱和度，离心收集沉淀。将沉淀用 50mmol/L、pH=7.0 磷酸缓冲溶液溶解并透析。透析后的酶液，通过预先用 10mmol/L、pH=7.6 的磷酸缓冲液平衡过的 DEAE-纤维素色谱柱（1cm×30cm），用 30mmol/L 磷酸缓冲液洗脱，流速为 40ml/h，收集天冬酰胺酶活性组分，再调整 pH=4.8，通过预先用 50mmol/L、pH=4.9 磷酸缓冲液平衡过的 CM-纤维素色谱柱（1cm×8cm），用 50mmol/L、pH=5.2 磷酸缓冲液洗脱，收集酶活性组分，冷冻干燥，即得 L-天冬酰胺酶冻干粉。总收率为 31%，比活力为 220U/mg。

（三）活性测定方法

L-天冬酰胺酶催化天冬酰胺水解释放游离氨，奈斯勒试剂与氨反应后形成红色配合物，可借比色进行定量测定。

取 1ml 0.04mol/L 的 L-天冬酰胺，0.5mol/L pH=8.4 的硼酸缓冲液，0.5ml 细胞悬浮液或酶液，于 37℃水浴中保温 15min 后加 0.5ml 15% 三氯乙酸，以终止反应沉淀细胞或酶蛋白，离心取上清液 1ml。加 2ml 奈斯勒试剂和 7ml 蒸馏水 15min 后，于 500nm 波长处比色测定产生的氨。

活力单位定义：每分钟催化天冬酰胺水解 1μmol 氨的酶量定为 1 个活力单位。

十二、激肽释放酶

激肽释放酶（kallikrein，E.C.3.4.4.21）是一种内切性蛋白水解酶。哺乳动物的激肽释放酶有两大类：血液激肽释放酶和组织激肽释放酶。组织激肽释放酶存在于各种腺体组织及其分泌液或排泄物中，如尿、胰腺及颌下腺等。药用激肽释放酶又称血管舒缓素，曾用商品名保妥丁（Padutin），主要来自颌下腺或胰腺。目前，胰激肽释放酶在国外应用得较为广泛。

本品有舒展毛细血管和小动脉的作用，使冠状动脉、脑、视网膜等处的血流供应量增加，适用于高血压、冠状血管及动脉血管硬化等症；对心绞痛、血管痉挛、肢端感觉异常、冻疮等症，有减轻症状的作用。

目前多从动物脏器提取，科研工作者在蛇毒中也分离提纯得到了该酶。

（一）组成、结构及性质

猪胰激肽释放酶是一种糖蛋白，含有唾液酸，在腺体中以酶原形式存在。由于唾液酸含量的多寡，可以得到 1～5 个组分，去除唾液酸并不影响酶的活性。其中常见的有 A、B 两种形式，相对分子质量分别为 26800、28600，均有两条肽链，N 末端为异亮氨酸和丙氨酸，C 末端为丝氨酸和脯氨酸。两者的氨基酸组成相同，都含 229 个氨基酸残基。但两者含糖量不同，A 含糖 5.5%，B 含糖 11.5%。猪胰激肽释放酶的活性中心为丝氨酸和组氨酸。猪颌下腺激肽释放酶的相对分子质量为 32400。

（1）专一性　激肽释放酶是一种内切蛋白水解酶，当它作用于蛋白质底物激肽原后释放出激肽，如由胰腺等组织激肽释放酶作用而产生胰激肽（10 肽）。胰激肽的一级结构是 Lys·Arg·Pro·Pro·Gly·Phe·Ser·Pro·Phe·Arg。激肽释放酶只作用于天然激肽原，底物一旦变性后，作用就显著下降。

（2）稳定性　一般说来，激肽释放酶的纯度越高，稳定性越差。干燥粉末在 −20℃保存数日活力不变。在水溶液中不稳定，但在 pH=8.0 的水或缓冲液中，可在冷冻状态下保存相当长时间不失活。在 pH=4.5 时，25℃保温 1h 并不失活，pH=4 或低于 4 时活性损失相当大。易被强酸、强碱和氧化剂破坏，在胰蛋白酶作用下不失活。根据对猪颌下腺激肽释放酶 20～50U/mg 样品试验，在 37℃以下，pH=5～7.8 较为稳定，55℃时 5min 失活 20%，100℃ 5min 失活 80%。猪胰激肽释放酶在 40～50℃稳定，58℃开始失活，90℃失活 50%，98℃还保留 30%活力。在尿素中 48h 活力丧失 50%，8mol/L 盐酸胍中活性全部丧失。

（3）抑制剂　重金属离子，如 Hg^{2+}、Cu^{2+}、Mn^{2+}、Ni^{2+} 等对激肽释放酶有不同程度

的抑制作用，但巯基化合物和螯合剂如 EDTA 等可逆转金属离子对酶的抑制。Ca^{2+} 和 Mg^{2+} 对酶活性无影响，相反，高浓度的 Ca^{2+}（1mol/L）可使活性增加 15%～20%。某些胰蛋白酶抑制剂，如抑肽酶、二异丙基氟磷酸等对胰及颌下腺激肽释放酶均有抑制作用。

（4）猪胰激肽释放酶在 pH＝7.0、282nm 处有最大吸收，最小吸收在 251nm 处。在 pH＝7.0 时，$E_{1cm\ 280}^{1\%}=19.3$，$E_{280}/E_{260}=1.78$。猪颌下腺激肽释放酶的等电点为 pH＝3.90～4.37。

（二）生产工艺

1. 以猪胰为原料的生产工艺

（1）工艺路线（图 5-21）

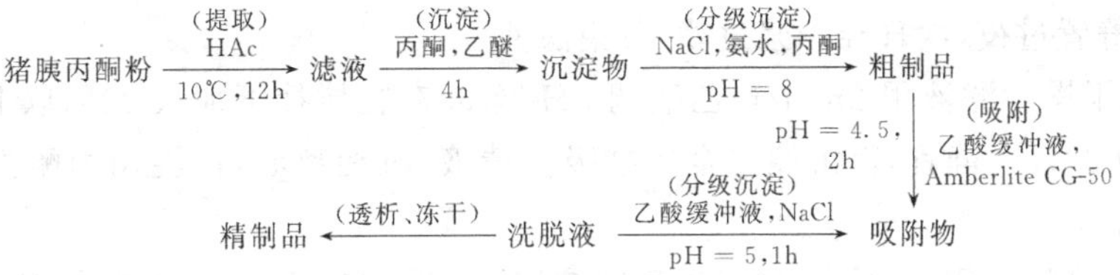

图 5-21　以猪胰为原料生产激肽释放酶的工艺路线

（2）工艺过程

① 粉品制备　猪胰脏制成丙酮粉后，加 20 倍量 0.02mol/L 乙酸，于 10℃搅拌提取 12h，离心。添加 10 倍量 0.02mol/L 乙酸提取 6h，合并滤液，加冷丙酮至浓度达 33%，过滤，滤液补加冷丙酮至 70%，静置 4h，离心，收集沉淀。用丙酮、乙醚脱脂脱水，真空干燥，得激肽释放酶粗品。

② 中间品制备　粗品激肽释放酶加 50 倍量 0.2%冷氯化钠，用氨水调 pH 至 8.0，搅拌溶解后，纸浆过滤，滤液应澄清。清滤液冷至 2～3℃，加冷丙酮使浓度达 40%，冷室静置过夜。离心，清滤液补加冷丙酮至浓度为 60%，静置 4h，离心，沉淀用丙酮、乙醚洗涤，真空干燥，得激肽释放酶中间品。

③ 精制品制备　将激肽释放酶中间品溶于 0.001mol/L、pH＝4.5 的乙酸缓冲液中，离心，清液加入弱酸性阳离子树脂 Amberlite CG-50（钠型）（树脂∶中间品＝50∶1），搅拌吸附 2h，收集树脂，用 0.001mol/L、pH＝4.5 的醋酸缓冲液漂洗树脂至无泡沫。树脂用 2 倍量 1mol/L、pH＝5.0 的氯化钠溶液搅拌洗脱 1h，分离树脂，洗脱液透析脱盐，冻干，即得精品激肽释放酶。

用离子交换树脂法精制激肽释放酶纯度可达 100U/mg 以上。除用 Amberlite CG-50 外，还有用 Amberlite IRX-68、Diaion WA-10、Amberlite lrA-938（强碱性大孔径阴离子树脂）等。

2. 以猪颌下腺为原料的生产工艺

（1）工艺路线（图 5-22）

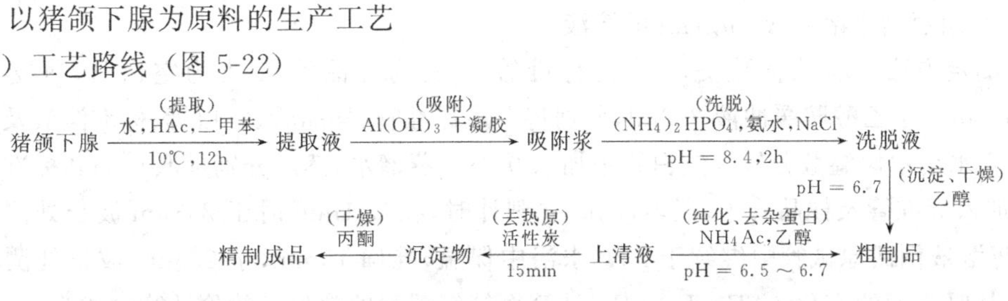

图 5-22　以猪颌下腺为原料生产激肽释放酶的工艺路线

（2）工艺过程

① 提取　取新鲜或冷冻的猪颌下腺，去尽脂肪，绞碎。每 100kg 加 5 倍水搅拌提取，用乙

酸调 pH 至 4.5,加入二甲苯 600ml 防腐。提取 12h 后补加二甲苯 600ml,调整 pH 为 4.5,再提取 12h,去掉上层悬浮脂肪,纱布过滤,再用尼龙布滤清,得提取液。

② 吸附　上述提取液在不断搅拌下加入药用氢氧化铝干凝胶 3.4kg(事先用提取液调成浆),搅拌 1h,再加氢氧化铝干凝胶 1.6kg,搅拌 2h,静置过夜。虹吸弃去上层液,加浆重 5 倍的水搅拌洗涤,静置,虹吸弃去上层液。如此反复洗涤 5~6 次至上层液基本澄清为止,即得吸附浆。

③ 洗脱　称取浆重,按含水量(氢氧化铝浆重减去氢氧化铝重)的 13.2g/L 加入磷酸氢二铵,用 8.6%氨水调 pH 为 8.4,搅拌洗脱 2h,在洗脱初期 pH 会有所下降,可用氨水随时调整 pH 至 8.4。按含水量再加入 10g/L(1%)氯化钠,继续搅拌 10min,然后加入 92%以上的乙醇,使醇的体积分数为 45%,静置过夜。次日经纸浆过滤,滤液再加乙醇使醇的体积分数为 49%~50%,静置过夜,次日经纸浆过滤,收集滤液。

④ 沉淀、干燥　滤液用 2mol/L 乙酸调 pH 至 6.7,在搅拌下加入 92%以上的乙醇,使醇的体积分数为 80%。静置,待沉淀完全后虹吸上清液,沉淀离心,沉淀用丙酮洗涤脱水,真空干燥,得粗品。

⑤ 精制　将粗品用 25 倍量 10%乙酸铵液溶解,调 pH 至 6.5~6.7,加等量 95%乙醇搅匀,冷藏,静置过夜。次日过滤,滤液中加入粗品 80g/L 的药用活性炭,搅拌 15min,过滤,滤液加 3 倍量 95%的乙醇,静置冷藏,离心沉淀,沉淀物用丙酮洗涤,脱水,真空干燥,得精制品。

(三)检验方法

国内现行质量标准是根据猪颌下腺激肽释放酶制定的。

(1)质量标准简介　本品为白色或灰尘白色粉末,溶于水或生理盐水中成微黄色澄清溶液。注射用血管舒缓素效价每毫克不得少于 10U,口服用每毫克不得少于 5U。

酸度:本品 1.5ml 含 10U 的水溶液 pH 应为 4.5~7.0。

热原:取本品适量,加无热原蒸馏水溶解,使成每毫升 2U 的溶液,按热原检查法检查,剂量按家兔体重每千克静脉注射 1ml,应符合规定。

(2)活力测定　激肽释放酶的效价测定,过去采用释放激肽使狗(或猫)血压下降的生物活力测定法,后改用分光光度法测定酶对合成底物的酯解活力。其方法如下:

① 试剂配制

a. 三乙醇胺缓冲液(0.067mol/L、pH=8.0):取三乙醇胺盐 1.24mg,加蒸馏水 70ml 使溶解,用 0.2mol/L 氢氧化钠调 pH 至 8.0,并用蒸馏水稀释至 100ml,放冷处保存。

b. 苯甲酰-L-精氨酸乙酯(BAEE,3×10^{-3} mol/L):取 BAEE 12.9mg 或 BAEE 盐酸盐 14.14mg,加三乙醇胺缓冲液 12.5ml 溶解即得。在 0~4℃保存,可使用 1~2d;血管舒缓素标准品适量,用蒸馏水溶解成 $2\mu g/ml$ 的溶液。

② 测定方法　取试管数支,2 支为标准管,2 支为样品管,1 支为空白管,每支均加入 BAEE 0.5ml、三乙醇胺缓冲液 2.2ml,分别将上述标准管、样品管、空白管、标准溶液及供试溶液于 25℃水浴中保温数分钟。空白管中加入 0.1ml 蒸馏水,然后分别量取 0.1ml 标准溶液和供试液加入标准管及样品管中,混匀,同时立刻计时,在整 1min 时于 253nm 波长处测定吸光度 E_1,将溶液倒回原试管中继续于 25℃水浴中保温,准确 15min,于 253nm 波长处测定吸光度 E_2。从吸光度的变化($\Delta E=E_1-E_2$)计算血管舒缓素的效价。效价计算公式为:

$$效价(U/mg)=\frac{\dfrac{\Delta E_s\times V_1}{\Delta E_{st}\times V_2}\times 稀释倍数}{取样体积(ml)}$$

式中 ΔE_s——样品吸光度变化;

ΔE_{st}——标准品吸光度变化;

V_1——测定时所取标准品的体积,ml;

V_2——测定时所取样品液的体积,ml;

稀释倍数——样品溶液的总体积,ml。

十三、超氧化物歧化酶

超氧化物歧化酶(superoxide dismutase,SOD,E.C.1.15.1.1)是一种重要的氧自由基清除剂,作为药用酶在美国、德国、澳大利亚等国已有产品,商品名有 Orgotein、Ormetein、Outosein、Polasein、ParoxinornH 和 HM-81 等。此酶属金属酶,它催化的化学反应是:

$$\overline{O_2^{\cdot}} + \overline{O_2^{\cdot}} + 2H^+ \xrightarrow{\text{SOD}} H_2O_2 + O_2$$

由于 SOD 能专一清除超氧阴离子自由基($\overline{O^{\cdot}}$),故引起国内外生化界和医药界的极大关注。目前 SOD 临床应用集中在自身免疫性疾病上,如类风湿性关节炎、红斑狼疮、皮肌炎、肺气肿等;也用于抗辐射、抗肿瘤、治疗氧中毒、心肌缺氧与缺血再灌注综合征以及某些心血管疾病。此酶无抗原性,不良反应较小,是很有临床价值的治疗酶。

注射用 SOD 冻干制剂多以乳糖、甘露糖、葡萄糖、聚乙二醇为赋形剂。早在 1995 年,美国生产的 SOD 冻干注射剂(商品名奥固肽,Orgotein)就已被美国 FDA 指定为治疗与 SOD 突变有关的家族性肌萎缩性侧索硬化的药物。目前该药已进口中国,临床主要用于治疗类风湿性关节炎、放射性膀胱炎,也用于骨关节炎的治疗。

SOD 在生物界中分布极广,几乎从人到细菌,从动物到植物都存在。现已经从细菌、原生动物、藻类、霉菌、昆虫、鱼类、高等植物和哺乳动物等生物体内分离得到 SOD。

(一)组成、结构及性质

SOD 属金属酶,其性质不仅取决于蛋白质部分,还取决于活性中心金属离子的存在。按离子种类不同,SOD 有三类:①Cu·Zn-SOD,呈蓝绿色,主要存在于真核细胞的细胞浆内,相对分子质量 32000 左右,由 2 个亚基组成,每个亚基含 1 个 Cu 和 1 个 Zn;②Mn-SOD,呈粉红色,其相对分子质量随来源不同而异,来自原核细胞的相对分子质量约 40000,由 2 个亚基组成,每个亚基含 1 个 Mn;来自真核细胞线粒体的 Mn-SOD,由 4 个亚基组成,相对分子质量约 80000;③Fe-SOD,呈黄色,只存在于原核细胞中,相对分子质量在 38000 左右,由 2 个亚基组成,每个亚基各含 1 个 Fe。三种酶都催化同一反应,但其性质有所不同,其中 Cu·Zn-SOD 与其他两种 SOD 差别较大,而 Mn-SOD 与 Fe-SOD 之间差别较小。

(1) SOD 的氨基酸组成及结构 迄今为止,已完成氨基酸全序列分析工作的至少有 12 个,其中 7 个 Cu·Zn-SOD、4 个 Mn-SOD 和 1 个 Fe-SOD。

根据牛和人的红细胞 Cu·Zn-SOD 的组成分析可以看出其氨基酸组成有以下几个特点:①两种来源的 SOD 都不含有 Met,其 Gly 含量不仅类似,而且在所有氨基酸中为最高;②牛红细胞 SOD 无 Trp,但每个分子中含有 2 个 Tyr 残基,而人的红细胞 SOD 不仅无 Trp,也无 Tyr。

(2) SOD 的活性中心和构象 SOD 活性中心是比较特殊的,金属辅基 Cu 和 Zn 与必需基团 His 等形成咪唑桥。在牛血 SOD 的活性中心中,Cu 与 4 个 His 及 1 个 H_2O 配位,Zn 与 3 个 His 和 1 个 Asp 配位。

（3）SOD 的理化性质 SOD 是一种金属蛋白，因此它对热、pH 及在某些性质上表现出异常的稳定性。

① 对热稳定性 SOD 对热稳定，天然牛血 SOD 在 75℃ 下加热数分钟，酶活性丧失很少。但 SOD 对热稳定性与溶液的离子强度有关，如果离子强度非常低，即使加热到 95℃，SOD 活性损失亦很少，构象熔点温度 T_m 的测定表明 SOD 是迄今发现稳定性最好的球蛋白之一。

② pH 对 SOD 的影响 SOD 在 pH＝5.3～10.5 范围内其催化反应速率不受影响。但在 pH＝3.6 时 SOD 中 Zn 要脱落 95%，pH＝12.2 时，SOD 的构象会发生不可逆的转变，从而导致酶活性丧失。

③ 吸收光谱 Cu·Zn-SOD 的吸收光谱取决于酶蛋白和金属辅基，不同来源的 Cu·Zn-SOD 的紫外吸收光谱略有差异，如牛血 SOD 在 258nm，而人血为 265nm，然而，几乎所有的 Cu·Zn-SOD 的紫外吸收光谱的共同特点是对 250～270nm 均有不同程度的吸收，而在 280nm 的吸收将不存在或不明显，它们的紫外吸收光谱类似 Phe。Cu·Zn-SOD 可见光吸收光谱反映二价铜离子的光学性质，不同来源的 SOD 都在 680nm 处附近呈现最大吸收。

④ 金属辅基与酶活性 SOD 是金属酶，用电子顺磁共振测得，每摩尔酶含 1.93mol 的 Zn（牛肝 SOD）、1.84mol Cu 和 1.76mol Zn（牛心 SOD）。实验表明，Cu 与 Zn 的作用是不同的，Zn 仅与酶分子结构有关，而与催化活性无关，而 Cu 与催化活性有关，透析去除 Cu 则酶活性全部丧失，一旦重新加入 Cu，酶活性又可恢复。同样，在 Mn-SOD 和 Fe-SOD 中，Mn 和 Fe 与 Cu 一样，对酶活性是必需的。

（二）生产工艺

1. Cu·Zn-SOD 的生产工艺（以牛红细胞为原料）

（1）工艺路线（图 5-23）

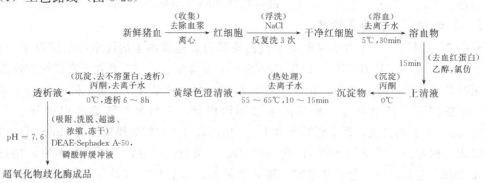

图 5-23 Cu·Zn-SOD 的生产工艺路线

（2）工艺过程

① 收集、浮洗 取新鲜牛血，离心除去黄色血浆，红细胞用 9g/L 的氯化钠溶液离心洗浮，去除浮洗液，反复洗 3 次，得干净红细胞。

② 溶血、去血红蛋白 干净红细胞加水在 5℃ 下搅拌溶血 30min，然后加入 0.25 倍体积的 95% 乙醇和 0.15 倍体积的氯仿，搅拌 15min，离心去血红蛋白，收集上清液。

③ 沉淀、热变性 将上述清液加入 1.2～1.5 倍体积的丙酮，产生大量絮状沉淀，离心得沉淀物。再将沉淀物加适量水使其溶解，离心，去除不溶性蛋白，上清液于 55～65℃ 热处理 10～15min，离心，去除大量热变性蛋白，收集黄绿色的澄清液。

④ 沉淀、去不溶蛋白、透析 在 0℃ 操作条件下，将上清液加入适量丙酮，产生大量絮

状沉淀，离心去除上清液，沉淀再用去离子水充分搅匀，离心除去不溶性蛋白，上清液置透析袋中动态透析 6～8h，得透析液。

⑤ 柱色谱、洗脱、超滤浓缩、冷冻 将上述澄清液超滤浓缩后上已事先用 2.5mmol/L、pH＝7.6 的磷酸缓冲液平衡过的 DEAE-Sephadex A50 柱，并用 pH＝7.6 的 2.5～50mmol/L 的磷酸缓冲液进行梯度洗脱，收集具有 SOD 活性的洗脱液。将上述洗脱液再一次超滤浓缩、无菌过滤，冷冻干燥得 Cu·Zn-SOD 成品（冻干粉）。

2. Mn-SOD 的生产工艺（以人肝为原料）

Mn-SOD 在纯化过程中极易被破坏，其产率比纯化 Cu·Zn-SOD 低得多，可以从肝脏中直接提取，亦可从细菌和藻类中提取。国外已从人肝中得到高纯度的 Mn-SOD，其主要工艺过程如下：

（1）组织匀浆的制备 取一定量人肝，匀浆加 3 倍量的 pH＝7.8、0.05mol/L 磷酸缓冲液，离心分离得上清液。

（2）热处理 将上清液加热到 65℃，5min 后置冰盒中冷却。离心去沉淀得上清液。

（3）硫酸铵分级沉淀 将上述上清液加入硫酸铵，使其饱和度达 65％，在室温下搅拌 90min，以 12000g 离心 10min，分离上清液。接着再在此上清液中继续加硫酸铵使其饱和度达 80％，在室温下搅拌 90min，以 12000g 离心 10min，分离上清液。在此上清液中继续加硫酸铵使其饱和度达 80％，在室温下搅拌 2h，离心得沉淀，沉淀用少量缓冲液溶解，然后透析，直至将溶液中的硫酸铵彻底除去，得粗酶液。

（4）DE-52 柱色谱 将透析后的粗酶液上 DE-52 柱，并用同一缓冲液洗脱。在这种情况下 Mn-SOD 不会被吸附，而被洗脱到收集管中，收集高活性部分，超滤浓缩，冷冻干燥得成品。用上述方法制备 Mn-SOD，得率 16.4％，酶比活为 3600U/mg 蛋白。

3. Fe-SOD 的生产工艺

Fe-SOD 一般存在于需氧的原核生物，也存在于少数真核生物，其酶蛋白性质类似 Mn-SOD，故其纯化方法大致与 Mn-SOD 类似。从大肠杆菌中提取 Fe-SOD 的制备工艺如下：

（1）破碎细胞 取一定量的大肠杆菌悬浮于 1500ml pH＝7.8、0.05mol/L 的磷酸钾缓冲液中。用超声破碎仪使大肠杆菌破碎。离心去沉淀，收集上清液。

（2）链霉素硫酸盐处理 在上清液中加入链霉素硫酸盐，使其浓度达 2.5％，20℃左右搅拌 30min，离心得上清液。

（3）硫酸铵分级沉淀 在上清液中加硫酸铵，使其饱和度达 50％，放置 60min，离心收集上清液。按照上述步骤继续在上清液中缓慢加入硫酸铵，使其饱和度达 75％，静置 60min，离心去清液得沉淀。

（4）透析 将沉淀溶于少量 pH＝5.5、0.002mol/L 乙酸钾缓冲液，在 4℃左右透析 48～72h。

（5）柱色谱 将上述透析液分别上 CM-52 和 DE-52，用磷酸钾缓冲液梯度洗脱，收集活性部分，加硫酸铵使其达到饱和，离心所得的沉淀为纯 Fe-SOD。

本工艺收率为 44％左右，酶比活约 2470U/mg 蛋白。

（三）检测方法

1. SOD 的纯度鉴定

鉴定 SOD 纯度主要根据以下三个指标：

（1）均一性 鉴定 SOD 电泳图谱，观察是否达到电泳纯，也可进行超离心分析，观察其均一性。

（2）酶比活 无论是何种类型的 SOD，要求酶比活达到一定标准，如牛红细胞 SOD，其比活应不低于 3000U/mg 蛋白（黄嘌呤氧化酶-细胞色素 C 法）。

（3）酶的某些理化性质 在 SOD 的理化性质中，最主要是金属离子含量、氨基酸含量和吸收光谱。

2. SOD 活性测定

SOD 的活性测定方法有数十种，这里介绍国内外最常用的两种方法：

（1）黄嘌呤氧化酶-细胞色素 C 法（Mecord J M & Fridovich I. 经典法，简称 550nm 法）

① 酶活性单位定义 一定条件下，3ml 的反应液中，每分钟抑制氧化型细胞色素 C 还原率达 50% 的酶量定为 1 个活力单位。

② 测定系统 0.5ml，pH＝7.8，300mmol/L 磷酸缓冲液，其中含 0.6mmol/L 的 EDTA；0.5ml，6×10^{-5} mol/L 氧化型细胞色素 C 溶液；0.5ml，0.3mmol/L 黄嘌呤溶液；1.3ml 蒸馏水，在 25℃ 保温 10min，最后加入 0.2ml、1.7×10^{-3} U/mg 蛋白的黄嘌呤氧化酶溶液，并立即计时，速率变化在 2min 内有效，要求还原速率控制在每分钟 0.025A。测定活性时，加入 0.3ml 被测 SOD 溶液，蒸馏水相应减至 1.0ml，并控制 SOD 浓度，使氧化型细胞色素 C 还原速率的 OD 值降为 0.0125/min。活性计算公式：

$$SOD 活性(U/ml) = \frac{\dfrac{0.025 - 加酶后还原速率}{0.025}}{50\%} \times \frac{\overline{V}_总}{\overline{V}} \times \frac{酶稀释倍数}{取酶体积}$$

式中，$\overline{V}_总 : \overline{V}_{定义体积} = 3 : 3$。

（2）微量联苯三酚自氧化法（简称 325nm 法）

① 活性单位定义 在一定条件下，1ml 反应液中，每分钟抑制联苯三酚在 325nm 波长处自氧化速率达 50% 的酶量定为 1 个活性单位。

② 测定系统 2.99ml，pH＝8.2，50mmol/L Tris-HCl 缓冲液，其中含 1mmol/L EDTA-2Na，在 25℃ 预保温 10min，最后加入约 10μl，50mmol/L 联苯三酚（配制于 10mmol/L HCl 中），使反应体积在 3ml，计时，自氧化速率变化在 4min 内有效，控制联苯三酚自氧化速率为 0.070A/min，测 SOD 活性时，加入约 4.0ml 的 SOD 溶液，缓冲液相应减至 2.95ml，并控制 SOD 浓度，使联苯三酚自氧速率 A 降为 0.035A/min 左右。计算公式：

$$SOD 活性(U/ml) = \frac{\dfrac{0.070 - 加酶后还原速率}{0.070}}{50\%} \times \frac{\overline{V}_总}{\overline{V}} \times \frac{酶稀释倍数}{取酶体积}$$

式中，$\overline{V}_总 : \overline{V}_{定义体积} = 3 : 1$。

十四、凝血酶

凝血酶（E.C. 3.4.21.5）是机体凝血系统中的天然成分，由前体凝血酶原（凝血因子Ⅱ）经凝血酶原激活物激活而成。首先，凝血酶原在凝血酶原激活物的作用下，被水解释放出糖多肽，转化成中间产物Ⅱ；中间产物Ⅱ再在激活物作用下，肽链内部断裂而转变成凝血酶。凝血酶又可自促催化凝血酶原变成中间产物Ⅰ；中间产物Ⅰ在激活物的作用下转化成中间产物Ⅱ，再进一步催化转变成凝血酶。

按国际命名法编号的凝血因子，见表 5-7。

表 5-7　凝血因子的国际命名

编　号	同　义　名	编　号	同　义　名
凝血因子 I	纤维蛋白原	凝血因子 VIII	抗血友病因子(AHF)、抗血友病球蛋白
凝血因子 II	凝血酶原	凝血因子 IX	血浆凝血致活素成分(PTC)
凝血因子 III	组织凝血致活素	凝血因子 X	Stuart-Prower 因子
凝血因子 IV	Ca^{2+}	凝血因子 XI	血浆凝血致活素前质(PTA)
凝血因子 V	前加速素、加速球蛋白、易变因子	凝血因子 XII	接触因子、Hageman 因子
凝血因子 VII	前转变素、血清凝血酶原转变加速素(SPCA)	凝血因子 XIII	纤维蛋白稳定因子

凝血酶可直接作用于血浆纤维蛋白原，加速不溶性纤维蛋白凝块的生成，促使血液凝固。常以干粉或溶液局部应用于伤口或手术处，控制毛细血管渗出，多用于骨出血、扁桃体摘除和拔牙等，有时也可口服，用于胃和十二指肠出血，但对动脉出血和由纤维蛋白原缺乏所致的凝血障碍无效。

人凝血酶是从人血浆中提取和纯化的蛋白水解酶。它通过催化血纤维蛋白原中血纤维肽 A 和血纤维肽 B 的断裂，转变成不溶性血纤维蛋白凝块。其氯化钠的灭菌液与人纤维蛋白原、人纤维膜合用于局部止血。

随着人们对凝血酶的结构和功能进行的广泛深入研究，还发现其有激素样效应、促进脂蛋白代谢和促纤溶作用等。这种酶功能的多样性，使人们在酶学研究中开阔了视野，启迪人们对酶的定义、特性、功能及应用进行再认识。

（一）化学组成和性质

凝血酶是一种丝氨酸类蛋白水解酶，其在参与凝血作用的同时，对底物还具有高度的特异性，可以专一性切割 X-Arg-Gly 或 Gly-Arg-X 序列中由精氨酸羧基参与形成的肽键。该酶由两条肽链组成，肽链之间以二硫键相连接，相对分子质量 33580。呈白色无定形粉末，溶于水，不溶于有机溶剂，干粉贮存于 2～8℃很稳定，水溶液室温 8h 内失活。遇热、稀酸、碱、重金属离子等活力降低。

凝血酶的生产是先由牛、猪和人血浆中分离出凝血酶原，再用凝血活酶或氯化钙激活而成凝血酶。

（二）生产工艺

1. 传统生产工艺

（1）工艺路线（图 5-24）

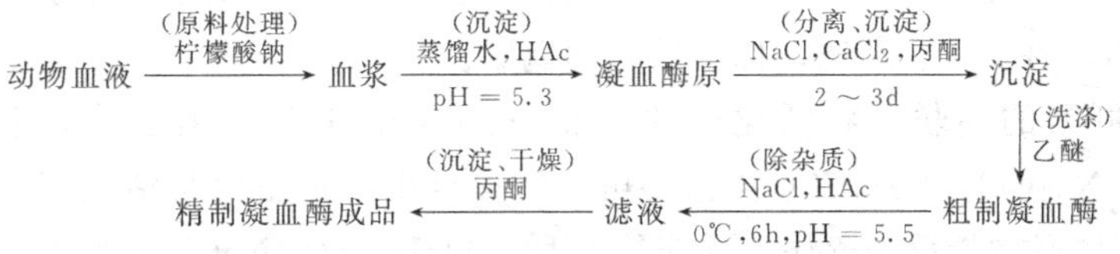

图 5-24　凝血酶的传统生产工艺路线

（2）工艺过程

① 原料处理、沉淀　取猪血 2kg 加入 38g/L（3.8%）柠檬酸钠溶液 200ml 抗凝，离心分离，上清液是血浆，沉淀是血细胞和血小板。约 1kg 血浆加入 10L 蒸馏水稀释，用 300ml 1% 乙酸调节 pH=5.3，离心 5～10min，弃去离心液，收集沉淀，得凝血酶原。

② 分离、沉淀、洗涤　取凝血酶原在 25～30℃溶于 700ml 的 9g/L（0.9%）氯化钠溶液中，加入 15g/L（1.5%）氯化钙，搅拌 10min，冷室放置 1h，离心分离，沉淀为纤维蛋白，清

液加等量冷冻丙酮，搅拌，静置过夜。离心分离，回收上清丙酮溶液，沉淀再加冷冻丙酮研细，冷室放置 2~3d，过滤，回收滤液丙酮，沉淀用乙醚洗涤，真空干燥，即得粗制凝血酶，约 10g。

③ 除杂质、沉淀、干燥　取粗制酶溶于 200ml 9g/L 氯化钠溶液中，0℃ 放置 6h，过滤，沉淀再以 150ml 9g/L 氯化钠液同上操作 1 次，两次滤液合并，用 1% 乙酸调 pH 至 5.5。离心分离，弃沉淀，上清液加 2 倍量冰冻丙酮，静置 2h。离心分离，溶液回收丙酮，沉淀用冷冻丙酮研细，放置 24h，过滤。沉淀分别用无水乙醇、乙醚洗涤，真空干燥，即得精制凝血酶，约 0.4g。

2. 离子交换色谱纯化工艺

（1）原料处理及沉淀　猪血浆经 −20℃ 冷冻，自然解冻，离心除去絮凝的纤维蛋白原和部分杂蛋白后，稀释 10 倍，等电点沉淀，得凝血酶原粗品。

（2）酶原激活　酶原溶液经 0.1mol/L $CaCl_2$ 室温激活 4h，酶原变成凝血酶粗品。

（3）离子交换柱色谱　将粗品上到事先用 0.067mol/L、pH=6.5 的磷酸缓冲液平衡好的 DEAE-Sepharose FF 离子交换柱，经上述缓冲液淋洗后，用含 0~1mol/L NaCl 的同样缓冲液进行梯度洗脱，收集含凝血酶活性的部分。

经过上述分离步骤可以得到比活为 1807.9U/mg 的猪血凝血酶，回收率为 48.9%，纯化 31.7 倍。

3. 亲和色谱纯化工艺

（1）凝血酶原提取　取屠宰场新鲜血液，每千克动物血液加 3.8g 柠檬酸钠作抗凝剂，搅拌均匀，降温至 4℃，3000r/min 离心 15min，收集血浆。将血浆溶于 10 倍的蒸馏水中，用 1% 的乙酸调节 pH 值至 5.3，离心 15min，弃上清，收集凝血酶原。

（2）凝血酶原的激活　将凝血酶原 30℃ 恒温水浴保温，然后加入 1~2 倍的 0.9% 氯化钠溶液，搅拌均匀，加入占凝血酶原质量 1.5% 的氯化钙，搅拌 15min，4℃ 下放置 1.5h。

（3）凝血酶沉淀分离　激活的凝血酶溶液高速离心 15min，收集上清液，加入 $(NH_4)_2SO_4$ 搅拌均匀，4℃ 静置过夜，收集沉淀。置沉淀于 20mmol/L、pH=7.6 的 Na_2HPO_4/NaH_2PO_4 缓冲液透析、冷冻干燥，即得凝血酶粗品。

（4）载体 Sepharose CL-6B 的活化　称一定量 Sepharose CL-6B，洗涤、抽干后于容器内加入 0.1mol/L Na_2CO_3 溶液；另称取少量 CNBr 置于一烧杯内，加入 5ml 乙腈使之完全溶解。向树脂滴加 CNBr-乙腈溶液，同时滴加 5mol/L NaOH 使 pH 保持在 10。5℃ 下搅拌反应，直到 CNBr 加完后继续反应 5min。将树脂迅速转移至玻璃烧结漏斗内抽滤，收集滤液的漏斗内预先加入一定固体 $FeSO_4$ 以破坏未反应的 CNBr，用双蒸水、0.1mol/L $Na_2CO_3/NaHCO_3$ 在 5℃ 下淋洗，抽干后立即偶联。

（5）配基-肝素的偶联　将活化好的 Sepharose CL-6B 装入容器内，取 200mg 肝素用 10ml 0.1mol/L $Na_2CO_3/NaHCO_3$ 溶液溶解并转移至小三角瓶内与活化好的 Sepharose CL-6B 偶联。4℃ 下缓慢搅拌反应 24h。反应终止后，以 1mol/L NaCl 溶液洗去未偶联的肝素，用双蒸水洗至中性，以亲和柱平衡浸液泡 15min，脱气后装柱。

（6）凝血酶的亲和色谱纯化　取适当量的凝血酶粗品，以 20mmol/L Tris-HCl 和 0.1mol/L NaCl（pH=7.5）溶解，以 2ml/min 的速率上样。上样完成后以 20mmol/L 的 Tris-HCl、0.1mol/L NaCl（pH=7.5）缓冲液洗至没有蛋白流出为止。再用 20mmol/L Tris-HCl、0.1mol/L NaCl（pH=7.5）缓冲液对 20mmol/L Tris-HCl、0.5mol/L NaCl（pH=7.5）缓冲液进行线性梯度洗脱，洗脱过程中以核酸蛋白检测仪 280nm 波长监测，收集各峰组分。

（三）凝血酶活性测定

（1）标准曲线的绘制　取凝血酶标准品，用 0.9% NaCl 溶液分别制成 5.0IU/ml、6.4IU/ml、8.0IU/ml、10.0IU/ml 的凝血酶标准品溶液。取直径 1cm、长度 10cm 的试管 4 支，加入纤维蛋白原溶液 0.9ml，置 37℃水浴 5min。精确量取凝血酶标准品蛋白的初凝结时间，每个浓度测 5 次，取平均值。以实际酶活（IU）为横坐标，凝集时间（s）为纵坐标，绘制标准曲线。

（2）样品活性的测定法　将待测凝血酶样品以蛋白定量法精确定量。并用 0.9% NaCl 溶液配制成一定浓度的溶液，精确吸取 0.1ml，按照制作标准曲线的方法计取凝血时间（将凝血时间控制在 30～60s 之间），重复 3 次，取平均值。对照标准曲线，查取样品的活力值。酶活单位与样品蛋白含量的比值即为酶的比活力单位。

十五、蛇毒类凝血酶

1936 年 Klobusitzi 和 Konig 首次从美洲矛头蝮蛇（*B. jararaca*）毒液中获得部分纯化的类凝血酶。1967 年 Esnoff 等报道了从马来亚红口蝮蛇（*A. rhodostoma*）中粗略分离得到蛇毒类凝血酶，并应用于治疗血管闭塞性疾病、高黏滞性疾病以及预防术后血栓再发等，取得了令人鼓舞的治疗效果，同年国际卫生组织鉴定并命名为 Ancrod（安克洛酶）。该酶与凝血系统关系密切，能诱导生成纤维蛋白凝块，在体外起凝血作用；在体内纤维蛋白凝块易被血液的纤溶系统所降解，具有抗凝作用，同时因为它不易凝集血小板，故机体仍能维持正常的止血功能。其后，以蛇毒为原料的药物制剂陆续问世。国外有 Batroxobin、Reptilase、Crotalase 等抗凝制剂。国内已研究与生产的有蛇岛蝮蛇抗栓酶、云南尖吻蝮蛇去纤酶、东北白眉蝮蛇清栓酶、浙江蝮蛇抗栓酶（Svate）等几种注射剂。经动物实验和临床观察证明，蛇毒类凝血酶具有显著降低纤维蛋白原、血液黏度、血小板数量、血脂、黏附率及聚集等功能，使血液处于低凝状态，从而达到去纤、溶纤、抗凝、溶栓、改善血液循环，增加血液供应，促进组织恢复等，已广泛应用于脑血栓、血栓闭塞性脉管炎、血栓性静脉炎、心肌梗死及肺栓塞等各类疾病，取得了满意的疗效，无严重不良反应。

（一）　化学组成及性质

与凝血酶的作用机制不太相同，它主要作用于纤维蛋白原的一条链，个别作用于两条链。类凝血酶在体外作为促凝剂引起血浆或纯化纤维蛋白酶原凝集，在体内一般不激活凝血因子 XIII，形成的纤维蛋白块因不进行交联而不稳定，很快会被网状内皮系统吞噬和循环血液清除，引起血浆纤维蛋白原水平降低呈良性的去纤维蛋白状态，而表现抗凝效应。其活性不被抗凝血酶 III、肝素、水蛭素、大豆胰蛋白酶抑制剂所抑制；大多数类凝血酶对热稳定，即使在低浓度（1mg/L）时对热也很稳定；类凝血酶属于蛋白裂解酶中的丝氨酸蛋白酶，具有水解对甲苯磺酰精氨酸甲酯和苯甲酰精氨酸乙酯的活力，它的酶活力被丝氨酸蛋白酶抑制剂二异丙基氟磷酸和苯甲基磺酰氟抑制。

迄今为止，已经得到多种类凝血酶的全部或部分氨基酸序列，通过对它们之间进行序列和结构分析表明：①它们都含有高度保守的活性中心序列，其中含有 His、Asp 和 Ser 残基组成的酶催化活性中心；②这些丝氨酸蛋白酶与胰蛋白酶类似，并且末端序列高度保守；③多数类凝血酶都具有 6 对二硫键，与凝血酶相比，酶构象更紧密，酶的动态结构可塑性更小。

红口蝮蛇毒类凝血酶 Ancrod（E.C. 3.4.21.28），是从马来亚红口蝮蛇毒中分离而制得的一种糖蛋白，含糖量 36.03%，有单体和二聚体，相对分子质量为 35400，pH＝4.2～

6.2，$E_{280nm}^{1\%}$ 9.85，最适 pH 为 8.5。有显著的精氨酸酯酶活性，作用于纤维蛋白原后，从中释放出 3 个纤维蛋白肽 A、AP 和 AY，与凝血酶作用相似，但不同的是 Ancrod 不能释放纤维蛋白肽 B 肽，有限制性地切割纤维蛋白原，且不能活化 XⅢ 因子。作用与纤溶酶不同，不能将不溶性纤维蛋白转变成可溶性纤维蛋白，而是将纤维蛋白原降解成不稳定的纤维蛋白微粒，经生理性纤溶或吞噬自血液中迅速消失。

浙江蝮蛇毒类凝血酶经凝胶过滤及 SDS-聚丙烯酰胺凝胶电泳测定，相对分子质量为 43000，氨基酸组成分析表明，含有较多的酸性氨基酸及脯氨酸，中性糖占 6%，己糖占 9% 及唾液酸占 3.3%。可直接使血纤维蛋白原凝集，其活性低于人凝血酶。

台湾尖吻蝮蛇毒中分离出的类凝血酶，为酸性糖蛋白，相对分子质量为 33500，不能活化 Ⅲ 因子，在组成中胱氨酸、组氨酸、丝氨酸与酶活性有密切关系，可被苯基汞己酸和对氯汞苯甲酸抑制其活性。皖南尖吻蝮蛇毒类凝血酶作用于纤维蛋白原降解 α 键，同 Ancrod、Batroxibin 及台湾尖吻蝮蛇，而浙江蝮蛇毒类凝血酶降解 β 键，体现了种属差异性。

云南尖吻蝮蛇毒去纤酶（detibrinogenase），体内外实验表明似有纤溶和去纤两种作用，能使纤维蛋白原直接凝固变成非交联的纤维蛋白，导致纤维蛋白显著降低和耗竭，产生明显的抗凝效应。

矛头蝮蛇毒类凝血酶，从两个亚种蛇毒中分离出两种类型的类凝血酶（Ⅰ 和 Ⅱ），相对分子质量分别为 29000 和 31400，Ⅰ 型是一种糖蛋白，含糖 27%。作用与 Ancrod 相似，具有去纤作用，能使纤维蛋白原释放纤维蛋白肽 A，不能释放纤维蛋白肽 B。活化 XⅢ 因子形成稳定的纤维蛋白块，Ancrod 则无此作用。

南方铜头蝮蛇毒类凝血酶是一促凝组分，相对分子质量为 100000，能直接凝固纤维蛋白原，同时具有蛋白水解、酯水解和酰胺酸活性。作用于纤维蛋白原后，先释放出纤维蛋白肽 B，后释放纤维蛋白肽 A，当纤维蛋白肽 A 达到一定的量时才发生凝固。在 Ca^{2+} 存在下，能使血小板发生凝聚。

（二）　蝮蛇抗栓酶的制备

取干品蝮蛇毒 1g，溶解于 5ml Tris-HCl 缓冲溶液中，加入到已平衡好的 DEAE 葡聚糖凝胶 A-50 色谱柱中进行分离，用 0.01mol/L Tris-HCl 缓冲液洗脱，控制流速，洗脱液通过蛋白检测仪，记录其流出曲线。按记录仪所描绘出的曲线，合并同一组分洗脱液，用专一性底物 TAME（α-甲苯磺酰-L-精氨酸甲酯盐酸盐）测定精氨酸酯酶的活力，取酶活力最高峰，用紫外分光光度法测定并计算出蛋白含量。按酶活力单位，分装于每支含 0.25U 的安瓿中，冷冻干燥制成注射用蝮蛇抗栓酶。

十六、蚯蚓纤溶酶

蚯蚓入药已有数千年的历史，许多中医都把它作为活血药物应用于临床。以人工养殖的蚯蚓为原料，采用现代生物技术，经提取、分离、纯化等获得一组能水解纤维蛋白的活性物质，称为蚯蚓纤溶酶。经药理实验证明，对体内、体外血栓和纤维蛋白均有显著的溶解作用，能使纤维蛋白的精氨酸及赖氨酸羧端肽链水解，又能激活纤溶酶原转化成纤溶酶，具有双重作用，溶栓更彻底。

国内蚓激酶（lumbrokinase）产品有普恩复（PAF）、博洛克、百奥蚓激酶等，从露天红赤子爱胜蚓中提取精制而得，是一组蛋白水解酶类物质，有效成分为纤维蛋白溶酶和纤维蛋白溶酶原激活剂。口腔肠溶胶囊剂型。

（一）化学组成和性质

蚯蚓纤溶酶是一组蛋白水解酶类。蚯蚓的种类不同，其含酶量和酶的活性也不同。据资料记载，世界上约有 2500 多种蚯蚓，分布非常广泛，大多数生活在淡水泥底和潮湿的土壤中，少数寄生在其他动物体内。日本、美国等许多国家已大量人工养殖，中国也在一些地方开展了蚯蚓养殖事业。蚯蚓的种属不同，酶含量和酶活性也不同。生化制药上，选择人工养殖的赤子爱胜蚓、太平 2 号蚓等为原料。活性组分的相对分子质量集中在 2 万～7 万。呈白色或微黄色粉末，易溶于水，最适 pH＝8，加热至 70℃全部失去酶活性。

制备时，常选用赤子爱胜蚓（*Eisenia foelida*）、锯齿远蚓（*Amythas dancataia*）、太平 2 号蚓（赤子爱胜蚓与美国红蚯蚓杂交种）、湖北环毛蚓（*Pheretima praepinguis*）等。

（二）生产工艺

1. 以赤子爱胜蚓为原料制备蚯蚓纤溶酶

取人工养殖蚯蚓放入水中浸泡 1h，尽量排出内脏污物，洗净，于组织捣碎机中匀浆，再加入等体积 0.1mol/L NaCl 液，于冰箱中提取 6h，以 6000r/min 离心 20min，弃去沉淀，上清液加固体 $(NH_4)_2SO_4$ 至 70％饱和度，冰箱放置过夜，次日过滤，收集沉淀，透析去盐，以 8000r/min 离心 30min，上清液冷冻干燥，得蚯蚓纤溶酶粗品。

将粗品经 Sephadex G-175 柱凝胶过滤，分出 3 个组分，纤溶活性集中在 B 峰。将 B 峰合并，透析，冷冻干燥。取 B 峰 40mg 在 DEAE-Sepharose CL-6B 柱色谱分离，色谱柱以 0.02mol/L、pH＝7.8 磷酸盐缓冲液平衡，样品上柱，用 NaCl 溶液进行梯度洗脱，其中峰 B-Ⅱ 至 B-Ⅷ 有纤溶活性。再经高速蛋白质液相色谱对 B-Ⅲ 和 B-Ⅷ 进一步纯化，得 B-Ⅲ-1、B-Ⅷ-1 和 B-Ⅷ-2，相对分子质量分别为 3000、25000、30000，B-Ⅷ-2 由 248 个氨基酸残基组成，N 末端为亮氨酸。

2. 亲和色谱柱纯化蚯蚓纤溶酶

取蚯蚓提取液加入慈菇抑制剂偶联的交联琼脂柱（1.5cm×30cm），用 0.05mol/L pH＝7.8 的 Tris-HCl 缓冲液洗脱，去非特异性杂蛋白，再用含 1mol/L NaCl 与 1mol/L 精氨酸的 0.1mol/L（pH＝5.0）的乙酸缓冲液洗脱，用核酸蛋白检测仪（测定 A_{280nm}）检测酶活性，收集活力部分，装袋，对蒸馏水透析 36h，冻干，再用重蒸馏水溶解，加入 Sephadex G-25 柱上，用重蒸馏水洗脱，去小分子盐类物质后，冷冻干燥，即得精制蚯蚓纤溶酶。

十七、玻璃酸酶

玻璃酸酶，又称透明质酸酶。1928 年 Duran Reynals 用睾丸提取液进行皮下注射时，产生了一种异常的扩散作用，当时把这种起扩散作用的物质称为扩散因素，1940 年由 Chain 和 Duthin 两人研究才弄清扩散因素是一种活性酶，并命名为玻璃酸酶。它在哺乳动物的睾丸里含量很丰富，能水解透明质酸，使其黏滞性明显下降，有利于受精时精子进入卵子。也存在于精子、颌下腺、蜂毒、蛇毒、皮肤、脾脏、水蛭及细胞的溶酶体中。

国外 20 世纪 50 年代初已投入生产，并收载于英国和日本药典中，商品名为 Rondas。中国 1965 年正式投入生产，从羊睾丸中提取，已收入《中华人民共和国药典》。

（一）化学组成和性质

根据酶的来源和作用机制的不同，可分为 3 种类型。第一类是睾丸型玻璃酸酶（E.C. 3.2.1.35），主要来源于动物睾丸、颌下腺、溶酶体、蛇毒，睾丸中提取的玻璃酸酶相对分子质量为 61000，含糖量为 7％（甘露糖、乙酰葡萄糖胺），最适 pH＝3.5～8.0，稳定性较好，尖吻蝮蛇玻璃酸酶用 Sephadex C-75 凝胶法测得相对分子质量为 33000 ± 330，最适 pH＝$3.5\sim5.0$，在酸性环境中稳定，在中性或碱性环境中迅速失活，在有一定浓度 NaCl 中可增加酶的稳定性。第二类是水蛭玻璃酸酶（E.C.3.2.1.36），又称透明质酸-内-β 葡糖醛酸苷酶，来源于水蛭的唾液腺，水解高分子透明质酸，最终产物为还原末端具葡萄糖醛酸的四糖。存在于水蛭的唾液腺中，专一性很强，是鉴定透明质酸的最适酶。第三类是细菌玻璃酸酶（E.C.4.2.2.1），又称透明质酸裂解酶，它是一种碱性糖蛋白，属内切糖苷酶，相对分子质量为 150000，pI 接近中性，最稳定时的 pH 近中性，能催化玻璃酸、硫酸软骨素 A、硫酸软骨素 C 的 β-N-乙酰氨基己糖糖苷键水解，产物主要有四糖或六糖等偶数寡糖，由于对 N-乙酰氨基葡萄糖基具有转移作用，因此也被认为是一种转移酶。

玻璃酸酶的稳定性较好，42℃加热 60min 活力不损失；100℃加热 5min，活力可保留 80％。受热失活后进行冷却可恢复部分活力，在 pH＝5 以下或 pH＝8 以上酶仍较稳定。在低浓度水溶液中较易失活，但可加入 0.2％或 0.5％阿拉伯胶或 0.2％明胶保护。Fe^{2+}、Cu^{2+} 对酶有可逆抑制作用，Pb^{2+}、Hg^{2+}、Ni^{2+} 等对酶活性没有明显影响。硫酸软骨素 B（皮肤素）、硫酸类肝素、硫酸角质素、肝素及高浓度玻璃酸对酶均有抑制作用，但可被 0.15mol／L 氯化钠或硫酸鱼精蛋白所逆转。

药用玻璃酸酶主要用牛、羊的睾丸为原料进行提取制备，为白色或米黄色粉末，无气味，易溶于水，不溶于丙酮、乙醚、乙醇等有机溶剂。

（二）生产工艺

1. 以羊睾丸为原料的生产工艺

（1）工艺路线（图 5-25）

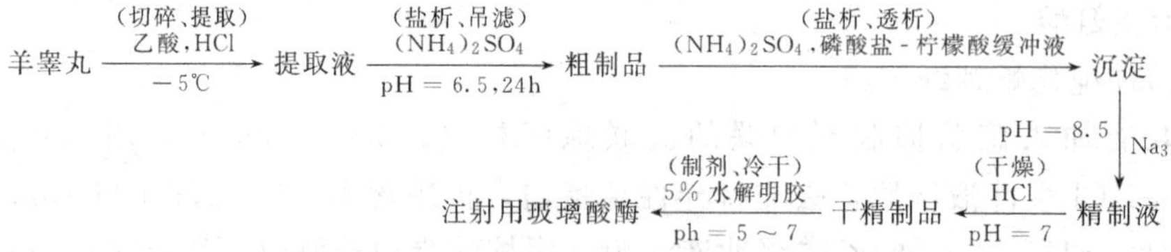

图 5-25　以羊睾丸为原料生产玻璃酸酶的工艺路线

（2）工艺过程

① 切碎、提取　将冰冻新鲜羊睾丸用刀切开，剥除内外层及副睾丸，搅浆，称取糜浆 100kg，倒入乙酸溶液中，在温度低于−5℃的冷库中剧烈搅拌 $3\sim5$min，每隔 15min 搅拌 1 次，提取 4h，然后扯浆，得浆液约 $125\sim140$L。浆渣备第二次提取玻璃酸酶用。

② 盐析、吊滤　浆液不断搅拌，每升加入硫酸铵 210g 完全溶解，静置 1h 左右，装入双层涤纶吊滤，反复 $1\sim2$ 次。次日得澄清滤液约 110L，在不断搅拌下加入硫酸铵 290g/L，完全溶解，静置 1h 后用涤纶袋吊滤，过夜，次日拆袋，得粗制品。

③ 盐析、透析　取粗制品溶于 5L 的冰蒸馏水中，在不断搅拌下缓慢加入硫酸铵 125g，于冷库中静置过夜，次日除去液面脂肪，用胶管虹吸中层清液，布氏漏斗过滤，上层和底层沉淀最后用布氏漏斗过滤，合并滤液，在不断搅拌下缓缓加入 750g 硫酸铵，完全溶解，于冷库中放置过夜。次日吸除上层清液，得盐析沉淀物，再溶于 500ml 冰蒸馏水中，进行透析，每袋约 100ml，放在 pH＝6.5 的磷酸盐-枸橼酸缓冲液（枸橼酸 7.5g、Na_2HPO_4·$12H_2O$ 62g、氯化钠 70g 加水配制成 2500ml，用枸橼酸调整 pH＝6.5）2.5L 中，于冷库中透析 24h，得透析液。此时酶活约为 250000U/ml。

④ 去热原、干燥　将透析液离心分离，上清液置于冰浴中，加入 150g/L（15％）磷酸

钠（$Na_3PO_4 \cdot 12H_2O$）溶液 50ml，在不断搅拌下缓缓加入 200g/L（20%）乙酸钙 30ml，用 0.5mol/L 氢氧化钠调节 pH 至 8.5，继续搅拌 10min，4 号垂熔玻璃漏斗过滤（滤瓶放在冰浴中），滤液以 0.5mol/L 盐酸调节 pH 至 7，冷冻干燥，得酶精制品。

⑤ 冻干制剂 取精制品溶于 5% 注射用水解明胶溶液中，用 1mol/L 氢氧化钠调节 pH＝5～7，除菌漏斗过滤，分装，每瓶 0.5ml，冷冻干燥，即得注射用玻璃酸酶成品，每瓶含玻璃酸酶 100U 或 150U。按睾丸质量计算收率约为 20000U/kg。

2. 以人胎盘为原料的生产工艺

将冷冻人胎盘绞碎，加生理盐水，用 0.02mol/L Tris 缓冲液（TBS）调节 pH 至 9。离心分离上清液，再调 pH 至 7，在 0～5℃加入硫酸钠达到半饱和，收集沉淀，沉淀再溶于水，透析除去硫酸钠。洗脱液再透析，冷冻干燥，再经葡聚糖凝胶（Sephadex G-200）精制玻璃酸酶。效价 17.2mU/mg，相对分子质量为 69000，pI 为 5.19，水溶液 pH＝4～7.6，0℃时保存较稳定。沉淀剂硫酸钠可用硫酸铵代替，透析液可先通过羧甲基葡聚糖凝胶（CM-Sephadex）吸附，然后通过二乙氨基葡聚糖凝胶（DEAE-Sephadex）精制。

3. 微生物发酵法

日本藤泽药品公司报道，可用链霉菌发酵生产玻璃酸酶。在 150L 培养基中需氧发酵，温度 30℃，约 3d，培养基组成为淀粉 3 份、棉籽饼 1 份、谷脱粉 1 份、干酵母 1 份、磷酸氢二钾 0.1 份及 Adecanol（一种抗泡沫剂）0.4%。将发酵液真空浓缩至 20L，加丙酮至 40%～60% 体积分数沉淀玻璃酸酶，得粗制品。再将粗品经 DEAE-纤维素、CM-纤维素以及 Sephadex G-50 色谱柱精制，冷冻干燥，得 250mg 玻璃酸酶，活力为 40000U/mg，按浓缩发酵液 12.5mg/L 计算，相当于 500000U。

菌种亦可选用荧光杆菌（*Bacterium fluoresens*）生产玻璃酸酶。

4. 安徽尖吻蝮蛇毒玻璃酸酶的色谱纯化法

CM-Sephadex C-50 色谱柱（3cm×35cm）用 0.1mol/L 磷酸缓冲液（pH＝6.0）平衡，取 1g 蛇毒用 20ml 平衡缓冲液溶解，上柱。先用 150ml 平衡缓冲液洗脱；第二级洗脱用直线梯度洗脱法，混合瓶中置 250ml 0.1mol/L 磷酸缓冲液，贮存瓶中置 250ml 0.1mol/L 磷酸缓冲液（pH＝7.0），内含 0.5mol/L NaCl；第三级洗脱，混合瓶中置 50ml 0.1mol/L 磷酸缓冲液内含 0.5mol/L NaCl，pH＝7.0，贮存瓶中置 50ml 0.1mol/L 磷酸缓冲液含 1mol/L NaCl。流速 30ml/h，每 5ml 为 1 管，分管收集；测定 A_{280nm}。

Sephadex G-75 凝胶柱（2cm×100cm），将上述粗分的玻璃酸酶液去盐浓缩成 2ml（17.5mg）通过凝胶柱，用 0.05 mol/L、pH＝6.0 磷酸缓冲液内含 0.15mol/L NaCl 洗脱，流速 18ml/h，每管 3ml，分管收集。

CM-Sephadex C-25 色谱柱（2cm×10cm），平衡缓冲液 pH＝6.4、0.1mol/L 磷酸缓冲液，样 80ml 上柱后，用 0.1mol/L 磷酸缓冲液（pH＝6.4）内含 0.4 mol/L NaCl（电导度 42mΩ^{-1}）洗脱，流速 12ml/h，每管 2ml，分管收集，取酶活力峰。

5. 水蛭玻璃酸酶的分离与纯化

目前均采用 Yuki 等（1963 年）的方法来分离和纯化水蛭透明质酸酶，先匀浆水蛭的头部，加入 40% 的硫酸铵溶液，取离心后的上清液再加入固体硫酸铵使其达到 80% 饱和度并搅拌 10min，750r/min 离心 20min 分离沉淀。将以上沉淀悬浮于 70% 饱和度的硫酸铵溶液中，再经离心取沉淀并溶于 pH＝7.0 的 50% 饱和度硫酸铵溶液中即得到粗制品。将粗制品先透析除盐，然后通过二乙氨乙基纤维素（DEAE）柱色谱即得较纯的制品。

十八、碱性磷酸单酯酶

(一) 应用

碱性磷酸单酯酶 (E. C. 3.1.3.1) 缩写为 AKP，是一种有广泛用途的生化试剂，可专一性地水解磷酸单酯化合物而释放出无机磷。主要用于核酸研究，分析、测定核苷酸顺序及其基因的重组、分离；也是酶标免疫测定技术的常用工具酶之一；药用化妆品中添加 AKP 有益于皮肤细胞的再生和新陈代谢；还可用于核苷酸脱磷生产核苷等。

自然界中，AKP 广泛存在于动、植物组织和某些微生物中。国外商品 AKP 多数是从大肠杆菌发酵和小牛（或猪、鸡）肠黏膜、牛脾等动物脏器中提取制备的。进口的美国 Sigma 公司的 AKP 比活为 1050 U/mg，每毫克 20 美元，价格十分昂贵。

(二) 生产工艺

早在 20 世纪 30 年代科学工作者就开始研究 AKP 的制备，直到 50 年代初英国 Morton 才建立了用有机溶剂反复提取的工艺，但该法操作繁杂，酶的得率低。后来改进为采用有机溶剂和盐分级沉淀、离子交换色谱和凝胶过滤等多步纯化的方法，获得较高纯度的 AKP，但操作仍较繁琐，周期较长。近 20 年来，人们开始尝试应用亲和色谱技术制备高纯度、高活力的 AKP，有了新的进展。中国上海蒋益众等研究建立了以小牛黏膜为原料，用正丁醇提取等多步纯化路线；随后，国内首次以 AKP 为抗原免疫动物，制备抗 AKP 血清，应用 AKP-Sepharose 4B 亲和色谱柱纯化 AKP，获得初步成效。同时，为开辟原料来源，在用小牛肠黏膜制 AKP 多步纯化工艺路线的基础上，建立了以猪肠黏膜为原料提取 AKP 的工艺路线。纯化牛肠 AKP 应用免疫亲和色谱法。

1. 小牛肠黏膜为原料的生产工艺 (图 5-26)

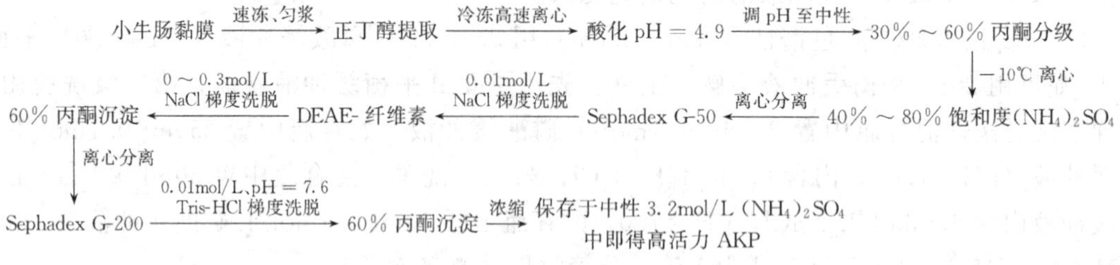

图 5-26 以小牛肠黏膜为原料生产 AKP 的工艺路线

2. 猪肠黏膜为原料的生产工艺 (图 5-27)

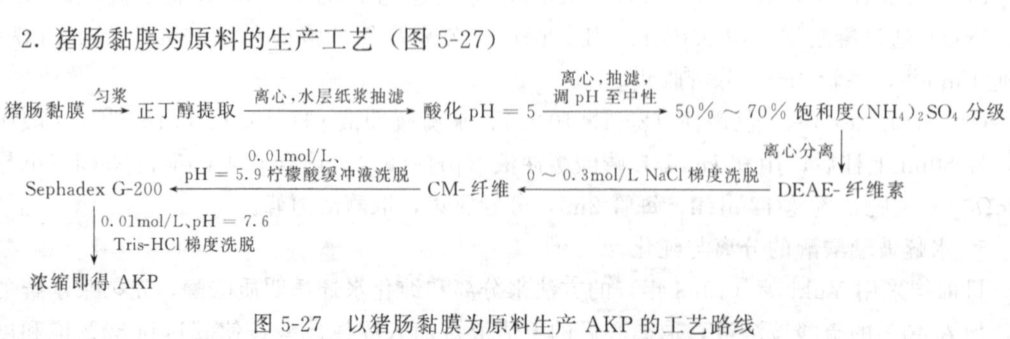

图 5-27 以猪肠黏膜为原料生产 AKP 的工艺路线

3. 纯化牛肠 AKP 的免疫亲和色谱法

(1) 抗 AKP 免疫吸附柱的制备 把羊抗 AKP 血清 γ-球蛋白共价结合到经溴化氰活化的 Sepharose 4B 上，得固相免疫吸附剂，除去未偶联的蛋白，装入色谱柱 (3cm×20cm)

中，配制 0.01mol/L、pH＝8.5 Tris-盐酸缓冲液（含 10^{-3} mol/L 氯化镁）备用。

（2）吸附和洗脱　将硫酸铵分级沉淀获得的比活力为 4.27U/mg 的粗牛肠 AKP 上免疫亲和色谱柱，然后用 0.01mol/L、pH＝8.5 Tris-盐酸缓冲液洗涤，再用 0～0.2mol/L 碳酸钠溶液梯度洗脱并部分收集，测定酶活力并合并峰部分，浓缩，即得纯化 AKP。

（3）柱的再生　用 3mol/L 硫氰酸钾溶液洗脱，水洗，经 0.01mol/L、pH＝8.5 Tris-盐酸缓冲液平衡后即可反复使用。

十九、复方磷酸酯酶

复合（方）磷酸酯酶又称 711 复合酶或 502，是含降解核酸类的多酶制剂，具有促进食欲、增强体质、改善机体代谢、提高受损害肝细胞的再生能力等功能。临床试用于迁延性肝炎、慢性肝炎、早期肝硬化、冠心病、胶原性硬皮病、小儿顽固性银屑病、再生障碍性贫血、白细胞减少症及硅尘着病的辅助治疗。

（一）化学组成和性质

复方磷酸酯酶是从植物大麦芽根中提取制得的多种酶的混合物，又称麦芽根须制剂，含有丰富的核糖核酸酶、3′-核苷酸酶或 5′-核苷酸酶、磷酸二酯酶、磷酸单酯酶、核苷酶和核苷脱氨酶等，还含有少量的核苷酸和大麦碱。

性状呈褐黄色细粉状，含水量在 10% 以下，有微臭，味微酸，易溶于弱碱性溶液中，微溶于水，不溶于乙醇、乙醚或氯仿。

（二）生产工艺

（1）工艺路线（图 5-28）

大麦芽根 $\xrightarrow{粉碎}$ 麦芽根粉 $\xrightarrow[\substack{pH＝5～6,10～15℃\\11～18h}]{\substack{（浸泡、压滤）\\自来水}}$ 滤液 $\xrightarrow{浓缩}$ 浓缩液 $\xrightarrow[乙醇]{（沉淀）}$ 沉淀物 $\xrightarrow[40℃以下]{（干燥）}$ 复方磷酸酯酶成品

图 5-28　复方磷酸酯酶的生产工艺路线

（2）工艺过程

取大麦芽根须经万能粉碎机粉碎，投入浸泡槽内，加入 7～10 倍量的自来水，pH＝5～6，温度 10～15℃浸泡 11～18h。提取，压滤，得滤液，弃去残渣（可作饲料）。再用高速离心机离心，离心液在低温下进行浓缩，浓缩液中加入 3.5～4 倍量乙醇沉淀，压滤，收集沉淀物。于 40℃以下进行真空干燥，粉碎，过 100 目筛，即得复方磷酸酯酶成品。含量应大于 1500U/mg，对麦芽根质量计算总收率为 5%。

二十、磷酸二酯酶

在哺乳动物的肾、肝、小肠、肺、脾、胸腺组织及蛇毒中均含有水解核酸的酶，称为核酸酶，由于是切开核苷酸之间的磷酸二酯键，故又称磷酸二酯酶。依据酶作用的部位分为两类：一类是作用于核酸链内部的键，把多核苷酸链切成片段，称为内切酶，或核酸解聚酶或核酸磷酸二酯酶，如牛胰 RNase；一类是从多核苷酸链的一端开始，把单核苷酸一个个的切下来，称为外切酶，或磷酸二酯酶，如蛇毒磷酸二酯酶（VPDase）、脾磷酸二酯酶（SPDase）。

磷酸二酯酶是基因工程、核酸结构分析、核苷酸生产以及临床诊断等方面的重要工具酶。中国已将磷酸二酯酶Ⅰ用于临床检测，使甲胎蛋白漏检的病人诊断率提高到 82.3%，使肝癌患者的总检出率达到 90.2%，检测特异性也达到 95.3%，较好地解决了临床运用血

清学技术诊断肝癌的难题。另外，发现人体肾组织含有丰富的磷酸二酯酶Ⅰ，当肾组织受损伤时，酶Ⅰ能随尿排出。因此，通过检测酶Ⅰ尿中的活性，可以早期诊断重金属和药物引起的肾组织损伤。该方法与肾穿刺法检测定尿中重金属排泄量等技术相比，具有灵敏度高、安全可靠、检测成本低、操作简便和易于推广等特点。在临床上用于祛痰、排除脓液等。

1. 从浙江蝮蛇毒中制备磷酸二酯酶

（1）柱色谱 取 25g 浙江蝮蛇毒依上述小试制备方法上二乙胺基葡聚糖 A-50 柱（5cm×112cm）进行色谱分析，收集不吸附的洗脱峰。

（2）羧甲基葡聚糖 C-25 柱色谱 将上述洗脱液，经超滤浓缩后直接进行羧甲基葡聚糖 C-25 柱（2.5 cm×50cm，平衡缓冲液同上）色谱分离。洗脱分两步：第一步用平衡缓冲液洗脱；第二步用加 NaCl 直线梯度洗脱。洗脱液用部分收集器收集，（6ml/管，36ml/h），在国产 751 型分光光度计上测定 A_{280nm}。磷酸二酯酶主要集中在第 2 大峰及随后的峰谷中。

（3）酸变性 取上述洗脱液，经超滤浓缩，参照 Laskowski 法进行酸变性，温度 37℃，pH=3.6，2.5h，变性结束时在冰浴中加等摩尔的浓氨水停止反应。

2. 从牛胰中制备脱氧核糖核酸酶

牛胰脱氧核糖核酸酶（E. C. 3. 1. 4. 5）是一种高度特异的磷酸二酯酶，相对分子质量约为 31000，呈白色粉末，易溶于水，Mg^{2+} 为激活剂，最适 pH=7～8。干品于 4℃可保存2年。

临床用于祛痰，特别适用于呼吸系统感染产生的大量脓痰。在脓液或痰液中含有 30%～70% 的 DNA 及核蛋白，可被牛胰 DNase 水解变稀薄，而易于引流或排除。

通常以牛胰为原料，用 0.125mol/L 硫酸提取，提取液加 $(NH_4)_2SO_4$ 达 40% 饱和度盐析，收集沉淀物，充分磨匀溶于 5～10 倍水中，加 $(NH_4)_2SO_4$ 至 20% 饱和度，自然过滤，滤液再加 $(NH_4)_2SO_4$ 至 50% 饱和度，自然过滤，沉淀物再溶于 10 倍水中，分级盐析，取 17%～30% 饱和度之间的沉淀，重复操作 1～2 次后，收集沉淀溶于少量水中，置冰箱中透析，除尽盐后，过滤，冻干即得牛胰 DNase。

整个操作过程要在低温条件下进行。

二十一、双链酶

（一）化学组成和性质

双链酶是从血性链球菌（*Streptococcus β-hemolyticus*）的培养液中，经提取分离而制得的混合酶，含有两种酶：一种是链激酶（SK）又称溶栓酶，相对分子质量为 47000，最适 pH=7.3～7.6；一种是脱氧核糖核酸酶（SD）又称链道酶，最适 pH=7。

性状呈白色、类白色结晶性或无定形粉末，溶于水。水溶液室温迅速失活，2～10℃可稳定 7d，在中性介质中有最大的活性。粉末 4℃下可维持活性达 18 个月。

链激酶溶解血栓作用机制是先与血浆纤溶酶原结合而形成致活物，再去激活剩余的纤溶酶原成纤溶酶，用以溶解纤维蛋白原和纤维蛋白，使其血栓溶解。链激酶与纤溶酶原比值为 0.1∶1 时，形成的纤溶酶最多，纤溶活性最强。由于人体易受链球菌感染而产生链激酶抗体，因此使用前必须先用足够的先导剂量，将其抗体中和后再继续给药。

临床用于多种血栓栓塞疾病，以急性广泛深静脉血栓形成、急性大块肺栓塞、周围动脉急性血栓栓塞最有效。有人报道链激酶滴注于冠状动脉内对进展期心肌梗死有一定疗效。

（二）生产工艺

1. 工艺路线（图 5-29）

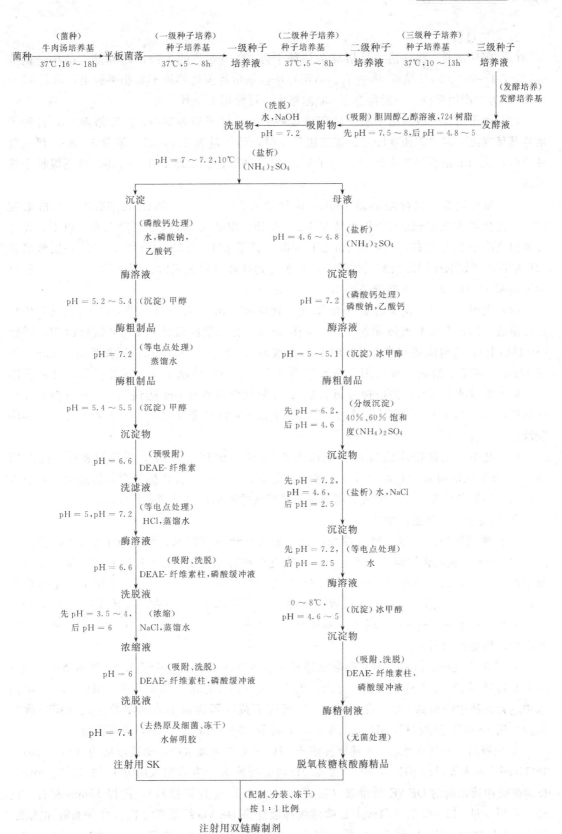

图 5-29 生产双链酶的工艺路线

2. 工艺过程

(1) 菌种培养　将 β-溶血性链球菌接种于含 1％羊血清的牛肉汤培养基 5ml 中，调节 pH 至 7.1～7.2，37℃培养 8h 左右。从菌种培养基中将菌株移植于琼脂平板上，培养 16～18h，即为生产用菌株。一般保存于 4℃冰箱中，可使用 1 个月之久。

(2) 种子培养　取琼脂平板上的菌落接种于 5ml 种子培养基中，37℃培养 5h，待种子培养基呈现出一定的浑浊度即可。接二级种子时，种子量为 2％，37℃培养 5～8h。接三级种子时，在 10L 的种子罐中培养，种子量为 2％～3％，37℃培养 10～13h，得三级种子培养液。

(3) 发酵培养　发酵培养基 150L，接种量为 5％～10％，罐压 19.62kPa，发酵温度 37℃，搅拌速度 60r/min 的条件下培养约 2～2.5h，发酵液 pH 应逐渐降至 6.9 以下，此时发酵温度降至 33℃左右，然后用 3mol/L 碳酸钠调节 pH，维持 pH＝7.3～7.4，发酵培养 12h 左右，开始取样测链激酶活性单位，直至达到高峰时停止发酵。周期约 14～16h。收率为链激酶 519U/ml，脱氧核糖核酸酶 1677U/ml。

(4) 吸附、洗脱　发酵液用 100g/L 氢氧化钠调节 pH＝7.5～8，缓缓加入 5％的胆固醇乙醇溶液，用量为发酵液体积的 1％，搅拌 5min。再加发酵液体积 3.5％倍量的 724 树脂（80 目以上），待泡沫基本消失后，用 10％乙酸调节 pH 达到 4.8～5，搅拌吸附 30min，静置 15min。吸去上清液，树脂用自来水清洗 2 次，蒸馏水清洗 1 次，过滤抽干，移入容器内，加入少量冰蒸馏水，边搅拌边滴加 100g/L 氢氧化钠直至 pH 达到 7.2 为止（操作温度应保持在 15℃以下）。布氏漏斗过滤，用少量蒸馏水冲洗树脂 1 次，合并滤液和洗液，得洗脱液。

(5) 盐析　上述洗脱液按每千克加入 243g 的硫酸铵，达到 40％的饱和度，随时用 100g/L 氢氧化钠调节 pH 至 7～7.2，保持温度在 10℃左右。待硫酸铵全部溶解后，离心得沉淀物，供制备链激酶用；母液供制备脱氧核糖核酸酶用，再分别进行处理。

① 沉淀物——制备链激酶

a. 磷酸钙处理、沉淀　将沉淀物捣碎，加入适量的蒸馏水，调节 pH 至 7.2，使其溶解，用 100g/L 氢氧化钠调节 pH 至 8～9，在充分搅拌下先加 152g/L 磷酸钠 1 份（体积为溶液的 1/10～1/6）。再加 226g/L（22.6％）乙酸钙 0.5 份，离心，澄清液用 10％盐酸调节 pH 至 7.2，即得酶溶液。再将酶液置于盐冰浴中，降温到 0℃左右，按体积缓缓加入 30％的冰甲醇，温度不超过 8℃，用 10％盐酸调节 pH 至 5.2～5.4，静置 15～30min，离心，收集沉淀，得酶的粗制品。

b. 等电点处理、沉淀　将粗制品加适量蒸馏水溶解，调节 pH 至 7.2。置冰浴中再以 1mol/L 盐酸调 pH 至 5 进行沉淀，分离，收集沉淀再溶于原液 1 倍量体积、pH＝7.2 的蒸馏水中，置冰浴中降温到 0℃，在不超过 5℃温度下按体积逐渐加入冰甲醇使之体积分数为 30％，用 1mol/L 盐酸调节 pH 至 5.4～5.5，静置 15～30min，离心，得沉淀物。

c. 预吸附、等电点处理　上述沉淀溶于 pH＝6.6 的蒸馏水中，酶液浓度约（50～100）×10^4 U/ml，加入等量的 pH＝6.6、0.2mol/L 磷酸缓冲液，然后加入用 pH＝6.6、0.08mol/L 磷酸缓冲液平衡的 DEAE-纤维素（按酶 3×10^8 U/200g 计算投料），搅拌 15min 左右，过滤，并用少量 pH＝6.6、0.1mol/L 磷酸缓冲液洗涤 DEAE-纤维素 2 次，合并滤液和洗液，用 1mol/L 盐酸调节 pH 至 5，沉淀，离心，收集链激酶沉淀，再按 50～100U/ml 的浓度，溶于蒸馏水中，得精制的酶溶液。

d. 吸附、洗脱 按每 10^8 U 用 800g 左右的 DEAE-纤维素计算投料，加适量的 pH＝6.6、0.01mol/L 磷酸缓冲液，搅拌均匀倾入色谱柱中，将酶液通过色谱柱进行吸附，完成后用少量 pH＝6.6、0.01mol/L 磷酸缓冲液洗涤，以 pH＝6.6、0.08mol／L 磷酸缓冲液进行洗脱，收集 20000U/ml 以上的链激酶洗脱液。

e. 浓缩、吸附、洗脱 按洗脱液体积加入 100g/L（10％）的氯化钠，调节 pH 至 3.5～4，沉淀离心，沉淀溶于蒸馏水中，调节 pH 至 6，必要时，还可作 1 次 pH＝4.8～5 的等电点沉淀，得酶的浓缩液。再通过平衡好的 pH＝6 的 DEAE-纤维素柱进行吸附，加完后用少量 pH＝6、0.01mol/L 磷酸缓冲液洗涤，再以 0.07mol/L 磷酸缓冲液洗涤，直至流出液开始能测出酶单位时，改用 pH＝6、0.1mol/L 磷酸缓冲液洗脱，收集 50000U/ml 以上的洗脱液，当洗脱液单位降至 20000U/ml 时停止，合并洗脱液。

f. 去热原、细菌、冻干 上述洗脱液调 pH 至 7.4，加入洗脱液体积约 10％的无热原的 5％水解明胶，混合均匀，在低温下分别经过 4 号及 6 号垂熔漏斗过滤，滤液按所需酶单位，进行无菌分装，冷冻干燥，无菌封口即得注射用链激酶制剂。按发酵液含量计算，收率为 20％左右。

② 母液——制备脱氧核糖核酸酶

a. 盐析、磷酸钙处理、沉淀 每千克母液加入 132g 硫酸铵，达 60％饱和度，用 10％盐酸调 pH 至 4.6～4.8，静置 10min 左右，纱布过滤，收集脱氧核糖核酸酶沉淀。溶于少量蒸馏水中，按①a. 操作加入磷酸钠及乙酸钙溶液，离心，收集上清液，调 pH 至 7.2 左右，得酶溶液。再将酶液置于冰浴中，降温至 0℃左右，按酶液体积，在不超过 10℃温度下，逐渐加入冰甲醇，使其体积分数为 30％，用体积分数为 10％盐酸调节 pH 至 5～5.1，静置 20min 左右，离心，分离，即得脱氧核糖核酸酶粗制品。按发酵液含量计算，收率为 27.13％。

b. 分级沉淀、盐析 酶粗品配成溶液，加入固体硫酸铵达 40％饱和度，调节 pH 至 6.2，产生沉淀，离心除去沉淀，上清液继续加固体硫酸铵达 60％饱和度，调节 pH 至 4.6，离心，收集沉淀。再将沉淀溶于适量的蒸馏水中（pH＝7.2，100000U/ml），按体积加入 150g/L 氯化钠，搅拌溶解，用 1mol/L 盐酸调节 pH 至 4.6，离心除去沉淀，上清液继续用 1mol/L 盐酸调节 pH 至 2.5，离心，收集沉淀。

c. 等电点处理、沉淀 取沉淀溶于适量的蒸馏水中，用 1mol/L 盐酸调节 pH 至 2.5，离心，收集沉淀，加入适量蒸馏水溶解，置于 0℃冰浴上，按体积缓缓加入 40％的冰甲醇，温度不超过 8℃，用 1mol/L 盐酸调节 pH 至 4.6～5，离心，收集沉淀。

d. 吸附、洗脱 上述沉淀溶于适量的蒸馏水中，调节 pH 至 6.4，加入用 pH＝6.4、0.01mol/L 磷酸缓冲液平衡过的 DEAE-纤维素（每 10^8 U 加入 200g），搅拌 15min，再加入同样的纤维素（每 10^8 U 加入 100g）搅拌 15min，过滤，用 pH＝6.4、0.01mol/L 磷酸缓冲液反复洗涤 3 次，充分洗去未被吸附的黏附物，过滤抽干。取平衡后的 DEAE-纤维素（每 10^8 U600～800g）悬浮在适量的 pH＝6.4、0.01mol/L 磷酸缓冲液中，倾去细粒装入柱中，再将吸附酶的纤维素均匀注入柱顶部，用 pH＝6.6、0.08mol/L 磷酸缓冲液进行洗脱，洗脱液由黄色变为无色澄明时，改用 pH＝6、0.16mol/L 磷酸缓冲液洗脱，收集高峰部分的洗脱液，即得脱氧核糖核酸酶精制液，经无菌处理，供配制注射剂用。

③ 双链酶注射剂的配制 将精制和经无菌处理的链激酶和脱氧核糖核酸酶，按 1:1 的单位比例合并，分装，冻干即得双链酶注射用冻干制剂，每支含两种酶各 2500U 或 5000U。按发酵液含量计算，收率为 21.28％。

（三）基因工程链激酶的生产

天然 SK 产量低，成本高，且制备过程中残存的细菌溶菌素对心肌和肝脏都有损害，而利用基因工程技术在大肠杆菌中表达的重组链激酶则避免了这一危害，目前重组链激酶业已上市。

用 PCR 技术从链球菌染色体 DNA 中扩增了 SK 基因，在大肠杆菌中高效表达，r-SK 可占菌体蛋白的 65% 以上。

（1）发酵　种子菌用 LB 培养基在摇瓶内放大培养，培养温度为 30℃。放大后的种子菌接种于 M_9 培养基中大规模培养，发酵过程中用氨水维持 pH = 6.5～7，溶解氧控制在 50%，30℃ 培养 5h 后，待细菌密度达 3～4 OD 后，升温至 42℃，诱导培养 3h。培养过程中补充酪蛋白。

（2）破菌及包涵体纯化　离心分离工程菌，高压匀浆破碎或超声破碎菌体，低速离心分离包涵体。包涵体用缓冲液洗涤，除去大部分杂蛋白、核酸和其他杂蛋白。

（3）r-SK 的复性　纯化后包涵体用 6mol/L 盐酸胍溶解，对磷酸盐缓冲液反复透析，去除盐酸胍，并在特定缓冲液中进行复性。

（4）r-SK 纯化　复性后的 r-SK 溶液通过 Q-Sepharose 离子交换柱和 Sephadex G-10 凝胶过滤，进一步纯化 r-SK。

（5）粉针剂 r-SK 的制备　纯化后的 r-SK 加入人血清白蛋白等稳定剂，除菌过滤，分装，冷冻干燥成粉针剂。

（6）蛋白质含量测定　Lowry 酚试剂比色法。

（7）r-SK 活性测定　纤维蛋白凝块溶解法测定。

二十二、青霉素酶

青霉素酶（penicillinase）作用于青霉素的 β-内酰胺环，使青霉素转变为无抗菌活性的青霉素酮酸（penillonic acid）。

本品适用于一般青霉素过敏反应，也可用作过敏性休克、严重青霉素过敏反应辅助治疗。但不能用于甲氧西林（methicillin）、氯唑西林（cloxacillin）和喹那西林（quinacillin）等引起的过敏反应。

本品肌肉注射后发生作用，使青霉素迅速失效，其作用维持 4d，从而消退已产生的青霉素过敏症状。

（一）化学组成和性质

青霉素酶为 β-内酰胺酶的一种，活性中心为蛋白质多肽链中的丝氨酸，它作为亲核试剂向 β-内酰胺环的羰基进攻，形成酰化酶中间体，然后在水分子作用导致 β-内酰胺环开环失活。青霉素酶的优选底物为青霉素，一般能被活性部位介导的抑制剂所抑制（如克拉维酸）。

（二）生产工艺

（1）工艺路线（图 5-30）

发酵液离心 ⟶ 上清液 $\xrightarrow{\text{pH} = 4.5}$ 硅藻土吸附 $\xrightarrow[\text{0.1mol/L 柠檬酸钠}]{\text{1mol/L NaCl}}$ 洗脱

真空干燥 ⟵ 溶解于 0.1mol/L、pH = 8.0 的磷酸缓冲液中

图 5-30　青霉素酶的生产工艺路线

（2）工艺过程

① 产生菌 腊肠芽孢杆菌（*Bacillus cereuo*）。

② 培养基组成及培养条件 酪蛋白氨基酸 10g，磷酸二氢钾 2.72g，柠檬酸钠 5.88g，七水硫酸镁 0.41g，七水硫酸亚铁 0.014g。pH＝7.0，37℃培养 16h。

③ 酶的分离纯化 发酵液离心弃沉淀，上清液调 pH 至 4.5 后用硅藻土吸附，吸附物用 1mol/L NaCl、0.1mol/L 柠檬酸钠缓冲液洗脱，透析除盐后溶解于 0.1mol/L、pH＝8.0 的磷酸缓冲液中，真空干燥即得青霉素制品。

二十三、*β*半乳糖苷酶

β-半乳糖苷酶（*β*-galactosidase）又称 *β*-D-半乳糖苷半乳糖水解酶（*β*-D-galactosidegalcatohydrolase，EC. 3.2.1.23），能水解乳糖成为半乳糖与葡萄糖，其相对分子质量为 10 万左右。商品名为乳糖酶（lactase）。

β-半乳糖苷酶广泛存在于植物（尤其是杏、桃、苹果）、细菌（大肠杆菌、乳酸菌等）、真菌（米曲霉、黑曲霉、脆壁酵母、乳酸酵母、热带假丝酵母等）、放线菌以及哺乳动物（特别是婴儿）的肠道中。目前仅来源于微生物的 *β*-半乳糖苷酶有工业应用价值，因为利用微生物发酵法制取 *β*-半乳糖苷酶酶源丰富，生产成本低，周期短，不受季节和地理位置等因素的影响。

β-半乳糖苷酶为存在于胃肠内的消化酶。如缺乏此酶，乳糖不能消化吸收，因厌氧性结肠菌利用来吸收的乳糖而生成乳酸、甲酸等小分子有机酸。乳糖及小分子有机酸可以使肠腔内容物渗透压增加，致使肠壁水分反流入肠腔，而出现水样腹泻、大便酸性增加。同时细菌发酵产生气体，可以引起腹胀、肠鸣音亢进等症状。本品能补充内源乳糖不足，分解母乳、牛奶等的乳糖，促进吸收，减少大便次数。

本品适用于婴儿各种乳糖消化不良症，或先天性乳糖缺乏症。如加入牛奶中则可防止乳糖不吸收而引起的腹部症状。

（一）化学组成及性质

不同微生物来源的 *β*-半乳糖苷酶的性质有所不同（表 5-8）。

表 5-8 不同微生物生产的 *β*-半乳糖苷酶的酶学性质

来　　源	最适 pH	最适温度/℃	分子质量/kDa	活化金属离子
嗜热乳酸细菌	6.2～7.5	55～57	530	*
保加利亚乳酸杆菌	7.0	42～45	—	*
嗜热脂肪芽孢杆菌	6.0～6.4	65	215	*
大肠杆菌	7.2	40	540	Na^+、K^+
脆壁酵母	6.6	37	201	Mn^{2+}、K^+
乳酸酵母	6.9～7.3	35	135	Mn^{2+}、Na^+
黑曲霉	3.0～4.0	55～60	124	
米曲霉	5.0	50～55	90	

注：—目前尚不清楚；* 无。

β-半乳糖苷酶催化 *β*-半乳糖苷类化合物中 *β*-半乳糖苷键，使其发生水解断裂，除能使乳糖分解生成半乳糖和葡萄糖外，还具有转半乳糖苷的作用。已知 *β*-半乳糖苷酶的活性位点有两个功能团：硫氢基和咪唑基，其中咪唑基可作为广义酸使半乳糖苷的氧原子质子化，咪唑基可作为亲核试剂进攻半乳糖分子的第一个碳原子上的亲核中心。当半乳糖苷的受体是水

时，发生的是水解；当受体是另外的糖或醇时，则成为转半乳糖苷；如果受体是乳糖，则可以生成三糖的低聚半乳糖。

霉菌生产的 β-半乳糖苷酶是胞外酶，可以用固态培养也可以采用液态深层培养来生产，在培养过程中酶分泌到培养基中，提取较为方便，同时霉菌产生的 β-半乳糖苷酶较耐热、耐酸，不需要活化剂和稳定剂，稳定性较高。目前应用较多的产生菌是霉菌。

（二）霉菌生产 β-半乳糖苷酶的工艺

1. 菌株毛霉（*Mucor pusillus* IFO4578）的应用

（1）发酵培养基组成及培养条件　脱脂大豆粉 8g/L，KH_2PO_4 0.2g/L，$MgSO_4 \cdot 7H_2O$ 0.02g/L，$CaCl_2 \cdot 2H_2O$ 0.02g/L，可溶性淀粉 1g/L。pH＝6.0，28℃，培养 7d。

（2）酶的提取

$$上清液 \xrightarrow[]{冷丙酮70\%（体积分数）} 沉淀 \xrightarrow[3d]{4℃蒸馏水} 透析 \longrightarrow 离心去除不溶物 \longrightarrow 冷冻干燥$$

2. 菌株青霉（*Penicillum glaucum* 4626）的应用

（1）发酵培养基组成及培养条件　麸皮 2.5g/L，米糠 1.0g/L，$NaNO_3$ 0.2g/L，KH_2PO_4 0.1g/L，KCl 0.05g/L，$MgSO_4 \cdot 7H_2O$ 0.05g/L。种子 27℃培养 48h，发酵培养 72h，27℃。

（2）酶的提取

$$菌种 \xrightarrow[种子培养基]{活化} 种子培养 \xrightarrow{发酵培养基} 发酵罐 \xrightarrow{离心} 上清液 \xrightarrow{硫酸铵分级沉淀} 沉淀物$$

$$洗脱液 \xleftarrow[梯度洗脱]{0.1\sim1.0mol/L\ NaCl} Sp\text{-}Sephadex\ 吸附 \xleftarrow{} 流出液 \xleftarrow{DEAE\text{-}Sephadex\ 去盐} 酶液 \xleftarrow{pH=3.8\ 醋酸缓冲液溶液}$$

$$精制成品 \xleftarrow[两次操作]{Sephadex\ G\text{-}200}$$

（三）β-半乳糖苷酶活性测定

在一定条件下，β-半乳糖苷酶能够水解邻硝基苯酚 β-D-半乳糖苷（ONPG）中的 β-D-半乳糖苷键，生成邻硝基苯酚（ONP），ONP 在碱性条件下呈黄色，可以通过比色法（A_{420nm}）定量测定该黄色物质的含量，进而计算出 β-半乳糖苷酶的活力。

二十四、胶原酶

胶原酶（collagenase，E.C.3.4.24.3）是指作用于胶原或其变性明胶而不作用于其他蛋白质的酶类。它的来源广泛，多种微生物、动物的许多组织细胞（尤其在病理条件下）都可产生胶原酶，研究较多的是微生物胶原酶。微生物来源的胶原酶主要是由致病细菌产生的，其中最早对微生物来源胶原酶研究的是溶组织梭状芽孢杆菌胶原酶。

细菌来源胶原酶不同于动物胶原酶，主要在于：① 底物种类不同，梭状芽孢杆菌胶原酶除 7S 基质胶原不能降解外，几乎能以同样的速度降解 5 种类型（Ⅰ～Ⅴ型）的胶原，且对动物胶原酶不能降解的Ⅳ、Ⅴ型也能轻易降解；②裂解方式不同，梭菌胶原酶可作用于胶原的多个位点，产生平均只有 5 个残基的小分子短肽，而动物胶原酶作用于胶原 N 端 3/4 处 Gly-Leu 或 Gly-Ile 肽键，产生一个 3/4 片段和 1/4 片段，分别命名为 TCA 和 TCB；③获得的难易程度不同，梭菌胶原酶可分泌到胞外，通过发酵可大量获得，而动物胶原酶需组织培养和提取，较难获得；④潜在的降解胶原能力不同，梭菌胶原酶具有更高的活性。

胶原酶能水解烫伤结中心及边缘区坏死组织的胶原，使烧伤表面覆盖物和焦痂在 24～

96h 分离溶解，对于慢性溃疡、褥疮及灼伤有治疗作用。治疗腰椎间盘突出症、杜普伊特伦症，预防和治疗瘢痕疙瘩，可用于玻璃体切除术、牙齿移植术、冷冻切除手术等。

本品由溶组织梭杆菌（*Clostridium histolyticum*）ATCC21000 制取而成。

（一）化学性质和组成

微生物胶原酶一般含有 3 个片段：S_1 片段、S_2 片段和 S_3 片段。N 端的 S_1 片段含有结合 Zn^{2+} 的-HEXXH-超二级结构，是酶的活性中心所在。原子吸收光谱和金属螯合置换证实，每分子胶原酶含有一个锌离子。-HEXXH-中的 2 个组氨酸残基分别是 Zn^{2+} 的第一配基和第二配基，而第三配基一级结构中距离较远。C 端的 S_3 片段含有胶原结合结构域（clooagen binding domain，CBD），该 CBD 由数个 β 片层构成，负责结合胶原底物，是微生物胶原酶降解不溶性胶原的前提。Ca^{2+} 的加入可以改变其空间结构并导致胶原结合能力改变。

（二）溶组织梭状芽孢杆菌发酵生产工艺

（1）菌株　溶组织梭杆菌（*Clostridium histolycum*）。

（2）培养条件

① 种子培养基　胰蛋白胨 3%，蛋白胨 1%。pH＝7.0，37℃培养 48h。

② 发酵培养基　胰蛋白胨 1.5g，蛋白胨 5g，$MgSO_4 \cdot 7H_2O$ 800mg，KH_2PO_4 19.2g，$NaHPO_4$ 90g，$FeSO_4$ 72mg，泛酸钙 10mg，烟酸 10mg，维生素 B_6 10mg，庚二酸 10mg，维生素 B_1 10mg，核黄素 2.1mg，37℃，培养 21～26h。

（3）酶的提取及分离纯化

$$发酵上清液 \xrightarrow[4℃，静置18h]{(NH_4)_2SO_4，75\%饱和度} 沉淀 \longrightarrow 透析 \longrightarrow 冷冻干燥 \longrightarrow 胶原酶粉（钴源辐射消毒达到无菌）$$

（三）胶原酶活性测定方法

胶原悬浮分析法：称取水不溶性 I 型胶原 18～20mg，放入 50ml 三角烧瓶中，加入 Ca^{2+}-Hank's 溶液 4.95ml，密闭瓶口后放摇床中预热半小时以上，摇床温度保持在 38℃，转速为 90～95r/min，然后加入 0.05ml 浓度为 1.0mg/ml 的胶原酶。反应 1h 后，中性定性滤纸过滤，收集上清，用 Lowry 法测上清中蛋白含量，进而计算出溶液中胶原水解的量。

参 考 文 献

1　杭太俊. 药物分析实验与指导. 北京：中国医药科技出版社，2003

2　李良铸，李明晔. 最新生化药物制备技术. 北京：中国医药科技出版社，2000

3　国家药典委员会. 中华人民共和国药典. 北京：化学工业出版社，2000

4　吴梧桐. 生物制药工艺学（供生物制药专业用）. 北京：中国医药科技出版社，1992

5　褚志义. 生物合成药物学. 北京：化学工业出版社，2000

6　熊宗贵. 生物技术制药. 北京：高等教育出版社，1999

7　D. R. 马歇克，J. T. 门永，R. R. 布格斯等. 蛋白质纯化与鉴定实验指南. 朱厚础等译. 北京：科学出版社，2002

8　汪家政，范明. 蛋白质技术手册. 北京：科学出版社，2000

9　郭勇. 生物制药技术. 北京：中国轻工业出版社，2000

10　吴剑波. 微生物制药. 北京：化学工业出版社，2002

11　齐香君. 现代生物制药工艺学. 北京：化学工业出版社，2004

12　朱宝泉. 生物制药技术. 北京：化学工业出版社，2004

第六章 核酸类药物

核酸（nucleic acid）是生物体的重要组成部分，由磷酸、核糖和碱基三部分组成。1868年瑞士生化学家 Miescher 首先从脓细胞中分离出细胞核，进而从中提取到含氮和磷特别丰富的酸性物质。当时 Miescher 称其为核素（nuclein），20 年以后，人们根据该物质来自细胞核且呈酸性，故改称为核酸。德国生化学家 Kossel 第一个系统地研究了核酸的分子结构，从核酸的水解物中，分离出一些含氮的化合物，分别命名为腺嘌呤、鸟嘌呤、胞嘧啶、胸腺嘧啶，Kossel 因此获得了 1910 年的诺贝尔医学与生理学奖。他的学生、美国生化学家 Levine 进一步证明了核酸中含有 5 个碳原子组成的糖分子，又继续证明了两种五碳糖的性质不同，酵母核酸含有核糖，胸腺核酸里的糖很类似核糖，只是分子中少了 1 个氧原子，称为脱氧核糖，含磷化合物是磷酸。又经过大约半个世纪，生化学家 Todd 把这三个"元件"比较简单的碎片，相互连接组合起来，称核苷酸，再小心地把各种核苷酸连接起来，从而获得了 1957 年的诺贝尔化学奖。英国物理学家 Crick 和美国生化学家 Watson 则划时代地提出核酸分子模型，揭开了研究核酸的崭新序幕。而随着 21 世纪人类基因组学的创建，预示着核酸研究与应用的新的里程碑的到来。

核酸是生命的最基本物质，存在于一切生物细胞里。脱氧核糖核酸（DNA）主要存在于细胞核的染色体中，核糖核酸（RNA）主要存在于细胞的微粒体中。在细胞核和细胞质中，都含有构成核酸而自由存在的单核苷酸和二核苷酸。各种生物含有核酸的多少不同，如谷氨酸菌体含 7%～10%，面包酵母含 4%，啤酒酵母含 6%，大肠杆菌含 9%～10%。

世界各国对核酸的研究和应用非常活跃，应用于临床的核酸及其衍生物类生化药物愈来愈多，初步形成了核酸生产工业。随着对核酸秘密的揭示，对生命现象认识的不断深入，利用核酸治疗危害人类健康的各种疾病，将会有新的突破，核酸类药物的应用将更加广泛。

第一节 分 类

核酸类药物是指具有药用价值的核酸、核苷酸、核苷以及碱基。除了天然存在的碱基、核苷、核苷酸等被称为核酸类药物以外，它们的类似物、衍生物或这些类似物、衍生物的聚合物也属于核酸类药物。

核酸类药物依据其化学结构和组成可分为四大类。

1. 核酸碱基及其衍生物

它们多数是经过人工化学修饰的碱基衍生物，主要有 6-氨基嘌呤（6-aminopurine）、6-巯基嘌呤（6-mercaptopurine）、别嘌呤醇（allopurinol）、艾利嘌呤酸（赤酮嘌呤）（eritadenine）、硫鸟嘌呤（tioguanine）、氮杂鸟嘌呤（azaguanine）、硫唑嘌呤（azathiopurine）、磺巯嘌呤（tisupurine）、氯嘌呤（choropurine）、乳清酸、氟胞嘧啶（flucytosine）、氟尿嘧啶等。

2. 核苷及其衍生物

（1）腺苷类 有腺苷、阿糖腺苷（Ara-A）、腺苷二醛、巯苷、腺苷甲硫氨酸（SAM）、

辅酶型维生素 B_{12}（Co-B_{12}）、嘌呤霉素（puromycin）等。

（2）尿苷类 有尿苷、氮杂尿苷（azauridine）、乙酰氮杂尿苷（azaridine）、碘苷、氟苷、溴苷、呋喃氟尿嘧啶（FT-207）等。

（3）胞苷类 有阿糖胞苷（Ara-C）、环胞苷（cyclo-C）、氟环胞苷（AAFC）、氮杂胞苷（azacytidine）等。

（4）肌苷类 有肌苷（inosine）、肌苷二醛（IDA）、异丙肌苷（inosiplex）等。

（5）脱氧核苷类 有氮杂脱氧胞苷（5-aza-2′-deoxycytidine）、脱氧硫鸟苷、三氟胸苷、叠氮胸苷（azidothymidine，AZT）等。

3. 核苷酸及其衍生物

（1）单核苷酸类 有腺苷酸（AMP）、尿苷酸（UMP）、肌苷酸（IMP）、环腺苷酸（cAMP）、双丁酰环腺苷酸（DBC）、辅酶 A（CoA）等。

（2）核苷二磷酸类 有尿二磷葡萄糖（UDPG）、胞二磷胆碱（CDP-choline）等。

（3）核苷三磷酸类 有腺三磷（ATP）、胞三磷（CTP）、尿三磷（UTP）、鸟三磷（GTP）等。

（4）核苷酸类混合物 有 5′-核苷酸、2′,3′-核苷酸、脱氧核苷酸、核酪等。

4. 多核苷酸类

（1）二核苷酸类 有辅酶Ⅰ（CoⅠ）、辅酶Ⅱ（CoⅡ）、黄素腺嘌呤二核苷酸（FAD）等。

（2）多核苷酸类 有聚肌胞苷酸（polyI：C）、聚腺尿苷酸（polyA：C）、转移因子（TF）、核糖核酸（RNA）、脱氧核糖核酸（DNA）、核酸等。

第二节 性 质

一、理化性质

RNA 和核苷酸的纯品都呈白色粉末或结晶，DNA 则为白色类似石棉样的纤维状物。除肌苷酸、鸟苷酸具有鲜味外，核酸和核苷酸大都呈酸味。

RNA、DNA 和核苷酸都是极性化合物，一般都溶于水，不溶于乙醇、氯仿等有机溶剂，它们的钠盐比游离酸易溶于水，RNA 钠盐在水中溶解度可达 40g/L（4%）。相对分子质量在 100 万以上的 DNA 在水中为 10g/L 以上时，呈黏性胶体溶液。在酸性溶液中，RNA、DNA 和核苷酸分子以上的嘌呤易水解下来，分别成为具有游离糖醛基的无嘌呤核酸和磷酸酯。在中性或弱碱性溶液中较稳定。

RNA、DNA 在生物细胞内都与蛋白质结合成核蛋白，RNA·蛋白和 DNA·蛋白在盐溶液中的溶解度受盐浓度的影响而不同。DNA·蛋白在低浓度盐溶液中，如在 0.14mol/L 的氯化钠液中溶解度最低，几乎不溶解，随着盐浓度的增加溶解度也增加，至 1mol/L 氯化钠中的溶解度很大，比纯水高 2 倍。相反，RNA·蛋白在盐溶液中的溶解度受盐浓度的影响较小，在 0.14mol/L 氯化钠中溶解度较大。因此，在提取时，常用此法分离这两种核蛋白。

RNA、DNA 和核苷酸既有磷酸基又有碱性基，故为两性电解质，在一定的 pH 条件下，可以解离而带有电荷，因此，都有一定的等电点，能进行电泳。核酸由于酸性较强，能与 Na^+、K^+、Mg^{2+} 等金属离子结合成盐，也易与碱性化合物结合成复合物，如能与甲苯胺蓝、派罗红、甲基绿等碱性染料结合，其中甲苯胺蓝能使 RNA 和 DNA 均染上蓝色，派罗红专染 RNA 成红色，甲基绿专染 DNA 成绿色。

应用较广的菲锭溴红（或称溴乙锭）荧光染料（3,8-二氨基-5-乙基-6-苯基菲锭溴盐，EB），可插入到核酸碱基对之间，与双链的 DNA 以及具有双链螺旋区的 RNA 有特异的结合能力，使 EB·核酸配合物的荧光强度比游离 EB 显著增加，达 80～100 倍。因此，在一定的条件下，一定浓度的 EB 溶液的荧光增量与核酸双链区的浓度成正比。根据这个原理，可测定双链核酸的浓度，灵敏度高达 $0.01\mu g/ml$。

核酸具有旋光性，旋光方向为右旋，由于核酸分子的高度不对称，故旋光性很强，这是核酸的一个重要特性，如 DNA 的比旋值为 $[\alpha]_D +15°$，比组成它的核苷酸的比旋值要大得多。当核酸变性时，比旋值大大降低。

二、核酸的颜色反应

RNA 和 DNA 经酸水解后，嘌呤易脱下形成无嘌呤的醛基化合物，或水解得到核糖和脱氧核糖，这些物质与某些酚类、苯胺类化合物结合成有色物质，可用来作定性分析或根据颜色的深浅作定量测定。

孚尔根染色法是一种对 DNA 的专一染色法，基本原理是 DNA 的部分水解产物能使已被亚硫酸钠退色的无色品红碱（Schiff 试剂）重新恢复颜色。用显微分光光度法可定量测定颜色强度。

核酸中糖的颜色反应是利用苔黑酚（3,5-二羟甲苯）法，将含有核糖的 RNA 与浓盐酸及 3,5-二羟甲苯一起于沸水浴中加热 20～40min 左右，产生绿色化合物。这是由于 RNA 脱嘌呤后的核糖与酸作用生成糠醛，再与 3,5-二羟甲苯作用而显蓝绿色。

脱氧核糖用二苯胺法测定。DNA 在酸性条件下与二苯胺一起水浴加热 5min，产生蓝色，这是脱氧核糖遇酸生成 ω 羟基-γ-酮基戊醛，再与二苯胺作用而显现的蓝色反应。

三、核酸的变性

核酸和蛋白质一样有变性现象，在一定条件下受到某些理化因素的作用，会发生变性，如二级结构改变，氢键断裂，碱基的规律堆积破坏，双螺旋松散成为 2 条缠绕的无定形多核苷酸链，从螺旋向无规则卷曲（或称线团 coil）转变。核酸变性时，先局部双螺旋松散，解旋，然后整个双螺旋松散解旋，当变性条件继续时，则 2 条链脱解而分离成不规则卷曲的单链，但一级结构不发生破坏。变性因素去除后，在变性的 DNA 多核苷酸链内或链间会形成局部的氢键结合区。在一定条件下，互补的 2 条链可以完全可逆地重新结合，恢复成原来的双螺旋 DNA 分子。

引起核酸变性的因素有加热、氢离子浓度变化、变性试剂（如尿素、胍和某些有机溶剂等）。

变性后的核酸生物活性丧失，物化性状改变，如黏度下降、沉降系数增加、比旋度值降低以及紫外光吸收能力显著增加（即增色效应）等。

热变性是核酸的重要性质。当核酸稀溶液加热到某一狭窄温度范围时，会发生分子熔解和螺旋向线团转变的现象。这时的温度称为熔解温度或解链温度，用 T_m 表示。在 T_m 时，表现出 260nm 的光吸收值急剧上升的增色效应、比旋度值显著降低和黏度下降等现象。通常 RNA 的 T_m 为增色效应达 30%～40%时的温度，DNA 的 T_m 是增色效应达 40%～50%时的温度。

T_m 大小与 DNA 的碱基组成有关。G-C 之间的氢键联系要比 A-T 之间的氢键联系强得多，故 G-C 含量高的 DNA 其 T_m 值亦高。用不同来源 DNA 的 T_m 对其 G-C 含量作图，能得到一条直线，测定 T_m 值可知其 G-C 碱基的含量。

DNA 双螺旋的 2 条链，经变性分离后，在一定条件下可以重新组合复原，这是以互补的碱基排列顺序为基础的，可以用来进行分子杂交，即不同来源的多核苷酸链，变性后分离，经"退火"处理，若有互补的碱基排列顺序，就能形成杂合的双螺旋体，甚至可以在 DNA 和 RNA 之间形成杂合螺旋体。当两种不同来源的 DNA 分子杂交时，形成双螺旋的倾向愈强，说明它们之间碱基顺序的互补性愈强。可以利用分子杂交方法来分离纯化 DNA 基因，研究基因转录和调控等。

四、核苷酸的解离性质

核苷酸由磷酸、碱基和核糖组成，为两性电解质，在一定 pH 条件下可解离而带有电荷，这是电泳和离子交换法分离各种核苷酸的重要依据。各种核苷酸分子上可解离的基团有氨基、烯醇基和第 1 磷酸基、第 2 磷酸基。烯醇基的 pK 常在 9.5 以上，一般不适用于核苷酸分离，但氨基和第 1 磷酸基、第 2 磷酸基是很重要的，第 1 磷酸基解离的 pK 在 0.7～1 之间，第 2 磷酸基的 pK 在 6 左右。磷酸基的解离主要可以使核苷酸带负电荷，但不能用来作为分离的依据。氨基解离则不同，在 pH=2.5～5 范围内，所带净电荷差异较大，在电泳和离子交换法分离核苷酸时起着决定性的作用。例如在 pH=3.5 时，核苷酸 CMP、AMP、GMP、UMP 上氨基的正电荷离子化程度依次为 0.84、0.54、0.05、0。各核苷酸的第 1 磷酸基完全解离，各带一个负电荷，结果 UMP、GMP、AMP、CMP 所带净负电荷依次为 1、0.95、0.46、和 0.16。因此，在 pH=3.5 条件下进行电泳可将这 4 种核苷酸分开，电泳速度的大小顺序为 UMP>GMP>AMP>CMP。将斑点用稀盐酸洗脱下来，用紫外分光光度法测定，然后利用已知核苷酸的摩尔消光系数就可算各种核苷酸的含量。该法简便迅速，灵敏度高，干扰因素较少。

五、核苷酸的紫外吸收性质

由于核酸、核苷酸类物质都含有嘌呤、嘧啶碱，都具有共轭双键，故对紫外光有强烈的吸收。在一定的 pH 条件下，各种核苷酸都有特定的紫外吸收的吸光度值。当定性测定某一未知碱基或核苷酸样品时，可在 250nm、260nm、280nm、290nm 波长处先测得吸光度值，再计算出相应的比值（A_{250nm}/A_{260nm}、A_{280nm}/A_{260nm}、A_{290nm}/A_{260nm}），与已知核苷酸的标准比值比较，判断出属于哪一种碱基或核苷酸。四种核苷酸的一些理化性质见表 6-1。

表 6-1 四种核苷酸的一些理化性质（pH=2）

性 质	5'-AMP	5'-GMP	5'-CMP	5'-UMP
最大吸收波长 λ_{max}/nm	259	252	271	262
	(pH=7～12)	(pH=7)	(pH=6～12)	(pH=2～7)
最小吸收波长 λ_{min}/nm	227	225	259	230
	(pH=7～12)		(pH=6～12)	
吸收光谱标准 A 比值				
A_{250nm}/A_{260nm}	0.84	1.16	0.45	0.73
	(pH=2)	(pH=7)	(pH=1～2.5)	(pH=2～7)
A_{280nm}/A_{260nm}	0.22	0.68	2.10	0.39
	(pH=2)	(pH=7)	(pH=1～2.5)	(pH=2～7)
A_{230nm}/A_{260nm}	0.038	0.4	1.55	0.03
	(pH=2)	(pH=2)	(pH=1～2.5)	(pH=2～7)
摩尔消光系数				
E_{260} (pH=7)	15.0×10^3	11.4×10^3	7.4×10^3	10.0×10^3
E_{260} (pH=2)	14.2×10^3	11.8×10^3	6.2×10^3	10.0×10^3
相对分子质量	347.22	363.24	323.31	324.18

第三节　核酸类药物的一般制备方法

一切生物，小至病毒大至高等动植物都含有核酸。真核生物的核酸，其中 RNA 主要存在于细胞质中，约占总 RNA 的 90%（另 10% 存在于细胞核里的核仁内，核浆及染色体中只有少量）；DNA 则主要存在于细胞核中，占总 DNA 的 98%，另 2% 为线粒体和叶绿体所拥有。由于 DNA 是遗传物质，所以对同一种生物而言，每个细胞（生殖细胞除外）中的 DNA 含量是恒定的；而 RNA 的含量则与细胞的活跃程度有关，在蛋白质合成旺盛的细胞中，其 RNA 的含量也相应地较高。

正由于核酸的含量与细胞的大小无关，所以制备核酸时常采用生长较旺盛的组织，如胰、脾、胸腺等。这类组织比同样体积的其他组织（如肌肉、脑等）含有更多的细胞数，因而就有更高的核酸含量。

由于 RNA 和 DNA 存在于细胞中的不同部位，所以它们的预处理是相关的，同一资源可用于制备 RNA，又可用于制备 DNA。至于核苷酸、核苷和碱基的制备，则可用水解相应的核酸的方法。有些非天然或含量较少的核苷酸、核苷和碱基，则用酶法合成，或用特异的发酵方法制备。

一、RNA 的制备

1. 材料的选择与预处理

制备 RNA 的材料大多选取动物的肝、肾、脾等含核酸量丰富的组织，所要制备的 RNA 种类不同，选取的材料也各有不同。工业生产上，则主要采用啤酒酵母、面包酵母、酒精酵母、白地霉、青霉等真菌的菌体为原料。如酵母和白地霉，其 RNA 含量丰富，易于提取，而其 DNA 含量则较少，所以它们是制备 RNA 的好材料。

对于动物组织而言，预处理过程是：先把组织捣碎，制成组织匀浆，然后利用 0.14mol/L 氯化钠溶液能溶解 RNA 核蛋白而不能溶解 DNA 核蛋白这一特性，将组织匀浆中含有 RNA 的核糖核蛋白提取出来（含有 DNA 的细胞核的物质则留在沉淀中），再通过调节 pH 为 4.5 时，RNA 仍保留在溶液中，核蛋白则成为沉淀，从而将两者分开。

真菌菌体的预处理采用的是先使 RNA 从细胞中释放出来，然后再进行提取、纯化的方法。可以用稀碱或浓盐进行处理。例如，可用 1% 的氢氧化钠在 25℃ 左右处理酵母的菌体，使其细胞壁变性，并释放出 RNA。然后用浓度为 6mol/L 的盐酸中和，使 pH 为 7，并加热到 90～100℃ 处理 3～4h，破坏使核酸分解的酶。接着，使之快速冷却至 10℃ 以下，此时，RNA 呈现水溶状态留在上清液中，蛋白质和菌体残渣则沉淀下来。浓盐法则采用浓度为 8%～12% 的氯化钠溶液，高浓度的氯化钠溶液既能改变酵母细胞壁的通透性，又能使核蛋白有效地解离成蛋白质和核酸，从而使 RNA 释放出来。处理时加热至 90℃ 处理 3～4h，然后冷却至 6℃ 以下，离心去渣。以上两法所用碱或盐的浓度均指处理时所达到的浓度，对于不同的菌种或可作适当变动。提取时，为防止 RNA 被磷酸单酯酶和磷酸二酯酶降解，应避免在 30～70℃ 停留，而应尽快将温度提高到 90℃。高温既有助于破坏酶的活性，又可促使 RNA 与蛋白质分离。

核酸含量测定则可用下面所说的预处理方法。将材料用组织匀浆器捣碎后，先用稀三氯乙酸（TCA）或过氯酸（PCA）处理，浓度为5％～10％，以除去其中的酸溶性含磷化合物（此时将被除去的还有少量核苷酸和分子量较小的寡核苷酸），然后将残留物用有机溶剂（如乙醇、乙醚、氯仿等）处理，以除去脂溶性含磷化合物（主要为磷脂类物质）。留下的沉淀物为不溶于酸的非脂类含磷化合物，其中有 RNA、DNA、蛋白质和少量其他含磷化合物。将此沉淀物经酸处理法或碱处理法处理，可将 RNA 与 DNA 分开。整个处理过程如图 6-1 所示。

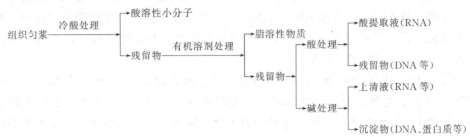

图 6-1　核酸含量测定的处理过程

（1）酸处理法　将经酸和有机溶剂处理后的残留物用 1mol/L 的过氯酸溶液于 4℃下处理 18h，从中抽提出 RNA。沉淀部分再用 1mol/L 过氯酸溶液 80℃下处理 30min（植物材料用 0.5mol/L 过氯酸溶液 70℃下处理 20min）提取 DNA。以上提取液即可用定糖法、定磷法或紫外分光光度法测定。此法的缺点是有些材料的 DNA 在冷过氯酸抽提时被少量提取，从而使 RNA 部分中混杂有少量 DNA。

（2）碱处理法　将残留物用 1mol/L 氢氧化钠溶液（或氢氧化钾溶液）于 37℃下处理过夜，则 RNA 被碱解为碱溶性核苷酸，DNA 不降解。加入过氯酸或三氯乙酸使溶液酸化，至酸浓度为 5％～10％酸处理，此时 RNA 的分解产物溶解在上清液中，DNA 等则被沉淀下来。此法的优点是 RNA 和 DNA 分开得较为彻底，缺点是 RNA 中还含有其他磷化合物，如磷肽、磷酸肌醇等，用定磷法测 RNA 时结果偏高。

2. 提取与纯化

（1）提取　提取方法有多种，但基本上大同小异。目前最广泛使用的是酚提取或其改良方法，此外还有乙醇沉淀法及去污剂处理法等。

① 乙醇沉淀法　将核糖核蛋白溶于碳酸氢钠溶液中，然后加入含少量辛醇的氯仿，并连续振荡，以沉淀蛋白质。上清液中的 RNA 可用乙醇使之以钠盐的形式沉淀得到。或者先用乙醇使核糖核蛋白变性，然后用 10％氯化钠溶液提取 RNA，去沉淀留上清液后，再用 2 倍量的乙醇使 RNA 沉淀。

② 去污剂处理法　在核糖核蛋白溶液中加入 1％的十二烷基磺酸钠（SDS）、乙二胺四乙酸二钠（EDTA）、三乙醇胺、苯酚、氯仿等以去除蛋白质，使 RNA 留在上清液中，然后用乙醇沉淀 RNA。或者先用 2mol/L 盐酸胍溶液 38℃下溶解蛋白质，再冷至 0℃左右，使 RNA 沉淀，沉淀中混有少量蛋白质，然后再用去污剂处理。

③ 酚法　酚法最大的优点是能得到未被降解的 RNA。酚溶液能沉淀蛋白质和 DNA，经酚处理后 RNA 和多糖处于水相中，可用乙醇使 RNA 从水相中析出。随 RNA 一起沉淀的多糖则可通过以下步骤去除：用磷酸缓冲液溶解沉淀，再用 2-甲氧乙醇提取 RNA，透析，然后用乙醇沉淀 RNA。改良后的皂土酚法，由于皂土能吸附蛋白质、核酸酶等杂质，因此其稳定性比酚法好，其 RNA 得率也比酚法高。

(2) 纯化　用上述方法取得的 RNA 一般都是多种 RNA 的混合物，这种混合 RNA 可以直接作为药物使用，如以动物肝脏为材料制备的 RNA 即可作为治疗慢性肝炎、肝硬化等疾病的药物。但有时需要均一性的 RNA，这就必须将其进一步分离和纯化。常用的纯化方法有密度梯度离心法、柱色谱法和凝胶电泳法等。

① 密度梯度离心法　一般采用蔗糖溶液作为分离 RNA 的介质，建立从管底向上逐渐降低的浓度梯度，管底浓度为 30%，最上面为 5%；然后将混合 RNA 溶液小心地放于蔗糖面上，经高速离心数小时后，大小不同的 RNA 分子即分散在相应密度的蔗糖部位中。然后从管底依次收集一系列样品，分别在 260nm 处测其光吸收，并绘成曲线。合并同一峰内的收集液，即可得到相应的较纯 RNA。

② 柱色谱法　用于分离 RNA 的柱色谱法有多种系统，较常用的载体有二乙胺乙基（DEAE）纤维素、葡聚糖凝胶、DEAE-葡聚糖凝胶以及 MAK（甲基化清蛋白吸附于硅藻土）等。混合 RNA 从色谱柱上脱下来时一般按分子量从小到大的顺序，分步收集即可得到相应的 RNA。

③ 凝胶电泳法　各种 RNA 分子所带电荷与其质量之比都非常接近，故一般电泳法无法使之分离。但若用具有分子筛作用的凝胶作载体，则不同大小的 RNA 分子在电泳中将具有不同的泳动速度，从而可分离纯化 RNA。琼脂糖凝胶和聚丙烯酰胺凝胶即有这种作用，故常被用作分离 RNA 的载体。

3. 含量测定

RNA 是磷酸和戊糖通过磷酸二酯键形成的长链，所以磷酸或戊糖的量正比于 RNA 的量，于是，可通过测定磷酸或戊糖的量来断定 RNA 的量，前者称定磷法，后者称定糖法。

(1) 定磷法　此法首先必须将 RNA 中的磷水解成无机磷。常用浓硫酸或过氯酸将 RNA 消化，使其中的磷变成正磷酸。正磷酸在酸性条件下与钼酸作用生成磷钼酸，后者在还原剂［如抗坏血酸（维生素 C）、α-1,2,4-氨基萘酚磺酸或氧化亚锡等］存在下，立即还原成钼蓝。钼蓝的最大光吸收在 660nm 处，在一定浓度范围内，溶液在该处的光密度和磷的含量成正比，从而可通过测吸光度，用标准曲线算出样品的含磷量。根据对 RNA 和 DNA 的分析，已知前者的磷含量为 9.4%，后者的为 9.9%，于是可从磷含量推算出核酸的含量。

用抗坏血酸作还原剂，比色的最适范围在含磷量 $1\mu g/ml$ 左右，在室温下颜色可稳定 60h 以上。用 α-1,2,4-氨基萘酚磺酸作还原剂，比色的最适范围在含磷量为 $2.5\sim25.0\mu g/ml$，室温下颜色可稳定 $20\sim25min$。前者重复性好，后者测定范围较宽。

钼蓝反应非常灵敏，核酸制品中若含有微量的磷、硅酸盐、铁离子，以及酸度偏高或偏低都会影响测定结果。所以，测试时样品应尽量除去杂质，反应条件要严格控制，试剂要可靠。

(2) 定糖法　此法先用盐酸水解 RNA，使核糖游离出来，并进一步变成糖醛，然后再与地衣酚（又称苔黑酚、3,5-二羟基甲苯）反应。产物呈鲜绿色，在 670nm 处有最大吸收，当 RNA 溶液在 $20\sim200\mu g/ml$ 范围时，吸光度与 RNA 的浓度呈正比，从而可测出 RNA 的含量。此法的显色试剂为地衣酚，故又称地衣酚法（orcinol test），反应需用三氯化铁作催化剂。

地衣酚反应的特异性不强，凡是戊糖均有反应，因此，对被测溶液的纯度要求较高，最好能同时测定样品中的 DNA 含量以校正所测得的 RNA 含量。

二、DNA 的制备

1. 材料的选择与预处理

制备 DNA 的材料一般用小牛胸腺或鱼精，这类组织的细胞体积较小，比如鱼精，整个细胞几乎全被细胞核占据，细胞质的含量极少，故这类组织的 DNA 含量高。预处理方法与 RNA 的类似。只不过制备 DNA 时用 0.14mol/L 氯化钠溶液溶解 RNA 的目的是去掉 RNA，留下 DNA。

2. 提取与纯化

将含 DNA 的沉淀物用 0.14mol/L 氯化钠溶液反复洗涤，尽量除去 RNA，然后用生理盐水溶解沉淀物，并加入到去污剂 SDS 溶液中使 DNA 与蛋白质解离、变性，此时溶液变黏稠。冷藏过夜后，再加入氯化钠溶液使 DNA 溶解，当盐浓度达 1mol/L 时，溶液黏稠度下降，DNA 处在液相，蛋白质沉淀。离心去杂质，得乳白状清液，过滤后加入等体积的 95% 乙醇，使 DNA 析出，得白色纤维状粗制品。在此基础上反复用去污剂除去蛋白质等杂质，可得到较纯的 DNA。当 DNA 中含有少量 RNA 时，可用核糖核酸酶、异丙醇等处理，用活性炭柱色谱以及电泳去除。

分离混合 DNA 可采用与分离、纯化 RNA 类似的方法。

3. 含量测定

DNA 含量测定也有定磷和定糖两种方法。定磷法与用于 RNA 测定的定磷法相同，DNA 的含磷量为 9.9%，从而可根据定磷的结果推算出 DNA 的含量。定糖法又称二苯胺法（diphenglamine test）。在酸性溶液中，将 DNA 与二苯胺共热，生成蓝色化合物，该化合物在 595nm 处有最大吸收。当 DNA 在 $20\sim200\mu g/ml$ 范围时，吸光度与 DNA 浓度成正比关系，从而可测出 DNA 的含量。若在反应液中加入少量乙醛，则可在室温下将反应时间延长至 18h 以上，从而使灵敏度提高，使其他物质造成的干扰降低。

三、核苷酸、核苷及碱基的制备

1. 制备方法

核苷酸、核苷及碱基虽然是互相关联的物质，但要得到某种特定的单一物质，往往必须采取某种特别的制备方法。至于非天然的类似物或衍生物，制备方法则更是各不相同。

(1) 直接提取法　类似于 RNA 和 DNA 的制备，可直接从生物材料中提取。此法的关键是去杂质，被提取物不管是呈溶液状态还是呈沉淀状态，都要尽量与杂质分开。为了制得精品，有时还需多次溶解、沉淀。从兔肌肉中提取 ATP 和从酵母或白地霉中提取辅酶 A 即是采用此法。当然下面将要讲到的几种制备方法的最后阶段都涉及提取问题，但因关键在提取前的处理，故不属直接提取法。

(2) 水解法　核苷酸、核苷和碱基都是 RNA 或 DNA 的降解产物，所以前者当然能通过相应的原料水解制得。水解法又分酶水解法、碱水解法和酸水解法 3 种。

① 酶水解法　在酶的催化下水解称酶水解法。如用 5′-磷酸二酯酶将 RNA 或 DNA 水解成 5′-核苷酸，就可用来制备混合 5′-(脱氧)核苷酸。酶的来源不同其特性也往往有些不同，因此提及酶时常常指明其来源，如牛胰核糖核酸酶（RNaseA）、蛇毒磷酸二酯酶（VPDase）、脾磷酸二酯酶（SPDase）等。橘青霉 A.S.3.2788 产生的 5′-磷酸二酯酶的最佳催化条件是：$pH=6.2\sim2.7$，温度 $63\sim65℃$，底物浓度 1%，酶液用量 20%～30%，反应时间 2h。

② 碱水解法　在稀碱条件下可将 RNA 水解成单核苷酸，产物为 2′-核苷酸和 3′-核苷酸的混合物。这是因为水解过程中能产生一种中间环状物 2′,3′-环状核苷酸，然后磷酸环打开所致。DNA 的脱氧核糖 2′ 位上无羟基，无法形成环状物，所以 DNA 在稀碱作用下虽会变性，却不能被水解成单核苷酸。

③ 酸水解法　用 1mol/L 的盐酸溶液在 100℃下加热 1h，能把 RNA 水解成嘌呤碱和嘧啶碱核苷酸的混合物。DNA 的嘌呤碱也能被水解下来。在高压釜或封闭管中酸水解，可使嘧啶碱从核苷酸上释放下来，但此时胞嘧啶常常会脱氨基而形成尿嘧啶。

④ 化学合成法　利用化学方法将易得到的原料逐步合成为产物，称化学合成法。腺嘌呤即可用次黄嘌呤或丙二酸二乙酯为原料合成，但此法多用于以自然结构的核酸类物质作原料，半合成为其结构改造物，且常与酶合成法同时使用。

⑤ 酶合成法　即利用酶系统和模拟生物体条件制备产物，如酶促磷酸化生产 ATP 等。

⑥ 微生物发酵法　利用微生物的特殊代谢使某种代谢物积累，从而获得该产物的方法称发酵法。如微生物在正常代谢下肌苷酸是中间产物，不会积累，但当其突变为腺嘌呤营养缺陷型后，该中间物不能转化成 AMP，于是在前面的代谢不断进行下，大量的肌苷酸就成为终产物而积累在发酵液中。事实上肌苷酸的制备正是采用了此法。

2. 含量测定

核苷酸、核苷及碱基均有其独特的紫外吸收曲线，以碱基为例，不同的碱基的吸收高峰往往处于不同波长处（见图 6-2）。如果选定某两个波长处的吸光度计算其比值，则不同碱基的比值也是特异的。所以，在某两波长处（250/260nm，280/260nm，290/260nm）测定吸光度之比，然后与已知碱基的标准比值比较，即可作出判断。此法常用作碱基的定性测试，核苷和核苷酸的鉴别也可采用此法。

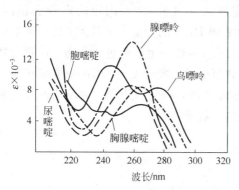

图 6-2　各种碱基在 pH＝7 的紫外吸收光谱

含量测定采用紫外分光光度法，先将碱基、核苷或核苷酸用某种溶剂，配成一定浓度的溶液，然后在某一特定波长下测定该溶液的吸光度，通过计算即可得出该物质的含量。例如，设某种样品的浓度为 c(g/ml)，在波长 λ 下的吸光度为 OD_λ（应减去溶剂的吸光度，即以溶剂作空白对照），换算成标准条件下的吸光度则为：

$$A_{1cm}^{1\%} = \frac{OD_\lambda}{c} \tag{6-1}$$

或

$$A_\lambda = \frac{OD_\lambda}{c} \times M \tag{6-2}$$

式（6-1）为光路长度 1cm、溶液浓度为 1% 时，样品的吸光度；式（6-2）则是浓度为 1mol/L 时，样品的吸光度。所以：

$$样品含量 = \frac{A_{1cm}^{1\%}(样品)}{E_{1cm}^{1\%}(标准品)} \times 100\% = \frac{OD_\lambda}{E_{1cm}^{1\%}(标准品) \times c} \times 100\% \tag{6-3}$$

式中　$E_{1cm}^{1\%}$——吸收系数或消光系数；

c——样品浓度，g/ml。

或

$$样品含量 = \frac{A_\lambda(样品)}{E_\lambda(标准品)} \times 100\% = \frac{OD_\lambda}{E_\lambda(标准品) \times c} \times 100\% \qquad (6\text{-}4)$$

式中 E_λ——摩尔消光系数；

　　　c——样品浓度，mg/ml。

第四节 核酸类药物生产工艺

一、6-氨基嘌呤

6-氨基嘌呤有升高白细胞的功能，临床上用于治疗由化疗或放疗引起的白细胞减少症等。并广泛应用于血液贮存，以维持红细胞内的 ATP 水平，延长贮存血液中红细胞的存活时间。

（一）化学结构和性质

6-氨基嘌呤是嘌呤的 6 位碳原子上的 H 被 NH_2 基取代的衍生物，称腺嘌呤，又称维生素 B_4，是 RNA 和 DNA 分子中的组成成分，也是某些辅酶的活性组分。6-氨基嘌呤的结构式见图 6-3。

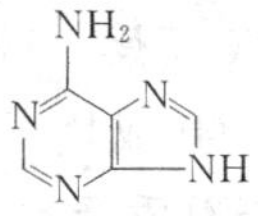

6-氨基嘌呤呈白色结晶性粉末，无臭，无味，溶于酸、碱性溶液中，微溶于乙醇，难溶于冷水，几乎不溶于乙醚、氯仿。相对分子质量135.13，熔点 360～365℃（分解）。

图 6-3　6-氨基嘌呤的结构式

6-氨基嘌呤可用次黄嘌呤、丙二酸二乙酯经化学合成制造。常制成6-氨基嘌呤的磷酸盐。

（二）生产工艺

1. 以次黄嘌呤为原料的合成法

（1）工艺路线（图 6-4）

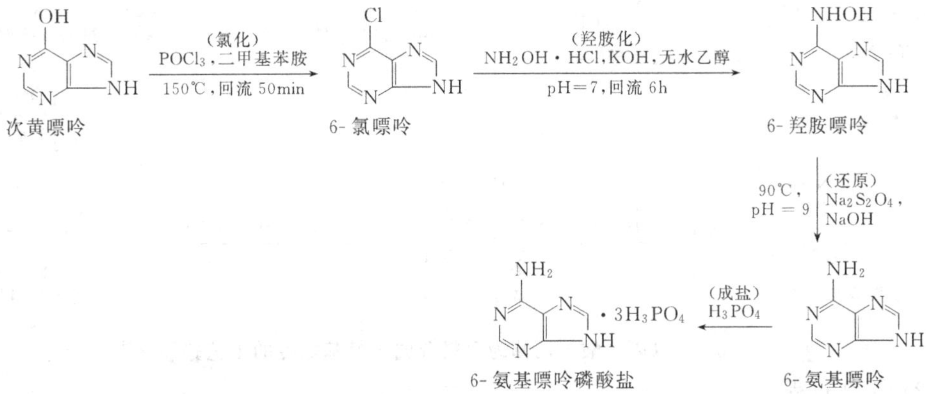

图 6-4　以次黄嘌呤为原料合成 6-氨基嘌呤的工艺路线

（2）工艺过程

① 氯化　使次黄嘌呤 6 位上的羟基被氯取代。依次将次黄嘌呤精品 24g、二甲基苯胺80ml 及三氯氧化磷 300ml 加入 500ml 的三口烧瓶中，油浴温度 150℃，回流 50min，撤油浴，用水浴加热到 70～80℃，真空浓缩至蒸不出为止，约 3h。再注入 300g 冰块中，剧烈搅拌全溶，以 10mol/L 氢氧化钠液中和至 pH＝11～12，用甲苯提取至甲苯层无色，中途用

10mol/L 氢氧化钠液中和至 pH＝11～12，冷却，用浓盐酸中和水层至 pH＝1～2，约 20～30ml，10min。加入氯化钠 70g，使之饱和，冰箱冷却 24h，过滤，滤渣以少量冰水冲洗，再以 8～10 倍热水结晶，加活性炭 4g 脱色（活性炭用无水乙醇 200ml 洗脱，浓缩，回收部分 6-氯嘌呤），趁热过滤，冷却结晶，再以 12 倍的蒸馏水重结晶，过滤，收集结晶，100℃ 烘干，得 6-氯嘌呤 8.5～9g，收率 41.7％。

② 羟胺化　使氯被羟氨基取代。首先取盐酸羟胺 19.74g 溶于无水乙醇中，加氢氧化钾 18.69g，加热回流 15min，冷却生成氯化钾沉淀。过滤，沉淀用无水乙醇洗涤，合并滤液和洗液，得总体积 720ml，pH＝7，不得偏碱性，溶液澄清，如有浑浊，重滤至清。加入 6-氯嘌呤，水浴加热回流 6h，一般回流 1h，即有米白色结晶析出。室温过夜，次日过滤，用水洗涤结晶，再用无水乙醇洗涤。置于氢氧化钠干燥器中真空干燥，得 6-羟胺嘌呤 8.8g，收率 83.8％，熔点 245～251℃，含氮量 47％～48％。

③ 还原　使羟氨基还原为氨基。在 250ml 三口烧瓶中，加入 6-羟胺嘌呤 5g，水 80ml 及滴入 100g/L（10％）氢氧化钠液调节 pH 至 9，外用水浴维持 90℃，在搅拌下分次加入保险粉（工业用，总量为 20g），时时用氢氧化钠溶液调节使 pH 保持 9，加完保险粉后，反应至澄清，搅拌 1h，析出白色结晶。冷却，室温放置过夜，次日过滤，结晶用水冲洗，100℃ 干燥，得 6-氨基嘌呤 1.75g，收率 35％。

④ 成盐　将 6-氨基嘌呤 4.05g 加入蒸馏水 100ml 中，加磷酸 4.2g，加热全溶，直火浓缩至总质量 43g。次日过滤，用无水乙醇洗涤 2 次，真空干燥，得 6-氨基嘌呤磷酸盐 6.3g，收率 90.38％。

2. 以丙二酸二乙酯为原料的合成法

（1）工艺路线（图 6-5）

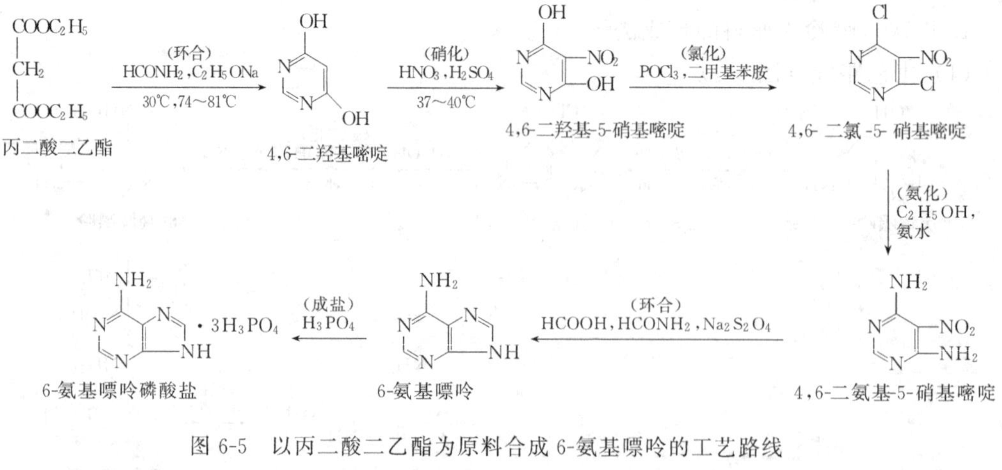

图 6-5　以丙二酸二乙酯为原料合成 6-氨基嘌呤的工艺路线

（2）工艺过程

① 环合　按 m（乙醇钠）∶m（甲酰胺）∶m（丙二酸二乙酯）＝7∶2.13∶1 的配料比投料。在干燥的 100L 不锈钢反应罐内加入乙醇钠（含量 17％以上，水分 0.5％以下），开动搅拌，加入甲酰胺（水分 0.2％以下），水浴加热至 30℃ 左右，再加入丙二酸二乙酯（沸程 194～200℃，含量 96％以上，水分 0.05％以下）。然后，继续加热搅拌。内温逐步上升，蒸出甲酸乙酯-乙醇混合液，保持内温 74～81℃，搅拌蒸馏至近干，约需 3h。减压浓缩至干，加水搅拌至溶解，放料，罐壁用水冲洗，洗液合并，冷至 25℃ 以下，用盐酸酸化至 pH＝4，

析出大量黄色结晶，冷却放置 2～3h 后过滤，弃去滤液，滤饼用冰水洗涤 3 次，过滤，烘干，得黄色 4,6-二羟基嘧啶，收率 75％左右。

② 硝化　使 4,6-二羟基嘧啶的 5 位上的氢被硝基取代。在干燥的 20L 玻璃反应罐内，加入硝酸（C.P.，含量 65％～68％，相对密度 1.04）10L。冰浴冷却，搅拌下加入硫酸（含量 95％～98％）3.6L，内温冷至 30℃左右，分次缓慢加入缩合物 4.8kg，保持内温 30～35℃，约 2h 加完。除去冰浴，水浴加热外温至 50℃，内温维持 37～40℃搅拌反应 1.5h，停止反应，反应液倾入不断搅动的 25kg 的碎冰中，析出淡黄色结晶。放置 2～3h，过滤。滤饼用冰水 20L 洗涤 4～5 次，洗去酸性，抽滤，烘干，得淡黄色 4,6-二羟基-5-硝基嘧啶的结晶性粉末，即硝化物，大约 6kg，收率 90％左右。

③ 氯化　使 4 位和 6 位上的羟基被氯取代。在干燥的 50L 搪玻璃反应罐内加入三氯氧磷（新鲜无色，沸点 104～109℃）12L，搅拌下加入硝化物 6kg，水浴加热 50℃左右，开始滴加二甲基苯胺（工业用，水分 0.5％以下，沸点 192～195℃）7.8L，大约 1h 加完。改用蒸汽浴加热，搅拌回流 1h，稍后搅拌下倾入 90kg 的碎冰，析出固体，放置 1～2h，间隙搅拌，冰块全部溶解，过滤，滤饼用冰水洗涤 3～4 次，抽干，得淡黄色 4,6-二氯-5-硝基嘧啶固体，即氯化物。

④ 氨化　上述氯化物用 30L 乙醇溶解搅拌下抽入 100L 不锈钢反应罐内，用 12L 乙醇洗净盛器，抽入同一罐内。搅拌下用水浴加热，回流，滴加氨水 40L，速度不宜过快，保持缓慢回流，内温从 78℃降至 65℃左右，约 2h 加完，继续回流 1.5h，停止反应。用水冷却，放置过夜，次日冷却至 10℃出料，过滤，滤饼用冰水洗涤，过滤，干燥，得棕色 4,6-二氨基-5-硝基嘧啶粉末，即氨化物，大约 3.6kg，收率 60％左右。

⑤ 再环合　在 50L 电油浴搪玻璃反应罐内加入甲酰胺（工业用，水分 0.2％以下）20L，开动搅拌，加入氨化物 2.6kg 和甲酸（工业用，含量 85％以上）3L。加热外温控制在 150℃，内温升到 110℃后，分多次加入保险粉 2.5kg，控制内温 110～120℃，约需 2～3h 加完，继续升温维持在 180～190℃（外温 220℃）反应 2.5h，停止反应，放料，冷却过夜。次日过滤，滤饼用乙醇洗 1 次，冰水洗，再用蒸馏水洗至近无硫酸根，抽干，以 60L 蒸馏水煮沸溶解，加活性炭脱色 2 次。热滤，放置冰箱过夜，滤取结晶，用冰蒸馏水洗至无硫酸根，烘干，得淡黄 6-氨基嘌呤 1.1kg，收率近 50％。

⑥ 成盐　在 50L 搪玻璃反应罐内，加入蒸馏水 25L、6-氨基嘌呤 1kg、适量活性炭，加热至沸，加入磷酸 1.25kg 调节 pH 至 1～2。继续加热脱色 30min，热滤，滤液置于水浴冷却 2～3h，有大量白色针状结晶析出。过滤，收集结晶，用蒸馏水洗涤 2～3 次，抽滤，干燥，得 6-氨基嘌呤磷酸盐成品，收率 80％左右。

讨论：

（1）次黄嘌呤的精制　取次黄嘌呤 15g，用 100 倍量沸水加热溶解，加入活性炭，煮沸 10min，热滤，冷却，得淡黄色结晶，水洗，红外线干燥，得含量在 95％以上的次黄嘌呤 10.5g，收率 65％。

（2）二甲基苯胺的重蒸馏　取固体氢氧化钾加入二甲基苯胺中，搅拌，如氢氧化钾全部被润湿，再调换新的氢氧化钾。浸泡 24h，吸取上层液，放入 1L 双颈克氏瓶中，于油浴蒸馏收集沸程 192～195℃的新鲜淡黄色蒸馏物，收率 80％。

（3）三氯氧磷的蒸馏　收取沸程 104～108℃的蒸馏物，收率 85％。

（4）羟氨化反应中，制备游离羟胺时，必须先将盐酸羟胺与乙醇混合后，再加氢氧化钾，否则盐酸羟胺与氢氧化钾混合，会发生剧烈反应，易爆炸，有危险！

（5）甲酰胺环合反应后的母液，抽入 50L 电加热搪玻璃反应锅内，外温控制在 180℃，减压蒸馏回收的甲酰胺（除去低沸部分）可套用。浓缩原体积 1/3 左右，放出，水浴冷却，过滤，收集沉淀，用冰水、蒸馏水洗涤 2 次，回收 6-氨基嘌呤，作粗制品处理。

收集一定量精制时的残渣，加约为残渣量 5～6 倍的蒸馏水，煮沸 0.5～1h，过滤，冷却，回收部分 6-氨基嘌呤，作精品处理。

（6）在 6-氨基嘌呤成盐的反应中，收集用过的活性炭，加一定量的蒸馏水，煮沸，热滤浓缩至原体积的 1/2～2/3，脱色，重结晶回收部分磷酸盐。

磷酸盐结晶母液，经浓缩、脱色、精制处理可回收部分 6-氨基嘌呤磷酸盐。

二、6-巯基嘌呤

1940 年 Woods 和 Fildes 提出了抗代谢物学说，解释了磺胺对细菌的作用是竞争性地拮抗对氨基苯甲酸，而对氨基苯甲酸又是细菌合成必需营养物叶酸的原料，因此发挥抑菌作用。在这一理论引导下，美国生化学家 Hitchings 提出借助于某些核酸碱基的拮抗物，选择性地阻止细菌、原虫和癌细胞等核酸的合成，不影响正常细胞的生长。Hitchings 和著名药学家 Elion 从嘌呤径路合成抗核酸代谢药物，1948 年合成出抗白血病的二氨基嘌呤，1951 年合成了 6-巯基嘌呤。1988 年 Hitchings 和 Elion 等荣获诺贝尔医学奖。

6-巯基嘌呤是次黄嘌呤类似物，能竞争性地抑制次黄嘌呤转变成肌苷酸，阻止鸟嘌呤转变为鸟苷酸，从而抑制 RNA 和 DNA 的合成，杀伤各期增生细胞。6-巯基嘌呤是嘌呤抗代谢物，进入体内转变成 6-巯基嘌呤核苷酸，阻止肌苷酸转变为腺苷酸、黄嘌呤核苷酸，抑制 CoI 的生物合成。临床用于急性白血病，对儿童患者的疗效优于成人。亦用于治疗绒毛膜上皮癌、乳腺癌、直肠癌、结肠癌及其他内脏肿瘤。

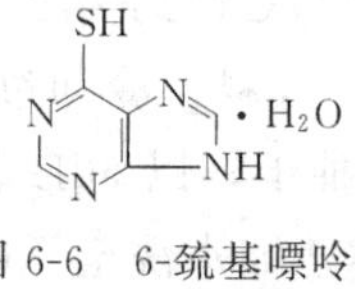

（一）化学结构和性质

图 6-6 6-巯基嘌呤单水合物的结构式

6-巯基嘌呤亦称乐宁，为单水合物，呈微黄色结晶性粉末或棱片状结晶，无臭，味微甜，含 1 分子结晶水，在 140℃ 时失去结晶水。6-巯基嘌呤的结构式见图 6-6。6-巯基嘌呤易溶于碱性水溶液，但甚不稳定，会缓慢水解，置空气中光照会变成黑色。可溶于沸水、热乙醇，微溶于水，几乎不溶于冷乙醇、乙醚、丙酮和氯仿。熔点 313～314℃。

（二）生产工艺

（1）工艺路线（图 6-7）

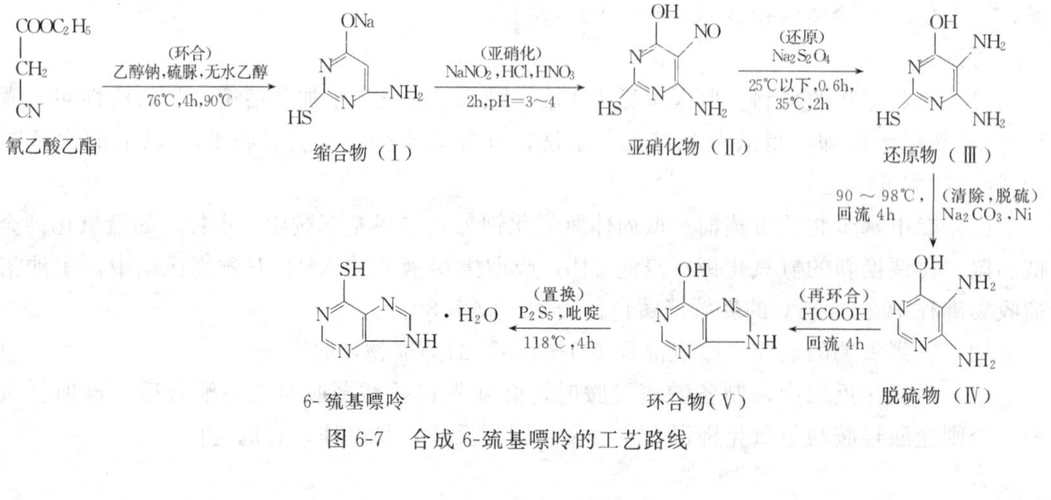

图 6-7 合成 6-巯基嘌呤的工艺路线

（2）工艺过程

① 环合　按 m（氰乙酸乙酯）：m（硫脲）：m（160g/L乙醇钠）=1：0.75：3.75 的配料比投料。在干燥反应罐中加入无水乙醇、乙醇钠，配成 16% 溶液，搅拌加热至 76℃，投入硫脲，在回流下滴加氰乙酸乙酯，加完后保持回流 4h，冷至 30℃，过滤，得粗品。加 3.5 倍水溶解，加入适量活性炭脱色，过滤，滤液加热至 90℃，搅拌下滴加 40% 乙酸至 pH4～5 冷却，过滤，得缩合物（Ⅰ），即 2-巯基-4-羟钠-6-氨基嘧啶，收率 95%。

② 亚硝化、还原　按 m[缩合物（Ⅰ）]：V（盐酸）：V（硝酸）：m（亚硝酸钠）：m（保险粉）=1：0.31：0.47：0.48：2.5 的配料比投料。将缩合物（Ⅰ）加水溶解后，加入盐酸至中性，再加硝酸，于 15℃ 滴加亚硝酸钠溶液，加完后，继续反应 2h，控制 pH=3～4。甩滤，水洗至中性，得亚硝化物（Ⅱ），即 2-巯基-4-羟基-5-亚硝基 6-氨基嘧啶。再加入水中悬浮并冷至 20℃ 以下，加保险粉，升至 25℃ 以下反应 0.5h，35℃ 保温反应 2h，出料，甩滤，得还原物（Ⅲ），即 2-巯基-5,6-二氨基-4-羟基嘧啶，收率 78%。

③ 消除、脱硫　按 m[还原物（Ⅲ）]：m（碳酸钠）：m（活性镍）：V（冰醋酸）=1：0.75：1.5：1 的配料比投料。将还原物（Ⅲ）、适量水和碳酸钠投入反应罐中，加热 90℃ 搅拌溶解，缓缓加入活性镍和水，保持 98℃ 搅拌回流 4h。过滤，滤液以冰醋酸调节 pH 至 7.5，加适量活性炭脱色，过滤，滤液减压浓缩后冷却，析出结晶，过滤，得脱硫物（Ⅳ），即 5,6-二氨基-4-羟基嘧啶，收率 94%。

④ 再环合、置换　按 m[脱硫物（Ⅳ）]：V（甲酸）：V（吡啶）：m（五硫化二磷）=1：12：13：2.7 的配料比投料。将脱硫物（Ⅳ）、甲酸投入反应罐中，搅拌加热溶解，升温回流 4h，减压回收甲酸至净。加入 6mol/L 氢氧化钠液溶解，加活性炭脱色，过滤，滤液冷至 20℃，滴加冰醋酸调节 pH 至 6，放置过夜，次日过滤，收集结晶，得环合物（Ⅴ），即 6-羟基嘌呤。再将环合物（Ⅴ）、吡啶和五硫化二磷投入反应罐中，搅拌，加热溶解，于内温 118℃ 反应 4h。减压回收吡啶，至呈浓黏胶状，冷却，加适量水和活性炭，加热煮沸脱色，趁热过滤，滤液冷却，结晶，过滤，得 6-巯基嘌呤粗品，收率 60%。粗品精制，加适量水，加热溶解，活性炭脱色，过滤，滤液搅拌冷却，析出结晶，过滤，水洗，干燥，得 6-巯基嘌呤精品，收率 95%～96%。

对氰乙酸乙酯计算，总收率 40%。

三、肌苷

肌苷能直接进入细胞，参与糖代谢，促进体内能量代谢和蛋白质合成，尤其能提高低氧病态细胞的 ATP 水平，使处于低能、低氧状态的细胞顺利地进行代谢。临床主要用于各种急、慢性肝脏疾病、洋地黄中毒症、冠状动脉功能不全、风湿性心脏病、心肌梗死、心肌炎、白细胞或血小板减少症及中心性视网膜炎、视神经萎缩等。还可解除或预防因用血吸虫药物所引起的心、肝损害等不良反应。几乎无毒性，静脉注射 LD_{50} 大于 3g/kg 体重。

肌苷的衍生物肌苷二醛（IDA），化学名称 α-（次黄嘌呤-9）-α-羟甲基缩乙醇醛，为肌苷的过碘酸氧化物，对啮齿类动物肿瘤具有强烈的抑制作用，显著延长 L_{1210} 白血病小鼠的生命。作用机制可能是抑制核苷酸还原酶进而抑制了核酸合成的结果。Ⅰ期临床实验表明，对精集上皮瘤、肉瘤和麦粒细胞癌有一定疗效。

异丙肌苷是肌苷、二甲氨基异丙醇和对乙酰氨苯甲酸酯的复合物。动物实验表明，对流感 A₂ 及某些病毒有抵抗作用。临床用于治疗流感、疱疹、麻疹、水痘、腮腺炎、肝炎等病毒引起的疾病。

（一）化学结构和性质

肌苷是由次黄嘌呤与核糖结合而成的核苷类化合物，又称次黄嘌呤核苷。呈白色结晶性粉末，溶于水，不溶于乙醇、氯仿。在中性、碱性溶液中比较稳定，酸性溶液中不稳定，易分解成次黄嘌呤和核糖。肌苷的结构式见图 6-8。

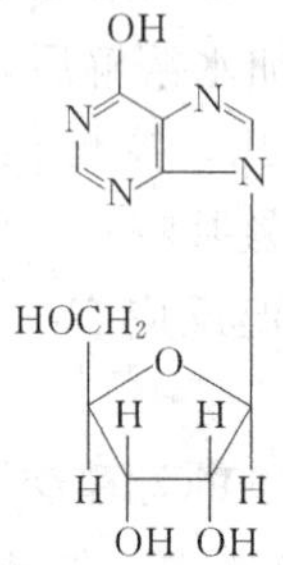

图 6-8 肌苷的结构式

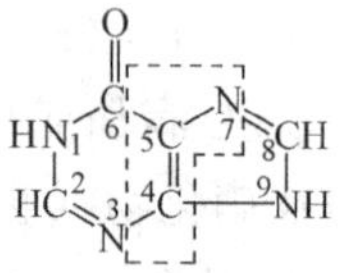

图 6-9 次黄嘌呤环上 C、N 来源

N1—来自天冬氨酸；C2，C8—来自甲酸；
N3，N9—来自谷氨酰胺；C4，C5，N7—来自甘氨酸；
C6—来自二氧化碳

（二）生产工艺

1. 肌苷酸脱磷酸法

微生物不是先合成嘌呤环，再与核糖的磷酸酯结合起来生成嘌呤核苷酸，而是以 5-磷酸核糖为基础，将各个原子或分子逐一接上去，再闭合起来生成肌苷酸。次黄嘌呤的形成是以 5-磷酸核糖的磷酸化开始的，其环上的 C、N 原子都分别来自二氧化碳、甲酸、甘氨酸、天冬氨酸和谷氨酰胺。生物合成路线见图 6-9。

肌苷酸是嘌呤核苷酸的合成中心，首先合成，再转变为其他嘌呤核苷酸。各种微生物合成肌苷酸的途径都是一样的，由肌苷酸转化为其他嘌呤核苷酸的途径则不一样。微生物这种分段合成核苷酸是很普通的，对于发酵有重要的实际意义，可以在细胞外进行。

应用棒状杆菌发酵制取肌苷酸，再用化学法脱掉磷酸制得肌苷，其反应式如图 6-10。

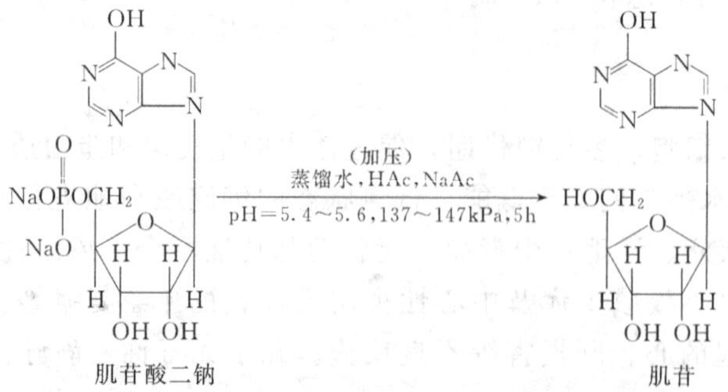

图 6-10 肌苷酸用化学法脱掉磷酸制得肌苷的反应式

工艺过程是棒状杆菌 269 发酵，发酵液去菌体、吸附、洗脱、浓缩，乙醇存在下、pH＝7～7.5 冷却结晶，即得肌苷酸二钠。再将结晶溶于乙酸缓冲液中，pH＝5.4～5.6，加压 5h 脱磷酸，反应液过滤，取其滤液冷却结晶，得白色或米黄色的肌苷粗品。粗品加蒸馏水溶解，pH＝6，加热脱色，冷却结晶，过滤，结晶用 80% 乙醇洗涤数次，40～50℃烘干，得白色结晶肌苷，收率 70% 左右。

2. 直接发酵法

（1）工艺路线（图 6-11）

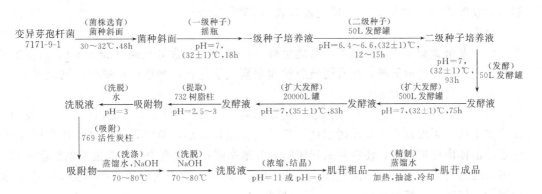

图 6-11　直接发酵法制备肌苷的工艺路线

（2）工艺过程

① 菌株选育　变异芽孢杆菌 7171-9-1 移接到斜面培养基上，30～32℃培养 48h。在 4℃冰箱中菌种可保存 1 个月。斜面培养基成分为葡萄糖 1%、蛋白胨 0.4%、酵母浸膏 0.7%、牛肉浸膏 1.4%、琼脂 2%，在 pH=7、120℃灭菌 20min。

② 种子培养

a. 一级种子　培养基成分为葡萄糖 2%、蛋白胨 1%、酵母浸膏 1%、玉米浆 0.5%、尿素 0.5%、氯化钠 0.25%。灭菌前 pH=7，用 1L 三角瓶装 150ml 培养基，115℃灭菌 15min。每个三角瓶中接入白金耳环菌苔，放置在往复式摇床上，冲程 7.6cm，振荡频率 100 次/min，（32±1）℃培养 18h。

b. 二级种子　培养基同一级种子，放大 50L 发酵罐，定容体积 25L，接种量 3%，（32±1）℃培养 12～15h，搅拌速度 320r/min，通风量 1:0.25L/(L·min)，生长指标菌体浓度 A_{650nm}=0.78，pH=6.4～6.6。

③ 发酵　50L 不锈钢标准发酵罐，定容体积 35L。培养基成分为淀粉水解糖 10%、干酵母水解液 1.5%、豆饼水解液 0.5%、硫酸镁 0.1%、氯化钾 0.2%、磷酸氢二钠 0.5%、尿素 0.4%、硫酸铵 1.5%、有机硅油（消泡剂）0.5ml/L（0.05%）。pH=7，接种量 0.9%，（32±1）℃培养 93h，搅拌速度 320r/min，通风量 1:0.5L/(L·min)。

500L 发酵罐，定容体积 350L。培养基成分为淀粉水解糖 10%、干酵母水解液 1.5%、豆饼水解液 0.5%、硫酸铵 1.5%、硫酸镁 0.1%、磷酸氢二钠 0.5%、氯化钾 0.2%、碳酸钙 1%、有机硅油小于 0.3%。pH=7，接种量 7%，（32±1）℃培养 75h，搅拌速度 230r/min，通风量 1:0.25L/(L·min)。

扩大发酵进入 20000L 发酵罐，培养基同上，接种量 2.5%，（35±1）℃培养 83h。

④ 提取、吸附、洗脱 取发酵液 30～40L 调节 pH=2.5～3，连同菌体通过 2 个串联的 3.5kg 732H+ 树脂柱吸附。发酵液上柱后，用相当树脂总体积 3 倍的 pH=3.0 的水洗 1 次，然后把 2 个柱分开，用 pH=3 的水把肌苷从柱上洗脱下来。上 769 活性炭柱吸附后，先用 2～3 倍体积的水洗涤，后用 70～80℃水洗，70～80℃、1mol/L 氢氧化钠液浸泡 30min，最后用 0.01mol/L 氢氧化钠液洗脱肌苷，收集洗脱液真空浓缩至 21°Bé，在 pH=11 或 6.0 下

放置，结晶析出，过滤，得肌苷粗制品。

⑤ 精制 取粗制品配成 50～100g/L（5%～10%）溶液，加热溶解，加入少量活性炭作助滤剂，热滤，放置冷却，得白色针状结晶，过滤，少量水洗涤 1 次，80℃烘干得肌苷精制品，收率 44%，含量 99%。国内最高收率 75%。

讨论：

（1）发酵碳源采用葡萄糖，产品质量最好；另外肌苷含氮量高（20.9%），故在发酵培养基中要保证充足的氮源，通常用硫酸铵和尿素或氯化铵，如能使用氨气，则既可作氮源，又可调节发酵培养基的 pH。

（2）提取工艺的改进 由发酵液沉菌以后再上 732H$^+$ 型阳离子交换树脂柱，改为不沉菌直接上柱，再用自来水反冲树脂柱。其优点是缩短周期，节约设备。其反冲作用可把糖、色素、菌体由柱顶冲走，使吸附肌苷树脂充分地暴露在洗脱剂中，并能适当地松动树脂，利于解吸的进行。不经反冲的洗脱液收率为 54.9%，经反冲的洗脱液收率则为 79.6%。树脂用量为：树脂：发酵液＝1：（20～30）（体积比）。

（3）温度对肌苷提取的影响 在温度较高且 pH 较低时，有部分肌苷分解成次黄嘌呤。季节影响总收率，冬夏低春秋高，提取周期冬季较长，夏季较短。32℃放置 15h 后进行洗脱，收率降低 10% 左右，48h 后洗脱，收率降低 30% 左右；室温 20℃放置 48h 洗脱，收率降低 5% 左右。

国内选用强酸性 732 阳离子交换树脂，从发酵液中提取肌苷。其树脂对肌苷的吸着为非极性吸引作用，这种非极性吸引作用明显地受温度的影响。苏州味精厂的实验表明，冬天从 732 树脂柱中洗脱肌苷时，改用人工控制洗脱液的温度，可提高洗脱收率和缩短周期，其肌苷总收率可提高 15%～20%；夏季采用冷却发酵液、避免暴晒、增添冷库设备等降温措施，能提高总收率 10%～15%。

（4）用产氨短杆菌发酵生产肌苷酸（5′-IMP），关键酶是 PRPP 转酰胺酶，此酶受 ATP、ADP、AMP 及 GMP 反馈抑制（抑制度达 70%～100%），被腺嘌呤阻遏。因此，第一步用诱变育种的办法，筛选缺乏 SA-MP 合成酶的腺嘌呤缺陷型菌株，在发酵培养基中提供亚适量的腺嘌呤，这些腺嘌呤除了补救合成菌体适量生长所需的 DNA 及 RNA 之外，没有多余的腺嘌呤衍生物能够产生反馈抑制和阻遏，从而解除了对 PRPP 转酰胺酶的活性影响。产氨短杆菌自身的 5′-核苷酸降解酶活力低，故产生的肌苷酸不会再被分解变成其他产物。另一个是细胞膜的通透性，在培养基中有限量 Mn^{2+} 情况下，产氨短杆菌的成长细胞呈伸长、膨润或不规则形，此时的细胞膜不仅易透过肌苷酸，而且嘌呤核苷酸补救合成所需的几个酶和中间体 5′-磷酸核糖都很易透过，在胞外重新合成大量的肌苷酸。在大型发酵罐工业生产中，利用诱变育种的方法选育了对 Mn^{2+} 不敏感的变异株，在发酵培养基中含 Mn^{2+} 高达 1000μg/ml 时，也不影响肌苷酸的生物合成。发酵水平已达 40～50g/L，对糖转化率达 15%，总收率达 80%。

（5）最初，生产肌苷用棒状杆菌发酵制得肌苷酸，再以化学法加压脱掉磷酸得到肌苷，其工艺复杂，产量低，成本高。后来由上海味精厂、上海工业微生物研究所及中国科学院上海生物化工研究所等单位，以腺嘌呤及硫胺素双重营养缺陷型的变异芽孢杆菌株，一步发酵制备肌苷获得成功，进罐产量可达 4～5g/L。现多采用直接发酵法生产。

四、阿糖胞苷

阿糖胞苷由胞嘧啶与阿拉伯糖组成，临床应用的是阿糖胞苷盐酸盐，商品名称为 Cytarabine、Cytosar。阿糖胞苷进入体内转变为阿糖胞苷酸，抑制 DNA 聚合酶，阻止胞二磷转变为脱氧胞二磷，从而抑制 DNA 的合成，干扰 DNA 病毒繁殖和肿瘤细胞的增殖。用于治疗急性粒细胞白血病，具有见效快、选择性高的特点，单独使用不如与其他抗癌药合用疗效高。由于易被胃肠道黏膜和肝中胞嘧啶核苷脱氨酶作用而失活，故口服无效，只能注射。

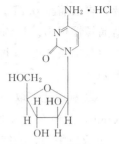

图 6-12 阿糖胞苷
盐酸盐的结构式

（一）化学结构和性质

阿糖胞苷又称胞嘧啶阿拉伯糖苷，与正常的胞嘧啶核苷及脱氧胞嘧啶核苷不同，其差别在于糖的组成部分是阿拉伯糖，不是核糖或脱氧核糖。阿糖胞苷盐酸盐的结构式如图 6-12。

阿糖胞苷呈白色或类白色结晶性粉末，无臭，易溶于水，略溶于甲醇、乙醇中，乙醚中极微溶。其盐酸盐熔点为 186～190℃（分解）。在酸性及中性水溶液中脱氨水解变成阿糖尿苷，pH＝2.8 时水解速度快，pH＝6.9 时最稳定，pH＝10 以上水解速度又急剧加快。在碱性溶液中，其损失大约比在酸中快10倍。

（二）生产工艺

1. 以 5'-CMP 为原料的合成法

（1）工艺路线（图 6-13）

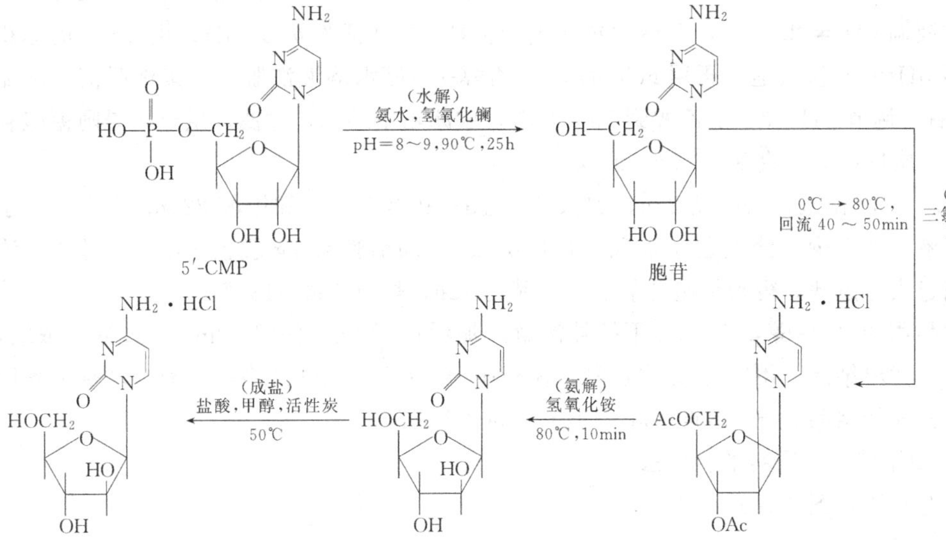

图 6-13 以 5'-CMP 为原料合成阿糖胞苷的工艺路线

（2）工艺过程

① 水解　称取 5'-CMP（纯度 80％）100g，悬浮于 800ml 蒸馏水中，加入浓氨水约 50ml，调节 pH＝8～9，使 5'-CMP 全部溶解（如 5'-CMP 粗品质量较差，加碱后有不溶物，可过滤或离心除去），稀释至 1L，倒入 10L 的三口圆底烧瓶中，并加入处理好的 6.5L 氢氧化镧凝胶，总体积为 7.5L，升温 90℃。在不断搅拌下，pH＝9，进行水解。定时检查水解情况：在不同的反应时间内，均匀取出 2ml 凝胶溶液，离心分离，取上清液 5～10μl，pH＝9.2 电泳分析。当反应 25h 后，电泳纸上 5'-CMP 位置紫外点消失，仅有胞嘧啶核苷（CR）的紫外点位置，为水解终点。然后进行离心分离（2500r/min），留上清液，凝胶沉

淀用蒸馏水洗 2 次，每次用水为 3L 左右，再以2500～3000r/min 离心 10min，得洗涤液，与上清液合并。减压浓缩至 0.4L 左右，呈浑浊，过滤除去不溶物，可得淡黄色透明溶液，再浓缩至 0.2L，冷却，加入 6mol/L HCl 30ml，调 pH 至 2.5～3，有大量白色针状结晶缓慢析出。加约 100ml 95% 乙醇，置冰箱过夜，次日滤出结晶，用 50% 乙醇和无水乙醇各洗涤 1 次，得白色胞嘧啶核苷盐酸盐（CR·HCl）精品，收率 54%，含量高于 80%。

② 氧桥化　取三氯氧磷（$POCl_3$，C.P.）300ml 放入 5L 的圆底烧瓶中，干冰浴中冷却 20min，加预冷蒸馏水 60ml（为水解 1 分子三氯氧磷的用水量），3min 后有盐酸气体冒出，5min 反应平衡，继续置冰盐浴中水解 30min。水解后快速倒入乙酸乙酯 2L，同时立即加入干燥好的 CR·HCl 40g，离开冰浴，置 80℃ 水浴锅中回流，开始时反应液呈悬浮状，约 25～30min 后，变澄清透明，总反应时间控制在 40～50min。反应完成后，立即用冰水冷却，将反应液倾入 4L 冷蒸馏水中，在 50℃ 的条件下减压抽去乙酸乙酯，取样测定，氧桥化后总吸收光谱高峰位置移至 264nm（pH=2），pH=9.2 电泳为单点。将浓缩液（pH=0.5）在不断搅拌下用氢氧化钠液调节 pH 至 3～3.5，取样测定。

③ 氨解　在上述反应液中加入浓氨水使溶液的氢氧化铵浓度为 1mol/L，80℃ 氨解 10min，使氧桥断裂及 3′,5′-乙酰基脱落，即得阿糖胞苷。氨解程度以测定氨解液紫外吸收 A_{280nm}/A_{265nm} 比值达 1.45～1.5 为终点，光谱高峰移至 279～280nm。氨解后如有沉淀，过滤除去，滤液调 pH 至 2.5～3，上活性炭柱进行去盐（769 活性炭 0.7L），用 3～5 倍体积蒸馏水（调 pH=3）洗去盐，再用 60℃ 的 50% 乙醇-1% 氨水溶液洗脱。收集洗脱液，浓缩至 20ml 左右，调节 pH=3，加乙醇到 50% 左右，放冰箱中结晶，过滤，烘干，得阿糖胞苷粗品，按 CR 质量计算，收率 50%～60%。

④ 成盐　取阿糖胞苷粗制品 22g，加入 2% 盐酸-甲醇 440ml 和甲醇 220ml，于 50℃ 水浴中振摇溶解（如有少量淡黄色粉末残留物应除去），加活性炭 2g 脱色 30min，过滤，浓缩，置冰箱过夜，过滤，得阿糖胞苷盐酸盐粗品约 22g，熔点 186～189℃。

取粗制品用 30 倍甲醇，在 45℃ 下搅拌溶解，加活性炭 2g，保温 20min，过滤，浓缩，置冰箱过夜，滤出结晶，用甲醇-无水乙醚（体积比为 1∶1）20ml 洗涤，抽干，真空干燥即得阿糖胞苷盐酸盐精品 20g，熔点 188～194℃。母液待回收。

2. 以葡萄糖酸钙为原料的合成法

（1）工艺路线（图 6-14）

（2）工艺过程

① 降解、氧化　按 m(葡萄糖酸钙)∶m(硫酸铁)∶m(无水乙酸钡)∶V(水)∶V(过氧化氢)=1∶0.077∶0.14∶13∶(1.2～1.3) 的配料比投料。将葡萄糖酸钙加水，加热至 75℃ 溶解后，倒入铁催化剂液（乙酸钡溶液和硫酸铁溶液临用前混合而成），搅拌均匀，升温至 95℃，过滤去沉淀。滤液在 40℃ 下加入 1/2 量过氧化氢进行氧化，控制温度不超过 56℃，反应 30min，反应液变为黑色时，静置 30min，降温至 40℃ 加入余量过氧化氢进一步氧化。30min 后加入草酸，过滤除去草酸钙，滤液真空浓缩至黏稠状，温度不超过 48℃。加适量无水甲醇溶解，放冷结晶，过滤，滤饼用甲醇洗涤，抽干，干燥，得粗品。再用甲醇溶解，脱色，结晶 1 次，得 D-阿拉伯糖。熔点 150℃ 以上，$[\alpha]_D^{25} = -103° \sim -105°$（$c=1g/ml$，水），收率 30%。

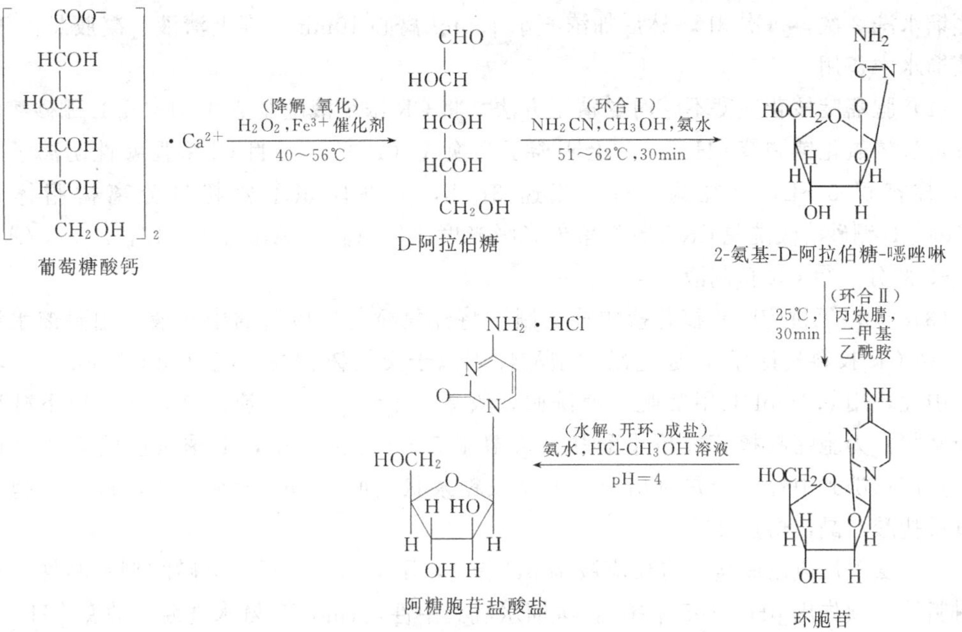

图 6-14　以葡萄糖酸钙为原料合成阿糖胞苷的工艺路线

② 环合 I　按 m(D-阿拉伯糖)∶m(氰胺)∶V(氨水)(23%)∶V(甲醇) ＝1∶0.56∶(0.3～0.35)∶(3～4) 的原料比投料。将含氰胺 150～200g/L (15%～20%) 的甲醇溶液与 D-阿拉伯糖及氨水混合,搅拌下缓缓加热,于 1h 内升温至 51～62℃,保温反应 30min,继续搅拌自行降温 2h,放置过夜。冷却结晶,过滤 (滤液回收),收集滤饼用甲醇泡洗,抽干,干燥,得 2-氨基-D-阿拉伯糖-噁唑啉。熔点 160℃ 以上 (分解),$[\alpha]_D^{25}$ ＋20° (c＝1g/ml),收率 75%～80%。

③ 环合 II、水解、开环、成盐　按 m (丙炔腈)∶m(2-氨基-D-阿拉伯糖-噁唑啉)∶m(二甲基乙酰胺)∶V(1mol/L 氨水)∶V(3%～5%盐酸甲醇溶液)＝1∶0.077∶0.14∶13∶(1.2～1.3),适量的配料比投料。将 2-氨基-D-阿拉伯糖-噁唑啉和二甲基乙酰胺搅拌混合,冷至 5℃,滴加丙炔腈与少量二甲基乙酰胺的混合液,控制温度在 10℃ 以下,滴完,于 25℃ 搅拌 30min,得棕色反应液,过滤,滤饼用甲醇洗涤,合并滤液和洗液,进行水解。

在上述滤液、洗液中加入氨水,于 60℃ 搅拌 10min,保持 60℃ 以下减压浓缩去水,浓缩物用含 3%～5% 盐酸的甲醇溶液调节 pH 至 4,冷冻结晶,过滤,用甲醇-乙醚混合液泡洗,抽干,干燥,即得阿糖胞苷盐酸盐粗品,收率 95%。

粗制品用 20～50 倍量甲醇及 50～100g/L (5%～10%) 的活性炭脱色精制,得阿糖胞苷盐酸盐,收率为 70%。对葡萄糖酸钙计算,总收率为 15%～16%。

讨论:

(1) 氢氧化镧凝胶的制备

$$La_2O_3＋6HCl \Longrightarrow 2LaCl_3＋3H_2O$$

$$LaCl_3＋3NH_3 \cdot H_2O \Longrightarrow La(OH)_3＋3NH_4Cl$$

取工业用氧化镧 300g 悬浮于 3L 蒸馏水中,慢慢加入浓盐酸 450ml,加热溶解,如有少量不溶物应弃去。加等体积蒸馏水,冷至室温,边搅边慢慢加入浓氨水 560ml。即有大量白色氢氧化镧凝胶产生。离心 (2500～3000r/min) 10min,上清液主要是氯化铵,下部凝胶用蒸馏水洗 2 次，每次 3L，然后加浓氨水 150ml 离心 10min，弃上清液，凝胶悬浮于 6.5L 的蒸馏水中备用。

（2）胞嘧啶核苷纯度不够时的精制方法　将 CR 浓缩液配制成 0.01mol/L 硼砂溶液，用 10mol/L 氢氧化钠调节 pH 至 9，上阴离子交换柱（100～150 目 Cl 型强碱性阴离子交换树脂），柱容积 3.5L，直径为 9cm，流速 3L/h，上柱体积不要超过分离树脂体积。用 0.01mol/L 硼砂溶液洗脱 CR，收集紫外光吸光度比值 $A_{250nm}/A_{260nm} = 0.45$，$A_{280nm}/A_{260nm} = 1.6\sim2$ 部分，得 CR 精制液。

（3）2,2'-氧桥胞嘧啶核苷盐酸盐精制　将经氧桥化反应后的中和液，用蒸馏水稀释至 1%（按 CR 投料量计算），通过磺酸型酸性阳离子交换树脂柱，流速 50ml/30min。蒸馏水洗至中性，用 0.1mol/L 甲酸吡啶液洗脱，收集 pH = 5 以后的流出液，50℃ 以下减压浓缩到糖浆状，为胞嘧啶核苷氧桥甲酸盐。再溶于 50ml 蒸馏水中，上季铵型阴离子交换树脂柱，蒸馏水洗到中性，合并流出液，浓缩成糖浆状，加 7.5ml 无水乙醇，得白色胞嘧啶核苷氧桥盐酸结晶，熔点 262℃。

（4）氨解反应后脱盐　将反应液调 pH 至 1，用蒸馏水稀释、上磺酸型强酸性阳离子交换树脂柱（预先用 pH = 1.5 平衡），蒸馏水洗到中性，1mol/L 氨水洗脱，收集 pH = 8 以后的流出液。

（5）丙炔腈（HC≡CCN）制备　按 m(丙炔醇)：V(硫酸)：V(铬酐)：V(盐酸羟胺)：m(碳酸钾)：V(乙醚)：V(水) = 1：4.1：1.8：0.84：0.81：2.8：11.8 的配料比投料。

在氧化罐中配制丙炔醇水溶液，搅拌均后使用。在成肟罐内加入水及盐酸羟胺，再慢慢加入碳酸钾，等全溶后用冰盐水冷却，得盐酸羟胺-碳酸钾水溶液备用。

氧化罐和成肟罐在氮气鼓泡下，减压使系统压力稳定在 21.3～28kPa（160～210mmHg），然后加热使丙炔醇水溶液升温至 50℃，开始滴加硫酸-铬酐水溶液，维持温度 50～55℃，反应生成的丙炔醛气体经中间安全罐（55～56℃）进入成肟罐中，成肟罐用盐水冷却保温 8～25℃ 成肟，硫酸-铬酐水溶液于 2h 内加完。再将氧化液升温至 60℃，保持 30min 后停止通氮及减压，并把成肟液升温至 25～30℃ 保持 1h，出料即得丙炔肟（HC≡CCHNOH）溶液。

将丙炔肟溶液加入乙醚提取 3 次，合并提取液，常压回收乙醚，待内温升到 55℃ 后进行减压浓缩，真空逐渐增大至无蒸出物为止，得丙炔肟，冷却，于 30～40℃ 加入到冰醋酸中，低温存放，收率 40%。

按 m(丙炔肟)：V(乙酐) = 1.2：2 的配料比投料。将乙酐加热至 100℃，滴加少量丙炔肟溶液，升温至 120℃，边滴加边回流，经分馏柱收集 40～44℃ 馏分即得丙炔腈，收率 40%，45～117℃ 馏分供下批套用，117℃ 以上为乙酐。

对丙炔醇计算，总收率为 24%。

用丙烯腈（CH₂=CHCN）为原料制备丙炔腈，按 V(丙烯腈)：V(溴) = 1：3.02 的配料比投料。将丙烯腈加入玻璃反应罐内，搅拌冷却至 16℃，于 200W 灯泡光照下，滴加溴，控制滴加速度，内温不超过 30℃，滴加完，继续搅拌至溴色褪去时为止，减压蒸馏，收集 105～112℃、2.7kPa（20mmHg）馏分，得 α,β-二溴丙腈（CH₂BrCHBrCN），收率 85%。将硅碳管加热并调整至 570℃，系统压力为 2.7kPa（20mmHg），接受管用干冰冷至 -50℃，开始滴加 α,β-二溴丙腈，经裂解放出溴化氢和丙炔腈。丙炔腈于冷水浴中融化后，蒸馏，收集 42～45℃/2.7kPa（20mmHg）馏分，得丙炔腈，收率 50%。

对丙烯腈计算，总收率为 42.5%。

五、阿糖腺苷

阿糖腺苷在体内生成阿糖腺三磷，起拮抗脱氧腺三磷（dATP）作用，从而阻抑了 dATP 掺入病毒 DNA 聚合酶的活力。而且阿糖腺三磷对病毒 DNA 聚合酶的亲和性比宿主 DNA 聚合酶高，从而选择性地抑制病毒的增殖。

阿糖腺苷是广谱 DNA 病毒抑制剂，对单纯疱疹病毒 I、单纯疱疹病毒 II 型、带状疱疹病毒、巨细胞病毒、痘病毒等 DNA 病毒，在体内外都有明显抑制作用。临床上用于治疗疱疹性角膜炎，静脉注射可降低由于单纯疱疹病毒感染所致的脑炎的病死率，从 70% 降到 28%。20 世纪 70 年代开始用来治疗乙型肝炎，使病毒 DNA、DNA 聚合酶明显下降，HBsAg 转阴，并可使带病毒患者失去传染能力。在种类繁多的治疗乙肝的药物中，能够直接作用于病毒的，迄今公认的只有干扰素和阿糖腺苷，一般认为，阿糖腺苷是治疗单纯疱疹脑炎最好的抗病毒药物。

阿糖腺苷早在 1960 年已能实验室合成，1969 年美国用 *Streptomyces antibioticus* NRRL 3238 菌株、1972 年日本用 *Streptomyces hebacecus* 4334 菌株发酵法分别制备了阿糖腺苷。1979 年用从 *E. coli* 中分离得到的尿嘧啶磷酸化酶和嘌呤核苷磷酸化酶，以固相酶的方法将阿糖脲苷转化为阿糖腺苷。中国有比较丰富的 5′-AMP 资源，参照国外实验室的合成路线，进行了系统研究和改革工作，基本上形成了一条适合工业化生产的工艺路线。

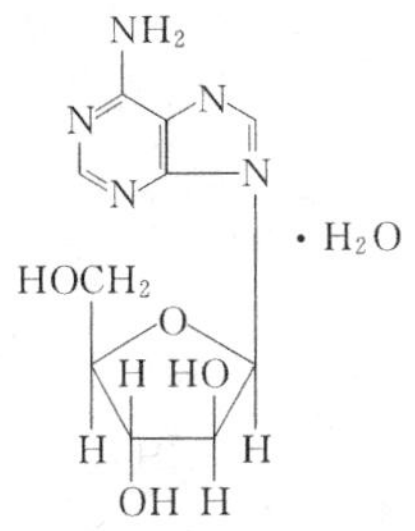

图 6-15　阿糖腺苷的结构式

（一）化学结构和性质

阿糖腺苷的化学名称为 9-β-D-阿拉伯呋喃糖腺嘌呤，或称腺嘌呤阿拉伯糖苷，分子中含有 1 个结晶水，呈白色结晶，熔点 259～261℃，$[\alpha]_D^{27} -5°$（$c=0.25$g/ml），紫外光最大吸收峰 $\lambda_{max}^{H_2O}$ 260nm。阿糖腺苷的结构式见图 6-15。

（二）生产工艺

1. 酶化学合成法

用尿苷为原料，经氧氯化磷和二甲基甲酰胺反应，生成氧桥化合物，在碱性水溶液中水解成阿糖尿苷，再利用阿糖尿苷中的阿拉伯糖，经酶转化成阿糖腺苷。其工艺路线见图6-16。

2. 以 5′-AMP 为原料的化学合成法

将 5′-AMP（I）进行选择性的对一甲苯磺酰化反应，得到主要产物 2′-O-对甲苯磺酰基腺苷-5′-单磷酸酯（II）；II 经水解脱磷，得 2′-O-对甲苯磺酰基腺苷（III）；III 经溴化反应，得 8-溴-2′-O-对甲苯磺酰基腺苷（IV）；IV 经乙酰化反应，得 8-羟基-N^6,3′,5′-O-三乙基-2′-O-对甲苯磺酰基腺苷（V）；V 在甲醇-氨中进行环化，得关键中间体 8,2′-O-环化腺苷（VI）；VI 在甲醇-硫化氢中开环，得 8-巯基阿糖腺苷（VII）；VII 经氢解脱硫，得阿糖腺苷（VIII）。其工艺路线如图 6-17 所示。

讨论：

（1）从阿糖尿苷酶法合成阿糖腺苷，选育的优秀菌株是产气肠杆菌（*Enterbacteraerogens*），能产生尿苷磷酸酶（Upase）和嘌呤核苷磷酸化酶（Pynpase），用菌株的休止细胞作为酶源从阿糖尿苷和腺嘌呤高效地合成阿糖腺苷。菌体也可制成固定化细胞进行连续化生产。

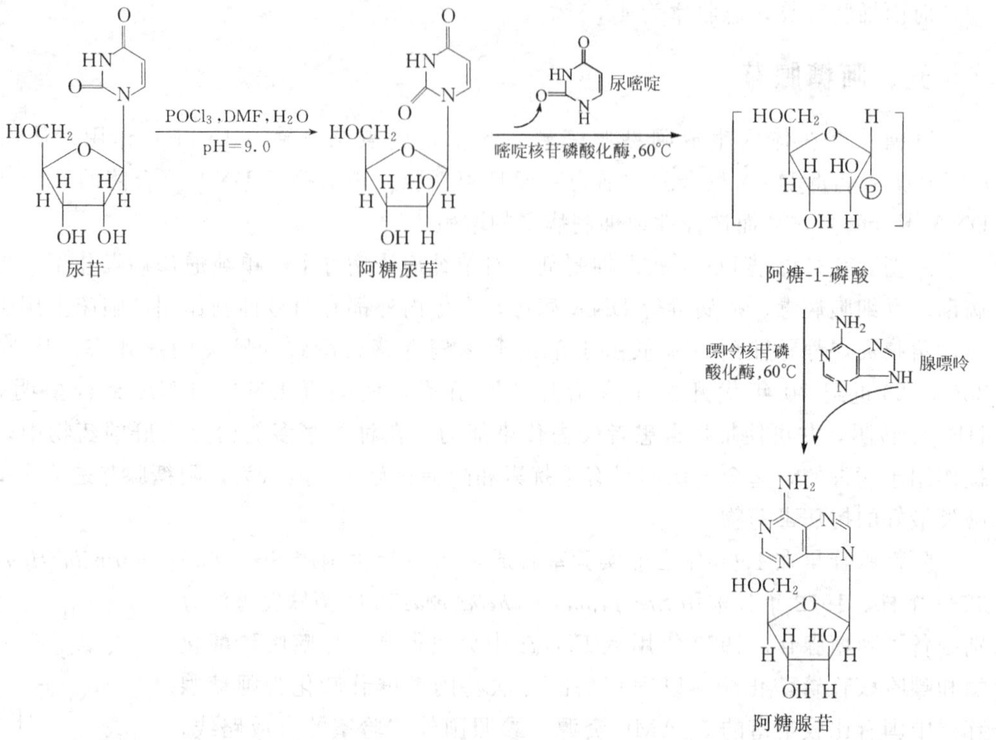

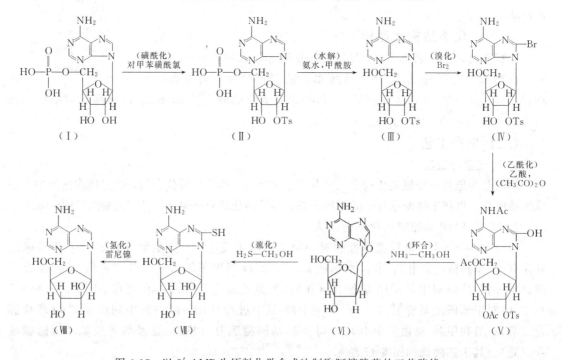

图 6-16 以尿苷为原料酶化学合成法制取阿糖腺苷的工艺路线

图 6-17 以 5′-AMP 为原料化学合成法制取阿糖腺苷的工艺路线

（2）上海第十二制药厂与复旦大学联合开发酶法生物合成阿糖腺苷的新工艺，成本降低50％左右，不污染环境，克服了化学合成法成本高、产率低、严重污染环境和影响工人身体健康等问题。

六、叠氮胸苷

叠氮胸苷是世界上第一个治疗艾滋病的新药，又名齐多夫定（AZT），商品名称 Refrovir，是胸腺苷的类似物，由英国 Wellcome 公司美国分公司首先开发，于 1987 年获美国 FDA 批准而上市，为临床上第一个抗 HIV 的药物。已在印度尼西亚、比利时、泰国、墨西哥、南非、意大利、沙特阿拉伯、日本、美国等 40 多个国家投入临床应用。1989 年世界销售额最大的药品中，AZT 排列第 42 位。临床验证表明，对感染 HIV 而出现症状的人，能够推迟疾病的进展，使艾滋病患者生存时间延长 1 倍。AZT 的问世，是人类同艾滋病作斗争的划时代的重要事件。

药理实验表明，在体外，叠氮胸苷能抑制 HIV 的复制；在体内，叠氮胸苷经磷酸化后生成 3′-叠氮-2′-脱氧胸腺嘧啶核苷酸，取代了正常的胸腺嘧啶核苷酸参与 DNA 的合成，使 DNA 不能继续复制，从而阻止病毒的增生。对在没有病征的志愿人员中试用，令人兴奋地发现，T_4 细胞计数低的带病毒者延迟了发病，体内 T_4 细胞低于 500 时，表示免疫系统已严重衰竭。在法国和英国，把 AZT 称为"和谐一号"进行大规模的临床研究，分别在 1000 名已感染上 HIV 者中进行实验，起到了延迟发病的治疗效果。对早期艾滋病与艾滋病的有关症状，有临床疗效，比病情严重者疗效更好，但不能阻止复发，有 5％甚至多达 40％出现不良反应，表现有头痛、肌痛、恶心、失眠、眩晕等。严重者产生骨髓抑制而发生贫血。临床使用时，必须在医生严格指导下进行。

药物剂型为胶囊剂，口服后，迅速被胃肠道吸收，生物利用度为 50％～70％，能够穿透血脑屏障，血中半衰期为 1h。每日剂量为 200～300mg，分 4 次服用。

（一）化学结构和性质

AZT 的化学名称为 3′-叠氮-2′-脱氧胸腺嘧啶核苷，结构式见图 6-18。AZT 呈白色至淡黄色粉末或针状结晶（Et_2O），无臭，易溶于乙醇，难溶于水，其水溶液 pH 约 6，遇光分解，避光在 30℃以下，可保存 2 年。$[\alpha]_D^{25} +99°$（$c=0.5\text{g/ml}$，H_2O），分子式为 $C_{10}H_{13}N_5O_4$，相对分子质量为 267.244。

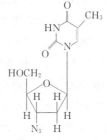

图 6-18 叠氮胸苷的结构式

（二）化学合成路线

叠氮胸苷合成路线报道的较多；1996 年国内陈发普报告的合成路线，以脱氧胸苷为原料，经保护 6 位羟基后，通过 Mitsunobu 反应以 NaN_3 取代同时发生构型转换接上叠氮基，然后脱去保护基得 AZT。用酸碱中和法和盐析法纯化制得 AZT 精品。

此合成路线除起始原料胸苷来源少外，其他原料来源方便，工艺简化易行，小试总收率 61％。化学合成路线如图 6-19 所示。

讨论：

（1）胸苷的制备方法，目前主要用 DNA 水解法制备，来源较少。此外还有从 2′-脱氧胞苷或 2′-脱氧鸟苷或 2′-脱氧腺苷与胸腺嘧啶反应，经大肠杆菌产生的磷酸化酶催化生成胸苷；或由鸟苷（300mmol/L）与胸腺嘧啶（300mmol/L）反应，在欧文菌 AJZ992 所产生的嘌呤核苷磷酸化酶和嘧啶核苷磷酸化酶的催化下生成 5′-甲基尿苷，再经化学合成法合成胸苷。

（2）1990 年 5 月《新英格兰医学杂志》发表了一个有效控制 HIV 传染的第 2 个治疗艾滋病的药物，称双脱氧肌苷（DDI），商品名称 Videx，由美国国立癌症研究所于 1985 年发

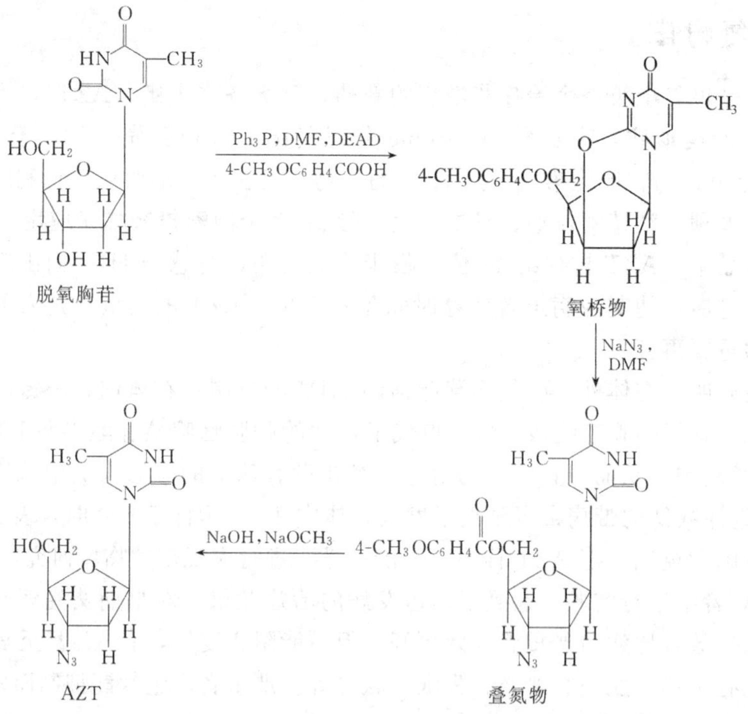

图 6-19　叠氮胸苷的合成路线

现。一般研究一个新药，从发现到批准进行临床试验，通常需要 10 年的时间，而 DDI 只用了 5 年的时间就获准投入Ⅱ期临床试验，并证实是一个良好的抗 HIV 药物。

DDI 的化学结构和药理活性与 AZT 相似，治疗艾滋病的效果与 AZT 相同。HIV 很难对付，它能穿入许多不同的细胞，包括人体免疫防御 T$_4$ 细胞，利用细胞里的繁殖"设备"和"营养"使自己不断地增生壮大，然后从细胞中出来，再去寻找和攻击别的新细胞。在这个过程中细胞被杀死，越来越多的 T$_4$ 细胞被毁掉，使人体丧失对疾病的免疫能力，引起发病甚至死亡。DDI 的抗病毒作用，据实验分析是通过减慢 HIV 在人体细胞中的复制（或繁殖）速度和在免疫系统中的扩散（或传播）速率。研究人员希望有 AZT 的治疗效果而没有其严重的不良反应，英国和法国两个医学委员会，制定了一个独特的临床试验程序，选择已丧失 AZT 的耐受性又自愿接受试验的艾滋病患者，实行对受试患者和医生保密，防止评估时出现倾向性。试验给药分高剂量、低剂量和安慰剂对比进行临床观察，英国受试者 300 例，法国有 500～600 例。临床验证结果表明，给药 500～700mg 时，DDI 的治疗效果比 AZT 好，极少发现毒性反应，大剂量给药时，偶见有的艾滋病患者发生外周神经痛和胰腺炎。

后来，美国又批准一个治疗艾滋病的新药，称为双脱氧胸苷（DDS），是 HIV 复制的抑制剂，可代替 AZT。在体内，通过细胞酶的作用，转化成有抗病毒活性的双脱氧三磷酸腺苷（ddATP），干扰逆转录酶而阻止 HIV 的复制。临床验证，改善 CD4 细胞数目增多，延长生存时间，减少致病菌感染的发病率，可作为抗 HIV 的首选药物。

七、三氮唑核苷

三氮唑核苷又名利巴韦林（ribavirin），商品名病毒唑，为广谱抗病毒药物。经 X 射线衍射解析，这个化合物的立体结构与腺苷、鸟苷非常类似，在体内被磷酸化成三氮唑核苷酸，抑制肌苷酸脱氢酶，阻断鸟苷酸的生物合成，从而抑制病毒 DNA 合成。它的另一特点是对病毒作用点多，不易使病毒产生耐药性。三氮唑核苷适用于流感、副流感、腺病毒肺炎、口腔和眼疱疹、小儿呼吸系统等疾病的治疗。特别在临床上经艾滋病患者试用，能明显改善患者症状，而且不良反应比 AZT 小，药物价格与 AZT 相差 50 倍，因此是抗病毒药物中的一个价廉物美的品种。

（一）化学结构和性质

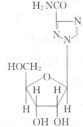

图 6-20　三氮唑核苷的结构式

三氮唑核苷的结构为 1-β-D-呋喃核糖基-1,2,4-三氮唑-3-甲酰胺，结构式见图 6-20。三氮唑核苷呈无色或白色结晶，无臭、无味，常温下稳定。易溶于水，溶于甲醇和乙醇。熔点 160～167℃ 及 174～178℃，精制品有两种晶型，熔距在此范围内。$[\alpha]_D -36.4°\pm5°$（$c=1g/ml$，H_2O）。

（二）生产工艺

1. 以核苷或核苷酸为原料的化学合成法

将鸟苷或鸟苷酸经乙酐与冰醋酸水解生成核糖-1-磷酸（1kg 鸟苷加 4kg 冰醋酸可生成 0.6kg 核糖-1-磷酸），然后将核糖-1-磷酸与三叠氮羧基酰胺（TCA）在双-对硝基苯酚-磷酸酯的催化下进行缩合反应，生成 80% 缩合物，再经氨解即得。以鸟苷计算收率为 28.5%～33%。

用各种核苷为底物与 TCA 缩合反应，生成三氮唑核苷的量见表 6-2。

表 6-2　各种核苷生成三氮唑核苷的量

核　苷	三氮唑核苷/(mmol/L)	核　苷	三氮唑核苷/(mmol/L)
肌苷（HR）	1.6	尿苷	38.2
腺苷（AR）	4.0	胞苷	23.0
鸟苷（GR）	12.0	乳清酸核苷	0
黄苷（XR）	7.5	AICAR	8.2

2. 酶合成法

应用产气肠杆菌 AJ11125 产生的嘌呤核苷磷酸化酶（Pynpase）催化，将核糖-1-磷酸与 TCA 反应、直接生成三氮唑核苷。在两步反应中用同一种嘌呤核苷磷酸化酶，由于降解产物次黄嘌呤对酶比 TCA 具有更大的亲和性，致使次黄嘌呤再与核糖-1-磷酸缩合，可逆反应促使总收率仅 20% 左右，这是采用菌种所产生的酶的局限性。为解决这一问题，设计了两种直接生产的方法。

第一种方法是采用前段与后段由两个不同的酶催化，即前段使用嘧啶核苷磷酸化酶，后段使用嘌呤核苷磷酸化酶，而且已经筛选到一株同时产生这两种酶的菌株（图 6-21）。

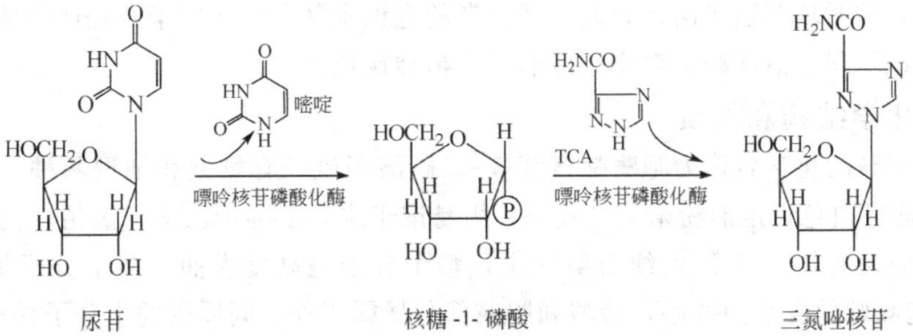

尿苷　　　　　　　　核糖-1-磷酸　　　　　　　三氮唑核苷

图 6-21　以尿苷为原料经酶化学合成法制取三氮唑核苷的工艺路线

使用尿苷或胞苷为底物时，产生三氮唑核苷的优良菌种产气肠杆菌，菌株经 24h 培养，经收集菌体后在 60℃反应 96h，可获得较高产率的三氮唑核苷，见表 6-3。

表 6-3 产气肠杆菌 AJ11125 由尿苷和胞苷生成三氮唑核苷/(mmol/L)

核 苷	三氮唑核苷	核 苷	三氮唑核苷
尿苷(100)	61	尿苷(300)	110
尿苷(200)	103	胞苷(100)	62

第二种方法是前段及后段反应都利用嘌呤核苷磷酸化酶，但注意到使用的底物含有溶解度很小的嘌呤碱基的核苷或者生成的降解产物在后阶段反应时它对酶的亲和力比 TCA 低得多。根据这些原则，使用鸟苷、肌苷为底物，优秀的菌株是乙酰短杆菌 AJ1442，将该菌 24h 培养的湿细胞加入底物，在反应液中达 100mg/ml，60℃、96h 生成的三氮唑核苷如表 6-4 所示。

表 6-4 乙酰短杆菌 AJ1442 由鸟苷或肌苷生成三氮唑核苷/(mmol/L)

核 苷	三氮唑核苷	核 苷	三氮唑核苷
鸟苷(100)	81	肌苷(100)	56
鸟苷(200)	162	肌苷(200)	68
鸟苷(300)	229	肌苷(300)	95

上海市工业微生物研究所使用酶法能从 2kg 鸟苷合成 1kg 三氮唑核苷。

讨论：

根据资料，用 5′-鸟嘌呤核苷酸为原料时，水解用甲酰胺和盐酸，102～104℃，16h；或用甲酸和甲酸铵，回流 60h，可制得鸟嘌呤核苷。

八、胞二磷胆碱

1954 年 Kennedy 博士等发现了胞二磷胆碱，随后化学合成并确定了分子结构。1957 年 Rossiter 研究发现，胞二磷胆碱与磷脂代谢十分密切，是卵磷脂生物合成的重要辅酶。1963 年日本武田公司首次开发，用于治疗意识障碍获得成功，商品名 Nicholin，译名尼可林。

胞二磷胆碱是神经磷脂的前体之一，能在磷酸胆碱神经酰胺转移酶的催化下，将其携带的磷酸基团转给神经酰胺，生成神经磷脂和 CMP。当脑功能下降时，可以看到神经磷脂含量的显著减少。胞二磷胆碱通过提高神经磷脂含量，从而兴奋脑干网状结构，特别是上行网状联系，提高觉醒反应，降低"肌放电"阈值，恢复神经组织机能，增加脑血流量和脑耗氧量，进而改善脑循环和脑代谢，大大提高患者的意识水平。临床用于减轻严重脑外伤和脑手术伴随的意识障碍，治疗帕金森症、抑郁症等精神疾患。

（一）化学结构和性质

胞二磷胆碱的化学名称为胞嘧啶核苷-5′-二磷酸胆碱，有氢型和钠型两种，结构式见图 6-22。其钠盐呈白色无定形粉末，易吸湿，极易溶于水，不溶于乙醇、氯仿、丙酮等多数有机溶剂。具有旋光性。经 X 射线衍射测定，整个分子是高度卷曲，多个分子聚合在一起，以 5′-磷酸胞嘧啶核苷酸为核心，磷酸和胆碱部分暴露于外，同周围的水分子松散地相结合。10%水溶液 pH=2.5～3.5。比较稳定，注射液放置 40℃，180d 后测定，含量为 95.53%。

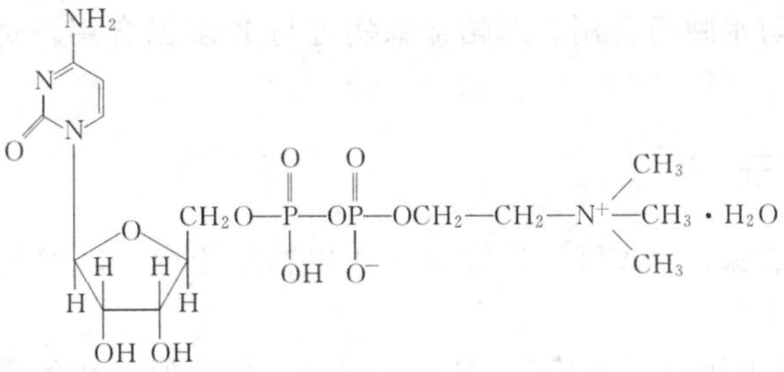

图 6-22　胞二磷胆碱的结构式

（二）生产工艺

1. 酶合成法

胞二磷胆碱由微生物菌体所提供的酶系催化胞苷酸和磷酸胆碱而合成，国内使用啤酒生产中废弃的酵母，反应体系为：磷酸二氢钾-氢氧化钠缓冲液（pH＝8.0）200mol/ml，CMP 20μmol/ml，磷酰胆碱 30μmol/ml，葡萄糖 100μmol/ml，$MgSO_4$ · $7H_2O$ 20μmol/ml，酵母泥 550mg/ml。于 28℃保温 20h，可得胞二磷胆碱，对胞苷酸的收率为 80％。

2. 黏性红酵母发酵法

国外发现一株黏性红酵母可高产胞二磷胆碱。

菌体培养基：葡萄糖 50g/L；蛋白胨 5g/L；酵母膏 2g/L；KH_2PO_4 2g/L；$(NH_4)_2HPO_4$ 2g/L；$MgSO_4$ $7H_2O$ 1g/L；pH＝6.0。经 28℃、22h 培养，收集菌体，菌体经 0.2mol/L 磷酸缓冲液（pH＝7.0）洗涤，备用。

产生胞二磷胆碱的反应体系：葡萄糖 140g/L；$MgSO_4$ $7H_2O$ 6g/L；5′-$CMPNa_2$ 20g/L；磷酸胆碱 20g/L；析干菌体 50g/L；反应体系中保持磷酸缓冲液 pH＝7.0、0.2mol/L。于 30℃反应 28h，产胞二磷胆碱 9.8g/L，对 5′-CMP 收率 92.5％。

（三）提取工艺

反应液离心除去菌体，用 0.5mol/L KOH 调 pH 至 8.5，上 Dowex 1×2（甲酸型）树脂，水洗后用甲酸梯度洗脱，在 0.04mol/L 甲酸洗脱液中收集产品，含胞二磷胆碱溶液上活性炭柱，丙酮-氨水溶液洗脱，减压浓缩，乙醇中结晶。

讨论：

（1）制造方法有两种。一种是化学合成法，路线报道很多，如用胞一磷吗啉盐与磷酸胆碱作用生成胞二磷胆碱；或用一磷酸胞嘧啶核苷酸和磷酸胆碱为原料，用对甲苯磺酰氯或二环己基羰二亚胺为缩合剂合成胞二磷胆碱。另一种是生物合成法，利用啤酒酵母泥，以葡萄糖为能源发酵合成胞二磷胆碱，转化率 80％以上，操作简便，成本低。此外，应用固定化细胞技术，将酵母菌经一定的培养后，用聚氨基葡萄糖预处理的乙基纤维素，使微生物细胞微囊化制成固定化细胞，再把配好的反应液通过固定化细胞柱，收集流出液，精制可得胞二磷胆碱。转化率可达 60％以上。

（2）据文献资料，能合成胞二磷胆碱的细菌有 650 种，酵母菌有 498 种。

（3）给药方法有静脉注射和静脉滴入，剂量为 300～1000mg/d，溶于 5％～20％葡萄糖液中缓慢滴入。静脉给药胞二磷胆碱分布在大脑的内部，近来采用直接鞘内注射给药，不受血脑屏障阻止，胞二磷胆碱则分布在大脑的表面。对危重病人，用这两种方法同时给药，可使胞二磷胆碱既迅速分布在脑表面又能均匀分布在脑内部，效果最佳。若与三磷酸腺苷合用，能提高其疗效。亦可与维生素 B_1、维生素 B_6、维生素 B_{12} 和抗生素合用。对脑外伤、脑出血可与止血药、防水肿药合用。对帕金森病可与 L-多巴合用。对精神病患者可与镇静药物合用。

九、三磷酸腺苷

自然界中，三磷酸腺苷（ATP）广泛分布在生物细胞内，以哺乳动物肌肉组织中含量最高，约 $0.25\%\sim0.4\%$。

早在 1929 年德国生物化学家洛曼（Lohmann），就在肌肉组织浸出物中发现了 ATP，它是机体自身产生的高能物质，为体内能量利用和贮存的中心，参与吸收、分泌和肌肉收缩等各种生化反应，在生命活动中起着极其重要的作用。20 世纪 50 年代后作为临床生化药物应用。

ATP 的生产发展和革新，典型地代表了一般生化药物的发展。人们开始用兔子肉作原料，通过提取分离精制，每千克得 2g ATP，收率 0.2% 左右。20 世纪 60 年代则采用啤酒酵母发酵法以及酶转化腺嘌呤、腺苷、AMP 制造 ATP，用 5′-AMP 为原料，以菠菜提供叶绿体进行光合作用生产 ATP，称光合磷酸化法，但这个方法的大规模生产受到菠菜和光源的限制。于是又发明了氧化磷酸化法，利用酵母腺苷酸激酶几乎可以定量地从 5′-AMP 中得到 ATP。为了解决某些地区缺乏酵母的问题，又筛选出一种毛霉菌株，自 5′-AMP 实现酶合成 ATP，转化率可达 90%，理论收率 85%。但是 5′-AMP 供应不足，价格也贵，又研究以腺嘌呤为原料，而腺嘌呤可用化学法合成或从谷氨酸发酵母液中取得，1975 年投产后，成本降低一半。1979 年又报道，用产氨短杆菌 ATCC687，投入嘌呤碱基或其衍生物转化相应的核苷酸获得成功。若经硫酸二乙酯诱变和多次单菌纯化菌株 B_1-787 进行发酵，投入腺嘌呤，在发酵液中可堆积 2g/L 的 ATP。此外，棒杆菌、小球菌、节杆菌等投入腺嘌呤，在发酵培养液中都能合成 ATP，经活性炭和阴离子交换树脂（氯型）处理，获得电泳纯、含量大于 75% 的药用产品。

（一）化学结构和性质

ATP 由腺嘌呤、核糖和 3 个磷酸化合而成，含 2 个高能磷酸键，有 66.99kJ（16kcal）自由能。药用 ATP 是其二钠盐，带 3 个结晶水（ATP-$Na_2 \cdot 3H_2O$），结构式见图 6-23。ATP 呈白色结晶形及类白色粉末，无臭，微有酸味，有吸湿性，易溶于水，难溶于乙醇、乙醚、苯、氯仿。在水中的溶解度具有氢型＞钠盐＞钡盐＞汞盐的顺序。在碱性溶液中（pH＝10）比较稳定，在酸性或中性溶液中则易分解为 AMP。在稀碱作用下能分解成 5′-AMP，在酸作用下则水解产生核苷和碱基。在低温条件下较稳定，一般在 25℃时每月约分解 3%。pH＝5 时，加热 90℃，70h 完全水解为腺苷。

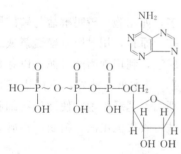

图 6-23 三磷酸腺苷的结构式

ATP 二钠分子中的碱基部分含有共轭双键，具有吸收紫外光的特性，在 pH＝2 时吸光度的比值为 $A_{250mm}/A_{260mm}＝0.85$，$A_{280mm}/A_{260mm}＝0.22$，$A_{290mm}/A_{260mm}＝0.1$ 以下。

ATP 二钠是两性化合物，其氨基能解离成阳离子，磷酸基能解离成阴离子，解离度大于 ADP 和 AMP，可与树脂交换吸附。它能与可溶性汞盐和钡盐形成不溶于水的沉淀物，提取 ATP 即可利用这一性质。但因汞盐有毒，目前已不采用。

（二）生产工艺

1. 以兔肌肉为原料的提取法

（1）工艺路线（图6-24）

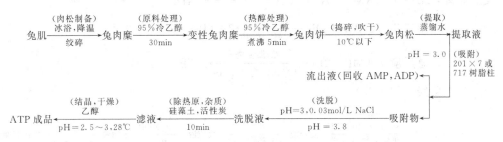

图6-24 以兔肌肉为原料提取ATP的工艺路线

（2）工艺过程

① 兔肉松的制备 将兔体冰浴降温，迅速去骨，绞碎，加入兔肉质量3～4倍的95%冷乙醇，搅拌30min过滤，压榨，制成肉糜。再将肉糜捣碎，以2～2.5倍量的95%冷乙醇同上操作处理1次，然后置于预沸的乙醇中（乙醇为用过两次的），继续加热至沸，保持5min，取出兔肉，迅速置于冷乙醇中降温至10℃以下，过滤，压榨，肉饼再捣碎，分散在盘内，冷风吹干至无乙醇味，即得兔肉松。

② 提取 取肉松加入4倍量的冷蒸馏水，搅拌提取30min，过滤压榨成肉饼，捣碎后再加3倍量的冷蒸馏水提取1次。合并2次滤液，按总体积加冰醋酸至4%，再用6mol/L盐酸调pH至3，冷处静置3h，经布氏漏斗过滤至澄清，得提取液。

③ 吸附 用处理好的氯型201×7或717阴离子交换树脂装入色谱柱，柱高与直径之比为（3∶1）～（5∶1），用pH＝3的水平衡柱后，将提取液上柱，流速控制在0.6～1ml/（cm^2·min）左右，吸附ATP。上柱过程中用DEAE-C*薄板检查，待出现AMP或ADP斑点时，即开始收集（从中回收AMP和ADP）。继续进行，待追踪检查出现有ATP斑点时，说明树脂已被ATP饱和，停止上柱。

④ 洗脱 饱和ATP柱，用pH＝3、0.03mol/L氯化钠液洗涤柱上滞留的AMP、ADP及无机磷等，流速控制在1ml/（cm^2·min）左右。薄层检查无AMP、ADP斑点并有ATP斑点出现时，再用pH＝3.8、1mol/L氯化钠液洗脱ATP，流速控制在0.2～0.4ml/（cm^2·min），收集洗脱液。在0～10℃进行操作，以防ATP分解。

⑤ 除热原与杂质 将洗脱液按总体积计，以0.6%的比例加入硅藻土，以0.4%的比例加入活性炭后，搅拌10min，用4号垂熔漏斗过滤，收集ATP滤液。

⑥ 结晶、干燥 用6mol/L盐酸调ATP滤液至pH＝2.5～3，在28℃水浴中恒温，加入滤液量3～4倍体积的95%乙醇，不断搅拌，使ATP二钠结晶，用4号垂熔漏斗过滤，分别用无水乙醇、乙醚洗涤1～2次，收集ATP二钠结晶，置五氧化二磷干燥器内真空干燥，即得ATP成品。

2. 光合磷酸化法

叶绿体是1954年由波兰血统的美国生化学家阿诺恩（Danicl Iarnon）从碎菠菜叶的细胞里分离出来的。在叶绿体中含有整套的酶和有关物质、细胞色素。叶绿素结构中卟啉环中间有一个镁原子。它把捕到的太阳能，依靠细胞色素氧化磷酸化转变为ATP，这个过程称光合磷酸化作用。采用绿色植物中的叶绿素，吸收和利用光能，制造ATP的方法称光合磷酸化法。也就是在离体条件下利用植物叶中的叶绿体，把光能转变成高能磷酸键，固定在ADP上，使 ADP 变为 ATP。

反应原理：第一步　$AMP + ATP（引子） \xrightarrow{\text{肌激酶}} 2ADP$

第二步　$2ADP + 2Pi \xrightarrow[\text{叶绿体，PMS}]{\text{光，}2Mg^{2+}} 2ATP$

总反应　$AMP + 2Pi \xrightarrow[\text{叶绿体，}Mg^{2+}\text{，PMS}]{\text{光，肌激酶}} ATP$

（1）工艺路线（图 6-25）

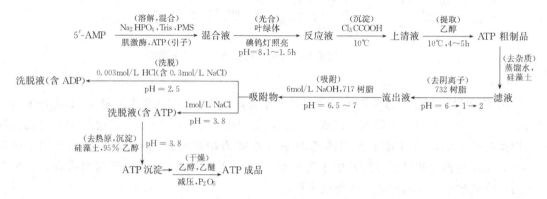

图 6-25　光合磷酸化法制备 ATP 的工艺路线

（2）工艺过程

① 光合反应　叶绿体悬浮液的制备：取新鲜菠菜叶 7kg，用水洗净，加入 Tris 缓冲液 10L，倾入捣碎机中捣碎，约 2～3min，离心甩滤，即得叶绿体悬浮液。

取 85cm×185cm 反应盘，反应液层厚约 0.5cm，每个反应盘 1 次可投料 AMP 55g。光照用 1000W 碘钨灯 15 个，光强为 130000 lx，比日光稍强。反应温度为 18℃（14～22℃）。灯与反应盘之间加一玻璃盘，通流动的冷水隔热，反应盘下面装有冷冻盐水管冷却。

取磷酸氢二钠 150g，用 2L 蒸馏水加热溶解，另取 Tris 50g、AMP 55g，加入其中，搅拌溶解后，加水稀释成 4L，再用 6mol/L 盐酸调节 pH 至 7.8～7.9。另取 ATP 约 4～5g（含量 50%～60%，作为引子）、0.308% 二氮蒽甲硫酸盐（PMS）溶液 50ml 和肌激酶 250ml。混合后加入叶绿体悬浮液中，溶液的 pH 为 7.9～8，搅匀抽样测定游离磷反应，开始照光，温度控制在 18℃ 左右，每隔 15min 抽样测定游离磷变化情况，至不变为反应完成，约 1～1.5h。停止照光，降温至 10℃ 以下，在搅拌中加入 400g/L（40%）三氯乙酸 1kg 凝固蛋白质，用纱布过滤，得上清液。

② 树脂法提纯　取上清液加入 3～4 倍体积的 95% 乙醇，稍稍搅拌均匀，雪花状白色沉淀物迅速下降，在 10℃ 左右放置 4～5h，倾去乙醇上清液，过滤得 ATP 粗品。将粗品溶于少量蒸馏水中，加硅藻土（为粗品质量的一半），吸附去杂质，搅拌 1min，过滤，得浅杏黄色澄清透明液。然后，上 732 氢型阳离子树脂柱，去阳离子，流出液 pH 由 6 下降至 1，又上升到 2 时，柱内水已流完，开始收集流出液。将流出液用 6mol/L 氢氧化钠调 pH 至 6.5～7 后，上 717 氯型阴离子树脂柱，流速控制在 6～10ml/min，用 250g/L（25%）乙酸钡检查流出液，若出现白色沉淀，则吸附饱和。每 100g 湿树脂约吸附 20g ATP。

③ ADP 的洗脱　用 pH=2.5、0.003mol/L 盐酸（内含 0.03mol/L 氯化钠）溶液洗脱至电泳检查流出液中 ADP 消失，测定 A_{260nm} 读数降至稳定，并略有回升，即有 ATP 出现时，停止

洗脱 ADP，待洗脱 ATP。洗脱下的 ADP 溶液，调节 pH 至 7，用阴离子树脂柱浓缩回收。

④ ATP 的洗脱　用 pH＝3.8、1mol/L 氯化钠溶液洗脱，至流出液不再被乙醇沉淀为止。洗脱下的 ATP 溶液，加硅藻土去热原（1g ATP 加 0.5～1g 硅藻土），过滤，调节 pH 至 3.8，加 3～4 倍体积的 95％乙醇，放置过夜。倾去上清液，用 3 号垂熔玻璃漏斗过滤，先后用无水乙醇、乙醚各洗涤 3 次，进行脱水，成白色粉状，置五氧化二磷的真空干燥器中干燥，即得 ATP 精制品。按 AMP 质量计算，收率 50％～60％，含量 85％以上。

3. 氧化磷酸法

氧化磷酸化法是利用酵母为工具，加入 AMP、葡萄糖、无机磷，经 37℃培养发酵，把葡萄糖氧化成乙醇和二氧化碳，同时放出大量的能量，转变成化学能，促使 AMP 生成 ATP。在酵母中的腺苷酸激酶几乎可以定量地把 AMP 转变成 ATP，其转化率达 90％，理论收率达 85％。

反应原理：第一步　$AMP＋ATP（引子）\xrightarrow{酵母腺苷酸激酶} 2ADP$

第二步　$葡萄糖＋2ADP＋2Pi \xrightarrow{Mg^{2+}} 2C_2H_5OH＋2CO_2＋2ATP$

总反应　$AMP＋2Pi \xrightarrow[葡萄糖，Mg^{2+}]{腺苷酸激酶} ATP$

（1）工艺路线（图 6-26）

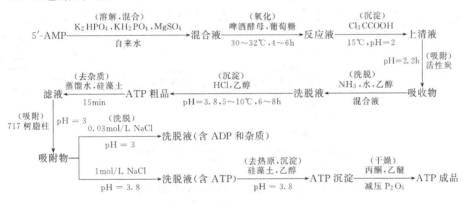

图 6-26　氧化磷酸法制备 ATP 的工艺路线

（2）工艺过程

① 氧化反应　取 AMP（含 85％以上）50g 用 2L 水溶解，必要时用 6mol/L 氢氧化钠溶液调至全部溶解。另取磷酸氢二钾（$K_2HPO_4 \cdot 3H_2O$）184.8g、磷酸二氢钾（KH_2PO_4）57.5g、硫酸镁（$MgSO_4 \cdot 7H_2O$）17.5g，溶于 5L 的自来水中。再将两溶液混合后，投入离心甩干的新鲜酵母 1.8～2kg 及葡萄糖 175g，立即在 30～32℃下缓慢搅拌，发酵起泡，每 30min 抽样 1 次，用电泳法（或测定无机磷方法）观察转化情况，约 2h，部分 AMP 转化成 ADP 或 ATP 时，提高温度至 37℃，至 AMP 斑点消失为止，全部反应时间约 4～6h。然后将反应液冷却至 15℃左右，加入 400g/L（40％）三氯乙酸 500ml，并用盐酸调 pH 至 2，用尼龙布过滤，去酵母菌体和沉淀物，得上清液。

② 分离纯化　在上清液中加入处理过的颗粒活性炭，于 pH＝2 下缓慢搅动 2h，吸附 ATP。用倾泻法除去清液后，用 pH＝2 的水洗涤活性炭，漂洗去大部分酵母残体后，装入色谱柱中，再用 pH＝2 水洗至澄清，用 V（氨水）：V（水）：V（95％乙醇）＝4：6：100 的混合液洗脱 ATP，流速为 30ml/min。

将 ATP 氨水洗脱液置于冰浴中，用盐酸调 pH 至 3.8，加 3～4 倍体积的 95% 乙醇，在 5～10℃ 静置 6～8h，倾去乙醇，沉淀即为 ATP 粗品。将粗品溶于 1.5L 蒸馏水中，加硅藻土 50g，搅拌 15min，布氏漏斗过滤，取清液。

将上述清液调 pH 至 3，上 717 氯型阴离子柱（一般 100g 树脂可吸附 10～20g 的 ATP），吸附饱和后用 pH=3 的 0.03mol/L 氯化钠液洗柱，去 ADP 和杂质。然后用 pH=3.8、1mol/L 氯化钠液洗脱，收集遇乙醇沉淀部分的洗脱液。

③ 精制　洗脱液加硅藻土 25g，搅拌 15min，抽滤，清液调 pH 至 3.8，加 3～4 倍体积的 95% 乙醇，立即产生白色 ATP 沉淀，置冰箱中过夜。次日倾去上清液，用丙酮、乙醚洗涤沉淀，脱水，用垂熔漏斗过滤，置五氧化二磷干燥器中，减压干燥，即得 ATP 成品。按 AMP 质量计算，收率 100%～120%，含量 80% 左右。

4. 产氨短杆菌直接发酵法

某些微生物在适量浓度的 Mn^{2+} 存在时，其 5-磷酸核糖、焦磷酸核糖、焦磷酸核糖激酶和核苷酸焦磷酸化酶，能从细胞内渗出来，若在培养基中加入嘌呤碱基，可分段合成相应的核苷酸。已知棒状杆菌、小球杆菌、节杆菌等都能在含有腺嘌呤的培养基中合成 ATP。能源供应与氧化磷酸化法一样。

（1）工艺路线（图 6-27）

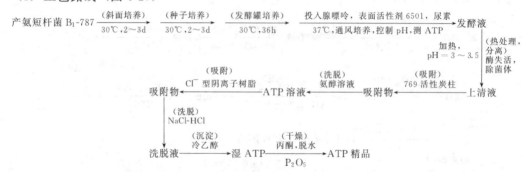

图 6-27　产氨短杆菌直接发酵法制备 ATP 的工艺路线

（2）工艺过程

① 菌种培养　培养基组成为葡萄糖 10%、硫酸镁（$MgSO_4 \cdot 7H_2O$）1%、尿素 0.3%、氯化钙（$CaCl_2 \cdot 2H_2O$）0.01%、玉米浆适量、磷酸氢二钾 1%、磷酸二氢钾 1%，pH=7.2。种龄通常为 20～24h，接种量 7%～9%，pH 控制在 6.8～7.2。

② 发酵培养　500L 发酵罐培养 28～30℃，24h 前通风量 1:0.5（体积比），24h 后通风量 1:1（体积比），40h 后投入腺嘌呤 0.2%、6501（椰子油酰胺）0.15%、尿素 0.3%，升温至 37℃，pH=7.0。

③ 提取、精制　发酵液加热使酶失活后，调节 pH 至 3～3.5，过滤去菌体，滤液通过 769 活性炭柱，用氨醇溶液洗脱，洗脱液再经氯型阴离子柱，经氯化钠-盐酸溶液洗脱，洗脱液加入冷乙醇沉淀，过滤，丙酮洗涤，脱水，置五氧化二磷真空干燥器中干燥，得 ATP 精品。按发酵液体积计算，收率为 2g/L。

讨论：

（1）应用兔肌肉为原料的提取法生产 ATP　曾采用三氯乙酸沉淀蛋白质，以钡盐和汞盐纯化 ATP。此法耗用试剂多，成本高，易造成环境污染和直接危及操作人员身体健康。

后改用蒸馏水提取 ATP，树脂精制纯化，从根本上解决了上述存在的问题，又可回收 AMP、ADP，兔肉渣还可食用，总收率并不比汞盐法低。

(2) 201×7 或 717 阴离子交换树脂的处理　新树脂先以蒸馏水漂洗（必要时用乙醇浸泡，除去有机杂质），然后加入 3 倍于树脂量的 2mol/L 氢氧化钠液，搅拌 4h 后，用蒸馏水漂洗至 pH=7 左右，再改用 3 倍于树脂量的 2mol/L 盐酸液，搅拌 4h 后，用蒸馏水洗至 pH=4.5 左右即可使用。

(3) DEAE-C 薄层板的制备及 ATP 检查法　DEAE-C 以 2mol/L 氢氧化钠液处理 2h 后，用蒸馏水洗至中性，再以 1mol/L 盐酸处理 2h，蒸馏水洗至 pH=4，60℃烘干。制板时，取洗净烘干的长 15cm、宽 2.5cm 的玻片，将烘干的 DEAE-C 用 3 倍体积的蒸馏水混匀，铺在玻片上，平放阴干后，60℃干燥备用。

测试时，取待查样液，吸取 10～20μl，点样，冷风吹干，将点样的一端插入 0.05mol/L 枸橼酸-枸橼酸钠缓冲液中展层（样点不得浸入缓冲液）。展开 5～8min 后，取出薄板以热风吹干，于紫外分析仪下检视荧光的斑点，在薄板上方呈现 V 形的是 AMP 点，中间的是 ADP 点，原点附近的是 ATP 点。

(4) 肌激酶的制备　取乙二胺四乙酸钠（EDTA）27.9g、氢氧化钾 63g，加冰冷蒸馏水溶解后，稀释至 37.5L。取家兔击昏放血剥皮，割下背肌、腿肌及腹肌，浸入冰块中，冷却搅成肉浆，加入等体积的上述溶液搅拌 10min，提取，离心，收集上清液。肉渣再提取 1 次，合并两次提取液，按 1L：50ml 的比例加入 2mol/L 盐酸，置于沸水浴中加热到 90℃，保温 3min，立即转移到冰浴中冷却到 20℃左右，再用 2mol/L 氢氧化钠调节 pH 至 6.5，出现白色沉淀后，离心，收集上清液，置低温冰箱冷冻密封保存，活力一般可保持 2 个月左右。

(5) 氧化磷酸化法与光合磷酸化法工艺比较　氧化磷酸化法和光合磷酸化法，都是加入前体 AMP，吸收和利用光能或化学能，经酶催化制造 ATP 的方法，即酶合成法或酶工艺。AMP 是由核酸经磷酸二酯酶水解分离出来的，在 ATP 合成酶体系中投入 AMP，再加上能量和两个 Pi 变成含有高能的 ATP。氧化磷酸化法不需要强光，降低了耗电量，简化了设备，不受菠菜季节性供应的影响，解决了工业常年生产的问题。工艺中直接加入颗粒性活性炭带菌吸附 ATP，省去了离心设备，提高了收率。两种工艺方法的比较见表 6-5。

表 6-5　两种工艺方法比较

项　目	光合磷酸化法	氧化磷酸化法	项　目	光合磷酸化法	氧化磷酸化法
酶	叶绿体	酵母	温度/℃	18	30～37
前体	5'-AMP	5'-AMP	收率①	50%～60%	100%～120%
能源	光照	葡萄糖	含量	>85%	80%
发酵法	平盘发酵	罐发酵	成本		比光合磷酸法降低一半

① 收率按加入 AMP 的质量计算，投料时，按 AMP 实际含量折算。

(6) 产氨短杆菌 B_1 是生物素缺陷型菌株，其诱变菌株也依赖生物素作为生长因子。玉米浆含有丰富的生物素，加入培养基中使 ATP 的产量显著提高。

由腺嘌呤转化成 AMP、ADP、ATP，常是 AMP 为最多。为了提高 ATP 的产量，在适当的时候加入表面活性剂或有机溶剂如 6501、聚山梨酸 60、正丙醇、三氯甲烷、乙二醇等十余种物质，对 ATP 生成有促进作用。最好的是 6501、三氯甲烷，促进作用比较稳定，使用方便。

发酵后期的温度对 ATP 酶系统有明显的影响。在 37℃投入腺嘌呤后，24h 生成 ATP 达到高峰。

在菌体的不同培养时间，投入腺嘌呤观察其效果，以培养36～48h之间投入腺嘌呤，对高产ATP最为适宜。投腺嘌呤前的温度28～30℃，24h前风量1∶0.5L/(L·min)，24h后为1∶1L(L·min)。发酵至40h投入腺嘌呤达0.2%、6501 0.15%、尿素0.3%，并升温至37℃，控制pH=7左右，继续通风搅拌培养。

(7) 固定化酵母细胞法，由Tochikura等研究成功，用啤酒酵母细胞本身含有的ATP及其再生多酶系统，将细胞固定化，从AMP生产ATP。内源ATP的更新周转数，每小时循环3010次。1mol AMP产生1mol ATP，必须从2mol ADP再生2mol ATP，而酵母细胞的糖酵解过程起一个ATP再生器的作用。

固定化酵母用乙基纤维素、丁酸乙酸纤维素、聚氨基葡萄糖作细胞微囊，就酵母固定在球形小珠中，在无菌条件下进行，可以连续使用。能量供给用葡萄糖，转换速率为70%。操作简便、稳定。

十、聚肌胞苷酸

聚肌胞苷酸简称聚肌胞（polyI∶C），是1967年美国的Field发现的干扰素诱导物，它具有抗病毒、抗肿瘤、增强淋巴细胞免疫功能和抑制核酸代谢等作用。聚肌胞进入人体内可诱导产生干扰素，后者作用于正常细胞产生抗病毒蛋白（AVF），干扰病毒的繁殖，保护未受感染细胞免受感染。聚肌胞临床已试用于肿瘤、血液病、病毒肝炎及痘类毒性感染等多种疾患，对带状疱疹、单纯疱疹有较好疗效，对病毒性肝炎、病毒性角膜炎和扁平苔癣有明显疗效，对乙型脑炎、流行性腮腺炎、类风湿性关节炎等亦有不同程度的效果。

(一) 化学组成和性质

聚肌胞系由多聚肌苷酸和多聚胞苷酸组成的双股多聚核苷酸。多聚肌苷酸（poly I）在核糖上连接次黄嘌呤，多聚胞苷酸（polyC）在核糖上连接胞嘧啶，在一定的条件下，按碱基配对的原理，两个单链碱基互补连接起来形成螺旋双链聚肌胞。本品可溶于8.5g/L NaCl溶液中，其制剂为无色或微黄色灭菌注射剂。

(二) 生产工艺

(1) 5′-核苷二磷酸吡啶盐的制备（图6-28）

5′-核苷酸(5′-肌苷酸或5′-胞苷酸) —— 吗啡啉,双环己基脒二亚胺 / 乙醇,83℃ 回流 —→ 5′-核苷酸吗啡啉盐

↓ 三正丁胺磷酸 盐无水吡啶

5′-核苷二磷酸吡啶盐(即 IDP 吡啶盐和 CDP 吡啶盐)

图6-28　制备5′-核苷二磷酸吡啶盐的工艺路线

(2) 固定化多核苷酸磷酸化酶的制备

① 酶的制备

大肠杆菌1.683菌 —→ 破细胞提取 —→ 链霉素沉淀去核酸 —→ $(NH_4)_2SO_4$ 分步盐析

↓

收集0.35mol/L NaCl洗脱液中酶活最高的部分 ←—— DEAE-纤维素色谱

② 固相载体的制备

琼脂粉熔化 —[甲苯,四氯化碳,斯盘80]→ 搅拌冷却后与环氧氯丙烷交联制成珠状 —[对 β-硫酸酯乙砜基苯胺]→ 醚化 —[$NaNO_2$,HCl重氮化]→ 固相载体

③ 将分离纯化的酶溶液滴加入冰浴中的固相载体，即得到共价结合的固定化多核苷酸磷酸化酶。

（3）聚肌胞的制备

① 将底物 IDP 吡啶盐转成钠盐，CDP 吡啶盐转成锂盐。

② 酶促反应　（每毫升反应液浓度）IDP 或 CDP $15\mu mol/L$，Tris $150\mu mol/L$，$MgCl_2$ $6\mu mol/L$，EDTA $1\mu mol/L$，聚合酶 $5U/L$，$pH=9.0$，37℃，$3\sim4h$。用盐酸调 pH 为 $1.5\sim2.0$，使多聚肌苷酸（或多聚胞苷酸）沉淀，立即离心。然后在磷酸缓冲液中溶解，等摩尔多聚肌苷酸与多聚胞苷酸混合，生成聚肌胞苷酸。

参 考 文 献

1　熊宗贵. 发酵工艺原理. 北京：中国医药科技出版社，1995
2　吴梧桐. 生物制药工艺学. 北京：中国医药科技出版社，1993
3　林元藻，王凤山，王转花. 生化制药学. 北京：人民卫生出版社，1998
4　俞文和. 新编抗生素工艺学. 北京：中国建材工业出版社，1996
5　李良铸，李明晔. 最新生化药物制备技术. 北京：中国医药科技出版社，2001

第七章 糖类药物

第一节 概　述

　　人体与外界环境所交换的物质是多种多样的，其中就量来说，除水之外，以糖类物质最多。一个人平均每天进食的 80% 以上属于糖类物质，主要供给机体所需能量。

　　最早研究糖的化学本质是 1812 年，由俄国化学家基尔霍夫（Kircchhoff）在加酸煮沸的淀粉中，得到一种与葡萄中提取的葡萄糖相同的物质，直到 1819 年法国科学家布拉孔诺（Braconnot）从木屑、亚麻和树皮中也得到葡萄糖，才认识到组成淀粉和纤维素的基本单元都是葡萄糖，当时认为是 C 和 H_2O 化合的产物，被称为碳水化合物（carbohydrate）。过了半个多世纪（1886 年），德国化学家基利阿尼（Heinrich Kiliani）证明了葡萄糖的碳为直链，没有与完整的水分子相结合。后来，德国化学家费歇尔（Emil Fischer）精确研究了糖的结构，奠定了近代碳水化合物的化学基础，开拓了以结构为主的研究方向。近 30 年来，由于分子生物学特别是细胞生物学的高速发展，糖的诸多其他生物学功能也已被逐步揭示和认识。寡糖（由 20 个以下糖残基组成的糖链）不仅以游离状态参与生命过程，而且往往以糖缀合物（糖链与其他生物大分子共价相连的化合物如糖蛋白、糖脂）的形式参与许多重要的生命活动。糖蛋白、糖脂是细胞膜的重要组成部分，它们作为生物信息的携带者和传递者，调节细胞的生长、分化、代谢和免疫反应等。大量的科学研究事实表明，在发挥生物功能中起决定性作用的是那些糖缀合物中的寡糖残基，它们贮存着各种生物信息。这些寡糖链犹如细胞的耳目，捕获细胞间各种相互作用的信息；又像细胞的手脚，联系着其他细胞和细胞内外之间传递各种物质。新兴的糖原生物学（glycobiology）对寡糖功能的研究，为免疫学、分子药理学、肿瘤学等提供了精确的微观描述，为从分子和分子集合体水平上认识和控制复杂的生命现象、人类疾病、研制新的糖类药物等提供了科学的依据，也得到国际上的高度重视，成为科学研究最热门的课题之一。

　　糖缀合物包括包括糖蛋白和糖脂两大类复合多糖，它们是一种糖类和一种蛋白质或一种脂类缔合的产物，常见的糖基有半乳糖、甘露糖、乙酰氨基葡萄糖、乙酰氨基半乳糖、岩藻糖合唾液酸等。糖蛋白通常分为胶原型、黏多糖型、蛋白聚糖型、寡聚甘露糖苷型（oligo-mannosidic type）和 N-乙酰乳糖胺型。后两型属于 N-糖基蛋白。糖基在糖蛋白中的作用有的与活性有关，有的与抗原性有关，如绒毛膜促性激素是一种糖蛋白，当分子中的唾液酸糖基除去后，就失去了激素的活性。现在知道的细胞的"识别"功能，常与膜上糖脂或糖蛋白的糖链有关。

　　长期以来，由于化学与生物化学界的忽视，对于糖苷键合的高级多聚体，局限于储能物质和支撑结构的同质多聚体。然而从 20 世纪 70 年代起，糖缀合物已逐渐居于重要地位，尤其是糖蛋白。当然，糖蛋白分子生物学的诞生，要回溯到 1969 年 M. M. Burger 和 A. R. Goldberg 以及 M. Inber 和 L. Sachs 等的报道，他们发现癌细胞和正常细胞对照，细胞膜上糖缀合物的结构存在深刻的变化。这种分子突变，最终出现的表面新抗原，可能是瘤肿诱发和转移扩散的一种因子。其实，1957 年 Gottschalk 已证实，除去红细胞膜上的唾液酸，可以防止流感病毒的固着。1963 年 J. C. Aub 等也证实，肿瘤细胞对某些外源凝集素的作用，与正常细胞有很大不同，当时并未引起注意。近来，为了解糖缀合物生物功能，基于不同的实验结果，提出不同的论断，可以概括如下：

① 糖缀合物作为细胞表面抗原，在病毒转化的细胞和肿瘤细胞中，它的结构和功能都发生变化；

② 它在细胞黏附和识别以及在细胞接触抑制中，都具有重要的作用；

③ 它可以是酶、激素、蛋白质和病毒的受体位点；

④ 它的糖组分，可以通过不同组织和细胞的寿命来调节循环中蛋白质的分解代谢。

这样，就建立糖蛋白结构和生物学特异性间的关系，并可以说明糖蛋白病（glycoproproteinosis）的致病机制。于是成为"蛋白质构象诱导"、"保护蛋白质免受水解"、"控制膜的通透性"以及"识别信号"等假说的基础。

多糖类物质是糖类药物的重要组成部分，从 20 世纪 80 年代开始，在多糖和复合多糖结构和功能方面的研究，进展颇为迅速。涉及生物大分子相互间各种类型的键合，包括分子内和分子间氢键作用力。除采用已修正的经典化学方法外，要求更多地依赖精密的高级检测技术。因而 ^{14}C 标记的糖类、红外光谱、核磁共振谱、质谱分析已成为常用工具。多糖药物研究的注意力，基本集中在抗肿瘤和抗辐射两个方面，如从担子菌分离得到的 PS-K 多糖和香菇多糖对小鼠 S_{180} 瘤株均有明显的抑制作用，已作为免疫型抗肿瘤药物出售。中国近年来也做了不少的研究工作，从中药猪苓中获得的水溶性多糖，能促进抗体形成，是一种良好的免疫调节剂。还有茯苓多糖、云芝多糖、银耳多糖、胎盘脂多糖等均在临床应用，并取得了一定的治疗效果。由于多糖有多种生理功能，又属非细胞毒物质，除对其抗肿瘤和增强免疫作用研究较多之外，其他各种活性如抗病毒、抗菌等有待进一步研究，探索范围应包括细菌、植物和动物等领域。

自然界中植物、微生物、动物都含有多糖，可以由 20 个单糖到上万个单糖组成大分子。除以游离状态存在外，也可以与蛋白质相结合的形式存在。在中草药如黄芪根中得到一种黄芪多糖（APS）及人参多糖（PSG）、刺五加多糖（PES-W）等；微生物中得到酵母多糖、细菌脂多糖、大肠杆菌多糖等；在节肢动物如虾、蟹和昆虫的甲壳中，可以得到一种壳聚糖（chitosan），刺参体壁分离得到刺参酸性黏多糖以及玉足海参酸性多糖等。在高等动物中的多糖有各自的功能，存在于肝、肌肉中的糖原，是一些相对分子质量很高的多糖，由几十万个葡萄糖基所组成的大分子，仍能溶解成水溶液，当机体需要时，糖原分解出葡萄糖，当机体游离葡萄糖过剩时，就聚成糖原贮存起来，反映了机体对糖的利用和调节有很精巧的安排。由糖醛酸和氨基糖组成的黏多糖，或游离存在，或与蛋白质结合在一起。存在于胸膜液、关节滑液、皮肤、脐带、眼球玻璃体中的透明质酸和黏液素是细胞的黏合剂、组织间的润滑剂，它们在机体中的主要功能是阻滞微生物侵袭。还有存在于肺、肠黏膜中的肝素、软骨组织中的软骨素等。

研究较多的、具有一定的生物活性的多糖是来源于植物的有黄芪多糖、人参多糖、刺五加多糖、麦麸多糖、黄精多糖、昆布多糖、菊糖、褐藻多糖、茶叶脂多糖、葡萄皮脂多糖、猪苓多糖、箬叶多糖、麦秸半纤维素 B、针裂蹄多糖、亮菌多糖、酸膜多糖、地衣多糖、海藻多糖、侧耳菌多糖和当归多糖等。来源于微生物的有银耳多糖、香菇多糖、灵芝多糖、黑木耳多糖、云芝多糖、茯苓多糖、竹黄多糖、木蹄多糖、泽蘑菇多糖、蘑菇多糖、酵母多糖、细菌脂多糖、大肠杆菌（脂）多糖、变形杆菌（脂）多糖、伤寒杆菌（脂）多糖、变形杆菌热原多糖、N.K131细菌多糖和产氨短杆菌胞外多糖等。

第二节　单糖类药物

单糖是简单的多羟基醛或酮的化合物，按照分子结构中含碳原子数的不同分类，主要有六碳糖和五碳糖。六碳糖有葡萄糖、果糖和半乳糖等；五碳糖重要的是核糖和脱氧核糖，为核酸的组成部分。单糖广泛存在于自然界的动植物体中，水果、甘蔗、甜菜和乳汁中均含有单糖，如葡萄糖、果糖等。中国的糖类资源非常丰富，如广东、四川和台湾等省盛产甘蔗，黑龙江、吉林两省盛产甜菜。

各类单糖还存在许多衍生物，如氨基糖有2-脱氧氨基葡萄糖、2-脱氧氨基半乳糖、胞壁（糖）酸（muramic acid）、唾液酸等。糖酸有葡萄糖酸及特殊的糖酸——维生素C等。糖醇是单糖的还原产物，具有重要药用价值的有甘露醇和山梨醇。肌醇是环己六醇，通常以游离形式存在于动物肌肉、心、肝、肺等组织中。

一、性质与作用

单糖分子中的醛基具有还原性，其酮基由于相邻的2个碳上有羟基也具有还原性，能使碱性的Cu^{2+}还原成氧化亚铜，与银氨溶液产生银镜反应，糖氧化变成糖酸。

单糖与苯肼反应产生沉淀，常温时，糖与一分子的苯肼缩合成糖的苯腙，在过量苯肼中加热反应，糖与两分子的苯肼缩合成糖脎。

单糖在稀酸溶液中稳定，但在稀酸中加热时或在强酸作用下颜色变深，发生脱水环化，形成呋喃甲醛类化合物，它们能与多酚等试剂形成有色物质。不同的单糖在反应后颜色亦不同。常用的糖显色剂和特点见表7-1。

表7-1　糖显色剂相关特性

试　剂	反应的单糖	特　点	试　剂	反应的单糖	特　点
α-苯酚	醛糖、酮糖	酮糖灵敏	2,4-二羟甲苯	戊糖、庚酮糖、糖醛酸	糖醛酸脱羧成戊糖
色氨酸	醛糖、酮糖	酮糖灵敏	间苯二酚	糖醛酸	
氨基胍	醛糖、酮糖	酮糖灵敏	乙酰丙酮-对二甲	氨基己糖	
间苯二酚	己酮糖		氨基苯甲醛		
半胱氨酸-咔唑	己酮糖、戊酮糖、二羟		亚硝酸-吲哚	氨基己糖	
	酮糖、甲基戊糖		二苯胺	脱氧核糖、二脱氧核糖	
咔唑	糖醛酸、脱氧戊糖	不同糖，颜色不同	色氨酸-高氯酸	脱氧核糖	
半胱氨酸-硫酸	己糖、多糖	不同糖，颜色不同	吲哚-盐酸	脱氧核糖	
蒽酮	己糖、多糖	不同糖，颜色不同	无色品红	脱氧核糖	

单糖在浓碱溶液中很不稳定，能发生裂解、聚合、异构化反应，在稀碱溶液中常温下产生差向异构体。葡萄糖在氨水中，37℃时，可以分离出果糖、山梨糖、甘露糖和D-阿拉伯糖，若延长反应时间，可以产生氨基糖及吡嗪、咪唑杂环等50余种化合物。

糖的主要生理功能在于供给机体所需的能量，维持人体的日常劳动、工作以及一切生理活动。葡萄糖是临床应用最多最广的药物，当血糖浓度低于60mg/ml以下时，出现低血糖症状，给予葡萄糖后，症状可消失。葡萄糖能够提高肝的解毒功能，具有利尿和补充体液的作用，葡萄糖输液是临床抢救病人的重要药物。葡萄糖酸钙有助于骨质的形成，维持肌肉与神经的正常兴奋，钙能增加毛细血管的致密度，降低其通透性、减少渗出，从而减轻或缓解过敏症状，适用于湿疹、皮肤瘙痒症、接触性皮炎等，是治疗低血钙引起抽搐、镁中毒等的良药，与氯化钙相比，对组织的刺激性较小，应用较多。甘露醇、山梨醇在体内代谢很少，肾小管内重吸收也极微，静脉注射后，可吸引水分进入血液中，降低颅内压，使脑水肿引起休克的病人神智清醒，用于大面积烧伤及烫伤产生的水肿，渗透利尿防止肾衰，降低眼内压，治疗急性青光眼，还可用于中毒性肺炎、循环虚脱症等。二溴甘露醇（DBM）分子两端的溴，在体内可以脱出溴化氢，形成环氧化合物，变为烷化剂，抑制癌细胞的分裂，使细胞中 DNA 发生致死性损伤，适用于治疗慢性粒细胞性白血病，对实体瘤效果差，选择性差。葡萄糖醛酸内酯又名肝泰乐，进入体内后，在酶的催化下，内酯环被打开，变成葡萄糖醛酸而发挥解毒作用，能与肝内或肠内含羟基的毒物相结合，形成无毒或低毒的结合物，由尿排出而达到保肝、解毒的目的，适用于肝炎、肝硬化和药物、食物中毒的治疗。由于葡萄糖醛酸是体内结缔组织的重要组成成分，故应用于治疗关节炎、胶原性疾病。

二、制备方法

制取糖类生化药物的原料，在自然界中是丰富的，有动物的组织器官，有植物（如海带、海藻等）。由于糖类药物种类繁多，合成的方法也不尽相同，有水解法、酶法、直接分离提取、化学合成法等。虽然制备各类药物产品的技术路线不同，但涉及产品的分离纯化阶段，无论是单糖类药物还是多糖类药物，采用的方法却大致类似。因此，本节结合单糖类和多糖类药物，统一介绍糖类药物的分离纯化方法。

（一）有机溶液分级沉淀法

糖类等物质在与水互溶的有机溶液（乙醇、丙酮等）中，其溶解度可明显降低，利用生物大分子在不同浓度的有机溶剂中的溶解度差异而分离的方法，称为有机溶剂分级沉淀（fractionating precipitation with organic solvent）法。

1. 原理

根据库仑定律，两个带电质点之间的作用力（F）与两个带电质点的电量（q_1、q_2）成正比，而与两个质点间的距离（γ）及溶液的介电常数（ε）成反比：

$$F = \frac{q_1 q_2}{\varepsilon \gamma^2}$$

当介电常数降低时，两个相反电荷之间的吸引力增加。糖类、蛋白质等生物大分子为两性电解质，在溶液中，这些生物大分子自身所带的不同电荷与水分子作用，形成水化膜的保护，保证了它们的结构稳定性。但在有机溶剂存在下，有机溶剂和其争夺与水的作用破坏了表面的水化膜。此外，有机溶剂的介电常数较低（20℃时，甲醇33、乙醇25、丙酮21），而水的介电常数较高（20℃时，81），当有机溶液加入到糖类等的水溶液中时，导致该溶液的介电常数降低，极性减小，两性电解质在溶液中的溶解度降低，从而产生沉淀。利用此原理，实验室和生产上常根据被分离物的性质及其在细胞内的含量选择不同的有机溶剂进行分离、纯化目的物。

2. 分离实例

在分级分离黏多糖之前，需除去低分子量消化产物和残存的蛋白质，先用三氯乙酸沉淀，最终达 50g/L（5%），低温保存数小时或过夜，使其沉淀完全，离心除去沉淀，清液调至中性进行透析。大规模进行生产时消化液体积很大，透析实际上不可能进行，可以使用根据分子大小分级阻留的膜进行超滤，代替透析或直接沉淀黏多糖。通常使用乙醇和季铵盐作沉淀剂。

（1）乙醇沉淀及其分级分离　用乙醇从溶液中沉淀多糖是一种简易的方法，也用于不同黏多糖的分级分离，黏多糖以 10～20g/L（1%～2%）为宜，最小至 1g/L（0.1%），也可以得到完全沉淀。较高浓度，沉淀趋向于呈糖浆状而难以操作，分级分离也难以完全。为了使其沉淀完全，需加适量的乙酸钠、乙酸钾或乙酸铵，最终小于 50g/L（5%）足够，乙酸盐的优点是在乙醇中溶解度高，使用过量乙醇不会夹杂盐沉淀。一般有足够的盐浓度，4～5倍体积的乙醇可以使任何结缔组织中的黏多糖完全沉淀。

乙醇分级分离是分离黏多糖混合物的经典方法，是某些黏多糖大规模分离的最适用工序，若有二价金属离子 Ca^{2+}、Ba^{2+} 和 Zn^{2+} 存在时，乙醇分级分离最有效。Meyer 等推荐的工序曾在许多情况下使用并得到良好的效果，其方法是：在搅拌下，缓慢将乙醇加入以 50g/L（5%）乙酸钙-0.5mol/L乙酸为溶剂的 10～20g/L（1%～2%）黏多糖溶液中，4℃过夜，离心收集沉淀，用同样方法以高浓度乙醇进行再沉淀，用80%乙醇洗涤，干燥。如果需要将黏多糖转为钠盐，可通过钠型阳离子交换树脂，或溶于氯化钠溶液中再用乙醇沉淀。对于每次加入乙醇的体积分数的递增情况，取决于分级分离混合物的本性，如果增长的体积分数小于 5%，其结果不会产生明显改进，一般采用大幅度提高浓度的方法。

乙醇分级分离的缺点时，对于很相似的多种成分，不能达到完全分级分离的目的。

（2）季铵化合物沉淀黏多糖及其分级分离　黏多糖的聚阴离子能与某些表面活性物质如十六烷基吡啶盐（CP）、十六烷基三甲基铵盐（CTA）的阳离子生成不溶于水的盐，但可溶解于某种浓度的无机盐溶液中（临界电解质浓度），利用这种性质可达到纯化的目的。这是对于复杂黏多糖混合物最有用的分级分离方法之一，在某种情况下，用季铵化合物进行分级分离是对一混合物中各个组分达到完全纯化的惟一方法。除此工序外，尚用在消化液和其他溶液中回收黏多糖的总体。由于生成的配合物溶解度低，就有可能从稀至 0.01% 或更稀的溶液中沉淀黏多糖。

（二）等电点沉淀法

糖类、蛋白质、酶等均为两性电解质，带电基团的电荷数量因 pH 不同而变化。当溶液 pH 大于某大分子的 pI 时，该物质带负电荷；当溶液 pH 小于它的 pI 时，该物质带正电荷；当溶液 pH 等于它的 pI 时，该物质的净电荷为零。此时相同大分子之间的静电斥力很小，吸引力增加，驱使其分子相互结聚，溶解度降低而沉淀。利用大分子两性电解质在等电点时溶解度最低的原理而建立的分离法称为等电点沉淀法（isoelectric precipitation method）。

当生物活性物质混合物的 pH 被调节到其中一种成分的等电点时，这种物质可大部分沉淀下来，而那些高于或低于该 pH 的物质仍被留在溶液中。由此沉淀的活性物质如同盐析法所得物质，它们仍然保持着天然构象。但这种沉淀法仅适用于那些溶解度在等电点时较低的两性物质，有些两性物质在其等电点时仍有一定的溶解度。有些物质的等电点十分相近，分离此类物质时不应单独使用此法，应与盐析法、有机溶剂沉淀法联合适用。

通常，等电点沉淀法还适用于除去溶液中的杂蛋白或其他杂质。例如，在分离一些酶时，可将提取液的 pH 调至 5 左右，离心除去沉淀，使大部分核蛋白和颗粒性物质除去，酶保留在上清液中。另外，调节 pH 所用酸碱物质应尽量与溶液中的离子相适应，为了使 pH 缓慢变动，可选用醋酸、碳酸等弱酸或碳酸钠等弱碱。

（三）膜分离法

膜分离法（membrane separating method）的原理是根据被分离物质的分子大小，选择几种半透膜，使一种物质或一定大小的分子透过，而阻碍另一种或分子量较大的物质透过，此法的实质是各种物质通过膜的传递速度不同而得到分离。用于生物活性物质分离纯化的膜分离法有渗透、透析、电渗析、反渗透及超滤等。这些方法虽然采用的膜及操作方式各异，但它们与传统的分离方法相比，具有效率高、费用低、无相的变化等优点。目前不仅用于生物大分子分离纯化过程中的浓缩、脱盐，而且还应用于基因工程产品和单克隆抗体的回收。超滤技术还可用于连续发酵和动植物细胞的连续培养。

1. 透析

透析（dialysis）常用于大分子溶液的脱盐和稀样品溶液的浓缩，也用于去除或分离小分子物质，其原理是利用半透膜将大分子溶液中的离子和小分子物质去掉。将分子大小不同的混合物水溶液装入由半透膜制成的透析袋中，然后将透析袋口扎紧，浸入含有大量低离子强度的缓冲液或双蒸水中，依靠可透过物质的浓度差的推动，使较小物质分子自由地扩散透过半透膜孔进入透析外液中，大分子物质不能扩散透过膜孔而留在透析袋内，而使混合溶液中不同大小的物质分子达到分离。透析过程中，所用膜的性质、膜的表面积大小、可透过物质的浓度高低及其他因素对透析效率均有一定的影响。

2. 超滤

超滤（ultrafiltration）是在一定压力下，使用一种特制半透膜对混合溶液中不同溶质分子进行选择性滤过的分离方法。当外压（氮气压或真空泵压）通过膜时，膜上的小分子物质可以透过，而大分子物质受阻截留在膜外面。由于超滤膜是多孔性的纤维素或聚砜等高分子材料制成，膜内有许多孔道，溶剂（水）以滞留方式在孔道内流动时，通过静压力的作用，使单位面积的膜对溶剂的通透速度提高，对溶质的通透选择性也较强。这种超滤膜的孔径通常为 $2\sim20\mu m$，外加的推动力常在 10kg 以下。

（四）吸附法

吸附法（adsorption method）作为色谱分离技术之一，是各种色谱技术中应用的最早的一类。发酵工业中，空气的净化和除菌，蛋白质、糖、核酸等产物的分离、精制中常离不开吸附过程。除此之外，在生化药物生产的中期或后期，还常用各种吸附剂进行脱色、去热原、去组胺等。早期使用的吸附剂主要有无机吸附剂、凝胶型离子交换树脂、活性炭等。由于这些吸附剂或是吸附能力差，或是容易失活，故并不理想。近年来，一些合成的有机大孔径吸附剂或称大网格聚合物吸附剂具有再生过程简便、迅速、物理化学性质稳定、可多次反复使用的优点，特别适合工业规模，如从大体积料液中提取含量较少的目的物时吸附法则更为方便。

1. 吸附原理

吸附是物质表面的一个重要性质之一，在气相与液相、气相与固相、固相与液相之间都可以观察到吸附现象。吸附作用通常是指物质从流动相（气相或液相）浓缩到固体表面从而达到分离的过程，而把在表面上能发生吸附作用的固体称吸附剂（adsorbent），将被吸附的物质称吸附物（adsorbate）。吸附作用的本质是靠被吸附物和吸附剂之间的作用力完成的，这就是范德华力。它是一组分子引力即定向力、诱导力和色散力的总称。根据吸附时起作用的各种力，固体自溶液中的吸附，在不同条件下，吸附剂与吸附物之间的作用既有物理作用的性质又有化学作用的特征，是几种吸附力同时作用的一个复杂过程。但由于吸附过程是可逆的，因此吸附物在一定条件下可以解吸出来。在单位时间内被吸附于吸附剂的某一表面上的分子和同一单位时间内离开此表面的分子之间可以建立动态平衡，称为吸附平衡。吸附过程就是不断地形成平衡与不平衡、吸附与解吸的矛盾统一的过程。

2. 吸附的类型

根据吸附过程中作用力的差别，吸附作用可分为三种类型。

（1）物理吸附　吸附剂与吸附物之间通过物理作用（范德华力）产生的吸附称为物理吸附。这是最常见的吸附现象，其特点是无选择性、吸附速度快、吸附不仅限于一些活性中心，而是整个自由表面。另外，吸附是可逆的，即在吸附的同时，被吸附的分子由于热运动会离开固体的表面（解吸）。物理吸附过程中伴随放出的能量较小，吸附的分子可以成单分子层吸附或多分子层吸附。物理吸附由于吸附物的性质不同，吸附的量也有差别。通常还与吸附剂的表面积、温度等因素有关。

（2）化学吸附　化学吸附主要是由吸附剂与吸附物之间的电子转移或分子与表面共用电子对等引起的，属于库仑力范围。它与通常的化学反应有所不同，即吸附剂表面的反应原子保留了它们原来的格子不变。化学吸附的特点是有选择性、吸附速度较慢、产能高。吸附后较稳定，不易解吸，属于单分子层吸附。这种吸附与吸附剂的表面化学性质以及吸附物的化学性质直接有关。

物理吸附与化学吸附虽有基本区别，但有时也很难划分，有时两者可以同时发生，在一定条件下相互转化。

（3）交换吸附　吸附剂表面如为极性分子或原子所组成，则它会吸引溶液中带相反电荷的离子而形成双电层。这种吸附同时在吸附剂与溶液间发生离子交换，即吸附剂吸附离子后，又放出等当量的离子于溶液中，所以称此种吸附为交换吸附或极性吸附。离子所带电荷越多，它在吸附剂表面的相反电荷点上的吸附力就越强。电荷相同的离子，其水化半径越小，越易被吸附。

（五）离子交换色谱

离子交换色谱（ion-exchange chromatography）是根据溶液中各种带电颗粒与离子交换剂之间结合力的差异而进行分离的技术。其基本过程及装置与吸附色谱类似，但离子交换色谱是吸附、吸收、穿透、扩散、离子交换、离子亲和力等物理化学过程综合作用的结果。当选择不同性质的交换剂来分离提纯生物活性物质时，可根据人们的意愿突出上述因素中的任一过程。例如，选择交联度较大、孔径较小的交换剂，可将溶液中的大分子物质排阻在外，利用穿透过程使大分子物质与小分子分离开。

离子交换技术的固定相材料称为离子交换剂，它由惰性的不溶性载体、功能基团和平衡离子组成。平衡离子带正电荷的为阳离子交换剂，平衡离子带负电荷的为阴离子交换剂，可见离子交换剂是一类具有活性基团的荷电固相颗粒。阴（阳）离子交换现象可用下式表达：

阳离子交换反应

$$R—SO_3^- X^+ + Y^+ \rightleftharpoons R—SO_3^- Y^+ + X^+$$

阴离子交换反应

$$R-\overset{\overset{\displaystyle CH_3}{|}}{\underset{\underset{\displaystyle CH_3}{|}}{N}}-H^+ \ A^- + B^- \rightleftharpoons R-\overset{\overset{\displaystyle CH_3}{|}}{\underset{\underset{\displaystyle CH_3}{|}}{N}}-H^+ \ B^- + A^-$$

式中　$-SO_3^-$、$-N(CH_3)_2H^+$——离子交换剂中的功能基团；

$\qquad\qquad$ R——阴（阳）离子交换剂中大分子聚合物的主体结构（载体）；

$\qquad\qquad$ X^+，A^-——平衡离子；

$\qquad\qquad$ Y^+，B^-——交换离子。

离子交换剂上平衡离子和样品中的交换离子间的作用是由静电引力而产生的，是一个可逆的反应过程。当此反应达到动态平衡时，其平衡点随着 pH、温度、溶剂的组成及交换剂本身性质的改变而变化。例如，向平衡体系中加入过量的 X^+ 或 A^- 离子，反应倾向于生成 $R-SO_3^-\ X^+$ 和 $-N(CH_3)_2H^+\ A^-$。

上述两个交换反应式说明，由于待分离的溶质分子带有不同性质的电荷和不同电荷量，因而在作为固定相的离子交换剂和流动相的洗脱液之间发生可逆交换作用，并通过调节洗脱液的 pH，或改变同性离子的浓度等方法，使溶质分子移动的速度发生变化，从而达到分离的目的。对于生化药物而言，大分子的蛋白质、多糖及小分子的肽、氨基酸等在水溶液中均带有不同的电荷和电荷量，选择不同的离子交换剂，根据上述原理便可将其从混合物中进行分离和提纯。离子交换色谱技术目前在生化制药中的应用十分广泛，尤其是根据分离纯化的目的，人工合成的各种新型离子交换剂问世后，大大地拓宽了该技术的应用范围。

在糖类药物的制备中，应用不同的离子交换剂如 D-254、Dowex I-X$_2$、DEAE-C、DEAE-Sephadex、Deacidite FF 都取得了良好的分离纯化效果。通常以黏多糖的水溶液上柱，但其中明显存在一些不能被吸附的部分，这样使用低浓度的盐溶液，如 $0.03\sim0.05\mathrm{mol/L}$ 氯化钠液最适当。既可于上柱开始时使用，也可对未被吸附部分使用。

洗脱用逐步提高盐溶液或分布提高盐溶液的办法来进行。如：以 Dowex I 柱进行分离时，分别用 $0.5\mathrm{mol/L}$、$1.25\mathrm{mol/L}$、$1.5\mathrm{mol/L}$、$2\mathrm{mol/L}$ 和 $3\mathrm{mol/L}$ 氯化钠洗脱，可以分离透明质酸、硫酸乙酰肝素、硫酸软骨素、肝素和硫酸角质素等；以 DEAE-Sephadex A-25 柱进行色谱分析时，分别用 $0.5\mathrm{mol/L}$、$1.25\mathrm{mol/L}$、$1.5\mathrm{mol/L}$ 和 $2\mathrm{mol/L}$ 氯化钠洗脱，可依次分离透明质酸、硫酸乙酰肝素、硫酸软骨素、硫酸皮肤素、硫酸角质素和肝素等。

（六）降解法

1. 碱处理法

应用碱处理的办法，对组织中黏多糖进行完全提取。如从软骨中分离提取硫酸软骨素时，在 4℃，用稀碱液提取、过夜、乙酸中和并透析，所含蛋白质用白陶土或其他吸附剂除去，乙醇沉淀，得硫酸软骨素。缺点是一些糖苷键可能发生断裂，制备工艺不宜使用。

2. 酶处理法

自然界的糖类除以游离状态存在外，多以与蛋白质结合的形式存在，可用专一性比较低的蛋白酶，进行大范围地分解消化蛋白质，然后提取分离组织中的多糖。常用的有木瓜蛋白酶、链霉蛋白酶、胰蛋白酶、糜蛋白酶。优点是只降解蛋白部分，不会分解和破坏多糖，可取代碱提取法。

此外，还有一些分离纯化技术，如盐析法、离心法、结晶法、凝胶色谱法等也能用于糖类药物的制备过程中，在此不一一叙述。

三、葡萄糖

葡萄糖是人体能量的主要来源之一，在自然界中分布极广，常存在于多种水果、谷类和蔬菜中，如葡萄、玉米、红薯和洋葱等。在动物血液中亦有葡萄糖存在，通常称为血糖。麦芽糖、糊精、淀粉、糖原和纤维素等均由葡萄糖为单元缩合组成的，而乳糖和蔗糖等亦含有葡萄糖，葡萄糖亦能和非糖部分结合成苷，普遍存在于自然界。

（一）结构、性质与应用

葡萄糖又称右旋糖或 D-葡萄糖（Dextrosum 或 D-glucosum），其分子式为 $C_6H_{12}O_6 \cdot H_2O$，相对分子质量为 198.16，结构式如图 7-1 所示。

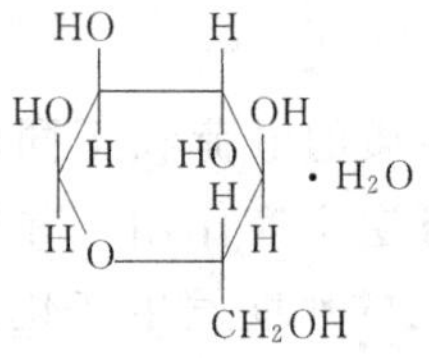

图 7-1　葡萄糖的结构式

药用葡萄糖为含有一分子结晶水的白色结晶或颗粒性粉末，无臭、味甜、有吸湿性，且易发霉，易溶于水（1:1），更易溶于沸水、可溶于乙醇（1:160）、较易溶于沸醇。在水溶液中，醛式 D（＋）-葡萄糖、α-D（＋）-葡萄糖及 β-D（＋）-葡萄糖三种异构体（见图 7-2）成平衡状态存在，此时葡萄糖的比旋度为＋52.5°～53°，pH 在 3 以下或 7 以上，促进平衡到达，通常采用滴加少量氨试液加速达到平衡，可测定比旋度，计算其含量。

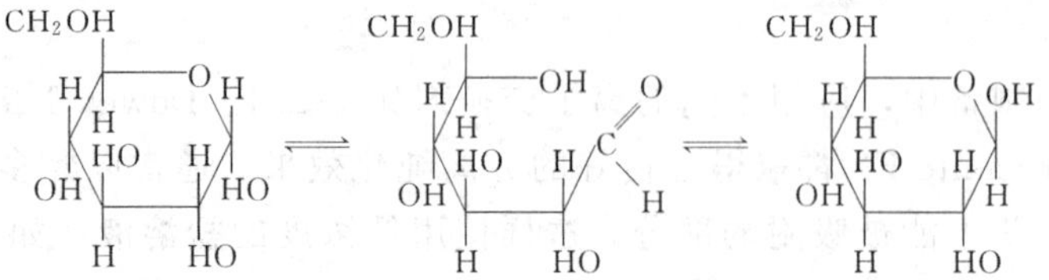

图 7-2　三种葡萄糖异构体的化学结构

其他单糖都有和葡萄糖相类似的变旋现象。因为葡萄糖在水溶液中亦以开链结构形式存在，因此它具有一般醛的性质，如能和羟胺或苯肼等缩合生成肟或脎，能还原碱性酒石酸铜溶液，生成红色氧化铜沉淀。

注射用的葡萄糖质量要求严格，药典一般规定必须检查酸度、氯化物和硫酸盐的限度，这些杂质是由于水解试剂而引入的；不准许有水解不完全的糊精、可溶性淀粉与亚硫酸盐存在。亚硫酸盐可能是由于制备时，以硫酸水解部分还原所生成的；亦可能是用亚硫酸盐作防霉剂而遗留下来的。糊精不溶于乙醇，所以将本品溶于适量 90% 乙醇中，应得澄明的溶液；本品的水溶液中加入碘试液，只可染成黄色，如有可溶性淀粉则呈蓝色，如有亚硫酸盐存在则退色。此外，对一般性杂质如干燥失重、溶液颜色、炽灼残渣、重金属、铁和砷盐等均应合乎规定。

口服葡萄糖容许的杂质限度较宽。葡萄糖的水溶液很稳定，可以在高压釜中灭菌不会分解，但是固体的葡萄糖具有吸湿性，且易发霉，应密闭保存。

葡萄糖为营养药。易被人体吸收而产生能量，于病后恢复期或手术后静脉滴注，能促进体力的恢复。泻痢、创伤等体内损失大量水分和血液时，可用其补充体液。25%～50% 溶液静脉注射时，因其有较高的渗透压而产生脱水作用，适用脑压增高的各种病症，如脑出血、颅骨骨折及尿毒症等。

液状葡萄糖为无色或淡黄色极浓厚的糖浆状液体，无臭，味甜，极易溶于水，微溶于乙醇。用作制造丸剂的赋形药，不可供静脉注射用，内服作营养药。

（二）制备方法及工艺

药用葡萄糖是淀粉经酸水解（一般用盐酸）或酶水解制得。

（1）工艺路线（图 7-3）

$$(C_6H_{10}O_5)_x + H_2O \xrightarrow[\triangle]{H^+} (C_6H_{10}O_5)_y + H_2O \xrightarrow[\triangle]{H^+} C_{12}H_{22}O_{11} + H_2O \xrightarrow[\triangle]{H^+} 2C_6H_{12}O_6$$

淀粉　　　　　　　　糊精　　　　　　　麦芽糖　　　　　　葡萄糖

图 7-3　以淀粉制备葡萄糖的工艺路线

（2）工艺过程　酸水解法是将淀粉、水与盐酸混合，调成相对密度为 1.10 的淀粉乳，pH 为 1.35～1.50 时，在 140～145℃，0.294MPa（3kg/cm²）的条件下水解。由于淀粉水解的反应很复杂，水解程度不同，所得到的产物亦不相同，一般是先水解为糊精，再转化为麦芽糖，最后才得到葡萄糖。

水解时如不完全，产品中就含有淀粉、糊精等杂质；如水解时间过长，葡萄糖在盐酸存在下可发生下述副反应：

$$2C_6H_{12}O_6 \rightleftharpoons C_{12}H_{22}O_{11} + H_2O$$

两分子葡萄糖脱水，缩合成复合二糖（异性麦芽糖，又称龙胆二糖）

葡萄糖分子内脱水，先生成淡黄色的 5-羟甲基糠醛，然后经聚合反应为聚合物，或分解为 γ-戊酮酸及甲酸等。

因此，在水解过程中，除以碘液及乙醇分别试其淀粉及糊精外，应随时测定水解液中的含糖量，以控制其水解程度。

水解完毕后，所得到的葡萄糖糖稀溶液，加入碳酸钠溶液中和，使 pH 为 4.7～5.0 时，利用蛋白质的等电点，除去蛋白质及脂肪等，用活性炭脱色，并经 732 阳离子钠型树脂处理除去 Ca^{2+}、Fe^{3+} 等杂质，再减压浓缩，在搅拌及 45℃逐渐降温的条件下，葡萄糖即结晶析出。可以控制不同的结晶温度，得到含结晶水或无水的 α-异构体或 β-异构体。一般在 0～45℃结晶可得含一分子结晶水的 α-D（＋）-葡萄糖；45～55℃时结晶，为含一分子结晶水及无水的混合 α-D（＋）-葡萄糖；55～90.8℃结晶则得无水的 α-D（＋）-葡萄糖；115～148℃结晶则得无水的 β-D（＋）-葡萄糖。

液状葡萄糖的制备与葡萄糖基本类似，用相对密度为 1.124 的淀粉乳，pH 为 1.5～1.7，同样在加热加压下经不完全水解，至水解液对碘试液不显蓝色即得。水解液中除葡萄糖外还含有麦芽糖、糊精和水，含固体物约为 79%。

四、葡萄糖酸钙

（一）结构、性质与应用

葡萄糖酸钙为白色结晶或颗粒状粉末，无臭，无味，在空气中稳定；溶于水（1∶30）、沸水（1∶5），不溶于无水乙醇、乙醚、氯仿；水溶液（1∶50）遇石蕊试纸呈中性反应，并显钙离子反应。本品水溶液在中性或偏碱性较稳定，酸类、高温、光线均能促进其分解。

葡萄糖酸钙热水溶液与醋酸苯肼反应，生成葡萄糖酰苯肼结晶，如图 7-4 所示。熔点 200～202℃，同时分解。

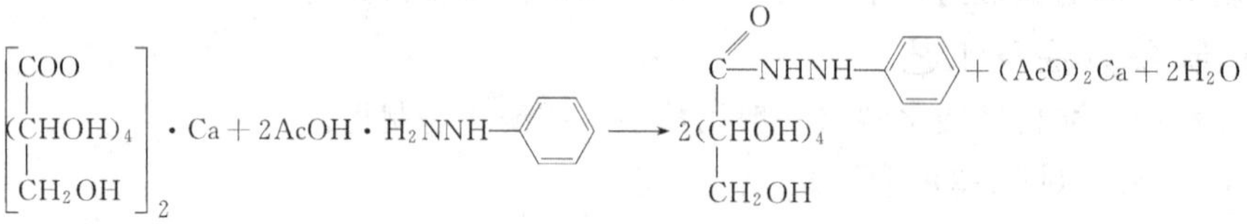

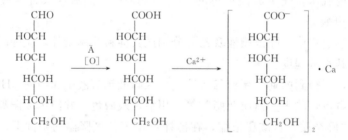

图 7-4　葡萄糖酸钙热水溶液与醋酸苯肼的反应过程

水溶液加三氯化铁试液，生成深黄色的葡萄糖酸铁。

本品应检查氯化物、硫酸盐、镁盐与碱盐、蔗糖与还原糖、砷盐和重金属等杂质。

本品同一般钙盐用络量法测定含量，含量应符合药典规定。

葡萄糖酸钙能降低毛细血管渗透性，增加致密度，维持神经与肌肉的正常兴奋性，加强心肌的收缩力并有助于骨质形成，因而适用于各种钙质缺乏症，如佝偻病、抽搐、凝血迟缓等，亦用于过敏性病患及肺结核病人钙质的补给。本品的刺激性及毒性均较其他钙剂为小，可口服和注射，注射时注射器和针头不应有醇，以防葡萄糖酸钙结晶析出。葡萄糖酸钙还可用作制备葡萄糖酸锌的原料，应避光保存。

（二）制备方法及工艺

葡萄糖酸钙的制备方法有发酵法、电解法和溴氧化法等。工业上多采用发酵法，其反应原理如图 7-5 所示。

图 7-5　发酵法制备葡萄糖酸钙的反应原理

1. 葡萄糖酵母液发酵法

（1）工艺路线（图 7-6）

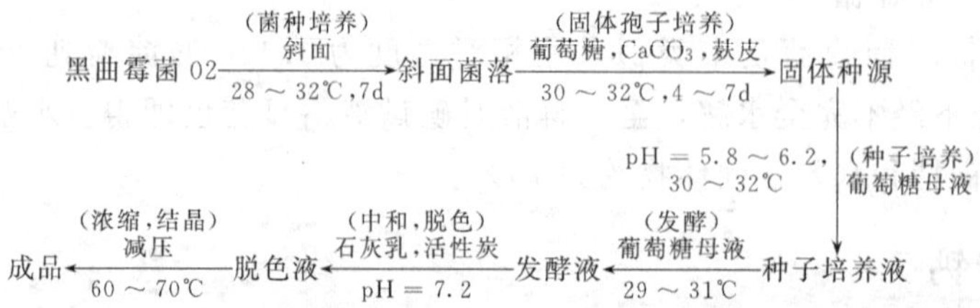

图 7-6　葡萄糖酵母液发酵法制备葡萄糖酸钙的工艺路线

（2）工艺过程

① 斜面培养　培养基配制：取葡萄糖 3g、硫酸镁 0.01g、磷酸二氢钾 0.012g、磷酸氢二铵 0.022g、蛋白胨 0.025g、碳酸钙 0.4g、琼脂 1.5g，加蒸馏水至 100ml，调节 pH 至 5.6～6.2。将配好的培养基分装于 18mm×180mm 试管中，高压灭菌后，取出制成斜面，

接入黑曲霉菌孢子02，于28～32℃恒温培养7d，成熟后置于冰箱保藏备用。

② 固体孢子培养　培养基配制：取麸皮100g与葡萄糖混合液（葡萄糖5g，碳酸钙1g，常水加至100ml）143g混合均匀，分装于1L三角烧瓶中，按常温灭菌，放冷。在无菌操作下，接入斜面孢子的悬浮液中，如青霉素钾盐（2000U）溶液约5ml，充分混匀，分装于已灭菌的瓷盘内，盖上玻璃片，于30～32℃培养4～7d，成熟后作为固体种源。

③ 种子培养　培养基配制：取葡萄糖母液（折还原糖计）5%、蛋白胨0.02%、硫酸镁0.025%、碳酸钙1.25%、磷酸二氢钾0.03%、磷酸氢二铵0.08%，加水至100%，调节pH至5.6～6.2。在种子罐中加入计量的种子培养基，加水至规定体积，常规灭菌，冷却，通入空气，待罐温降至34℃时，移入瓷盘中的固体孢子及青霉素钾盐400000U，于30～32℃通风培养16～20h，当菌丝生长旺盛、无杂菌、糖转化率达30%以上时，即得黑曲霉种子培养液。

④ 发酵　培养基配制：葡萄糖母液（折还原糖计）10%、碳酸钙2.9%、硫酸镁0.0156%、磷酸二氢钾0.0188%、磷酸氢二铵0.0388%，加水至100%。在配料罐中加入培养基，加水至规定体积，搅拌均匀后泵入发酵罐中，开动搅拌，通入压缩空气，然后自种子罐压入黑曲霉种子培养液，并加入适量的青霉素钾盐抑制杂菌（2200L培养液中加入1200000U）或105～115℃0.5h蒸气灭菌，于29～31℃、罐压49kPa（0.5kgf/cm²），通风量0.3～0.5L/(L·min)，搅拌培养至糖分在10～15mg/ml以下，即达终点，得发酵液。

⑤ 中和、脱色　将发酵液通蒸气加热至85℃左右，出料，布袋过滤，滤液中加入新配制的石灰乳中和至pH=7.2，并于90℃加适量活性炭脱色30min，板框过滤，得脱色滤液。

⑥ 浓缩、结晶　上述滤液在60～70℃温度下减压浓缩至相对密度达1.22，移至结晶室30℃左右结晶，离心分离、水洗、甩干、粉碎、烘干，即得口服用葡萄糖酸钙。

2. 淀粉糖化发酵法

（1）工艺路线（图7-7）

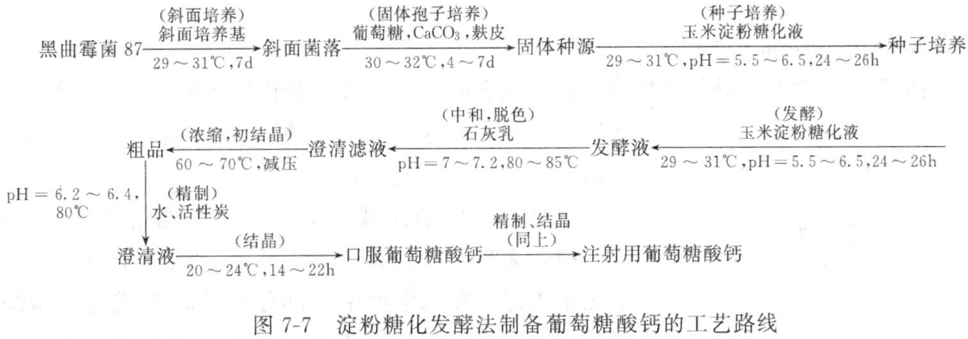

图7-7　淀粉糖化发酵法制备葡萄糖酸钙的工艺路线

（2）工艺过程

① 斜面培养　将黑曲霉菌87孢子接入斜面培养基（制法同葡萄糖母液发酵法），于29～31℃恒温培养7d成熟后接入三角瓶中培养，再移入一级种子罐培养。

② 固体孢子培养　将麸子100g与葡萄糖混合液（配方同葡萄糖母液发酵法）143g，混合均匀，分装于1L三角烧瓶中，按常规灭菌后放冷。在无菌操作下，接入斜面孢子的悬浮液中，加入青霉素钾盐（2000U）溶液约5ml，充分混匀，分装于已灭菌的瓷盘内，盖上玻璃片，于30～32℃培养4～7d，成熟后作固体种源。

③ 种子培养　培养基配制：玉米淀粉糖化液（折还原糖计）100ml、硫酸镁0.156g、

碳酸钙 29g、磷酸二氢钾 0.188g、磷酸氢二铵 0.388g，加水至 1000ml，调节 pH 至 5.8～6.2。将培养基经夹层加热至 108～112℃灭菌 40min，通入过滤的压缩空气保压，降温至 31～32℃，降压，再加入营养盐，移入固体霉菌孢子。接种完毕，通气搅拌培养，控制空气内压 206～245.25kPa（2.1～2.5kgf/cm²），温度 29～31℃，pH 为 5.5～6.5，搅拌转速 185～195r/min，培养 24～26h，使发酵原始糖从 14%～15%下降到残糖 0.8%以下，得种子培养液。

④ 发酵　培养基与种子培养基基本相同，其中硫酸铵代替了磷酸氢二铵。将发酵罐及其附属设备经蒸气灭菌后，加入培养基，通压缩空气，保持气压 49～98kPa（0.5～1kgf/cm²），灭菌 30～60min。压入种子培养液，接种量 4.6%，控制在 29～31℃，pH＝5.5～6.6，气压 196.2～245.25kPa（2～2.5kgf/cm²），搅拌转速 185～195r/min，培养 24～26h，发酵原始糖从 14%～15%下降到残糖 0.8%以下为终点，得发酵液。

⑤ 中和、浓缩、初结晶　将发酵液加热至 80～85℃，杀菌及菌丝蛋白凝固，同时加入石灰乳中和 pH 达 7～7.2，停止加热，压滤，得澄清液，含有葡萄糖酸钙约 16%～18%。加 0.05%～0.2%磺化蓖麻油作消沫剂，在 60～70℃、真空度 72～80kPa（540～600mmHg）下，浓缩至相对密度为 1.082～1.084（90℃），压出，放置结晶，离心，得葡萄糖酸钙粗制品。

⑥ 精制、结晶、干燥　将粗品用水或注射用葡萄糖酸钙结晶母液加热溶解，调节相对密度至 1.082～1.084（90℃），按粗品量 13～15g/L（1.3%～1.5%）加入活性炭脱色，调节 pH 至 6.2～6.4，静置沉降（使悬浮杂质随活性炭沉淀）。过滤至清液，生产上往往循环过滤 1.5～2h 左右，80℃保温防止结晶。放料，经冷却，出口温度 20～24℃，加晶种放置结晶 14～22h，使结晶母液相对密度降至 1.045～1.048（20～24℃）离心，收集结晶，得口服葡萄糖酸钙。如此反复两次，干燥，得注射用葡萄糖酸钙，收率 82%，含量 99.6%。

五、葡萄糖醛酸内酯

(一) 结构、性质与应用

葡萄糖醛酸广泛存在于动植物体内，是构成它们的纤维和结缔组织的重要组成部分。葡萄糖醛酸内酯存在于许多植物树胶中，其结构式如图 7-8 所示。

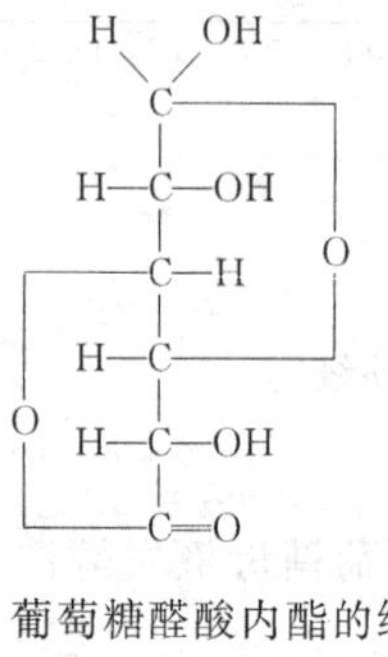

图 7-8　葡萄糖醛酸内酯的结构式

本品为白色结晶或结晶性粉末，熔点 170～176℃（分解），无臭，味微苦；可溶于水，微溶于甲醇，难溶于无水乙醇。在水溶液中一部分内酯转变成葡萄糖醛酸至达到平衡状态。其游离酸的溶解度比内酯更大，20%水溶液的 pH 为 3.5，放置 1 周后迅速下降为 2.5。

葡萄糖醛酸因具有醛基而易氧化，遇光或在空气中吸湿后，颜色可渐变深，应避光密闭保存。本品又称肝泰乐，医药商品有肝泰乐片，每片含 50mg 或 100mg 的葡萄糖醛酸内酯，供口服应用。肝泰乐注射液曾用葡萄糖醛酸内酯作原料，但发现在贮藏期间色泽变黄，后改用葡萄糖醛酸钠代替内酯，不易变色，质量稳定。

葡萄糖醛酸内酯是人体内良好的解毒剂，用于治疗流行性肝炎、肝硬化、慢性肝障碍、食物及药物中毒、风湿性关节炎等。

（二）制备方法及工艺

本品的制备，可由多糖经过氧化制得。一般多以淀粉为原料，在 $45\sim64℃$，经 $7\sim8h$ 用硝酸氧化，在加压下，经水解和内酯化制得。

（1）工艺路线（图 7-9）

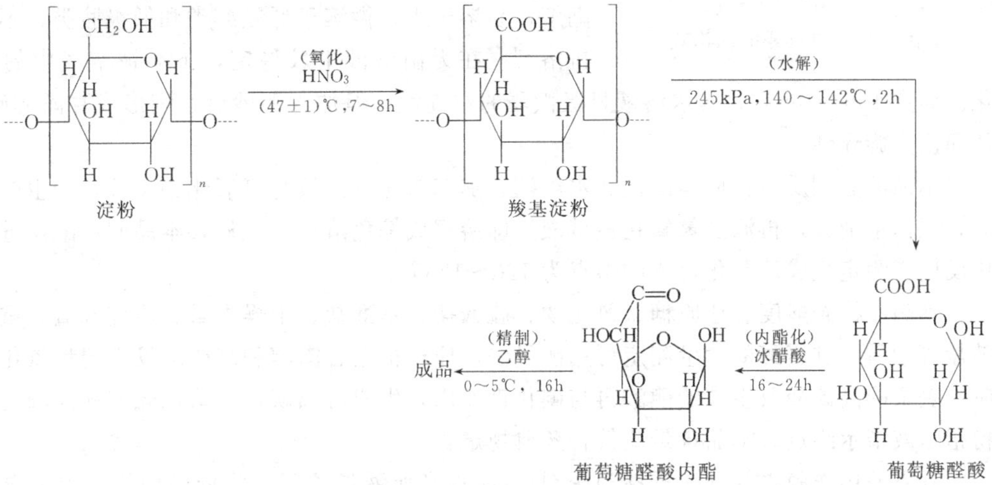

图 7-9　葡萄糖醛酸内酯的制备工艺路线

（2）工艺过程

① 氧化　按 m（淀粉）：V［硝酸（$67\%\pm0.5\%$）］：V（水）$=1:0.5:8.5$ 的配料比投料。先将硝酸投入氧化釜中，开动搅拌，加热至 $60℃$，加入淀粉（全量的 2%），在 15min 内升温至 $78℃$ 进行引发，保持 5min，然后于 15min 内均匀降温至 $50\sim60℃$，隔 20min 加入淀粉，共分 2 次（全量的 30%），最后在（47 ± 1）$℃$的温度下，隔 25min 加入淀粉，共分 4 次（全量的 68%）。控制温度使反应平均每小时升温 $5℃$，保持 $7\sim8h$，温度达到 $68℃$，放料，于料液中加水（全量的 12%），通蒸气加热 $70\sim80℃$，20min 内，驱除二氧化碳，静置后，再加水（全量的 88%），得羧基淀粉液。

② 水解　将羧基淀粉液抽入水解罐内，蒸气加热至 $100℃$ 有黄烟和水蒸气冒出。然后密闭，内压升至 245.25kPa（2.5kgf/cm²），温度为 $140\sim142℃$，水解 2h，得水解液，即葡萄糖醛酸液。

③ 内酯化　将上述水解液通过 122 型弱酸性阳离子交换树脂进行脱色，脱色液抽入浓缩罐中，在真空度约为 93.33kPa（700mmHg）、温度 $50\sim60℃$ 下，减压浓缩至 $34\sim36°Bé$ 时为止。在浓缩液中加入淀粉投料量 1.68 倍的冰乙酸，置于酯化罐中，在常温下酯化 $16\sim24h$，放冷至 $0\sim5℃$ 结晶，过滤，得葡萄糖醛酸内酯粗品。

④ 精制　按 m（粗品）：V（蒸馏水）：V（乙醇）：m（活性炭）$=1:0.7:0.4:(0.01\sim0.03)$ 的配料比投料。将粗品和蒸馏水置于精制罐中，加热，不断搅拌，使之全溶，加活性炭脱色，再加乙醇，搅拌均匀，抽滤，滤液冷却至 $0\sim5℃$，放置 16h，甩滤，滤饼用无水乙醇洗涤 1 次，甩干，$80℃$ 以下干燥，即得葡萄糖醛酸内酯精品。

六、甘露醇

（一）结构、性质与应用

甘露醇学名为 D-己六醇，广泛存在于自然界中，如甘露蜜树（*Fraxinus ornus*）的甘露蜜和海藻类植物中均含有甘露醇。海带中一般含甘露醇 10%、碘约 0.4%、褐藻胶 20% 等，其分子式为 $C_6H_{14}O_6$，相对分子质量为 182.17，结构式如图 7-10 所示。

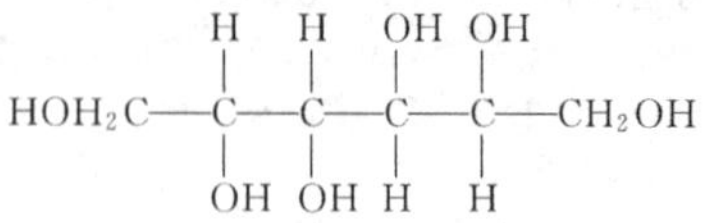

$$HOH_2C-\overset{\overset{\displaystyle H}{|}}{\underset{\underset{\displaystyle OH}{|}}{C}}-\overset{\overset{\displaystyle H}{|}}{\underset{\underset{\displaystyle OH}{|}}{C}}-\overset{\overset{\displaystyle OH}{|}}{\underset{\underset{\displaystyle H}{|}}{C}}-\overset{\overset{\displaystyle OH}{|}}{\underset{\underset{\displaystyle H}{|}}{C}}-CH_2OH$$

图 7-10 甘露醇的结构式

本品为白色针状结晶或结晶性粉末，无臭，味甜，不潮解，易溶于水，微溶于低级醇类和低级胺类，不溶于有机溶剂。在无菌溶液中较稳定，不易被空气中的氧所氧化。熔点 166~169℃，其水溶液显极微弱的右旋性，但加入硼砂后，则形成甘露醇硼酸钠，从而增大旋光性。

本品的鉴别反应：取本品饱和水溶液，加三氯化铁试液与氢氧化钠试液，产生棕黄色沉淀，振摇不消失，再滴加氢氧化钠试液，即溶解成棕色溶液。此外，本品同乙酰氯进行乙酰化反应，测定生成乙酰化合物的熔点为 120~125℃。

本品应检查酸度、还原糖、氯化物、硫酸盐、草酸盐、干燥失重、灼烧残渣、重金属及砷盐等杂质。甘露醇的含量测定可用碘量法，原理根据甘露醇和高碘酸发生定量氧化还原反应，剩余的高碘酸及生成的碘酸再与碘化钾作用，生成游离碘，用硫代硫酸钠液滴定，以淀粉指示液指示终点。本品含量应符合药典规定。

甘露醇用作脱水剂（渗透性利尿剂），能提高血液渗透压，降低颅内压，脱水作用强于尿素，且持续时间久，用于脑水肿；亦可用于大面积烧伤和烫伤的水肿；也可防治急性肾功能衰竭；此外，还能降低眼球内压、用于急性青光眼等。

（二）制备方法及工艺

甘露醇的制备方法目前有提取法、电解法、催化还原法和微生物发酵法等。采用较多的为提取法。

（1）工艺路线（图 7-11）

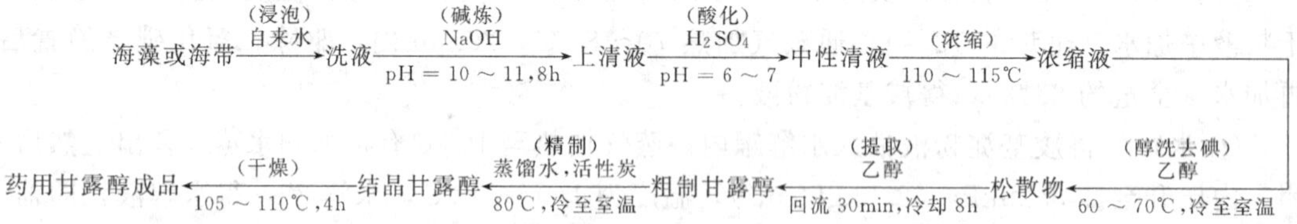

海藻或海带 →（浸泡）自来水→ 洗液 →（碱炼）NaOH pH=10~11,8h→ 上清液 →（酸化）H_2SO_4 pH=6~7→ 中性清液 →（浓缩）110~115℃→ 浓缩液 →（醇洗去碘）乙醇 60~70℃,冷至室温→ 松散物 →（提取）乙醇 回流 30min;冷却 8h→ 粗制甘露醇 →（精制）蒸馏水,活性炭 80℃;冷至室温→ 结晶甘露醇 →（干燥）105~110℃,4h→ 药用甘露醇成品

图 7-11 从海藻或海带中提取甘露醇的工艺路线

（2）工艺过程

① 浸泡、碱炼、酸化 在洗藻池中放约 2~3t 自来水，投入 120kg 海藻，至藻体膨胀后，仔细地把海藻上的甘露醇洗入水中，洗净的海藻供提取海藻酸钠用。洗液再洗第二批海藻，如此约洗 4 批。将上述洗液加 300g/L（30%）氢氧化钠液，pH=10~11，静置 8h，待褐藻糖液、淀粉及其他有机黏性物充分凝聚沉淀。虹吸上清液，用硫酸（1:1）酸化，调节 pH 为 6~7，进一步除胶状物，得中性清液。

② 浓缩、醇洗 用直火或蒸气加热至沸腾蒸发，温度 110~150℃，大量氯化钠沉淀，不断将盐类与胶污物捞出，直至呈浓缩液，取小样倒地上，稍冷却应凝固，此时发料，含甘露醇 30% 以上，水分约含 10%。将浓缩液冷至 60~70℃ 趁热加 95% 乙醇（2:1），不断搅拌，渐渐冷至室温后，离心甩干除去胶质，得灰白色松散物。

③ 提取 称取松散物，装入备有回流冷凝器的提取锅内，加 8 倍量的 94% 乙醇，搅拌，

缓慢加热，沸腾回流 30min 出料，流水冷却 8h，放置一昼夜，离心甩干，得白色松散甘露醇粗品，含甘露醇 70%～80%。同上操作，乙醇重结晶 1 次，得工业用甘露醇，含量 90% 以上，Cl⁻ 含量小于 0.5%。

④ 精制　取工业用甘露醇加蒸馏水加热溶解，再加入 1/10～1/8 药用活性炭，不断搅拌，80℃保温 0.5h，趁热过滤，少许水洗活性炭 2 次，合并洗滤液，浓缩至甘露醇达 70% 时，如有浑浊，重新过滤。在搅拌下冷却至室温，结晶，抽滤，洗涤结晶，抽滤至干，得结晶甘露醇。

⑤ 干燥　上述结晶甘露醇，经检验 Cl⁻ 合格后（Cl⁻ 含<0.007%），用蒸气在 105～110℃ 干燥，经常翻动，4h 取出，为药用甘露醇成品。含量 98%～100%，熔点 166～169℃。

七、1,6-二磷酸果糖

（一）结构、性质与应用

1,6-二磷酸果糖（fructose-1,6-diphosphate，缩写 FDP，商品名 Esafosfina）是葡萄糖代谢过程中的重要中间产物，是分子水平上的代谢调节剂。

1,6-二磷酸果糖是果糖的 1,6-二磷酸酯，分子式 $C_6H_{14}O_{12}P_2$，相对分子质量为 340.1，常以 Na^{2+}、Ca^{2+}、Zn^{2+} 等成盐的形式存在，如 1,6-二磷酸果糖三钠盐（FDPNa$_3$H），其结构式如图 7-12 所示。

1,6-二磷酸果糖三钠盐（FDPNa$_3$H）呈白色晶形粉末，无臭，易溶于水，不溶于有机溶剂，4℃时较稳定，久置空气中易吸潮结块，变微黄色，熔点 71～74℃。

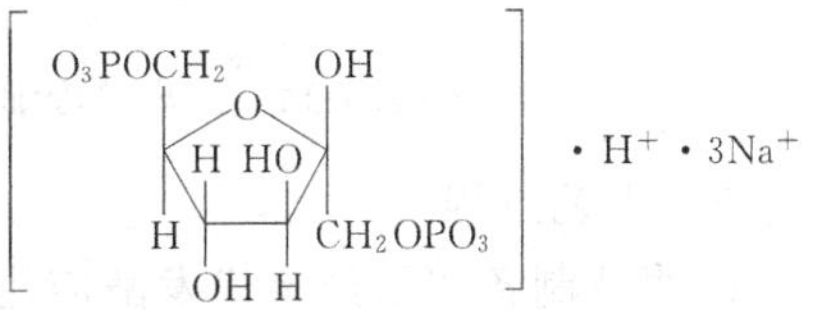

图 7-12　1,6-二磷酸果糖三钠盐的结构式

根据国内外临床应用报道，1,6-二磷酸果糖适用于治疗心血管疾病，是急性心肌梗死、心功能不全、冠心病、休克等症的急救药。还可作为各类外科手术中的辅助药物，并对各类肝炎引起的深度黄疸、转氨酶升高及低白蛋白血症等均有良好的治疗作用。

1,6-二磷酸果糖三钠盐可制成冻干粉针，供静脉注射。国外已开发了片剂、胶囊、冲剂等口服剂型。已制成的稳定注射剂有安瓿和输液。也可用于制备营养口服液、牙膏和护肤护发化妆品等。

Siren 等发现包括 FDP 在内的一系列磷酸糖均有药理活性，可用于治疗多种全身或局部疾病。Galzigna 等将 FDP 制成棕榈酸酯，发现其生物利用度和药理活性均明显提高。因此，FDP 应用和开发尚存在着巨大潜力，而其类似物的开发刚起步，预期能在这一类化合物中筛选出一些有价值的新药。

（二）制备方法及工艺

FDP 是早在 1905 年被 Harden 和 Young 发现的天然化合物，现又发现了许多新的用途，重新引起国内外学者的浓厚兴趣和广泛深入的研究。制备上，以葡萄糖、无机磷酸盐为底物，经三步酶促转化反应获得，如图 7-13 所示。

按所选用的生物催化剂的不同，其制备工艺有游离酵母细胞酶促转化法、固定化酵母细胞酶促转化法和人工多酶体系转化法等。

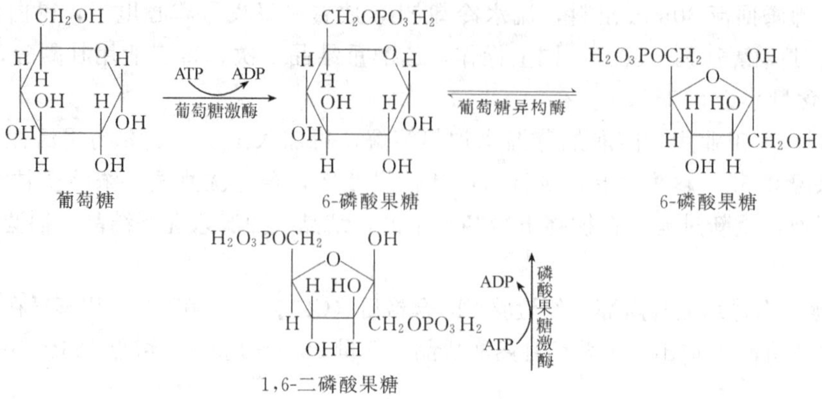

图 7-13　以酶促转化反应制备 FDP

1. 酶转化工艺

(1) 工艺路线 (图 7-14)

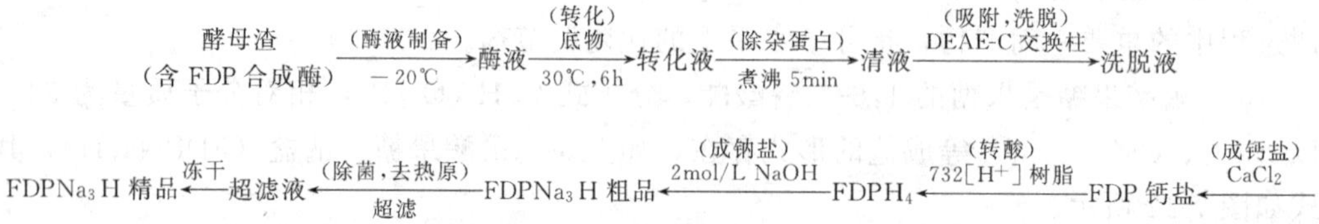

图 7-14　游离酵母细胞酶促转化法制备 FDPNa$_3$H 的工艺路线

(2) 工艺过程

① 酶液制备　取经多代发酵应用过的酵母渣，悬浮于适量的蒸馏水中，－20℃反复冻融 3 次即得酶液。

② 转化、除杂蛋白　将上述酶液中加入底物 (8% 蔗糖、4% NaH$_2$PO$_4$、0.29% MgCl$_2$、pH＝6.5) 于 30℃反应 6h，再煮沸 5min，离心除去杂蛋白即得转化清液。

③ 吸附、洗脱　转化清液通过 DEAE-C 阴离子交换柱，用蒸馏水洗涤至 pH＝7.0，然后进行分离洗脱，收集洗脱液，加入 CaCl$_2$ 生成其钙盐沉淀，过滤，得 FDP 钙盐。

④ 转酸、成钠盐　FDP 钙盐悬浮于水中，用 732[H$^+$] 树脂将其转成 FDPH$_4$，用 2mol/L NaOH 调 pH 至 5.3～5.5 成 FDPNa$_3$H 粗品。通过超滤、除菌、去热原、冻干即得 FDPNa$_3$H 精品。

2. 固定化细胞制备工艺

(1) 工艺路线 (图 7-15)

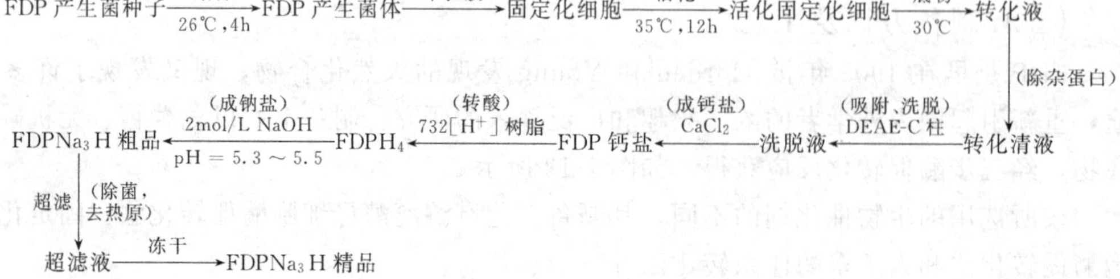

图 7-15　固定化细胞酶促转化法制备 FDPNa$_3$H 的工艺路线

（2）工艺过程

① FDP 产生菌的培养　啤酒酵母接种于麦芽汁斜面培养基上，26℃培养 24h，转入种子培养基中，培养至对数生长期，转种于发酵培养基中于 28℃发酵培养 24h，静置 1 周，离心，收集菌体。

② 固定化细胞的制备　取活化菌体用等体积生理盐水悬浮，预热至 40℃，另用 4 倍量生理盐水加热溶解卡拉胶（卡拉胶用量为 3.2g/L）两者于 45℃混合搅拌 10min，倒入成型器皿中，4～10℃冷却 30min，加入等量的 22.2g/L KCl 液浸泡硬化 4h，切成 3mm×3mm×3mm 小块即成。

③ 固定化细胞的活化　用含底物的表面活性剂，于 35℃浸泡活化固定化细胞 24h，以 0.3mol/L KCl 液洗涤后浸泡生理盐水中备用。

④ 转化、除杂蛋白　用活化固定化细胞充填柱反应器，以上行法，通入 30℃底物溶液（内含 8%蔗糖、4% NaH_2PO_4、0.29% $MgCl_2$、0.3% ATP），收集转化液，除去杂蛋白得转化清液。

⑤ 吸附、洗脱、成钙盐　将转化清液通过已处理好的 DEAE-C 阴离子交换柱，洗涤，再洗脱，收集洗脱液加入适量的 $CaCl_2$，生成 FDP 钙盐沉淀。

⑥ 转酸、成钠盐　取 FDP 钙盐悬浮于无菌水中，用 732[H^+]树脂将其转成 $FDPH_4$，用 2mol/L NaOH 调 pH 至 5.3～5.8 成钠盐，活性炭脱色，超滤，冻干，得 $FDPNa_3H$ 精品。

八、山梨醇

（一）结构、性质与应用

山梨醇又称右旋清茶醇、D-葡萄糖醇。1872 年 Boussingault 在欧洲花楸（*Sorbus aucuparia* L.）的浆果新鲜汁液中发现此糖醇。胶醋酸杆菌（*Acetobacter xylium*）可将其氧化为山梨糖（L-sorbose）。山梨醇广泛分布于自然界，从藻类到高等植物，特别是在浆果中，一种红藻（*Bostrychia scropoides*）约含 14%的山梨糖醇。有同位素跟踪实验证实梅树和苹果树叶含有相当多的山梨糖醇，蔷薇科植物的果实中其含量也相当可观。山梨醇的结构式如图 7-16 所示。

山梨醇呈白色，微晶型粉末，稍吸湿，无臭，味甜，1 份可溶于 0.5 份水、2.5 份乙醇，溶于乙酸和甲醇，不溶于氯仿及乙醚。5.48%水溶液与血清等渗。熔点 95℃。

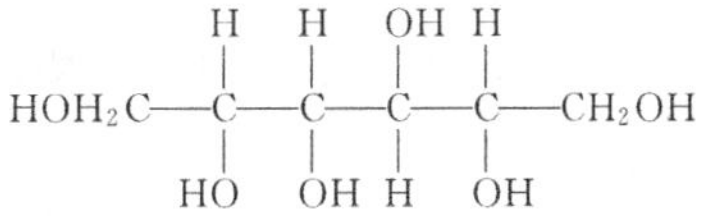

$$HOH_2C - \overset{H}{\underset{HO}{C}} - \overset{H}{\underset{OH}{C}} - \overset{OH}{\underset{H}{C}} - \overset{H}{\underset{OH}{C}} - CH_2OH$$

图 7-16　山梨醇的结构式

山梨醇是甘露醇的同分异构体，相对分子质量 182.2。葡萄糖在镍催化下氢化可得到山梨醇。用电解法还原葡萄糖时，其还原产物主要是山梨醇，也有部分甘露醇。生化制药中利用还原葡萄糖的原理制备山梨醇。

山梨醇药效与甘露醇相同，是有效的渗压性利尿剂。人体静脉注射后，由于血液渗压升高，可使组织脱水，降低脑压。不为肾小管吸收，产生脱水及利尿作用。适用于治疗脑水肿及青光眼，也用于心、肾功能正常的水肿少尿等，还是制备维生素 C 的主要原料。

（二）制备方法及工艺

1. 氢化还原法（图 7-17）

（1）工艺路线

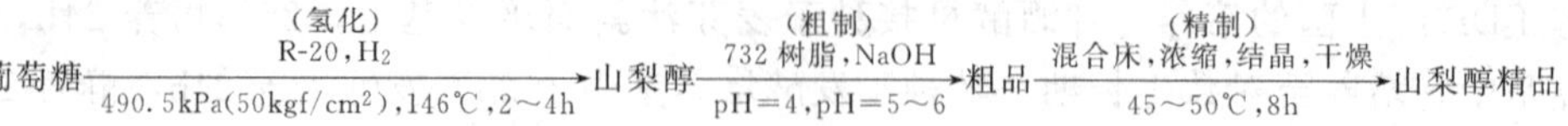

$$葡萄糖 \xrightarrow[490.5kPa(50kgf/cm^2),146℃,2\sim4h]{\begin{array}{c}(氢化)\\R\text{-}20,H_2\end{array}} 山梨醇 \xrightarrow[pH=4,pH=5\sim6]{\begin{array}{c}(粗制)\\732树脂,NaOH\end{array}} 粗品 \xrightarrow[45\sim50℃,8h]{\begin{array}{c}(精制)\\混合床,浓缩,结晶,干燥\end{array}} 山梨醇精品$$

图7-17 氢化还原法制备山梨醇的工艺路线

（2）工艺过程

① 氢化 将葡萄糖（口服用）加水，在90℃溶解，配制成530g/L（53%）水溶液，相对密度达1.25，趁热按葡萄糖重加1~5g/L（0.1%~0.5%）活性炭，搅拌过滤，得澄清液。再按葡萄糖重加入0.1%镍催化剂（R-20），于250L氢化罐中反应，压力4905kPa（50kgf/cm²）或7848kPa（80kgf/cm²），温度146℃，反应时间2~4h或45min，直至还原糖含量0.5%以下，即达氢化反应终点，得氢化液。收率为99.8%~100%，pH为5左右。

② 粗制 上述氢化液于沉淀槽中静置，沉淀固体物质，上层溶液用732强酸性阳离子交换树脂H⁺型（250L柱填180kg树脂）进行离子交换，使镍盐含量在5×10⁻⁶以下，pH=4左右，用氢氧化钠调节pH至5~6，即得粗制山梨醇。含量50%，折射率1.419，还原糖低于0.5%，含镍量低于5×10⁻⁶，按葡萄糖质量计算收率为97%左右。

③ 精制 取50%山梨醇液，通过苯乙烯磺酸型强阳离子交换树脂及季铵盐酸盐型阴离子交换树脂（其交换当量按容积计算两种树脂均在2.30左右）组成的1:2混合床，交换过程中经常检查氯化物及镍盐应维持阴性，任何一项出现阳性反应，交换操作停止。每次取交换液2kg，置3L圆底蒸馏瓶中进行减压蒸馏，维持水温90℃以下，直至内含水分全部除尽。趁热倒入无水乙醇1kg，强烈振摇混合，脱水，45~50℃内保温8h以上，析出山梨醇结晶，于垂熔漏斗中减压过滤，抽干，除去残余乙醇，真空干燥或60℃以下干燥，得山梨醇精品。

2. 电解还原法

（1）工艺路线（图7-18）

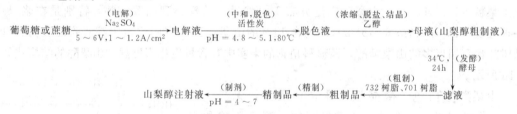

图7-18 电解还原法制备山梨醇的工艺路线

（2）工艺过程

① 电解、中和、脱色、浓缩、脱盐、结晶 电解液的配制：取葡萄糖140kg，加蒸馏水150kg热溶，加结晶硫酸钠50kg，搅拌溶解，冷却到20~25℃，稀释到300kg，备用。取糖液调节pH至7，在电解槽中以表面涂汞的铅板为阴极，以铅板为阳极，阳极置于一用素烧瓷片制成的隔膜中，隔膜中放1mol/L硫酸，电压5~6V，电流密度1~1.2A/cm²，进行电解。开始时pH=7左右，以后pH自然上升，到30h后用30%氢氧化钠调节到碱浓度为0.7mol/L，保温槽内温度在15~25℃之间，80~100h后，当残糖在15%左右，即可停止电解。将电解液以隔膜酸中和至pH=4.8~5.1，再用活性炭在80℃进行脱色，过滤，脱色液真空浓缩，温度由50℃逐渐升到80℃，水量甚少，停止蒸发。趁热在搅拌下吸入85%乙醇160kg于锅内，常压加热到70℃，保温1h提取，过滤除去硫酸钠，得滤液330L左右。

冷却至 15℃结晶完全，离心分离，母液回收乙醇后得含粗制山梨醇液。

②　发酵　上述溶液用水稀释到相对密度为 1.1 左右，加热 38℃，加尿素 0.8kg/500L、磷酸 0.65kg/500L 及鲜酵母 4kg/500L，在 34℃保温 24h，葡萄糖含量由 15％～20％降到 8％～10％左右，待发酵完毕，升温到 105℃，煮沸 20～60min，加活性炭脱色，过滤，取滤液。

③　粗制　滤液用 732 阳离子交换树脂（H^+ 型）和 701 阴离子交换树脂（OH^- 型）脱盐，待阴离子树脂体积膨胀到一定高度时，树脂饱和。脱盐后的溶液，用少量活性炭脱色，减压浓缩到相对密度达 1.24～1.25（20℃），得山梨醇精品。

④　精制　同氢化还原法。

⑤　制剂　按 250g/L（25％）质量浓度的配制称取山梨醇溶解于适量的注射用水中，使之 400～500g/L（40％～50％），加入配制量的 5g/L（0.5％）活性炭，加热煮沸，徐徐保持 1h，趁热过滤，收集滤液。按测定的含量加注射用水稀释至 250g/L（25％），pH＝4～7，过滤，分装于 250ml 或 100ml 输液瓶中，115℃、30min 热压灭菌，即得山梨醇注射液。

九、植酸钙镁

（一）结构、性质与应用

自然界中，植酸钙镁广泛存在于油料、谷类、豆类的种子中，榨油后的豆饼、棉籽饼和米糠饼等含量较多，其中脱脂米糠饼含量高达 80～145g/kg。玉米浸泡的废水可作提取植酸钙镁的原料，是生产玉米淀粉的副产品。

植酸钙镁化学名称为肌醇六磷酸酯钙镁盐，呈白色粉末，无臭，溶于盐酸、硝酸和硫酸，不溶于水和碱。其结构式如图 7-19 所示。

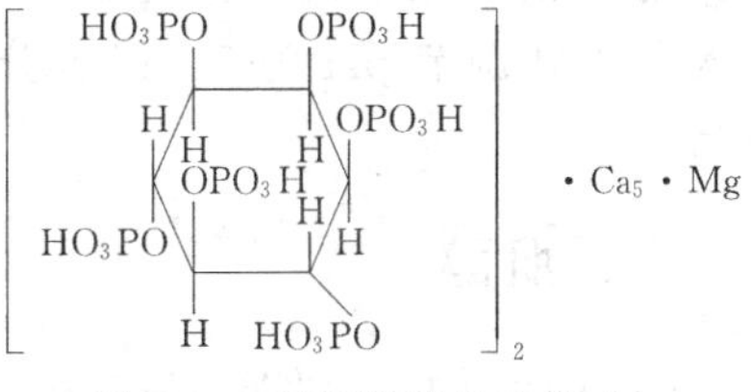

植酸钙镁又称非丁，是一种良好的营养药，具有促进新陈代谢、增进食欲和营养、助发育等作用。适用于治疗神经系统各种疾病、血管张力减退、癔病、神经衰弱、佝偻病、软骨病、贫血和结核病等。

图 7-19　植酸钙镁的结构式

植酸钙镁粗品还是生产肌醇的原料，精品可作营养剂、强壮剂和试剂等。国外发现、研究和应用植酸钙镁已达百年之久，现仍在深入研究中。国内近十几年来研究和开发进展较快，列入国家火炬计划，并已取得显著成绩。

（二）制备方法及工艺

1. 以玉米浸泡液为原料的提取法

（1）工艺路线（图 7-20）

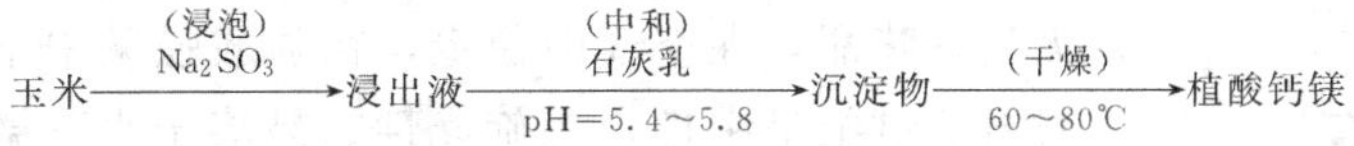

玉米 $\xrightarrow[\text{Na}_2\text{SO}_3]{\text{（浸泡）}}$ 浸出液 $\xrightarrow[\text{pH}=5.4～5.8]{\text{（中和）石灰乳}}$ 沉淀物 $\xrightarrow[\text{60～80℃}]{\text{（干燥）}}$ 植酸钙镁

图 7-20　以玉米浸泡液为原料提取植酸钙镁的工艺路线

（2）工艺过程　取净化玉米投入浸泡罐中，用 0.3％亚硫酸钠溶液在 52～53℃浸泡 70h，放出浸泡液，搅拌下加入 8°Bé 的石灰乳，中和至 pH＝5.4～5.8，静置 1h，除去上层清液，浑浊液压滤，滤饼在 60～80℃烘干，得植酸钙镁。

2. 以植酸钙为原料的提取法

(1) 工艺路线 (图 7-21)

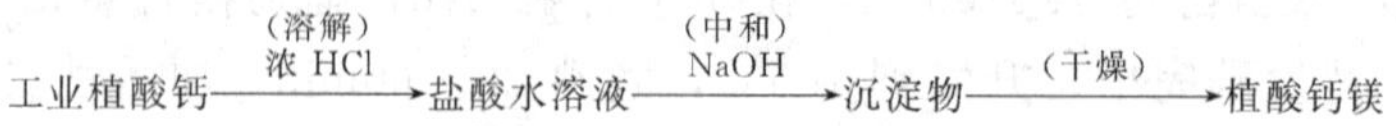

工业植酸钙 $\xrightarrow[\text{浓 HCl}]{\text{(溶解)}}$ 盐酸水溶液 $\xrightarrow[\text{NaOH}]{\text{(中和)}}$ 沉淀物 $\xrightarrow{\text{(干燥)}}$ 植酸钙镁

图 7-21 以植酸钙为原料提取植酸钙镁的工艺路线

(2) 工艺过程 按 m(工业植酸钙):V(浓盐酸):V(氢氧化钠):m(活性炭):V(水)$=$ 1:1:0.625:0.04:8 的配料比投料。取工业植酸钙溶于等量的浓盐酸中,加热使之溶解,加入活性炭,加水稀释,过滤。滤液在搅拌下,加入 120g/L (12%氢氧化钠) 溶液中和至 pH=5.1,析出沉淀,静置,检查 pH,过滤,收集滤饼用水洗至氯离子合格为止,甩干,搓成小条状,通风干燥,得植酸钙镁。

3. 以麸曲渣为原料的提取法

(1) 工艺路线 (图 7-22)

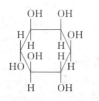

麸曲渣 $\xrightarrow{\text{HNO}_3}$
植酸水溶液
麸曲渣 $\xrightarrow[\text{HNO}_3]{\text{(浸泡)}}$ 植酸水溶液 $\xrightarrow[\text{石灰乳}]{\text{(中和)}}$ 沉淀粉 $\xrightarrow{\text{(干燥)}}$ 成品

图 7-22 以麸曲渣为原料提取植酸钙镁的工艺路线

(2) 工艺过程 取麸曲渣加入 4 倍量水和 0.02 倍量的工业硝酸 (相对密度 1.4~ 1.42),搅拌均匀浸泡 2h,每小时搅匀一次,放出植酸水溶液,麸曲渣再加 3 倍量水和 0.01 倍量的工业硝酸,浸泡 5h,每小时搅匀一次,放出植酸水溶液,合并,pH 应为 4。加入石灰乳调节 pH 为 7,静置分层,弃去上层清液,过滤,甩干,干燥,得植酸钙镁粗品。

十、肌醇

(一) 结构、性质与应用

Bouveault 于 1894 年从理论上指出有九种肌醇,其中七种为消旋体,有一对 DL-对映体,这九种肌醇的结构分别可用各种词头加以区别。

根据最近报道,九种肌醇中除 *cis*-肌醇、epi-肌醇、all-肌醇外,其余六种肌醇均为天然存在,一般以游离形式存在于动物的肌肉、心、肝、肺等组织中,也可以与磷酸结合形成磷酸肌醇。在低等植物中主要形式是磷酸肌醇,高等植物中则是肌醇六磷酸和肌醇六磷酸的钙镁盐。肌醇的结构式如图 7-23 所示。

肌醇又称肌糖,化学名称为环己六醇,呈白色结晶性粉末,无臭,味甜,在空气中稳定,在强酸强碱中不易水解。水溶液对石蕊试纸呈中性,无旋光性。易溶于水,微溶于乙醇,不溶于乙醚和氯仿,在一些极性很强的有机溶剂也可以适当地溶解,如甲酰胺、二甲基亚砜等。熔点 224~227℃。

图 7-23 肌醇的结构式

肌醇的化学性质与多元醇相同,但有些性质方面则受到环结构的限制和影响而呈现一定的化学特性。肌醇能被浓硝酸氧化,分步氧化可得到不同的产物,其中有些中间物与 Ca^{2+}

及其他金属离子形成深色化合物，此即是典型的 Scherer 肌醇试验依据。在低温下，肌醇与冷的碱性高锰酸钾作用，最后开环生成糖二酸。过碘酸也能氧化肌醇，氧化 1 个肌醇分子需消耗 6 分子的过碘酸，并生成 6 分子的甲酸。此法已用于测定 myo-肌醇，但反应中应严格控制反应条件。此外，肌醇通常可以在没有催化剂的条件下与各种酸起酯化反应，与金属生成配合物，与碱性醋酸铅生成不溶性产物，从而可以定量地从溶液中除去环糖醇，因此也可利用此性质作为分离环糖醇的依据。

很久以前已发现肌醇是促使酵母菌生长的促进因子，并且当一些酵母和许多动物与植物的组织在人工培养条件下一定需要肌醇，因此肌醇也称为"生物活素"。肌醇能调节脂质类和糖类的代谢，临床上常与复合维生素 B 一起使用，可以阻止或降低过量的脂肪在肝脏沉积，用于治疗肝硬化、脂肪过多症和血管硬化症。其次，有报道认为肌醇对于维生素的合成和酶活性具有重要的影响，它可以促进 α-淀粉酶和维生素 B_2 的形成。

（二）制备方法及工艺

（1）工艺路线　使用植酸钙镁为原料，经高压水解后得到肌醇，见图 7-24。

（2）工艺过程　按 m(植酸钙镁)：V(水)＝1：3.2 的配料比投料。取植酸钙镁置于高压釜内，加水搅拌，密闭，保持内压 490.5kPa（5kgf/cm²），温度在 160℃以上，水解 20h，得高压水解液，再加适量的石灰乳中和，不断

植酸钙镁 —（高压水解）水 490kPa,160℃,20h→ 水解液 —（中和）石灰乳 pH＝7～8→ 肌醇

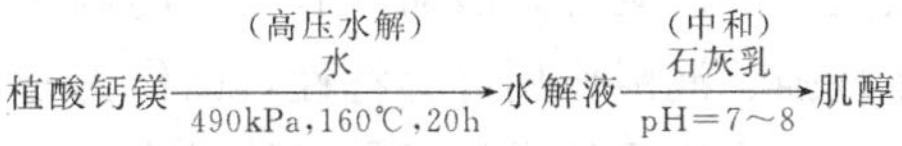

图 7-24　以植酸钙镁为原料制备肌醇的工艺路线

搅拌，pH 控制在 7～8，过滤，滤液进行浓缩，冷却后结晶析出，过滤，收集肌醇粗品。再将粗品用 3 倍量的蒸馏水溶解，在 90℃加入粗品的 50g/L（5%）活性炭脱色，过滤，冷却，干燥，即得肌醇精制品。

国内报道的肌醇生产新工艺，采用脱脂米糠浸泡或玉米浸渍水，加絮凝剂和蛋白沉淀剂净化处理后，用复合中和剂代替石灰乳以避免因生成氯化钙-肌醇配合物，然后将水解液通过阴、阳离子交换柱精制，浓缩，一次结晶即得成品。与传统工艺相比，新工艺的肌醇浓缩液纯度高，结晶过程损失少，成品纯度高，有效地降低了成本。

第三节　多糖类药物

多糖是由单糖缩合而成的链状结构物质，在自然界中，微生物、动物、植物都含有多糖。生物体内多糖除以游离状态存在外，也以结合的方式存在。结合型多糖有与蛋白质结合在一起的蛋白多糖和脂质结合在一起的脂多糖等。前者如人参多糖、黄芪多糖和硫酸软骨素，后者如胎盘脂多糖与细菌脂多糖。

已发现不少多糖物质及其衍生物具有药用价值，尤其在抗凝、抗血栓、调血脂、调节免疫功能和抗肿瘤、抗放射方面都有显著的药理作用与疗效。如香菇多糖对小鼠 S_{180} 瘤株有明显的抑制作用，已作为免疫调节型抗肿瘤药物出售，与其他抗癌药物合用，可增加抗肿瘤的作用。从中药猪苓中获得的水溶性多糖能促进抗体生成，是一种良好的免疫调节剂。海藻多糖的衍生物藻酸双酯钠具有抗凝血、调血脂等作用，临床上用于心脑血管疾病的防治。多糖类物质分布的广泛性、结构的复杂性、生物学作用的多样性，使人们对这类物质的药用研究越来越重视，将会有越来越多的多糖类药物应用于人类的疾病治疗。

一、性质与作用

自然界中存在的多糖或起结构作用或作为一种能量的贮存形式而起重要作用，所有的多糖都可被酸或酶所水解而产生单糖或单糖衍生物。

在多糖中，对来自动物体的黏多糖类生化药物的研究与应用特别引人注目。根据组成黏多糖的单糖或结构单位的不同，黏多糖有许多种类，每一种类的黏多糖都有其特定的生理活性或药理作用，并且同一种类的黏多糖因其连有的修饰基团种类和数量的不同以及分子量的不同，也会引起生理或药理作用的差异。肝素是天然抗凝血物质，其作用机制是抑制凝血酶原变成凝血酶，抑制凝血酶促进纤维蛋白酶变成纤维蛋白的作用，阻止血小板黏着、凝集和释放，从而延长凝血时间。另外，肝素还有调血脂、抗炎、抗动脉粥样硬化和抗肿瘤等作用。肝素在临床上用于预防输血及其他原因引起的血栓和栓塞性疾病，如心肌梗死、肺栓塞、脑血管栓塞病、弥散性血管内凝血等。将肝素用化学的方法或酶法进行降解获得的低分子肝素，其抗凝血作用明显降低，但仍有强的抗血栓作用。从猪十二指肠提取得到的类肝素物质冠心舒，则可口服而具有较强的调血脂和抗动脉粥样硬化作用。玻璃酸具有黏弹性高、保水性强、润滑作用好等特性，已作为一种黏弹性工具（手术软器械）被广泛地应用于眼科手术，其作用是使眼组织易于被操作、维持前房、保护角膜内皮免受损伤等。将其注入关节腔内可对关节表面起润滑作用，用于治疗骨性关节炎、类风湿性关节炎等关节病。从虾皮或蟹壳中提取的壳多糖，具有不溶于水、稀无机酸、碱和常用有机溶剂的性质，并有生物相容性和生物降解性，其降解产物在体内无不良作用，已被用于制备可吸收性手术线、人造皮肤、医用多孔泡沫材料等。壳多糖的衍生物脱乙酰壳多糖能溶于某些无机酸或有机酸中，形成高黏度的溶液，具有良好的成膜性、吸附性，且由于脱乙酰度的不同其性质也有差别，在医药领域有广泛的用途。

目前部分已经临床应用的多糖类药物见表 7-2。

表 7-2　部分多糖类药物来源及用途

品　种	来　源	用　途	剂　型
右旋糖酐 70	蔗糖发酵	补液	注射剂
右旋糖酐 40	蔗糖发酵	补液	注射剂
右旋糖酐 10	蔗糖发酵	补液	注射剂
羟己基淀粉	淀粉修饰	补充血容量	注射剂
羧甲基淀粉	淀粉修饰	补充血容量	注射剂
黄芪多糖	黄芪	增强免疫、抗肿瘤等	口服液
猴头菌多糖	菌丝体浸取液	改善胃功能	口服液
银耳多糖	银耳	改善免疫功能，升高白细胞	胶囊剂、糖浆剂
猪苓多糖	猪苓	增强细胞免疫功能	注射剂
灵芝多糖	赤芝的子实体	增强免疫功能等	口服液
香菇多糖	香菇的子实体	抗肿瘤药物	注射剂
胎盘脂多糖	猪胎盘	增强免疫功能	注射剂
肝素	猪肠黏膜	抗凝血、抗血栓	注射剂、喷胶剂、滴眼剂
玻璃酸	鸡冠	黏弹性工具	注射剂、滴眼剂
冠心舒	猪十二指肠	抗凝血、调血脂、抗动脉粥样硬化	片剂
抗栓灵	肝素修饰	抗血栓	口含片剂
降脂宁	猪肠黏膜肝素修饰	调血脂	肠溶片剂
低分子肝素	肝素降解	抗凝血、抗血栓	注射剂

续表

品 种	来 源	用 途	剂 型
硫酸软骨素	动物软骨	抗动脉粥样硬化等	口服剂、注射剂、滴眼剂
硫酸软骨素 A	动物软骨	降血脂、抗动脉粥样硬化	口服剂、注射剂
壳多糖	虾皮、蟹壳	人工皮肤等	膜剂
甲基纤维素	纤维素修饰	制剂辅料	
羧甲基纤维素	纤维素修饰	制剂辅料	
微晶纤维素	纤维素	制剂辅料	

二、壳多糖和脱乙酰壳多糖

壳多糖又名甲壳质、几丁质、甲壳素，其化学名为 β-(1→4)-聚-2-乙酰氨基-2-脱氧-D-葡萄糖。脱乙酰壳多糖（chitosan），又名壳聚糖，为壳多糖的脱乙酰基衍生物，因可溶于水，还称可溶性甲壳素。

早在 1811 年，法国科学家 H. Braconnot 在进行蘑菇研究的时候，从霉菌中发现了这一物质。以后发现壳多糖广泛地存在于节肢动物（如虾、蟹）的外壳、昆虫（如春蚕）的体表层以及真菌（如霉菌）的细胞壁。中国青海所产卤虫，即是除虾和蟹外的另一种壳多糖来源。据估计，地球上每年可以生物合成大约 10 亿吨壳多糖。

（一）结构、性质与应用

壳多糖是一种线型的高分子多糖，其平均相对分子质量一般在 10^6 左右，为天然的中性黏多糖。若经浓碱处理，进行化学修饰去掉乙酰基得到脱乙酰壳多糖。它们的结构式如图 7-25 所示。

壳多糖外形呈白色无定形粉末，或亮白色半透明的小片状物。不溶于水、稀酸、碱溶液和乙醇、乙醚等有机溶剂，溶于无水甲酸、浓无机酸。壳多糖可不同程度地乙酰化，可被溶菌酶、壳多糖酶水解。遇酸慢慢水解生成 N-乙酰氨基葡糖

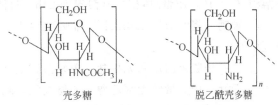

图 7-25　壳多糖和脱乙酰壳多糖的结构式

的寡聚体，遇 100℃的盐酸水解，最终产物为葡糖胺的盐酸盐。化学性质主要表现在分子结构上的某些基团反应。

脱乙酰壳多糖为结晶性粉末，能溶于某些无机酸或有机酸中，形成高黏度的胶体溶液，相对分子质量小于 10^4，可溶于水中。

壳多糖和脱乙酰壳多糖均具有良好的成膜性、吸附性、组织相容性和降解性。二者均能与许多金属离子配位化合生成特征颜色不同的配合物，脱乙酰壳多糖的配合能力比壳多糖大。

壳多糖和脱乙酰壳多糖的应用非常广泛，可制成透析膜、超滤膜和脱盐的反渗透膜，与纤维素等交链复合体可做成分子筛，用作药物的载体具有缓释、持效的优点，国外正研究作许多药物的缓释剂。若以戊二醛等作交联剂，可与许多酶或微生物细胞固定化，如固定化天冬酰胺酶。由于壳多糖化学上的不活泼性，不与体液发生变化，对组织不引起异物反应，无毒，具有抗血栓、耐高温消毒等特点，可用于人造皮肤、人造血管、人工肾、手术缝合线

等。脱乙酰壳多糖是碱性多糖，有止酸、消炎作用，可抑制胃溃疡，动物试验表明，可降低胆固醇、血脂。国外已报道用作心血管系统降低胆固醇的药物，国内也开始了研究。经分子修饰制得的肝素类似结构物，具有抗血栓作用，能与肝素媲美。

（二）制备方法及工艺

1. 工艺路线

（1）壳多糖（图7-26）

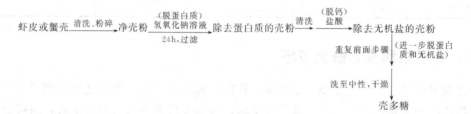

图 7-26　壳多糖的制备工艺路线

（2）脱乙酰壳多糖（图7-27）

壳多糖 → (氢氧化钠溶液 110℃,24h) → 粗品 → (过滤,水洗) → (重复前面步骤) → (干燥) → 不同脱乙酰度壳多糖

图 7-27　脱乙酰壳多糖的制备工艺路线

2. 工艺过程

（1）壳多糖

① 清洗、粉碎、脱蛋白质　取虾皮或蟹壳，清洗干净，烘干，粉碎。加 2mol/L 氢氧化钠溶液（1∶10，质量/体积）常温浸泡 24h，过滤，将滤渣洗至中性。

② 脱钙　将滤渣用 1.0mol/L 盐酸（1∶10，质量/体积）浸泡 12～24h，过滤，将滤渣洗至中性。

③ 进一步脱蛋白质和无机盐　重复酸碱处理步骤，可重复 1～2 次。

④ 干燥　用适量的无水乙醇、乙醚洗涤，减压干燥，得白色固体壳多糖。

（2）脱乙酰壳多糖　取壳多糖加入 400～450g/L（40%～45%）氢氧化钠溶液 [1∶（15～20）]，温度 110℃左右反应 1h，过滤，用水洗涤至中性。依不同脱乙酰度的要求，重复 1～2 次处理，减压干燥，即得。脱乙酰度达 60%～99%。在脱乙酰化过程中，由于溶剂化作用，部分糖苷键发生水解，导致分子量降低。为避免大分子的破坏，采用加入 10g/L（1%）硼氢化钠（$NaBH_4$）溶液或通入惰性气体等方法，如将壳多糖置于 400g/L（40%）的氢氧化钠溶液中，在 110℃，通氮气反应 2.5～3h，可得脱乙酰壳多糖。

三、透明质酸

透明质酸（hyaluronic acid），又名玻璃酸，是 Meyer 和 Palmer 于 1934 年从牛眼玻璃体中分离得到并命名的。玻璃酸广泛地存在于人或动物的各种组织中，已从结缔组织、脐带、皮肤、鸡冠、关节滑液、脑、软骨、眼玻璃体、鸡胚、兔卵细胞、动脉和静脉壁等中分离得到。另外，产气杆菌、绿脓杆菌和 A 族溶血性链球菌、B 族溶血性链球菌、C 族溶血性链球菌也能合成玻璃酸。在哺乳动物体内，以玻璃体、脐带和关节滑液的含量为最高。鸡冠玻璃酸含量与滑液相似。

（一）结构、性质与应用

玻璃酸是由（1→3）-2-乙酰氨基-2-脱氧-β-D-葡萄糖-(1→4)-O-β-D-葡萄醛酸的双糖重复单位所组成的一种聚合物。其相对分子质量具有不均一性，一般平均为 50 万～200 万。结构式如图 7-28 所示。

玻璃酸具有许多黏多糖共有的性质，为白色絮状或无定形固体，无臭无味，具有吸湿性。溶于水，不溶于有机溶剂，其水溶液的比旋光度为 $-70°$～$-80°$。分子带负电，在电场中以 9×10^{-5}～4×10^{-5} cm²/(s·V) 速度泳动。但是，等空间距离的葡糖醛酸残基上的羧基使它又具有特殊的性质，最突出的是其溶液具有高

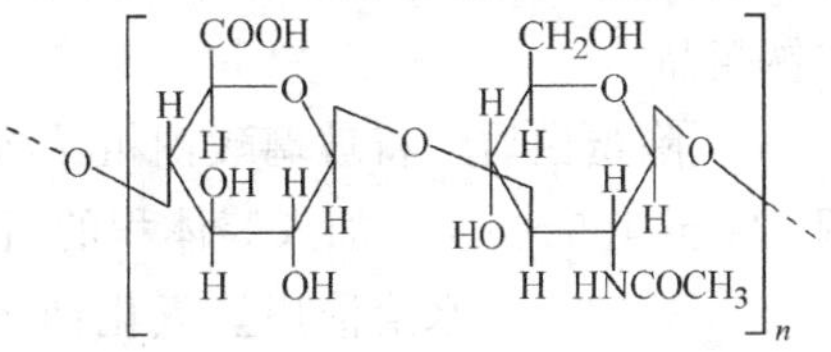

图 7-28　玻璃酸的结构式

黏度。由于具有较长的可折叠链和羧基上负电荷的相互排斥作用，玻璃酸分子的空间伸展特别大，即使在低浓度下，分子间亦有强烈的相互作用。因此，玻璃酸分子具有较高的特性黏度值。特性黏度值随着分子量的不同而变化，同时也受 pH 和离子强度的影响。分子量越高，其特性黏度值越大。在以下四种条件下，可使玻璃酸溶液的黏度值发生不可逆下降：pH 过低或过高；玻璃酸酶的存在；还原性物质如半胱氨酸、焦性没食子酸、抗坏血酸（维生素 C）或重金属离子的存在；紫外线、电子束照射。前两种因素引起黏度降低可能是因引起糖苷键的水解造成的。辐射破坏可能是因分子之间的解聚造成的。

玻璃酸特殊的结构单位和大分子构型使其溶液具有高度黏弹性，作为关节滑液的主要成分，当关节剪切力增大（快速运动）时，主要表现为弹性，即其分子可贮存部分机械能，从而达到减轻关节震动的目的；当剪切力变小（慢速运动）时，则主要表现为黏性，即玻璃酸所承受的机械能可通过其分子网扩散，从而起到润滑关节作用。因此，玻璃酸对关节软骨具有机械保护作用。玻璃酸的亲水性很强，这一特性使玻璃酸能调节蛋白质、水、电解质在皮肤中的扩散和运转，并有促进伤口愈合等作用。玻璃酸在临床中作为眼科手术辅助剂，在手术中可作为保护工具和手术工具。向关节腔内注射可治疗骨关节炎、类风湿性关节炎、肩周炎等各类关节病。玻璃酸甚至还被作为理想的天然保湿因子，广泛用于化妆品之中。国外药物的正式商品有澳大利亚的 Etamucin、美国的 Hyvisc、前苏联的 Luronite、瑞典的 Healon 等。

（二）制备方法及工艺

1. 以雄鸡冠为原料的制备工艺

（1）工艺路线（图 7-29）

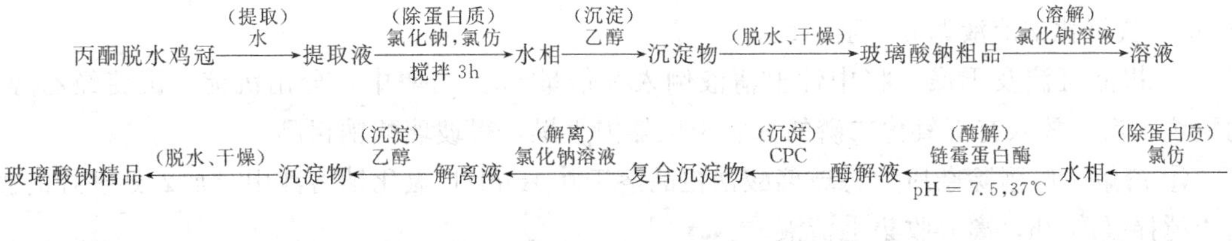

图 7-29　以雄鸡冠为原料制备玻璃酸钠的工艺路线

（2）工艺过程

① 提取　丙酮脱水鸡冠每千克加蒸馏水 5L，冷处浸泡约 24h，匀浆。搅拌提取 2h，100 目尼龙布过滤。残渣再以蒸馏水提取 3 次，每次加蒸馏水 2L。合并提取液。

② 除蛋白质　向提取液加入 10%（质量浓度）固体氯化钠，搅拌使溶。加入等体积氯仿搅拌萃取 2h，放置分层后，分出水相。

③ 粗品沉淀及干燥　去蛋白质后的溶液加 2 倍量 95% 的乙醇，待纤维状沉淀充分上浮后分出沉淀。用适量的乙醇、丙酮脱水后，放入有五氧化二磷的真空干燥器内干燥，得玻璃酸钠粗品。

④ 除蛋白质　将玻璃酸钠粗品溶于 0.1mol/L 氯化钠溶液中，使浓度成 1%。用稀盐酸调 pH 至 4.5～5.0，加入等体积的氯仿搅拌处理 2 次。静置，分出水相。

⑤ 酶解　将水溶液用氢氧化钠溶液调 pH 为 7.5，加入适量链霉蛋白酶，于 37℃ 酶解 24h。酶解液再用氯仿处理，分出水相。

⑥ 沉淀　向水相内加入过量的 1% 氯化十六烷基吡啶（CPC）溶液，放置，抽滤，收集沉淀。

⑦ 解离　将沉淀溶于 0.4mol/L 氯化钠溶液中，搅拌解离 2h，离心，分出上清液。

⑧ 沉淀、干燥　向上清液内加入 3 倍体积 95% 的乙醇，沉淀脱水，真空干燥，得玻璃酸钠精品。

2. 以动物眼玻璃体为原料的制备工艺

（1）工艺路线（图 7-30）

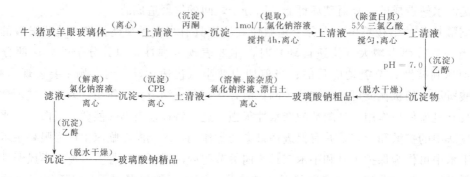

图 7-30　以动物眼玻璃体为原料制备玻璃酸钠的工艺路线

（2）工艺过程

① 提取　将冷冻的牛、猪或羊的眼球解冻，剥出玻璃体，融化后离心，分出上清液，加入 1.5 倍量的丙酮沉淀。8h 后离心，所得沉淀加入到 1mol/L 氯化钠溶液中，搅拌提取 4h，离心。

② 除蛋白质　上清液在低温下加入冷的 5% 三氯乙酸，搅匀，立即离心分出上清液，用 5mol/L 氢氧化钠溶液调 pH 至中性。

③ 粗品沉淀及干燥　将中性上清液倒入 2 倍量 95% 乙醇中，分出沉淀。沉淀经乙醇、丙酮脱水后，放入有五氧化二磷的真空干燥器内干燥，得玻璃酸钠粗品。

④ 溶解、吸附除杂质　将玻璃酸钠粗品溶于 0.1mol/L 氯化钠溶液中，加入处理好的漂白土搅拌吸附 2h，离心收集上清液。

⑤ 沉淀　向上清液内加入等体积的溴化十六烷基吡啶（CPB）溶液，得玻璃酸-CPB 沉淀。放置 12h 后离心，收集沉淀。

⑥ 解离　沉淀洗涤后于 0.4mol/L 氯化钠溶液解离 4h，抽滤。

⑦ 沉淀、干燥　将滤液倒入 3 倍量 95% 的乙醇中，分出沉淀。沉淀经乙醇、丙酮脱水

后，放入有五氧化二磷的真空干燥器内干燥，得玻璃酸钠精品。

3. 发酵法的制备工艺

（1）工艺路线 能够生产玻璃酸的菌有多种，其中以兽疫链球菌变异株 Y-921 发酵生产玻璃酸的制备工艺如图 7-31 所示。

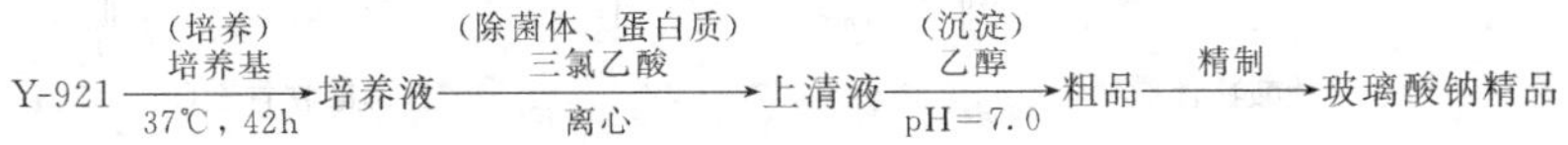

$$Y\text{-}921 \xrightarrow[37\text{℃},42\text{h}]{\overset{（培养）}{\text{培养基}}} 培养液 \xrightarrow[\text{离心}]{\overset{（除菌体、蛋白质）}{\text{三氯乙酸}}} 上清液 \xrightarrow[\text{pH}=7.0]{\overset{（沉淀）}{\text{乙醇}}} 粗品 \xrightarrow{\text{精制}} 玻璃酸钠精品$$

图 7-31 发酵法制备玻璃酸钠的工艺路线

（2）工艺过程

① 培养 培养基的成分为（%）：葡萄糖 6.0、蛋白胨 1.5、KH_2PO_4 0.2、$MgSO_4 \cdot 7H_2O$ 0.1、$CaCl_2 \cdot 2H_2O$ 0.005、泡敌（GPE）0.03，pH 为 7.0。取培养基 200L 加入 400L 发酵罐中，灭菌后按 1% 的量接种 Y-921，于 37℃ 下通气 [1.5L/(L·min)] 搅拌（200r/min）培养 42h。发酵全程用 6mol/L 氢氧化钠溶液连续调节发酵液，保持 pH 在 7.0。当培养基中的葡萄糖耗尽时，终止培养。

② 除菌体、蛋白质 将几乎无流动性（黏度 8Pa·s）的发酵液用去离子水稀释至黏度 0.1Pa·s 以下，用三氯乙酸调 pH 至 4.0，离心除去菌体及不溶物，收集上清液。

③ 沉淀、干燥 上清液调 pH 至 7.0 倒入 3 倍量 95% 乙醇中，分出沉淀。沉淀经乙醇、丙酮脱水后，放入有五氧化二磷的真空干燥器内干燥，干燥即得玻璃酸钠粗品。

④ 精制 用以鸡冠为原料制备工艺中的玻璃酸钠精制方法对本工艺的粗品进行精制，即得玻璃酸钠精品。

四、硫酸软骨素

硫酸软骨素（CS），其药物的商品名称为康得灵，是从动物的软骨组织中得到的酸性黏多糖。自然界中，硫酸软骨素多存在于动物的软骨、喉骨、鼻骨（猪含 41%）、牛、马中膈和气管（含 36%～39%）中，其他骨腱、韧带、皮肤、角膜等组织中也含有，鱼类软骨中含量很丰富，如鲨鱼骨中含 50%～60%，结缔组织中含量很少。腔肠动物、海绵动物、原生动物也含有，植物中几乎没有。软骨中的硫酸软骨素与蛋白质结合以蛋白多糖的形式存在。药用的硫酸软骨素是从动物软骨中提取的，主要含有硫酸软骨素 A 和硫酸软骨素 C 两种异构体。

（一）结构、性质与应用

硫酸软骨素 A 和硫酸软骨素 C 都是由 D-葡糖醛酸与 2-乙酰氨基-2-脱氧-硫酸-D-半乳糖组成，只是硫酸基的位置不同。硫酸软骨素 A 又叫 4-硫酸软骨素，其分子中半乳糖上的硫酸基在 4 位。硫酸软骨素 C 又叫 6-硫酸软骨素，其分子中半乳糖上的硫酸基在 6 位。一般硫酸软骨素约含 50～70 个双糖基本单位，链长不均一，相对分子质量在 10000～50000 之间。由于生产工艺不同，所得产品的平均分子量也不同。一般碱水解提取法所得产品的平均分子量偏低，而酶解或盐解法所得产品的平均分子量较高，分子结构比较完整。硫酸软骨素的化学结构如图 7-32 所示。

硫酸软骨素为白色粉末，无臭，无味，吸水性强，易溶于水而成黏度大的溶液，不溶于乙醇、丙酮和乙醚等有机溶剂中，其盐类对热较稳定，受热达 80℃ 亦不被破坏。

硫酸软骨素可被浓硫酸降解成小分子组分，并被硫酸化，降解的程度和被硫酸化的程度

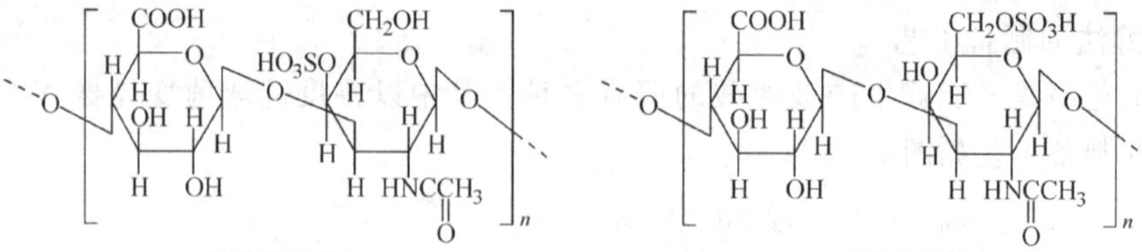

图 7-32 硫酸软骨素的化学结构

随着温度的升高而增加。硫酸软骨素也可以在稀盐酸溶液中水解而成小分子产物，温度越高，水解速度越快。硫酸软骨素分子中的游离羟基能发生酯化反应，而生成多硫酸衍生物。硫酸软骨素呈酸性，其聚阴离子能与多种阳离子生成盐，这些阳离子包括金属离子和有机阳离子如碱性染料甲苯胺蓝等。可以利用此性质对它进行纯化，如用阳离子交换树脂进行纯化等。

硫酸软骨素用在医药上可以清除体内血液中的脂质和脂蛋白，清除心脏周围血管的胆固醇，防止动脉粥样硬化，增加脂质和脂肪酸在细胞内的转换率。还能有效地防治冠心病，对实验性动脉硬化模型具有抗动脉粥样硬化及抗致粥样斑块形成作用，增加动脉粥样硬化的冠状动脉分支或侧支循环，并能加速实验性冠状动脉硬化或栓塞所引起的心肌坏死或变性的愈合、再生和修复。还能增加细胞的信使核糖核酸和脱氧核糖核酸的生物合成以及促进细胞代谢。硫酸软骨素抗凝血活性低，具有缓和的抗凝血作用，每 1mg 的硫酸软骨素 A 相当于 0.45U 肝素的抗凝活性。这种抗凝活性并不依赖于抗凝血酶Ⅲ而发挥作用，它可以通过纤维蛋白原系统而发挥抗凝血活性。硫酸软骨素还具有抗炎、加速伤口愈合和抗肿瘤等方面的作用。

（二）制备方法及工艺

1. 稀碱提取制备工艺

（1）工艺路线（图 7-33）

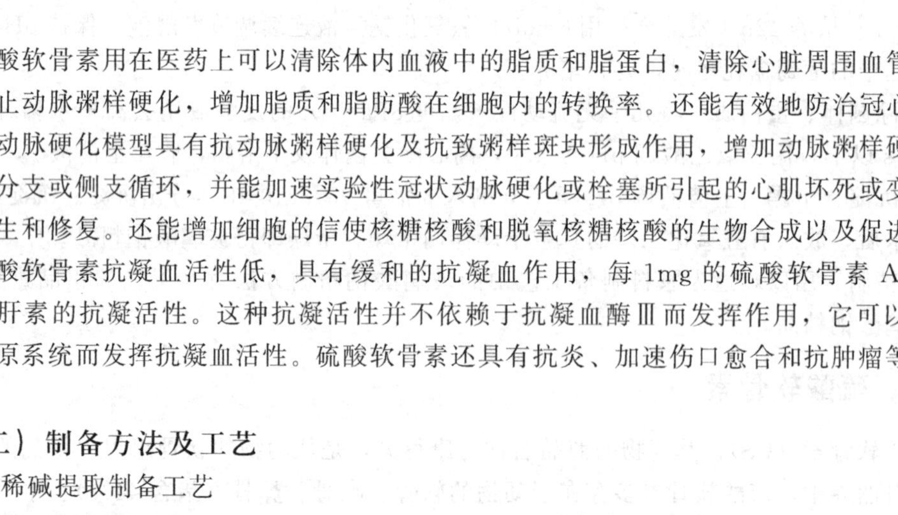

图 7-33 用稀碱提取法制备硫酸软骨素的工艺路线

（2）工艺过程

① 提取　将软骨洗净煮沸，除去脂肪和其他结缔组织，粉碎机粉碎后，加入 4 倍量的 2% 氢氧化钠溶液搅拌提取 24h，用纱布过滤，滤渣再用 2 倍量的 2% 氢氧化钠溶液搅拌提取 12h，过滤，合并两次提取液。

② 酶解　将上述滤液置于消化罐中，搅拌下加入 1∶1 盐酸调 pH 至 8.5～9.0，并加热至 50℃，加入适量胰酶酶解 4～5h。

③ 吸附　用盐酸调 pH 至 6.8～7.0，加入适量活性白土、1% 活性炭搅拌吸附 1h，过滤。

④ 沉淀 滤液调 pH 至 6.0，加入 90％以上的乙醇使醇含量为 70％。静置，上清液澄清时，去上清液，下层沉淀脱水干燥得粗品。

⑤ 精制 将上述粗品按 10％左右浓度溶解，并加入 1％氯化钠。加入 1％的胰酶酶解 3h，然后升温至 100℃，过滤至清，滤液用盐酸调 pH 至 2～3 过滤，用氢氧化钠调 pH 至 6.5，然后用 90％乙醇沉淀，无水乙醇脱水，真空干燥得精品。

2. 浓碱提取制备工艺

（1）工艺路线（图 7-34）

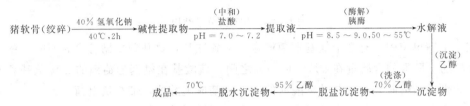

图 7-34　浓碱提取法制备硫酸软骨素的工艺路线

（2）工艺过程

① 提取 取除去脂肪及结缔组织的冻软骨，绞碎，置反应罐内，加入 1 倍量的 40％氢氧化钠溶液，加热升温至 40℃，保温搅拌提取 2h，冷却，加入工业盐酸调 pH 至 7.0～7.2，用双层纱布过滤，弃去滤渣。

② 酶解 滤液调 pH 至 8.5～9.0，加入适量胰酶，控制温度 50～55℃，酶解 3h，然后加热至 90℃，保温 10min 后过滤。

③ 沉淀 滤液调 pH 至 6.0，加入乙醇至其浓度为 70％，至上清液澄清后，去上清液，收集沉淀，并用 70％乙醇洗涤 2～3 次，然后用 95％以上的乙醇脱水 2～3 次，70℃以下真空干燥得成品。

3. 酶解-树脂提取制备工艺

将鲸鱼软骨绞碎，加 1mol/L 氢氧化钠溶液浸泡，40℃保温水解 2h 或加 pH＝7.5 的水浸泡，用蛋白酶 55℃保温水解 20h，再加盐酸中和至中性，过滤，调整滤液中氯化钠浓度达到 0.5mol/L。然后将溶液通过 Amberlite IRA-933 型离子交换树脂柱，吸附完毕，用 0.5mol/L 氯化钠液洗涤，再用 1.8mol/L 氯化钠液洗脱，流速 2L/h，洗脱液脱盐，乙醇沉淀，离心，收集沉淀，真空干燥，即得成品。

五、肝素

肝素是从哺乳动物组织中提取的硫酸化的葡糖胺聚糖化合物，一般产品为钠盐或钙盐。1916 年，Mclean 在研究凝血问题时从肝脏中发现了这种抗凝血物质，引起了很大的重视，并命名为"肝素"。

肝素广泛地存在于哺乳动物的组织中，如肺、肠黏膜、十二指肠、肝、心、胰脏、胎盘、血液等。它在体内多以与蛋白质结合成复合物的形式存在，但不具备抗凝血活性，随着蛋白质的去除，这种抗凝活性逐渐表现出来。

（一）结构、 性质与应用

肝素是由糖醛酸（L-艾杜糖醛酸，IdoA 和 D-葡糖醛酸，GlcA）和己糖胺（α-D-葡糖胺，GlcN）以及它们的衍生物（乙酰化、硫酸化）组成的具有不同链长的多糖链混合物。

多糖链主要由两个结构单位构成：结构单位Ⅰ为一五糖系列，结构单位Ⅲ为三硫酸双糖单位，此结构单位为重复单位。肝素的分子结构用一个四糖重复单位表示如图 7-35 所示。

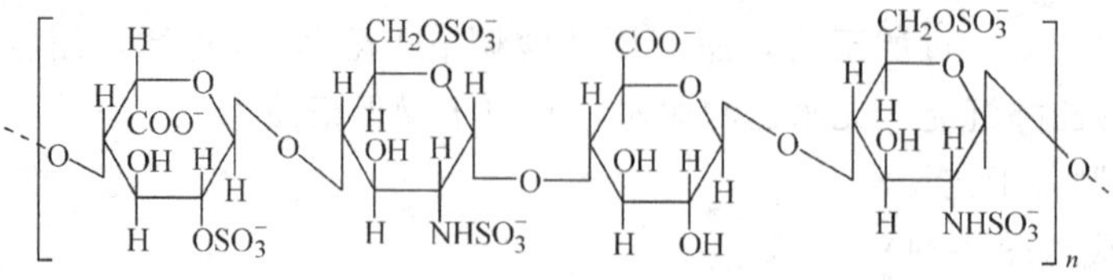

图 7-35 肝素的分子结构

在 4 个糖单位中，有 2 个氨基葡萄糖含 4 个硫酸基，氨基葡萄糖苷是 α 型的，糖醛酸糖苷是 β 型的。肝素的含硫量在 9%～12.9% 之间，硫酸基在氨基葡萄糖的 2 位氨基和 6 位羟基上，分别成磺酰胺和酯。艾杜糖醛酸的 2 位羟基成硫酸酯，带有负电荷。

肝素为白色或灰白色粉末，无臭无味，有吸湿性，钠盐易溶于水，不溶乙醇、丙酮、二氧六环等有机溶剂。分子结构单元中含有 5 个硫酸基和 2 个羧基，呈强酸性，为聚阴离子，能与阳离子反应生成盐。游离酸在乙醚中有一定溶解性。

肝素的分子是趋于螺旋形的纤维状分子，维持这种分子形状的键是分子内氢键和疏水键等，与其他黏多糖对比，其特性黏度较小。这种结构与肝素的抗凝活性密切相关，结构破坏，抗凝活性消失。

肝素的糖苷键不易被酸水解，O-硫酸基对酸水解相当稳定，N-硫酸基对酸水解敏感，在温热的稀酸中会失活，温度越高，pH 越低，失活越快。在碱性条件下，N-硫酸基相当稳定。与氧化剂反应，可能被降解成酸性产物，使用氧化剂精制肝素时，一般收率能达到 80% 左右。还原剂存在时，基本上不影响肝素的活性。N-硫酸基遭到破坏，则抗凝活性降低。分子中的游离羟基被酯化，如硫酸化，抗凝血活性下降，乙酰化不影响抗凝血活性。

肝素失活产物能被过量乙酸和乙醇沉淀。失活过程中，其分子组分损失和相对分子质量变化不大，但形状变化很大，使原来螺旋形的纤维状分子结构发生变化，分子变为短而粗。

不同来源的肝素在降血脂方面的差异，一般认为是硫酸化程度不同所致，硫酸化程度高的肝素，具有较高的降脂活性。从牛肺、羊肠中提取的肝素，硫酸化程度高于从猪肠黏膜中提取的肝素。高度乙酰化的肝素，抗凝活性降低甚至完全消失，而降脂活性不变。相对分子质量与活性有一定关系，相对分子质量低的肝素（4000～5000）具有较低的抗凝活性和较高的抗血栓形成活性。

肝素是天然抗凝药，10mg 肝素在 4h 内能抑制 500ml 血浆凝固。抗凝机制是抗凝血酶起作用，在血液 α-球蛋白（肝素辅因子）共同参与下，抑制凝血酶原转变成凝血酶。静脉注射 10min 见效，作用维持 2～4h，效果较为恒定，对已形成的血栓无效。此外，还具有澄清血浆脂质、降低血胆固醇和增强抗癌药物疗效等作用。临床广泛用作各种外科手术前后防治血栓形成和栓塞，输血时预防血液凝固和保存鲜血时的抗凝剂。小剂量时用于防治高血脂症和动脉粥样硬化。国外用于预防血栓疾病，已形成了一种肝素疗法。

（二）制备方法及工艺

1. 盐酸-离子交换制备工艺

（1）工艺路线（图 7-36）

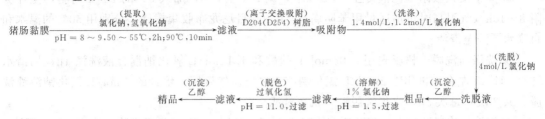

图 7-36 盐酸-离子交换法制备肝素的工艺路线

（2）工艺过程

① 提取 取猪肠黏膜投入反应锅内，按 3% 加入氯化钠，用氢氧化钠溶液调 pH 至 8～9，升温至 50～55℃，保温 2h。继续升温至 90℃，维持 10min，立即冷却。

② 离子交换吸附 提取液用双层纱布过滤，待冷至 50℃时加入 D204（或 D254）树脂，树脂用量按 5%～6%，搅拌 8h 后静置过夜。

③ 洗涤 次日过滤收集树脂，先用 50℃ 的温水冲洗树脂，再用冷水冲洗至上清液澄清。用 2 倍量 1.4mol/L 氯化钠溶液搅拌洗涤 1h，滤干，再用 1 倍量 1.2mol/L 氯化钠溶液搅拌洗涤 1h，滤干。

④ 洗脱 树脂用 4mol/L 氯化钠溶液搅拌洗脱 4h，滤干，再洗脱一次，每次用树脂 1 倍量的氯化钠溶液。合并洗脱液，用帆布过滤。

⑤ 沉淀 将滤液加入等量 95% 乙醇，沉淀过夜。虹吸除去上清液，收集沉淀，脱水干燥得粗品。

⑥ 精制 粗品按 10% 浓度溶解后，用盐酸调 pH 至 1.5，过滤至清。随即用氢氧化钠调 pH 至 11.0，按 4% 加入过氧化氢（浓度为 30%），25℃ 放置，开始时注意保持 pH＝11.0，氧化合格后，过滤，调 pH 至 6.5，加入等量 95% 乙醇，沉淀过夜。次日虹吸除去上清液，沉淀脱水干燥后得精品。

2. 酶解-离子交换制备工艺

（1）工艺路线（图 7-37）

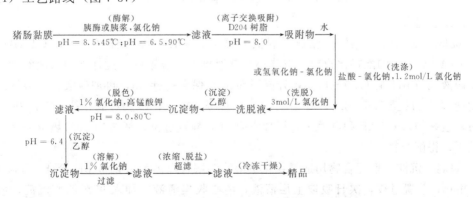

图 7-37 酶解-离子交换法制备肝素的工艺路线

（2）工艺过程

① 酶解 每 100kg 肠黏膜加苯酚 200ml，搅拌加入 0.5% 胰酶或 1% 的胰浆，用浓氢氧化钠溶液调 pH 至 8.5～9.0，升温至 45℃，保温 2～3h，维持 pH＝8.0。加入 5% 的粗盐，升温至 90℃，用 6mol/L 的盐酸调 pH 至 6.5，保温 20min，过滤。

② 离子交换吸附 滤液冷至50℃以下，调pH至8.0，加入5％的D204树脂，搅拌吸附8～10h（气温高时可加适量甲苯防腐），用100目尼龙布收集树脂，分别用50℃的温水和自来水漂洗至澄清。

③ 洗涤与洗脱 树脂先用0.05mol/L盐酸和1.1mol/L氯化钠混合液洗涤1h，用清水洗至pH＝5左右，再用1.2mol/L氯化钠溶液洗涤。然后用1倍量的3mol/L氯化钠溶液洗脱，共2次，每次3h，收集洗脱液，帆布过滤至清。

④ 沉淀 将滤液加入乙醇至乙醇浓度达42％～45％，12h后虹吸去除上清液，收集沉淀。

⑤ 精制 将沉淀物（粗品）按10％左右浓度用1％氯化钠溶液溶解，按每1×10^8U肝素钠加入高锰酸钾0.5mol左右，调pH至8.0，升温至80℃。搅拌2.5h后，以滑石粉为助滤剂过滤，收集滤液。

⑥ 沉淀 调滤液pH＝6.4，用1倍量95％乙醇沉淀12h以上，收集沉淀物，溶于1％氯化钠溶液中，板框过滤至清。

⑦ 超滤 滤液用截留分子量为5000的膜进行超滤浓缩、脱盐。

⑧ 冷冻干燥 将超滤截留液置冷冻干燥机内，在-20℃下冷冻干燥48h以上，得精品。

3. CTAB（十六烷基三甲基溴化胺）提取制备工艺

（1）工艺路线（图7-38）

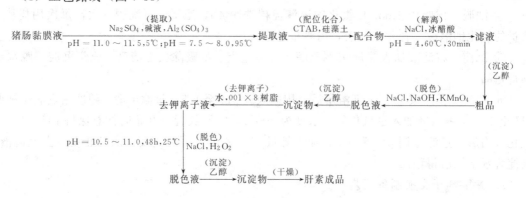

图7-38 CTAB提取法制备肝素的工艺路线

（2）工艺过程

① 提取、配位化合 按V（猪肠黏膜液）：V（硫酸钠）：V（硫酸铝）：V（CTAB）＝1：0.15：0.04：0.001的配料比投料。取猪小肠黏液投入反应罐内，搅拌下加入硫酸钠，溶解后，用碱液调节pH至11.0～11.5，升温至50℃，保温搅拌2h，再加硫酸铝，溶解后，用氢氧化钠调节pH至7.5～8.0，升温至95℃，保温10min，趁热过滤，待滤液冷却至60℃以下时，缓缓加入CTAB和硅藻土，搅拌吸附1h，静置过夜，滤饼用40℃热蒸馏水洗至无色，抽干，得配合物。

② 解离、沉淀 取配合物用适量氯化钠溶液溶解，以冰醋酸调节pH至4，升温60℃，保温30min，静置过夜，次日吸取上层清液，离心收集清液，加入95％乙醇沉淀，放置过夜，沉淀用丙酮洗涤，干燥，即得粗品。

③ 脱色、沉淀、去钾离子、干燥 将粗品用25倍新鲜配制的氯化钠溶液溶解，用氢氧化钠溶液调pH至8，升温80℃后，加入适量的高锰酸钾溶液脱色，至颜色不退为止。过滤，滤液冷却后，加0.9倍95％乙醇沉淀，静置过夜，离心，沉淀加蒸馏水溶解，加强酸性苯乙烯系阳离子树脂001×8，搅拌30min，过滤，滤液加10g/L（1％）的氯化钠，

调节 pH 至 $10.5 \sim 11.0$，按体积再加 1% 过氧化氢液，保持 25℃，静置 2d。过滤，滤液加等量的 95% 乙醇沉淀，静置 24h，沉淀用乙醇、丙酮洗涤，真空干燥或冷冻干燥得肝素成品。

六、冠心舒

Bianchini 自哺乳动物十二指肠中提取得到类肝素物质称 Ateroid，同类产品还有 Asclero、Vessel 等。国内称冠心舒，从 1972 年开始研制，由猪十二指肠提取得到，1976 年由山东莱阳生化药厂生产，至今已经 20 多年的历史。

(一) 结构、性质与应用

目前生产的冠心舒是几种类肝素的混合物，其化学组成含氨基葡萄糖、葡萄糖醛酸、N-乙酰氨基半乳糖和葡萄糖等。用酸性、中性和碱性溶液可以提取三种类肝素，它们的化学组成和生物活性各不相同。其中碱性提取的类肝素采用离子交换树脂分离又可得到两种组分，组分 I 是中性或近中性的，组分 II 是酸性的黏多糖，组分 II 还可进一步分级分离，得到不同性质的类肝素，并可能含有透明质酸、硫酸软骨素、硫酸乙酰肝素等。

组分 I 和组分 II 都具有糖的 Molisch 反应，都不溶于 70% 乙醇，其性质的相同点和不同点，如表 7-3 所示。

表 7-3 类肝素不同组分理化特性

项 目	组分 I	组分 II	项 目	组分 I	组分 II
与阴树脂的交换反应	不能进行	能进行	与甲苯胺盐反应	不易变色	易变色
在电场中迁移率	较小	迅速向正极移动	与季铵盐结合沉淀	不沉淀	能沉淀
在水中溶解度	不溶	易溶	氨基己糖含量	较高	较低
与咔唑反应	负反应	正反应	冠心舒中两组分百分比例	较高	较低

冠心舒呈白色无定形粉末，味微咸，无臭，有吸湿性，在水中能部分溶解显浑浊状，不溶于乙醇、乙醚和丙酮。

药理实验证明，冠心舒具有降低心肌耗氧量、缓和抗凝血、减少动脉粥样硬化斑块的作用。临床观察表明，冠心舒对改善或消除心绞痛、心悸、胸闷、气短有较明显的疗效，对心电图的改善也有较好的效果，适用于治疗冠状动脉粥样硬化性心脏病，无毒性，不良反应小。药物作用平缓，疗效随着疗程的增加而提高，宜长期服用。对脑血管疾病也有较好的疗效。

(二) 制备方法及工艺

1. 工艺路线（图 7-39）

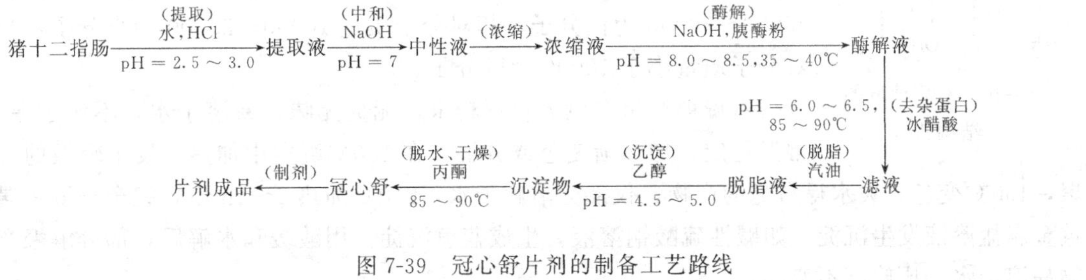

图 7-39 冠心舒片剂的制备工艺路线

2. 工艺过程

(1) 提取、中和、浓缩 将猪十二指肠用水冲洗，除去附着脂肪，绞成浆状，置于耐酸容器中，加 4 倍量的水，在搅拌下缓慢加入盐酸，使 pH＝2.5～3.0，搅拌提取 10h，静置沉淀。虹吸上清液，下层沉淀物再加 2 倍量水并用盐酸调 pH＝2.5～3.0，搅拌浸取 6h，静置沉淀，虹吸上清液，反复提取 2 次，合并提取液，用 400g/L（40％）氢氧化钠调至中性。中性液加热煮沸，除去上浮杂质，静置片刻，将液体吸入浓缩罐中，减压浓缩至原料质量的一半，双层纱布过滤，得浓缩液。

（2）酶解　将浓缩液冷却至 40℃以下，加入苯酚 0.35％，用 400g/L（40％）氢氧化钠调 pH 至 8.0～8.5，按原料质量加胰酶粉（消化力 1∶200）0.2％，在 35～40℃下搅拌酶水解 48h，得酶解液。

（3）去杂蛋白、脱脂　酶水解液用冰醋酸调 pH 至 6.0～6.5，加热至 85～90℃，保温 10min，冷却静置 12h 后，过滤，滤液减压浓缩至原料质量的 1/3，冷却后过滤，滤液中加入其 1/2 体积的汽油，搅拌或振摇 10min，置分液器中，静置分层，放出下层液，再用 1/3 体积的汽油同法处理 1 次，脱脂液减压浓缩至原料质量的 1/4，冷却后过滤，得浓缩滤液。

（4）沉淀、脱水、干燥　浓缩滤液加入乙醇，使含醇量达 60％～65％，静置沉淀，倾去上清液，于沉淀物中加入水，其量约为浓缩液的 4/5，再加乙醇使含醇量达 65％，静置沉淀，倾去上清液于沉淀物中再加水，其量为浓缩液的 3/5，用冰醋酸调 pH 至 4.5～5.0，加乙醇使含醇量达 65％～70％，静置沉淀，倾去上清液，沉淀物滤干，以 5 倍量乙醇浸泡 12h 以上，过滤，得沉淀物。沉淀物再以 5 倍量丙酮洗涤，并浸泡 16h，滤干后，用 3 倍丙酮同法处理 1 次，过滤，沉淀于 60～65℃真空干燥，球磨成粉，得冠心舒。

七、右旋糖酐

右旋糖酐是若干葡萄糖分子脱水的聚合物，又叫葡聚糖，自然界中广泛存在于微生物中，是构成细胞壁的重要组成部分。由于相对分子质量很大，不能直接药用，必须水解成一定大小的分子才行。在 20 世纪 60 年代初期，已正式投入生产。当今主要以蔗糖为原料，应用微生物发酵法，得到大分子右旋糖酐，再水解成各种适宜药用相对分子质量的产品。

（一）结构、性质与应用

右旋糖酐结构主要是（1→6）α-连接构成，同时还杂有（1→3）α-连接和（1→4）α-连接形成分支机构。其结构式如图 7-40 所示。

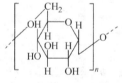

图 7-40　右旋糖酐的
结构式

从右旋糖酐的水解产物中可分离出不同相对分子质量的右旋糖酐，其中相对分子质量 50000～90000 为中分子，相对分子质量 25000～50000 为低分子，相对分子质量 10000～25000 为小分子，相对分子质量小于 10000 为微分子。

右旋糖酐呈白色无定形粉末，无臭无味，易溶于水，不溶于醇。常温稳定，加热渐变色或分解。在 100℃真空中加热，发生轻微的解聚，150℃变色，失水得易脆的产物，仅部分溶解于水，210℃加热 2～4h 后，完全分解。遇重金属盐溶液发生沉淀，如碱性硫酸铜溶液，生成蓝色沉淀。用酸缓和水解后，部分解聚产物易溶于水，比旋度不变。

右旋糖酐经 0.5mol/L 硫酸长期水解可得到结晶葡萄糖。遇碱发生降解作用，反应产物的黏度随时间长短而有显著区别。用氯磺酸和吡啶处理干粉，能引入磺酸基，得磺酸右旋糖酐，其钠盐有抗凝作用。水溶液与蒽酮硫酸液呈蓝绿色，可定量比色。

右旋糖酐·胰岛素的复合物降血糖活力比胰岛素时间长，具有良好的药理活力，已推荐为临床应用制剂。在尿激酶溶液或粉末制品中，加入相对分子质量为 1500～20000、含硫量为 3%～20% 的右旋糖酐硫酸酯，将具有 1.5×10^8 U 活力的尿激酶溶液，保存于磷酸钠缓冲溶液中，存放 10d 后，原酶活力从 61%～84% 稳定，提高至 94%～98%。其他还有与氨苄西林形成的高分子化合物，每克含氨苄西林 320μmol，活力虽低，抗菌效果显著。经二乙醛共价的卡那霉素·右旋糖酐活力同原卡那霉素一样。血红蛋白·右旋糖酐称带氧血浆，有较长时间的活力。谷胱甘肽与右旋糖酐连接，可防止巯基的自动氧化等。

右旋糖酐与环氧氯丙烷形成的缩聚物（dextranomer）呈白色球状珠体（直径为 0.1～0.3mm），具有很强的亲水性，每克干燥珠体约能吸收 4ml 的水分。在吸水时珠体本身及珠体间隙中产生一定的负压，可吸附妨碍组织修复的成分，如细胞毒素、蛋白质和细菌等，阻止焦痂形成，保持伤口柔软，给伤口愈合创造有利条件。可用于局部干燥，清洁静脉郁滞引起的溃疡、褥疮、外伤、手术感染及烧伤等创面，比酶类清创剂优越。

（二）制备方法及工艺

工业上一般采用微生物发酵法工艺生产不同相对分子质量的右旋糖酐。

（1）工艺路线（图 7-41）

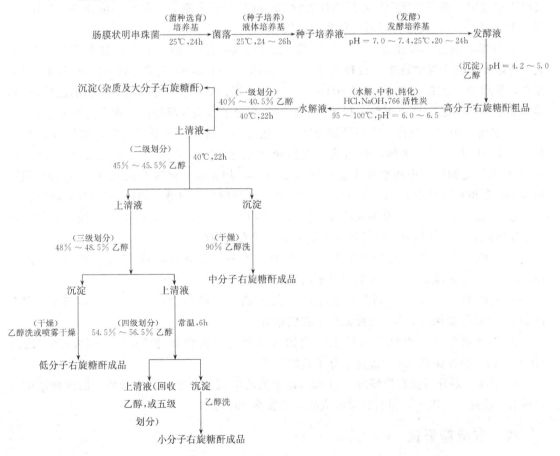

图 7-41 微生物发酵法制备右旋糖酐的工艺路线

（2）工艺过程

① 菌种选育 选用菌种肠膜状明串珠菌。培养基的配制：按质量/体积的配比，将蔗糖10％、蛋白胨0.25％、磷酸氢二钠0.08％，加水至100％，煮沸溶解，滤纸过滤，取滤液3ml分装于试管内，用纱布棉花塞塞紧，置于网格中，在117.72kPa（1.2kgf/cm²）、120℃下加压灭菌30min，放冷，置于恒温箱内，得澄清透明液体培养基供接种用。按上述液体培养基配比，加琼脂1.5％～2％，煮沸溶解，取5ml分装于试管内，用纱布棉花塞塞紧，117.72kPa（1.2kgf/cm²）加压灭菌30min，冷却，即为固体培养基。

② 菌种纯化和培养 取固体培养基5支，加热熔化后，置50～60℃水浴上保温，并分别编号。在无菌橱内选取菌种试管，用白金耳蘸取一耳接种于装有固体培养基的1号试管中，摇匀，再蘸取1号试管接种于2号试管中，摇匀，依次接种至5号试管。然后在约50℃下趁热逐管倾入对应编号的培养皿中，放平，冷却，倒放于恒温箱中，25℃恒温下培养24h，培养皿板上出现圆形、边缘整齐、中间微凸、透明、发黏菌落。选种时，一般在第3～5号培养皿内选取，正常菌落数应以5～20个为准。用蜡笔在培养皿外壁划圈，选定典型菌落。在无菌橱内以白金耳蘸取圈定的菌落接种于装有液体培养基的试管中，25℃培养24h，传2～3代后，进行小样发酵、水解、划分等试验，选取收率高、成分好、产量高的菌种，保存于2～4℃冰箱中，备扩大生产使用。

③ 种子培养 取液体培养基400ml（中瓶）及4000ml（大瓶），一只菌种试管（3ml）接种于中瓶中，再将中瓶中培养好的种液约100ml接种于大瓶中。在25℃培养20～24h，终点pH＝3.8～4.3，发酵良好者可供生产使用。

④ 发酵、沉淀 取蔗糖15％、蛋白胨0.25％、磷酸氢二钠0.15％，加水至100％，制成发酵培养基盛于发酵罐中，接种量2.5％，搅拌10～15min，控制pH＝7.0～7.4，25℃左右，发酵20～24h，最后发酵液pH＝4.5～5.0，即达到终点。加85％±5％的乙醇沉淀，再用60％～70％乙醇洗涤沉淀，得到供水解用的高分子右旋糖酐粗品，收率约为85％。

⑤ 水解、中和、纯化 将粗品加蒸馏水加热溶解，按水解液质量计算，加盐酸0.1％，在95～100℃下保温，水解，补加蒸馏水稀释含量达11％，控制终点黏度2.7～2.9，以6mol/L氢氧化钠缓慢中和水解液至pH＝6.0～6.5，加无水氯化钙2.4g/L（0.24％），最后加入766型粗粒活性炭8g/L（0.8％），在搅拌下进行脱色，过滤，得供划分用的水解液。

⑥ 一级划分 取水解液加入乙醇，使其含量为40％～40.5％，在40℃保温22h后，收集上层清液，供二级划分，沉淀物为杂质及大分子右旋糖酐。

⑦ 二级划分 将一级划分后的上清液加入乙醇，使其含量达45％～45.5％，搅拌15min，40℃静置保温22h，沉淀中分子右旋糖酐。

⑧ 三级划分 将二级划分后的上清液加入乙醇，使其含量达48％～48.5％，搅拌15min，40℃静置保温22h，沉淀低分子右旋糖酐。

⑨ 四级划分 三级划分后的上清液加入乙醇，使其含量达55.5％～56.5％，搅拌15min，40℃静置保温22h，沉淀小分子右旋糖酐。

⑩ 干燥 划分所得右旋糖酐，用90％以上的乙醇调粉脱水和除去杂质，制成松散的含醇粉末，经离心、烘干，得右旋糖酐成品，总收率60％。

八、右旋糖酐铁

（一）结构、性质与应用

右旋糖酐铁是右旋糖酐与三氯化铁形成的配合物 $[C_6H_{10}O_5 \cdot Fe(OH)_3]_n$。呈深褐色或黑色无定形粉末，无臭，味涩。在空气中有吸湿性。易溶于水，其溶液是深褐色的胶体溶液，pH＝5.2～6.5，不溶于乙醇等有机溶剂。

以右旋糖酐铁为原料制成注射液或片剂，临床上用于治疗缺铁性贫血症，如慢性失血、营养不良等，常采用深部肌内注射的方法，特别适用于不能口服铁制剂的患者。但有时注射给药不方便，又有不良反应，1985年鞍山第二制药厂研究改变给药途径，制成红色糖衣片，每片含25mg铁。经用放免试剂铁蛋白进行试验，证明吸收情况与硫酸亚铁一样。大鼠胃肠刺激性试验，切片观察对胃及十二指肠无明显的器质性影响。由中国医大附属第二、三院等7个医院288例的不同年龄、不同病型患者观察，治愈率为72%，总有效率为93.3%，疗效确切，不良反应小，是治疗缺铁性贫血的新型口服药物。

（二）制备方法及工艺

（1）工艺路线（图7-42）

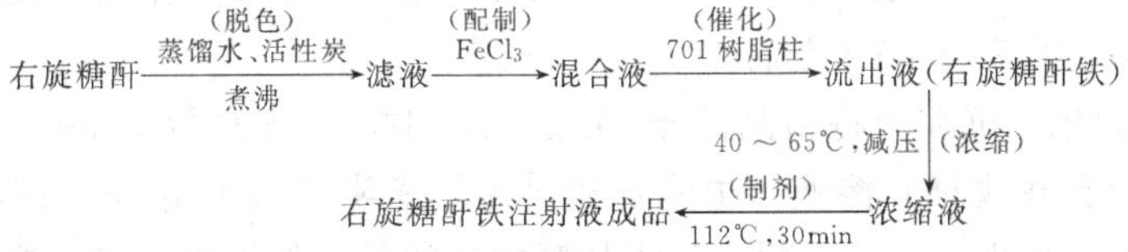

图7-42 制备右旋糖酐铁注射液的工艺路线

（2）工艺过程

① 原料处理 利用右旋糖酐划分液，回收平均相对分子质量5000～7500的产品作原料。

② 脱色、混合 在容器中加水约300ml，加热煮沸，再加入右旋糖酐100g，搅拌至全部溶解，补加水配制成100g/L。按右旋糖酐质量配比加30g/L（3%）活性炭，搅拌，煮沸15～30min，用3号垂熔漏斗过滤，得澄清滤液，放冷至室温。取滤液置适当容器中，在搅拌下加650g/L（65%）三氯化铁溶液200ml，搅拌均匀，得混合液。

③ 催化 在100mm×1000mm玻璃离子交换柱内，装701苯乙烯型弱碱性阴离子交换树脂，用100g/L（10%）氢氧化钠作再生剂，使树脂转为OH⁻型，流出液pH＝7～8，无氯化物，比电阻在50kΩ/cm以上，供催化反应用。将再生好的树脂柱内的水位放至树脂界面处，倒入混合液，进行动态催化反应，流出速度控制在15ml/min为宜，不要快。当深红色右旋糖酐铁流出时，立即取样检查pH、氯化物和比电阻，其pH应在8以上，氯化物应为阴性，比电阻在2kΩ/cm以上，合格后收集。当混合液下降到树脂界面时，开始用水洗脱，进水速度控制在和流出速度相同，一般可收集到2～3L流出液。

④ 浓缩 取上述流出液进行减压蒸馏，温度45～65℃，至1L时停止蒸馏，取样测定含铁量并酌情调节含铁量，使成2.5%。

⑤ 制剂 将配制好的溶液，经3号或4号垂熔玻璃漏斗过滤，按灭菌制剂操作，分装，封口，112℃下30min灭菌，即得右旋糖酐铁注射液成品。

九、猪苓多糖

（一）结构、性质与应用

猪苓多糖从真菌猪苓中经水提取，是以 β-(1→3)、β-(1→4)、β-(1→6) 键结合的葡聚糖。呈白色无晶形粉末，遇湿或露置空气中易氧化，由无色变棕黄色，易溶于水、20%热乙醇中，不溶于70%的乙醇。

（二）制备方法及工艺

（1）工艺路线（图 7-43）

$$\text{猪苓} \xrightarrow[115.5℃]{\substack{（提取）\\ 水}} \text{提取液} \xrightarrow[24h]{\substack{（浓缩、沉淀）\\ 乙醇}} \text{粗制品} \xrightarrow[煮沸]{\substack{（去杂蛋白、脱色、沉淀）\\ 水、鞣酸、活性炭、乙醇}} \text{沉淀物} \xrightarrow[]{\substack{（吸附、洗脱、沉淀、干燥）\\ 中性氧化铝层、乙醇}} \text{猪苓多糖纯品}$$

图 7-43　猪苓多糖的制备工艺路线

（2）工艺过程

① 提取　将 50kg 猪苓去泥土制成碎块，加入 5 倍量蒸馏水热压 115.5℃提取 3 次，每次时间分别为 1.5h、1h、0.5h，合并 3 次滤液，除去不溶性杂质，得提取液。

② 浓缩、沉淀　上述提取液减压浓缩至 5L，在搅拌下加入乙醇，使醇含量达 80%，静置 12h，过滤，收集沉淀，低温干燥。再将干燥物溶于 3L 蒸馏水中，加热煮沸后，趁热滤除不溶物，滤液在搅拌下加入乙醇达 80%，静置 24h，过滤，收集沉淀，用乙醇洗涤 3 次，低温干燥，得粗制品，收率 0.65%左右。

③ 去杂蛋白、脱色、沉淀　将粗品溶于 3L 蒸馏水中，准确量取 30ml，在搅拌下滴加 10g/L（1%）鞣酸（药用规格）溶液，边滴加边升温，煮沸后离心弃去沉淀，至取上清液加入 1 滴鞣酸液不浑浊为止，换算出粗品液需加鞣酸液的量。先将粗品液加热煮沸，在搅拌下缓缓加入 10g/L（1%）鞣酸液，待反应完全后，继续煮沸 15min，加入 20g/L（2%）的活性炭搅拌 10min，用布氏漏斗过滤，滤液加入乙醇达 70%，静置 24h 后，过滤，沉淀用 70%乙醇反复洗涤，至洗液无鞣酸为止，得沉淀物湿品。

④ 吸附、洗脱、沉淀、干燥　将湿品溶于 2L 20%的热乙醇中，通过置于布氏漏斗中的 2kg 中性氧化铝层，微微减压，缓缓流出，继续加入 60℃的热蒸馏水洗脱，收集流出液减压浓缩成 2.5L，加入体积分数达到 70%的乙醇，放置即析出白色絮状沉淀，过滤，收集沉淀，低温或冷冻干燥，即得猪苓多糖纯品。

十、海藻酸

海藻酸是从海洋植物、海带或海藻中提取的，含有的主要杂质有褐藻黄素、黑褐色素、叶绿素、粗蛋白、纤维质、少量不饱和脂肪酸、甘露醇，并可能有微量的碘等。其低聚糖的钠盐常被药用，溶于水，制成注射液，国内称 701 注射液、褐藻酸钠注射液、低聚海藻酸钠注射液，国外称 Alginon、Glyco-Algin 等。

（一）结构、性质与应用

海藻酸钠是一种甘露糖醛酸的低聚合体，其分子结构如图 7-44 所示。

海藻酸钠呈无色或淡黄色粉末，无味，无毒，溶于水形成黏稠状液体，不溶于乙醇、氯仿或乙醚等有机溶剂。pH 在 4.5～10.0 之间稳定。常用质量浓度为 25g/L（2.5%），能与少量的醇、甘油和湿润剂以及碱金属碳酸盐的溶液配伍，少量的可溶性钙盐如葡萄糖酸钙、酒石酸钙和枸橼酸钙，能使海藻酸钠溶液变稠，成为稳定的凝胶，低浓度的碱金属和重金属离子可使海藻酸钠溶液变厚或凝固，高浓度则使其沉淀。

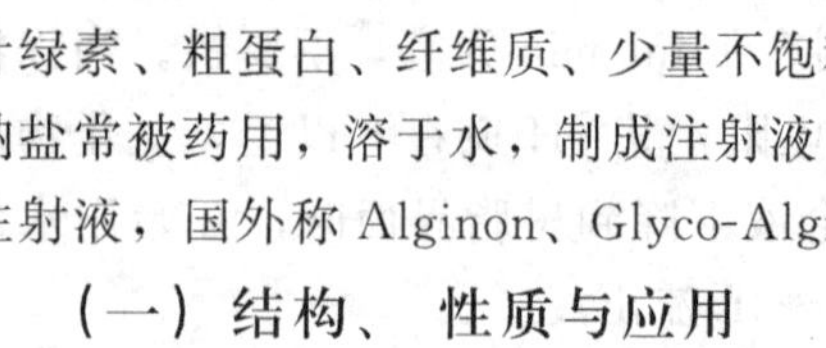

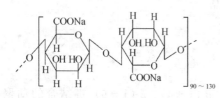

图 7-44　海藻酸钠的分子结构

动物试验表明，海藻酸钠能够明显促进小鼠腹腔巨噬细胞的吞噬功能，增强体液免疫，促进淋巴细胞转化，对大鼠红细胞凝集有明显促进作用，对肿瘤 S_{180} 有一定的抑制作用，能降低胆固醇及对抗由环磷酰胺引起的白细胞下降，并能对抗 ^{60}Co、γ 射线的辐射等。海藻酸钠或海藻酸钾与甘油制成创伤护肤凝胶，干燥成无毒柔软的护肤膜或含有治疗药物的凝胶膜，动物试验表明，具有防止细菌侵染伤口和治疗的作用，胶膜又易用清水洗去。

海藻酸钠在临床上用于增加血容和维持血压，排除烧伤所产生的组胺类毒素，对创伤失血、手术前后循环系统的稳定、大量出血性休克、烧烫性休克、高烧和急性痢疾等全身脱水具有良好的治疗效果。还具有使胆固醇排出体外，抑制 Pb、Cd、Sr 被人体吸收和保护胃肠道，调整肠功能，减肥，降血糖的作用。

（二）制备方法及工艺

1. 以干海带或干马尾藻为原料

（1）工艺路线（图 7-45）

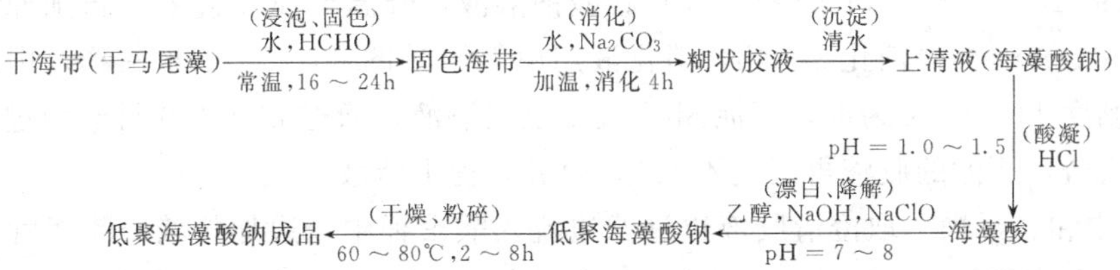

图 7-45　以干海带（干马尾藻）为原料制备海藻酸钠的工艺路线

（2）工艺过程

① 浸泡、固色　取干海带 120kg 或干马尾藻 180kg（一般含胶量大于 15%），去泥沙等杂物，加清水（或含甘露醇小于 2% 的海藻洗液）2~3t，常温浸泡 2h，用水搓洗，洗净甘露醇等杂质，溶液回收甘露醇。洗涤干净的原料，加入原料干重 15 倍量的 1% 甲醛溶液，在室温下浸渍 16~24h，已固色的原料用水冲洗 1 次，酌情切碎。

② 消化　按原料干重取 10~15 倍量的 10~15g/L（1%~1.5%）碳酸钠液，蒸气加温至 40~45℃（春、秋）或 30~40℃（夏）或 50~55℃（冬）（马尾藻 65~70℃），再加已固色的原料，保温消化 4h，至物料变成糊状时即达消化终点，得糊状胶液。

③ 沉淀　取糊状胶液，用清水按原料干重 60~70 倍稀释，搅拌均匀，室温下静置沉淀16~20h，放出上层清液，先通过 80~100 目丝绢滤过，再用细布袋过滤，得澄清海藻酸钠液。下层沉渣压榨出的胶液再沉淀 4~8h，细布袋精滤，弃渣，澄清滤液合并得胶液。

④ 酸凝　将澄清胶液 20000L 以细流状加入盐酸 60~70L（或硫酸 40~50L），稍加搅拌，静置片刻，pH 达 1.0~1.5，待放出下部废酸液达澄清透明时即为酸凝终点。酸凝后的海藻酸用水冲洗至洗液 pH 达 1.5~2.0，装袋，自滤片刻，压榨得海藻酸。

⑤ 漂白、降解　取海藻酸（水分低于 90%）200kg 捣碎，加入体积分数为 90% 乙醇80~100kg 及 300g/L（30%）氢氧化钠液 10~14L，得海藻酸钠浆，中和时间不超过 8h，控制 pH=7~8。中和完毕后，加次氯酸钠液（含量 30~50g/L）24~30L 漂白，然后用亚硫酸钠液（含量 20~27g/L）5~7L 还原多余的次氯酸钠，控制 pH=8，至淀粉碘化钾液不显蓝色为止，滤去乙醇，甩干，得低聚海藻酸钠。

⑥ 干燥、粉碎　取湿低聚海藻酸钠，均匀地撒置在烘盘中，在 60~80℃烘 2~8h，烘干，粉碎，得白色低聚海藻酸钠成品。

2. 以海带（掺 1/3 海藻）为原料

（1）工艺路线（图7-46）

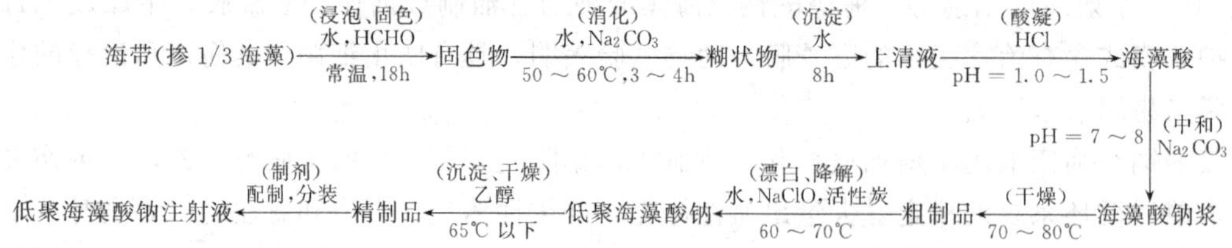

海带（掺 1/3 海藻）$\xrightarrow[\text{常温,18h}]{\underset{\text{水,HCHO}}{(\text{浸泡、固色})}}$ 固色物 $\xrightarrow[\text{50～60℃,3～4h}]{\underset{\text{水,Na}_2\text{CO}_3}{(\text{消化})}}$ 糊状物 $\xrightarrow[\text{8h}]{\underset{\text{水}}{(\text{沉淀})}}$ 上清液 $\xrightarrow[\text{pH}=1.0～1.5]{\underset{\text{HCl}}{(\text{酸凝})}}$ 海藻酸

海藻酸 $\xrightarrow[\text{Na}_2\text{CO}_3]{\text{pH}=7～8 \quad (\text{中和})}$ 海藻酸钠浆

海藻酸钠浆 $\xrightarrow[\text{70～80℃}]{(\text{干燥})}$ 粗制品 $\xrightarrow[\text{60～70℃}]{\underset{\text{水,NaClO,活性炭}}{(\text{漂白、降解})}}$ 低聚海藻酸钠 $\xrightarrow[\text{65℃ 以下}]{\underset{\text{乙醇}}{(\text{沉淀、干燥})}}$ 精制品 $\xrightarrow[\text{配制、分装}]{(\text{制剂})}$ 低聚海藻酸钠注射液

图 7-46　以海带为原料制备海藻酸钠的工艺路线

（2）工艺过程

① 浸泡、固色、消化、沉淀　取海带（掺 1/3 海藻）去掉泥沙等杂物，加入清水浸泡 2h 后，洗涤干净，投入原料干重 10 倍量的 0.8% 甲醛溶液浸泡固色 16h 以上。按原料干重取 10～15 倍量的 10～15g/L（1%～1.5%）碳酸钠溶液，升温至 80℃ 左右，再加原料，保温 50～60℃，60r/min 搅拌消化 3～4h，消化液用原料干重的 60～70 倍水稀释，用恩氏黏度计测定溶液黏度 110Pa·s 为准，沉淀 8h。放出上层清液，通过 80～100 目丝绢过滤，下层沉淀压滤，去渣，压滤的胶液再沉淀 4～8h，合并，得上清液。

② 酸凝、中和、干燥　取澄清胶液边过滤边流入酸聚桶中，边加盐酸，胶液管与酸管双管碰在一起，酸聚迅速，不超过 0.5h，pH 控制在 1～1.5。酸聚后的海藻酸用水冲洗，洗液 pH 在 1.5～2，装袋，先自滤片刻，压滤，得海藻酸，含水量 85%～90%，再将海藻酸搅碎，取样测定加碱量，加入适量纯碱中和成海藻酸钠浆，时间不超过 8h，pH 在 7～8。中和均匀后，铺在玻璃片上直接于 70～80℃ 烘干，不超过 90℃，粉碎，即得海藻酸钠精品，相对分子质量为 70000～150000。

③ 漂白、溶解　取软水 280L 加热至 60～70℃，搅拌下均匀地撒入海藻酸钠 10kg，继续加热，不停搅拌，完全溶解，然后均匀地加入适量次氯酸钠液，充分搅拌。反应过程中，胶液黏度逐渐下降，反应液颜色变浅，黏度合格后，立即加入 2kg 活性炭，搅拌 20min，脱色，趁热过滤，得澄清滤液。

④ 沉淀、干燥　滤液通入盛有 80% 乙醇的沉淀缸中 [V（乙醇）：V（滤液）=2：1] 沉淀，加活性炭 1kg，脱色，压滤。再将沉淀物离心甩干乙醇，取出纤维状物捣碎，以 90%～95% 乙醇浸泡，充分脱水，再次甩干，检查表面有无异物，如有刮去表层，再制颗粒，65℃ 以下干燥，即得低聚海藻酸钠成品。相对分子质量为 20000～31000。

⑤ 制剂　取低聚海藻酸钠 4g、葡萄糖 50g、氯化钠 3g、枸橼酸 0.015g、磷酸氢二钠（$Na_2HPO_4 \cdot 12H_2O$）0.013g 加注射用水至 1000ml。取总量 1/2 的注射用水，不断搅拌下慢慢加入海藻酸钠，适当加温至全溶，再加氯化钠、枸橼酸和磷酸氢二钠搅拌至全溶。另将葡萄糖以定量的水溶解，与上述溶液混合，再加水至全量。按药液总量，加入 1～3g/L（0.1%～0.3%）活性炭，煮沸 20～30min，布氏漏斗加 4～10 层滤纸过滤，得无色澄清液体（相对黏度 2.4～3，pH=5～7）。再用 3 号垂熔漏斗过滤，分装，以 49kPa（0.5kgf/cm²）压力，110～112℃ 灭菌 50min，即得无色或几乎无色的海藻酸钠注射液。

十一、藻酸双酯钠

（一）结构、性质与应用

藻酸双酯钠系由海藻酸钠水解、酯化而成的一种海藻酸丙酯的硫酸酯钠盐，含有机硫为

9.0%～14.0%。呈微黄色无定形粉末，无臭，无味，有吸湿性，易溶于水中，不溶于乙醇、丙酮和乙醚中。其分子结构如图 7-47 所示。

藻酸双酯钠（PSS）是中国首创的海洋新药，具有抗凝血、降血脂和改善微循环等作用，临床用于急慢性脑血栓、脑栓塞、脑动脉硬化症、冠心病等高凝梗死症和高血黏度综合征的预防与治疗，效果显著。

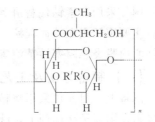

图 7-47　藻酸双酯钠的分子结构

（二）制备方法及工艺

（1）工艺路线（图 7-48）

$$海藻酸 \xrightarrow[100\sim102℃,1.5h]{\substack{（水解）\\ CaCl_2}} 水解物 \xrightarrow[回流共4h]{\substack{（酯化）\\ 环氧丙烷,丙酮}} 酯化物 \xrightarrow[60\sim65℃,1.5h]{\substack{（磺化）\\ HSO_3Cl}} 磺化物 \xrightarrow[pH=8.5\sim9.0]{\substack{（成盐）\\ NaOH}} 藻酸双酯钠$$

图 7-48　藻酸双酯钠的制备工艺路线

（2）工艺过程

① 水解　原料配比 m(海藻酸)：m(无水氯化钙)：V(蒸馏水)：V(95%乙醇)＝1：0.05：8：5.5。将海藻酸、无水氯化钙和蒸馏水等置于反应罐中，升温 100～102℃回流水解 1.5h，冷却降温至 30℃，搅拌下加入 95%乙醇，再搅拌 1h，静置 1h，甩滤，乙醇洗涤 3 次，干燥，即得水解物。

② 酯化　原料配比 m(水解物)：V(环氧丙烷)：V(蒸馏水)：V(丙酮)＝1：(1.37～1.40)：0.67：1.26。将水解物加水，使其水含量达 44%，搅拌加环氧丙烷，升温回流反应 3h，稍降温至 50℃，加入丙酮，再升温回流反应 1h，酯化完全，甩滤，丙酮洗涤，干燥，粉碎，即得酯化物（海藻酸丙二醇酯）。

③ 磺化　原料配比 m(酯化物)：V(吡啶)：V(氯磺酸)：V(甲醇)＝1：8.5：3.0：15.0。用装有吡啶的磺化反应罐，通盐水冷却至 5℃以下，搅拌滴加 HSO_3Cl，约 6h 滴完，温度控制在 50℃以下，再加入酯化物，升温至 60℃，于 60～65℃保温反应 1.5h，磺化完全，再抽入装有甲醇分散罐中，搅拌 1h，甩滤，甲醇洗涤，干燥，即得磺化物。

④ 成盐　原料配比 m(磺化物)：V(蒸馏水)：V(甲醇)＝1：1：10。将磺化物加水，搅拌溶解，过滤，滤液用 400g/L（40%）NaOH 溶液中和至 pH＝8.5～9.0，搅拌 30min，均匀加入适量的 H_2O_2 脱色 1～2h，再加入甲醇中分散，静置过夜，甩滤，甲醇洗涤，干燥，粉碎，即得成品藻酸双酯钠。

十二、肝素钙

（一）结构、性质与应用

肝素钙是由肝素钠转变而成的，呈无定形粉末，溶于水为黄褐色，不溶于乙醇、丙酮等有机溶剂。10g/L（1%）的水溶液 pH 为 6～7.5。

肝素钠具有很强的抗凝作用，由于肝素对 Ca^{2+} 的亲和力比对 Na^+ 的亲和力强，在使用肝素钠时，往往会在各个不同的组织，特别是在血管和毛细血管壁等部位引起钙的沉积，尤其是大剂量皮下注射，钙的螯合作用破坏邻近毛细血管的渗透力，因而产生瘀点和血肿现象。肝素钙可避免由钠盐转变为钙盐过程可能引起的血中电解质平衡紊乱，具有稳定、速效、安全、减少瘀点和血肿硬结等优点。

国外采用肝素钙代替肝素钠，日本、美国、意大利等国家均生产并广泛将其应用于临床。主要用于出血性血液病、活动性消化器官溃疡、肝肾功能不全、严重高血压、亚急性细菌性心内膜炎、阻塞性黄疸等。

（二）制备方法及工艺

制备上，目前均采用将精品肝素钙转变为精品肝素的方法。一种是离子交换法，把肝素钠吸附在阳离子交换剂上，洗去残留的 Na^+，用氯化钙洗脱肝素，乙醇沉淀，收取肝素钙。其缺点是交换容量低，洗脱时体积大，后处理麻烦。另一种是离子平衡法，在氯化钙存在的条件下，进行平衡交换、透析或超滤。可在较浓肝素钠 70～80g/L（7%～8%）的情况下进行，操作简便。

1. 以粗品肝素钠为原料的制备工艺 I

（1）工艺路线（图 7-49）

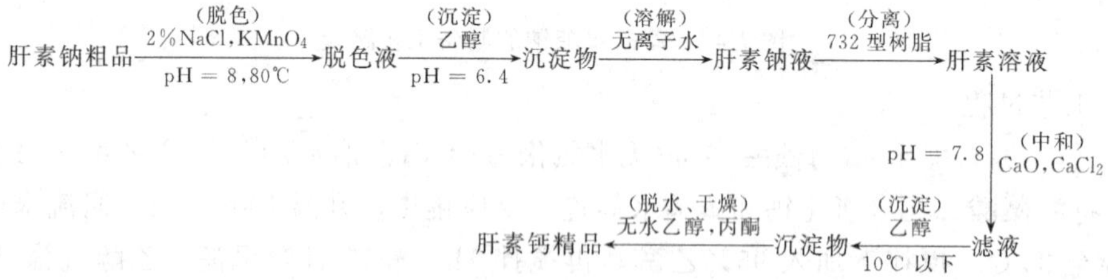

肝素钠粗品 $\xrightarrow[\text{pH}=8,80℃]{\text{（脱色）} 2\%NaCl,KMnO_4}$ 脱色液 $\xrightarrow[\text{pH}=6.4]{\text{（沉淀）} 乙醇}$ 沉淀物 $\xrightarrow{\text{（溶解）}\text{无离子水}}$ 肝素钠液 $\xrightarrow{\text{（分离）} 732\text{型树脂}}$ 肝素溶液

肝素溶液 $\xrightarrow[\text{CaO,CaCl}_2]{\text{pH}=7.8 \text{（中和）}}$ 滤液 $\xrightarrow[10℃\text{以下}]{\text{（沉淀）}乙醇}$ 沉淀物 $\xrightarrow[\text{无水乙醇,丙酮}]{\text{（脱水、干燥）}}$ 肝素钙精品

图 7-49 以粗品肝素钠制备肝素钙的工艺路线

（2）工艺过程

① 脱色、沉淀、溶解 将肝素钠粗品（80U/mg 以上）溶于 15 倍量的 2% 氯化钠溶液中，用 4mol/L 氢氧化钠溶液调节 pH 至 8 左右，加热 80℃，每 1×10^8 U 肝素钠粗品加入 1mol 高锰酸钾，保温 30min，过滤，除去二氧化锰，滤液用 6mol/L 盐酸调 pH 至 6.4，按滤液体积加 0.8 倍量的乙醇，放置 12h，吸去上清液，沉淀物用无离子水溶解，再通过滑石粉层抽滤，收集滤液。

② 分离、中和、沉淀、干燥 上述滤液加入一定比例的 732 型阳离子交换树脂，搅拌 0.5h 后除去树脂，溶液用氧化钙溶液调 pH 至 7.8，加入适量的无水氯化钙，抽滤，按滤液体积加入 0.8 倍量乙醇，于 10℃ 以下冷库静置过夜，次日吸去上清液，沉淀物用无水乙醇、丙酮洗涤脱水，抽干，置于五氧化二磷真空干燥器中干燥，即得肝素钙精品。

2. 以粗品肝素钠为原料的制备工艺 II

取 292g 粗品肝素钙（125U/mg），加 3L 4mol/L NaCl，用 20% 氢氧化钠液调 pH 至 9.0，于 60℃ 保温 1h，升温至微沸 15min，过滤。沉淀用 500ml 4mol/L NaCl 以同法再提取 1 次。合并滤液，冷却后加 2 倍体积乙醇沉淀，过滤，沉淀用 500ml 醇溶液 $V(醇)：V(水)=2：1$ 浸泡 2h 后过滤，再用同比例的醇洗 2 次。

沉淀用 2L 水溶解，以 500ml/h 的流速通过预先处理已洗至中性的阳离子交换树脂（H^+）柱，再用 1L 水洗涤，合并流出液，滤去不溶物。加入氯化钙至溶液浓度为 1mol/L，加氧化钙水至 pH=11，加 H_2O_2 至含量为 2%，氧化 2h，滤清后用 6mol/L HCl 调 pH 至 6.5，加入到 1.5 倍体积的乙醇中沉淀。

沉淀用 1.5L 0.1mol/L 氯化钙溶液溶解，用氧化钙调 pH 至 7.0～7.5，静置过夜，过滤，滤液回调 pH 至 6.5，加入到 2 倍体积的乙醇中沉淀，过滤洗涤，干燥，即得 200g 肝素钙。

参 考 文 献

1 李良铸，李明晔. 最新生化药物制备技术. 北京：中国医药科技出版社，2001
2 解文斌. 实用新药手册. 北京：人民卫生出版社，1999
3 南京药学院. 药物化学. 北京：人民卫生出版社，1978

第八章 脂类药物

脂类物质是广泛存在于生物体中的脂肪及类似脂肪的、能够被有机溶剂提取出来的化合物。它是结构不同的几类化合物，由于分子中较高的碳氢比例，这类化合物能够溶解在乙醚、氯仿、苯等有机溶剂中，不溶解于水。脂类化合物的这种性质，称为脂溶性，利用这一性质，可将脂类物质用有机溶剂从生物体中提取出来。实际上，脂类化合物往往是互溶在一起的，依据脂溶性这一共同特点归为一大类称脂类，不是一个准确的化学名词。通过对脂类化合物代谢途径的研究，发现这些化合物之间有着密切的联系，因此在生物化学中，脂类作为一个适宜的类名而沿用下来，包括许多天然化合物，有单酰甘油、二酰甘油、三酰甘油（通常的脂肪）、磷脂、脑苷脂、甾醇、萜烯、脂肪醇、脂肪酸等，在脑、肝、神经等组织的含量很高，主要参与生物体的构造、修补、物质代谢及能量供应等。

依据脂类药物的化学结构可分为脂肪类（主要包含有亚油酸、亚麻酸、花生四烯酸、二十碳五烯酸和二十二碳六烯酸等一些长链多不饱和脂肪酸）、磷脂类（主要有卵磷脂、脑磷脂等）、糖苷脂类（主要是神经节苷脂）、固醇及类固醇（主要有胆固醇、谷固醇、胆酸和胆汁酸等）及其他脂类药物（主要有胆红素、辅酶 Q_{10}、人工牛黄和人工熊胆等）。

脂类药物是一些有重要生理生化、药理药效作用的化合物，具有较好的营养、预防和治疗效果。随着生化制药工业的发展，从自然界中不断地发现新的脂类药物，有的已投入工业化生产，用于人类的医疗与康复保健上。常用的脂类生化药物见表 8-1。

表 8-1　脂类生化药物、来源及主要用途

名　称	来　源	主　要　用　途
胆固醇	脑或脊髓提取	人工牛黄原料
麦角固醇	酵母提取	维生素 D_2 原料，防治小儿软骨病
β 谷固醇	蔗渣及米糠提取	降低血浆胆固醇
脑磷脂	酵母及脑中提取	止血，防动脉粥样硬化及神经衰弱
卵磷脂	脑、大豆及卵黄中提取	防治动脉粥样硬化、肝疾患及神经衰弱
卵黄油	蛋黄提取	抗绿脓杆菌及治疗烧伤
亚油酸	玉米胚及豆油中分离	降血脂
亚麻酸	自亚麻油中分离	降血脂，防治动脉粥样硬化
花生四烯酸	自动物肾上腺中分离	降血脂，合成前列腺素 E_2 原料
鱼肝油脂肪酸钠	自鱼肝油中分离	止血，治疗静脉曲张及内痔
前列腺素 E_1、前列腺素 E_2	羊精囊提取或酶转化	中期引产、催产及降血压
辅酶 Q_{10}	心肌提取或发酵或生物合成	治疗亚急性肝坏死及高血压
胆红素	胆汁提取或酶转化	抗氧剂、消炎，人工牛黄原料
原卟啉	从动物血红蛋白中分离	治疗急性及慢性肝炎
血卟啉及其衍生物	由原卟啉合成	肿瘤散光疗法辅助剂及诊断试剂
胆酸钠	由牛羊胆汁提取	治疗胆汁缺乏、胆囊炎及消化不良
胆酸	由牛羊胆汁提取	人工牛黄原料
α-猪去氧胆酸	由猪胆汁提取	降胆固醇，治疗支气管炎，人工牛黄原料
去氢胆酸	胆酸脱氢制备	治疗胆囊炎
鹅去氧胆酸	禽胆汁提取或半合成	治疗胆结石
熊去氧胆酸	由胆酸合成	治疗急性和慢性肝炎，溶胆石
牛磺熊去氧胆酸	化学半合成	治疗炎症，退烧
牛磺鹅去氧胆酸	化学半合成	抗艾滋病、流感及副流感病毒感染
牛磺去氢胆酸	化学半合成	抗艾滋病、流感及副流感病毒感染

第一节　脂类药物生产方法

一、直接抽提法

在生物体或生物转化反应体系中，有些脂类药物是以游离形式存在的，如卵磷脂、脑磷脂、亚油酸、花生四烯酸及前列腺素等。因此可根据各种成分的溶解性质，采用相应溶剂系统从生物组织或反应体系中直接抽提出粗品，再经各种相应技术分离纯化和精制获得纯品。

实际使用溶剂提取时，往往采用几种溶剂组合的方式进行，醇为组合溶剂的必需组分。醇能裂开脂质·蛋白质复合物，溶解脂类并使生物组织中脂类降解酶失活。醇溶剂的缺点是糖、氨基酸、盐类等也同时被提取出来，要除去水溶性杂质，最常用的方法是水洗提取物，但又可能形成难处理的乳浊液。采用氯仿∶甲醇∶水＝1∶2∶0.8（体积比）组合溶剂提取脂质，提取物再用氯仿和水稀释，形成两相体系，氯仿和甲醇∶水＝1∶0.9（体积比），水溶性杂质分配进入甲醇-水相，脂类进入氯仿相，基本上能克服上述困难。

提取温度一般在室温下进行，阻止脂质过氧化与水解反应，如有必要时，可低于室温。提取不稳定的脂类时，应尽量避免加热。使用含醇的混合溶剂，能使许多酯酶和磷脂酶失活，对于较稳定的酶，可将提取材料在热乙醇或沸水中浸1～2min，使酶失活。

提取溶剂要用新鲜蒸馏过的，不含过氧化物。提取高度不饱和的脂类，溶剂中要通入氮气，整个提取操作中也应置于氮气下进行。不要使脂类提取物完全干燥或在干燥状态下长时间放置，应尽快溶于适当的溶剂中。脂类具有过氧化与水解等不稳定性质，提取物不宜长期保存。如要保存可溶于新鲜蒸馏的氯仿∶甲醇＝2∶1的溶剂中，充满溶剂，于－15～0℃保存，若需长时间保存（1～2年），必须加入抗氧化剂，保存于－40℃的低温环境中。

二、纯化法

1. 丙酮沉淀法

利用不同的脂类在丙酮中的溶解度不同而实现分离的目的。操作简单，效果好。常用于磷脂分离，因为大部分磷脂不溶于冷丙酮，中性脂类则溶于冷丙酮，这样可从脂类的混合物中，把磷脂与中性脂类分离开，制备纯品。

2. 色谱分离法

吸附色谱是在制备规模上分离脂质混合物常用的有效方法。它是通过极性和离子力，还有分子间引力，把各种化合物结合到固体吸附剂上，从而达到分离的效果。脂质混合物的分离是依据单个脂质组分的相对极性而进行的，是由分子中极性基团的数量和类型所决定，同时也受分子中非极性基团数量和类型的影响。一般通过极性逐渐增大的溶剂进行洗脱，可从脂类混合物中分离出极性逐渐增大的各类物质，部分脂类的顺序为：蜡、固醇酯、脂肪、长链醇、脂肪酸、固醇、双甘油酯、单甘油酯、卵磷脂。极性磷脂用一根柱不能使其完全分离，需要进一步使用薄层色谱或另一柱色谱分级分离，才能得到纯的单个脂类组分。

常用吸附剂有硅酸、氧化铝、氧化镁和硅酸镁等。

离子交换色谱是常用的纯化方法。脂类分非离解的、两性离子的和酸式离解的三种类别，对每一种类别，可根据它们的极性和酸性的不同进行分离纯化，如DEAE-纤维素可对各种脂类进行一般分离，TEAE-纤维素则对分离脂肪酸和胆汁酸等特别适用。

3. 尿素包埋法

尿素通常呈四方晶形，当与某些脂肪族化合物反应时，会形成包含一些脂肪族物质的六方晶型，许多直链脂肪酸及其甲酯均易与尿素形成包埋化合物（或称配合物），而多不饱和脂肪酸由于双键较多，碳链弯曲，具有一定的空间构型，不易被尿素包合来达到分离纯化多不饱和脂肪酸的目的。

尿素包埋法的分离效果受结晶温度和尿素用量的影响，结晶温度越低，尿素用量越多，所得产品纯度越高，但产品收率越低。尿素包埋法成本较低，应用较普遍，但缺点是难以将双键数相近的脂肪酸分开。

在实际操作时，将尿素和混合脂肪酸或其甲酯混在一起，先溶于热的甲醇（或甲醇、乙醇混合液）中，冷却至室温或 $0^{\circ}C$ 结晶，再将配合物和母液分别与水混合，按常规用乙醚或石油醚萃取，即可得成品。

适用于直链脂肪酸及其酯、支链或环状化合物的分离，也用于饱和程度不同的酸或酯的分离，是分离纯化油酸、亚油酸和亚麻酸甲酯的一种重要方法。

4. 结晶法

该法的原理是利用低温下不同的脂肪酸或脂肪酸盐在有机溶剂中溶解度不同来进行分离纯化。一般来说，脂肪酸在有机溶剂中的溶解度随碳链长度的增加而减小，随双键数的增加而增加，这种溶解度的差异随温度降低表现更为显著。所以将混合脂肪酸溶解于有机溶剂，通过降温就可过滤除去大量的饱和脂肪酸和部分单不饱和脂肪酸，从而获得所需的多不饱和脂肪酸。常用溶剂有甲醇、乙醚、石油醚和丙酮等，溶剂用量为 $5\sim10ml/g$。

结晶法是一种缓和的分离程序，原理简单，操作方便，适宜于易氧化的多烯酸、饱和脂肪酸与单烯酸的分离，若想将多烯酸彼此分离此法不易成功，且需要回收大量的有机溶剂，分离效率不高，常与其他方法配合使用。

5. 分子蒸馏法

该法的原理是利用混合物各组分挥发度的不同而得到分离。一般在绝对压强为 $1.33\sim0.0133Pa$ 的高度真空下进行，在这种情况下，脂肪酸分子间引力减小，挥发度提高，因而蒸馏温度比常压蒸馏大大降低。分子蒸馏时，饱和脂肪酸和单不饱和脂肪酸首先蒸出，而双键较多的多不饱和脂肪酸最后蒸出。分子蒸馏法的优点在于蒸馏温度较低，可有效防止多不饱和脂肪酸受热氧化分解，缺点是需要高真空设备，且能耗较高。

6. 超临界流体萃取法

该法的基本原理是通过调节温度和压力使原料各组分在超临界流体中的溶解度发生大幅度变化而达到分离目的。与传统的萃取方法相比，由于超临界流体具有良好的近于液体的溶解能力和接近气体的扩散能力，因此萃取效率大大提高。超临界流体萃取常选用二氧化碳（临界温度 $31.3^{\circ}C$，临界压力 $7374MPa$）等临界温度低且化学惰性的物质为萃取剂，因此特别适用于热敏物质和易氧化物质的分离。

三、化学合成或半合成法

来源于生物的某些脂类药物可以以相应的有机化合物或来源于生物体的某些成分为原料，采用化学合成或半合成法制备，如用香兰素及茄尼醇为原料可合成 CoQ_{10}，其过程是先将茄尼醇延长一个异戊烯单位，使成 10 个异戊烯重复单位的长链脂肪醇；另将香兰素经乙酰化、硝化、甲基化、还原和氧化合成 2,3-二甲氧基-5-甲基-1,4-苯醌（CoQ_{10}）。上述两个化合

物在 $ZnCl_2$ 或 BF_3 催化下缩合成氢醌衍生物，经 Ag_2O 氧化得 CoQ_{10}。另外，以胆酸为原料经氧化或还原反应可分别合成去氢胆酸、鹅去氧胆酸及熊去氧胆酸，称为半合成法。上述三种胆酸分别与牛磺酸缩合，可获得具有特定药理作用的牛磺去氢胆酸、牛磺鹅去氧胆酸及牛磺熊去氧胆酸。又如血卟啉衍生物是以原卟啉为原料，经氯溴酸加成反应的产物再经水解后所得。

四、生物转化法

发酵、动植物细胞培养及酶工程技术可统称为生物转化法。来源于生物体的多种脂类药物亦可采用生物转化法生产。如用微生物发酵法或烟草细胞培养法生产 CoQ_{10}；用紫草细胞培养生产紫草素，产品已商品化；另外以花生四烯酸为原料，用绵羊精囊、*Achlya Americana* ATCC 10977 及 *Achlya bisexualis* ATCC 11397 等微生物以及大豆（Amsoy 种）的类脂氧化酶-2 为前列腺素合成酶的酶源，通过酶转化合成前列腺素。其次以牛磺石胆酸为原料，利用 *Mortie-rella ramanniana* 菌细胞的羟化酶为酶源，使原料转化成具有解热、降温及消炎作用的牛磺熊去氧胆酸。

第二节 脂类药物在临床上的应用

脂类生化药物种类繁多，各成分之间结构和性质相差甚大，生理药理效应相当复杂，临床用途亦各不相同。

1. 胆酸类药物临床应用

胆酸类化合物是人及动物肝脏产生的甾体类化合物，集中于胆囊中排入肠道，对肠道脂肪起乳化作用，促进脂肪消化吸收，同时促进肠道正常菌群繁殖，抑制致病菌生长，保持肠道正常功能，但不同的胆酸又有不同的药理效应及临床应用，如胆酸钠用于治疗胆囊炎、胆汁缺乏症及消化不良等；鹅去氧胆酸及熊去氧胆酸均有溶胆石作用，用于治疗胆石症，后者尚可用于治疗高血压、急性及慢性肝炎、肝硬化及肝中毒等；去氢胆酸有较强利胆作用，用于治疗胆道炎、胆囊炎及胆结石，并可加速胆囊造影剂的排泄；猪去氧胆酸可降低血浆胆固醇，用于治疗高血脂症，也是人工牛黄的原料；牛磺熊去氧胆酸有解热、降温及消炎作用，用于退热、消炎及溶胆石；牛磺鹅去氧胆酸、牛磺去氢胆酸及牛磺去氧胆酸有抗病毒作用，用于防治艾滋病、流感及副流感病毒感染引起的传染性疾患。

2. 色素类药物临床应用

色素类药物有胆红素、胆绿素、血红素、原卟啉、血卟啉及其衍生物。胆红素是由四个吡咯环构成的线性化合物，为抗氧化剂，有清除氧自由基功能，用于消炎，也是人工牛黄重要成分；胆绿素药理效应目前尚不清楚，但胆南星、胆黄素及胆荚片等消炎类中成药均含该成分；原卟啉可促进细胞呼吸，改善肝脏代谢功能，临床上用于治疗肝炎；血卟啉及其衍生物为光敏试剂，可在癌细胞中滞留，为激光治疗癌症的辅助剂，临床上用于治疗多种癌症。

3. 不饱和脂肪酸类药物临床应用

该类药物包括前列腺素、亚油酸、亚麻酸、花生四烯酸、二十碳五烯酸及二十二碳六烯酸等。前列腺素是多种同类化合物的总称，生理作用极为广泛，其中前列腺素 E_1 和前列腺素 E_2 等应用较为广泛，有收缩平滑肌作用，临床上用于催产、早中期引产、抗早孕及抗男性不育症；亚油酸、亚麻酸、花生四烯酸、二十碳五烯酸和二十二碳六烯酸均有降血脂作用，用于治疗高血脂症，预防动脉粥样硬化。

4. 磷脂类药物临床应用

该类药物主要有卵磷脂及脑磷脂，二者皆有增强神经组织及调节高级神经活动作用，又是血浆脂肪良好的乳化剂，有促进胆固醇及脂肪运输作用，临床上用于治疗神经衰弱及防治动脉粥样硬化。卵磷脂也用于治疗肝病，脑磷脂还有止血作用。

5. 固醇类药物临床应用

该类药物包括胆固醇、麦角固醇及 β-谷固醇。胆固醇为人工牛黄原料，是机体细胞膜不可缺少成分，也是机体多种甾体激素及胆酸原料；麦角固醇是机体维生素 D_2 的原料；β-谷固醇可降低血浆胆固醇。

6. 人工牛黄临床应用

本品是根据天然牛黄（牛胆结石）的组成而人工配制的脂类药物，其主要成分为胆红素、胆酸、猪胆酸、胆固醇及无机盐等，是 100 多种中成药的重要原料药。具有清热、解毒、祛痰及抗惊厥作用，临床上用于治疗热病谵狂、神昏不语、小儿惊风及咽喉肿胀等，外用治疖疮及口疮等。

第三节　重要的脂类药物

一、卵磷脂

在动物的心、脑、肾、肝、骨髓以及禽蛋的卵黄中存在含量很丰富的卵磷脂。大豆磷脂则是卵磷脂、脑磷脂、心磷脂（cardiolipin）等的混合物。不同来源的卵磷脂，鸡蛋即蛋磷脂，大豆或花生即豆磷脂，由不同的脂肪酸烃链组成，豆磷脂含有的 $65\%\sim75\%$ 的不饱和脂肪酸，动物来源的仅含约 40%。豆磷脂与蛋磷脂比较，前者不含胆固醇及高百分比的无机磷。

临床上，用于动脉粥样硬化、脂肪肝、神经衰弱及营养不良。不同来源的制剂疗效不同，豆磷脂更适用于抗动脉粥样硬化，也可作静注用脂肪乳的乳化剂。由于卵磷脂是维持胆汁胆固醇溶解度的乳化剂，有希望成为胆固醇结石的防治药物。

（一）化学结构和性质

卵磷脂是磷脂酸的衍生物，磷脂酸中的磷酸基与羟基化合物——胆碱中的羟基连接成酯，又称磷脂酰胆碱。所含脂肪酸常见的有硬脂酸、软脂酸、油酸、亚油酸、亚麻酸和花生四烯酸等。从其结构式（图 8-1）可看出卵磷脂属甘油磷脂。

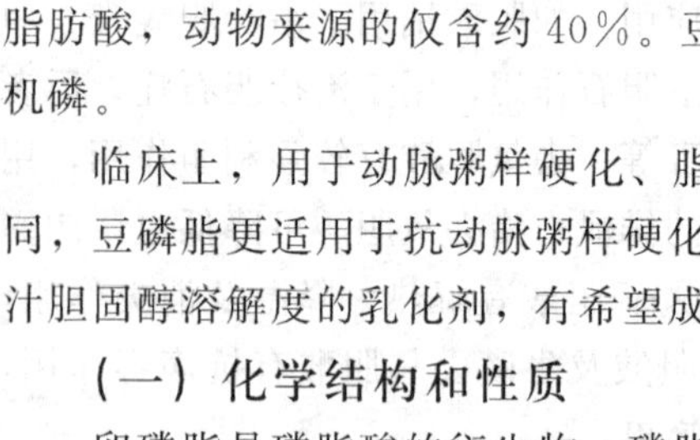

磷脂酸是 1,2-二酰甘油的磷酸酯，是 L 型的，磷酸与羟基所形成的磷酸酯是在 3 位上，2 位上的脂肪酰基和 3 位上的磷酰基是两个方向。

药用卵磷脂为不透明黄褐色蜡状物，有吸湿性，难溶于水，溶于氯仿、石油醚、苯、乙醇、乙醚，不溶于丙酮。可与蛋白质、糖及金属盐如氯化镉、氯化钙和胆汁酸盐形成配合物。等电点 6.7，有两性离子

图 8-1　卵磷脂的结构式

R^1, R^2—饱和或不饱和脂肪酸

$HOCH_2CH_2N^+(CH_3)_3OH^-$—胆碱

存在，即磷酸上的 H 和胆碱上的—OH 皆解离。分子中的亲水基团主要是磷酸、胆碱，不离解的甘油部分也有一定的亲水性，故乳化于水。这种降低表面张力的能力，若与蛋白质、

糖结合，作用更强，是较好的乳化剂。其疏水基团为脂肪酸的烃基，故又可溶于有机溶剂。

制备卵磷脂的原料有动物的脑、豆油脚、酵母等。

（二）生产工艺

1. 以脑干为原料的提取法

（1）工艺路线（图8-2）

图8-2 以大脑干为原料提取卵磷脂的工艺路线

（2）工艺过程

① 提取、浓缩 取动物大脑干用3倍量丙酮循环浸渍20～24h，过滤，滤液供制胆固醇。滤饼加入乙醇2～3倍，提取4～5次，合并提取液，残渣供制脑磷脂。再将提取液真空浓缩，趁热放出浓缩物。

② 溶解、沉淀、干燥 上述浓缩物加一半体积的乙醚不断搅拌，放置2h，使白色不溶物完全沉淀，过滤，取上层乙醚澄清液，在急速搅拌下倒入丙酮（丙酮用量为粗卵磷脂质量的1.5倍），析出沉淀，滤去乙醚、丙酮混合液，得油膏状物，用丙酮洗涤2次，真空干燥除去乙醚、丙酮，即得卵磷脂成品。

2. 以羊大脑为原料的提取法

（1）工艺路线（图8-3）

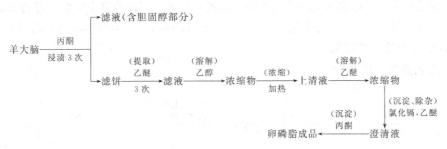

图8-3 以羊大脑为原料提取卵磷脂的工艺路线

（2）工艺过程

① 提取胆固醇 取新鲜羊大脑，绞碎，用工业丙酮浸渍3次，每次24h，经常搅拌，过滤和压榨，滤液供制胆固醇，滤饼吹干，供制卵磷脂。

② 提取、浓缩 取吹干滤饼，依次用3倍、2.5倍、1.5倍量的乙醚提取3次，每次24h，经常搅拌，过滤后，滤渣压榨，废渣弃去，合并滤液，浓缩，得浓缩物。

③ 溶解、浓缩、沉淀、干燥 浓缩物加少量95%乙醇，加热至溶解，冷室沉淀24h，收取沉淀称重，在冷室用95%乙醇浸渍3～4次，每次3倍量，加热溶解、冷却，沉淀24h，底部沉淀为脑磷脂，卵磷脂溶于乙醇中。倾出，真空浓缩，浓缩物加一半量乙醚，不断搅拌，放置2h，过滤，乙醚澄清液急速搅拌下倒入丙酮中，析出沉淀，滤去丙酮、乙醚混合液，用丙酮洗涤2次，真空干燥，即得成品。

3. 以脑及脊髓为原料的氯化镉沉淀法

（1）工艺路线（图 8-4）

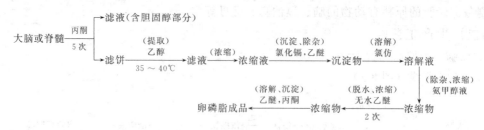

图 8-4　用氯化镉沉淀法提取卵磷脂的工艺路线

（2）工艺过程

① 原料处理　取新鲜或冷冻动物大脑或脊髓 50kg，去膜及血丝等杂质，绞碎，加 60L 工业丙酮浸渍 4.5h，不断搅拌，如此反复 5 次，过滤，滤液作制备胆固醇用，滤饼真空干燥，去残留丙酮。

② 提取、浓缩、沉淀、除杂质　取干燥滤饼浸入 90L 的 95％工业乙醇中 12h，35～40℃不断搅拌，过滤，再提取 1 次，合并滤液，滤渣用来制备脑磷脂。将滤液真空浓缩至原体积的 1/3，放冷室过夜，过滤，得滤液，再加入足够的氯化镉饱和液，完全沉淀卵磷脂，滤取沉淀物，加 2 倍量乙醚，振摇，离心去除乙醚，如此反复操作 8～10 次。

③ 溶解、除杂质、浓缩　取离心沉淀物，悬浮于 4 倍量氯仿中，震荡，直至形成微浑浊液为止，加入含氨 25％的甲醇溶液（即氨溶于 95％甲醇中，含氨 25％），直至形成沉淀，离心，除去杂质，上清液真空浓缩，得浓缩物。

④ 脱水、浓缩、溶解、沉淀　将浓缩物溶于无水乙醚中，真空浓缩，反复 2 次除去水分，再溶于少量乙醚中，然后倒入 500ml 丙酮中，静置，过滤，沉淀物真空干燥，即得成品，装于棕色瓶中。含磷量 2.5％，水分不超过 5％，乙醚不溶物 0.1％，丙酮不溶物不低于 90％。

4. 以酵母为原料的提取法

（1）工艺路线（图 8-5）

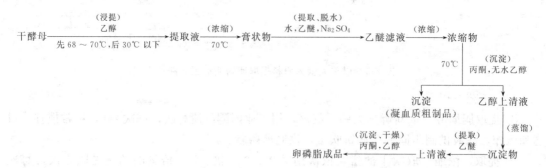

图 8-5　以酵母为原料提取卵磷脂的工艺路线

（2）工艺过程

① 浸提、浓缩　将过 60～80 目筛的干酵母粉 200kg，用 82％～84％乙醇 600kg 搅拌浸提 18～24h，在 68～70℃保温 3h，不断搅拌，再冷却至 30℃以下过滤，滤渣反复浸提 2 次，甩出乙醇，合并 3 次清液，真空浓缩至结粒膏状物，温度不超过 70℃，时间不超过 24h。滤渣可用来提核糖核酸及酵母多糖。

② 提取、脱水、浓缩　取膏状物加 5％～10％的水及 3～5 倍量乙醚，剧烈搅拌 2～3h

后静置 16～20h 澄清，弃去中下层液，上层醚液放入 -5℃ 冰箱内 20～24h，麦角固醇结晶析出，过滤，滤液回收，蒸馏除去 1/2 的乙醚，再放入 -5℃ 冰箱内 18～22h，加 1～2kg 无水硫酸钠，过滤去除麦角固醇，滤液回收蒸馏除去约 2/3 的乙醚，得浓缩物。

③ 沉淀、蒸馏、提取　浓缩物加 3～5 倍量丙酮，边加边搅拌，加完后放置片刻，倾出醚酮混合液，反复用无水丙酮洗 3～4 次，得沉淀物，加 2 倍量无水乙醇在 70℃ 保温，搅拌约 1～2h 至全部溶解，静置冷库中过夜。次日倾取上层乙醇液，沉淀用乙醇洗涤，上层清液与洗涤液合并，蒸馏回收乙醇，得沉淀物，加无水乙醚搅拌至全部溶解，静置沉淀 7d。

④ 沉淀、干燥　吸取上清液，加粗制卵磷脂质量 1.5 倍的丙酮析出沉淀，倾出丙酮，反复洗涤沉淀 3～4 次，加乙醇保温 70℃ 左右溶解去掉丙酮气味，烘干，得卵磷脂成品。水分低于 1%，含磷量低于 2.5%，酸价小于 60，胆固醇含量小于 1%，灼烧残渣低于 12%。

二、脑磷脂

脑磷脂是自牲畜脑及脊髓中提取的磷脂酸和乙醇胺（胆胺）的复合甘油磷脂，又称磷脂酰乙醇胺或乙醇胺磷脂。最早于 1884 年命名，是指脑脂质中不溶乙醇而可溶乙醚的组分，主要成分是磷脂酰乙醇胺，也含有磷脂酰丝氨酸及磷脂酰肌醇。

应用于局部止血、神经衰弱、动脉粥样硬化、肝硬化和脂肪性病变。羊脑磷脂可作肝功能诊断试剂。

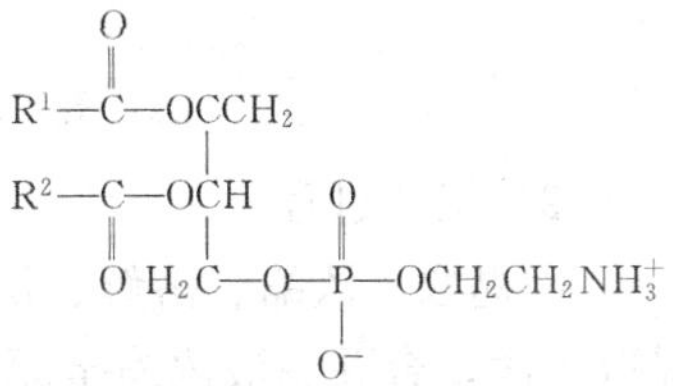

（一）化学结构和性质

在分子结构中，甘油的 3 个羟基有 2 个与 C_{14}～C_{20} 的饱和和不饱和脂肪酸结合成酯，另一个与磷脂酰乙醇胺结合组成脑磷脂，如图 8-6 所示。脑磷脂呈微黄色，非结晶体的无定形粉末，无一定熔点，有旋光性，不稳定，易吸水，在空气中易氧化为棕黑色物质。不溶于丙酮、乙醇，溶于乙醚。

图 8-6　脑磷脂的化学结构式
R^1，R^2—饱和或不饱和脂肪酸
—$OCH_2CH_2NH_3^+$—乙醇胺

与卵磷脂不同，脑磷脂对水亲和性低，为弱酸性脂质，单独分离不如卵磷脂容易。卵磷脂的氯化镉复盐能溶于乙醚，而脑磷脂的复盐不溶于乙醚。因此，利用复盐溶解度的不同，可以分离纯化或进行定性分析。

（二）生产工艺

1. 醇-醚分离法

（1）工艺路线（图 8-7）

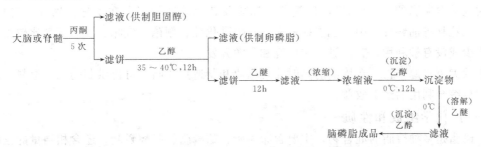

图 8-7　用醇-醚分离法提取脑磷脂的工艺路线

（2）工艺过程

① 原料处理、提取胆固醇和卵磷脂　取新鲜或冷冻大脑或骨髓 50kg，去膜及血丝等杂

质，绞碎，用冷工业丙酮 60L 浸渍 4.5h，不断搅拌，过滤，如此反复 5 次，滤液制胆固醇。滤饼真空干燥，浸入 90L 的 95％工业乙醇中 12h，35～40℃不断搅拌，过滤，再提取 1 次，滤液提取卵磷脂，滤饼真空干燥。

② 提取、浓缩、沉淀　干燥滤饼浸入 60L 工业乙醚中，不断搅拌 12h，过滤后再提取 1 次，合并滤液，浓缩至 200ml，0℃放置 12h，离心，取上清液倾入 2L 98.5％、60℃的温乙醇中，沉淀，过滤，收集沉淀。

③ 溶解、沉淀　将沉淀溶于 200ml 乙醚中，在 0℃静置，离心，滤液反复在乙醇中沉淀，直至溶解在乙醚中不再产生沉淀为止，过滤和收集乙醇沉淀物，真空干燥，即得脑磷脂成品。包装于棕色瓶中。

2. 氯化钙沉淀法

（1）工艺路线（图 8-8）

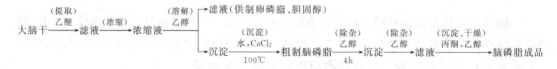

图 8-8　用氯化钙沉淀法提取脑磷脂的工艺路线

（2）工艺过程

① 提取、浓缩、溶解、沉淀　大脑干 100kg 加 300kg 乙醚，加热至沸，过滤，滤渣再提取 1 次，合并滤液浓缩至原体积的 1/3，加 3 倍量 80％以上的乙醇，水浴加热，待全部溶解，冷置过夜，分层，过滤（滤液供制卵磷脂和胆固醇），沉淀加入少量水，加 5g/L（0.5％）氯化钙，加热 100℃，取沉淀、干燥，得粗制脑磷脂。

② 除杂质、溶解、沉淀　粗制脑磷脂溶于 3 倍量 95％以上的乙醇中，冷室沉淀 4h，过滤，沉淀用乙醇反复处理 5 次，再将沉淀溶于乙醚中，过滤，加等量 95％乙醇或丙酮，沉淀出脑磷脂，过滤，真空干燥，即得脑磷脂成品。检查含氮量 1.6％～1.8％，含磷量大于 2.5％，胆碱检查呈阴性，水分低于 5％，灰分低于 5％。

三、大豆磷脂

从大豆油中分离制备的磷脂称为豆磷脂，是静脉乳剂的重要原料，注射乳剂能使水不溶性药物直接进入血液循环，作用迅速，可被单核-吞噬细胞系统的吞噬细胞吞噬，可明显增强人体的细胞免疫功能和药物的治疗效果。

大豆油含磷脂约 2％～3％，其颜色、气味及乳化性能较好。在菜籽、棉籽、向日葵、玉米、红花籽等油料种子中，也能提取磷脂，但乳化性、颜色、气味、滋味等都比较差，实际上很少或没有被利用，有待进一步研究和资源开发。

中国大豆资源丰富，在炼油的同时注意回收和制造豆磷脂，可提供制药工业原料，还能提高大豆综合利用的经济效益。

（一）化学组成和性质

豆磷脂是多种磷脂的混合物，主要含卵磷脂、脑磷脂、肌醇磷脂，还含相当量的三酰甘油、游离脂肪酸及糖类化合物等。呈浅黄或浅棕色，无味或有些许气味，极易吸潮，变黏稠至蜡状。不耐高温，80℃变棕色，120℃分解。能溶于乙醚、苯、三氯甲烷等有机溶剂，也溶于脂肪酸和矿物油，不溶于丙酮，部分溶于乙醇。

（二）生产工艺

1. 从豆油中提取豆磷脂的制备工艺

（1）工艺路线（图8-9）

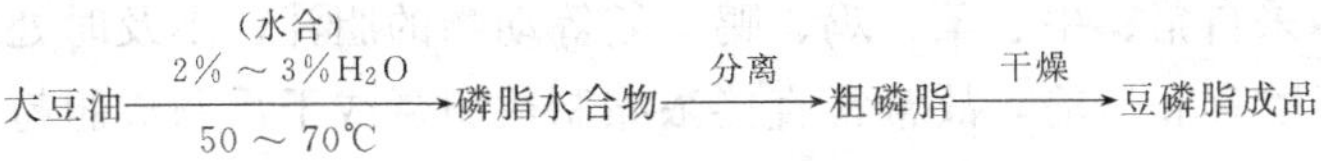

图8-9　从豆油中提取豆磷脂的工艺路线

（2）工艺过程

① 水合　将大豆油中加入油量2%～3%的水，在50～70℃充分混合，或直接向大豆油中通入相应量的水蒸气。水合豆磷脂不溶于油，以泥浆状沉淀析出。有时也加入酸类脱胶剂，常用的有磷酸、枸橼酸、乙酸、草酸和硼酸等。

② 分离　将水合完毕的豆油，用泵送入离心分离器中进行分离，收集泥浆状物含水40%～50%，豆油12%～18%。粗豆磷脂中可加入一定量的添加剂，调节其流动性和浓度。

③ 干燥　取粗豆磷脂进行脱水干燥至含水量小于1%，最终可降至0.5%。间歇干燥，在65～70℃进行真空浓缩干燥；连续干燥时，均应严格控制温度和时间，能得到浅色产品。干燥后必须立即将豆磷脂冷却到50℃以下，防止颜色变深。

2. 注射用豆磷脂的制备工艺

（1）工艺路线（图8-10）

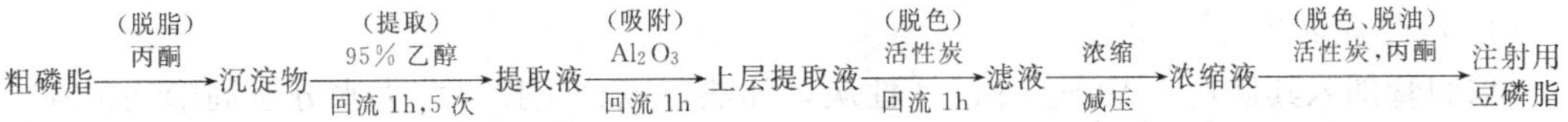

图8-10　制备注射用豆磷脂的工艺路线

（2）工艺过程

① 脱脂　取粗磷脂10kg加入15L工业用丙酮，充分搅拌，静置片刻，倾去上层液回收丙酮，沉淀物再加10L丙酮，充分搅拌，静置，如此重复4～5次，至洗液用滤纸检查无油迹时为止。再将沉淀物（除去豆油、游离脂肪酸等杂质）真空抽滤至干，得颗粒状磷脂。

② 提取、吸附、脱色　将磷脂干品加入95%药用乙醇15L，加热回流提取1h，冷却，抽出上层提取液，沉淀再用同法提取，共3次，合并提取液，放入-5℃冷库中过夜。次日取出，稍热，加入8g氧化铝，加热回流搅拌1h，吸附除去降压物质。冷却放出氧化铝和提取液，再将提取液加入针剂用活性炭600g，加热回流搅拌1h，脱色，除热原，过滤，得滤液。

③ 浓缩、脱色　将滤液真空减压浓缩至约15L时，再加入活性炭200g，加热回流搅拌脱色1h，过滤，滤液在恒温水浴上，真空减压蒸馏至干。

④ 脱油　将蒸干的磷脂加入试剂丙酮搓洗5～6次，即得注射用豆磷脂，装入棕色瓶中，冰箱中保存备用。

四、胆汁酸

中国应用动物胆汁治疗疾病已有1000多年的历史。《本草纲目》收载了20余种动物的胆汁入药。国内外以胆汁为原料制造的生化药品，不包括牛黄配制的制剂，已达40多种，因此胆汁是生化制药的重要原料。胆汁的许多药理作用，主要是胆汁酸的作用。

胆汁是脊椎动物特有的，从肝分泌出来的分泌液，其苦味来自所含胆汁酸，黏稠性来自黏蛋白，颜色来自胆色素。胆汁的许多生理生化功能，主要是胆汁酸的作用，而胆汁酸又是胆汁的主要成分，也是特征性成分。动物种类不同，其他成分变化不大，而胆汁酸的种类却有改变。在夏季，采自猪、牛、羊、鸡、鸭、鹅等动物的胆汁，不及时处理，室温放置会腐败发臭，也不便于贮存和运输，故常常直接浓缩制成胆膏或干燥制成胆粉或进一步加工制成胆汁酸。

（一）化学组成和性质

胆汁酸（bile acid）是结合的各种胆酸类物质的总称。动物的胆汁是胆汁酸的水溶液，酸

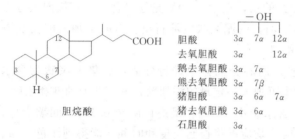

	$-OH$		
胆酸	3α	7α	12α
去氧胆酸	3α		12α
鹅去氧胆酸	3α	7α	
熊去氧胆酸	3α	7β	
猪胆酸	3α	6α	7α
猪去氧胆酸	3α	6α	
石胆酸	3α		

图 8-11　胆汁酸的结构式

通常以肽键与牛磺酸、甘氨酸相结合并与钠离子、钾离子结合成胆汁酸盐存在于胆汁中。哺乳动物及人体中的胆汁酸，大都是有 24 个碳原子的胆烷酸，在肝细胞内由胆固醇转变生成的称初级胆汁酸，主要有胆酸、鹅去氧胆酸与牛磺酸或甘氨酸的结合物。初级胆汁酸在肠道（盲肠、结肠）内由肠菌作用而生成次级胆汁酸，主要有去氧胆酸、熊去氧胆酸、石胆酸、猪去氧胆酸等。其结构式见图8-11。

胆汁酸呈白色粉末，无臭，味苦，其碱金属盐均易溶于水和醇中。

（二）生产工艺

1. 乙醇提取法

取胆膏加入其质量 1/10～1/5 的活性炭，加热，充分搅拌，蒸去水分至固形物能粉碎，用数倍量体积的 95％乙醇提取 3～5 次，合并滤液，滤液蒸馏回收乙醇，蒸干，即得淡黄色粗品胆汁酸盐。亦可将新鲜胆汁，加入其 10～20 倍体积量的热乙醇，不断搅拌，放冷，过滤，滤液蒸馏至干即得。

2. 酸沉淀法

取胆汁加热浓缩至半量，趁热加入 1～2 倍量体积的 95％乙醇，回流沸腾数分钟，冷却，过滤，滤液蒸馏回收乙醇，至内容物起泡，倾入稀盐酸中，最终 pH 不低于 3。胆汁酸黏稠物附于器底，放置过夜，倾出上清液，沉淀物用少量酸水洗 1～2 次，再以 95％乙醇加热溶解，用碱调 pH 至 8～8.5，加活性炭脱色，过滤，滤液蒸馏回收乙醇，干燥，即得白色或淡黄色胆汁酸粉末。本法适用于牛、羊、猪的胆汁。

3. 盐析法

取胆汁加乙醇去除蛋白质，残液蒸去乙醇，加入氯化钠使质量浓度达 100～200g/L（10％～20％），低温放置数日，大多数胆汁酸盐析出。自然过滤，沉淀以饱和盐溶液水洗 2 次，干燥，粉碎，再以 95％乙醇加热提取，活性炭脱色，蒸干即得。如胆汁酸盐不析出或盐析不完全，母液酸化使 pH＝2～3，加热煮沸，胆汁酸析出，取出沉淀溶于乙醇，调 pH 至 8～8.5，活性炭脱色，蒸去乙醇，即得胆汁酸盐。

五、胆酸

胆酸是从牛、羊、猪的胆汁中，经皂化分离提取的一种游离型胆汁酸。用于制备人工牛黄。

（一）化学结构和性质

胆酸的化学名称为 $3\alpha,7\alpha,12\alpha$-三羟基-5β-胆烷酸，分子式 $C_{24}H_{40}O_5$，相对分子质量为 408.6，熔点 198℃，$[\alpha]_D^{20}+37°$，$pK=6.4$，15℃时在水中的溶解度 0.2g/L，乙醇中 30.56g/L，乙醚中 1.22g/L，氯仿中 5.08g/L，苯中 0.36g/L，丙酮中 28.28g/L，冰醋酸中 152.12g/L，钠盐在水中的溶解度大于 568.98g/L，在稀乙酸的溶液中得到结晶呈白色片状，味先甜而后苦。

制备原料主要用牛、羊的胆汁。

（二）生产工艺

1. 乙醇结晶法

（1）工艺路线（图 8-12）

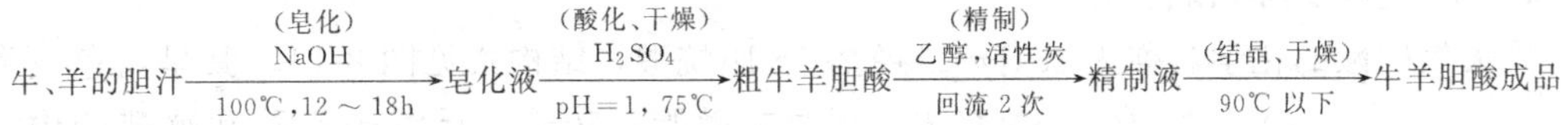

牛、羊的胆汁 $\xrightarrow[100℃,12\sim18h]{（皂化）NaOH}$ 皂化液 $\xrightarrow[pH=1,75℃]{（酸化、干燥）H_2SO_4}$ 粗牛羊胆酸 $\xrightarrow[回流2次]{（精制）乙醇,活性炭}$ 精制液 $\xrightarrow[90℃以下]{（结晶、干燥）}$ 牛羊胆酸成品

图 8-12 用乙醇结晶法提取牛羊胆酸的工艺路线

（2）工艺过程

① 皂化、酸化、干燥　取牛羊胆汁加 100g/L 氢氧化钠，加热煮沸皂化 12～18h，不断补充蒸发失去的水分。冷却后用硫酸 $[V(浓硫酸)：V(水)=2：1]$ 酸化至 pH=1，胆酸即浮在水面，取出，置锅内加少量水加热煮沸，取出硬块状物漂洗至无酸性，于 75℃ 干燥，磨粉，得粗制牛羊胆酸。

② 精制、结晶、干燥　取粗制牛羊胆酸加 0.5～1 倍体积的 95% 乙醇，投入溶解缸内，加热搅拌回流至固体全部溶解，置桶内冷却结晶，一般为 3～4d。取出捣碎，过滤，结晶用少量 95% 乙醇洗至滤液无色，滤干。结晶再加 4 倍量体积 95% 乙醇，加 100～150g/L 活性炭投入溶解缸内，加热搅拌回流，溶解后趁热过滤，滤液浓缩至原体积的 1/4 时放出，冷却结晶，过滤，结晶用少量乙醇洗涤，90℃ 以下干燥，即得牛羊胆酸制品。

2. 乙酸乙酯分离法

（1）工艺路线（图 8-13）

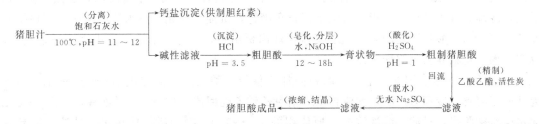

图 8-13 用乙酸乙酯分离法提取猪胆酸的工艺路线

（2）工艺过程

① 沉淀、皂化、分层、酸化　取猪胆汁滤液，加盐酸调节 pH 至 3.5 后，产生绿色胶体状的粗胆汁沉淀，静置 12h 以上，得粗胆酸。取出用水冲洗，加入 1.5 倍氢氧化钠、9 倍水，加热煮沸，皂化 12～18h，不断补充蒸发的水分，冷却后静置过夜，分成两层，底部成膏状，上部为淡黄色液状。吸去上清液，取膏状物补充少量水，用硫酸酸化至 pH=1，猪胆酸悬于水面，呈金黄色，冷却后取出，置冷水中打碎，漂洗至无酸性，滤干得粗制猪胆酸。

② 精制、脱水、浓缩、结晶 上述粗制品加入 4 倍量体积的乙酸乙酯、150～200g/L 的活性炭，溶解，加热回流 0.5h，冷却后过滤，滤饼再用 1.5～2.5 倍乙酸乙酯处理 1 次，冷却后过滤。合并 2 次滤液，加入 200g/L 无水硫酸钠进行脱水，静置过夜，提取液浓缩回收乙酸乙酯至原体积的 1/3，放出，冷却结晶，过滤，结晶用乙酸乙酯洗涤，75℃干燥，即得猪胆酸。

六、异去氧胆酸

异去氧胆酸（HDCA）又称猪去氧胆酸，是一种次级胆汁酸，在 1847 年由 Gundelach 首先以甘氨酸结合物的形式得到，为猪胆汁中的一种特有的主要成分。具有降低血中胆固醇、镇痉、祛痰作用，临床用于高血脂症、气管炎以及由肝胆疾病引起的消化不良。对百日咳菌、白喉杆菌、金黄色葡萄球菌等有抑菌作用，可作消炎药使用。

（一）化学结构和性质

异去氧胆酸的化学名称为 $3\alpha,6\alpha$-二羟基-5β-胆烷酸，结构式见图 8-14。其呈白色或类白色粉末，无臭或微腥，味苦。易溶于乙醇和冰醋酸中，微溶于丙酮，难溶于乙酸乙酯、乙醚和氯仿，水中几乎不溶。熔点 197℃，$[\alpha]_D +8°$。异去氧胆酸是由猪胆酸经肠道微生物的作用，脱去 7α 位置的羟基而来的，主要存在于猪胆汁中。生化制药用猪胆汁或利用猪胆汁提取胆红素钙盐的滤液作原料，趁热加盐酸酸化至 pH=3.5，静置 12～18h，收集绿色黏膏状物，水洗，真空干燥，得粗猪胆汁酸，用来作异去氧胆酸的原料。

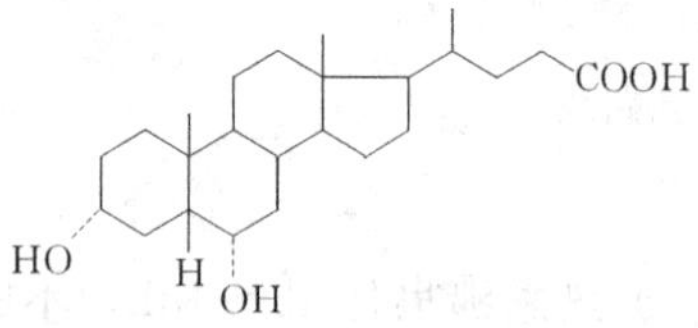

图 8-14 异去氧胆酸的结构式

（二）生产工艺

（1）工艺路线（图 8-15）

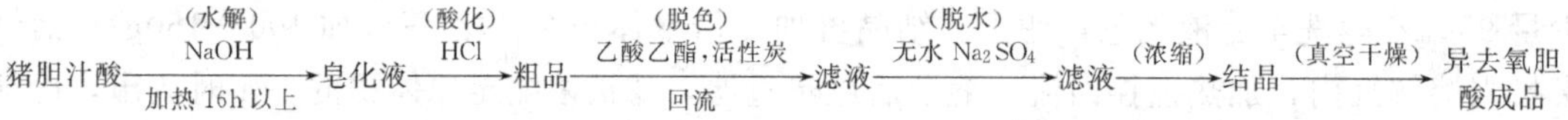

猪胆汁酸 —（水解）NaOH，加热 16h 以上→ 皂化液 —（酸化）HCl→ 粗品 —（脱色）乙酸乙酯,活性炭 回流→ 滤液 —（脱水）无水 Na_2SO_4→ 滤液 —（浓缩）→ 结晶 —（真空干燥）→ 异去氧胆酸成品

图 8-15 提取异去氧胆酸的工艺路线

（2）工艺过程

① 水解、酸化 取粗制猪胆汁酸，加 1.5 倍量的氢氧化钠及 9 倍量的水，加热皂化 16h 以上，冷却，静置分层，虹吸除去上层淡黄色液体，沉淀物补充少量水使之溶解，用稀盐酸或硫酸（2∶1）酸化至使刚果红试纸变蓝，取出析出物，过滤，水洗至近中性，呈金黄色，真空干燥，得猪异去氧胆酸粗品。

② 脱色、脱水、浓缩、干燥 取粗品加 5 倍量乙酸乙酯、活性炭 150～200g/L，加热搅拌回流溶解，冷却后过滤，滤渣再加 3 倍量乙酸乙酯回流，过滤，合并滤液，加入 200g/L 无水硫酸钠脱水，过滤，滤液浓缩至原体积的 1/5～1/3，冷却后晶体析出，抽滤，结晶以少量乙酸乙酯洗涤，真空干燥，即得异去氧胆酸成品，熔点 160～170℃。

七、鹅去氧胆酸

鹅去氧胆酸（CDCA）于 1848 年首先在鹅的胆汁中发现，在 1924 年正式命名。1937 年以来，有人试图用含有鹅去氧胆酸的混合物溶解胆石，发现了鹅去氧胆酸具有纠正胆固醇饱和胆汁的作用。英国于 1972 年正式开辟了溶解胆固醇类结石的治疗，作为第一个纠正饱和胆汁和溶解胆石的药物。

（一）化学结构和性质

鹅去氧胆酸的化学名称为 $3\alpha,7\alpha$-二羟基-5β-胆烷酸，化学结构式见图 8-16。其呈白色针状结晶，无味，可溶于甲醇、乙醇、氯仿、丙酮、冰醋酸及稀碱，不溶于水、石油醚及苯。熔点 $141\sim142℃$，$[\alpha]_D+11.50°$。

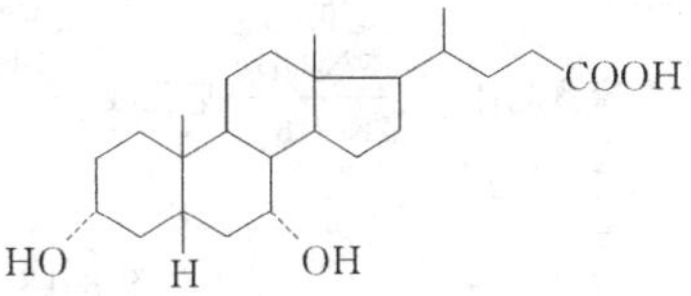

根据胆酸分子中含有 3 个羟基，鹅去氧胆酸含 2 个羟基和它们在乙醇、水、乙酸乙酯中溶解度的差异，pK 值等理化性质的不同，使鹅去氧胆酸与可溶性钡盐形成结晶沉淀，制得较纯的鹅去氧胆酸。

图 8-16 鹅去氧胆酸的化学结构

（二）生产工艺

1. 氯化钡盐法

（1）工艺路线（图 8-17）

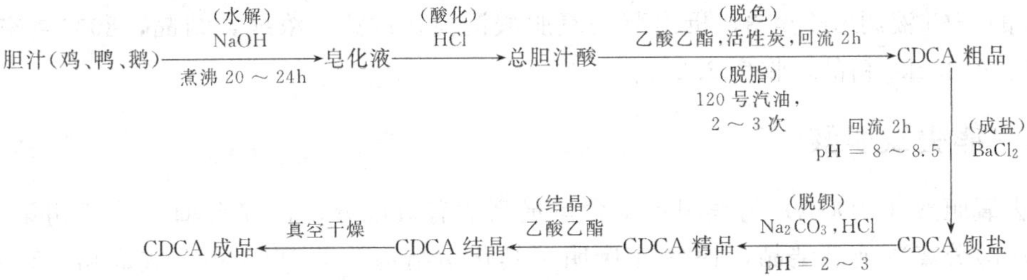

图 8-17 用氯化钡盐法提取鹅去氧胆酸的工艺路线

（2）工艺过程

① 水解、酸化 取新鲜或冷冻鸡（或鸭、鹅）胆汁，按胆汁体积 1/10 的量加入工业氢氧化钠，加热煮沸 20~24h，不断补充蒸发失去的水分，冷却后以等体积盐酸调 pH 至 2~3，有黑色膏状物生成，取出，用水充分洗涤近中性，得总胆汁酸，收率为 8%~9%。

② 脱色、脱脂、成盐 取总胆汁酸加入 2 倍量体积的 95% 乙醇加热回流 2h，同时加入 50~100g/L 的活性炭脱色，趁热过滤，滤液放冷后，用等体积的 120 号汽油萃取 2~3 次脱脂，静置分层，下层减压浓缩，回收乙醇，得膏状物。倾入大量水，析出沉淀，使沉淀完全，沉淀物用水洗至洗涤液近无色。再将膏状物加入 2 倍量体积的 95% 乙醇及 50g/L 氢氧化钠醇溶液，加热回流 1~2h，调 pH 至 8~8.5，加膏状物 2 倍量的 150g/L 氯化钡水溶液，加热回流 2h，趁热过滤。滤液蒸馏回收乙醇，至内容物出现晶膜或浑浊时，停止加热，冷却后即析出针状结晶，待结晶完全后，抽滤，得白色 CDCA 钡盐结晶，以水充分洗涤，必要时以 65%~75% 乙醇重结晶，减压干燥，收率为 50% 左右。

③ 脱钡、结晶、干燥 将干燥的钡盐研细，悬浮于 15 倍量体积水中，加稍过剩的碳酸钠（如无水碳酸钠，其量为 CDCA 钡盐的 12%），加热使其充分回流溶解，趁热过滤，冷却后再过滤 1 次除去沉淀，滤液用 10% 盐酸缓缓调到 pH=2~3，析出沉淀，过滤。沉淀用水洗涤，使洗液至中性，真空干燥，再以乙酸乙酯重结晶 1~2 次，得 CDCA 成品，收率为钡盐的 80% 左右。

氯化钡盐法工艺较复杂，收率低，对产品和环境有一定的污染。改进的工艺是用氯化钙代替氯化钡，用水代替大量有机溶剂，利用 CDCA 钙盐与杂胆酸钙盐、脂肪酸钙盐在水中溶解度的不同，分离纯化得到 CDCA。

2. 氯化钙盐法

（1）工艺路线（图 8-18）

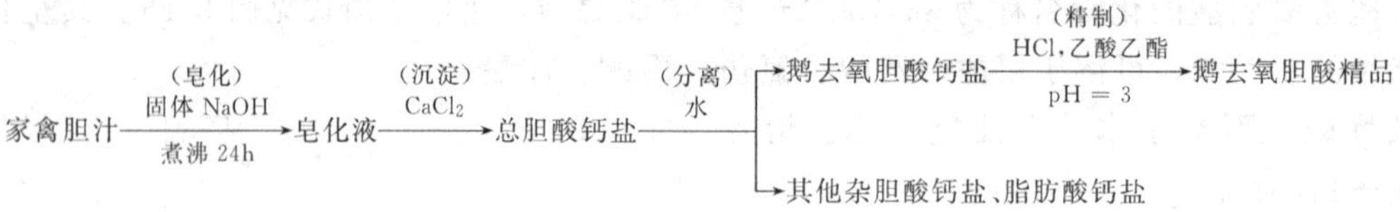

家禽胆汁 →（皂化）固体 NaOH 煮沸 24h→ 皂化液 →（沉淀）CaCl₂→ 总胆酸钙盐 →（分离）水→ 鹅去氧胆酸钙盐 →（精制）HCl，乙酸乙酯 pH=3→ 鹅去氧胆酸精品 / 其他杂胆酸钙盐、脂肪酸钙盐

图 8-18　用氯化钙盐法提取鹅去氧胆酸的工艺路线

（2）工艺过程

① 总胆酸钙盐的制备　将 100kg 新鲜家禽胆汁置于不锈钢锅内，按胆汁量 100g/L 加入固体 NaOH，搅拌溶解，加热煮沸 24h，搅拌加入 CaCl₂ 12kg，析出沉淀，离心弃去滤液，得总胆酸钙盐湿重 45kg。

② 鹅去氧胆酸的制备　将总胆酸钙盐 45kg 用水反复溶解，弃去水不溶物，水溶液用 6mol/L 的 HCl 液调 pH 至 3，析出鹅去氧胆酸沉淀，过滤，浓缩，结晶，80℃真空干燥，即得 CDCA 3.2kg 精品，收率 3.2%。

八、熊去氧胆酸

熊去氧胆酸（UDCA）为熊胆汁中含量最高的有效成分，1927 年日本人正田第一个把熊去氧胆酸分离成纯品结晶，1937 年阐明了其化学结构，于 1955 年合成成功。有研究发现，熊去氧胆酸能溶解 X 射线可透射的胆石，而且比鹅去氧胆酸毒性小，用量少。日本首先将熊去氧胆酸用于促进胆汁固体成分的分泌，作为强有力的利胆药物。目前国内外都有商品出售，国外有英国的 Destolit、意大利的 Ursacol、日本的 Ursosan、荷兰的 Ursochol。

（一）化学结构和性质

熊去氧胆酸的化学名称为 $3\alpha,7\beta$-二羟基-5β-胆烷酸，与鹅去氧胆酸分子式相同，立体结构不同，化学上把这两种化合物的结构关系称为同分异构体，化学结构式见图 8-19。其呈白色结晶性粉末，无臭，味苦。易溶于乙醇酸、稀碱液，略溶于乙醚，难溶于水和稀硫酸。熔点 20.3℃，$[\alpha]_D +57°$。

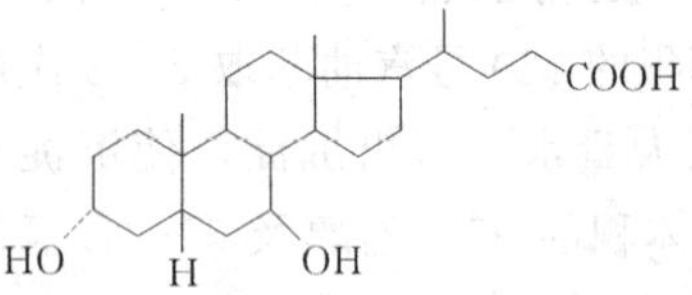

由于熊的种类和生活环境的不同，熊胆中含熊去氧胆酸的差异很大，约在 44.2%～74.5% 之间，可用作提取熊去氧胆酸的原料，但在中国熊是禁止捕杀的保护动物，原

图 8-19　熊去氧胆酸的化学结构

料来源非常有限，而且熊胆本身就是名贵的中药材，不可能用来提取熊去氧胆酸。化学合成法是用胆酸为原料进行酯化得胆酸甲酯，经乙酰化、氧化、还原制得鹅去氧胆酸，再氧化为 3α-羟基-7-酮基胆烷酸，还原后制得熊去氧胆酸。

（二）生产工艺

（1）工艺路线（图 8-20）

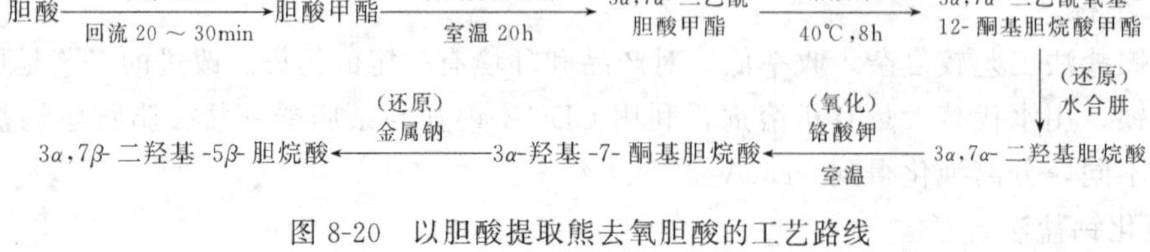

胆酸 →（酯化）甲醇，HCl 回流 20～30min→ 胆酸甲酯 →（乙酰化）苯、吡啶、乙酐 室温 20h→ $3\alpha,7\alpha$-二乙酰胆酸甲酯 →（氧化）铬酸钾 40℃,8h→ $3\alpha,7\alpha$-二乙酰氧基-12-酮基胆烷酸甲酯 →（还原）水合肼→ $3\alpha,7\alpha$-二羟基胆烷酸 →（氧化）铬酸钾 室温→ 3α-羟基-7-酮基胆烷酸 →（还原）金属钠→ $3\alpha,7\beta$-二羟基-5β-胆烷酸

图 8-20　以胆酸提取熊去氧胆酸的工艺路线

（2）工艺过程

① 酯化 取无水甲醇 36ml，通入干燥盐酸气，再加胆酸 12g，搅拌，升温回流 20～30min，室温放置，数小时后有结晶析出，经冷冻过滤，用乙醚洗涤，干燥，得胆酸甲酯，收率为 95％。

② 乙酰化 取苯 9.6ml、吡啶 2.4ml、乙酐 2.4ml，加胆酸甲酯 2g，振摇 10～15min，室温放置 20h 后再将反应液倒入 100ml 水中，分除苯层，反复用蒸馏水洗涤，回收溶剂，固体残渣用石油醚洗涤 1 次，用甲醇-水溶液重结晶，得 3α,7α-二乙酰胆酸甲酯，收率 68.43％。

③ 氧化 取二乙酰胆酸甲酯 1.5g，加乙酸 24ml，另取铬酸钾 0.76g 溶于 1.8ml 水中，倾于上述反应液中，升温至 40℃，保温反应 8h，加水 120ml，振摇片刻，放置 12h，过滤，用蒸馏水洗至中性，干燥，即得 3α,7α-二乙酰氧基-12-酮基胆烷酸甲酯，简称 12-酮，收率 97％。

④ 还原 取 12-酮 15g、二乙二醇醚 150ml、800g/L 水合肼溶液 15ml、氢氧化钾 15g，于 130℃ 回流 15h，然后边蒸馏除去水分，边升温至 195～200℃，再回流 2.5h，再升温至 217℃ 反应片刻，冷却到 190℃，补加水合肼 0.7ml。边蒸去未反应物边升温，在 3h 内由 215℃ 升到 220℃，冷却，用蒸馏水 600ml 稀释，用 10％硫酸中和至 pH＝3，即有结晶析出，过滤，水洗至中性，再溶于乙酸乙酯中，分去水层，有机相用水洗 1～2 次，减压蒸馏，得白色 3α,7α-二羟基胆烷酸即鹅去氧胆酸，收率 98％。

⑤ 氧化 取鹅去氧胆酸 2g 溶于 100ml 乙酸中，加乙酸钾 20g，振摇溶解，加入铬酸钾 1.5g（溶于 10ml 水中），室温放置，静置反应，过夜，加水 200ml，结晶析出，过滤，水洗，干燥，即得白色 3α-羟基-7-酮基胆烷酸，收率 84.43％。

⑥ 还原 取精品 3α-羟基-7-酮基胆烷酸 4g，加入正丁醇 100ml，搅拌升温至 115℃ 左右，分次加入金属钠 8g，逐渐有白色浆状物析出，继续反应 0.5h，加水 120ml，搅拌升温溶解透明，减压蒸去有机相，残渣加水 500ml，溶解，过滤，滤液加 10％硫酸中和至 pH＝3，有白色絮状物沉淀。过滤，水洗至中性，干燥，用乙酸乙酯洗涤，稀乙醇重结晶，得 3α,7β-二羟基-5β-胆烷酸，即熊去氧胆酸精品，收率 67.4％。

九、谷固醇

谷固醇系指从米糠中提取的 β-谷固醇，属植物固醇类化合物，普遍存在于高等植物的种子中。在人体内不被吸收，其分子结构与胆固醇极其相似，可竞争性地抑制肠内胆固醇酯的水解以及游离胆固醇的再酯化，抑制或妨碍胆固醇的吸收。据报道，植物固醇有少量的能被肠黏膜吸收，进入机体内转化成相应的胆汁酸或类固醇激素。动物实验发现，人工加氧还原产物有较好的降低血浆胆固醇作用，有待进一步研究。

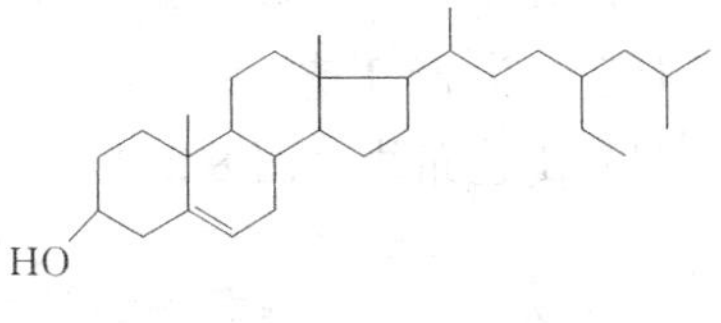

图 8-21 谷固醇的结构式

（一）化学结构和性质

β-谷固醇的化学名称为豆甾-6-烯-3β-醇，结构式见图 8-21。其呈白色粉末或鳞片状结晶，无臭无味，不溶于水，略溶于乙醇，易溶于氯仿、丙酮、二硫化碳。具有一定的黏性，较难粉碎。熔点 140℃。

制备原料可用米糠油或玉米油的下脚料，采用化学溶剂提取法。

（二）生产工艺

（1）工艺路线（图 8-22）

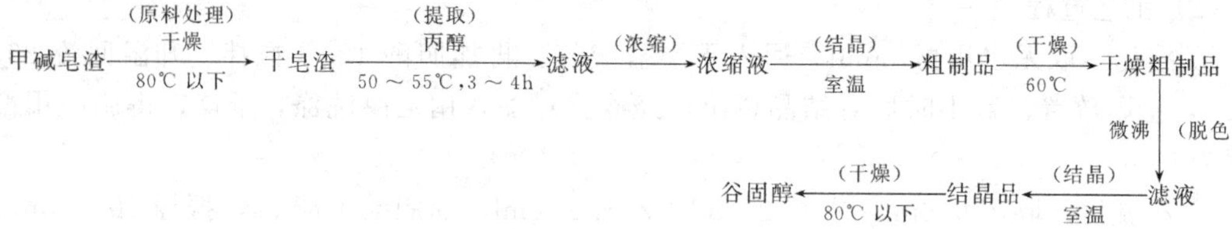

甲碱皂渣 —(原料处理) 干燥 80℃以下→ 干皂渣 —(提取) 丙酮 50~55℃,3~4h→ 滤液 —(浓缩)→ 浓缩液 —(结晶) 室温→ 粗制品 —(干燥) 60℃→ 干燥粗制品 —(脱色) 微沸→ 滤液 —(结晶) 室温→ 结晶品 —(干燥) 80℃以下→ 谷固醇

图 8-22 化学溶剂法提取谷固醇的工艺路线

（2）工艺过程

① 原料处理 取甲碱皂渣（甲碱皂渣是米糠油制取谷维素后的废渣）置于恒温 60℃ 的烘箱内干燥，使含水在 2% 以下，皂渣呈小颗粒状或粉末。干燥温度不得超过 80℃，否则变成蜡状物，影响提取效果。

② 提取 将干皂渣加入搪瓷反应罐内，加入丙酮 [V（皂渣）：V（丙酮）＝1：8] 搅拌，夹套蒸汽加热，控制温度 50~55℃，回流提取 3~4h，冷却至 30℃ 放料，置于 10~15℃ 的冷库内，静置冷析 12h，压滤，得澄清滤液。

③ 浓缩 将滤液放入浓缩罐内，浓缩至原体积 1/5，得浓缩液。

④ 结晶、干燥 浓缩液室温静置结晶 12h，过滤，得湿粗制品，60℃ 烘箱干燥。

⑤ 脱色、结晶、干燥 将粗制品加入 25~30 倍量的 95% 乙醇，用盐酸调 pH 至 3~4，水浴加热，使粗品溶解后，加入活性炭 10~20g/L 脱色 20min，趁热过滤，至滤液透明，放置室温结晶 12h，待结晶析出较完全后过滤，收集结晶，80℃ 真空干燥，即得谷固醇结晶体成品。收率为甲碱皂渣的 6% 左右。

十、胆固醇

胆固醇是高等动物体中的主要甾醇，为细胞膜脂质中的主要成分，主要在肝中合成。动物的脑组织中胆固醇含量最多。猪脑和蛋黄中含量高达 2%，可选择作为提取胆固醇的原料。

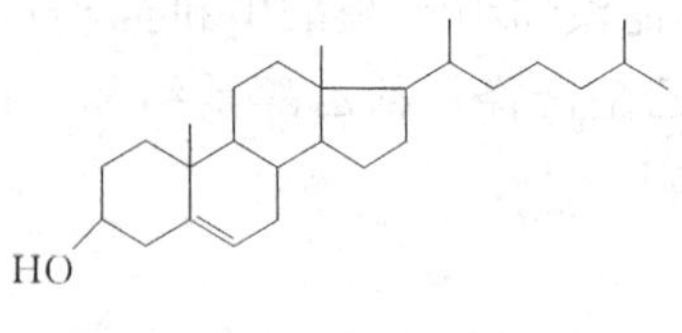

（一）化学结构和性质

胆固醇是胆烷醇 5,6 位脱氢后生成的化合物，化学名称为胆固-5-烯-3β-醇，结构式见图 8-23。其具有液晶的性质，

图 8-23 胆固醇的结构式

相对密度 1.03，在 70~80℃ 成无水物，相对密度 1.067，微溶于水，能溶于醇、醚、氯仿或丙酮中，熔点 148.5℃。

胆固醇是人工牛黄的主要原料之一。

（二）生产工艺

（1）工艺路线（图 8-24）

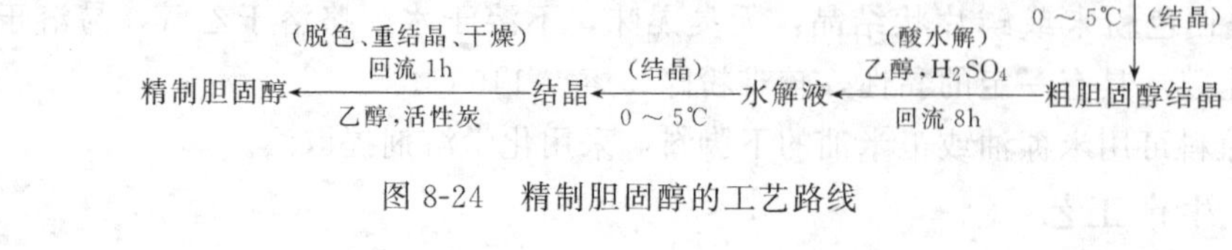

脑（猪、牛、羊）—(原料处理) 40~50℃→ 干脑粉 —(提取、浓缩) 丙酮 先后6次蒸馏→ 黄色固体物 —(溶解) 乙醇 回流1h→ 胆固醇乙醇溶液 —(结晶) 0~5℃→ 粗胆固醇结晶 —(酸水解) 乙醇,H$_2$SO$_4$ 回流8h→ 水解液 —(结晶) 0~5℃→ 结晶 —(脱色、重结晶、干燥) 回流1h 乙醇、活性炭→ 精制胆固醇

图 8-24 精制胆固醇的工艺路线

（2）工艺过程

　　① 原料处理　取新鲜动物脑及脊髓绞碎，于 40～50℃烘箱内烘干制成干脑粉，水分低于 8%。

　　② 提取、浓缩、溶解及结晶　取干脑粉 100kg 加入冷丙酮 120L 浸渍，搅拌提取 4.5h，反复提取 6 次过滤。提取液合并蒸馏，回收丙酮，直至浓缩物中出现大量黄色固体为止。在黄色固体物中加入 10 倍量 95%乙醇，加热回流 1h 使之溶解，过滤，滤液在 0～5℃冷却，静置，结晶析出，过滤，得粗胆固醇结晶。

　　③ 酸水解、结晶、脱色、重结晶、干燥　取粗品加 5 倍量体积的 95%乙醇及 5%～6%的硫酸，加热回流水解 8h，再冷却 0～5℃结晶、过滤，滤出结晶用 95%乙醇洗至中性，再将胆固醇结晶加 10 倍量体积的 95%乙醇和 30g/L 的活性炭，加热溶解回流脱色 1h，保温过滤，滤液 0～5℃冷却结晶，反复 3 次，过滤，收集结晶，压干，挥发除去乙醇后，在 70～80℃真空干燥器中干燥，即得精制胆固醇，熔点 147～150℃，水分低于 3%。

十一、胆红素

　　胆红素是血红蛋白分解代谢后的还原产物，是一个直链的四吡咯化合物，属于二烯胆素类。主要在肝中生成，其次是肾。在新鲜胆汁中与 1 个或 2 个葡萄糖醛酸结合形成胆红素酯存在。结合型胆红素呈弱酸性，溶于水，分子大，带电荷。在血液中主要以胆红素·白蛋白形式存在，这种被血浆蛋白所"固定"了的胆红素不能透过细胞膜。游离型胆红素不溶水，溶于脂肪，易透过细胞膜进入细胞。

　　胆红素的具体功能还不十分清楚。过高易引起黄疸、巩膜、皮肤、黏膜及其他组织和体液发生黄染现象。近年来研究新发现表明，胆红素具有抗氧化作用，能阻止低密度脂蛋白的氧化，因氧化的低密度脂蛋白易沉着在血管壁，会促进动脉脂肪斑块的形成而诱发心脏病。血中胆红素浓度分析表明，高浓度者比低浓度者患心脏病的危险性低 80%。尚未见通过增加胆红素来预防心脏病的研究报道。

　　胆汁中胆红素含量较高，比血液、皮肤、脑中的胆红素容易提取。各种动物以乳牛及狗胆汁中含量最高，猪胆汁次之，牛胆汁更次之，羊、兔及禽胆汁多含胆绿素。国内多选用猪胆汁为原料，宜新鲜，以保证产品质量和收率。

（一）化学结构和性质

　　胆红素呈金黄色或深红棕色单斜晶体，干燥固体较稳定，其氯仿溶液在暗处也较稳定，在碱液中（如 0.1mmol/L 氢氧化钠）或遇 Fe^{3+} 极不稳定，很快被氧化为胆绿素。可与甘氨酸、丙氨酸和组氨酸结合，加血清蛋白、维生素 C 或 EDTA 能使胆红素稳定。不溶于水，溶于苯、氯仿、氯苯、二硫化碳、碱液及脂肪中，微溶于乙醇和乙醚。其钠盐易溶于水，不溶于氯仿。钙盐、镁盐或钡盐不溶于水。

（二）生产工艺

1. 钙盐间接提取法

（1）工艺路线（图 8-25）

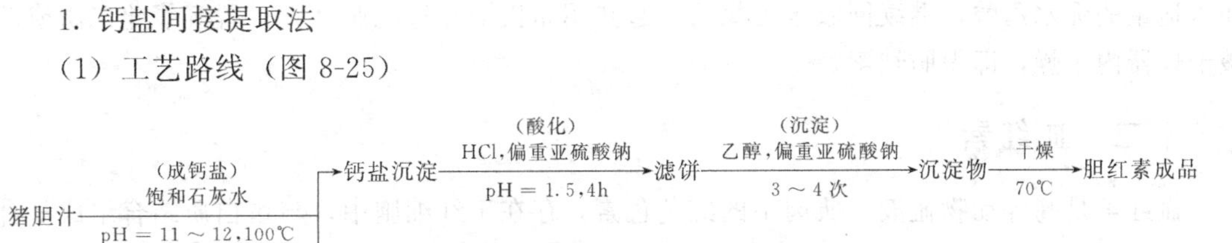

图 8-25　用钙盐间接提取法提取胆红素工艺路线

（2）工艺过程

① 成钙盐　取新鲜猪胆汁，边搅拌边加 3～3.5 倍量饱和石灰水上清液，待加完后继续搅拌 5～10min，pH＝11～12，升温，将在 50～60℃以前浮起的泡沫用纱布网除去，再升温至沸 2min，注意防止胆红素钙盐溢出。待冷却后，过滤，得胆红素钙盐。母液作制备猪胆酸用。

② 酸化、沉淀、干燥　将胆红素钙盐加 0.8 倍量水调成糊状，过 30～40 目筛滤 1 次，在滤液中加入 0.3％偏重亚硫酸钠抗氧化，边搅拌边用盐酸调 pH 至 1.5，静置 4h，过滤，滤饼加 8～10 倍量体积的 80％乙醇捣碎混匀，再加适量偏重亚硫酸钠，静置过夜，使其分层沉淀。虹吸除去上层乙醇液，再加 4～6 倍量体积的 80％以上乙醇和适量偏重亚硫酸钠，搅拌后浸泡过夜，如此反复 3～4 次，至醇液不显黑色为止，抽滤至干，滤饼于 70℃以下烘干，即得胆红素成品。

2. 改进的钙盐-氯仿提取法

用氯化钙代替饱和石灰水。

取新鲜牛胆汁加氢氧化钠液调 pH 至 12，加热至沸，在搅拌下滴加氯化钙液，冷却后倾去上清液，过滤，收集胆红素钙盐，用 1∶1 的盐酸酸化至 pH＝1～2，沥去酸水，加氯仿提取，再蒸去氯仿，用小量无水乙醇洗涤去油脂，溶液放置 5℃左右，即得胆红素结晶。

改进后，胆汁体积不增加，加热时间缩短，钙盐沉淀，上清液易倾去，节约有机溶剂。

3. D-261 树脂提取法

（1）树脂的处理　按常规先把树脂在水中浸泡充分，分别用盐酸乙醇液、2mol/L NaOH 液、2mol/L HCl 处理，再用水冲洗至 pH 中性，装柱备用。用过的树脂处理后再生，可反复使用。

（2）胆汁碱水解　取新鲜牛胆汁，纱布过滤，在搅拌下加入 2mol/L NaOH 液调 pH 为 10 左右，搅拌下煮沸，水解，过滤，收集水解液。

（3）树脂柱吸附　先将树脂柱加入 80℃热水预热，再把煮沸的水解液趁热倒入树脂柱中进行吸附，至流出液色变深，吸附饱和为止，加入冷水至柱内温度降至室温，再从柱上端加入稀盐酸亚硫酸氢钠溶液，使流出液 pH＝1。

（4）洗脱胆酸　用 75％乙醇洗脱，初洗脱液为黄色澄清液，渐变为墨绿色浑浊液，收集，洗脱至流出液变清或加水不变浑浊，pH 近中性。再用少量 95％乙醇洗 1 次。收集的洗脱液供制备胆酸用。

（5）洗脱胆红素　将柱内 95％乙醇全部放出，加入氯仿浸泡 10min，收集洗脱液至不显黄色为止，再用 95％乙醇将柱内的氯仿洗出来。

（6）浓缩、干燥　用蒸馏法水浴加热回收氯仿，待胆红素析出后，氯仿接近回收完时，加入适量的无水乙醇，继续回收至无氯仿，趁热用布氏漏斗过滤胆红素，置五氧化二磷或硅酸干燥器内干燥，即得胆红素。

十二、血红素

血红素是高等动物血液、肌肉中的红色色素，存在于红细胞中，与蛋白质结合组成复合蛋白质，称为血红蛋白或肌红蛋白。肌红蛋白是珠蛋白与 1 分子血红素结合，血红蛋白是珠蛋白与 4 分子血红素结合，肌红蛋白负责运输氧，血红蛋白负责贮存氧，因此血红素对氧的运输、贮存及利用有重要的生理生化功能。

血红素在哺乳动物细胞中几乎都能合成，其中以骨髓的未成熟红细胞和肝细胞最活跃。生物合成的基本原料是甘氨酸、琥珀酰辅酶 A 和 Fe^{2+} 等，经过一系列酶促反应，分别在线粒体和胞液中进行。

（一）化学结构和性质

血红素又称亚铁原卟啉，是由原卟啉 Ⅸ 与铁配位化合而成，其分子有共振特征，性质稳定。其结构式见图 8-26。在血红蛋白和肌红蛋白中血红素含量约占 3.8%，在一定的条件下可使血红素和蛋白质分离开来。血红素不溶于水，溶于酸性丙酮及碱性水溶液中，在溶液中易形成聚合物，使溶解度下降，血红素结晶呈蓝黑色。

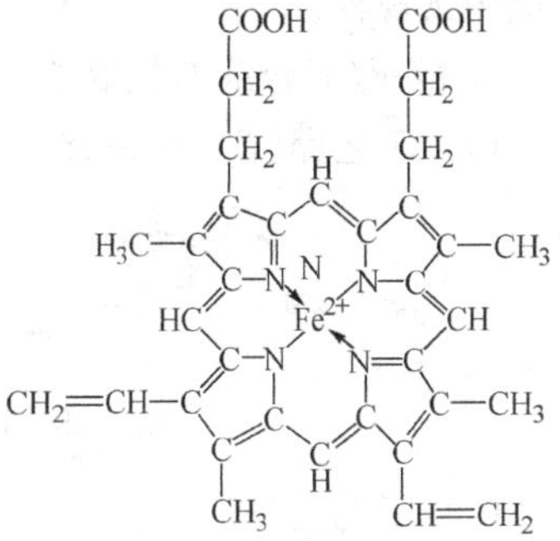

含碱基物质的有机溶剂，能使血红蛋白中的血红素与珠蛋白分解，血红素呈溶解状态，珠蛋白则以固状物沉淀下来，两者得以分开。碱基物质用二乙胺、二氯乙酸、吡啶及氨等，有机溶剂则用甲醇、乙醇、丙醇、丙酮、丁酮等，其中二乙胺与甲醇组合的效果最佳。碱基物质的用量控制在 1.5%～3.0%，温度控制在 50℃，时间不要超过 1h。

图 8-26　血红素的结构式

（二）生产工艺

二乙胺-甲醇提取法：取 60L 甲醇和 1kg 二乙胺加入 100L 反应罐内，搅拌均匀，加入新鲜牛血粉 5kg，于 45℃搅拌提取 1h，冷却后过滤除去蛋白质，滤液减压浓缩至 5L，加入冰醋酸 10L、氯化锶 200g，加热蒸馏除去残留甲醇，再升温至 100～102℃反应 1h，过滤，收取氯化血红素结晶，分别用冰醋酸、水、丙酮洗涤，得氯化血红素 85g。以 2.8% 氨水溶解，于 390nm 处测定吸光度，纯度为 98.3%。

十三、辅酶 Q_{10}

辅酶 Q_{10} 是辅酶 Q 类的重要成员之一，在细胞内辅酶 Q 类与线粒体内膜相结合，是呼吸链中的重要递氢体。

辅酶 Q_{10} 是人体内不可缺少的参与代谢的重要活性物质。它的主要机理是细胞电子和质子的传递体，参与蛋白质和脂肪代谢，是细胞呼吸和代谢为人体细胞产生能量所必需的激活剂。辅酶 Q_{10} 最常用于心血管系统疾病，同时，也有提高人体免疫力、增强抗氧化、保持青春的功效。辅酶 Q_{10} 具有抗氧化、膜稳定、代谢性强心及逆转左室肥厚等良好作用，在心血管病中应用广泛，尤其治疗充血性心力衰竭取得了令人满意的疗效。该药不良反应轻微，不产生耐药性，病人易耐受，值得临床推广应用。

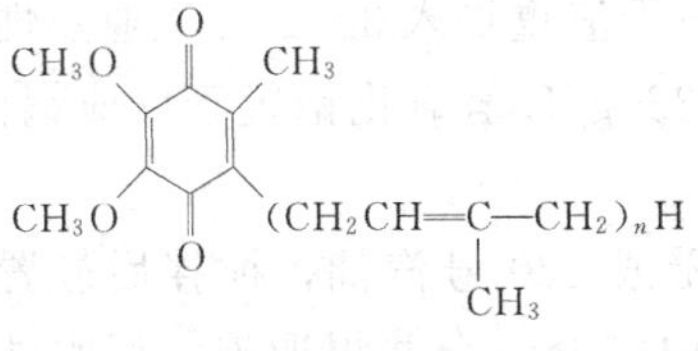

图 8-27　辅酶 Q_{10} 的结构式

（一）化学结构和性质

辅酶 Q_{10} 又称泛醌 Q_{10}，化学名称为 2,3-二甲氧基-5-甲基-6-（＋）聚-[2-甲基丁烯（2）基]-苯醌，结构式见图 8-27。其为黄色或淡橙黄色无臭无味结晶性粉末，易溶于氯仿、苯、四氯化碳，能溶于丙酮、乙醚、石油醚，微溶于乙醇，不溶于水和甲醇，遇光易分解成微红色物质，对温度和湿度较稳定，熔点 49℃。

（二）生产工艺

制备方法有合成法、提取法和微生物发酵法。化学合成法合成条件苛刻，步骤繁多；另外，化学合成的辅酶 Q_{10} 的异戊二烯单体大多为顺式结构，生物活性不高，且合成过程副产物多，提纯成本高。国内常采用提取法，原料有心、肝、肌肉等以及各种酵母。从提取细胞色素 C 的猪心残渣中生产辅酶 Q_{10}，其收率和新鲜猪心相当。日本于 1977 年首次实现用微生物发酵法生产辅酶 Q_{10} 的工业化生产，但是生产效率低，生产成本高；国内目前属于实验室或中试规模。

1. 醇-醚混合溶剂提取法

（1）工艺路线（图 8-28）

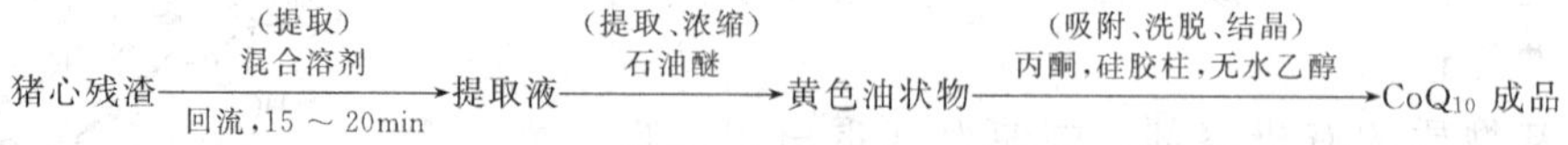

猪心残渣 —混合溶剂（提取）回流，15～20min→ 提取液 —石油醚（提取、浓缩）→ 黄色油状物 —丙酮、硅胶柱、无水乙醇（吸附、洗脱、结晶）→ CoQ$_{10}$ 成品

图 8-28　用醇-醚混合溶剂提取法提取 CoQ$_{10}$ 的工艺路线

（2）工艺过程

① 乙醇-乙醚混合溶剂提取　取猪心残渣加入 1.5 倍量的乙醇-乙醚（体积比为 3∶1）混合溶剂，加热回流提取 15～20min，冷却至室温，过滤，滤渣反复提取 2～3 次，直至提取完全，合并提取液。

② 石油醚提取　上述提取液蒸馏浓缩，加适量水，以石油醚提取，合并提取液，浓缩，得黄色油状物，即为 CoQ$_{10}$ 粗品。

③ 吸附、洗脱、结晶　将黄色油状物用丙酮溶解，置于－10℃低温下析出杂质，过滤除去，蒸去滤液中的丙酮，用少量石油醚溶解，硅胶柱色谱分离，以无水乙醇结晶，即得 CoQ$_{10}$ 成品。

2. 醇-碱皂化制造法

（1）工艺路线（图 8-29）

图 8-29　用醇-碱皂化制造法提取 CoQ$_{10}$ 的工艺路线

（2）工艺过程

① 皂化　取生产细胞色素 C 的猪心残渣，压干称重，按干渣重加入 300g/L 工业焦性没食子酸，搅匀，缓慢加入干渣重 3～3.5 倍量乙醇及干渣重 320g/L 氢氧化钠置于反应锅内，加热搅拌回流 25～30min，迅速冷却至室温，得皂化液。

② 提取、浓缩　在皂化液中加入其体积 1/10 的石油醚或 120 号汽油，搅拌后静置分层，分取上层，下层再以同样量溶剂提取 2～3 次，直至提取完全。合并提取液，用水洗涤至近中性，再在 40℃以下减压浓缩至原体积的 1/10，冷却，－5℃以下静置过夜，过滤，除去杂质，得澄清浓缩液。

③ 吸附、洗脱　将浓缩液上硅胶柱色谱，先以石油醚或 120 号汽油洗脱，除去杂质，

再以 10％乙醚-石油醚混合溶剂洗脱，收集黄色带部分的洗脱液，减压蒸去溶剂，得黄色油状物。

④ 结晶 取黄色油状物加入热的无水乙醇，使其溶解，趁热过滤，滤液静置，冷却结晶，滤干，真空干燥，即得辅酶 Q_{10}。

3. 微生物细胞培养法

微生物发酵生产辅酶 Q_{10} 同动植物组织或器官提取法及化学合成法相比，有以下几个基本的优点：①发酵产物为天然产品，生物活性好，易被人体吸收利用；②没有原材料的制约，可通过规模放大提高生产能力。

尽管自然界中微生物菌体中辅酶 Q_{10} 含量较高，但其发酵产物为辅酶 Q_{10} 多种同系物的混合产物，造成辅酶 Q_{10} 的提纯成本较高。因此在辅酶 Q_{10} 的发酵生产中，生产菌株的选择是首要的，现普遍选用红螺菌科细菌。野生型菌株的辅酶 Q_{10} 生产能力是不能满足生产需要的，通常采用常规诱变（选育营养缺陷型突变株及选育代谢拮抗物抗性突变株）及基因工程技术（利用分子生物学技术找到辅酶 Q_{10} 生产菌株的关键酶基因，通过重组 DNA 技术将该基因引入生产菌株，使关键酶基因拷贝数增加并高效表达，从而增强合成的能力）对其进行遗传改造，同时辅之以发酵条件的优化，可以大大提高产量。

4. 植物细胞培养生产辅酶 Q_{10}

辅酶 Q_{10} 广泛存在于各类动植物体内，鉴于植物细胞培养生产次生代谢物的独特优势，以及烟叶中高的辅酶 Q_{10} 含量（达到 2140nmol/g），利用烟草细胞培养生产已进行了深入的研究和开发，但目前还没有进入中试和工业化生产。

5. 生物转化法

从废弃烟叶中提取茄尼醇粗品、精品、纯品，进而合成辅酶 Q_{10} 的技术已由云南省陆良云大通发生物产业有限公司研制成功并建成工业化生产线。该生产线已具备连续、稳定年产 3t 辅酶 Q_{10} 的规模，首批产品已发往欧洲。该条生产线具有自主知识产权，填补了国内空白。

6. 化学合成法

目前该化合物的合成方法主要分为两类：一是母核化合物上引入聚异戊二烯醇基；另一种方法是首先于母核化合物上引入较短的侧链，然后再引入所期望的长链。

十四、前列腺素

（一）化学结构和性质

前列腺素的化学结构是由一个五碳环和两条含有 7 个和 8 个碳原子的碳链构成的二十碳化合物，结构复杂，异构体多，其基本结构是前列烷酸。按五碳环及五碳环上各种取代基的不同，可分为 PGA、PGB、PGC、PGD、PGE、PGF、PGG 和 PGH 八类。按其侧链双键数目的不同，可分为 PG_1、PG_2、PG_3。

（二）PGE_2 的生物合成法

药用 PGE_2 为淡黄色黏稠状油液，微有异臭，味微苦，易溶于乙醇或丙酮，溶于氯仿、乙酸乙酯及 pH＝8 的缓冲液中，微溶于醚，几乎不溶于水。乙酸乙酯-己烷 1 次结晶熔点 64～66℃，结晶品为白色至类白色的固体。

中国采用花生四烯酸为前体，从羊精囊中提取前列腺素合成酶并加入谷胱甘肽、氢醌等辅助刺激剂，在充分给氧的条件下，使花生四烯酸转化成前列腺素，最后分离、提纯即得 PGE_2。

（1）工艺路线（图 8-30）

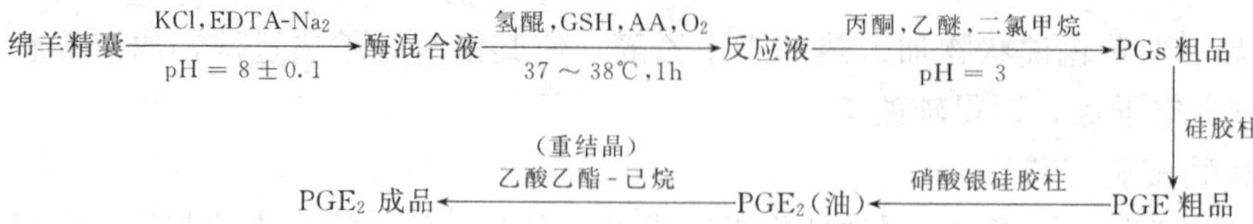

绵羊精囊 $\xrightarrow[\text{pH}=8\pm0.1]{\text{KCl,EDTA-Na}_2}$ 酶混合液 $\xrightarrow[37\sim38℃,1\text{h}]{\text{氢醌,GSH,AA,O}_2}$ 反应液 $\xrightarrow[\text{pH}=3]{\text{丙酮,乙醚,二氯甲烷}}$ PGs 粗品

PGs 粗品 $\xrightarrow{\text{硅胶柱}}$ PGE 粗品 $\xrightarrow{\text{硝酸银硅胶柱}}$ PGE$_2$（油）$\xrightarrow[\text{乙酸乙酯-己烷}]{\text{（重结晶）}}$ PGE$_2$ 成品

图 8-30　生物合成法提取 PGE$_2$ 的工艺路线

（2）工艺过程

① 酶的制备　取－30℃冷藏的羊精囊，除去结缔组织及脂肪，每千克加 1L 0.154mol/L 氯化钾，分次加入，匀浆后 4000r/min 离心 25min，取上清液用双层纱布过滤，得清液。残渣重复一次操作，合并两次清液。以 2mol/L 柠檬酸调 pH 至 5±0.2，于 4000r/min 以下离心 25min，弃上清液，用 pH＝8 的 2mol/L 磷酸盐缓冲液洗下沉淀，再加 100ml 6.25μmol/L EDTA 钠盐溶液搅拌均匀，以 2mol/L KOH 调节 pH 至 8±0.1，得到酶的混悬液。

② 孵育　取酶的混悬液，每升加入氢醌 40mg、谷胱甘肽 500mg，先用少量水溶解后，加入酶的混悬液中，再将 1kg 羊精囊中加入 1g 花生四烯酸，搅拌通氧，升温至 37℃，并保温 37～38℃孵育 1h，反应终止得反应液。

③ 提取　将反应液加入 3 倍量丙酮搅拌提取 0.5～1h，过滤，压干，滤渣同法处理一次，合并两次滤液，45℃减压浓缩，去除丙酮。浓缩液 pH 用 4mol/L 盐酸调节至 3，以 2/3 体积的乙醚分 3 次提取，取乙醚层用 2/3 体积的 0.2mol/L 磷酸盐缓冲液分 3 次提取，取水层。用 2/3 体积的乙醚分 3 次脱脂，弃醚层取水层。再用 4mol/L 盐酸调节 pH 至 3，用 2/3 体积二氯甲烷分 3 次提取，二氯甲烷层用少量水洗酸后，加少量无水硫酸钠脱水，密封置冰箱内过夜，滤除硫酸钠后，在 40℃以下减压浓缩得黄色油状物，即得 PGs 粗品。

④ 分离　取 100～160 目的活化硅胶混悬于氯仿中，装柱。将 PGs 溶解于少量氯仿，上柱色谱分离，依次以体积比为 98：2 和 96：4 的氯仿-甲醇混合液洗脱，分别收集 PGA 和 PGE 部分。在 35℃下减压浓缩，除尽氯仿、甲醇得 PGE 粗品。

⑤ 精制　取 200～250 目 10 倍 PGE 质量的活化的硝酸银硅胶混悬于 V（乙酸乙酯）：V（冰醋酸）：V（石油醚）：V（水）＝200：22.5：125：5 的展开剂中，湿法装柱。将粗品用少量的同一展开剂溶解，上柱，洗脱。分别收集 PGE$_1$ 和 PGE$_2$ 各管于 35℃以下充氮气减压浓缩至无乙酸味，用乙酸乙酯溶解，少量水洗去酸，生理盐水除银。乙酸乙酯溶液用无水硫酸钠干燥，充氮，密置，置冰箱中过夜，滤去硫酸钠，在 35℃下充氮减压浓缩，除尽乙酸乙酯，得 PGE$_2$ 精品，经乙酸乙酯-己烷重结晶 2 次，得 PGE$_2$ 结晶。

十五、亚油酸

近代研究揭示，亚油酸在人体内不能自己合成，是必需的不饱和脂肪酸，为组织细胞的线粒体和细胞膜的结构成分，参与磷脂、前列腺素的合成，还能降低血中胆固醇，防止动脉粥样硬化。如果缺乏，则能引起线粒体结构发生改变，导致代谢紊乱、皮肤病变、生殖机能障碍、对疾病的抵抗能力减弱及生长发育停滞。

自然界中，亚油酸主要含在植物种子油里。种类不同，含量多少也有差异。苏籽油含 83％～88％，红花籽油 73％～79％，向日葵籽油 72.6％，豆油 55.2％，棉籽油 45％～52％，玉米胚芽油 34％～62％，米糠油 24％～28％，花生油 13％～27％，橄榄油 4％～

15％，茶籽油 7％～14％，棕榈油 5％～11％。动物油中，猪油含 3％～14％，牛油 2％～5％，羊油 3％～5％，比植物药少得多，不宜作提取原料。

临床用于治疗和预防动脉硬化症等。

（一）化学结构和性质

亚油酸是十八碳烯酸，分子中有 2 个双键，顺式结构，按碳序数用 ω-编号系统表示为 ω-6,9-十八碳二烯酸。结构式见图 8-31。

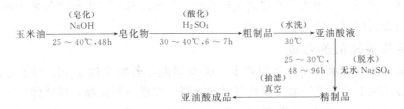

图 8-31 亚油酸的结构式

亚油酸呈淡黄色澄清油状液体，有豆油臭，无味，但对咽喉有辛辣刺激感，不溶于水和乙醚、石油醚等有机溶剂，易被空气氧化。

（二）以玉米油为原料的提取法

（1）工艺路线（图 8-32）

玉米油 $\xrightarrow[\text{25～40℃,48h}]{\text{（皂化）NaOH}}$ 皂化物 $\xrightarrow[\text{30～40℃,6～7h}]{\text{（酸化）H}_2\text{SO}_4}$ 粗制品 $\xrightarrow[\text{30℃}]{\text{（水洗）}}$ 亚油酸液 $\xrightarrow[\text{无水 Na}_2\text{SO}_4]{\substack{\text{25～30℃}\\ \text{48～96h} \quad \text{（脱水）}}}$ 精制品 $\xrightarrow[\text{真空}]{\text{（抽滤）}}$ 亚油酸成品

图 8-32 以玉米油提取亚油酸的工艺路线

（2）工艺过程

① 皂化、酸化 取澄清的玉米油 33L，在搅拌下逐渐加入 200g/L 氢氧化钠液 21.5L，使碱液与油液混合均匀。充分乳化后，静置于 25～40℃ 的温度下皂化 48h，皂化完全后取出皂化物，用木铲或不锈钢铲捣成碎块，慢慢加入 45％～50％ 硫酸 22.5L，经常捣碎皂化物，以增加与酸水的接触面积。酸化温度控制在 30～40℃ 之间，约 6～7h 酸化完毕，得粗制品。

② 水洗、脱水 取粗制亚油酸 1L，放入 5L 分液漏斗中，加入 30℃ 左右的自来水 2L，振荡，油水分层后，倾去水液，如此反复 5～6 次，再加温蒸馏水洗 2 次，直至无硫酸盐反应为止。将洗好的亚油酸液，加入 100g/L（10％）无水硫酸钠摇匀，在 25～30℃ 油达熔解状态时，静置 48～96h，即得精制品。

③ 抽滤 将脱水后的亚油酸经 3 号垂熔漏斗真空抽滤，收集澄明滤液，即得亚油酸成品。密封，避光保存。

十六、共轭亚油酸

共轭亚油酸（CLA）可以看成是由必需脂肪酸亚油酸衍生的共轭双烯酸的多种位置和几何异构体的总称，即是亚油酸 ω-9,12-18：2 的次生衍生物。

共轭亚油酸能参与脂肪的分解和新陈代谢，诱导能量利用，导致体重下降且不贮存脂肪，缓和免疫反应的副作用。共轭亚油酸还可以提高人体的某些生理状态，如提高体内维生素 A 的水平。不管是在消化道中合成或是从食物中摄取，共轭亚油酸都是在肠中被吸收而分布到全身，而后结合到血脂、细胞膜及脂肪组织中。在肠黏液、肝和脂肪组织中可以检测到共轭亚油酸，哺乳动物还能把比较多的共轭亚油酸分泌到乳中。

（一）化学结构和性质

CLA 的主要位置异构体有四种，即-8,10-、-9,11-、-10,12 和-11,13-，而每种位置

异构体又有四种几何异构体，这样共轭亚油酸的立体异构体就多达十几种。但事实上，无论是天然还是人工合成的共轭亚油酸都以顺-9,反-11、反-10,顺-12、反-9,反-11 和顺-10,顺-12 四种异构体为主，其中顺-9,反-11 和反-10,顺-12 两种异构体被证实具有很强的生理活性。

天然的共轭亚油酸主要存在于瘤胃动物（如牛、羊）的乳脂及肉制品中，每克乳脂中含量从 2～25mg 不等。这是因为反刍动物肠道中厌氧的溶纤维丁酸弧菌产生的亚油酸异构酶能使亚油酸转化为共轭亚油酸，且主要以顺-9,反-11 异构体形式存在。共轭亚油酸也少量存在于其他动物的组织血液中。植物中共轭亚油酸含量很少，海洋食品中共轭亚油酸含量也很少。

共轭亚油酸具有抗癌、抗动脉粥样硬化作用，可提高机体免疫力，促进生长，具有抗氧化性，能改善骨组织代谢，增大骨骼形成速率，对骨质疏松症、风湿性关节炎也有一定的缓解作用。另外，共轭亚油酸还具有提高饲料效价、防霉变作用，共轭亚油酸的钠盐可以抑制霉菌生长，无毒副作用，性质相对稳定。

（二）共轭亚油酸的合成

（1）油酸烯丙醇脱水　油酸是顺式十八碳-9-烯酸，若能在碳 10,11 原子之间形成双键即可得到顺-9,反-11 共轭亚油酸。油酸可以在光照下变成过氧化物，还原即可得到 8-羟基或 11-羟基的油酸烯丙醇。油酸烯丙醇是油酸的二级产物，存在于天然食品中，在酸（BF_3，HCl）作用下也可转化为共轭亚油酸，而碱无法催化这个反应。

（2）蓖麻油合成共轭亚油酸　蓖麻醇酸甲酯（12-羟基-顺式十八碳-9-烯酸）可用于大量合成顺-9,反-11 亚油酸甲酯。蓖麻油在二氯甲烷、甲醇溶液中，钠及回流条件下发生酯化反应，经过分离纯化得到蓖麻醇酸甲酯。蓖麻醇酸甲酯与甲基磺酰氯反应生成 12-甲磺酰氧基油酸甲酯，其甲苯溶液在（1,8-二氮杂双环[5.4.0]十一烷-7-烯）催化下回流即得到反应产物顺-9,反-11-共轭亚油酸甲酯。

（3）碱异构化　把含有亚油酸的原料溶于有机溶剂中，在氮气保护、强碱存在下加热，可使亚油酸发生异构化，成为共轭亚油酸。这种方法比较简单，且产物无毒，易处理，可用于食品添加剂；缺点是得到的是共轭亚油酸的一系列位置和几何异构体的混合产物，另外还存在环化等副反应。

（4）酶催化亚油酸异构化　可以用老鼠肠道中的厌氧微生物、反刍动物肠道中厌氧的溶纤维丁酸弧菌等无毒微生物中的亚油酸异构酶催化亚油酸转化为共轭亚油酸。溶纤维丁酸弧菌中的亚油酸异构酶能使亚油酸转化为共轭亚油酸。然而，目前由于这些方法具有局限性而无法用于工业生产，如亚油酸不仅能转化为共轭亚油酸，还能发生进一步氧化；另外，溶纤维丁酸弧菌的培养需要严格的厌氧条件，菌体中还具有能使共轭亚油酸还原成其他化合物的还原酶；而其他反刍动物体内的细菌还能使亚油酸加氢变成硬脂酸。

目前该法还处于实验室研究阶段。

十七、花生四烯酸

花生四烯酸（AA）存在于某些苔藓、海藻和其他植物中，在牛、猪的肾上腺、肝以及鲱鱼中均含有。AA 在生物体内两种不同酶系统的催化下，可生成前列腺素和白三烯两类衍生物，这些化合物都具有促炎和抗炎的特性。

花生四烯酸是合成前列腺素的重要原料。

（一）化学结构和性质

AA 是 ω-5,8,11,14-廿碳四烯酸，分子中有 4 个活泼的次甲基，很易与氧作用生成自由基，其反应在常温和阳光下能迅速进行。其结构式见图 8-33。

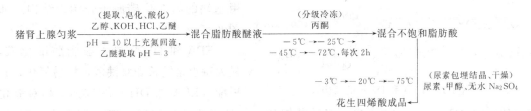

图 8-33 花生四烯酸的结构式

碘值 333.4，折射率 $n_D^{20.5}$ 为 1.4820，纯品于 21% KOH 乙二醇中，180℃异构化 15min 的紫外吸收光谱，在 233nm、268nm、315nm、346nm 有特征吸收峰。

（二）生产工艺——尿素包埋法

（1）工艺路线（图 8-34）

猪肾上腺匀浆 $\xrightarrow[\substack{\text{乙醇、KOH、HCl、乙醚} \\ pH=10 \text{以上充氮回流，} \\ \text{乙醚提取} pH=3}]{\text{（提取、皂化、酸化）}}$ 混合脂肪酸醚液 $\xrightarrow[\substack{\text{丙酮} \\ -5℃ \to -25℃ \\ -45℃ \to -72℃，每次 2h}]{\text{（分级冷冻）}}$ 混合不饱和脂肪酸

$\xrightarrow[-3℃\to-20℃\to-75℃]{}$ 花生四烯酸成品 $\xleftarrow[\substack{\text{尿素、甲醇、无水 Na}_2\text{SO}_4}]{\text{（尿素包埋结晶、干燥）}}$

图 8-34 尿素包埋法提取花生四烯酸的工艺路线

（2）工艺过程

① 提取、皂化、酸化　取猪肾上腺匀浆，加 3 倍量 95% 乙醇提取，过滤，滤渣再加 2 倍量 95% 乙醇提取，过滤，合并滤液，浓缩除去乙醇，加适量乙醚提取，除去不溶物，蒸除乙醚，得类脂物。再加 1.5 倍乙醇溶解，加 500g/L（50%）氢氧化钾调至 pH=10 以上，进行充氮皂化回流，得混合脂肪酸钾盐。用 50% 盐酸或硫酸酸化至 pH=3，乙醚提取，得混合脂肪酸乙醚液。

② 分级冷冻　取混合脂肪酸乙醚液，蒸去乙醚，加 10 倍量丙酮溶解，依次于 -5℃、-25℃、-45℃、-72℃冷冻，每次 2h，过滤除去饱和脂肪酸，蒸去丙酮，得不饱和脂肪酸。

③ 尿素包埋结晶　将不饱和脂肪酸用适量甲醇溶解，按 V（脂肪酸）：V（尿素）：V（甲醇）=1：3：7 的比例加入尿素和甲醇，待尿素完全溶解后，依次于 -3℃、-20℃、-75℃分级冷冻结晶，过滤，除去不饱和程度较低的脂肪酸的尿素包埋结晶，滤液用无水硫酸钠干燥，蒸去甲醇，得花生四烯酸。收率为 1.5g/kg 猪肾上腺，碘价 245，含量 35.8%。

十八、二十碳五烯酸和二十二碳六烯酸

现代流行病学强调二十碳五烯酸（EPA）和二十二碳六烯酸（DHA）的生理调节功能和保健作用，这是因为二者在人体内转化成调节某些重要生理功能的代谢产物，如前列腺素、凝血黄素、白三烯素，它们同激素一样，在组织中存量很少，但具有极强的调节功能。严格说来，EPA 和 DHA 并不是人体必需的脂肪酸。通常，正常成年人能把从植物中得来的 α-亚麻酸转化为 EPA 和 DHA，虽然这一转化过程非常缓慢，但还是能满足健康需要；但对于老年人、婴幼儿、糖尿病患者以及抵抗力低下者则无法将 α-亚麻酸有效转化为 EPA 和 DHA，必须从食物中直接摄取 EPA 和 DHA。

EPA 和 DHA 能降血压，降血脂，抗动脉粥样硬化，抑制血小板的凝集，改变血液流变学特性，具有抗炎、抗自身免疫反应和抗变态反应及抗肿瘤作用。DHA 还能提高学习记忆能力，改善视网膜功能，防治老年痴呆，抑制癌变，并提高运动效果。

一般认为，大多数植物及动物体内很少含有 EPA 和 DHA，除了鱼和其他一些海产品外，牛、猪、禽肉及鸡蛋、谷物、水果、蔬菜中不含有 EPA 和 DHA。传统上鱼油是 EPA 和 DHA 等多不饱和脂肪酸的主要来源，但存在资源有限、产量不稳定、纯化工艺复杂、得率低等缺点，因而寻找可替代资源成为当务之急。现在大家已确认深海的各种鱼类自身并不能合成长链的多不饱和脂肪酸，而是通过海洋食物链（海洋微藻、真菌和细菌→浮游动物→鱼）在其体内累积的。多不饱和脂肪酸在海洋微生物尤其是藻类、真菌和细菌中最具有多样性。利用这些海洋微生物的合成能力，长久以来被视为大有前途的来源，国外已有成功开发的先例。

（一）化学结构和性质

EPA 和 DHA 系 ω-3 多不饱和脂肪酸。所谓的 ω-3，是指它们的不饱和键自脂肪酸碳链甲基端的第 3 位碳原子开始。结构式如图 8-35。

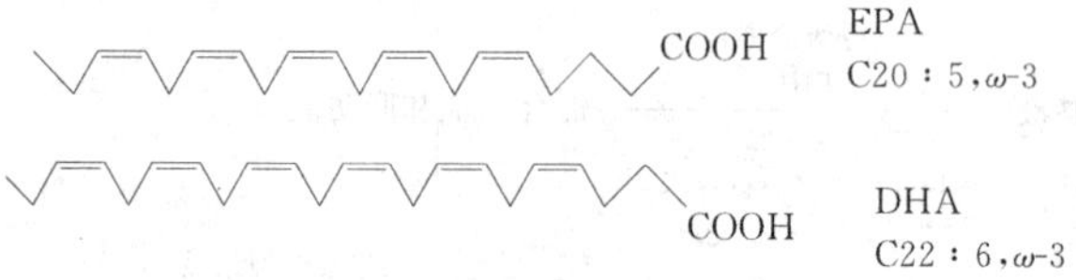

EPA 和 DHA 与一般脂肪酸比较，最大特点是链长和双键多，极易氧化，其甲酯（EPA 加 DHA 各 50%）相对氧化速率比油酸（$C_{18:1}$）高 39.1 倍。双键共轭化，紫外吸收波长增加。EPA 熔点为 $-54℃$，DHA 为 $-44℃$。

EPA C20:5,ω-3

DHA C22:6,ω-3

图 8-35　EPA 和 DHA 的结构式

（二）生产工艺

1. 以鱼油为原料制备 EPA 和 DHA

（1）鱼油的制备

① 粗制鱼油　取新鲜鱼肝，除去胆囊，洗净切成碎块，置入锅内加水，通蒸汽至 80℃，肝细胞破裂，流出油质，过滤分离杂质和水，得粗制鱼肝油。再将粗制品冷却至 0℃，析出固体脂肪，加压过滤除去固体脂肪，得含不饱和脂肪酸的粗制鱼油。

② 精制鱼油　取粗制鱼油，加入含有碱金属的氢氧化物的乙醇溶液，皂化，饱和脂肪酸碱金属盐析出结晶，过滤，滤液酸化并用不溶于水的有机溶剂提取，提取物用水洗涤，除去有机溶剂，得高浓度的不饱和脂肪酸混合物，呈淡红色或红棕色的澄清液体，有很浓的鱼腥味，但无酸败臭味，于 10℃ 放置 30min 无固体析出，得精制鱼油。

（2）EPA 乙酯的制备（图 8-36）

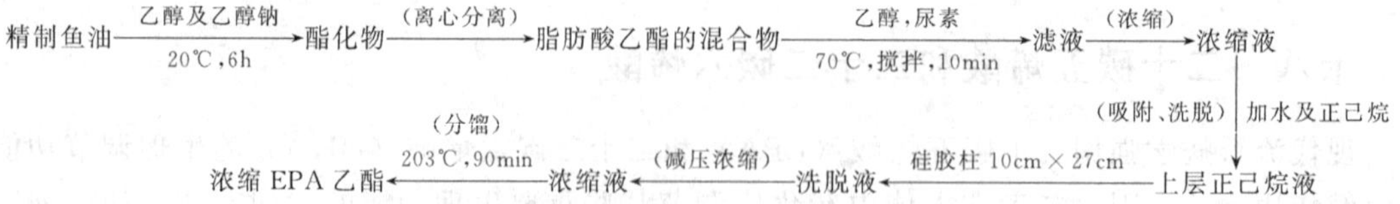

图 8-36　以鱼油制备 EPA 乙酯的工艺路线

（3）DHA 甲酯的制备（图 8-37）

精制鱼油 —KOH 乙醇溶液，回流 2h→ 总脂肪酸钾盐皂化物 —含 5% 甲醇的石油醚，尿素→ 脂肪酸甲酯滤液 —真空度低于 0.667kPa（减压蒸馏）→ 无色的饱和脂肪酸甲酯 —（反相液相色谱）Lichroprep Rp-18 柱，甲醇洗脱→ 精制 DHA 甲酯

图 8-37　以鱼油制备 DHA 甲酯的工艺路线

2. 以海洋微生物为原料制备 EPA 和 DHA

用海洋微藻、真菌和细菌生产 EPA 和 DHA 具有如下几个优势：① 可整年进行生产，一般没有季节性或气候的依赖性，细菌和真菌发酵技术的快速发展以及藻类和苔藓植物的收获也推进了许多种的大规模培养；②环境和营养方式容易控制，从而能控制脂质产量和组成；③尽管这些生物的脂质成分比传统资源低，但这些油类常含大量所需的脂肪酸（典型的含 9%～80%），这种高纯度简化了提纯，在商业生产可大大降低生产成本；④遗传转化方案对细菌、真菌和藻类是有效的，因而能产生高产株系，并通过合成途径控制多不饱和脂肪酸的组成。

利用海洋微生物生产 EPA 和 DHA，国外已有商业生产的成功先例，如美国哥伦比亚的 Martek 公司利用 *Crypthecodinium cohnii* 作为 DHA 生产种，DHA 的产率为 1.2g/(L·d)，筛选出硅藻种 *Nitzschia alba* 作为 EPA 生产藻种，EPA 最终产量为 1.2g/(L·d)。该公司目前已建成 150t 规模的工业化异养培养设备，生产纯度较高的 EPA、DHA 和富含 EPA、DHA 的微藻饲料及食品添加剂，每年销售额达 10 亿美元，占据大部分的市场。Omega Tech（Boulder，USA）经过育种工作，以破囊弧菌 *Thraustochytrium* sp. 作为多不饱和脂肪酸的生产菌种。日本的川崎制铁公司已筛选到 DHA 生产藻种 *Crypthecodinium cohnii*，并申请了专利；同时筛选到另一种海藻 *Chlorella minutissma*，其脂肪酸的 99% 是 EPA，可作为 EPA 的生产藻种。中国有利用 *Isochrysis galbana* 进行 EPA 生产的研究，但由于该藻为光合藻类，放大存在困难，因为至今大型光照反应器的设计还是个难题。同时也有利用非光合藻 *Crypthecodinium cohnii* 生产 DHA 的研究，中试规模的实验已完成，目前尚未进入商业化生产阶段。

参 考 文 献

1　李良铸，李明晔. 最新生化药物制备技术. 北京：中国医药科技出版社，2000

2　国家药典委员会. 中华人民共和国药典. 北京：化学工业出版社，2000

3　吴梧桐. 生物制药工艺学（供生物制药专业用）. 北京：中国医药科技出版社，1992

4　褚志义. 生物合成药物学. 北京：化学工业出版社，2000

5　熊宗贵. 生物技术制药. 北京：高等教育出版社，1999

6　萧安明. 脂质化学与工艺学. 北京：中国轻工业出版社，1995

7　郭勇. 生物制药技术. 北京：中国轻工业出版社，2000

8　吴剑波. 微生物制药. 北京：化学工业出版社，2002

9　齐香君. 现代生物制药工艺学. 北京：化学工业出版社，2004

10　朱宝泉. 生物制药技术. 北京：化学工业出版社，2004

第九章 抗生素

第一节 概　　述

抗生素是由生物（包括微生物、植物和动物）在其生命过程中所产生的一类在微量浓度下就能选择性地抑制它种生物或细胞生长的次级代谢产物。

抗生素的生产目前主要由微生物发酵法进行生物合成。很少数的抗生素如氯霉素、磷霉素等亦可用化学合成法生产。此外，还可将生物合成法制得的抗生素用化学或生化方法进行分子结构改造而制成各种衍生物，称半合成抗生素，如氨苄青霉素（氨苄西林）就是半合成青霉素的一种。

一、抗生素的发展

1928 年英国细菌学家 Fleming 发现污染在培养葡萄球菌的双碟上的一株霉菌能杀死周围的葡萄球菌。他将此霉菌分离纯化后得到的菌株经鉴定为点青霉，并将此菌所产生的抗生物质命名为青霉素。1940 年英国的 Florey 和 Chain 进一步研究点青霉，并从培养液中制出了干燥的青霉素制品，经实验和临床试验证明，它的毒性很小，对革兰阳性菌所引起的许多疾病有卓越的疗效。在此基础上 1943～1945 年间发展了新兴的抗生素工业，以通气搅拌的深层培养法大规模发酵生产青霉素，随后链霉素、氯霉素、金霉素等品种相继被发现并投产。

20 世纪 70 年代，抗生素品种飞跃发展，到目前为止从自然界发现和分离了近 5000 多种抗生素，并通过化学结构的改造共制备了 3 万多种半合成抗生素。目前世界各国实际生产和应用的抗生素有 100 多种，连同各种半合成抗生素衍生物及其盐类约 400 多种，其中以 β-内酰胺类、四环类、氨基糖苷类及大环内酯类为最常用。

1949 年前，中国没有抗生素工业，解放后在 1953 年建立了第一个生产青霉素的抗生素工厂，中国抗生素工业得到迅速发展。目前，国际上应用的主要抗生素，中国基本上都有生产，并研制出国外没有的抗生素，如创新霉素。

二、抗生素的分类

抗生素的种类繁多，性质复杂，用途又是多方面的，因此对其进行系统的完善的分类有一定的困难，只能从实际出发进行大致分类。一般以生物来源、作用对象、化学结构作为分类依据。这些分类方法有一定的优点和适用范围，但其缺点也是很明显的。

1. 根据抗生素的生物来源分类

微生物是产生抗生素的主要来源，其中以放线菌产生的最多，真菌其次，细菌的又次之。动、植物来源的最少。

（1）放线菌产生的抗生素　在所有已发现的抗生素中，由放线菌产生的抗生素占一半以上，其中又以链霉菌属产生的抗生素为最多，诺卡菌属、小单孢菌属次之。这类抗生素中主要有氨基糖苷类，如链霉素；四环类，如四环素；大环内酯类，如红霉素；多烯类，如制霉素；放线菌素类，如放线菌素 D。

（2）真菌产生的抗生素　在真菌的四个纲中，不完全菌纲中的青霉菌属和头孢菌属等分别产生一些重要的抗生素，如青霉素、头孢菌素，其次为担子菌纲。藻菌纲和子囊菌纲产生的抗生素很少。

（3）细菌产生的抗生素　由细菌产生的抗生素主要来源是多黏杆菌、枯草杆菌、芽孢杆菌等。如多黏杆菌产生的多黏菌素。

（4）动植物产生的抗生素　例如从被子植物大蒜中得到的蒜素，从鱼类（动物）脏器中制得的鱼素。

2. 根据抗生素的作用对象分类

按照抗生素的作用，可以分成以下类别。

（1）广谱抗生素　如氨苄青霉素（氨苄西林，半合成青霉素），既能抑制革兰阳性菌又能抑制革兰阴性菌。

（2）抗革兰阳性菌的抗生素　如青霉素 G。

（3）抗革兰阴性菌的抗生素　如链霉素。

（4）抗真菌的抗生素　如制霉菌素、灰黄霉素。

（5）抗肿瘤的抗生素　如阿霉素（多柔比星）。

（6）抗病毒、抗原虫的抗生素　如鱼素。

3. 根据化学结构分类

由于化学结构决定抗生素的理化性质、作用机制和疗效，故按此法分类具有重大意义。但是，许多抗生素的结构复杂，而且有些抗生素的分子中还含有几种结构。故按此法分类时，不仅应考虑其整个化学结构，还应着重考虑其活性部分的化学构造，现按习惯法分类如下。

（1）β-内酰胺类抗生素　这类抗生素的化学结构中都包含一个四元的内酰胺环，包括青霉素类、头孢菌素类。这是在当前最受重视的一类抗生素。

（2）氨基环醇类抗生素　它们是一类分子中含有一个环己醇配基，以糖苷键与氨基糖（或戊糖）连接的抗生素，如链霉素、庆大霉素、小诺霉素等。

（3）大环内酯类抗生素　这类抗生素的化学结构中都含有一个大环内酯作配糖体，以苷键和 1～3 个分子的糖相连，如红霉素、麦迪（加）霉素等。

（4）四环类抗生素　这类抗生素以四并苯为母核，如四环素、土霉素、金霉素等。

（5）多肽类抗生素　它们是一类由氨基酸组成的抗生素，如多黏菌素、杆菌肽等。

（6）其他抗生素　凡未列入上述五类化学结构的抗生素，均归入其他类，如氯霉素、林肯霉素等。

三、抗生素的应用

1. 医疗上的应用

抗生素在医疗临床上的应用已有 60 多年的历史，在人类同疾病的斗争中，特别是同各种严重的传染病的斗争，抗生素起了很大的作用。抗生素在医疗药物方面的应用是 20 世纪医药史上最巨大的成就，它的出现和应用使过去许多不能治疗或很难治疗的传染病得到了治疗。例如传染性很强的流行性脑膜炎、死亡率很高的细菌性心内膜炎、严重威胁儿童生命的肺炎，均可以用青霉素等抗生素来治疗。又如过去人们为之恐惧的鼠疫、旧社会劳动人民无力治愈的肺结核病均可用链霉素等来治疗。另外，还发现和找到一些抗生素在治疗肿瘤、白血病等方面有良好的疗效。

但是抗生素的广泛使用，也带来许多不良后果，例如细菌耐药性逐渐普遍，有的抗生素会产生过敏反应，或由于抗生素的使用不当造成体内菌群失调而引起二重感染等。

医用抗生素应包括以下要求：①它应有较大的差异毒力，即对人体组织和正常细胞只是轻微毒性而对某些致病菌或突变肿瘤细胞有强大的毒害；②它能在人体内发挥其抗生效能，而不被人体中血液、脑脊液及其他组织成分所破坏，同时它不应大量与体内血清蛋白产生不可逆的结合；③在给药后应较快地被吸收，并迅速分布至被感染的器官或组织中；④致病菌在体内对该抗生素不易产生耐药性；⑤不易引起过敏反应；⑥具备较好的理化性质和稳定性，以利于提取、制剂和贮藏。

2. 在农牧业中的应用

抗生素在农牧业上的应用，主要用以防治农作物、禽畜、蚕蜂的病害，有些还有利于动植物的生长。

某些农用抗生素，具有杀菌、杀虫、除草、促进生长的作用。如春日霉素对防治稻瘟病很有效；赤霉素既可防治病虫害，又可作为生长促进剂。

畜牧用抗生素，有的是用于治疗动物的疾病；有的是用作饲料添加剂以刺激动物的生长和防止或减少畜禽的疾病。如阿维霉素是一个高效低毒、抗虫谱广的兽用抗生素；盐霉素既对鸡球虫有显著的防治效果，又可促进生长。

3. 在食品保藏等方面的应用

在食品工业中，抗生素可以用作防腐剂。用抗生素作食品防腐剂，比冰冻、干燥、盐渍、酸渍等方法手续简便，抑菌面广，抑制能力强。

用于食品保藏的抗生素必须具备下列条件：①抗生素本身及其分解产物对人体无毒性，用后不致损害食品的质量和外观；②可抑制多种菌类；③价格低廉，能溶于水，使用方便；④经烹调消化即被破坏，以免人体受抗生素作用而产生其他不良反应。

抗生素除了在食品保藏方面应用外，在发酵工业上也有广泛的应用，如在谷氨酸发酵工业中应用青霉素提高谷氨酸发酵的产酸率，国内外均用于生产。此外在各行各业的实际工作中，抗生素的应用范围正在逐步扩大。在纺织、塑料、油漆、电气、精密仪器、化妆品、文物、艺术制品、图书保藏等方面均可应用，防止这些制品发霉。另外，抗生素在微生物、生物化学、分子生物学等学科的研究方面是一个重要的工具，抗生素可用来分离特殊的微生物，也可用于微生物的分类，用抗生素可以阻断代谢的特殊反应，以证明某些物质的生理功能等。

总之，抗生素不仅是人类战胜疾病的有力武器，而且在国民经济的许多方面均有重要的作用。随着抗生素学科的发展，它将发挥越来越大的作用。

第二节　生物合成法生产抗生素

现代抗生素工业生产多数采用生物合成法，其总的工艺过程如下：

菌种→孢子制备→种子制备→发酵→发酵液预处理→提取及精制→成品包装

一般来说，从菌种到发酵属于"生物合成"，即发酵；从发酵液预处理到精制则属于

"化学工程"，即提炼。

一、菌种

从来源于自然界土壤等，获得能生产抗生素的微生物，经过分离、选育、纯化后，即成为菌种，它必须具备产量高、周期短、性能稳定和容易培养等特点。菌种可用冷冻干燥法制备后，以超低温，即在液氮冰箱（−190～−196℃）内保存。所谓冷冻干燥是用脱脂牛奶或葡萄糖液等和孢子混在一起，经真空冷冻、升华干燥后，在真空下保存。如条件不足时，则可采用沙土管在0℃冰箱内保存的老方法，但如需长期保存时不宜用此法。一般生产用菌株经过多次移植往往会发生变异而退化，故必须经常进行菌种选育和纯化以提高其生产能力。

二、孢子制备

孢子制备是发酵工序的开端，是一个重要环节。其方法是将保藏的休眠状态的孢子，通过严格的无菌手续，将其接种到经过灭菌过的固体斜面培养基上，在一定温度下培养几天，这样培养出来的孢子数量还是有限的，为了获得更多数量的孢子以供生产需要，必要时可进一步采用较大面积的固体培养基（如小米、大米、玉米粒等），扩大培养。

三、种子制备

种子制备的过程是使孢子发芽繁殖，以获得足够量的菌丝，以便接种到发酵罐中去，种子制备可以在摇瓶中或中、小罐内进行。种子扩大培养级数的多少，决定于菌种的性质、生产规模的大小和生产工艺的特点。扩大培养级数通常为二级。摇瓶培养是在锥形瓶内装入一定数量的液体培养基，灭菌后以无菌操作接入孢子，放在摇床上恒温培养。种子罐一般采用不锈钢制成，结构相当于小型发酵罐，接种前种子罐内培养基和有关设备都必须经过灭菌。接种材料为孢子悬浮液或来自摇瓶的菌丝，以微孔压差法或打开接种阀在火焰的保护下接种，接种后在一定的空气流量、罐温、罐压、pH等条件下进行培养，并定时取样做无菌试验、菌丝形态观察和生化分析，以确保种子质量。

四、培养基的配制

在抗生素发酵生产中，由于各菌种的生理生化特性不一样，采用的工艺不同，所需的培养基组成亦各异。即使同一菌种，在种子培养阶段和不同发酵时期，其营养要求也不完全一样，因此需根据不同要求来选用培养基的成分与配比。

培养基的主要成分包括碳源、氮源、无机盐（包括微量元素）和前体等。

（1）碳源　是构成菌体细胞和抗生素碳架及供给菌种生命活动所需能量的营养物质，是培养基中主要组成之一。常用的碳源包括淀粉、葡萄糖、油脂和某些有机酸。由于不同菌种的酶系统有其特殊性，不同菌种能利用的碳源也有所不同。有的用淀粉作碳源比较合适，但有的则用葡萄糖或乳糖较适宜等。

（2）氮源　是构成菌体细胞物质（氨基酸、蛋白质、核酸、酶类等）和含氮抗生素等其他代谢产物的营养物质。常用的氮源可分为有机氮源和无机氮源二类。有机氮源主要有黄豆饼粉、花生饼粉、玉米浆、蛋白胨、酵母粉、鱼粉、蚕蛹粉和菌丝体等。无机氮源主要有氨水、尿素、硫酸铵、硝酸铵、磷酸氢二铵等。在含有有机氮源的培养基中菌丝生长速度较快，菌丝量也较多。

（3）无机盐和微量元素　抗生素产生菌和其他微生物一样，在生长、繁殖和生物合成抗生素过程中也需要某些无机盐类和微量元素，如硫、磷、镁、铁、钾、钠、锌、铜、钴、锰等。它们对抗生素产生菌生理活性的作用与其浓度有关，低浓度时往往呈现刺激作用，高浓度却表现出抑制作用。因此，要依据菌种的生理特性和发酵工艺条件来确定合适的配比和浓度。此外，在发酵过程中可加入碳酸钙作为缓冲剂以调节 pH。

（4）前体　在抗生素生物合成过程中，被菌体直接用于产物合成而自身结构无显著改变的物质称为前体。前体除直接参与抗生素生物合成外，在一定条件下还控制菌体合成抗生素的方向并增加抗生素的产量。如苯乙酸或苯乙酰胺可用作青霉素发酵的前体，丙酸或丙醇可作为红霉素发酵的前体。前体的加入量应当适度，如过量则往往对菌体的生长显示毒副作用，同时也增加了生产成本；如不足，则发酵单位降低。

此外，有时还需要加入某种促进剂或抑制剂，如在四环素发酵中加入 M-促进剂和抑制剂溴化钠，以抑制金霉素的生物合成，增加四环素的产量。

（5）培养基的质量　培养基的质量应予严格控制，以保证发酵水平，可以通过化学分析，并在必要时做摇瓶试验以控制质量。培养基的贮存条件对培养基质量的影响应予注意。此外，如果在培养基灭菌过程中温度过高、受热时间过长，亦能引起培养基成分的降解或变质。培养基在配制时其 pH 的调节亦要严格按规程执行。

五、发酵

发酵过程的目的是使微生物大量分泌抗生素。在发酵开始前，有关设备和培养基必须先经过灭菌后再接入种子，接种量一般为 5%～20%，在整个发酵过程中，需不断地通入无菌空气和搅拌，以维持一定罐压或溶氧，在罐的夹层或蛇管中需通冷却水以维持一定罐温。并定时取样分析和做无菌试验，观察代谢及抗生素产量情况、是否有杂菌污染等。在发酵过程中会产生大量泡沫，所以往往要加入消沫剂来控制泡沫，必要时还加入酸、碱以调节发酵液的 pH，多数品种的发酵还需要间歇或连续加入葡萄糖及铵盐化合物（以补充培养基内的碳源和氮源），或补进其他料液和前体，以促进抗生素的合成。

发酵过程中可供分析的参数有通气量、搅拌转速、罐温、罐压、培养基总体积、黏度、泡沫情况、菌丝形态、菌丝浓度、pH、溶解氧浓度、排气中二氧化碳含量以及培养基中的总糖、还原糖、总氮、氨基氮、磷和抗生素含量等，一般根据各品种的需要测定其中若干项目。其中有些项目可以通过在线控制。

发酵周期会因品种不同而异，大多数抗生素的发酵周期为 4～8d，但也有少于 3d 或长达 10 多天的，如新霉素、灰黄霉素等。

六、发酵过程的预处理和过滤

发酵液的预处理及过滤，是抗生素提炼的第一道工序。在发酵液过滤以前，一般对发酵液进行预处理，预处理的目的在于使发酵液中的蛋白质和某些杂质沉淀，以增加过滤速度，有利于后面提取工序的操作，并尽可能地使抗生素转入便于以后处理的相中（因为当发酵终了时，大多数抗生素存在液相中，但也有的抗生素存在于菌丝体内或两相同时存在）。

发酵液过滤的目的是使菌丝体从发酵液中分离出来，除灰黄霉素、制霉菌素等非水溶性抗生素存在于菌丝体内，需从菌丝中提取外，一般过滤操作都是为了获得含有抗生素的澄清发酵滤液，供下步提取抗生素之用。

七、提取和精制

提取过程的目的是将发酵液中的抗生素初步浓缩和提纯。提取的方法一般有溶剂萃取法、沉淀法、离子交换法和吸附法等。

精制是将抗生素的提取液或中间体（粗制品）进一步加以纯化并精制成符合药品标准的各种抗生素产品。

在精制时仍可重复或交叉使用提取的基本方法。较多抗生素精制时，常采用树脂脱色或活性炭脱色及去热原质。此外，在精制过程中还可采用结晶及重结晶、晶体洗涤、蒸发浓缩、色谱、无菌过滤、干燥等方法。

第三节　抗生素发酵工艺条件的控制

抗生素产生菌在一定条件下吸取营养物质，合成其自身菌体细胞，同时产生抗生素和其他代谢产物的过程，称为抗生素发酵。发酵过程是抗生素生产中决定抗生素产量的主要过程。发酵过程由于各种酶系统的作用发生一系列生化反应，各种酶系统的活性受各种因素影响而相互作用。发酵水平的高低，首先受菌种这个内因的限制，但是发酵过程的控制也有着极为重要的作用。只有良好的外界环境因素，才能使菌种固有的优良性能得到充分的发挥。下面讨论发酵工艺条件及控制对产生菌的生长代谢及抗生素生物合成的影响，包括温度、pH、溶氧、基质、压力、搅拌、通气等因素的影响与控制。

一、温度的影响及其控制

抗生素产生菌大多数是中温菌，它们的最适生长温度一般是 20～40℃。在发酵过程中，需要维持适当的温度，才能使菌体生长和代谢产物的合成顺利地进行。

1. 温度对发酵的影响

（1）温度影响酶反应的速率和蛋白质性质，温度每增加 10℃，反应速率增加 2～3 倍。但温度升高，容易引起蛋白质变性。

（2）温度影响发酵液的性质，从而影响产物的合成。如发酵液的黏度、基质和氧在发酵液中的溶解度和传递速率、某些基质的分解和吸收速率等，都受温度变化的影响。进而影响发酵的动力学特性和产物的生物合成。

（3）温度影响产物的合成方向，如四环素发酵中，随着发酵温度的提高，有利于四环素的合成，30℃以下多合成金霉素，达 35℃时就只产四环素。

2. 引起温度变化的原因

发酵过程中，既有产生热能的因素，又有散失热能的因素，因而引起发酵温度的变化。发酵热可用下列方程式表示：

$$Q_{发酵} = Q_{生物} + Q_{搅拌} - Q_{蒸发} - Q_{显} - Q_{辐射}$$

式中　$Q_{生物}$——生物热，即产生菌在生长繁殖过程中产生的热能，生物热的大小，是随菌种和培养基成分不同而变化，并且随培养时间不同而不同，在对数生长期释放的热量最大；

　　　$Q_{搅拌}$——搅拌热，系搅拌器转动引起的液体之间和液体与设备之间的摩擦所产生的热量；

$Q_{蒸发}$——蒸发热，系空气进入发酵罐与发酵液广泛接触后，排出引起水分蒸发所需的热量；

$Q_{显}$——显热，水的蒸发热和废气因温度差异所带的部分热量，一起都散失到外界；

$Q_{辐射}$——辐射热，为由于罐外壁和大气间的温度差异而使发酵液中的部分热能通过罐体向大气辐射的热量。

由于 $Q_{生物}$、$Q_{蒸发}$ 和 $Q_{显}$ 在发酵过程中是随时间变化的，因此发酵热在整个发酵过程中也随时间变化，引起发酵温度发生波动。

3. 温度的选择及控制

（1）最适温度的选择　最适发酵温度是既适合菌体的生长，又适合代谢产物合成的温度，但最适生长温度与最适生产温度往往不一致。因此，根据发酵的不同阶段，选择不同的培养温度。

在生长阶段时，应选择最适生长温度，在合成时应选择最适生产温度。这样的变温发酵所得产物的产量是比较理想的。但在工业发酵中，由于发酵液的体积很大，升降温度比较困难，所以往往在整个发酵过程中，采用一个比较适合的培养温度使得到的产物产量最高。或者在可能条件下进行适当的调整。

（2）温度的控制　工业生产中，大多数发酵不需要加热，需要冷却的情况较多，通过热交换冷却（冷却水通入发酵罐的夹层或蛇形管、列管中，通过热交换来降温），保持恒温发酵。

二、pH 的影响及其控制

1. pH 对发酵的影响

① pH 影响酶的结构和活性。细胞内的 H^+ 或 OH^- 离子能够影响酶蛋白的解离度和电荷情况，从而改变酶的结构和功能，引起酶活性的改变。

② pH 影响菌体对基质的吸收及产物的形成。

③ pH 影响发酵液及产物的性质。

2. 引起 pH 变化的因素

① 菌种，菌本身具有一定的调整周围 pH 的能力。

② 培养基，其中的营养物质的代谢，是引起 pH 变化的重要原因。

③ 培养条件。

3. pH 的选择及控制

（1）选择　微生物发酵的合适 pH 范围一般是在 5～8 之间，但生长最适 pH 与产物合成的最适 pH 是不一致的。

（2）控制

① 选择合适的培养基的基础配方。

② 补加酸或碱，如加入 $(NH_4)_2SO_4$ 或 $NH_3 \cdot H_2O$ 即可调节 pH，又补充了氮源，亦可加 NaOH。

③ 补料，例如青霉素发酵，可通过控制葡萄糖的补加速率，以控制 pH 的变化，同时实现补充营养、延长发酵周期、调节 pH 和培养液的特性等几个目的。

三、溶氧的影响及其控制

1. 溶氧的影响

溶氧是需氧发酵控制的最重要参数之一，氧在水中的溶解度很小，所以需要不断通气和搅拌，才能满足溶氧的要求。

抗生素发酵一般都是需氧发酵，因此它们必须在有氧的条件下，才能获得大量的能量来满足菌体生长、繁殖和分泌抗生素的需要，所以溶氧既影响菌体生长，又影响产物合成。但也并不是溶氧愈大愈好，因为溶氧太大有时反而抑制产物的形成，因此必须考查每一种发酵产物的临界氧浓度和最适氧浓度，并使发酵过程保持在最适浓度。

2. 影响需氧和供氧的因素

（1）影响需氧的因素

① 微生物的种类和生长阶段 微生物种类不同，其生理特性不同，代谢活动中的需氧量也不同。同一种菌种的不同生长阶段，其需氧量也不同。

② 培养基的组成和浓度 尤其是碳源的种类和浓度对微生物的需氧量的影响最为显著，一般来说，碳源浓度在一定范围内，需氧量随碳源浓度的增加而增加，葡萄糖需氧量最大，蔗糖、乳糖少得多，阿拉伯糖最少。

③ CO_2 在工业发酵中，CO_2 是菌体代谢产生的气态终产物，它的生成与菌体的呼吸作用密切相关。已知 CO_2 在水中的溶解度，在相同压力条件下是氧溶解度的 30 倍，因而发酵过程中如不及时将培养液中的 CO_2 除去时，势必影响菌体的呼吸，进而影响菌体的代谢活动。

（2）影响供氧的因素

① 搅拌 增加搅拌功率（即增加搅拌器转速），有利于提高发酵罐的供氧能力。

② 空气流速 空气流速过大，不利于空气在罐内的分散与停留，同时导致发酵液浓缩，影响氧的传递。但空气流速过低，由于代谢产生的废气不能及时排除等原因，也会影响氧的传递，因此空气流速要适中。

③ 发酵液的物理性质 如黏度，发酵液的表观黏度与供氧能力成反比。

④ 泡沫 在发酵过程中，由于通气和搅拌而引起发酵液出现泡沫，泡沫过多，就会影响气液体的充分混合，降低氧的传递速率，所以要进行消泡。可采用消泡剂（泡敌），但过多的消泡剂会妨碍菌体对氧和营养物质的吸收，所以要控制用量。

3. 溶氧的控制

① 通过控制补料速度来控制菌体浓度，从而控制发酵液的摄氧率。

② 调节温度，降低培养温度可提高溶氧浓度。

③ 适当增加搅拌速度，可提高供氧能力，并及时排除 CO_2。

四、基质的影响及其控制

基质，即培养微生物的营养物质。基质的种类和浓度与发酵代谢有着密切的关系，选择适当的基质和控制适当的浓度，是提高代谢产物产量的重要方法。

1. 碳源的种类和浓度的影响及控制

发酵前期碳源迅速下降，发酵中后期碳源下降趋向平稳。

（1）碳源与抗生素产量的关系

① 迅速利用的碳源如葡萄糖，有利于菌体的生长，但有时不利于抗生素的合成（产生的分解代谢产物可能阻遏抗生素合成）。

② 缓慢利用的碳源如乳糖、淀粉、脂肪，它们有利于延长分泌期，从而有利于抗生素

合成。但由于为菌体缓慢利用，因此也使菌体生长缓慢。

（2）碳源的控制　在发酵培养基中常常采用含迅速和缓慢利用的混合碳源来控制菌体的生长和抗生素的合成，并采用中间补料的方法来控制碳源的浓度。要根据不同的代谢类型来确定补糖时间、补糖量、补糖方式，可采用小量连续滴加、小量多次间歇和大量少次等不同方式。

2. 氮源的种类和浓度的影响及控制

（1）氮源的影响　氮源像碳源一样，也有迅速利用的氮源和缓慢利用的氮源。前者如氨基（或铵）态氮的氨基酸（或硫酸铵等）和玉米浆等，容易被菌体所利用，促进菌体生长，但有时会抑制抗生素的合成。而缓慢利用的氮源如蛋白质，则有利于延长抗生素的分泌期。

（2）氮源的控制　发酵培养基同样是选用既含快速利用的氮源，又含缓慢利用的氮源。另外在发酵过程中，采用补加氮源的方法：①补加有机氮源，如尿素、蛋白胨、酵母粉，可提高发酵单位；②通氨水，氨水既可作为无机氮源，又可控制 pH。通氨是提高发酵产量的有效措施。

3. 磷酸盐浓度的影响及控制

磷是微生物菌体生长繁殖所必需的成分，也是合成产物所必需的。

（1）磷酸盐的影响

① 促进初级代谢，抑制次级代谢。

② 抑制抗生素前体的合成。

③ 抑制（或阻遏）抗生素生物合成。

（2）磷酸盐的控制　发酵培养基往往采用生长亚适量（对菌体生长不是最适合但又不影响生长的量）的磷酸盐浓度。这个亚适量要经过实验来确定。

五、菌体浓度的影响及其控制

菌体（细胞）浓度，简称菌浓，是指单位体积培养液中菌体的含量。菌浓的大小，在一定条件下，不仅反映菌体细胞的多少，而且反映菌体细胞生理特性不完全相同的分化阶段。

1. 影响菌体生长的因素

（1）菌浓的大小与菌体生长速率有密切关系　比生长速率大的菌体，菌浓增长也迅速，反之也缓慢。而菌体的生长速率与微生物的种类和自身的遗传特性有关，不同种类的微生物的生长速率是不一样的。

（2）菌体生长与营养物质有密切关系　营养物质存在上限浓度，在此限度内，菌体比生长速率则随浓度增加而增加，但超过此上限，浓度继续增加，反而会引起生长速率下降。

（3）菌体生长与环境条件有密切关系　环境条件包括温度、pH、渗透压和水的活度等。

2. 菌浓的大小对发酵产物的得率的影响

（1）适当的比生长速率下，发酵产物的产率与菌体浓度成正比关系。

（2）菌浓过高，会对发酵产生各种影响：使得营养物质消耗过快，培养液的营养成分发生明显的改变，积累有毒物质，可能改变菌体的代谢途径，特别是引起溶解氧的减少，从而影响产物的合成。

抗生素发酵生产中，存在一个临界菌体浓度。菌体超过此浓度，抗生素的比生长速率和体积产率都会迅速下降。临界菌体浓度是菌体的遗传特性和发酵罐的传氧特性的综合反映。在抗生素生产中，如何确定并维持临界菌体浓度是提高抗生素生产能力的一项重要课题。

3. 菌浓的控制

① 通过确定基础培养基配方的适当配比，以控制适当的菌浓。

② 通过中间补料来控制适当的菌浓。

六、CO_2 的影响及其控制

1. CO_2 的影响

CO_2 是微生物在生长繁殖过程中的代谢产物，也是某些合成代谢的基质，对微生物生长和发酵具有刺激或抑制作用。

（1）CO_2 对菌体生长的影响　当排气中 CO_2 浓度高于 4% 时，菌体的糖代谢和呼吸速率都下降，生长就受到严重抑制。并且菌丝形态也随 CO_2 含量不同而改变。但适当的 CO_2 也是必需的，如环状芽孢杆菌（*Bacillus circulus*）等的发芽孢子在开始生长时，就需要 CO_2，并将此现象称为 CO_2 效应。

（2）CO_2 对发酵产物合成的影响　当排气中 CO_2 浓度高于 4% 时，青霉素合成受到强烈抑制。

（3）CO_2 对培养液的酸-碱平衡的影响　CO_2 可以引起发酵液 pH 的下降。

（4）CO_2 影响细胞膜的结构　当细胞膜的脂质相中的 CO_2 浓度达到临界值时，膜的流动性及表面电荷就发生改变，使许多基质的膜运输受到阻碍，影响细胞膜的运输效率，导致细胞处于"麻醉"状态，细胞生长受到抑制，形态发生改变，同时影响产物的合成。

2. CO_2 的控制

（1）增加通气量和搅拌速率，有利于减少 CO_2 在发酵液中的浓度。

（2）通入碱中和 CO_2 形成的碳酸，从而降低 CO_2 的浓度。

（3）调节罐压，控制 CO_2 的浓度。因为 CO_2 的溶解度随压力增加而增大。

（4）补料会影响 CO_2 的浓度。在青霉素生产中，补糖会增加排气中 CO_2 的浓度和降低培养液中的 pH，因此补糖、CO_2、pH 三者具有相关性，被用于青霉素补料工艺的控制参数。

七、泡沫的影响及其控制

在大多数抗生素发酵过程中，由于培养基中蛋白类表面活性剂存在，在通气条件下，培养液中就形成了泡沫。泡沫是气体被分解在少量液体中的胶体体系，气液之间被一层液膜隔开，彼此不相连通。形成的泡沫有两种类型：一种是发酵液液面上的泡沫，气相所占的比例特别大，与液体有较明显的界限，如发酵前期的泡沫；另一种是发酵液中的泡沫，又称流态泡沫（fluid foam），分散在发酵液中，比较稳定，与液体之间无明显的界限。

（1）泡沫的形成对发酵的影响　泡沫影响发酵罐的装料系数，减少氧传递系数，造成逃液，影响补料，增加污染杂菌机会，影响通气和搅拌的正常运转，阻碍菌体的呼吸，导致代谢异常、产量下降。

（2）泡沫的控制

① 筛选不产生流态泡沫的菌种，消除起泡的内在因素。

② 调整培养基中的成分（如少加或缓加易起泡的原材料）。

③ 改变某些物理化学参数（如 pH、温度、通气和搅拌）。

④ 改变发酵工艺（如采用分次投料）。

⑤ 采用机械消沫或消沫剂消沫。

a. 机械消沫　是一种物理消沫的方法，利用机械强烈振动或压力变化而使泡沫破裂。

b. 消沫剂消沫　消沫剂的作用，或者是降低泡沫液膜的机械强度，或者是降低液膜的表面黏度，或者兼有两者的作用，从而达到破裂泡沫的目的。常用的消沫剂主要有天然油脂类和聚醚类。天然油脂类有豆油、玉米油、菜籽油和猪油等。天然油脂类不仅用作消沫剂，而且可作为碳源和发酵控制的手段。天然油脂类的种类和质量影响消沫的效果。聚醚类消沫剂的品种很多，它们是氧化丙烯或氧化丙烯和环氧乙烷与甘油聚合而成的聚合物。最常用的是聚氧乙烯氧丙烯甘油（简称 GPE 型），又称泡敌。泡敌可一次加入发酵培养基中，在补料时再加入适量，以达到消泡的效果。一般总用量为 $0.01\% \sim 0.04\%$。

第四节　β-内酰胺类抗生素

β-内酰胺类抗生素是分子中含有 β-内酰胺环的一类天然和半合成抗生素的总称，包括青霉素类和头孢菌素类以及新型 β-内酰胺三类。由于它们的毒性是在已知抗生素中是最低的，且容易化学改造，产生一系列高效、广谱、抗耐药菌的半合成抗生素，因而受到人们的高度重视，成为目前品种最多、使用最广泛的一类抗生素。

一、青霉素

（一）天然存在的青霉素

青霉素的基本结构是由 β-内酰胺环和噻唑烷环骈联组成的 N-酰基-6-氨基青霉烷酸。当发酵培养基中不加侧链前体时，产生多种 N-酰基取代的青霉素混合物，见图 9-1，但其中只有青霉素 G 和青霉素 V 在临床上有用。它们具有相同的抗菌谱（抗革兰阳性细菌），其中青霉素 G 对酸不稳定，只能非肠道给药，而青霉素 V 对酸稳定，可以口服给药。

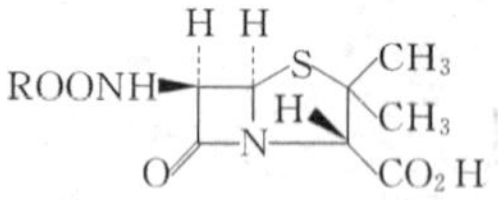

青霉素	侧链取代基(R)	相对分子质量	生物活性/(U/mg 钠盐)
青霉素 G	$C_6H_5CH_2$—	334.38	1667
青霉素 X	$(p)HOC_6H_4CH_2$—	350.38	970
青霉素 F	$CH_3CH_2CH{=}CHCH_2$—	312.37	1625
青霉素 K	$CH_3(CH_2)_6$—	342.45	2300
双氢青霉素 F	$CH_3(CH_2)_4$—	314.40	1610
青霉素 V	$C_6H_5OCH_2$—	350.38	1595

图 9-1　天然存在的青霉素的化学结构和生物活性

发酵中也产生青霉素母核——6-氨基青霉烷酸（6-APA），但产量很低。工业上是用固定化青霉素酰化酶水解青霉素 G 或青霉素 V 制备 6-APA，再由化学法或酶法进行侧链缩合，获得一系列半合成青霉素。

（二）青霉素的发酵工艺及过程

1. 工艺路线（图 9-2）

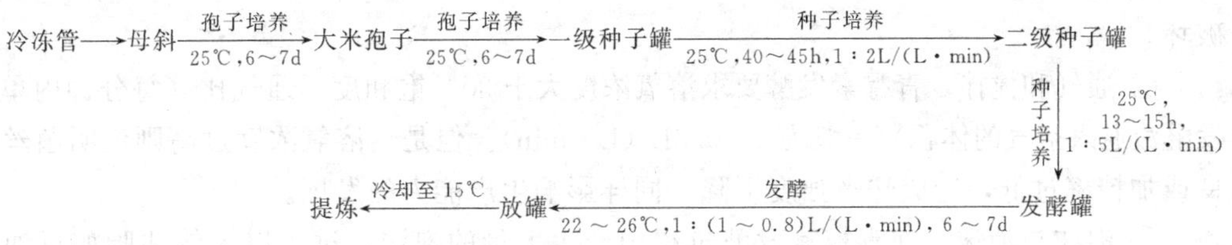

冷冻管 → 母斜 $\xrightarrow[25℃,6\sim7d]{孢子培养}$ 大米孢子 $\xrightarrow[25℃,6\sim7d]{孢子培养}$ 一级种子罐 $\xrightarrow[25℃,40\sim45h,1:2L/(L\cdot min)]{种子培养}$ 二级种子罐

$\xrightarrow[1:5L/(L\cdot min)]{\substack{种子\\培养}}$ $\substack{25℃,\\13\sim15h,}$

提炼 ← 放罐 $\xleftarrow[]{冷却至15℃}$ 发酵罐 $\xleftarrow[22\sim26℃,1:(1\sim0.8)L/(L\cdot min),6\sim7d]{发酵}$ 发酵罐

图 9-2 青霉素的发酵工艺路线

2. 工艺要点

(1) 菌种 1928 年 Fleming 分离的点青霉（*Penicllium notatum*），生产能力很低，远不能满足工业生产的要求。1943 年从美国皮奥利亚一位农妇的发霉甜瓜上分离得到一株产黄青霉（*Penicillium chrysogenum* NRRL1951），经过不断的诱变、杂交、育种，结合发酵工艺的改进，使当今世界青霉素工业发酵水平达到 85000U/ml 以上。

目前青霉素的生产菌种按其在深层培养中菌丝的形态分为丝状菌和球状菌两种。丝状菌和球状菌对原材料、培养条件有一定差别，产生青霉素的能力也有差异。这里主要以丝状菌进行讨论。

(2) 种子制备 这一阶段以产生丰富的孢子（母斜和米孢子培养）和大量健壮的菌丝体（种子罐制备）为目的，为达这一目的，在培养基中加入比较丰富的、容易代谢的碳源（如葡萄糖或蔗糖）、氮源（如玉米浆）、缓冲 pH 的 $CaCO_3$ 以及生长必需的无机盐，并保持最适生长温度（25～26℃）和充分的通气、搅拌。

(3) 培养基

① 碳源 青霉素能利用多种碳源，如乳糖、蔗糖、葡萄糖、淀粉、天然油脂等。目前生产上主要使用淀粉经酶水解的葡萄糖化液进行流加。

② 氮源 可选用玉米浆、花生饼粉、精制棉籽饼粉或麸质粉，并补加无机氮源。

③ 前体 为生物合成含有苄基基团的青霉素 G，需在发酵中加入前体如苯乙酸或苯乙酰胺。由于它们对青霉菌有一定毒性，故一次加入量不能大于 0.1%，并采用多次加入方式。

④ 无机盐 包括硫、磷、钙、镁、钾等盐类。铁离子对青霉菌有毒害作用，应严格控制发酵液中铁含量在 $30\mu g/ml$ 以下。

(4) 发酵培养控制 青霉素发酵过程分为生长和产物合成两个阶段。在生长期，菌丝快速生长；而在生产期，菌丝生长速度降低，大量分泌青霉素。研究结果表明，在生产阶段维持一定的最低比生长率，对于青霉素的持续合成十分必要。因此，在快速生长期末所达到的菌丝浓度应有一个限度，以确保生产期菌丝浓度有继续增加的余地；或者在生产期控制一个与所需比生长率相平衡的稀释率，以维持菌丝浓度保持在发酵罐传氧能力所能允许的范围内。

目前青霉素发酵工艺控制主要有以下几个方面。

① 加糖控制 通过加糖（补加葡萄糖）控制来促使青霉素的持续合成。

② 补氮及加前体 补加 $(NH_4)_2SO_4$、$NH_3\cdot H_2O$、尿素，使发酵液氨氮控制在 0.01%～0.05%。补前体，使培养液中残余苯乙酰胺浓度为 0.05%～0.08%。

③ pH 控制 一般控制在 6.4～6.6，pH 不能超过 7.0，因为青霉素 G 在碱性条件下不稳定。用加葡萄糖来控制或加酸、碱自动控制 pH。

④ 温度控制 一般前期为 25～26℃，后期 23℃，以减少后期发酵液中青霉素的降解

破坏。

⑤ 通气和搅拌 青霉素发酵要求溶氧浓度大于 30％饱和度，通气比（每分钟内单位体积发酵液通入空气的体积）一般为 1：0.8L/(L·min)。但是，溶氧浓度过高则说明菌丝生长不良或加糖率过低，造成呼吸强度下降，同样影响生产能力的发挥。

⑥ 泡沫与消沫 在青霉素发酵过程中产生大量的泡沫，过去以天然油脂如豆油、玉米油等为消沫剂，目前主要用化学消沫剂"泡敌"来消沫。应当控制其用量并少量多次加入，尤其在发酵前期不宜多用，否则，会影响生产菌的呼吸代谢。

二、头孢菌素

1945 年，意大利的 Brotzu 从撒丁岛城市排污口附近的海水中发现一株顶头孢霉菌（*Cephalosporium acremonium*），并证明它的代谢产物具有广谱抗细菌作用。1953 年英国的 Abraham 从这一霉菌的发酵液中分离得到化学结构不同于青霉素的第二类 β-内酰胺类抗生素——头孢菌素 C。

头孢菌素 C 在化学与生物学性质上与青霉素有许多共同的特征，在化学结构上都具有稠合的 β-内酰胺环，抗菌作用机制也是抑制细菌细胞壁肽的合成，对人体安全低毒。

典型的天然头孢菌素为头孢菌素 C 和 7α-甲氧头孢菌素 C（头霉素 C）。它们都具有广谱抗细菌作用，且对青霉素酶稳定；后者还能耐受头孢菌素酶。由于天然物的抗菌活性不高，或抗菌谱不够理想，故经化学改造找到了许多广谱、高效、耐酶的半合成头孢菌素，临床上应用更加广泛，如头孢力新（口服）、头孢克罗（口服）、头孢唑啉（注射）、头孢西丁（注射、耐 β-内酰胺酶）、头孢他啶（注射、耐 β-内酰胺酶、抗绿脓杆菌）等。

（一）头孢菌素 C 的化学结构和性质

通过了一系列化学降解，并采用 X 线衍射晶体学的方法，1961 年证实了头孢菌素 C 的化学结构式，如图 9-3 所示。其分子式为 $C_{16}H_{21}O_8N_3S$，相对分子质量为 415.44。

（二）生产工艺

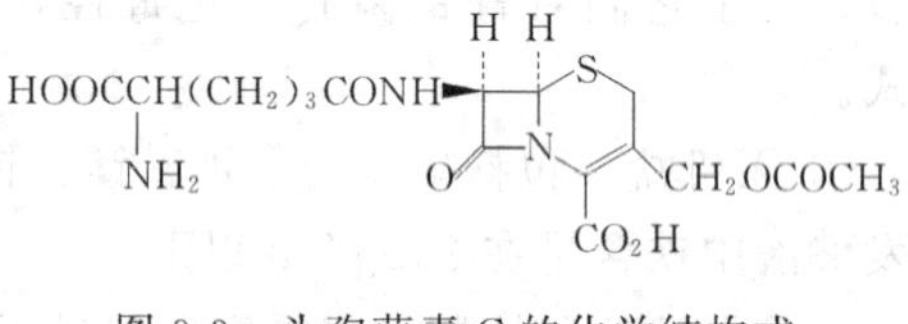

头孢菌素 C 是首先发现的一种头孢菌素，是各种半合成头孢菌素的基本原料。随着半合成头孢菌素的迅速发展，国内外都很重视头孢菌素 C 的工业生产，从菌种选育、发酵培养条件的控

图 9-3 头孢菌素 C 的化学结构式

制以及高产优质提取方法的选择都投入了较大的研究力量，不仅获得了高产菌株，而且探明其生物合成途径，发酵罐容积最大已超过 100t，生产技术水平日益完善与提高，为发展各类半合成头孢菌素创造了物质基础。

1. 菌种选育与保存

发酵实现高产的首要条件之一是有一株优良菌株。顶头孢霉 M 8650 是用于工业生产的原始亲株，全世界所有高产菌株差不多都是由它反复诱变、筛选得到的。为了提高产生正突变株的概率，可以定向筛选耐受毒性前体或产物的菌株、耐受前体类似物从而能过量合成生物合成中间体的菌株、耐受金属离子的菌株、营养缺陷回复突变株、对分解代谢阻遏脱敏的菌株等。例如，蛋氨酸的有毒类似物硒蛋氨酸，能与生物合成中间体或 β-内酰胺环本身反应的金属离子 Hg^{2+}、Cu^{2+} 等，都可以作为这种诱变筛选的效应剂。

通过诱变在完全培养基上获得蛋氨酸营养缺陷株，然后转入加有各种含硫化合物（如硫酸盐）以代替蛋氨酸的基本培养基，可以筛选出不需要加入蛋氨酸的高产突变株，从而降低发酵成本。

原生质体融合也是高产菌株选育的一种有效方法。顶头孢霉的细胞壁对 β-葡萄糖苷酸酶敏感，可以用 *Helix pomatia* 产生的这种酶进行破壁，形成原生质体。聚乙烯醇能促进原生质体的融合和重组细胞的再生。

由于扩环和羟化是头孢菌素 C 生物合成途径的限速阶段，因此可以用现代基因工程技术构建含克隆的扩环/羟化酶基因的质粒，将其转入工业生产菌株中，获得显著提高头孢菌素 C 生产能力的基因工程菌。

2. 生物合成

已通过放射性标记化合物证实，头孢菌素 C 和青霉素相似，也是以 L-α-氨基己二酸、L-半胱氨酸和 L-缬氨酸三种氨基酸作为前体经三肽中间体（LLD-ACV），生物合成得到的。

首先由三肽中间体（LLD-ACV）生成异青霉素 N，然后经差向异构酶转化为青霉素 N，并通过扩环酶系生成脱乙酰氧头孢菌素 C（DOCPC），再羟化为脱乙酰头孢菌素 C（DCPC），最后在乙酰辅酶 A 的存在下，由乙酰基转移酶催化生成头孢菌素 C（头 C）。

研究表明，LLD-ACV 三肽至异青霉素 N 的环化和青霉素 N 至脱乙酰氧头孢菌素 C 的扩环是头 C 生物合成中的两个关键阶段。发酵中产生的头 C，一部分由酯酶降解形成 DCPC，这一酯酶的活性，随培养液中作为碳源的油酸甲酯的耗尽而增加，维持培养液中油酸甲酯的浓度在 0.05% 或稍低一些，可减少发酵产物中 DCPC 的含量，从而提高头 C 的含量。

3. 发酵调控

（1）培养基　玉米浆是一种优良的氮源，它提供各种丰富的氨基酸、肽、蛋白质和微量元素，起始用量以氮含量计一般为 2～6g/L。其他氮源有花生饼粉、硫酸铵、氨、尿素等。当基础培养基中的氮源消耗到一定程度时，要不断补入硫酸铵或氨，以维持发酵液中铵氮含量在 0.5～0.7g/L 之间。补氨还能起到控制 pH 的作用（一般在 6～7 之间）。碳源可以使用葡萄糖、糊精、淀粉或植物油。植物油通常作为流加碳源，而其他加入基础培养基中。当培养基中含有丰富的玉米浆时，其中所含的有机酸可以作为前期菌丝生长的优良碳源，就没有必要加入其他糖类。流加用的植物油若为豆油，应以卵磷脂含量低者为好，为此可将新鲜豆油放置一段时间使卵磷脂大部分沉淀后再使用。除了碳源、氮源外，通常还要添加无机盐以满足菌丝生长对 Mg^{2+}、PO_4^{3-} 等的需要，特别是当采用含有机物少的稀薄培养基时。另外，对于某些不能利用硫酸根的菌株来说，还必须加入蛋氨酸。

（2）通气和搅拌　在发酵过程中应保证足够的供氧，给以良好的通气搅拌，以维持头孢菌素 C 合成的关键——扩环和羟化的需要。据报道，溶氧浓度低于 25% 饱和度，头孢菌素 C 的产率将显著降低。溶氧的耗尽先是导致中间产物青霉素 N 的积累，随后整个 β-内酰胺抗生素的生物合成都迅速减少。为了维持所需的溶氧浓度，一般要求搅拌输入功率为 4kW/m^3（发酵液）以上。

（3）菌丝形态　在头孢菌素 C 发酵过程中，产生菌顶头孢霉菌呈现明显的形态分化。在发酵初期的细胞形态，主要为细长、放射形、表面光滑的长菌丝，随着时间的延长，一些菌丝分化、膨胀并断裂为不规则的膨胀菌丝碎片，再演变为球形或椭圆形的单细胞节孢子，当这种膨胀的菌丝碎片在培养液中占优势时则开始大量合成头孢菌素 C。研究表明，在菌株选育过程中，随着菌株生产能力的提高，形成节孢子的能力呈增加的趋势。

（4）发酵终点　发酵终点由产率、产物组成、成本、效益、过滤速度等综合因素来确定。

头孢菌素 C 是不稳定的化合物，在发酵过程中，分子内的 β-内酰胺环以 5×10^{-3}/h 的一级反应速率非酶降解，故随着发酵液中头孢菌素 C 浓度的提高，绝对降解量逐渐加大。同时，由于乙酰酯酶的存在，部分头孢菌素 C 被转化为脱乙酰头孢菌素 C，而且后者比前者稳定，因而后者占发酵总产物的比例越来越高。β-内酰胺环降解后的产物及脱乙酰头孢菌素 C 含量的增加，将对头孢菌素 C 的回收造成不利的影响。另外，随着发酵时间的延长，由于菌丝形态的变化及自溶，发酵液将变得难于过滤。因此，应当根据以上各方面的情况，从生产的整体综合考虑，适时地把握发酵终点，以达到最大的生产效益。

第五节　四环类抗生素

四环类抗生素是以四并苯为母核的一类有机化合物。其中由微生物合成并用于临床的品种有四环素（Ⅰ）、5-羟基四环素（土霉素，Ⅱ）、7-氯四环素（金霉素，Ⅲ）、6-去甲基-7-氯四环素（Ⅳ）等。它们的结构式见图 9-4。另外，通过化学半合成法合成了一系列半合成衍生物，如强力霉素、甲烯土霉素、二甲胺四环素等。

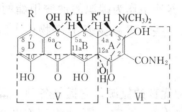

Ⅰ	$C_{22}H_{24}N_2O_8$	R＝R″＝H	R′＝CH₃
Ⅱ	$C_{22}H_{24}N_2O_9$	R＝H	R′＝CH₃，R″＝OH
Ⅲ	$C_{22}H_{23}ClN_2O_8$	R＝Cl	R′＝CH₃，R″＝H
Ⅳ	$C_{21}H_{21}ClN_2O_8$	R＝Cl	R′＝R″＝H

图 9-4　四环类抗生素的结构式

四环类抗生素是一类广谱抗生素，对很多革兰阳性菌和革兰阴性菌有很强的抑杀作用，对某些立克次体、大型病毒和某些原虫有一定抑制作用。临床应用疗效较好，毒性较低，已广泛用于多种疾病的治疗。土霉素控制阿米巴肠炎和肠道感染的效果超过四环素。金霉素的毒副作用较大，但对某些耐青霉素的金黄色葡萄球菌所引起的多种严重感染有一定的疗效。强力霉素、甲烯土霉素、二甲胺四环素的抗菌谱与四环素、土霉素的相似，但抗菌作用强于四环素和土霉素，且对四环素和土霉素耐药菌有效。四环类抗生素在防治某些畜禽疾病、促进动物生长方面获得良好效果。土霉素用于治疗"猪瘟"、"猪喘气病"的疗效显著。

一、生产菌种

最早的金霉素产生菌是 Duggar 于 1948 年发现的金色链霉菌（*S. aureofaciens*），原始菌株的发酵单位只有 165U/ml，以后发现培养基中加入抑氯剂，能产生 95% 左右的四环素。各国学者对该菌株进行多年的菌种选育和工艺条件改进，使四环素的发酵单位达 3×10^4 U/ml 以上。另外，发现生绿链霉菌（*S. virifaciens*）、佐山链霉菌（*S. sayamaensis*）等也能产生四环素。

土霉素产生菌龟裂链霉菌（*S. rimosus*）是 1950 年筛选出来的，经过几十年的菌种选育和工艺条件改革，发酵单位达 30kU/ml 以上。淡黄链霉菌（*S. gilvus*）、圈环链霉菌（*S. armillatus*）等亦能产生土霉素。

金色链霉菌的培养特征为营养菌丝能分泌金黄色色素，气生菌丝无色，孢子形成初期为白色，随培养时间延长从棕灰色转变成灰色。孢子形状一般呈圆形或椭圆形，有的呈长方形，孢子在气生菌丝上呈链状排列。

在菌种的诱变育种工作中，使用过的诱变剂有紫外线、γ 射线、快中子、亚硝酸、乙烯亚胺、羟胺、菸碱、氮芥、硫酸二甲酯、甲基磺酸乙酯、*N*-甲基-*N*-硝基-亚硝基胍（NTG）等。还使用过金霉素、链霉素、链黑菌素等。在筛选工作中，在提高产量方面使用过"原养型-营养缺陷型-原养型"的筛选方法，使生绿链霉菌产量提高 1～3 倍，结合生产工艺筛选出耐受化学合成消沫剂的变株。抗噬菌体菌株选育成功并投入大生产，可在污染噬菌体的情况下避免停产。应用基因重组技术结合诱变处理，获得发酵单位提高 40% 的重组菌株。

二、四环素发酵工艺

1. 种子

金色链霉菌在麸皮斜面上产孢子能力较强，单位面积的孢子数量较其他放线菌为多，故生产种子是由保藏在低温的沙土管接到麸皮-琼脂斜面上，36℃培养 4～5d，成熟孢子呈鼠灰色。

配制孢子培养基用的水的质量和麸皮质量对孢子质量影响很大。为了避免水质量的影响，可用合成水（由几种无机盐与蒸馏水配制）配制培养基。既避免水质波动影响孢子质量，同时还缩短孢子的成熟期。使用这种合成水，菌落丰满，孢子层厚，质量稳定。加工麸皮的小麦品种、产地与加工方法要稳定，不可随意变动。培养温度和培养环境的湿度对孢子质量有显著影响，所以要严格控制培养环境的条件。

四环素产生菌在保存与繁殖过程中常会发生菌落形态的变异，在生产能力方面亦有变异。为了尽量保持原种的生产能力，有些工厂以成熟的第一代斜面（即母瓶斜面）直接进种子罐。也有些工厂为了避免生产上波动除了稳定各种培养条件外，还进行一次自然分离，将其接种到第二代斜面上（又称子瓶斜面）然后再接入种子罐。若采用子瓶斜面进罐，则要求沙土孢子接种到母瓶斜面时按接种量多少，使每个菌落基本分散。成熟后选取数个正常菌落制成孢子悬浮液接种到子斜面上，这里使用母瓶斜面除了进行一次简单的自然分离外，还可以节约沙土管使用量。

种子罐培养 24～26h 左右，培养液因菌丝浓度增长呈稀糊状，带有微量气泡，碳源、氮源明显被利用，培养液色泽由灰色转为淡黄色，此时氨基氮及 pH 下降，即可移入发酵罐。一般认为菌丝年轻较好。

2. 培养基

（1）碳源　生产上曾以单糖-葡萄糖、双糖-饴糖及多糖-籼米粉、玉米粉及淀粉酶解液作为四环素发酵的主要碳源。其中葡萄糖利用较快，加入量过多会引起发酵液 pH 下降，造成代谢异常。使用饴糖需控制磷量，而淀粉酶解液则利用较缓和（籼米粉酶解液由于磷量较高，不易控制），尤其是通氨工艺，耗糖量多，中间需补入大量碳源，则淀粉酶解液较为合适。

四环素发酵过程由于产生菌呼吸代谢旺盛故泡沫较多，需加入较多的消沫剂，多数工厂采用植物油和动物油消沫，因金色链霉菌的脂肪酶活力较强，故消沫油亦能作为碳源利用。为了降低粮耗，节约食用油，以不能食用的鱼油、骨油与豆油、菜油、花生油混合使用。

（2）氮源　四环素发酵培养基通常以黄豆饼粉、花生饼粉、蛋白胨、酵母粉、玉米浆为有机氮源，硫酸铵及氨水为无机氮源。不同产地及不同原料制成的蛋白胨，质量不同，对发酵单位的影响很大。变质、发臭的蛋白胨会使发酵单位明显降低。花生饼粉的酸价对发酵单位影响也很大，由于发霉、变质、酸价提高使代谢异常，单位水平低落。一般花生饼粉的酸价控制在 20mg/g 以下。另据报道，脯氨酸、蛋氨酸等能提高四环素产量，但氨基酸浓度的增加，更利于菌体生长。因此，培养基中的氨基酸含量为 10～20mg/ml 时，利于四环素的合成。

（3）抑氯剂　为了抑制氯原子进入四环素分子结构、减少金霉素的含量，一般加入溴化钠作为竞争性的抑氯剂，由于它的抑氯效果不高，通常还加入 M-促进剂（2-巯基苯并噻唑）作抑氯剂，在与溴化钠的协同作用下，使金霉素在总产量中低于 5％。由于生产中加强了监控，发酵过程中在补料时添加抑氯剂，使金霉素的含量可控制在 2％ 以下。

（4）无机盐

① 磷酸盐　在研究四环素的生物合成过程中发现，培养基中的磷酸盐浓度对菌体生长和抗生素合成有明显的调节作用，试验结果表明，高浓度的磷酸盐能抑制产生菌体内的戊糖循环途径中的 6-磷酸葡萄糖脱氢酶的活性，同时促进糖酵解速度（当通气受到干扰时，也会出现类似情况），使菌体内能产生还原性辅酶Ⅱ（NADPH）的戊糖途径受阻。已知还原性辅酶Ⅱ是四环素生物合成中的氢供体，另外磷酸盐对合成四环素前体丙二酰 CoA 的合成有较强的抑制作用。而磷酸盐浓度过低时，使代谢速度全面缓慢，发酵单位亦低。所以生产中要控制培养液中的磷酸盐含量，保证通气效果，以提高发酵水平。

② 碳酸钙　培养基中加入 0.4％～0.5％ 碳酸钙作缓冲剂，要求氧化钙含量低于 0.05％。在四环素培养液中它还起配合剂的作用，使菌丝分泌出的四环素与钙离子配位合成水中溶解度很低的四环素钙盐，从而在水中析出，降低了水中可溶性四环素的浓度，促进菌丝进一步分泌四环素。

③ 硫酸镁　培养基中加入微量硫酸镁（一般为 0.002％），起激活酶的作用。

3. 培养条件的控制

（1）通气和搅拌　四环素是金色链霉菌在特定条件下的一种代谢产物，在整个发酵过程需不断通入无菌空气，并不停加以搅拌。搅拌功率的提高能相应提高发酵单位。通过增加转速，增加搅拌叶直径或改变搅拌叶形式等来提高通气搅拌效率，以提高发酵单位，都能取得较好效果，但需和节约能源作全面考虑。

（2）温度　根据发酵罐菌丝生长的特性分阶段培养，前期高于后期，采用 31℃—30℃—29℃ 的工艺条件。前期温度较高有利于产生菌的生长繁殖，后期降温是为了减缓产生菌的代谢速度，使菌丝自溶期延迟。

（3）通氨　四环素发酵过程中滴加氨水作为无机氮源是四环素发酵工艺的一个特点。通氨工艺是根据 pH 以控制氨水加入量。四环素产生菌生长的最适 pH 为 6.0～6.8，生物合成四环素的最适 pH 为 5.8～6.0。所以要求前期 pH 较高，后期较低。开始加氨水的条件要严格控制，必须在菌丝基本长浓才可第一次通氨，一般在发酵 12h 左右。在通氨过程中加油量不宜过多，否则会产生大量皂点。

第六节 氨基环醇类抗生素

氨基环醇类抗生素（以前称为氨基糖苷类抗生素）是一类分子含有一个环己醇配基，以糖苷键与氨基糖（或戊糖）连接的有机化合物。自 1944 年 Waksman 发现第一个氨基环醇抗生素链霉素以来，相继从微生物代谢产物中分离出新霉素、巴龙霉素、卡那霉素、庆大霉素、西索米星、妥布霉素等 200 多种天然产物，加上它们的生化转化产物、化学半合成产物和突变生物合成的衍生物已达 2000 多种。

氨基环醇类抗生素是一类广谱抗生素，对革兰阳性菌和革兰阴性菌均有强的抗菌活性，治疗范围广，是临床上重要的抗感染药物。其中链霉素是临床用于治疗结核杆菌和一些细菌感染的首选药物，但长期使用或大剂量使用对第八对脑神经有显著损害，严重时造成耳聋。而含有 2-脱氧链霉胺的抗生素是临床上应用最多的抗生素，如卡那霉素、庆大霉素、妥布霉素等临床上用于细菌感染的治疗，其中庆大霉素对革兰阴性菌所致严重全身感染和对耐药的绿脓杆菌感染，疗效显著。妥布霉素的抗菌谱与庆大霉素相似，但对绿脓杆菌的抑制作用比庆大霉素强 2 倍，对庆大霉素耐药菌仍有效。

氨基环醇类抗生素无疑是控制细菌感染的重要药物，但广泛应用之后，出现一些问题，如对第八对脑神经和肾功能的损害、细菌耐药性的产生等。因此，人们通过化学半合成、生物转化和突变生物合成等方法对该类化合物进行结构改造，获得一些高效低毒的衍生物。丁胺卡那霉素 [1-N-(L)-γ-氨基-α-羟基丁酰-卡那霉素]，简称 1-N-(L)-AHB 卡那霉素，国际上称为 BB-K8，通用名为 amikacin，是化学半合成的、广谱的、对革兰阴性细菌有强抑制作用的抗生素。它的突出优点是对大肠杆菌、绿脓杆菌产生的使氨基环醇抗生素失活的钝化酶稳定，用于治疗其他氨基环醇类抗生素耐药的菌株所引起的各种细菌感染，获得相当好的疗效。突变霉素 6（是西索米星产生菌伊尼奥小单孢菌 1550F 的突变生物合成产物）抗菌谱广，杀菌能力强，对大部分的耐药菌均比其他重要的抗阴性细菌的抗生素作用强，已在临床应用。

该类抗生素中的某些品种，如越霉素、潮霉素 B 等应用于农牧业中一些病害防治上获得很好的效果。

一、链霉素

链霉素是第一个用于临床的氨基环醇类抗生素，也是继青霉素之后临床上使用的第二个重要的抗生素，国内于 1958 年以来大量生产。它对许多细菌有强的抑杀作用，是治疗结核杆菌和某些细菌引起的多种疾病的首选药物。

链霉素是由链霉胍、链霉糖、N-甲基-L-葡萄糖胺构成的假三糖化合物，化学结构见图 9-5。其分子结构中含有三个碱性基团，包括两个强碱性的胍基和一个弱碱性的甲氨基，是一种强碱性的抗生素，能和各种酸形成盐，其中以硫酸盐最为重要，广泛用于临床。

（一）生产菌种

链霉素产生菌是 1944 年 Waksman 等所发现的灰色链霉菌（*S. griseus*），后来又找到了一些产生链霉素或其他链霉素族抗生素的产生菌，如比基尼链霉菌（*S. bikiniensis*）、灰肉链霉菌（*S. giseocarneus*）等。灰色链霉菌的孢子柄直而短，不呈螺旋形，孢子量很多，孢子由断裂而生成，呈椭圆球状。其气生菌丝和孢子都呈白色，单菌落生长丰富，呈梅花形或馒头形，直径约 3～4mm。营养菌丝透明，产生淡棕色的可溶性色素。

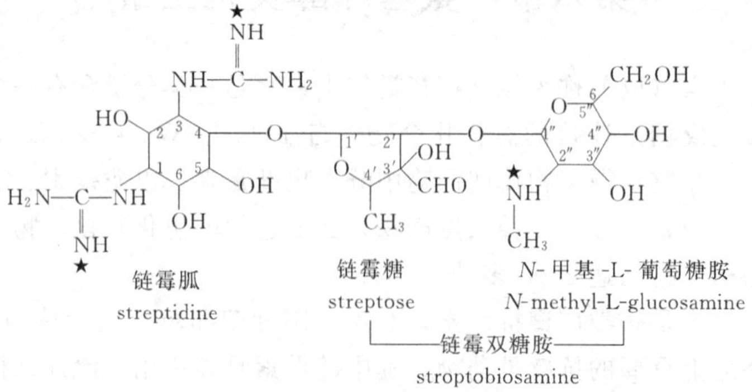

图 9-5　链霉素族的结构

链霉素高产菌株由于环境条件影响和自身因素常出现回复突变，菌落变成光秃形或半光秃形，生产能力明显退化，因此菌种保藏十分重要。采用的保藏方法有冷冻干燥保藏法、沙土管保藏法和液氮保藏法等。前两种方法的保藏时间短，菌种存活率低，变异率高。后一种方法菌种存活率高，变异率低，保藏时间长，但价格昂贵，需要一定的设备条件。

（二）发酵工艺

链霉素生产采用三级或四级发酵形式，用离子树脂交换法进行产品的分离精制。

1. 种子

将低温保藏的种子接种到由葡萄糖、蛋白胨、氯化钠及豌豆浸液的斜面上。斜面孢子的质量由摇瓶来进行控制，合格的孢子斜面仍需在低温冷藏，以新鲜为好。斜面孢子尚需经摇瓶培养后再接种到种子罐。种子摇瓶（母瓶）可以直接接种到种子罐，也可以扩大摇瓶培养一次，用子瓶来接种。摇瓶种子质量以发酵单位、菌丝阶段、菌丝黏度或浓度、糖代谢、种子液色泽和无菌检查为指标，且冷藏时间最多不超过 7d。种子罐可为 2～3 级，用来扩大种子接种量，1 级种子罐的接种量较小（一般为 0.2%～0.4%），培养液体积不宜太多。2～3 级种子罐的接种量约 10% 左右。最后接种到发酵罐的种子量要求大一些，约 20% 左右，这对稳定发酵有一定好处。种子罐在培养过程中必须严格控制罐温、通气、搅拌、菌丝生长和消沫情况，防止闷罐来保证种子正常供应。

2. 培养基

发酵培养基主要由葡萄糖、黄豆饼粉、玉米浆、硫酸铵、磷酸盐和碳酸钙等组成。

（1）碳源　葡萄糖是链霉素发酵的一种较好的碳源，用其他碳源（如淀粉、糊精、麦芽糖等）时发酵单位降低。葡萄糖的用量，视补料量的多少而定，总量一般在 10% 以上。可用葡萄糖结晶母液代替固体葡萄糖。

（2）氮源　链霉素发酵时，黄豆饼粉是最佳的有机氮源，玉米浆、酵母粉等作为辅助氮源。常用的无机氮源有硫酸铵和尿素，氨水既可作为无机氮源，又可调节发酵液的 pH。采用有机氮源时，必须注意原材料品种、产地、加工方法等对产品质量的影响。

（3）磷酸盐　链霉素发酵，链霉素产量与培养基中的磷酸盐浓度密切相关。如果磷不足，则菌丝生长缓慢，菌体浓度降低；如果磷超过一定限度，链霉素合成会受到抑制。因此生长中一般采用"亚适量"的磷酸盐浓度，既不明显影响菌体生长，又不影响链霉素的生物合成。这个"亚适量"要经过实验来确定。磷酸盐抑制链霉素合成的实际浓度与采用的糖的种类有关，在复合培养基中，用果糖时磷酸盐的抑制作用比用葡萄糖或麦芽糖时更明显。在加有淀粉的复合培养基里加入 4×10^{-12} mol/L 磷酸钾，能刺激链霉素的合成，改用葡萄糖时，则产生抑制作用。

（4）碳酸钙 钙离子（Ca^{2+}）通常以碳酸钙的形式加入（加入量为 0.3% 左右），主要作为缓冲剂使用，用来中和代谢过程中所产生的有机酸。在链霉素发酵过程中，它还起到抵消 Fe^{3+} 阻碍甘露糖链霉素转化为链霉素的作用，从而有利于链霉素的合成。一般可在发酵 100h 后加入。

3. 培养条件的控制

（1）通气和搅拌 灰色链霉菌是一高度好气菌，在葡萄糖-肉汤培养基内需氧量达 $120 \mu l/(h \cdot ml)$，在黄豆粉培养基亦如此。深层培养，增加通气量能提高发酵单位。因为通气条件差时，有利于无氧酵解途径，造成丙酮酸和乳酸在培养基内积聚，使 pH 下降，不利于链霉素之生物合成，发酵单位低。若适当加大通气量，则可提高三羧酸循环的活力，并防止在培养基中积累乳酸和丙酮酸，使 pH 维持在适合链霉素生物合成的范围内，故有利于提高发酵单位。增加通气量还有赖于搅拌，搅拌速度提高对链霉素单位有利，但超过一定搅拌速度，则影响生长和单位之增长，因为过分的机械搅拌能损坏菌丝体，对发酵液过滤不利，而降低搅拌速度则大大影响链霉素的合成。所以要选择合适的搅拌速度。

（2）温度 灰色链霉菌对温度敏感，温度对链霉菌的生长和产物合成有影响，试验表明，链霉素发酵温度以 28.5℃ 为宜。

（3）pH 灰色链霉菌生长的最适 pH 为 6.5～7.0，而 pH 为 6.8～7.3 时，链霉素生物合成速率达最大值。发酵液 pH 低于 6.0 或高于 7.5 能强烈抑制链霉素合成。生产中依据发酵各阶段对 pH 和糖浓度的要求，采用分次补加或滴加葡萄糖、氨水等进行调节，以实现稳产高产。

（4）补料 为了保证有足够的菌丝产生链霉素，又要防止在发酵过程中，只长菌丝不产生链霉素，因此在发酵的各个阶段适当地控制糖、氮的含量和 pH 是十分重要的。生产上采用定时定量地补充糖、氮以达到控制代谢的目的。

二、庆大霉素族

庆大霉素族抗生素是含有 2-脱氧链霉胺的 4、6 位双取代的氨基环醇类抗生素，化学结构见图 9-6。它们是假三糖型的碱性水溶性抗生素，如庆大霉素、西索米星、小诺霉素（即庆大霉素 C_{2b}）以及相似的化合物。庆大霉素是由 2-脱氧链霉胺（环 I）、绛红糖胺（环 II）、加洛糖胺（环 III）组成的多组分混合物，包括 C 族、A 族、B 族、X_2 等 20 多种组分。以 C 族复合物为主，药典规定 C_1 应为 25%～50%，C_{1a} 应为 15%～40%，$C_{2a} + C_2$ 应为 20%～50%。

庆大霉素是 1963 年发现的，1966 年用于临床。庆大霉素是一种杀菌力较强的广谱抗生素，对多种革兰阴性菌和革兰阳性菌均有较强抗菌作用，特别是对绿脓杆菌感染而导致的全身疾病有良好疗效，因此成为临床上治疗阴性菌感染的首选药物。但存在一定的毒性反应，主要表现为对肾和耳的毒性。

小诺霉素为庆大霉素的 C_{2b} 组分，抗菌活性与庆大霉素几乎相等，而毒性较低。广泛用于葡萄球菌、绿脓杆菌、大肠杆菌、痢疾杆菌、克雷伯肺炎杆菌、变形杆菌等感染引起的败血症、支气管炎、支气管扩张症、肺炎、胸膜炎、肾盂肾炎、膀胱炎等。

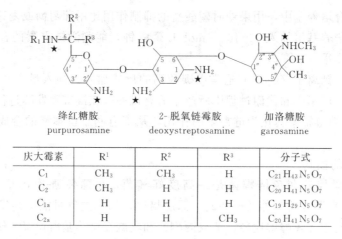

庆大霉素	R^1	R^2	R^3	分子式
C$_1$	CH$_3$	CH$_3$	H	C$_{21}$H$_{43}$N$_5$O$_7$
C$_2$	CH$_3$	H	H	C$_{20}$H$_{41}$N$_5$O$_7$
C$_{1a}$	H	H	H	C$_{19}$H$_{29}$N$_5$O$_7$
C$_{2a}$	H	H	CH$_3$	C$_{20}$H$_{41}$N$_5$O$_7$

图 9-6　庆大霉素的结构

（一）发酵工艺

1. 工艺路线（图 9-7）

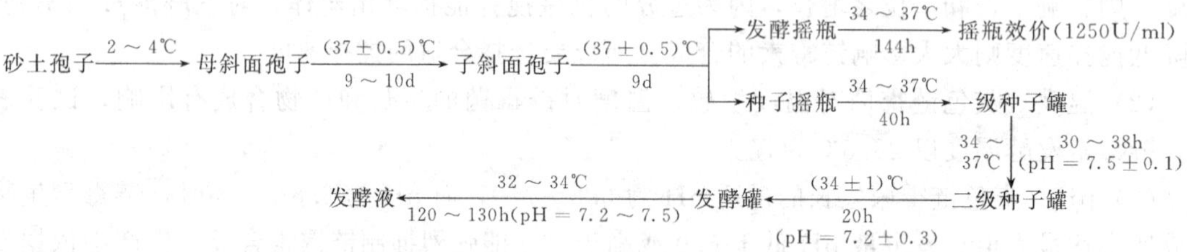

图 9-7　庆大霉素生产的发酵工艺路线

2. 工艺要点

（1）菌种　庆大霉素产生菌有绛红色小单孢菌（*M. purpurea*）和棘孢小单孢菌（*M. echinospore*）。绛红色小单孢菌的孢子呈圆形，表面不十分光滑，形状不规则。棘孢小单孢菌的孢子呈球形，直径 1～1.5μm，表面有 0.1～0.2μm 的钝刺。

小诺霉素则是庆大霉素产生菌的一个诱变株 JIM-401 所产生，亦可由相模湾小单孢菌产生，因而又称为相模湾霉素。

（2）培养基　庆大霉素发酵的常用碳源有淀粉、玉米粉、葡萄糖。以淀粉、玉米粉作碳源，发酵单位较高。常用的氮源有黄豆饼粉、蛋白胨、鱼粉（尚含浓磷，能促进菌丝分裂）、(NH$_4$)$_2$SO$_4$。还有无机盐，如：KNO$_3$ 有利于细胞膜的渗透；CaCO$_3$ 起到缓冲培养基 pH 的作用；CoCl$_2$ 可以激发酶的活力，提高发酵单位。另外还有消泡剂，如泡敌，消泡力强，但有毒，要控制用量。

在庆大霉素发酵的各个阶段，培养基组成有所不同。

（3）发酵　庆大霉素生产采用三级发酵形式。

发酵方式属间歇发酵，有别于连续发酵（在一个发酵罐内连续不断流加培养液，又连续不断排出发酵液）。其特点是在一个发酵罐内完成生长、生产期，全部过程在一个发酵罐内进行，技术较成熟，但设备利用率低。

发酵温度，种子培养阶段控制在 35～36℃，发酵阶段控制在 32～34℃。发酵周期为 5～6d。

小单孢菌生长的最适 pH 为 6.8～7.5，产物合成的最适 pH 为 7.0～7.4。如果发酵液

pH 低于 7.0，庆大霉素的产量明显降低。因此在生产中，一是在培养基中加入一定量的碳酸钙，第二是在发酵过程中，当 pH 下降至 7.0 以下时直接用碱溶液进行调节，也可通入氨水进行调节。

庆大霉素的生产菌种耗氧量较大，发酵生产中需保持良好的通气和搅拌。

发酵终点为菌丝自溶、发酵液发泡、pH 上升、碳源残存量为零。

（二）生物合成途径

同位素试验说明，庆大霉素的 3 个亚单位的碳架来源于 D-葡萄糖。合成途径中的某种化合物是转化为另一种化合物的中间体，甲基化反应的程度是组分之间转化的重要特征。用不产生庆大霉素而能积累巴龙霉胺的绛红色小单孢菌 paro 346 进行转化试验，该变株能将庆大霉素 C_2 转化为庆大霉素 C_1，而庆大霉素 C_1 不能转化为其他组分；能将庆大霉素 C_{1a} 转化成庆大霉素 C_{2b}。因此认为庆大霉素生物合成有分支途径。该变株还能将抗生素 JI-20A 转化为庆大霉素 C_{1a} 和庆大霉素 C_{2b}；将抗生素 JI-20B 转化成庆大霉素 C_2 和庆大霉素 C_1；还能将庆大霉素 A 和庆大霉素 X_2 转化为庆大霉素 C_{1a}、庆大霉素 C_2 和庆大霉素 C_1。上述的生物转化结果表明，庆大霉素 X_2 是分支途径的分叉中间体，一个支路合成庆大霉素 C_{1a} 和庆大霉素 C_{2b}，另一个支路合成庆大霉素 C_2 和庆大霉素 C_1。据其他试验结果表明，庆大霉素 A 转化为庆大霉素 X_2，庆大霉素 X_2 转化为抗生素 G-418，两步转化（即甲基化）需要钴。庆大霉素组分间转化需要的甲基是蛋氨酸提供的。

庆大霉素生物合成与组分间的转化过程如图 9-8 所示。

2-脱氧链霉胺→巴龙霉胺→庆大霉素 A→庆大霉素 X_2 ┬→抗生素 G-418→抗生素 JI-20B→庆大霉素 C_2→庆大霉素 C_1
└→抗生素 JI-20A→庆大霉素 C_{1a}→庆大霉素 C_{2b}（小诺霉素）

图 9-8 庆大霉素生物合成与组分间的转化过程

第七节 大环内酯类抗生素

一、概述

大环内酯类抗生素是以一个大环内酯环（亦称糖苷配基）为母核，通过糖苷键与糖分子连接的一类有机化合物。根据大环内酯环的结构可分为大环内酯抗生素（亦称非多烯大环内酯抗生素）和多烯大环内酯抗生素。

迄今为止，已经发现数百种大环内酯抗生素，它们的结构相似，其共同特征为一个高度被取代的十二元、十四元、十六元或十七元大环内酯环（亦称糖苷配基）以糖苷键与 1~3 个中性糖或氨基糖相连，内酯环上还连接着烷基、羟基、酮基、醛基、甲氧基等基团。

大环内酯类抗生素能抑制许多革兰阳性菌和某些革兰阴性菌。不同类型的大环内酯抗生素呈现的生物活性差异较大，一般来说碱性大环内酯抗生素的抗菌活力强，而十六元大环内酯抗生素的生物活性最强。许多大环内酯抗生素对耐青霉素的葡萄球菌和支原体有效，某些大环内酯抗生素对螺旋体、立克次体和巨大病毒有效，个别品种有抗原虫作用。它们之间易产生交叉耐药性，毒性低。红霉素最早应用于临床，竹桃霉素、螺旋霉素、柱晶白霉素、麦迪霉素、交沙霉素等相继广泛用于临床。

多烯大环内酯抗生素，自 1950 年发现制霉菌素以来，已经报道的有 100 多种。其分子结构特征是具有 26~28 元大环内酯，内酯环内含有数目不等的共轭碳双键（发色团）。分子中含双键数目不同，则会表现不同特征的紫外吸收峰。根据其特征吸收峰，可将多烯大环内酯抗生素分为三烯（如三烯菌素）、四烯（如两性霉素 A）、五烯（如菲律宾菌素Ⅲ）、六烯（如制霉菌素）、七烯（如两性霉素 B）抗生素。该类抗生素分子中一般含有 1 分子的氨基糖（如海藻糖胺），有的还含有对氨基苯乙酮或其衍生物。

多烯大环内酯抗生素与大环内酯抗生素的生物学特性有所不同。多烯大环内酯抗生素对细菌几乎没有作用，但对许多致病真菌，如酵母菌、皮肤癣菌以及霉菌有抑制作用，其活力一般随着共轭双键数目的增加而增强。某些多烯大环内酯抗生素临床上对某些原虫，如毛滴虫属、痢疾内变形虫、锥体虫属等原虫有抑制作用。

二、红霉素

红霉素是 1952 年从红霉素链霉菌（*S. erythreus*）培养液中分离出来的一种碱性抗生素。红霉素是由红霉内酯环、红霉糖和红霉糖胺 3 个亚单位构成的十四元大环内酯抗生素。其结构式如图 9-9 所示。

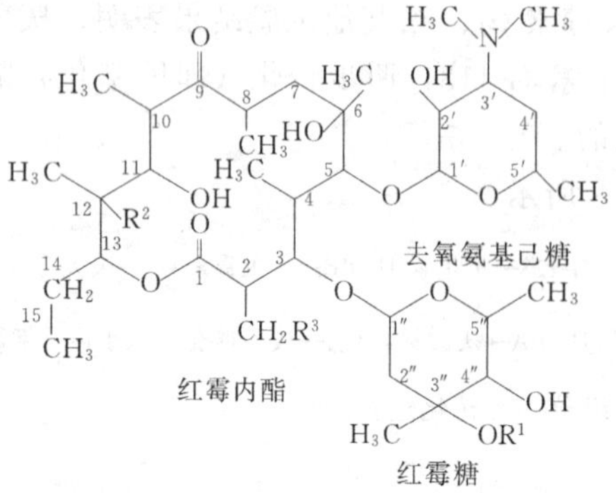

组　分	R^1	R^2	R^3
红霉素 A	CH_3	OH	H
红霉素 B	CH_2	H	H
红霉素 C	H	OH	H
红霉素 D	H	H	H
红霉素 E	CH_3	OH	与 $C'1$ 形成原酸酯
红霉素 F	CH_2	OH	OH

图 9-9　红霉素的结构式

红霉素是多组分的抗生素，其中红霉素 A 为有效组分，红霉素 B、红霉素 C 为杂质。现用的产生菌在其生物合成过程中不产生红霉素 B，故红霉素 C 为中国产红霉素的主要杂质。

红霉素对各种革兰阳性菌有较强的抗菌作用，临床上主要用于耐青霉素 G 金黄色葡萄菌所引起的严重感染，如肺炎、败血症、伪膜性肠炎等。

红霉素口服后易为胃酸所破坏，故常用肠溶胶囊剂或与 $NaHCO_3$ 配伍以减少破坏、增加吸收。

红霉素味苦，故常常成酯修饰为无味红霉素，利于服用。

1. 生产菌种

红霉素链霉菌在合成培养基上生长的菌落由淡黄色变为微带褐的红色，气生菌丝为白色，孢子丝呈不紧密的螺旋形，约 3~5 圈，孢子呈球形。

红霉素生产中的菌种选育以诱变育种为主要方法。使用的诱变剂有紫外线、快中子、二氧化碳激光、乙烯亚胺、硫酸二乙酯、NTG 等。实践表明，高产菌株和低产菌株对丙酸的利用率和丙酸激酶活性有显著差别，如高产菌株 E-83 的正丙酸利用率比低产菌株 E-02 高 4~5 倍，可将约 45% 的正丙酸结合进红霉内酯，而低产菌株只能结合 15%。这为菌种的定向育种提供了理论基础。

2. 红霉素的生物合成

通过同位素试验和阻断变株产物分析的结果，红霉素的生物合成途径已基本清楚。

红霉内酯是通过与脂肪酸合成过程类似的聚酮体途径合成的，1 个丙酰 CoA 与 6 个甲基丙二酰 CoA 通过丙酸盐头部（—COOH）至中部（C_2）的键相连接重复缩合形成。丙酰 CoA 是红霉内酯环合成的关键前体，其形成需要丙酸激酶的参与。丙酸激酶的活性与红霉素产量间呈直线关系，因此丙酸激酶活性是红霉素生物合成的限速步骤。

红霉素分子中的红霉糖和红霉糖胺的碳架来源于完整的葡萄糖或果糖。

红霉内酯经转化形成单糖苷-3-O-碳霉糖基红霉内酯，该中间体接受红霉糖胺，就形成第一个有生物活性的红霉素 D（抗菌活性只有红霉素 A 的一半）。红霉素 D 或被羟基化而生成红霉素 C，再进一步甲基化就形成红霉素 A；或被甲基化先形成红霉素 B，再经另一途径转化为红霉素 A。

3. 发酵

红霉素生产一般采用孢子悬液接入种子罐，种子扩大培养 2 次后移入发酵罐进行发酵。采用溶剂萃取法进行产品的分离纯化。

红霉素的发酵培养基主要由黄豆饼粉、玉米浆、淀粉、葡萄糖、蔗糖、碳酸钙、硫酸铵、磷酸二氢钾以及丙酸或丙醇等组成。

通过对发酵培养基中使用的碳源进行研究，以葡萄糖、蔗糖、糊精、淀粉等用于红霉素发酵的试验结果表明，在培养基中加入 7% 的蔗糖作碳源时，红霉素产量和菌体干重都达到最大值。可能是蔗糖被菌体分解的速度，适合于菌体对糖的利用速率，不会出现单独以葡萄糖作碳源时导致糖代谢中间产物的积累，或因其使 pH 下降，所以有利于红霉素的生物合成。

关于有机酸醇类对红霉素生物合成的作用，曾用红霉素链霉菌菌株 IBI355 进行某些有机酸和醇类的发酵试验，结果表明，三碳、四碳和五碳的饱和醇对红霉素的生物合成显示不同程度的刺激作用，不饱和醇有抑制作用。其中正丙醇的刺激作用最显著，但在发酵前期（48h）正丙醇能抑制红霉素的生物合成，其抑制程度与使用的正丙醇浓度呈正相关。所以，在生产过程中采用流加或滴加的方法来控制培养液中的正丙醇浓度，保证红霉素的生物合成维持在最大值，以提高产量。

另外，培养基中铁盐含量对红霉素的生物合成影响显著，当培养中有 0.04%（$400\mu g/ml$）的铁盐时发酵单位降至零。

溶氧浓度对合成红霉素也有很大影响。在丰富的发酵培养基中，产量随发酵过程中通气效率的提高而增加。

红霉素的生物合成对发酵液的 pH 很敏感。产生菌的生长最适 pH 是 6.6～7.0，而红霉素生物合成的最适 pH 是 6.7～6.9。实验表明，发酵培养基的初始 pH 为 5.7～8.1 时，对菌体生长无影响，但 pH 低于 6.6 或高于 7.5 时，发酵单位仅为对照的 80%，发酵至 48～96h 之间 pH 维持在 6.7～6.9 之间为宜。

参 考 文 献

1　熊宗贵. 发酵工艺原理. 北京：中国医药科技出版社，1995

2　吴梧桐. 生物制药工艺学. 北京：中国医药科技出版社，1993

3　林元藻，王凤山，王转花. 生化制药学，北京：人民卫生出版社，1998

4　俞文和. 新编抗生素工艺学. 北京：中国建材工业出版社，1996

5　李良铸，李明晔. 最新生化药物制备技术. 北京：中国医药科技出版社，2001

第十章 手性药物

—— 第一节 概 述 ——

一、手性药物的基本知识

1. 手性是自然界的基本特征之一

手性（chirality，源于希腊文 cheir）是用来表达化合物分子结构不对称性的术语。人的手是不对称的，左手和右手不能相互叠合，彼此的关系如同实物与镜像。化学上，将这种关系称为对映关系。具有对映关系的两个物体互为对映体。化合物分子中的原子排列是三维的，因而，有时候在平面上看起来相同的分子结构实际上代表不同的化合物。如乳酸的两种构型，它们之间的关系与左手和右手之间的关系一样，互为对映。可见，"手性"这一术语形象而又科学地表达出化合物分子间的对映关系。在生命的产生和演变过程中，自然界往往对手性化合物的一种对映体有所偏爱，例如组成多糖和核酸的单糖都为 D 构型，而构成蛋白质的 20 种天然氨基酸均为 L 构型（甘氨酸除外）。许多其他天然存在的手性小分子也主要以对映体中的一种存在。这种现象，称为手性优择（chiral preference）。手性优择是一种自然属性，但产生这种属性的确切机理、起源和过程仍是个未解之谜。手性优择使得作为生命活动重要物质基础的生物大分子具有不对称的性质。对于化学、生物学、医学和药学的理论和实践，手性均具有重大的意义。

2. 手性药物

严格地说，手性药物是指分子结构中存在手性因素的药物。然而，通常所说的手性药物是指由具有药理活性的手性化合物组成的药物，其中只含有效对映体或者以有效对映体为主。药物的药理作用是通过与体内的大分子之间严格的手性识别和匹配而实现的，故不同对映体的药理活性有所差异。其中，与受体具有高亲和力或具有高活性的对映体称为优映体（eutomer），反之则称为劣映体（distomer）。两种对映体亲和力或活性的比值称为优/劣比（eudisimic ratio）。对映体之间亲和力对数的差值称为优/劣指数（eudisimic index）。优/劣指数与优映体亲和力作图产生的直线往往有显著的相关性，这些线的坡度称为优/劣亲和力商（eudisimic affinity quotient）。这是系统立体选择性的量值。在许多情况下，化合物的一对对映体在生物体内的药理活性、代谢过程、代谢速率及毒性等方面均存在显著的差异，常出现以下几种不同的情况。

① 一种对映体有药理活性，而另一种无活性或活性很弱。如氨己烯酸只有 S-对映体是 GABA 转氨酶抑制剂；左氧氟沙星的体外抗菌活性是 R-（＋）-对映体的 8～128 倍。又如沙丁胺醇和特布他林是两个支气管扩张药物，它们的 R-对映体之药效比 S-对映体强 80～200 倍。

② 两种对映体具有完全不同的药理活性，都可作为治疗药物。例如右（旋）丙氧吩是一种镇痛剂，而左（旋）丙氧吩则是一种止咳剂，两者表现出完全不同的生理活性。又如噻

吗心安（噻吗洛尔）的 *S*-对映体是 *β*-阻断剂，而其 *R*-对映体则用于治疗青光眼。

③ 两种对映体中一种有药理活性，另一种不但没有活性，反而有毒副作用。一个典型的例子是 20 世纪 50 年代末期发生在欧洲的"反应停"事件，即孕妇因服用酞胺哌啶酮（俗称反应停）而导致短肢畸胎的惨剧。后来研究发现，酞胺哌啶酮的两种对映体中，只有 *R*-对映体具有镇静作用，而 *S*-对映体是一种强力致畸剂。

④ 两种对映体的药理活性完全相反。如巴比妥类 DMBB［5-(1,3-二甲丁基)-5-乙基巴比妥］和 MPPB［*N*-甲基-5-丙基-5-苯基巴比妥］，左旋体都具有麻醉活性，但右旋体却起促惊厥作用。

⑤ 两种对映体的作用具有互补性。普萘洛尔的 *S*-(－)-对映体的 *β* 受体阻断作用比 *R*-(＋)-对映体强约 100 倍，而 *R*-对映体对钠通道有抑制作用，两者在治疗心律失常时有协同作用。故外消旋体用于治疗心律失常的效果比单一对映体好。

⑥ 两种对映体具有等同或相近的同一药理活性。如强心药 SCH00013 的两种对映体的药理作用具有相同的效应。

⑦ 两种对映体中，一种对映体为另一对映体的竞争性拮抗剂。如左旋异丙肾上腺素是 *β* 受体激动剂，而右旋异丙肾上腺素则为其竞争性拮抗剂，且两者与 *β* 受体的亲和性相当。

由此可见，对手性药物的应用，应该注意不同异构体作用的差异，手性药物的研制和生产具有十分重要的意义。

3. 与手性药物有关的术语

(1) 立体异构体、对映异构体和非对映异构体

① 立体异构体（stereoisomers）　是指由于分子中原子在空间上排列方式不同所产生的异构体，可分为对映异构体和非对映异构体两大类。

② 对映异构体（enantiomers）　是指分子间互相为不可重合的实物和镜像关系的立体异构体，常简称为对映体。如 *R*-乳酸和 *S*-乳酸。

③ 非对映异构体（diastereoisomers）　是指分子中具有两个或多个不对称中心，并且其分子间互相不为实物和镜像关系的立体异构体。例如，D-赤藓糖和 D-苏阿糖。

(2) 对映选择性和对映体过量

① 对映选择性（enatioselectivity）　是指一个化学反应所具有的能优先生成（或消耗）一对对映体中的某一种的特性。

② 对映体过量（enantiomeric excess，e.e.）　指样品中一个对映体对另一个对映体的过量，用于描述样品的对映体组成，通常用百分数来表示。

$$e.e.(\%)=[(S-R)/(S+R)]\times100\%$$

可用手性色谱法、NMR 法和旋光法等方法测定样品的对映体过量。

(3) 构型、Fischer 惯例和 Cahn-Ingold-Prelog 规则

① 构型（configuration）　是指分子中原子在空间的不同排列和连接方式。有许多方法可应用于手性化合物构型的测定，常用的有 X 射线衍射法、化学相关法、普雷洛格规则（Prelog's rule）、霍洛法（Horeau method）和 NMR 法。通常用 Fischer 惯例和 Cahn-Ingold-Prelog 规则来命名药物化合物的构型。

② Fischer 惯例　在 20 世纪初期没有测定有机化合物绝对构型的方法，只能用相对构型来表示各种化合物构型之间的关系。Fischer 选择甘油醛为标准化合物，并人为地规定图 10-1 中 OH 写在右边的一种构型为右旋甘油醛，用大写字母 D 表示；而 OH 写在左边的一

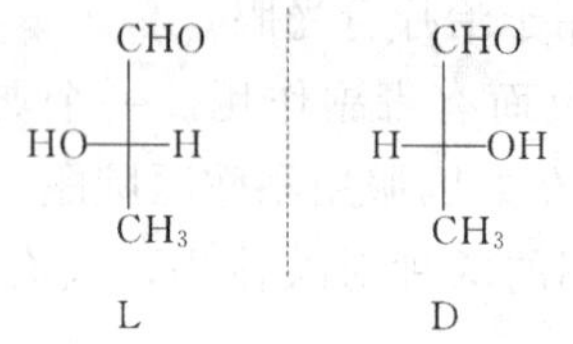

种构型为左旋甘油醛，用大写的 L 表示。

图 10-1　甘油醛的立体构型

然后由甘油醛的构型推导出可以和甘油醛互相转化的化合物或结构上与甘油醛相关的化合物的构型。

D、L 命名法的优点是它能对许多天然化合物的立体化学作出系统的表述。该命名法迄今仍在碳水化合物和氨基酸中应用。但其局限性也是显而易见的，除了在多手性中心化合物上应用有困难外，许多化合物如萜类、甾体在结构上与模型参照化合物甘油醛相差甚远，难以关联。而且，主链的选择和正确取向也不明确，当主链以不同的方式排列时，同一化合物就可能被指定为不同的构型。

③ Cahn-Ingold-Prelog 规则　这一方法由 R. S. Cahn、C. K. Ingold 和 V. Prelog 提出，1970 年被国际纯粹和应用化学协会（IUPAC）所采用。按照原子序优先性顺序规则，把与手性中心相连接的四个原子或原子团确定先后次序。设想分子的取向是：把次序最后的基团指向离开人的方向，然后观察其余基团的排列，按各基团优先性从大到小的次序来看，如果人的眼睛按顺时针方向转动，这个构型标定为 R（拉丁：rectus，右）；如果是逆时针方向，这个构型定为 S（拉丁：sinister，左）。其中，原子序优先性顺序规则如下：

a. 首先比较和手性碳原子相连接的原子的原子序，原子序数大者优先。对于同位素，质量大者优先。

b. 当直接和手性碳原子相连的原子相同时，可再比较第二个原子；如果第二个原子有几个，只要其中一个原子序数最大则优先。当第二个原子又都相同时，则可再比较第三个原子，余此类推。

c. 双链和三链可分别看作两次和三次与有关之因素的结合。

用 R、S 命名系统来表达分子中的不对称碳原子的绝对构型，优点是比较可靠，已被广泛接受；但也有不足之处，即它不能反映立体异构体之间的构型关系。因此，许多碳水化合物和氨基酸的构型习惯上仍用 D、L 来表示。

（4）光学活性、光学异构体和光学纯度

① 光学活性（optical activity）　试验观察到的化合物将单色平面偏振光的平面向观察者的右边或左边旋转的性质。

② 光学异构体（optical isomers）　对映体的同义词，但现在已不常用，因为有一些对映体在某些偏振光波长下并无光学活性。

③ 光学纯度（optical purity）　根据试验测定的旋光度，在两个对映体混合物中，一个对映体所占的百分数。现在常用对映体纯度来代替。

（5）外消旋体和外消旋化

① 外消旋体（raceme）　也称外消旋物或是指两种对映体的等量混合物，可用 dl 或（±）表示。外消旋体也称外消旋物或外消旋混合物。

② 外消旋化（racemization）　一种对映体转化为两个对映体的等量混合物（即外消旋体）的过程。如果转化为两个对映体其量不相等，称为部分消旋化。

二、手性药物的发展概况

对手性药物的研究表明，服用手性药物可减少剂量和代谢的负担，提高药理活性和专一性，降低毒副作用。并且，生产手性药物可节省资源，减少废料排放，降低对环境的污染。

因此，近年来，许多国家的药政部门对手性药物的开发、专利申请及注册作了相应的规定，对于含有手性因素的药物倾向于发展单一对映体产品，鼓励把已上市的外消旋药物转化为手性药物（手性转换）。对于申请新的外消旋药物，则要求必须提供每个对映体各自的药理作用、毒性和临床效果，不得将不同对映体作为相同物质对待。这无疑大大增加了新药以外消旋体上市的难度。对已上市的外消旋体药物，可以单一立体异构体形式作为新药提出申请，并能得到专利保护。这些政策和法规极大地推动着手性药物的研究和发展。在西方发达国家，无论是学术界还是工业部门均投入大量的人力和物力，从事手性科学和技术研究，以及手性药物的基础研究和开发。美国、日本、德国、英国等发达国家的手性科学基础研究有深厚的积累和重大发展。除了学术研究机构外，西方著名的制药和精细化工公司，如 Merck、Bayer、Dow、DSM、Norvatis、Rhodia、Arco Chemical、Lonza、Takasago 均纷纷进入手性研究领域。一些以手性为主业的新公司如 Chiroscience、Sepracor、Genzyme、Synthon Chiagenics 等也相继成立。近年来一些中等发达国家，如韩国也成立了由大学和工业界共同组成的研究机构。目前世界上正在开发的 1200 多种新药中约有 2/3 是手性化合物，单一异构体占 51%，预计到 2005 年全球上市的新药中将有 60% 为单一对映体药物。全球单一对映体药物的销售持续增长，1998 年销售额已达 964 亿美元，2000 年的销售额为 1330 亿美元，估计在 2010 年将达到 2000 亿美元。并且由手性药物带动的有关手性科学研究可谓方兴未艾。比如，在国际市场，手性原料及中间体的需求近几年均以 9% 左右的速度增长，可望在 2005 年达到 150 多亿美元的销售额，其中 115 亿美元左右将用于手性药物方面。由此可见，手性药物发展的潜力巨大，手性药物大量涌现的时代正在来临。

中国在不对称合成研究领域起步较晚，在手性科学研究领域，尤其是不对称合成和手性技术方面的总体水平与世界先进国家之间存在不小的差距。但最近几年中，中国政府部门、研究机构及科研人员已经关注到手性科学及技术和手性药物的研究，特别是其中有关的基础研究。中国国家经贸委于 1999 年颁布的《医药行业技术发展重点指导意见》将研究不对称拆分和合成技术列为化学原料药的关键生产技术。国家自然科学基金委分别在"九五"和"十五"期间支持了"手性药物的化学和生物学"及"手性和手性药物研究中的若干科学问题研究"的重大研究项目。中国科学院也将"手性药物的合成与拆分"列为重大项目，这对提升中国手性药物的开发和生产能力，直接面对国际竞争具有重要的现实意义。

三、手性药物的制备技术

手性药物的制备技术由化学控制技术和生物控制技术两部分组成，如图 10-2 所示。两

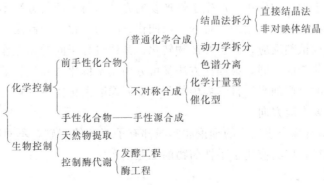

图 10-2 手性药物的制备技术分类

者具有一定的互补性，在手性药物的生产过程中常交替使用。如甾体类药物氢化可的松的生产工艺，就是化学控制技术和生物控制技术结合的典范。

根据原料的不同，制备手性药物的方法主要分为四大类，即外消旋体拆分、不对称合成、手性源合成和提取法。

1. 拆分

对用一般的制备方法得到的外消旋体进行拆分，可获得单一对映体。拆分法尽管操作繁琐，但一直是制备光学纯异构体的重要方法之一，在很多手性药物的生产中得到应用。其主要可分为结晶法拆分、动力学拆分和色谱分离三大类。结晶法拆分又分为直接结晶法拆分和非对映异构体拆分，分别适用于外消旋混合物和外消旋化合物的拆分。前者是在一种外消旋混合物的过饱和溶液中直接加入某一对映体的晶种，使该对映体优先析出；后者是外消旋化合物与另一手性化合物（拆分剂，通常是手性酸或手性碱）作用生成两种非对映异构体盐的混合物，然后利用两种盐的性质差异用结晶法分离之。动力学拆分法是利用两个对映体在手性试剂或手性催化剂作用下反应速率不同而使其分离的方法。依手性催化剂的不同，催化的动力学拆分又可分为生物催化动力学拆分和化学催化动力学拆分。前者主要以酶或微生物细胞为催化剂，后者主要以手性酸、手性碱或手性配体过渡金属配合物为催化剂。色谱分离可分为直接法和间接法。直接法又分为手性固定相法和手性流动相添加剂法。其中手性固定相法应用较多，已发展成为吨级手性药物拆分的工艺方法。间接法又称为手性试剂衍生化法，是指外消旋体与一种手性试剂反应，形成一对非对映异构体，再用普通的正相或反相柱分离之。

例如，非甾体抗炎药物萘普生的拆分，既可用结晶法，即利用光学活性、单一异构的有机碱与外消旋萘普生的两个对映体反应生产两个非对映体盐，用结晶法将两种盐分开，再将其酸化即可得到对映体纯的萘普生；又可用生物催化的动力学拆分法，即以酯酶催化外消旋的萘普生酯水解，从而得到光学纯的单一对映体酸和单一对映体酯。

2. 不对称合成

所谓不对称合成是指一个化合物（底物）中的非手性部分在反应剂作用下转化为手性单元，并产生不等量的立体异构体的过程。其中，反应剂可以是试剂、辅剂、催化剂等。按照反应剂的影响方式和合成方法的演变和发展，可将不对称合成的方法粗略地划分为四代。第一代方法，即底物控制方法，其通过手性底物中已经存在的手性单元进行分子内定向诱导而在底物中产生新的手性单元。第二代方法也称辅基控制法。它通过连接在底物上的手性辅基进行分子内定向诱导而实现手性控制。与第一代不对称合成的不同点在于，起不对称诱导作用的辅基要事先连接到底物上，并在反应结束后除去。第三代方法，即试剂控制法，是通过手性试剂直接与非手性底物作用，产生手性产物的方法。与前两代方法不同的是，其立体化学控制是依赖分子间的相互作用来实现的。第四代方法为催化剂控制法，它使用催化剂诱导非手性底物与非手性试剂反应，向手性产物转化。其通过分子间的相互作用来实现立体化学控制。根据所用催化剂的不同，第四代方法又可分为化学催化法和生物催化法。迄今，用于不对称合成的最好的反应剂当属自然界中的酶，发展像酶催化体系一样有效的化学催化体系是不对称合成的重要发展方向。

近30年来，不对称合成反应的理论和实践都有了很大的突破，不对称合成已成为制备手性药物的重要途径，广泛应用于手性药物的工业生产中。

3. 手性源合成

手性源合成指的是以廉价易得的天然或合成的手性源化合物为原料，通过化学修饰方法将其转化为手性产物的方法。产物构型既可能保持，也可能发生翻转或手性转移。用于制备手性药物的手性原料主要有三个来源：一是自然界中大量存在的手性化合物，如糖类、萜类、生物碱等；二是以大量廉价易得的糖类为原料经微生物发酵得到的手性化合物，如氨基酸、羟基酸等简单手性化合物和抗生素、维生素、激素等复杂的手性化合物；三是以手性的或前手性的化合物为原料化学合成得到的手性化合物。

在手性源合成中，手性源化合物既可能是手性合成子又可能是手性辅剂。若手性源化合物的大部分结构在产物中出现，则该手性源化合物是手性合成子；若其结构在产物中不出现，则该化合物为手性辅剂。

尽管合成一个手性化合物最简便的方法是挑选结构相近的手性源进行手性源合成，但手性源合成法仅适用于能找到与产物具有相似结构手性源的情况，故应用受到一定的限制。

4. 提取法

在天然产物中，存在大量可直接作为药物的手性化合物，如生物碱、维生素等。这些化合物可通过萃取、沉淀、色谱、结晶等手段提取得到，如从红豆杉的树皮中提取对乳腺癌等有很好疗效的抗肿瘤手性药物紫杉醇。与其他方法相比，用从自然界中分离提取手性化合物的方法生产手性药物不但产物光学纯度高，并且工艺简单，对含有多个手性中心的复杂大分子的制备尤为如此。然而，该法也有其缺陷：首先，有些物质在自然界中的含量极低，其分离纯化十分困难；其次，自然界往往只给人们提供一种异构体，其他构型的异构体可能不存在；此外，还有很多手性化合物在自然界根本不存在或尚未被发现，无法通过提取法得到这些物质。

第二节 生物催化手性药物制备的基本理论

一、生物催化及其特点

生物催化是指利用酶或有机体（细胞、细胞器等）作为催化剂实现化学转化的过程。生物催化的本质是酶催化。酶是具有催化功能的生物大分子。根据其组成的不同，酶可以分为蛋白类酶和核酸类酶两大类别。迄今，在手性药物生产中所用的酶主要为蛋白类酶。蛋白类酶（简称为 P 酶）主要由蛋白质组成，按照国际酶学委员会的分类方案，蛋白类酶可以分为氧化还原酶、转移酶、水解酶、裂合酶、异构酶、合成酶（连接酶）6 大类，每一种酶都有其各自的系统命名和系统编号。上述 6 大类酶中，在手性药物制备中最常用的是水解酶，其次是氧化还原酶。

与化学催化相比，酶催化具有很多优点：反应条件温和，一般在接近中性的 pH 条件和室温下（$20\sim40℃$，一般为 $30℃$ 左右）进行；催化效率和反应速率高，通常为化学催化的 $10^6\sim10^{12}$ 倍；选择性好，尤其具有很高的对映体选择性，可以只生成所需要的对映体，既节约资源，又减少环境污染；酶的种类繁多，迄今已发现和鉴定的有 3000 多种，这些酶可催化各种类型的反应，如酯、酰胺、内酯、内酰胺、醚、酸酐、环氧化物及腈等化合物的水解和合成；水、氨、氰化氢等化合物的加成与消除；烷烃、芳烃、醇、醛、酮、硫醚和亚砜等化合物的氧化还原；以及醇醛缩合、烷基化与去烷基化、卤化及脱卤、异构化等反应；酶可被生物降解，是环境友好的催化剂。利用生物细胞作催化剂时，不但可以引入手性而且能在同一反应器中完成多步合成反应，显著降低手性药物合成的成本。

酶作为生物催化剂也有其缺点。首先，酶的价格较高，导致生产成本上升。其次，酶的稳定性通常较差，酶催化反应的条件必须严格控制。一般酶催化反应都有其最适的条件，如温度、pH、离子强度等。这些条件参数可变化的范围较小，一旦变化幅度超过其允许值，将会导致生物催化剂的活性丧失。再次，许多酶易受底物或产物抑制，当底物或产物浓度较高时，酶将失活。另外，酶是生物大分子，可能会引起过敏反应。

近年来，酶工程、基因工程等现代生物工程技术的发展使生物催化的优势得到进一步的增强，并使其缺点不断被克服。例如，应用基因工程技术可以提高酶的生产效率，降低酶的价格。应用蛋白质工程能改造酶的结构，改变其底物谱，提高其催化活性、选择性及稳定性。酶固定化技术不但能够提高酶的稳定性，延长其使用寿命，使酶能重复利用，大大降低生产成本，还能通过固定化方法和载体的选择调控其催化性能。抗体酶技术能为人们提供满足实际应用需要的自然界不存在的新酶。非水相生物催化的有关理论和实践，改变了酶只能在水相中发挥催化作用的传统观念，极大地拓展了生物催化的应用范围。

二、非水相生物催化

早在 1913 年，Bousquelt 等就发现酶在有机溶剂中具有一定的催化活性，但传统的观念认为酶催化反应需要在水溶液中进行，只有在水溶液里酶才能维持其催化活性结构，有机溶剂将使酶变性失活或抑制其活性，所以这一发现在当时并未受到应有的重视。自 1984 年 Klibanov 等报道了脂肪酶在有机介质中不仅具有极高的热稳定性和较高的催化活性，且同一种酶在不同的有机溶剂中可以表现出不同的立体选择性，非水相中生物催化的研究取得了突破性的进展。

在水相中，生物催化反应受到多方面的限制，如疏水性底物溶解度低、产物浓度不能过高、水相中酶的特异性难以调节等。相比之下，非水相中生物催化有许多突出的优点：极大地增加非极性底物在生物催化体系中的溶解度，提高反应速率；影响反应的热力学平衡，能进行在水相中不能进行的合成反应；可简单地通过改变反应介质而不是酶本身来提高其选择性；提高酶的热稳定性；减少水介质可能带来的副反应；简化产物分离纯化工艺。

（一）非水介质体系

目前，生物催化反应中常用的非水介质体系主要可归纳为以下几类：水-有机溶剂两相体系、水不互溶有机溶剂单相体系、反相胶束体系、水互溶有机溶剂单相体系、超临界流体体系、无溶剂体系、离子液。

1. 水-有机溶剂两相体系

水-有机溶剂两相体系（aqueous-organic biphasic system）是指由水相和与水不互溶的有机溶剂组成的两相反应体系。常用的有机溶剂一般为亲脂性溶剂，如烷烃、醚和氯代烷烃等。在该分相体系中，酶溶解于水相，底物和产物溶解于有机相，从而使酶与有机溶剂在空间上相分离，保证酶处在有利的水环境中，减少了有机溶剂对酶的抑制作用。同时，酶反应的产物进入有机相，减少了逆反应的发生，使反应朝着产物合成的方向进行。由于两相体系中酶催化反应仅在水相中进行，因而必然存在着反应物和产物在两相之间的质量传递，因此振荡和搅拌可加快两相反应体系中生物催化反应的速度。该两相体系适用于强疏水性底物（如脂类和烯烃类）的生物转化。

水-有机溶剂两相体系已成功地用于疏水性底物（如甾体）的生物转化。

2. 水不互溶有机溶剂单相体系

水不互溶有机溶剂单相体系（monophasic organic solution）是指用水不互溶的有机溶剂取代水作为反应介质的体系。该体系须含微量水（水含量<2%），以保证酶表面有必需水，使酶分子有一定的柔性，能和底物有效地契合。酶催化反应是在环绕着酶分子表面的水层内进行的。常用的水不互溶性有机溶剂有烷烃类、醚、芳香族化合物、卤代烃等。水不互溶有机溶剂单相体系广泛用于生物催化的合成反应，如酯合成、肽合成等。

3. 反相胶束体系

反相胶束体系是表面活性剂与少量水存在的有机溶剂体系。表面活性剂分子由疏水性尾部和亲水性头部两部分组成，在含水有机溶剂中，它们的疏水性尾部与有机溶剂接触，而亲水性头部形成极性内核，从而组成一个反相胶束，水分子聚集在反胶束内核中形成"小水池"，里面容纳了酶分子，这样酶被限制在含水的微环境中，而底物和产物可以自由进出胶束。表面活性剂可以是阳离子型、阴离子型或非离子型，如丁二酸二辛酯磺酸钠（AOT）、溴化十六烷基三甲基胺（CTAB）、吐温（Tween）。而常用的有机溶剂为六碳以上的直链及支链烷烃、部分芳香族化合物及卤代烷烃。

酶在反相胶束体系中的活力主要由核心水团的大小、表面活性剂的种类及反胶束微粒的浓度这三个方面的因素决定。最常用的反相胶束体系的制备方法是注入法、液体萃取法和固体萃取法。注入法即将含有酶的水相注入到含有表面活性剂的有机相中；液体萃取法是将含酶的水相与含表面活性剂的有机相直接接触，进行萃取，其过程较慢；固体萃取法是将酶的固体粉末与含水的反胶束有机溶剂一起搅拌，其主要缺点是所需时间长，酶变性严重。

在水-有机溶剂两相体系和有机溶剂单相体系中，酶的催化活性通常不高，而反胶束体系能够较好地模拟酶的天然状态，因而在反相胶束体系中，大多数酶能够保持催化活性和稳定性，甚至表现出"超活性"。如在反胶束体系中，过氧化物酶的活性约为水中的100倍。作为反应介质，反相胶束体系具有以下优点：①组成的灵活性，大量不同类型的表面活性剂、有机溶剂都可用于构建适宜于酶反应的反相胶束体系；②热力学稳定性和光学透明性，反相胶束是自发形成的，因而不需要机械混合，有利于规模化，反相胶束的光学透明性允许采用 UV、NMR 等方法跟踪反应过程，研究酶反应动力学；③反相胶束有非常高的界面积/体积比，使底物和产物的相转移变得极为有利；④反相胶束的相特性随温度而变化，这一特性可以简化产物和酶的分离纯化。

反相胶束中的酶催化反应可用于辅酶再生、消旋体拆分、肽和氨基酸合成和高分子材料合成。

4. 水互溶有机溶剂单相体系

单相水-有机溶剂体系（monophasic aqueous-organic solution）是指由水和与水互溶的有机溶剂组成的单相反应体系，酶、底物、产物均能溶解于该体系中。常用的有机溶剂是二甲基亚砜（DMSO）、二甲基甲酰胺（DMF）、四氢呋喃（THF）、二噁烷（dioxame）、丙酮、低级醇和多元醇等。一般水互溶有机溶剂的量可达总体积的10%，在一些特殊情况下，可高达50%~70%。当亲水性有机溶剂过量时，则会夺去酶分子表面结构水，使酶失活。而少数稳定性很高的酶，如脂肪酶，在只含有极少量水的水互溶有机溶剂中也能保持其催化活性。该体系可用于糖类等物质的生物转化。

5. 超临界流体体系

超临界流体体系就是使用超临界流体（supercritical liquid），如超临界二氧化碳、氟里

昂 CF_3H、烃类（甲烷、乙烯、丙烷）或无机化合物（SF_6、N_2O）等作为酶催化反应的介质。超临界流体的物理性质介于气体和液体之间，它兼具气体的高扩散系数、低黏度、低表面张力和液体的高密度的特性，且可通过温度或压力的微小变化改变其介电常数、溶解能力等。因而，以超临界流体为反应介质不但有利于底物和产物的扩散，能提高反应体系中底物的浓度，从而加速酶反应的进行，而且可通过改变反应器的温度和压力来调控酶的活性和选择性，并便于产物分离，实现生物催化反应与产物分离的偶联。常用的超临界流体为超临界二氧化碳，其优点是无毒、不可燃、价格便宜、来源广泛、无环境污染问题、临界温度和压力较低。超临界二氧化碳体系也有一定的局限性，如酶活性不高、极性底物溶解度低等。可通过添加共溶剂，如甲醇、乙醇等提高疏水性底物在超临界二氧化碳中的溶解度。多数酶在超临界流体中稳定，可有效地催化水解、酯化、转酯等反应。

6. 无溶剂体系

无溶剂体系是指一类无其他有机溶剂，只含有底物和酶的反应体系。此类反应体系底物浓度高，反应速率快；无需分离反应介质，分离纯化工艺简单；同时，无溶剂体系不需要使用其他有机溶剂，既降低了生产成本，又减少了有机溶剂对环境的污染，是一种绿色反应体系。

无溶剂体系主要用于熔点较低、在酶的最适温度下呈液态的底物的生物转化，如酶催化油脂的转酯反应。

7. 离子液体系

离子液（ionic liquid）是由有机阳离子和无机或有机阴离子构成的低熔点盐类，在室温或近室温下呈液态。其作为一种新颖的、非水相的极性溶剂，具有可忽略的蒸气压力、低挥发性、高（热、化学）稳定性及对环境友好等分子溶剂不可比拟的特性，故被称为"绿色溶剂"（green solvent）。此外，离子液的极性、疏水性、黏度及溶解性（与其他溶剂相混合性）均可通过其阳离子和阴离子的适当修饰来改变，故也被称为"设计溶剂"（designed solvent）。与传统的有机溶剂相比，离子液另一些突出的优点是：易溶解极性强的底物如碳水化合物；挥发性的产物易分离；（生物）催化剂易回收重复利用。目前常用的离子液主要是由咪唑类或吡啶类阳离子和一系列阴离子如四氟硼酸、六氟磷酸等组成的，如 1-烷基-3-甲基咪唑六氟磷酸。

2000 年，Cull 等首次报道了离子液 1-丁基-3-甲基咪唑六氟磷酸盐（[BMIM][PF$_6$]）/水双相体系中 *Rhodococcus* R312 细胞催化 1,3-二氰基苯水解生成 3-氰基苯酰胺，并发现 [BMIM][PF$_6$] 对细胞的毒害远远小于有机溶剂（如甲苯）。Erbeldinger 等成功地将含 5%（体积分数）水的疏水性离子液用于天冬氨酰苯丙氨酸甲酯的合成，结果表明嗜热菌蛋白酶在 [BMIM][PF$_6$] 中具有催化活性，而且特别稳定。随后，有关游离酶和固定化酶在各种离子液中催化的转酯、酯化、氨解、醇解、酰化及水解反应的报道相继出现，大部分的研究结果表明酶在离子液中具有较高的活性、（立体、区域）选择性及稳定性。以离子液替代有机溶剂作为绿色反应介质用于生物催化与生物转化已经成为一个崭新的研究领域，为溶剂工程应用于生物催化过程提供了新的可能和机遇，具有相当诱人的应用前景。

（二）非水介质中酶的形式

酶的形式对其在非水介质中的催化特性具有重要的影响。只有以适当的形式存在于非水介质中，酶才能保持较高的活性、选择性和稳定性。在非水介质中，酶主要以酶粉、固定化酶、交联酶晶体、化学修饰酶、包衣酶、酶-表面活性剂离子对等几种形式存在。

1. 酶粉

将冻干的酶粉直接分散在有机溶剂中进行催化反应，是最简单也是最早使用的方法。Klibanov 于 1984 年首次将脂肪酶分散在有机溶剂中进行酶反应，结果发现脂肪酶在有机介质中保持很高的热稳定性和一定的催化活性，从而开创了非水相酶学研究的新领域。酶在有机溶剂中仍能较好地保持其活性与其表面存在一定量的"必需水"有关。冷冻干燥得到的酶粉，其表面也结合有一定量的水，将其直接分散于非极性或弱极性有机溶剂中，或添加少量水后，酶就能呈现出一定的催化活性。但是，一般情况下，其活性比在水溶液中低得多。导致酶粉在有机介质中酶活性降低的原因很多，如扩散限制、活性中心被遮盖等。直接利用酶粉进行生物催化的优点是操作简单方便，缺点是酶活损失较为严重，反应效率低。

2. 固定化酶

将酶固定化于适宜的载体上可大大增强酶在非水介质中稳定性，反应后固定化酶易从介质中分离，并可重复使用。在许多实例中，酶经固定化后的催化活性和对映体选择性均有较大的提高。酶的固定化方法主要有吸附法、交联法、包埋法和结合法四种。用于有机介质中的固定化酶常用吸附法制备，这是由于此法较为温和，酶活损失小，且在有机介质中酶分子不易从固定化载体上脱落下来。常用的载体包括硅藻土、分子筛、合成树脂、醋酸纤维素、聚丙烯等。有人将酶固定在膜反应器上，制成固定化酶膜反应器，在酶反应的同时可实现产物的在线分离，且可连续操作。因此，利用固定化酶的生物催化过程更易于工业化。

3. 交联酶晶体

交联酶晶体（CLEC）是近年来发展起来的一种新型生物催化剂，是固定化酶的延续和发展。CLEC 技术将酶结晶技术和化学交联技术结合起来，以制备能耐受极端反应条件、在非水介质中稳定的酶制剂。CLEC 制备过程包括酶的分批结晶和酶晶体的化学交联两个主要步骤。可通过控制分批结晶条件（如结晶温度、pH、沉淀剂浓度、投晶种的量及速度、搅拌强度等）制得晶粒大小适宜且均一的酶晶体。制备酶晶体的过程同时是酶的分离纯化过程，可节省其他纯化和浓缩步骤，得到高纯度的酶有利于进行高对映体选择性的酶反应。

许多双功能试剂均被用于化学交联，而戊二醛是最常用的一种交联剂。实验证明，通过优化交联条件（如温度、pH、交联反应时间和交联剂浓度等）可得到交联度一定的交联酶晶体。CLEC 中酶蛋白分子间的静电和疏水性相互作用大大增强，使酶的稳定性改善。此外，CLEC 中的孔道狭小，限制了外源蛋白酶的降解，也有助于提高酶的稳定性。

大量的研究表明，CLEC 有高催化活性、高稳定性、高选择性、高机械强度、过滤性能良好等优点。多种酶的交联酶晶体已商品化生产。交联酶晶体已成功应用于手性化合物的动力学拆分和不对称合成中。

4. 化学修饰酶

酶的化学修饰是通过化学方法将具有某种特性的功能基团共价连接到酶分子的氨基酸残基上，以改善酶在有机介质中的溶解性、活性、稳定性、作用专一性和其他特性。例如，用聚乙二醇（PEG）修饰脂肪酶、α-凝乳蛋白酶后，这两种酶都能溶于有机溶剂，分别用于酯和肽的合成，其催化效率大大高于未修饰的酶。通常用于酶化学修饰的试剂有聚乙二醇（PEG）、聚苯乙烯、聚丙烯酸酯等，而活化后的 PEG 是最常用的修饰剂。PEG 分子的长链具有很好的亲水性，可在酶分子周围维持一个微水环境，防止酶直接与有机介质接触而变性失活。但 PEG 的亲水性也在一定程度上影响修饰酶在非极性或弱极性溶剂中的溶解度，对于催化那些不希望有水存在的反应，如酯化、酯交换、酯氨解反应等，有不利影响。

化学修饰一般不改变酶的最适反应条件，对酶的底物选择性和对映体选择性等的影响也很有限。酶的化学修饰的缺点是反应步骤多，并对酶的活性会造成一定的影响。但是，将酶的化学修饰与固定化结合起来，可提高酶的催化效果。例如将 *Candida rugosa* 脂肪酶用 PEG 修饰后再固定化到有机聚合物载体上，用于有机介质中的酯化反应，结果发现 PEG 修饰酶比天然酶更易吸附于载体上，而且酶活提高了 1～2 倍。

5. 包衣酶

包衣酶是利用含有多个羟基的非离子型表面活性剂的亲水部分与酶分子表面的氨基酸残基间的氢键作用，使表面活性剂与酶分子连接在一起，表面活性剂分子的亲水部分向内，疏水部分向外覆盖在酶分子表面，对酶分子进行"包衣"。包衣酶的制备简单：将含有酶的溶液与含表面活性剂的有机溶剂混合，经超声或高速匀浆乳化，冷冻干燥即可得到包衣酶。目前制备包衣酶所用的包衣剂主要为谷氨酸双烷基酯核糖醇类（如谷氨酸双十二烷基酯核糖醇）。包衣酶可溶于大部分有机溶剂中，这样，疏水性底物的酶反应可在均相中进行，酶反应的速度加快。包衣后的酶分子受到表面活性剂的保护，避免了因与有机溶剂直接接触而导致的失活。例如，来源于 *Candida rugosa* 的脂肪酶粉在异辛烷中对月桂酸和月桂醇的酯化反应没有催化活性，而将其包衣后能高效催化该反应，反应 10h，底物转化率高达 95%。

6. 酶-表面活性剂离子对

酶能与离子型表面活性剂分子相互作用，形成疏水性的酶-表面活性剂离子对，增加酶在有机介质中的溶解性。与表面活性剂包衣酶相比，形成这样的离子对可降低表面活性剂的用量，减少表面活性剂对酶催化反应及产物分离过程的影响。由于形成酶-表面活性剂离子对的推动力是酶与表面活性剂间的静电作用，故缓冲液的 pH 和离子强度必然对离子对的形成产生显著影响，因此必须控制适合的 pH 和离子强度才能得到酶-表面活性剂离子对。AOT 是制备离子对最常用的表面活性剂。

（三）非水介质中酶的特性

1. 酶的活性

在非水介质中，酶的催化活性一般要比水中低 2～6 个数量级，其主要原因有：扩散限制；酶在冷冻干燥过程中部分失活；由于酶不溶于有机溶剂，酶颗粒中一些酶的活性中心被相邻的酶分子遮盖，不能与底物接触；在有机溶剂或离子液中酶的刚性较大，难于与底物契合；非水介质导致底物-酶中间物的稳定性降低、酶反应的活化能提高等。虽然酶在非水介质中的活性普遍较水溶液中的低，但也有一些例外，如在反胶束体系中，过氧化物酶的活性约为水中的 100 倍，漆酶的活性约为水中的 6 倍，核糖核酸酶的活性相对于水中略有增加。Morgan 等的研究表明，酶和盐一起冻干可大大提高其在非水介质中的活性，加盐冻干的黄嘌呤氧化酶在乙酸丁酯中的活力约为水中的 2.5 倍。Lou 等研究离子液中木瓜蛋白酶催化对羟基苯甘氨酸甲酯不对称水解，结果发现反应体系中含 12.5%（体积分数）离子液（1-丁基-3-甲基咪唑四氟硼酸盐）时，酶的活性相对于水相大大提高了。

除在反应体系中添加酶的激活剂、在最适温度、pH 条件下进行反应外，以下方法可在不同程度上提高非水介质中酶的活性。

（1）酶冻干时加入添加剂 在酶冻干过程中加入各种赋形剂、冻干保护剂及激活剂是提高非水介质中酶活的最简便方法。加入赋形剂、冻干保护剂可减少酶在冻干过程中的可逆变性。常用的赋形剂有山梨糖醇、聚乙二醇等。近期研究表明，在欲冻干的酶溶液中加入大量的无机盐或有机盐，冻干后的酶粉在非水介质中的活性显著提高，该现象被称为盐激活。例如，将溶菌酶从含有 98％（质量分数）KCl 的磷酸钾缓冲液中冻干，该酶在乙烷中催化 *N*-乙酰-L-苯丙酰胺的酯交换反应的酶活比对照（酶液中不含 KCl）提高了 3750～20000 倍左右。盐对酶激活作用的机理尚未阐明，一般认为是盐间接或直接对酶蛋白结构和蛋白质水合作用产生影响所致。

（2）酶的固定化或修饰　在非水介质中直接利用悬浮的酶粉，通常因为传质限制、酶的活性位点被屏蔽等原因而导致酶的催化效率较低。将酶固定化于多孔载体可以很好地解决这些问题，从而提高酶的活性。酶的化学修饰也是提高非水相中酶活性的一种好方法。例如，皱褶假丝酵母脂肪酶经 PEG 修饰后，催化油酸与布洛芬酯化反应的速度显著提高。

（3）酶的蛋白质工程　通过基因操作改变酶蛋白的氨基酸序列或蛋白质结构，从而改变酶的催化特性。由于酶在非水介质中普遍活性较低或易失活，通过蛋白质工程可构建在非水相中更加稳定、活力更高的酶。例如，采用蛋白质工程技术用 Asn 取代枯草杆菌蛋白酶 43 位的 Lys 及用 Tyr 取代其 256 位的 Lys，该蛋白酶催化肽合成的活性大大提高了。

（4）调整反应体系的水活度　非水介质中水活度的大小直接影响酶的活性。当水活度最适时，酶就表现出最高的活性，因此可通过调整反应体系中的水活度来提高酶的活性。例如，在水活度为 0.3 时，南极假丝酵母脂肪酶催化布洛芬与十二醇的酯化反应速率最快。

（5）超声波处理　对酶进行适宜强度的超声辐照，是提高非水介质中酶催化活性的一种行之有效的方法。例如，宗敏华等在研究有机相中固定化脂肪酶 Lipozyme 催化棕榈油与硬脂酸甲酯的酯交换反应时发现，适宜的超声波处理，可大大提高这一反应的速度。这一方面是由于超声波作用增强了底物的传质。同时，超声波处理或许有助于开启覆盖酶活性中心 Ser-His-Glu 三元催化位点的 α 螺旋"盖"，使酶呈现催化活性构象。超声波处理对有机相酶反应的促进作用与超声强度、有机介质种类及有机介质中的水含量都有关系。

（6）介质工程　通过改变反应介质来调控酶的催化特性的方法称之为介质工程。通常，酶在疏水性介质中的催化活性比在亲水性介质中高。然而，也有许多相反实例的报道。选择适宜的反应介质，可提高酶的催化活性。例如，在离子液 1-己基-3-甲基咪唑四氟硼酸盐反应体系中，脂肪酶（Novozym 435）催化对羟基苯甘氨酸甲酯氨解反应的活性是在其他离子液（1-丁基-3-甲基咪唑四氟硼酸盐、1-丁基-3-甲基咪唑六氟磷酸盐）中活性的 1.5～3 倍。

（7）反应介质中加入添加剂　在反应介质中加入一些添加剂如表面活性剂、无机盐等可显著提高酶的活性。例如，添加一些三乙胺到离子液反应体系中，大大提高了 *Pseudomonas cepacia* 脂肪酶催化外消旋醇与丁二酸酐之间酰化反应的速度。又如，在 *Candida rugosa* 脂肪酶催化 2-(4-苯氧基)丙酸丁酯水解反应的介质二异丙基醚中加入少量的 $MgCl_2$ 或 LiCl 后，酶的活性可提高几十倍。杜伟等发现在反应介质中添加冠醚，可提高脂肪酶催化苯甘氨酸甲酯氨解反应的活性。但是，加入化学添加剂可能会对产品分离造成一定的麻烦，必须予以考虑。

2. 酶的选择性

高选择性是酶催化的一个重要特点。当酶在水相中进行催化时，因为水的理化性质是稳定的，酶催化反应的选择性几乎固定不变，如果想改变酶的选择性，就必须通过某种途径（如定点突变）对酶分子进行改造。然而在非水相酶催化中，所用介质的种类很多，其性质千差万别，因此可通过改变反应介质调节酶催化反应的选择性。如 α-胰凝乳蛋白酶在水中催化 *N*-乙酰基-L-苯丙氨酸乙酯（N-Ac-L-Phe-OEt）水解的活性远高于其催化 *N*-乙酰基-L-丝氨酸乙酯（N-Ac-L-Ser-OEt）水解的活性，而在辛烷中情况完全相反。研究发现溶剂对酶的对映体选择性有极大的影响，甚至可以使其发生反转。例如，在乙腈中，*Aspergillus oryzae* 蛋白酶催化 N-乙酰-L-苯甘氨酸氯乙酯（N-Ac-L-Phe-OEtCl）与丙醇之间的转酯反应，而在甲苯中，该酶催化 N-乙酰-D-苯甘氨酸氯乙酯（N-Ac-D-Phe-OEtCl）同丙醇之间的转酯反应。酶的区域选择性和化学选择性也可以通过溶剂来调控。例如，反应介质对 *Pseudomonas cepacia* 脂肪酶催化糖分子中不同位点的羟基酰化的速度有很大的影响。又如，许多脂肪酶和蛋白酶在催化酰化反应时，可以通过改变溶剂来决定是以底物中的羟基还是氨基作为酰化位点。

用于提高酶反应选择性的方法很多，主要有筛选高选择性的酶、纯化酶、用有机溶剂处理酶、调整反应体系中的水活度、加入化学添加剂、改变反应温度、使用分子印迹技术、改造酶蛋白、选择适宜的 pH 等。另外，选用不同有机溶剂作反应介质（介质工程）和改变底物类型与浓度（底物工程）等对于提高酶的选择性也非常有效。

3. 酶的稳定性

许多酶在非水介质中比其在水中稳定。猪胰脂肪酶、马肝醇脱氢酶、核糖核酸酶、细胞色素氧化酶、胰凝乳蛋白酶和溶菌酶等在有机溶剂中的热稳定性均比在水中好。如猪胰脂肪酶在 $100\,^{\circ}\mathrm{C}$ 的水溶液中迅速失活，而其在多种有机溶剂中，在 $100\,^{\circ}\mathrm{C}$ 的高温下仍具有活性，其活性的大小与溶剂的种类及其水含量有关。在 $100\,^{\circ}\mathrm{C}$ 无水有机溶剂中该酶的半衰期长达 12h，比其在水相中的相应值大 1000 多倍。又如，马肝醇脱氢酶在 $70\,^{\circ}\mathrm{C}$ 的甲苯中半衰期为 20h，而其在 $70\,^{\circ}\mathrm{C}$ 的水中几分钟内就完全失活。这是因为有机溶剂能增强酶构象的刚性，同时，水是一些与酶的不可逆热失活相关的反应，如肽链水解、半胱氨酸氧化等发生的必要条件。娄文勇等对比研究木瓜蛋白酶在不同介质中的稳定性时发现，反应介质中含适量的离子液可大大提高酶的稳定性，比如木瓜蛋白酶在含量为 12.5%（体积分数）离子液（1-丁基-3-甲基咪唑四氟硼酸盐）中的半衰期（169h）远远高于在磷酸缓冲液（pH＝7.0）中的半衰期（16h），这是由于离子液和酶蛋白的电荷作用有助于增强酶的刚性结构。在有机介质中，酶对其他变性因素的抗性也大大提高。酶在非水介质中抗超声变性的能力比在水相中强。例如，在有机介质中，低功率的超声辐射（低于 50W）对脂肪酶 Lipozyme 的活力影响很小，而在水相中，即使超声功率低至 20W，酶仍表现出明显的失活。在有机介质中，酶对蛋白酶水解作用的抗性也有所提高。

提高非水介质中酶稳定性的方法主要包括酶的固定化、酶的化学修饰、选择适宜的反应体系和反应条件、蛋白质的改造等。

4. pH 记忆和分子印迹

酶分子的电离状态是影响酶催化特性的一个重要因素。只有处在适当的 pH 环境中，酶分子才能获得适宜的离子状态。由于在有机介质中质子化和去质子化作用难以进行，酶分子将保持其在水溶液中的电离状态，即酶能"记住"它最后所处的水溶液的 pH，这就是所谓的"pH 记忆"。

分子印迹技术是以某种方式改变酶的临界态，从而改变其催化活性和选择性。分子印迹技术已成功地应用于非水介质中的酶反应。例如，过氧化物酶水溶液与邻羟基苯甲醇一起冻干后，在丙酮［含 3%（体积分数）水］中过氧化物酶催化磷甲氧基苯酚氧化反应活性提高 60 倍。又如，当枯草杆菌蛋白酶从含有竞争性抑制剂（N-Ac-Tyr-NH$_2$）的水溶液中冻干后，再将抑制剂除去，该酶在辛烷中催化酯化反应的速度提高 100 倍。这是因为竞争性抑制剂诱导酶活性中心构象发生变化，形成一种高活性的构象形式，除去抑制剂后，因酶在有机介质中的高度刚性而使该构象得以保持。分子印迹不仅是提高有机介质中酶活力的重要手段，还是提高酶反应选择性的有效途径。例如，杜伟等将分子印迹技术用于有机介质中南极假丝酵母脂肪酶催化苯甘氨酸甲酯不对称氨解反应，发现该技术能使酶反应的对映体选择性提高 3 倍左右。

（四）影响非水介质中生物催化反应的主要因素

1. 水活度

水是酶发挥催化作用的必需条件。酶分子表面含有大量带电基团和极性基团，在完全无水的情况下，这些带电基团相互作用，使酶分子处于无活性的"锁定"状态，不能发挥其催化作用。为了形成并维持酶分子的活性构象，酶分子的周围必须存在一个水层。水不但是维持酶分子"柔性"结构的润滑剂，而且还影响酶-底物过渡态的稳定性，因而，反应体系水含量的高低直接关系到酶反应速率和其选择性。研究表明，生物反应体系中的水绝大多数（98%）是作为溶剂水，只有少部分紧密结合在酶分子表面的结构水（又称为"必需水"）对酶的结构和催化活性至关重要。只要这层水分子不丢失，其他大部分水即使都被非水介质取代，酶仍然能保持其催化活性。另一方面，反应体系中过多的水在增大酶柔性的同时，不仅可能使酶聚集成团，传质阻力增加，而且会加剧酶的失活过程，降低酶的稳定性。对于合成反应，如酯的合成，水的存在还影响反应平衡，加速产物水解，降低产率及产物的对映体纯度。所以，在非水相酶反应体系中，存在一"最佳水含量"。只有在最佳水含量时，酶蛋白质结构的动力学刚性（kinetic rigidity）和热力学稳定性（thermodynamic stability）之间才能达到最佳平衡点，酶才表现出最大活性。由于酶达到最高活力时反应体系的水含量（即最适水含量）因反应介质的不同相差很大，而其在不同介质中的最适水活度基本相同，为此，Halling 建议采用热力学水活度（α_w）来描述非水相体系中酶活与水量的关系。水活度的定义为：在一定的温度和压力下，反应体系中水的分压与纯水的蒸汽压之比。通常，可采用饱和盐溶液气相平衡和添加水合盐对等方法调控反应体系的水活度。饱和盐溶液气相平衡法是根据在一定的温度下一些盐的饱和水溶的水活度恒定的原理，通过饱和盐溶液与反应体系的气相平衡，达到酶反应所需的水活度的方法。例如反应前把酶和有机溶剂分别置于密闭容器里，各自与 $MgCl_2$ 的饱和水溶液在 25℃ 下保温，达到气相平衡后，可将反应体系的初始水活度调至 0.33。当反应过程中消耗或生成水时，反应体系的水活度将随着反应的进行而发生变化。为了使反应体系的水活度在整个反应过程中基本恒定，可采用一些持续控制水活度的方法，如在反应体系中安装聚硅氧烷管，管内循环通入饱和盐溶液；加入硅胶颗粒作为水的缓冲剂；对反应混合物进行连续干燥等。添加水合盐对的方法是根据一对无机盐水合物（同种盐的高水合物和低水合物）共存时水活度一定的原理，把一对无机盐水合物添加到有机溶剂中直接作为水活度的缓冲剂的方法。若反应过程中消耗水，高水合物转变为低水合物，同时释放结晶水以维持反应体系的水活度恒定。反之，反应过程释放水，则低水合物转变为高水合物。例如，在作为反应介质的有机溶剂中添加 $Na_2HPO_4 \cdot 2H_2O/Na_2HPO_4 \cdot 7H_2O$ 这对水合盐，可将反应体系的水活度调节在 0.57 左右。

不但酶反应速率高度依赖于反应体系的水活度，酶反应的选择性也受水活度的影响。现有的研究表明，水活度对酶反应选择性的影响比较复杂。例如，降低脂肪酶催化反应体系的水活度既可能提高酶反应的对映体选择性，也可能降低其对映体选择性，还可能对反应的对映体选择性不产生影响。

通常，有机介质中水含量的提高导致酶的稳定性下降。如，在水含量为 0.015%（质量浓度）的介质（戊醇与三丁酸甘油酯的混合物）中，猪胰脂肪酶在100℃的半衰期长达12h，而当介质的水含量为0.8%（质量浓度）时，该酶在100℃的半衰期只有15min。

2. 有机溶剂

有机溶剂作为反应介质，是影响非水相酶催化反应的一个重要因素。它可通过以下几种方式影响酶催化反应。

（1）改变底物、产物的浓度　影响底物、产物在反应体系中的分配，改变它们在酶分子必需水化层中的浓度，进而影响酶促反应速率。

（2）与酶的必需水作用　一般地，疏水性有机溶剂不易夺取酶分子周围的必需水，对酶活性影响较小，适用于酶催化反应。强极性有机溶剂可溶解大量水，有夺走大量必需水的趋势，易导致酶失活。

（3）直接作用于酶分子　有机溶剂分子进入酶的活性中心，改变酶活性中心结构。

（4）改变能级状态　使底物基态能级下降或使酶-底物复合物能级升高，从而增大酶反应的活化能，降低酶反应速率。

Laane 等报道了溶剂疏水性和酶活力之间的相关性。他以溶剂在水和正辛醇两相间分配系数的对数 $\lg P$ 来描述溶剂的疏水程度，认为酶在 $\lg P$ 高于4的溶剂（如癸醇、十六烷、苯二酸酯等）中可保持较高活力，$\lg P$ 小于2的溶剂则不适用于生物催化。但不少文献也报道了与之相悖的实例。例如，糜蛋白酶的活性与作为反应介质的有机溶剂的 $\lg P$ 没有相关性。可见有机溶剂的疏水性并非决定溶剂对酶活影响的惟一原因，溶剂的一些其他性质，如溶解能力、分子几何构型等也与之相关。迄今，尚未发现溶剂的某个参数能用于预测有机介质中酶的活性。研究表明，在水/有机溶剂两相体系中，酶变性是由溶解在水相中的有机溶剂分子的分子毒和相毒这两种作用共同造成的。通常，水相中的有机溶剂并没有达到使酶失活的临界浓度，相毒是使酶失活的主要原因。相毒与水-有机相界面的性质和面积相关，界面越大，越容易使酶失活，但面增大却能加速底物和产物在两相的传质速率，提高酶的反应速率。

有机溶剂的性质对酶反应的选择性有显著的影响。例如，对 *Pseudomonas* sp. 脂肪酶催化 *N-α-benzoyl-L-lysinol* 的酰基化反应，当反应介质从二氯乙烷变为叔醇时，$(K_{cat}/K_m)_{羟基}/(K_{cat}/K_m)_{氨基}$ 从21骤然跌至1.1。又如，*Pseudomonas* sp. 脂肪酶在环己烷中催化潜手性二氢吡啶二羧基酯类衍生物水解产生 R 构型的产物，但在异丙醚中该反应的产物为 S 构型。

3. 反应介质的pH

反应介质的pH是影响非水相酶反应的重要因素之一。pH影响着酶的离子化状态，进而影响酶的催化特性。当酶微环境的pH为酶的最适pH时，酶的活力最高。

Klibanov 等对酶结构的分析表明，酶在有机介质中具有"刚性"结构，能"记住"其最后所处的水溶液之pH，该性质被形象地描述为酶的"pH记忆"，并广泛用于调节有机介质中酶微环境的pH。具体的方法是将酶溶于pH为该酶最适pH的缓冲液，冷冻干燥之。需要注意的是，在冻干过程中，酶容易失活，须加入冻干保护剂，如多元醇、无机盐等。然而，当反应过程释放出较大量的酸或碱时，如酯的水解反应，酶微环境的pH将发生改变，酶将丧失其"pH记忆"。此时，可在反应介质中添加有机酸和它的钠盐组成的缓冲物或有机碱与它的盐酸盐组成缓冲来维持反应体系的pH。常用的有机酸及有机碱有苯基硼酸、对硝基苯酚、三苯基乙酸、三乙胺等。

4. 温度

温度对非水介质中酶反应的活性和稳定性的影响与传统的在水相中进行的酶催化反应相似。

在一定的温度范围内，随着反应温度的升高，底物的能量增加，单位时间内有效碰撞频率增加，酶的反应速率加快。另外，当温度超过一定的范围，随着温度的升高，酶蛋白的变性失活加剧，酶反应速率下降。因而存在一最适温度，在该温度下，酶的活性最大。

温度对酶反应的选择性也有一定的影响。如醇腈酶催化 HCN 与酮/醛的羰基不对称加成反应的对映体选择性通常随着反应温度的升高而下降。当反应温度变化较大时，还可能导致酶反应对映体选择性的反转。

5. 盐激活

盐激活是指在酶冻干时加入一些简单的无机盐来提高酶在非水介质中催化活性的方法。

Khmelnitsky 等对枯草杆菌蛋白酶在正己烷中催化转酯化反应的研究表明，酶溶液中加入 KCl 能提高冻干酶粉催化该反应的活力；KCl 的浓度越高，冻干酶粉催化转酯反应的活性越高。当酶溶液含 98%（质量分数）KCl、1%（质量分数）酶和 1%（质量分数）磷酸盐缓冲液时，冻干后酶的活力是对照的 3750 倍。这种现象具有普遍性，其他酶如嗜热菌蛋白酶、α-胰凝乳蛋白酶、脂肪酶、青霉素酰化酶、过氧化物酶、马肝醇脱氢酶、大豆氧化酶、半乳糖氧化酶、黄嘌呤氧化酶等也存在盐激活现象。Morgan 等发现，反应介质为水时，盐对一些氧化酶也有激活作用，只是没有反应介质为有机溶剂时那么显著。在水溶液中，经盐激活的酶的活力比对照高 2～10 倍，而在有机溶剂中则高 5～50 倍。并且经盐激活的酶在有机介质中的活力可达到其在水相中活力的 25%，甚至比未经盐激活的酶在水相中的活力还高。

通过选择冻干方法、冻干时间、冻干酶粉的水含量、盐种类、盐含量、反应介质、反应介质中水含量可以进一步提高盐激活作用。例如，通过优化冻干条件可使盐激活的枯草杆菌蛋白酶制剂在正己烷中催化转酯反应的活力比未经盐激活的酶制剂高约 27000 倍。

目前，人们对盐激活的机制还不清楚，Khmelnitsky 通过对酶在有机介质和气体中催化反应的研究表明，盐诱导酶活提高现象不能仅从盐的冷冻干燥剂效应来解释。他认为，酶在盐中保持较高的活性是由于盐对有机溶剂中的酶具有一种保护效应。

盐激活不仅可大大提高酶活性，还可改变酶的催化选择性。Hsu 等首次发现了可通过改变冻干时间、盐浓度等来调控枯草杆菌蛋白酶的对映体选择性。例如，与未经盐激活的酶相比，盐激活的枯草杆菌蛋白酶在有机介质中的对映体选择性提高了 30%。这是因为盐使酶的构象发生改变，使得酶更易于与优势对映体契合。Altreuter 等发现盐激活的枯草杆菌蛋白酶在催化阿霉素酰化反应时具有新的特性：它不仅可催化底物中天然区域位点的酰化，而且还可催化底物中另外两个非天然区域位点的酰化。可见盐激活不仅是提高酶活性的方法，也将是调控酶催化选择性的手段。

6. 添加剂

在非水介质中加入添加剂也可以调控酶催化反应的活性和选择性。常见的有代表性的添加剂为 β-环糊精、冠醚、钙离子、锰离子、牛黄胆酸盐及表面活性剂。例如，Wang 等在研究红球菌 AJ170 催化 3-芳基戊二腈的去对称化反应时发现，在反应体系中加 β-环糊精可有效提高反应的对映体选择性。又如，添加剂牛黄胆酸钠能提高脂肪酶在水相中催化脂肪水解的活力。Wu 等在研究脂肪酶催化酯水解反应中发现，在反应体系中加入一些胆汁盐可以提高酶反应的选择性。

金属离子可与酶蛋白分子上氨基酸残基相连，稳定酶的构象，从而改变酶的催化活性。金属离子还可以清除界面上产生的脂肪酸对酶的抑制作用，进而对酶产生激活作用。Deswarte 等报道，一些二价离子通过和酶作用位点相结合，可显著提高酶的稳定性。另外，Ca^{2+}、Mn^{2+} 能提高有机相中脂肪酶催化酯氨解反应的活性。

表面活性剂因同时具有亲水基团和疏水基团，其可通过与酶、底物、产物等的相互作用，调节酶的催化特性。刘幽燕等考察表面活性剂对脂肪酶 Lipase OF 催化酮基布洛芬氯乙酯水解的影响时发现，添加吐温 80 能显著提高酶的对映体选择性和酶活性。

三、用于手性药物制备的生物催化反应

用于手性药物及其中间体制备的生物催化反应很多，以下简单地介绍较常用的几类：

（一）氧化反应

氧化反应是向有机化合物分子中引入功能基团的重要反应之一，其在手性药物的合成中具有重要的作用。催化氧化反应的酶主要有单加氧酶、双加氧酶、氧化酶和脱氢酶。

1. 单加氧酶（mono-oxygenases）催化的氧化反应

单加氧酶主要有细胞色素 P_{450} 类单加氧酶以及黄素类单加氧酶，前者以铁卟啉为辅基，后者以黄素为辅基。单加氧酶催化氧分子中的一个氧原子加入到底物分子中，另一个氧原子使还原型辅酶 NADH 或 NADPH 氧化并产生水（图 10-3）。可催化烷烃、芳香烃化合物的羟化、烯烃的环氧化、含杂原子化合物中杂原子的氧化以及酮的氧化等反应，且反应的立体选择性较高。

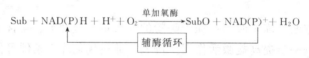

$$Sub + NAD(P)H + H^+ + O_2 \xrightarrow{\text{单加氧酶}} SubO + NAD(P)^+ + H_2O$$

图 10-3　单加氧酶催化的氧化反应

由于许多单加氧酶结合在细胞膜上，且其催化功能依赖于辅助因子，由其催化的制备性氧化反应常采用完整细胞作为催化剂。例如，假丝酵母属、假单胞菌属微生物细胞均能催化异丁酸不对称羟化产生可用于合成维生素、抗生素的光学活性的 β-羟基异丁酸。

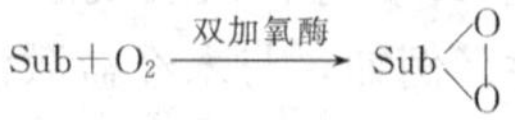

$$Sub + O_2 \xrightarrow{\text{双加氧酶}} Sub\langle^O_O$$

图 10-4　双加氧酶催化的氧化反应

2. 双加氧酶（dioxygenases）催化的氧化反应

双加氧酶催化氧分子的两个氧原子加入到同一底物分子中（图 10-4）。常见的双加氧酶有脂氧酶、过氧化物酶等，可催化烯烃的氢过氧化反应、芳烃的双羟基化反应等。例如，大豆脂氧酶能催化含有 (Z,Z)-1,4-二烯的长链醇的氧化，产生高光学纯度的氢过氧化物。过氧化物酶能用于外消旋氢过氧化物的拆分。例如，辣根过氧化物酶能选择性地催化外消旋氢过氧化物中的一种对映体转化为仲醇，从而实现外消旋体的拆分。

3. 氧化酶和脱氢酶催化的氧化反应

氧化酶催化底物脱氢，脱下的氢与氧结合生成水或者过氧化氢。常见的氧化酶有黄素蛋白氧化酶、金属黄素蛋白氧化酶、血红素蛋白氧化酶等，它们催化的氧化反应在手性合成中应用较少。

脱氢酶可催化氧化和还原双向可逆反应。在底物为还原态、辅酶为氧化态 $NAD(P)^+$ 时催化氧化反应为主。其机理是催化底物脱氢，脱下来的氢与 $NAD(P)^+$ 结合。

脱氢酶催化的氧化反应具有高度的立体选择性。例如，马肝醇脱氢酶（HLADH）可催化外消旋醇对映选择性地氧化而使之得以拆分；又如，马肝醇脱氢酶催化内消旋的双环二醇立体选择性的氧化为半缩醛并最终氧化为内酯，e.e.>97%。

（二）还原反应

生物催化的还原反应在手性药物的合成中具有重要的应用。氧化还原酶类可以催化酮或者醛羰基以及潜手性烯烃的不对称还原，使潜手性底物转化为手性产物。在酶促底物加氢的同时，还原型辅酶转化为氧化型辅酶。由于辅酶一般不太稳定，且价格昂贵，能否将辅酶再生循环使用，即将氧化型辅酶转变为还原型辅酶就成为制约该反应工业应用的重要因素。目前主要通过在反应过程中添加辅助性底物（底物偶联法）、利用两个平行氧化还原酶系统（酶的偶联法）以及完整细胞还原体系等实现辅酶再生（图10-5）。

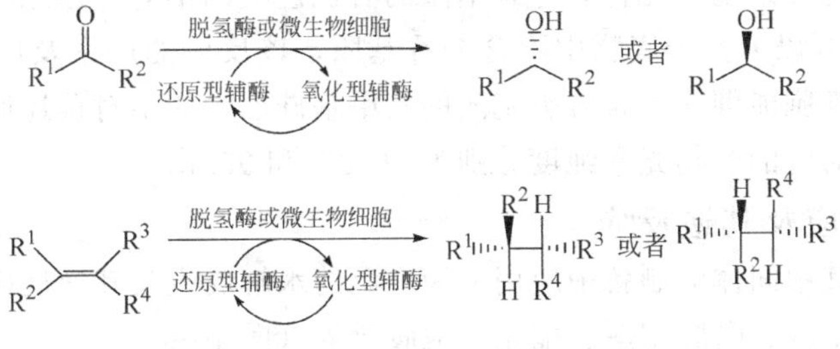

图 10-5　生物催化的还原反应

催化常用于手性药物制备的还原反应的酶主要有酵母醇脱氢酶（YADH）、马肝醇脱氢酶（HLADH）、布氏热厌氧菌醇脱氢酶和羟基甾体脱氢酶（HSDH）等。它们可立体选择性地催化酮还原为手性仲醇，其选择性一般遵循 Prelog 规则，即它们催化氢负离子从空间位阻较小方向进攻羰基，形成构象稳定的优势中间体。但也有一些微生物的醇脱氢酶催化还原反应时不遵循 Prelog 规则，如假单胞菌属的醇脱氢酶。

酵母醇脱氢酶的底物谱较窄，这限制了其应用。马肝醇脱氢酶底物专一性不强，其不但可利用天然化合物为其底物，还可催化非天然化合物，如有机金属化合物、有机硅化合物等的还原，故应用广泛。例如，马肝醇脱氢酶（HLADH）能催化单环酮和双环酮的不对称还原，且反应的立体选择性极高，可得到高对映体过量的产物。又如，通过马肝醇脱氢酶催化有机硅酮的不对称还原，可制备高光学纯度的手性有机硅醇。

布氏热厌氧菌脱氢酶能催化直链酮不对称还原为相应的醇，反应遵循 Prelog 规则，产物的对映体过量因底物的结构不同相差很大。如该酶催化 2-丁酮还原，产物 (R)-2-丁醇的对映体过量为 48%，而其催化 3-己酮还原反应的产物对映体过量高达 97%。

羟基甾体脱氢酶的最适底物为烷基取代单环酮和二环酮。例如，羟基甾体脱氢酶能高效地催化 4-甲基双环[3.2.0]庚-3-烯-6-酮或 1,4-二甲基双环[3.2.0]庚-3-烯-6-酮还原成一个对映体纯的内式醇和外式醇的混合物。

酵母细胞内含有可催化还原反应的多种酶和辅酶，用其作为生物催化剂可省去酶的分离纯化步骤，同时不需要添加昂贵的辅酶或额外的辅酶再生循环系统，因此可大大降低成本。必须指出的是，酵母细胞催化的生物转化由于副反应而变得复杂，这些副反应干扰甚至支配所需要的转化，同时可能会使产物的分离纯化比较困难。另外，细胞和底物的理想的相互作用在实践中很少见。理想的相互作用包括底物和产物均能透过细胞膜，它们在发酵液中可溶，不使目标酶失活，且反应具有高转化率和高选择性。

游离酵母细胞和固定化酵母细胞均可用于催化还原反应。酵母细胞可催化单羰基化合物的还原、双羰基化合物的还原、硫羰基和硫取代的化合物的还原及含氮羰基化合物的还原。

例如，酵母细胞立体和区域选择性地还原吡咯 [2,1-*c*]-[1,4]-苯并二氮杂䓬-2,5,11-三酮中的二位羰基生成相应的醇，该反应的收率和产物的 e.e. 值较高；用 *Saccharomuces montanus* 或 *Rhodotorula glutinis* 酵母细胞催化二苯基 1,2-乙二酮还原，可得到 94% e.e. 的 (S,S)-二醇，如用 *Candida macerans* 酵母细胞催化该反应时，可获得 96% e.e. 的 (R,R)-二醇。此外，酵母细胞可还原苯硫基烷酮生成高对映体纯度的 (S)-羟基烷基苯基硫化物，但收率一般。在丙烯醇的存在下，酵母细胞催化 2,6-二乙酰基吡啶的双还原生成对映体纯度高达 100% 的相应醇。

酵母细胞还能催化非天然的有机硅酮的不对称还原。不同酵母细胞的底物专一性有一定的差异。如，面包酵母细胞催化含有芳香基团的有机硅酮的不对称还原时，产物的收率及对映体纯度均可达 90% 以上；若底物中不含芳香基团，该反应的产率及产物的对映体纯度均较低。而啤酒酵母细胞能催化不含芳香基团的三甲基硅乙酮的不对称还原，在最适的反应条件下，最高产率及对应的产物光学纯度分别为 96.8% 和 95.7%。

（三）水解反应及其逆反应

在手性药物及其中间体的制备中应用最为广泛的水解反应及其逆反应主要有酯水解、腈水解、环氧化合物水解、酰胺水解、酯化、酰胺化等（图 10-6）。

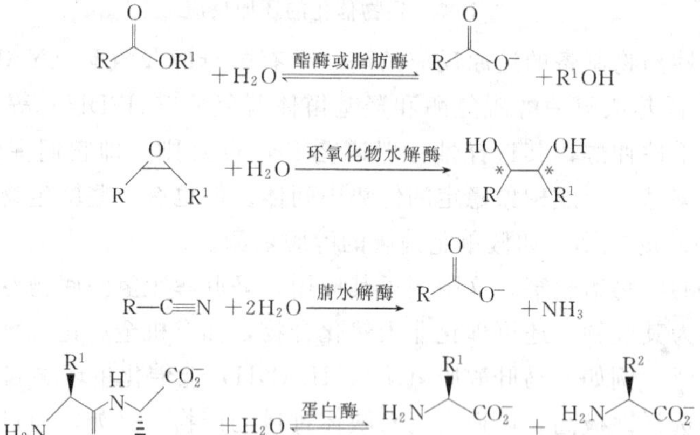

图 10-6　生物催化的水解反应的主要类型

1. 酯水解

酯水解反应可用于不同结构的外消旋酯的拆分，得到对映体纯的酯、酸和醇。酶催化酯水解反应的机理与底物在碱性条件下的化学水解类似。酶的活性中心所含的 Asp-His-Ser 或 His-Ser-Glu 三联体中的 Ser 的羟基对底物中的羰基碳进行亲核攻击，形成酶-酰基中间体，然后，该中间体在水的亲核进攻下将酰基转移至水上，酶恢复其原来的形态。

催化酯水解反应的酶主要有脂肪酶、酯酶和蛋白酶。由于脂肪酶与部分蛋白酶、酯酶的三联体取向相反，故大部分脂肪酶的立体选择性与蛋白酶、酯酶相反，所以可通过选择不同的水解酶得到不同立体构型的手性化合物。

脂肪酶也称甘油三酯水解酶，它不但能催化天然底物油脂的水解，也能催化其他酯类，如羧酸酯、硫酯等化合物的水解，还能催化酯合成、酯酸解、酯醇解、酯氨解等反应，并且具有较高的立体选择性，因此在手性合成中发挥重要的作用。

常用的脂肪酶主要有猪胰腺脂肪酶、假丝酵母属脂肪酶、假单胞菌属脂肪酶和毛霉属脂肪酶。不同来源的脂肪酶，其氨基酸残基的数量从 270～641 个不等，且疏水性氨基酸残基比亲水性氨基酸残基多。虽然这些脂肪酶的氨基酸序列大不相同，但都具有一个共同的结构特点，即含有 β 折叠的核和被 α 螺旋包围并指向酶的活性中心的三元复合物，这个复合物由 Asp-His-Ser 或 His-Ser-Glu 组成。研究表明，组氨酸（His）和丝氨酸（Ser）是酶活性部位的必需氨基酸残基。其活性部位的三元复合物与其他氨基酸在脂肪酶分子的中心形成的一个疏水性"套子"，表面是一个由疏水作用和静电作用所稳定的 α 螺旋片段组成的"盖"或"罩"，它覆盖着脂肪酶的活性部位，不同脂肪酶其"盖"或"罩"的结构不同，导致其催化特性的不同。研究开发不同种类的脂肪酶可扩展其在手性合成中的应用。

脂肪酶不但能催化 I 型酯（手性中心位于羧酸部分的酯）的水解，也能催化 II 型酯（手性中心位于醇基部分的酯）的水解。例如，猪胰腺脂肪酶（PPL）能催化 I 型酯外消旋 2-甲基-琥珀酸二甲酯的 4-位酯键不对称水解，得到 S 型产物，也能催化 II 型酯内消旋环状二醇二酯、潜手性丙二醇二酯、环氧烷醇酯、外消旋双环醇酯及内酯的不对称水解。皱落假丝酵母脂肪酶（CRL）能够立体选择性地催化 I 型酯外消旋 2,3-二羟基羧酸酯的丙酮缩合物的水解；该酶也能催化 II 型酯环己烯醇酯的不对称水解，实现其外消旋体的手性拆分，产物的光学纯度可达 99% 以上。

近期的研究表明，许多脂肪酶在绿色反应介质离子液体中能催化酯的不对称水解，且选择性和稳定性高于其在水中的对应值。例如，Mohile 等报道在离子液/缓冲液混合反应介质中，皱落假丝酵母脂肪酶（CRL）能高效地催化 2-(4-氯苯氧基)丙酸丁酯不对称水解，所得到的产物 (R)-2-(4-氯苯氧基)丙酸的对映体纯度（99% e.e. 以上）远远高于在水相中的相应值（47% e.e.），并且在离子液中 CRL 的热稳定性也提高了。

酯酶能较好地识别手性中心在水解反应位点附近的底物分子，但酯酶催化极性或高亲水性化合物水解反应的效率不高。常用于催化酯水解反应的酯酶主要有猪肝酯酶和各种微生物酯酶。猪肝酯酶（PLE）是一种粗酶，由 5 种以上的同工酶组成，其选择性与酶的来源及制备方法有关。PLE 既能催化 I 型酯，如潜手性二酯、内消旋二酯、内消旋环状二酯等的不对称水解；又能催化 II 型酯，如环状二醇二酯等的水解；还能催化一些特殊结构的酯，如羧基和醇基部分均含有手性中心的混合型酯的水解。例如，PLE 可催化潜手性 3-位取代的戊二酸二甲酯不对称水解，在 3-位上取代基不同，所获得产物的对映体纯度有较大的差异，如被乙酰氨基取代，产物的对映体纯度高达 93% e.e.，如被羟基取代，产物的对映体纯度仅为 12% e.e.。又如，PLE 能催化环戊烯-1,4-二醇二羧酸酯的不对称水解，生成高对映体纯度的手性单酯，此类化合物是前列腺素及其衍生物合成的起始原料。此外，该酶能催化消旋体反式 3,4-环氧己二酸二甲酯不对称水解，所得到的产物和残留底物的 e.e. 值均高于 95%。

催化酯水解反应的微生物酯酶既可以是离体酶，也可以是完整的微生物细胞。枯草杆菌、芽孢杆菌、产氨短杆菌和面包酵母等都是常用于催化酯水解的微生物。例如，芽孢杆菌细胞能立体选择性地催化一种羟基醛羧酸酯衍生物的水解，得到一种高对映体纯度的 α-羟基醛缩丙二硫醇衍生物。又如，面包酵母细胞能催化外消旋的乙酸-1-炔-3-醇酯的不对称水解，从而实现该外消旋体的拆分。

许多蛋白酶，如胰凝乳蛋白酶、胰蛋白酶、胃蛋白酶、木瓜蛋白酶、枯草杆菌蛋白酶、米曲霉蛋白酶等都能选择性地催化天然或者非天然的羧酸酯的水解。如 α-胰凝乳蛋白酶能催

化外消旋 α-硝基丁酯不对称水解生成不稳定 D-α-硝基羧酸，其自发脱羧生成仲硝基化合物，产率和产物对映体纯度都很高；灰色链霉菌蛋白酶能高对映体选择性地水解消炎药物酮咯酸乙酯，在 pH>9 的条件下，未反应的酯能自发性原位去消旋化，故产物 S 型对映体的产率达 92% 以上。在离子液体中，许多蛋白酶均能维持其催化活性构象，并表现出较高的选择性和稳定性。如娄文勇等在用木瓜蛋白酶催化对羟基苯甘氨酸甲酯不对称水解反应的研究中发现，以含 12.5%（体积分数）离子液（1-丁基-3-甲基咪唑四氟硼酸盐）的磷酸缓冲液（50mol/L，pH=7.0）作为反应介质，反应的产率和产物对映体纯度均大大高于在水相、有机溶剂中进行该反应所获得的对应值。

2. 腈水解反应

在有机合成中，腈是一类重要的化合物，它可以方便地通过化学合成得到，而且可进一步转化成具有更高价值的酰胺和羧酸。

但是利用化学手段将腈转变成酰胺或羧酸通常要求高温、昂贵的试剂，或者需要在强酸（6mol/L 盐酸）或强碱（2mol/L 氢氧化钠溶液）条件下进行，在后续的中和反应中会产生大量盐。而酶促腈水解在实现节能的同时拥有以下优势：温和的反应条件，高选择性，产物纯度高，无副产物及盐、金属类废物。酶促腈水解有两条途径：其一，通过腈水合酶转化为酰胺，再由酰胺酶催化其水解为相应的羧酸；其二，由腈水解酶直接催化其水解为羧酸。酶催化腈水解反应不仅得到光学活性羧酸，而且还能合成光学活性酰胺化合物，后者可进一步转化为光学活性胺和其他含氮化合物。故腈的酶法水解已被广泛应用于光学活性氨基酸、酰胺、羧酸及其衍生物的合成。

最著名的工业用腈转换酶是从 Rhodococcus rhodochrous J1 菌株中发现的腈水合酶，该酶作为第三代生物催化剂被用于从丙烯腈转化成塑料单体丙烯酰胺的大规模生产。

腈水合酶催化腈转化为相应酸的两步酶转化过程中的第一步，即腈化合物水合转化为酰胺的过程。这些酶是金属酶，酶分子中含有铁或钴，存在于多种革兰阳性和革兰阴性细菌中。通常，这些酶是杂二聚体 $[(\alpha\beta)_2]$，主要作用于脂肪腈底物，但是也有例外，像 R. rhodochrous J1 中的高分子量腈水合酶 $[(\alpha\beta)_{10}]$ 就对芳香腈有很高的反应活性。腈水合酶一般对映体选择性较低，迄今，腈水合酶催化反应的产物 e.e. 高于 75% 的例子很少，但也有一些来源的腈水合酶具有较高的对映体选择性。如在 Rhodococcus sp. AJ 270 所产腈水合酶用于从腈制备 (R)-2-苯基丁酰胺，产物的对映体纯度可达到 80% 以上，该反应不生成副产物酸。

在含有腈水合酶的微生物中，通常也含有具有相应底物专一性的酰胺酶。多数情况下，酰胺酶比腈水合酶具有更高的对映选择性。用含腈水合酶和酰胺酶的微生物细胞催化腈的水解通常能得到高对映体纯度的产物。例如，Rhodococcus sp. C3 II 菌和 Rhodococcus erythropolis MP 50 菌可用于对映体纯 (S)-萘普生的制备。Rhodococcus sp. C3 II 菌缺少腈水解酶，但是表现出腈水合酶和酰胺酶的活性，它们都优先催化萘普生衍生物的 (S)-异构体的转化。另一方面，Rhodococcus erythropoli MP 50 菌中的酶被腈诱导，它的腈水合酶是 (R)-专一性的。由于严格 (S)-专一的酰胺酶的存在，以这两种菌作催化剂最后都得到高对映体纯度的 (S)-萘普生。该两种菌属所产的高度立体选择的酰胺酶也被用来制备 (S)-酮洛芬。

腈水解酶直接催化腈水解得到相应的羧酸。相对于腈水合酶而言，腈水解酶的立体选择性较高。腈水解酶通常含有多个亚基（$\alpha_6 \sim \alpha_{20}$），存在于多种微生物细胞中，许多 Rhodo-

coccus、*Acinetobacter*、*Caseobocter*、*Aureobacterium*、*Alcaligenes*、*Pseudomonas*、*Nocardia*、*Gordona*、*Brevibacterium* 属的菌株均产腈水解酶。它们主要以芳香腈为底物，较少以脂肪腈为底物。立体专一的腈水解酶可用于光学活性氨基酸、脂肪酸、羟基酸等的合成。例如，固定化于海藻酸盐的 *Acinetobacter sp.* APN 菌株的细胞产生的 L 专一的腈水解酶能催化 α-氨基腈水解转变成有光学活性的 L-氨基酸。*Aspergillus furmigatus* 菌株中的立体选择性腈水解酶可以用于从 α-氨基苯基乙腈制备光学纯的 (S)-α-苯基甘氨酸。又如，*Rhodococcodochrous* NCIMB 11216 细胞中有一种对映体选择性的腈水解酶，其能催化许多 C-2 取代的脂肪腈的水解。该酶催化 (R,S)-2-甲基己腈的水解反应的立体选择性最高，(S)-甲基己腈水解反应的速度为 (R)-甲基己腈水解反应速率的 45 倍，反应得到高对映体纯度的 (S)-甲基己酸。

(R)-扁桃酸是一个常用的光学拆分试剂，并且是半合成先锋霉素的前体。由 *Alcaligenes foecallis* ATCC 8750 菌株休止细胞中的腈水解酶催化外消旋扁桃腈水解可获得 (R)-扁桃酸，其产率和产物 e.e. 分别为 91％和 100％。该方法近来被 Mitsubishi Rayon 公司应用于对映体纯的 (R)-扁桃酸、(R)-3-氯代扁桃酸的商品化生产。该公司还进一步研究了多种微生物，如 *Rhodococcus*、*Acinetobacter*、*Nocardia* 属微生物细胞的立体选择性腈水解酶，发现它们适用于合成对映体纯的带有 2-氯、4-氯、4-溴、2-氟、4-甲基、4-甲氧基、4-甲巯基和 4-硝基等取代基团的 (R)-扁桃酸衍生物。

2-芳基丙酸是一类重要的抗炎药物，而且仅 (S)-异构体具有生物活性。在这类化合物中，(S)-萘普生、(S)-布洛芬、(S)-酮洛芬是最成功的化学治疗药物。现已发现能选择性地催化 2-芳基丙腈水解为 (S)-芳基丙酸的腈水解酶。例如，可用 *R. rhodochrous* ATCC 21197 菌株中的立体选择性腈水解酶转化外消旋的 2-芳基丙腈为相应的 (S)-芳基丙酸。其中合成 2-(4-甲氧基苯基) 丙酸的化学收率和产物的对映体纯度最高，分别为 46％和 99％。

3. 环氧化物水解

光学纯的环氧化物能与许多亲核试剂发生反应，故作为反应中间体在有机合成中广泛应用。用化学法也能制备环氧化物，但反应的选择性不高。通过环氧化物水解酶催化环氧化物的选择性水解，可制备所需构型的环氧化物。

环氧化物水解酶广泛存在于哺乳动物、植物、昆虫、丝状真菌、细菌以及赤酵母（red yeast）中。在哺乳动物中，环氧化物水解酶在外源性化合物，尤其是芳香烃化合物的代谢中发挥重要作用。环氧化物水解酶将芳香烃经单加氧酶催化氧化得到的、具有致畸、致癌作用的芳烃环氧化物水解为生物惰性的反式 1,2-二醇，后者可被生物体进一步分解代谢和排泄。

迄今为止已发现的哺乳动物环氧化物水解酶按酶活性和生化特征可分为 5 类，即可溶性环氧化物水解酶（sEHs，也称脆质环氧化物水解酶）、微粒体环氧化物水解酶（mEHs）、白三烯 A_4 水解酶（LTA_4H）、胆固醇环氧化物水解酶和 hepoxilin 水解酶。

在植物（如大豆、油桃和草莓等植物）中发现的环氧化物水解酶在内酯类芳香化合物的对映选择性合成中扮演了重要角色。环氧化物水解酶还参与了角质素（cutin）的生物合成。也有人提出环氧化物水解酶参与了微生物毒素的合成。

在细菌中，环氧化物水解酶也具有解毒的功能，但更为重要的是它们在细菌利用烯烃作为碳源中扮演着关键角色。烯烃经单加氧酶催化氧化为环氧化物，环氧化物可被环氧化物水解酶水解为相应的 1,2-二醇，后者进一步被氧化降解，或被二醇脱水酶催化发生脱水消除反应生成醛。

环氧化物水解酶不仅能从哺乳动物肝细胞中，也能从微生物，如巨大芽孢杆菌、棒杆菌、假单胞菌属以及真菌如 *Ulocladium atrum* 和 *Zopfiella karachiensis* 中纯化得到。最近，从红球菌 NCIMB 11216 株和诺卡菌 TBl 株中纯化并鉴定了两种环氧化物水解酶，它们具有高活性和高对映选择性。

无论来源如何，迄今发现的环氧化物水解酶均不含金属原子或辅基，不需任何辅助因子。在环氧化物水解酶催化环氧化物的水解时，环氧环上任何一个碳都可能会遭到进攻。反应位置选择性取决于底物和酶的结构，其结果可能是构型保留或构型翻转。

用于催化环氧化物水解的环氧化物水解酶主要是微粒体环氧化物水解酶和微生物环氧化物水解酶。微粒体环氧化物水解酶对非天然环氧化物有较高的活性和立体选择性，能催化末端环氧化物、非末端环氧化物及环状环氧化物的水解。例如，外消旋体单取代芳基或烷基环氧乙烷可通过环氧化物水解酶催化其不对称水解而拆分，一般是 (R)-环氧乙烷的 ω 碳原子优先被进攻产生 (R)-二醇，留下 S 型环氧乙烷；外消旋体顺式 2,3-环氧戊烷也可被环氧化物水解酶催化水解，产生 (2R,3R)-顺式-2,3-戊二醇和未水解的 (2R,3S)-2,3-戊烷，两者均具有极高的对映体纯度。此外，环氧化物水解酶能催化内消旋顺式 1,2-环氧环烷不对称水解产生反式环烷联二醇，反应中环氧环烷的 S 构型碳原子被优先水解，并发生构型转化产生反式 (R,R)-联二醇。

微生物环氧化物水解酶在手性合成中的应用尚不多，主要用于催化单取代环氧乙烷、2,2-双取代环氧化物、2,3-双取代环氧乙烷、环状 2,3-二取代环氧化物、三取代环氧化合物等的水解。例如，近期报道，有三种红曲和一种细菌菌株 (*Chryseomonas luteola*) 细胞可催化 (±)-1-己烯环氧化物以较高的选择性转化为相应的二醇；苯基环氧乙烷类底物可被真菌环氧化物水解酶以较高的对映体选择性水解。

顺式 2,3-二取代环氧乙烷的拆分是将微生物环氧化物水解酶催化环氧化物的水解用于合成光学活性化合物的最早例子之一。使用从假单胞菌中得到的酶制剂可将 (9R,10S) 异构体水解为 (9R,10R)-顺式二醇。Bower 化合物是一种昆虫保幼激素的类似物，它的一对对映体均可用黑曲霉环氧化物水解酶催化的水解反应制得。

用来源于黑曲霉的一种粗酶制剂催化对硝基苯基环氧乙烷的对映体选择性水解，反应后小心地在冷却条件下用酸处理反应混合物，可得高产率（94%）和良好 e.e.（80%）的 (R)-二醇产物。

由于可用于制备多种光学纯的环氧化合物和 1,2-二醇，微生物来源的环氧化物水解酶近期备受重视。细菌环氧化物水解酶具有许多优点，例如，不需辅助因子、可采用冻干细胞和粗酶制剂代替纯酶、稳定性好等。可以预言，在不久的将来，微生物环氧化物水解酶将广泛应用于光学纯环氧化物和/或邻式二醇的制备。

4. 酰胺水解

酰胺水解是制备广泛用于手性药物合成的光学活性氨基酸的重要途径。常用于催化酰胺水解的酶主要有氨基酰胺酶、氨基酰化酶、乙内酰脲酶等。

氨基酰胺酶又称氨肽酶，存在于动物肾脏、胰腺和多种微生物，尤其是假单胞菌、红球菌、分枝杆菌和曲霉属的微生物中。它能催化外消旋氨基酸酰胺不对称水解生产 L-氨基酸，L-氨基酸和未水解的 D-氨基酸酰胺的溶解度不同，可据此将它们分离，得到光学纯度较高的 L-氨基酸。

通过氨基酰胺酶催化酰胺水解制备光学活性的氨基酸具有许多优势，如前体物很容易得到；可用微生物细胞作催化剂，价格便宜，且避免很复杂的分离纯化酶的过程；可制备高对映体纯度的 L-α-氨基酸和 D-α-氨基酸。

氨基酰胺酶可催化不同结构的酰胺水解。例如，恶臭假单胞菌 ATCC 12633 的细胞催化外消旋氨基酸酰胺的水解，其对映体选择性几乎达到 100%，对映体选择比 E 值大于200，水解产物 L-氨基酸和残留底物 D-氨基酸酰胺的对映体纯度均接近 100%。有取代基的氨基酰胺，如 N-甲基酰胺或 N-甲氧基酰胺同样能在恶臭假单胞菌的催化下发生不对称水解，但反应活性因取代基团大小不同而异。*Mycobacterium neoaurum* 细胞所产的氨基酰胺酶能催化 α,α-二取代的氨基酰胺不对称水解，得到 (S)-α,α-二取代的氨基酸和 (R)-α,α-二取代的氨基酰胺，对大多数 α-甲基被取代的化合物，转化率为 50% 时，产物和残留底物的对映体纯度接近 100%。

E. coli 能高效表达恶臭假单胞菌的氨基酰胺酶基因。因为重组菌的氨基酰胺酶基因的拷贝数更多，且采用了一种强启动子，其氨基酰胺酶的表达量更高，用重组菌细胞催化氨基酰胺水解的反应速率比野生型细胞快得多。

为了提高拆分过程的产率，可采用适宜的方法将未反应的酰胺外消旋化。通过碱性条件下酰胺与苯甲醛形成酰胺的 Schiff 碱，可达到此目的。

氨基酰化酶能选择性地催化 L-N-酯酰氨基酸，如 L-N-乙酰氨基酸、L-N-氯乙酰氨基酸、L-N-丙酰氨基酸、L-N-氨甲酰酰氨基酸等化合物的水解，生成 L-氨基酸。霉菌、细菌、放线菌等微生物细胞菌产氨基酰化酶，该酶也能以猪肾为原料提取。氨基酰化酶催化的酰胺水解反应不但可用于多种光学活性氨基酸，如 L-蛋氨酸、L-苯丙氨酸、L-色氨酸、L-缬氨酸等的生产，还能用于半合成抗生素，如氨苄青霉素（氨苄西林）的合成。1969 年，日本田边制药公司首次采用固定化氨基酰化酶进行 DL-氨基酸的工业规模的拆分，连续生产L-氨基酸，生产成本仅为采用游离酶生产成本的 60% 左右，开创了固定化酶工业化生产的先河。

乙内酰脲酶催化 5-取代乙内酰脲水解，产生相应的 N-氨甲酰基-α-氨基酸。乙内酰脲俗称海因，故乙内酰脲酶也称海因酶，这类酶在生物体内负责催化嘧啶碱基代谢中二氢嘧啶环的水解开环反应，故又称二氢嘧啶酶。该酶广泛存在于动植物和微生物中。不同来源的乙内酰脲酶具有不同的立体选择性，有的具有 D-专一性（D-乙内酰脲酶），有的为 L-专一性（L-乙内酰脲酶），还有的为非专一性（D,L-乙内酰脲酶）。自然界存在的 D-乙内酰脲酶较多，从哺乳动物和多种细菌（如假单胞菌、芽孢杆菌、节杆菌等）中均分离到 D-乙内酰脲酶。除了从嗜热芽孢杆菌中分离得到的 D-乙内酰脲酶为同型二聚体外，其他细菌的 D-乙内酰脲酶均为同型四聚体，分子质量为 190～260kDa。这些酶均需二价阳离子，如 Mg^{2+}、Zn^{2+}、Fe^{2+}、Co^{2+} 才能表现出最高活性。L-乙内酰脲酶主要存在于芽孢杆菌、节杆菌属的微生物中，依据其发挥催化过程是否需要 ATP 的参与可分为两组。已从短芽孢杆菌中分离出需ATP 的 L-乙内酰脲酶，从节杆菌属 DSM 3474 中分离纯化了不需 ATP 的 L-乙内酰脲酶，一些金属离子（Mg^{2+}）对这两类酶均有激活作用。

乙内酰脲酶催化 5-取代乙内酰脲水解得到的 N-氨甲酰基-α-氨基酸可通过亚硝酸或氨甲酰酶催化水解转变为 α-氨基酸。由于既有 L-氨甲酰酶，又有 D-氨甲酰酶，且乙内酰脲酶和氨甲酰酶的底物范围均很广，通过这些酶的作用，可将许多不同结构的 5-取代乙内酰脲转化为光学纯的氨基酸。另外，当 5-取代乙内酰脲的 5 位取代基团为芳基等基团时，未反应的底物很容易在碱性条件下迅速外消旋化，从而达到很高的产物收率。故乙内酰脲酶途径是制备光学纯 α-氨基酸的最有效和用途最广的方法。该法已在光学活性的非天然 L-α-氨基酸和 D-α-氨基酸的生产中得到广泛应用。例如，D-苯甘氨酸、D-对羟基苯甘氨酸、L-对氯苯丙氨酸、对三甲基硅苯丙氨酸等均可采用该法制备。

5. 酰胺化反应

近年来的研究表明，许多水解酶类（如脂肪酶、蛋白酶等）不仅可以催化水解反应，而且能够在非水介质中催化其逆反应。例如，它们能催化以氨、胺或者肼为非天然酰基受体的酯或酸的氨解反应，形成酰胺。

与传统的化学法相比，通过酶促酯或酸氨解的途径使之酰胺化具有条件温和、专一性强、催化效率高的优点，尤其适用合成化学方法难以合成的不饱和脂肪酸的酰胺，如 $CH_3(CH_2)_7CH=CH(CH_2)_{11}CONH_2$。

酶促酯氨解反应的机理为：酶活性中心丝氨酸残基中的羟基亲核进攻酯中的羰基碳，形成酶-酰基中间体，之后亲核试剂氨、胺或者肼进攻酶-酰基中间体，形成产物酰胺，酶同时恢复其原形。所形成的产物酰胺广泛应用手性药物的合成。

近年来，人们对有机介质中酶促酯的氨解反应进行了广泛研究。来自 *Candida antarctica type B* (Novozym 435) 的脂肪酶因具有耐高浓度氨的能力而能有效地催化酯的不对称氨解，在有机溶剂中生成稳定的酰胺。由于许多酰胺在有机溶剂中溶解度低，因此在氨解反应过程中易于从反应体系析出，这不但能实现产物的在线分离，而且有利于平衡向产物形成的方向移动。

以叔丁醇为反应介质，以氯化铵释放出的氨作氨源，碱性蛋白酶能催化氨基酸酯和肽酯的不对称氨解反应，得到光学活性的氨基酸酰胺和肽酰胺反应。

羧酸会与氨形成铵盐，而铵盐不能作为脂肪酶底物，因此一般认为酶不能催化与酯对应的羧酸的氨解反应。但 De Zoete 等成功地利用脂肪酶 Novozym 435 先催化羧酸（辛酸）的酯化反应，然后催化酯的氨解，60℃下反应 60 h 后可得到辛酸酰胺，其产率为 97%。可用同样的方法通过两步酶反应制备油酸酰胺（产率 90%）。在同一反应体系中将对映体选择性酯化和对映体选择性氨解结合起来，不仅可获得较高产率的酰胺，而且可提高产物的光学纯度。

酶促酯氨解反应可用于手性酸的动力学拆分。例如，D-苯甘氨酸是氨苄青霉素、头孢氨苄和头孢拉定等药物的重要侧链，利用脂肪酶催化外消旋苯甘氨酸甲酯对映体选择性氨解反应可制备高光学纯度的 D-苯甘氨酸。研究发现，在反应体系中添加一些盐或表面活性剂能有效地提高酶的氨解活性和对映体选择性。

在离子液体中，酶也能催化酯的氨解反应。例如，在两种离子液 1-丁基-3-甲基咪唑四氟硼酸盐和 1-丁基-3-甲基咪唑六氟磷酸盐中，脂肪酶 Novozym 435 均可催化丁酸丁酯和辛酸乙酯氨解反应（NH_3 作为酰基供体），但反应速率低于该反应在有机溶剂叔丁醇中的相应值。又如，在离子液/叔丁醇混合反应介质中，Novozym 435 也能催化对羟基苯甘氨酸甲酯的不对称氨解反应，反应速率和对映体选择性均显著高于不含离子液体反应体系中的相应值。

6. 酯化反应

酯化，这一受热力学限制不可能在水介质中发生的反应，可在非水介质中被多种酶（如脂肪酶、蛋白酶等）催化。该反应在有机合成中特别有用，因为这些酶可催化大量不同类型的有机化合物的酯化，并具有高度立体选择性。

酶促酯化反应在手性合成中已有许多应用。例如，不同的脂肪酶能催化几个外消旋的2-甲基饱和脂肪酸与碳链长短不同的饱和脂肪醇发生对映体选择性的酯化反应，使外消旋体得以拆分。若用固定化 *C. antarctica* 脂肪酶作催化剂，反应产生的酯和残留底物酸的 e.e. 均达到 95％以上。以环己烷为反应介质，*C. antarctica* 脂肪酶催化该反应所得的产物 e.e. 高达 97.3％，残留底物的 e.e. 也达 78％。又如，*C. rugosa* 脂肪酶能高对映选择性地催化外消旋 2-羟基壬酸与正丁醇在甲苯中发生酯化反应，该反应在有机溶剂甲苯中进行，且在反应体系中加入少量分子筛时，产物的光学纯度很高，可用于合成抗微生物制剂 (4R,7S)-7-甲氧基十四烷-4-烯酸。

以酸酐为酰基供体进行醇的酰化反应有很多优点，如避免逆反应、有利于反应体系中水含量的控制。在有机介质中，当脂肪酶催化酸酐与外消旋醇进行酯化反应时，后者可被拆分。如通过脂肪酶在有机介质中催化薄荷醇与乙酸酐的酯化反应，能实现外消旋薄荷醇的拆分。

酶催化醇与外消旋环状酸酐或内消旋环状酸酐的酯化反应，能对映选择性地打开环状酸酐的环，是制备高光学纯度酯的好方法。

脂肪酶还能催化非天然的有机硅醇与脂肪酸的酯化。例如，在有机溶剂中，脂肪酶能催化外消旋 1-三甲基硅乙醇与不同有机酸的酯化反应，反应的对映体选择性因酸结构的不同而异。

在非水介质中，酶不但能催化酯化反应，还能催化酯交换反应和酯醇解反应。酶促酯交换反应在外消旋体的动力学拆分中的应用较少。例如，可通过脂肪酶在环己烷中催化外消旋甲酸吡喃醇酯与 1-辛酸甲酯的不对称酯交换反应实现甲酸吡喃醇酯的拆分。

酶促酯醇解反应广泛用于不同结构的光学活性化合物的制备，且其与酯化反应有一定的相关性，故在该部分作一简单的介绍。

有机介质中酶催化酯的不对称醇解反应是最有用、同时也研究得较为透彻的反应。尽管其他一些水解酶也可用来催化该反应，但脂肪酶特别适合于该目的。例如，脂肪酶催化醇与既为酰基供体又是反应介质的乙酸乙酯不对称乙酰化反应，是在非水介质中进行的酶催化反应的最早例子之一。该反应具有广泛的用途，例如，被用于羟基酯的环化作用，即内酯化作用，以合成大环内酯，也可用于从外消旋的羟基酯制备光学活性的内酯，还可用于从外消旋二羟基酯制备光学纯的羟基内酯。

通过有机介质中酶催化消旋酯的不对称醇解反应可进行酯的动力学拆分，达到制备高光学纯度酯的目的。例如，用酶催化外消旋Ⅰ型酯、Ⅱ型酯与正丁醇的醇解反应是一个简单、实用的制备光学纯的Ⅰ型酯、Ⅱ型酯方法。又如，用脂肪酶催化不同的醇在有机介质中与外消旋内酯的醇解反应，可区域选择性和对映选择性地打开内酯环，生成的酯或残留的内酯均达到较高的光学纯度。

非水介质中的酶促酯醇解反应也可用于外消旋醇类化合物的拆分以制备不同结构的光学活性醇。

伯醇 2-甲基-1-烷醇是个极好的用于酶催化对映选择性酯醇解反应的底物。在有机溶剂中（如氯仿或二氯甲烷），其与乙烯基酯发生反应，可以得到最好的结果。反应具有很高的对映选择性，没有反应的醇是 R 构型，而生成的乙酸酯是 S 构型。

单环伯醇也可用同样的方法拆分。一般情况下，反应产物乙酸酯和残留底物醇的对映体过量均较高。如，脂肪酶催化乙酸乙烯酯与顺式 1-二乙氧膦酸甲基-2-羟甲基环己烷（*cis*-1-diethylphosphonomethyl-2-hydroxymethylcyclohexane）这一既含有羟基又含有膦酸酯的化合物的醇解反应的对映选择性很高，产物和残留底物的对映体纯度分别为 93% 和 99%。

含有手性中心的双环伯醇类化合物，也可用酶催化酯醇解反应进行动力学拆分，得到光学纯度很高的产物。相同的方法可有效地应用于拆分更为复杂的螺旋结构的手性化合物，如拆分双（羟甲基）硫醚螺烯 ［bis(hydroxymethyl)thiaetherohelicene］。这一方法也被成功地应用于拆分金属有机化合物、缩水甘油、亚砜。

酶催化酯醇解反应也用于仲醇消旋体的拆分。可用该法拆分的仲醇包括脂肪仲醇、芳香类仲醇、环仲醇等。

一般情况下，酶催化的酯醇解反应是个可逆反应。有一些方法可使反应成为不可逆反应，或者减慢逆反应的速度。例如，用三氟乙基酯作为酰化试剂，反应产生三氟乙醇，其亲核性较小，使得逆反应的速度非常慢。又如，将反应产物转移出反应体系，可使反应向正方向进行。再如，用酸酐作酰基供体，也能使酯醇解反应不可逆。

令人最满意的实现不可逆酯醇解反应的方法是用乙烯基酰化物作酰基供体。在这个反应中，由于反应产物乙烯醇发生异构作用，生成乙醛，且该异构反应是不可逆的，因此阻止了逆反应的发生。虽然反应的最终产物会抑制酶，但用固定化酶技术能克服这一困难。近来，乙酸-1-乙氧乙烯基酯被作为一种新型的酰基供体，应用于酶催化的不可逆酯醇解反应中，进行外消旋醇类化合物的拆分。类似的方法已被用于有机溶剂中脂肪酶催化双烯酮与醇发生的乙酰化反应，据报道，该反应具有较高的对映选择性。

（四）裂合反应

裂合酶能够催化含有 C—C、C—N、C—O 等键的化合物分裂为两种化合物及其逆反应，常用的有醛缩酶、脱羧酶、水合酶、氰醇裂解酶（又名醇腈酶）等。

醛缩酶能不对称催化作为供体的亲核性酮与作为受体的亲电性醛的不对称加成，形成 C—C 键，并能使醛的碳链延长 2～3 个碳单位，该反应可逆并且立体选择性可控，在有机合成中很有用，常用于糖（如氨基糖等）的合成。根据醛缩酶的来源和作用机制，可将醛缩酶分为 I 型醛缩酶和 II 型醛缩酶。I 型醛缩酶来源于高等植物和哺乳动物，不需要金属离子作为辅酶，反应机理是亲核性底物（供体）通过共价键与酶分子中的赖氨酸 ε-氨基结合，形成 Schiff 碱而被活化，它不对称亲核进攻亲电性底物（受体底物）醛分子中的羰基。最后，Schiff 碱水解释放出具有两个手性中心的产物和游离酶。酶的立体选择性决定产物是苏式还是赤式构型。

II 型醛缩酶来源于细菌和真菌，需要金属离子为辅酶，一般为 Zn^{2+}。II 型醛缩酶催化反应时，亲核性底物（供体）在酶分子的组氨酸残基参与下转变为烯醇结构，从而增加了供体底物的亲核性。而另一底物醛（受体）与活性中心 Zn^{2+} 形成配位键，提高了受体底物的亲电性，从而有利于醛醇缩合反应的进行。

在不同的反应机理中，醛缩反应产物的立体构型主要由酶分子所决定，与底物结构关系不大。因此，新生 C—C 键中碳原子的构型可以通过选择不同的酶而加以控制。

绝大多数醛缩酶对供体底物（亲核试剂）结构要求很高，但对受体底物（亲核试剂）的结构特异性要求不高。现已研究过 40 多种醛缩酶，这些酶的天然底物是碳水化合物，因此醛缩酶催化碳水化合物合成的研究较多。根据供体底物的类型，可以将醛缩反应分为四类，见表 10-1。

表 10-1 醛缩酶催化的醛缩反应类型

组别	供体（亲核试剂）	受体（亲电试剂）	产 物
A	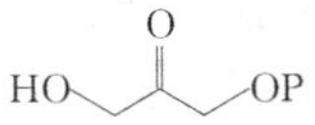 (结构式)	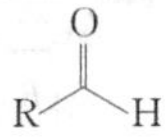 (结构式)	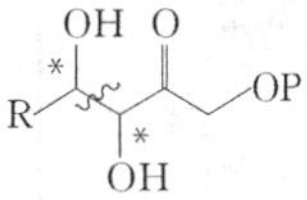 (结构式)
B	 (结构式)	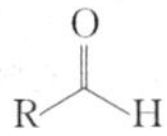 (结构式)	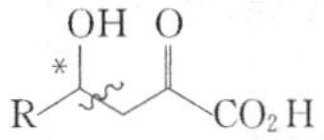 (结构式)
C	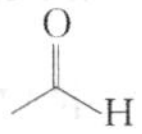 (结构式)	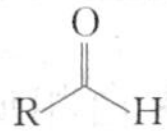 (结构式)	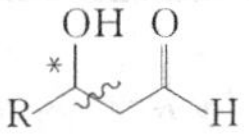 (结构式)
D	 (结构式)	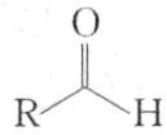 (结构式)	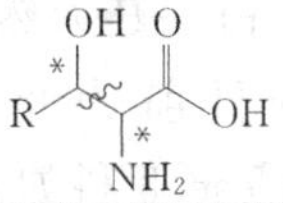 (结构式)

注：P 为磷酸；～为 C—C 新键；* 为新的手性中心。

用于催化 C—C 键形成的醛缩酶对于具有生物活性的复杂多官能团分子的不对称合成特别有用，且专一性高，近年来，其在手性合成中的应用发展很快。例如，兔肌肉醛缩酶可以催化其天然底物的结构类似物如含氮或含硫糖以及脱氧糖的合成；又如，L-苏氨酸醛缩酶能够催化 β-羟基-α-氨基酸的合成；再如，神经氨酸是抗病毒药物的一种重要的前提，它可用醛缩酶催化的反应工业化生成，目前已达到吨级规模。

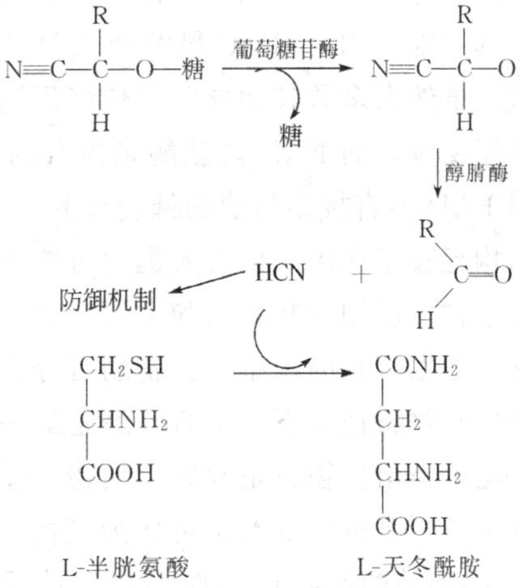

光学活性氰醇是一类重要的手性合成子，它可以很容易地转化为 α-羟基醛、α-氨基醇、β-羟基-α-氨基酸和 α-羟基酸等许多光学活性化合物，因而广泛应用于医药、农药和精细化工等行业。醇腈酶催化醛或酮与 HCN 的不对称加成是制备手性氰醇的重要途径。

醇腈酶（oxynitrilase or hydroxynitrile lyase，HNL）是受伤组织释放 HCN 等生氰过程的关键

图 10-7 植物内醇腈酶的生物作用

酶。生氰过程广泛存在于高等植物、蕨类植物、细菌、真菌及昆虫中，释放出的 HCN 可防御食草动物和真菌的攻击，或作为生物合成 L-天冬氨酸的氮源。生氰过程首先由 β-葡糖苷酶水解氰基苷形成相应的碳水化合物及氰醇，后者被醇腈酶水解成 HCN 和相应的醛或酮（图 10-7）。

早在 1837 年，人们就发现杏仁中存在醇腈酶。1908 年，人们开始研究杏仁醇腈酶的催化活性。最近，由于醇腈酶可以催化天然生物反应的逆反应如催化 HCN 与各种醛、酮缩合，而引起许多工业催化专家的关注。

根据存在 FAD 辅酶与否，可将醇腈酶分成两类，其特性如表 10-2 所示。不含 FAD 的各种醇腈酶在底物专一性、分子量及其基因序列上均有较大的差异：高粱（*Sorghum bicolor*）及亚麻（*Linum usitatissimum*）醇腈酶的基因序列分别类似丝氨酸羧肽酶和含 Zn^{2+} 的醇脱氢酶，而三叶胶树（*Hevea brasiliensis*）和木薯（*Manihot esculenta*）醇腈酶基

表 10-2　醇腈酶特性

酶　源	辅　酶	天　然　底　物	最适 pH 值	对映体选择性
杏仁醇腈酶	FAD	(R)-扁桃腈	5～6	R
亚麻醇腈酶	无	丙酮氰醇	5.5	R
		(R)-2-丁酮氰醇		
高粱醇腈酶	无	(S)-4-羟基-扁桃腈	—	S
木薯醇腈酶	无	丙酮氰醇	5.4	S
		(S)-2-丁酮氰醇		
橡胶醇腈酶	无	丙酮氰醇	5.5～6	S

因序列与大米内两种功能未知的蛋白相似。含 FAD 的醇腈酶（FAD-醇腈酶）是一种单链糖基蛋白，其天然底物是 (R)-(＋)-扁桃腈，可水解 (R)-(＋)-扁桃腈生成 HCN 和苯甲醛。到目前为止，FAD-醇腈酶可从 Rosaceac 科植物的两个亚科分离得到。来自 Prunoideae 亚科如杏仁（Prunus amygdalus）、黑草莓（Prunus serotina）FAD-醇腈酶的基因序列及其生化性质已知。黑草莓 FAD-醇腈酶的五种同工酶及杏仁醇腈酶的两种同工酶的基因序列已被确知。杏仁醇腈酶的各种同工酶分子质量（约 60kDa）很接近，但基因序列及糖基化作用不同。

FAD-醇腈酶有 30％以上基因序列与葡萄糖-甲醇-胆碱-氧化还原酶（GMC）科成员相同。其三维结构与 GMC 科两个成员［葡萄糖氧化酶（GOX）和胆固醇氧化酶（CHOX）］相似。虽然大多数其他核黄素依赖型酶和 GMC 氧化还原酶一样，最典型的反应就是催化氧化还原反应，而 FAD-醇腈酶是少有的一种不具氧化还原特性的 FAD 依赖型酶。大量研究表明 FAD 不直接参与酶的催化作用。有人提出可能 FAD 只是作为酶分子的结构成分，对酶结构起稳定作用。也有人提出可能 FAD 有一种调节功能，或者只是生物进化过程中的一种残余物。已知三叶胶树和木薯醇腈酶的三维结构，它们属于 α/β 类水解酶，不含有 FAD 辅酶。根据产物的构型，醇腈酶可分为 (R)-醇腈酶和 (S)-醇腈酶两种类型。(R)-醇腈酶催化的底物特征如下：①芳香醛是最好的底物，其取代基可以在邻位或对位，杂环芳烃如呋喃、噻吩类衍生物也是较好的底物；②链长不超过 6 个碳原子的直链脂肪醛和 α,β 不饱和醛以及 α-位甲基取代的醛也可作为底物；③甲酮可被转化为氰醇，然而乙基酮的转化率很低。而 (S)-醇腈酶底物特异性高，但催化反应的速度不及 (R)-醇腈酶，产物的光学纯度也不高。

近年来，人们对 HCN 或三甲基硅腈与醛不对称加成获得手性醛氰醇进行了广泛的研究，并取得相当好的结果。例如，早在 1908 年，人们就研究了杏仁醇腈酶催化苯甲醛与 HCN 加成生成扁桃腈的反应，这是利用酶进行不对称合成的最早尝试。由于在水相中同时发生非对映体选择性的化学加成反应，产物的对映体纯度不高，故该反应当时未能应用于有机合成中。在有机介质中，化学加成反应能被有效地抑制，故能获得高对映体纯的产物。该发现极大地促进了醇腈酶催化手性氰醇合成的研究和实际应用。相比之下，由于空间位阻效应和电子效应的影响，酮的亲核加成较醛困难，故有关酮氰醇合成的报道就相对较少。

例如，通过杏仁醇腈酶催化 ω-溴醛与外消旋酮氰醇进行转氰基反应，能拆分酮氰醇消旋体，终产率为 77％，产物 e.e. 大于 95％。又如，利用杏仁 (R)-醇腈酶对外消旋 2-羟基-2-苯基丙腈进行拆分，在最优反应条件下，转化率为 50％时，(S)-2-羟基-2-苯基丙腈 e.e.

值高达 98%。

Forster 等首次研究了重组（*S*)-醇腈酶催化酮氰醇的合成。其先将木薯醇腈酶基因克隆至 pQE4 上，然后导入 *E. coli* M15 进行表达。重组（*S*)-醇腈酶的底物谱比天然木薯醇腈酶更广，不仅能催化芳香族、杂芳香族醛，而且能催化脂肪族醛或酮与 HCN 进行不对称加成反应。如甲基异丁基酮在重组（*S*)-醇腈酶催化下，反应 0.8h 产率达 69%，（*S*)-酮氰醇的 e. e. 值达 91%。

手性酮氰醇在转化成叔 α-羟基酸（tertiary α-hydroxy acid）后，可以进一步合成吡咯生物碱、昆虫信息素、α-生育酚、维生素 D_3 生物活性代谢物、前列腺素类似物等天然手性化合物。

醇腈酶还能以非天然的有机硅酮为底物。例如，不同来源的醇腈酶均能在水/有机溶剂组成的两相反应介质中催化有机硅酮与丙酮氰醇的不对称转氰反应，制备光学活性的有机硅氰醇，该反应具有高效性和高选择性，在优化的反应条件下，产率和产物的光学纯度均高达 99% 以上。该酶在离子液体中也能保持一定的活性和较高的对映体选择性。

第三节 立体选择性生物催化用于手性药物及其中间体的制备

生物催化剂为高度手性的催化剂，其催化反应有许多优点，如：能在温和的条件下发挥催化作用，减少在化学过程中常出现的异构化、外消旋化等问题；且催化效率高；具有高度的立体选择性，反应产物的 e. e. 有时可达 100%；环境污染小。因此生物催化法是制备手性药物的有效途径之一。由于酶的底物谱通常较窄，应用酶法合成一些非天然产物尚存在一定困难和局限性。目前，手性新药的开发，通常采用化学-酶法（chemo-enzymatic method)，即利用酶或微生物细胞作为催化剂对化学合成路线中某一个手性中间体进行不对称合成或拆分，再用其合成光学纯的手性药物。

一、生物催化外消旋手性药物及其中间体的拆分

利用酶对对映体的识别作用，可有效地拆分外消旋药物及其中间体的不同对映体。其主要特点是拆分效率和立体选择性高、反应条件温和。

（一）外消旋药物的拆分

当外消旋药物分子中含有手性羟基、羧基或酯基时，可直接利用酶进行拆分，获得具有所需构型的光学活性药物。

1. 非甾体抗炎类药物

非甾体抗炎类药物（nonsteroidal anti-inflammatory agents）临床上广泛用于治疗关节炎等人结缔组织疾病。其活性成分是 2-芳基丙酸衍生物 $CH_3CHArCOOH$，如萘普生（naproxen)、布洛芬（ibuprofen)、酮基布洛芬（ketoprofen)、氟比洛芬（flurbiprofen）等（图 10-8)。研究表明，该类药物的（*S*)-对映体具有较高活性，如（*S*)-萘普生在体内的抗炎活性是（*R*)-对映体的 28 倍。目前，只有萘普生是以单一对映体的形式上市，其余均以外消旋体供药，因此近年来用酶法拆分 2-芳基丙酸衍生物引起了人们的广泛重视。

（1）萘普生 萘普生是用量较大的一种非甾体消炎药，世界年销售额在 10 亿美元以上。目前使用的光学纯（*S*)-萘普生主要采用不对称化学合成或合成消旋体再拆分法制备。近年来，用酶法拆分外消旋萘普生的研究报道甚多。意大利的 Battistel 等将圆柱状假丝酵母脂肪酶 CCL

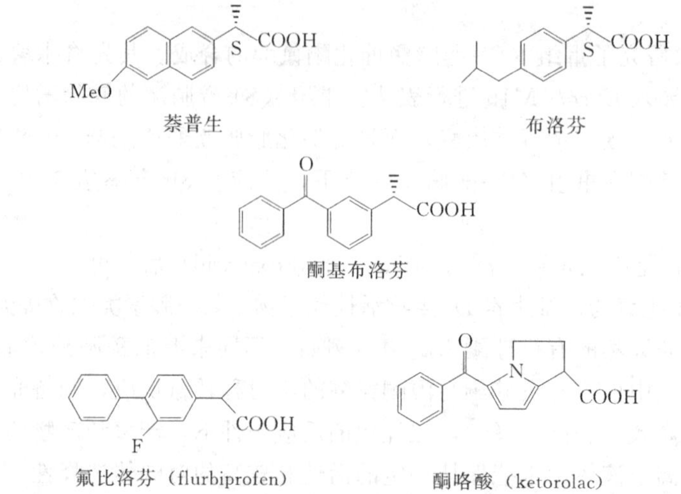

萘普生   布洛芬

酮基布洛芬

氟比洛芬（flurbiprofen）   酮咯酸（ketorolac）

图 10-8　2-芳基丙酸类非甾体消炎药

　　（*Candida cylindracea* lipase）固定化在离子交换树脂 Amberlite XAD-7 上，并装填于 500ml 柱式反应器中，连续水解外消旋体萘普生的乙氧基乙酯，在 35℃ 下反应 1200h，得到 18kg 的光学纯 (*S*)-萘普生，且酶活几乎无损失，该工艺极具工业生产价值（图 10-9）。英国 Chirtech 公司通过筛选和分子进化对一种酯酶进行改造，提高了酶的立体选择性。该酶只水解 (*S*)-萘普生酯，底物浓度可达到 150g/L，反应残留的 (*R*)-萘普生酯可通过碱催化消旋化再拆分。产物可通过结晶分离，操作简单。该工艺目前在印度的 Shasun Chemicals 公司进行中试。

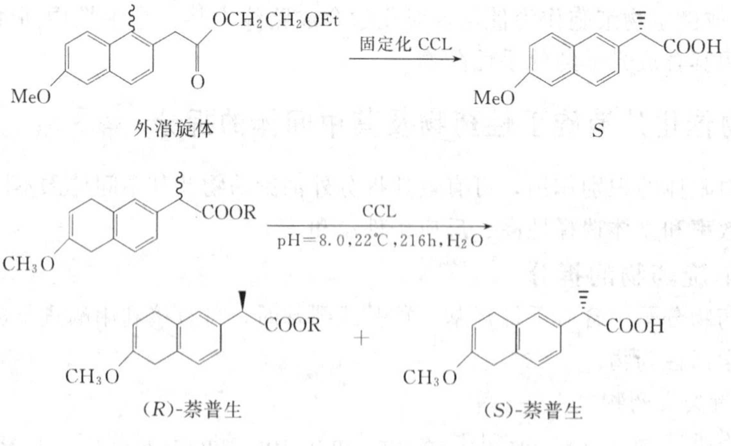

外消旋体   固定化 CCL   *S*

(*R*)-萘普生   (*S*)-萘普生

图 10-9　固定化 CCL 催化外消旋萘普生酯水解

　　(2) 布洛芬　用马肝酯酶选择性水解拆分外消旋布洛芬乙酯可制备 (*S*)-布洛芬（图 10-10），当反应进行 11h，转化率达 40% 时，布洛芬的 e.e. 为 88%，残留酯的 e.e. 为 60%，而当反应进行到 18h，转化率为 58% 时，布洛芬的 e.e. 为 66%，而残留酯的 e.e. > 96%。酶法拆分布洛芬的另一途径是采用选择性酯化反应。在有机溶剂中对布洛芬进行酶促酯化反应时加入少量的极性溶剂，可明显提高酶的立体选择性。例如在酯化反应体系中加入二甲基甲酰胺后，产物 (*S*)-布洛芬的 e.e. 从 57.5% 增加到 91%。布洛芬的酶法拆分目前已达到克级规模。

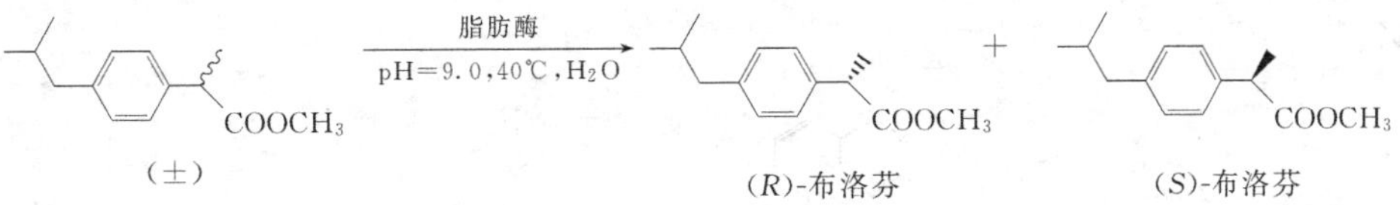

图 10-10 布洛芬的酶法拆分

2. 5-羟色胺拮抗剂和摄取抑制剂类药物

5-羟色胺（5-HT）是一种与精神和神经疾病有关的重要的神经递质。现有一些药物的毒性就在于其不能选择性地与 5-HT 受体反应。目前至少已发现 7 种 5-HT 受体。药物与受体结合的亲和力和选择性在很大程度上受药物的立体化学结构影响。目前，一种新的 5-HT 拮抗物 MDL 的活性（其中 R 异构体的活性是 S 异构体的 100 倍以上）是以前知名的 5-HT 拮抗物酮色林的活性的 150 倍，其原因在于 (R)-MDL 能够高选择性地与 5-HT 受体相结合。MDL 的拆分可在有机相中进行，选择性酯化反应的产物是 (R,R)-酯，残留的为 (S,S)-醇，反应过程如图 10-11 所示。

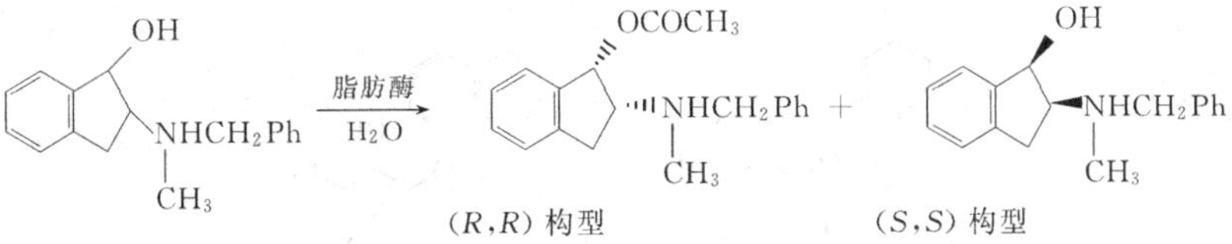

图 10-11 脂肪酶拆分 5-HT 拮抗物 MDL

3. 黏多糖类药物

黏多糖类药物索布瑞醇（sobrerol）是一种黏液溶解药，其活性成分是 $(1S,5R)$-反式索布瑞醇。将洋葱伯克霍尔德菌脂肪酶（*Burkholderia cepacia* lipase，BCL；*Pseudomonas cepacia* lipase，PCL）吸附在硅藻土上，催化外消旋反式索布瑞醇酰化可将其拆分，制备 $(1S,5R)$-酯，再经简单的化学水解得到 $(1S,5R)$-反式索布瑞醇，产物的 e.e. $>98\%$，产率 25%（图 10-12）。

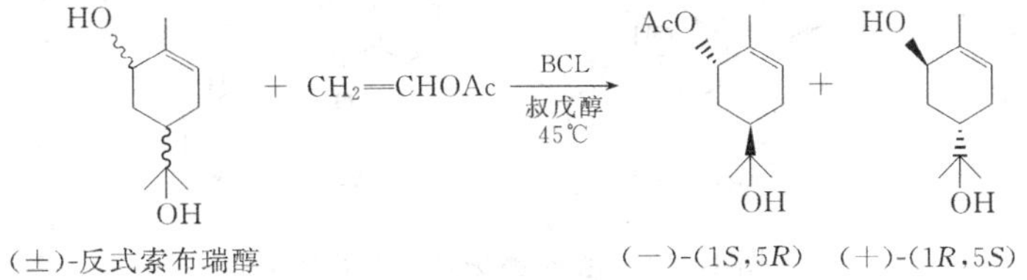

图 10-12 BCL 催化外消旋反式索布瑞醇酰化反应

（二）手性药物中间体的拆分

1. β-阻断剂

β-阻断剂是一类重要的心血管药，临床上用于治疗高血压和心肌梗死类疾病。结构通式为：$ArOCH_2CH(OH)CH_2NHR$，有普萘洛尔（propranolol，俗名心得安）、阿替洛尔（atenolol）和倍他洛尔（betaxolol）等二十多个品种。该类药物的 (S)-对映体活性显著高于 (R)-对映体，如 (S)-心得安和 (S)-美多心安（美托洛尔）的活性分别是其 (R)-对映体的 100、270～380 倍。(S)-普萘洛尔是一类重要的 β-阻断剂，而其 (R)-对映体则具有抗孕作用。化学法生产只能获得外消旋的普萘洛尔。在现有的合成 (S)-普萘洛尔的各种方法中，以图 10-13 所示的途径较为经济合理。从萘酚出发，采用 BCL 拆分反应过程中的萘氧氯丙醇酯，成功制备了 (S)-普萘洛尔和 (R)-普萘洛尔，产物的 e.e. $>95\%$，产率 48％。

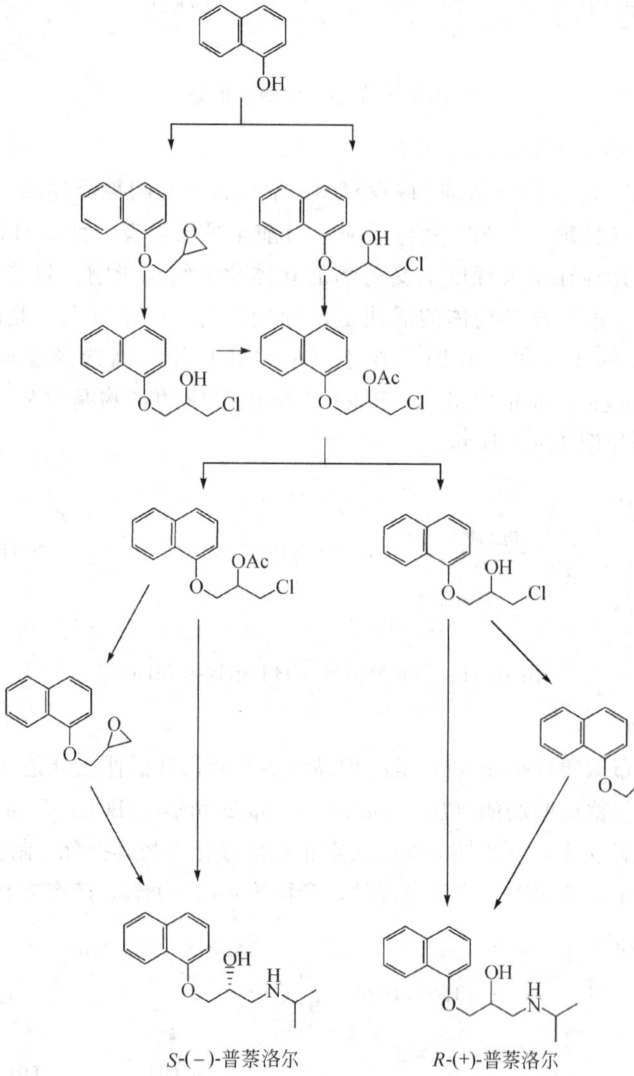

图 10-13　化学-酶法合成普萘洛尔

2. 环氧丙醇及其衍生物

　　手性环氧丙醇及其衍生物具有简单的甘油骨架和特殊的结构及官能团，其作为光学活性化合物的重要中间体，具有很大的应用潜力，被称为通用型的多功能手性合成子。例如：手性环氧丙醇可作为合成前体，合成 β-阻断剂如普萘洛尔和阿替洛尔、治疗艾滋病的 HIV 蛋白酶抑制剂、抗病毒药物等。日本田边制药成功地用脂肪酶拆分了外消旋的 3-甲基-(4-甲氧基苯基) 环氧丙酯，制备了 （－)-(2R,3S)-3-(4-甲氧基苯基)环氧丙酯 （图 10-14），它是生产硫氮卓酮 （一种心血管药物）的手性前体，目前利用该技术可以达到年产数百吨规模。美国的 Sepracor 公司采用相似的技术在生物膜反应器中制备手性环氧丙酯，规模达到数千克。另外，荷兰的 DSM-Andeno 公司开发了采用猪胰脂肪酶 （Porcine pancreatic lipase，PPL）拆分外消旋丁酸环氧丙酯制备 (R)-丁酸环氧丙酯的技术 （图 10-15），目前已达到工业水平，年产 (R)-丁酸环氧丙酯数吨。

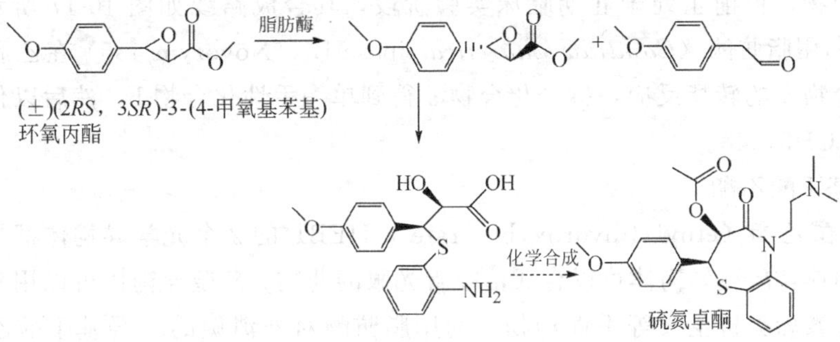

图 10-14　脂肪酶催化（±）(2RS,3SR)-3-(4-甲氧基苯基)环氧丙酯的拆分

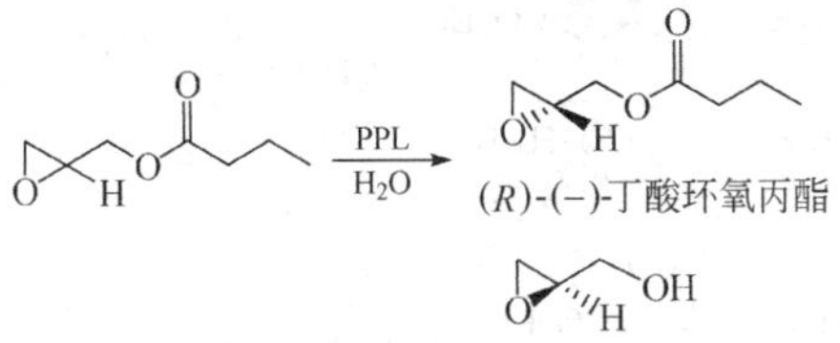

图 10-15　脂肪酶催化外消旋
丁酸环氧丙酯的拆分

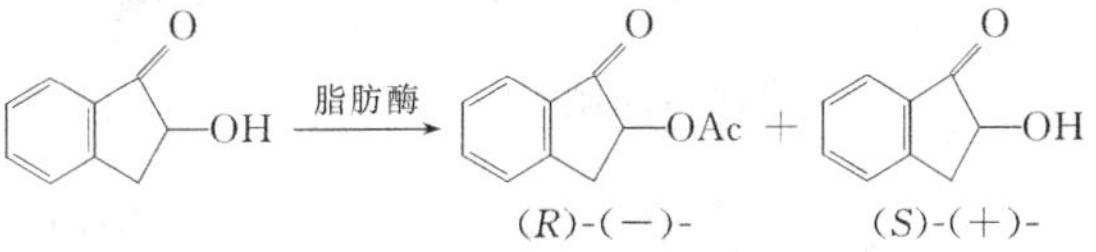

图 10-16　α-酮基醇的酶法拆分

3. α-酮基醇

α-酮基醇是合成许多生物活性物质的重要中间体，以前也曾尝试过利用酵母催化 α-酮基的还原反应进行拆分，但效果不理想。德国 Adam 等用脂肪酶对其进行选择性酯化（图10-16），取得了较好的效果：反应转化率为 58％，(S)-醇的 e.e. 值为 98％。

4. 其他手性醇

BASF（Ludwigshafen，GE）公司用脂肪酶（*Burkholderia plantarii* lipase）催化外消旋 α-苯乙醇与丙酸乙烯酯的不可逆的酯交换反应，得到（S)-醇和（R)-丙酸酯，然后通过蒸馏的方法分离制备单一手性的 α-苯乙醇。BASF 公司还利用该脂肪酶对 2-氯-1-苯基乙醇进行拆分，所采用的酰化试剂为琥珀酸酐，目前也已经大规模生产。

手性的 1-酰基氧-2,3-丙二醇（1-acyloxy-2,3-propanediol）是吡咯类抗真菌药物的重要中间体。用来源于 *Rhizopus delemer* 的脂肪酶拆分 1,3-二酰基氧-2-取代-2-丙醇（1,3-diacyloxy-2-substituted-2-propanol），产物的光学纯度大于 97％。

（S)-1-叠氮-3-芳氧基-2-丙醇是合成 β-抗肾上腺素的重要中间体。以乙酸异丙烯酯为酰化剂，在南极假丝酵母脂肪酶催化下，外消旋 1-叠氮-3-芳氧基-2-丙醇转化为相应的（S)-醇和（R)-酯，对映选择比 E 可达到 56～72。

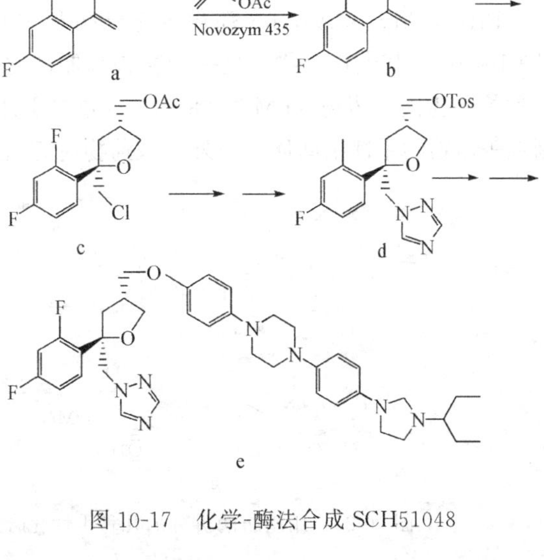

SCH51048（如图 10-17 中 e 结构）是

图 10-17　化学-酶法合成 SCH51048

一种抗真菌药物，目前正处于 II 期临床实验阶段，其合成路线如图 10-17 所示。Schering-Plough 公司利用脂肪酶（*Candida antarctica* lipase B，Novozym 435）在乙腈中催化乙酸乙烯酯和化合物 a 的转酯反应，拆分化合物 a 得到单一手性化合物 b，然后以化合物 b 为反应前体合成 SCH51048。

5. 3-羟基丁酸乙酯

3-羟基丁酸乙酯（ethyl-3-hydroxybutyrate，HEB）的 2 个光学异构体都是非常重要的药物手性中间体：*R* 型异构体可以合成治疗青光眼的药物；*S* 型异构体可以用来合成昆虫信息素、碳青霉烯类抗生素等手性药物。利用脂肪酶对外消旋的 3-羟基丁酸乙酯进行两步酶法拆分（图 10-18），可分别得到 *R* 型和 *S* 型的单一异构体，且光学纯度均超过 96%。

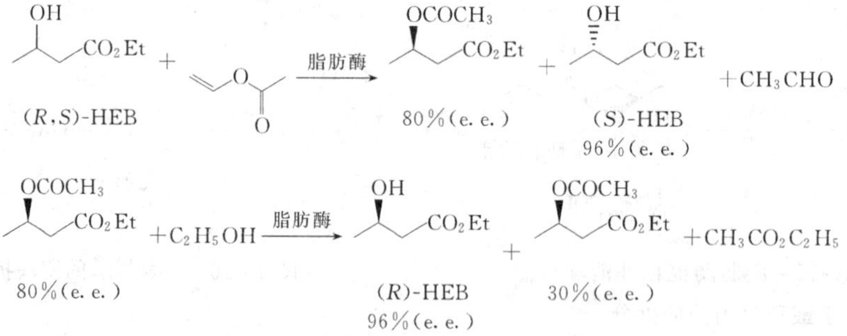

图 10-18　两步酶法拆分制备（*R*）-HEB 和（*S*）-HEB

6. 2-甲基哌啶酸

（*S*）-2-甲基哌啶酸是重要的手性合成子，可用于合成一系列的手性药物，如治疗癌症的 Incel、局部麻醉药 Naropin 和 Chirocaine。Lonza 公司用 *P. fluorescens* DSM9924 酰胺水解酶拆分外消旋哌啶-2-羧酸酰胺，获得了光学纯度高于 99% 的（*S*）-2-甲基哌啶酸（图 10-19）。以类似的方法还可获得重要的医药中间体（*S*）-哌嗪-2-羧酸和（*R*）-哌嗪-2-羧酸。

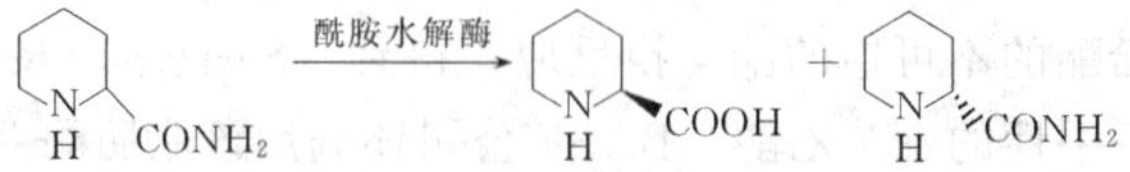

图 10-19　酰胺水解酶拆分外消旋哌啶-2-羧酸酰胺

7. 其他手性药物中间体的拆分

Bristol-Myers Aquibb 药物研究机构利用脂肪酶对多种药物的手性中间体进行了拆分（图 10-20）。其中化合物 a 是一种精神抑制药物 BMS181100 的重要手性中间体；化合物 b 是一种抑制胆固醇药物（BMS2188494）的重要手性中间体；化合物 c 是抗肿瘤、抗病毒和免疫抑制剂等药物的手性中间体。另外，该药物研究机构利用脂肪酶 BCL 对抗癌药物紫杉醇的一个

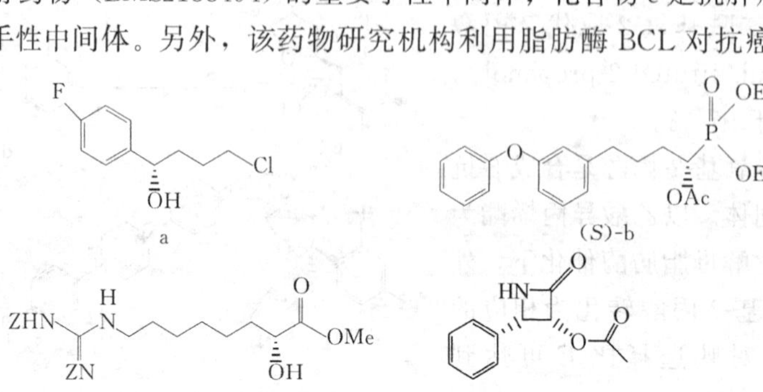

图 10-20　用脂肪酶拆分的几种手性化合物的化学结构（其中 Z 为苄氧基羰基）

手性中间体（化合物 d）进行拆分，目前每年产量可达数千克，产品光学纯度超过 99.5%。

二、生物催化手性药物及其中间体的不对称合成

不对称合成是直接将潜手性底物转化为所需的手性化合物，产物光学纯度高，转化率可接近 100%。因此该法更简单，更具有工业化价值。手性药物及其中间体合成中涉及的酶或微生物催化的反应类型主要有还原反应、氧化反应、转移与裂合反应等。

（一）还原反应

用于不对称还原反应的氧化还原酶须有辅酶的参与，所需的辅酶绝大多数是 NAD(H) 及其相应的磷酸酯 NADP(H)，辅酶的价格昂贵且难以回收循环使用，而微生物细胞中不仅存在多种脱氢酶，具有广泛的底物适应性，而且所需的辅酶循环可由细胞自动完成，同时酶和辅酶均保护于细胞的天然环境中，稳定性较好，所以一般利用微生物细胞进行反应。

broxatherol 是一种强效 β-肾上腺素能受体激动剂，临床上用作支气管扩张剂治疗哮喘。其（S）-对映体活性至少是（R）-对映体的 100 倍。可利用从一株高温厌氧菌（*T. hemoanerobium brockii*）中分离的醇脱氢酶（TbADH）经图 10-21 所示反应合成。由于反应过程消耗辅酶 NADPH，需要在反应体系中加入 2-丙醇，作为电子供体在醇脱氢酶作用下将产生的 NADP⁺ 还原为 NADPH。

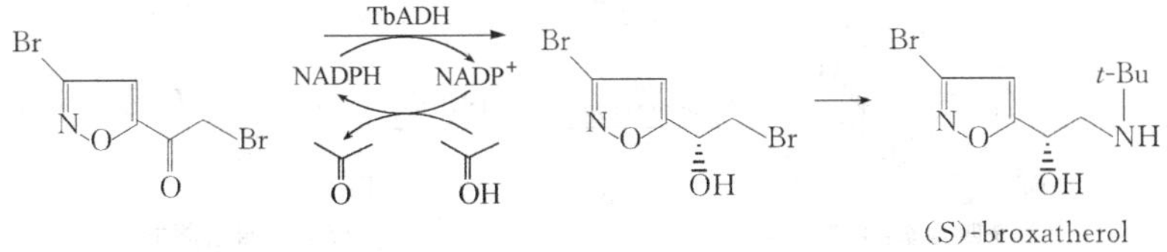

图 10-21 TbADH 促不对称合成（S）-broxatherol

（S）-（－）-4-氯-3-羟基丁酸甲酯是一种通过抑制羟甲基戊二酰 CoA（HMG-CoA）还原酶而起作用的胆固醇抑制剂 **1** 的关键手性合成子，可由前手性酮经 *Geotrichum candidum* SC 5469 悬浮细胞催化还原合成。也可采用相同的方法合成具有类似作用的胆固醇抑制剂 **2** 的手性合成子（图 10-22）。

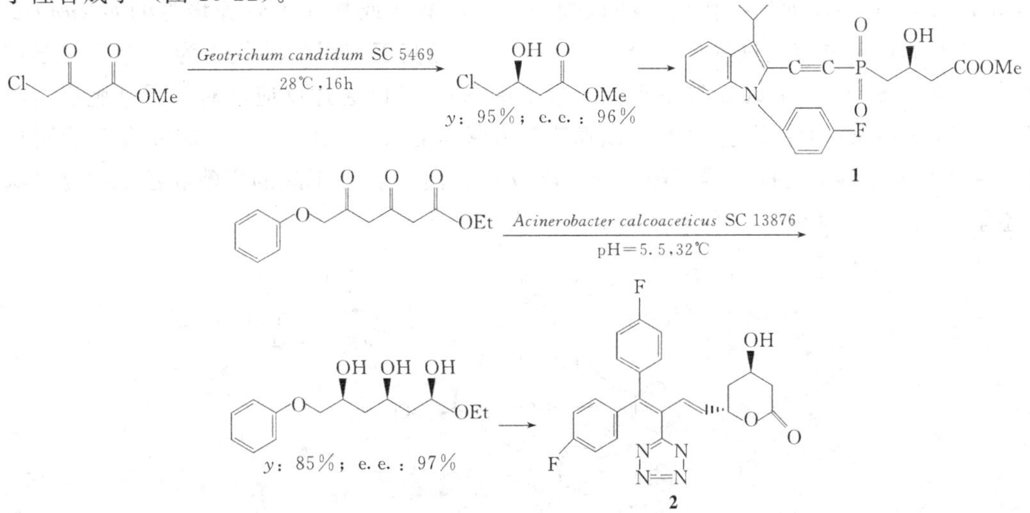

图 10-22 微生物细胞催化还原反应合成胆固醇抑制剂

2S-（－）-4-氨基-2-羟基丁酸（S-AHBA）是半合成糖苷类抗生素丁氨卡那霉素的结构单元，

亦为神经递质 4-氨基丁酸最强的抑制剂，可由两个酵母菌还原前手性酮合成（图 10-23）。

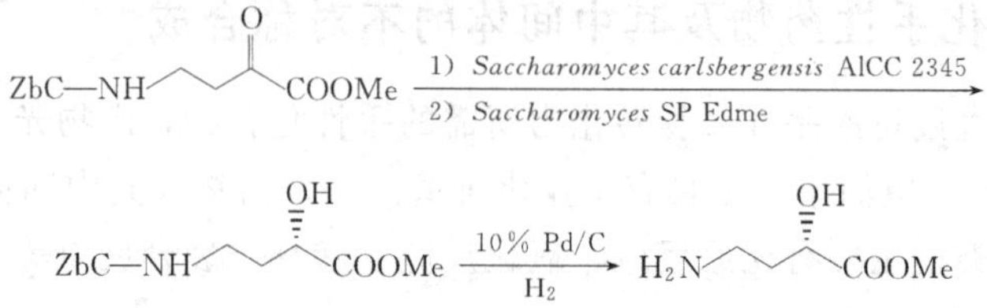

1) y：40%；e.e.：88%

2) y：54%；e.e.：88%

图 10-23　酵母催化前手性酮不对称还原制 *S*-AHBA

反式羟基砜是碳酸酐酶抑制剂，一种用于治疗青光眼的实验药物 L 685393 的前体。采用化学法制备十分困难，而使用 *Rhodotorula rubra*（MY 2169）和 *Rhodotorula pilimanae*（ATCC 32762）酵母不对称还原前体酮砜则可获得高非对映异构体过量的反式羟基砜（e.e. 为 91%）。

（*S*）-四氢萘酚是治疗心律失常的实验药物 M K-499 的前体。化学法制备的（*S*）-四氢萘酚的最高 e.e. 值是 20%，头状丝孢酵母 *Trichosporon capitatum*（MY 1890）不对称还原四氢萘酮可以得到 e.e. 值为 71% 的（*S*）-四氢萘酚，所以利用生物催化合成（*S*）-四氢萘酚极具吸引力（图 10-24）。

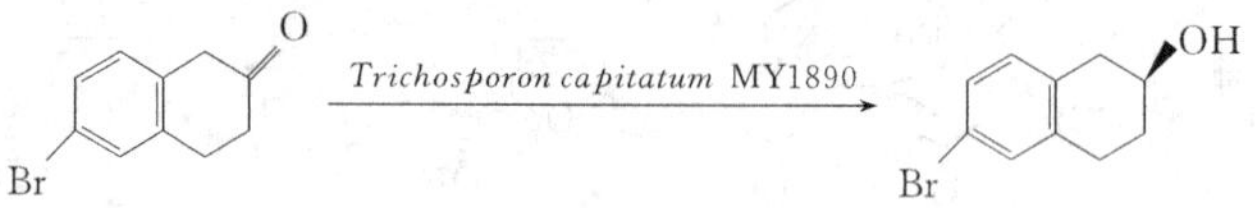

β-四氢萘酮　　　　　　　　　　　　　　　　（*S*）-*β*-四氢萘酚

图 10-24　生物催化合成（*S*）-四氢萘酚

最近，有利用 *Geotrichum candidum* SC 5469 的悬浮细胞来还原 4-氯-3-羰基丁酸甲酯 **3** 制备（*S*）-（−）-4-氯-3-羟基丁酸甲酯 **4** 的报道（图 10-25）。（*S*）-（−）-4-氯-3-羟基丁酸甲酯是化学全合成胆固醇拮抗剂 **5** 关键的手性中间体，后者通过抑制羟甲基戊二酸单酰基辅酶 A（HMG CoA）还原酶而发挥作用。在以葡萄糖、乙酸盐或甘油为营养培养的 *G. candidum* SC 5469 细胞的生物转化过程中，（*S*）-（−）-4-氯-3-羟基丁酸甲酯的收率为 95%，光学纯度 96%。产物（*S*）-（−）-4-氯-3-羟基丁酸甲酯 **S** 的 e.e. 可以通过反应前对悬浮细胞进行热处理（55℃，30min）而提高至 99%。以葡萄糖为营养的 *G. candidum* SC 5469 细胞也可以催化 4-氯-3-羰基丁酸的乙酯、异丙酯、叔丁酯以及 3-溴-3-羰基丁酸的甲酯和乙酯的立体选择性还原。反应的收率可达 85%，产物的光学纯度高于 94%。

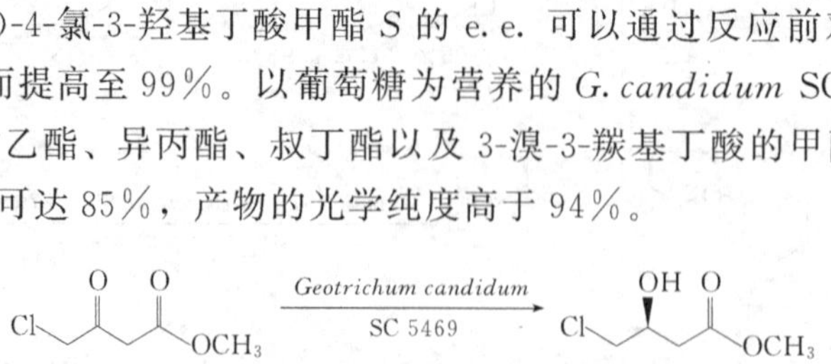

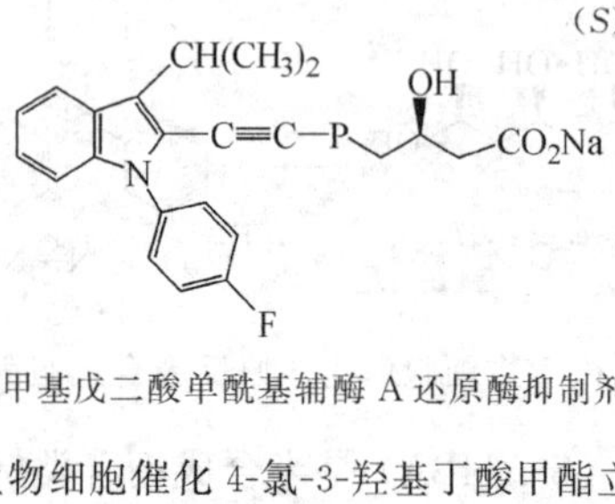

羟甲基戊二酸单酰基辅酶 A 还原酶抑制剂 **5**

图 10-25　微生物细胞催化 4-氯-3-羟基丁酸甲酯立体选择性还原

地尔硫䓬 (diltiazem，**6**) 是一个苯并噻嗪哌酮类 (benzothiazepinone) 钙离子通道阻断剂，可抑制经 L 型电压操控的钙通道流入的胞外钙，在临床上广泛用于治疗高血压和心绞痛。由于地尔硫䓬的作用时间相对较短，近来其一个 8-氯衍生物被引入临床作为更有效的类似物。考虑到这一类化合物缺乏持久的药效，且构效关系不够明确，Floyd 等和 Das 等制备了电子等排的 1-苯并氮杂䓬-2-酮类化合物，并因而筛选出作用更持久且更有效的抗高血压药物 6-三氟甲基-2-苯并氮杂䓬-2-酮衍生物。化合物 **7**〔(3R-顺式)-1,3,4,5-四氢-3-羟基-4-(4-甲氧基苯基)-6-(三氟甲基)-2-H-1-苯并氮杂䓬-2-酮〕是化学全合成新的钙通道阻断剂 **8**〈(顺)-3-(乙酰氧基)-1-[2-(二甲氨基)乙基]-1,3,4,5-四氢-4-(4-甲氧基苯基)-6-(三氟甲基)-2-H-1-苯并氮杂䓬-2-酮〉的关键手性中间体。可用一个立体选择性的微生物过程来还原 4,5-二氢-4-(4-甲氧基苯基)-6-(三氟甲基)-1-H-1 苯并氮杂䓬-2,3-二酮 **9** 而制备手性化合物 **7**。化合物 **9** 主要以非手性的烯醇式存在，并很快与两个酮式对映体达到平衡，因而 **9** 被还原有可能生成四种立体异构的醇。现已经找到适宜的微生物及其催化该还原反应的条件，可以得到单一的醇异构体 **7**。在试过的各种菌株中，最有效的是 *Nocardia salmonicolor* SC 6310，其催化 **7** 至 **9** 的生物转化的收率为 96%，产物 e.e. 高达 99.9% (图 10-26)。

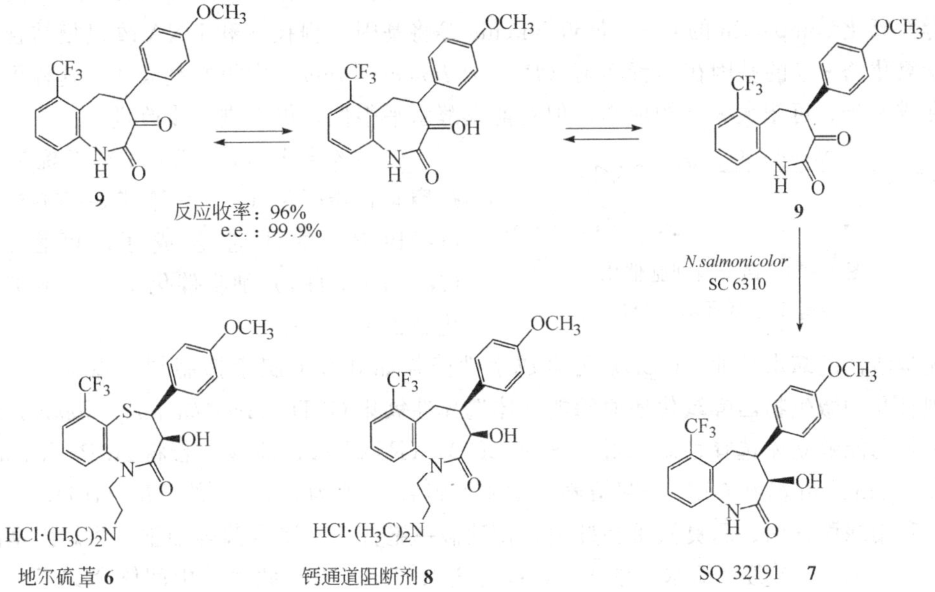

图 10-26 钙通道阻断剂手性合成子的合成

手性醇 **12** 是化学合成 D-(＋)-甲磺胺心定 (索他洛尔) **10** 的关键中间体。有报道利用立体选择性的微生物还原由酮 **13** 制备相应的 (＋)-醇 **12**。在筛选过的许多微生物中，*Rhodococcus* sp. ATCC 29673、ATCC 21243、*Nocardia salmonicolor* SC 6310 和 *Handenula polymorpha* ATCC 26012 可以将酮 **13** 转化为 (＋)-醇 **12**，且产物 e.e. 达 90% 以上。*H. polymorpha* ATCC 26012 可以非常有效地催化酮 **13** 到 (＋)-醇 **12** 的转化，反应收率为 95%，产物 e.e. 高于 99% (图 10-27)。*H. polymorpha* ATCC 26012 的培养是在 380L 的发酵罐中进行的，由此收获的细胞被用于生物转化过程。反应体系中含有悬浮细胞 (3L 10mmol/L，pH=7.0 硫酸钾缓冲液含 20% 湿细胞)、12g 酮 **13**、225g 葡萄糖，在 25℃、200r/min 下进行还原反应，经 20h 酮 **13** 可以完全转化为 (＋)-醇 **12**。利用制备型高效液相色谱 (HPLC) 从反应混合物中分离得到 (＋)-醇 **12**，总收率为 68%，e.e. 达 99% 以上。

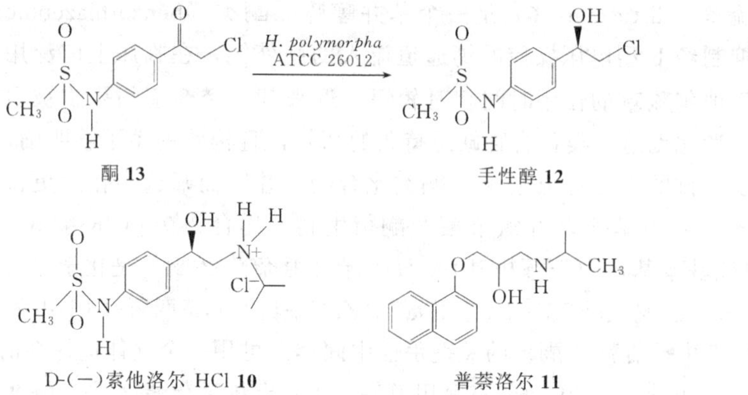

图 10-27　微生物细胞催化 N-[4-(2-氯乙酰基)苯基]甲磺酰胺 13 的立体选择性还原

（二）氧化反应

2001 年，抗胆固醇药物普伐他汀（pravastatin）在全球的销售量为 3.6 亿美元。目前生产方法是两步酶法：第一步是使用枯青霉菌（*Penicillium citrinum*）发酵生产前体 compactin，第二步是利用放线菌 *S. caebophilus* 中的细胞色素氧化酶（cytochrome P_{450}）区域和立体选择性氧化 compactin 的 C-3。最近 Ykema 等将基因工程技术和 DNA 改组相结合，使细胞色素氧化酶 P_{450} 的基因在枯青霉菌（*Penicillium citrinum*）中很好地表达，这样可以使两步法变成一步，可望大大节约成本，但目前发酵水平很低，仍需进一步改进。

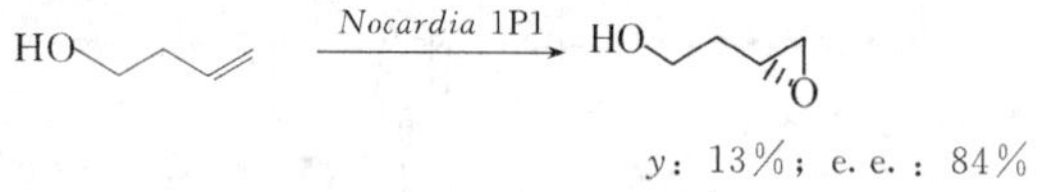

图 10-28　诺卡菌细胞催化
4-羟基-1-丁烯环氧化反应

（＋）-4-羟基-1，2-(R)-环氧丁烷是合成治疗癫痫和降压药（一）-γ-氨基-β-(R)-羟基丁酸（GABOB）的手性合成子，可由诺卡菌（*Nocardia* 1P1）细胞催化 4-羟基-1-丁烯环氧化制备（图 10-28）。

光学活性的缩水甘油（GLD）可合成手性药物如 β-肾上腺素抑制剂、心血管药等。现已发现有几种微生物乙醇氧化还原酶能立体选择性氧化 GLD。*Acetobacter pasteuranus* 所产乙醇脱氢酶能够立体选择性地氧化（S）-GLD 为（R）-缩水甘油酸。若将 *A. Pasteuranus* 湿细胞和 4.8mg/ml 消旋 GLD 一起培养，就能得到 e.e. 值为 99.5％ 的（R）-GLD，转化率为 64％。利用绿脓杆菌、恶臭假单胞杆菌、食油假单胞杆菌、诺卡菌等细胞可将烯丙基醚不对称氧化为（S）-（＋）-芳基缩水甘油醚，e.e. 值达 100％，并以此手性中间体合成了两个 β-阻断剂（S）-氨酰心安(阿替洛尔)和(S)-美多心安（美托洛尔）（图 10-29）。

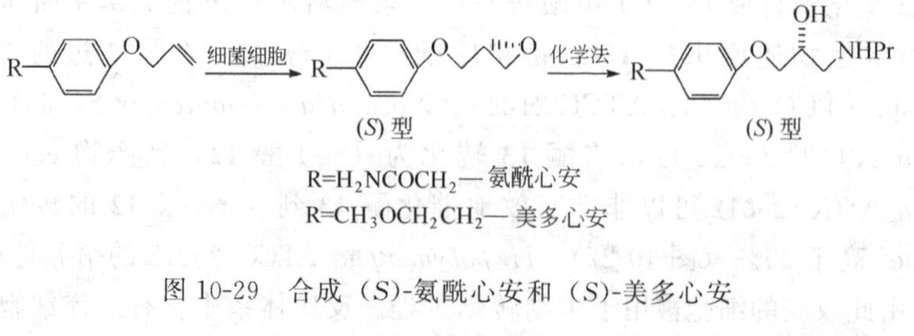

R=H₂NCOCH₂— 氨酰心安
R=CH₃OCH₂CH₂— 美多心安

图 10-29　合成（S)-氨酰心安和（S)-美多心安

近来，有报道论述了一系列基于单取代反式 4-氨基-3，4-二氢-2，2-二甲基-2H-1-苯并吡喃-3-醇 14 的新的 K 通道开启剂的合成及其抗高血压活性。手性环氧化物 15 和二醇 16 是合成有降血压和支气管扩张作用的 K 通道开启剂的潜在中间体。研究表明，通过微生物细胞催化 2,2-二甲基-2-*H*-1-苯并吡喃-6-腈 **17** 立体选择性的氧化制备相应的手性环氧化物 **15** 和手性二醇 **16**。在所研究的微生物菌株中，最好的为 *Mortierella ramanniana* SC 13840，以其催化该反应可以得到 96%e. e. 的（+）-反式二醇 **16**（图 10-30）。

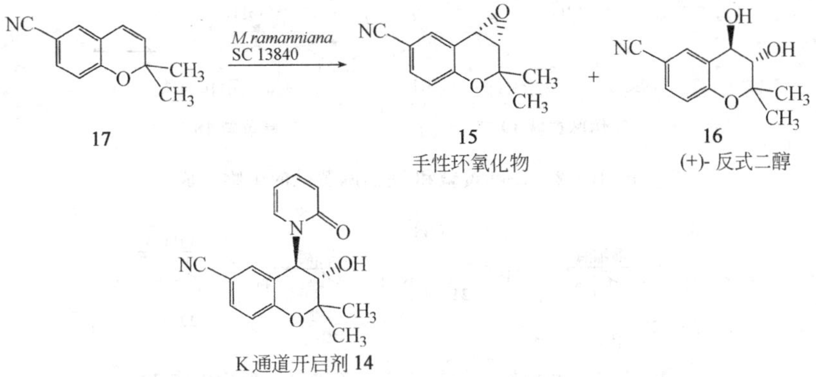

图 10-30　*M. ramanniana* SC 13840 催化 2,2-二甲基-2-*H*-1-苯并吡喃-6-腈 **17** 氧化成手性环氧化物 **15** 和（+）-反式二醇 **16**

（三）转移与裂合反应

1. L-多巴的合成

L-多巴是 L-酪氨酸的衍生物 3,4-二羟基-L-苯丙氨酸，临床上用于治疗帕金森病。草生欧文杆菌（*Erwinia herbicola* ATCC 21433）的酪氨酸-苯酚裂合酶（tyrosine-phenol lyase），又称 β-酪氨酸酶（β-tyrosinase，E. C. 4. 1. 99. 2）可将邻苯二酚（儿茶酚）、丙酮酸和氨缩合生成 L-多巴。生产中采用静态细胞生物转化法，即将发酵培养得到的草生欧文杆菌细胞悬浮于缓冲液中，催化邻苯二酚和丙酮酸铵生成 L-多巴（图 10-31）。

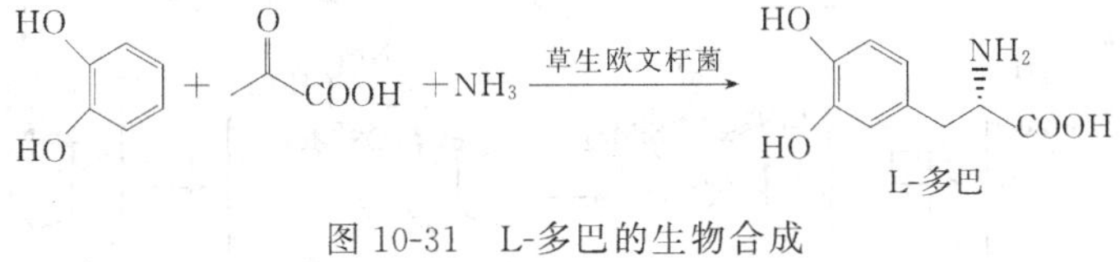

图 10-31　L-多巴的生物合成

2. L-麻黄碱与 D-伪麻黄碱的合成

L-麻黄碱 **18** 是从中药麻黄中提取的生物碱，临床上可用于治疗支气管哮喘。其活性成分为（1*R*,2*S*）-2-甲氨基-1-苯基丙醇。L-苯基乙酰基甲醇（L-phenylacetylcarbinol，L-PAC）是合成过程中的一个关键性中间体，可由丙酮酸脱羧酶（E. C. 4. 1. 1. 1）催化丙酮酸与苯甲醛缩合形成，然后再经甲胺还原胺化即可得到 L-麻黄碱 **18**（图 10-32）。丙酮酸脱羧酶广泛存在于酵母细胞中，特别是酿酒酵母和产朊假丝酵母中含量最多。L-麻黄碱的苄醇经乙酰化和羟基取代可得到构型转化的（1*S*,2*S*）-2-甲氨基-1-苯基丙醇 **19**，俗称 D-伪麻黄碱 **19**，具有减轻充血的作用，能与抗组胺药配伍制成抗感冒和抗过敏药物。

3. 2,4-二去氧己糖衍生物的制备

HMG CoA 还原酶抑制剂制备时所需的手性中间体 2,4-二去氧己糖衍生物可用 2-去氧核糖-5-磷酸酯醛缩酶（2-deoxyrihose-5-phosphate aldolase，DERA）得到（图 10-33）。反应始于乙醛与一取代乙醛 **20** 的立体专一性加成，形成 3-羟基-4-取代的丁醛 **21**，然后再与另一分子乙醛反应，生成 2,4-二去氧己糖衍生物 **22**。DERA 已经在 *E. coli* 中得以过量表达。

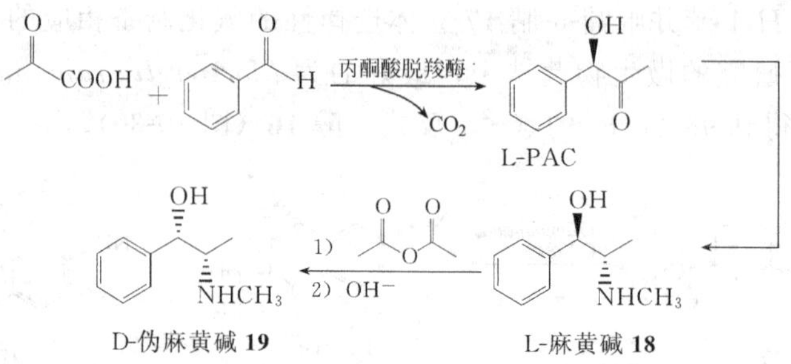

图 10-32　L-麻黄碱和 D-伪麻黄碱的生物合成

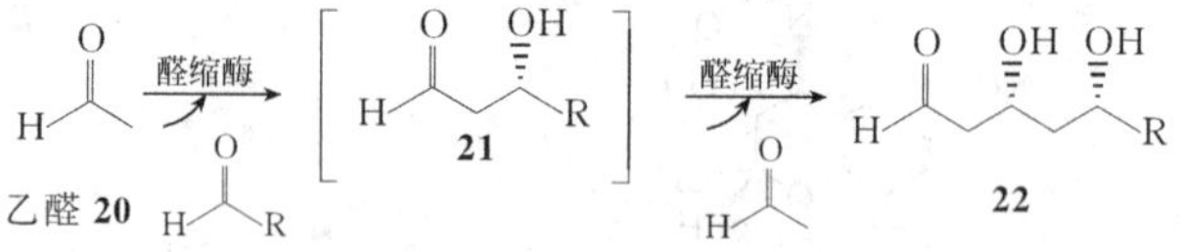

图 10-33　利用醛缩酶制备 2,4-二去氧己糖衍生物 22

4. 孕烷皮质类固醇激素和 α-羟基黄体酮的制备

孕烷是一类重要的天然激素，对生殖系统、中枢神经系统及呼吸系统均有影响。Livingstone 等成功地以雄烷-4-烯-3,7-二酮 23 为前体，在转化为手性酮氰醇后，通过化学法合成了有生物活性的孕烷皮质类固醇激素 24 和 α-羟基黄体酮 25（图 10-34）。

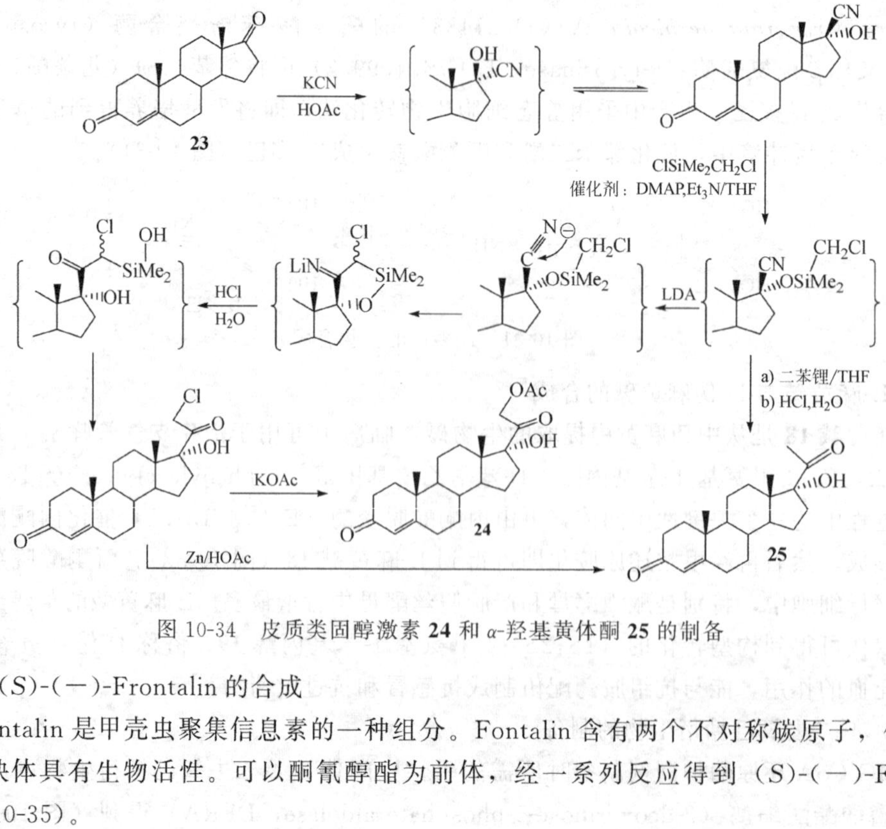

图 10-34　皮质类固醇激素 24 和 α-羟基黄体酮 25 的制备

5.（S)-(−)-Frontalin 的合成

Frontalin 是甲壳虫聚集信息素的一种组分。Fontalin 含有两个不对称碳原子，仅（1S，5R)-对映体具有生物活性。可以酮氰醇酯为前体，经一系列反应得到（S)-(−)-Frontalin 26（图 10-35）。

6. 邻位二醇的合成

邻位二醇是一类重要的手性合成子，广泛应用于食品、化工、制药等行业。Griengl 等

先对酮氰醇衍生物 α-羟基酸进行酯化，然后还原获得了光学活性邻位二醇（图 10-36）。

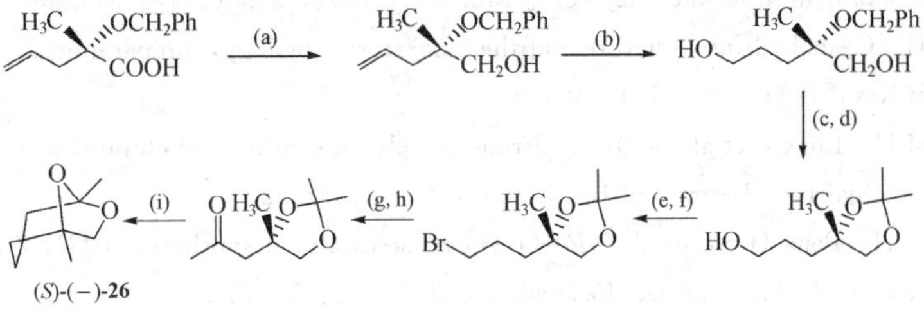

图 10-35 （S）-（－）-Frontalin **26** 的合成

(a) LiAlH₄/THF；(b) BH₃/THF，H₂O₂；(c) H₂，钯催化剂；(d) TsOH，2,2-二甲基丙烷/丙酮；

(e) TsCl/C₅H₅N；(f) LiBr，NaHCO₃/acetone；(g) Mg/THF；CH₃CHO；

(h) PCC，分子筛 3A/CH₂Cl₂；(i) HCl 溶液

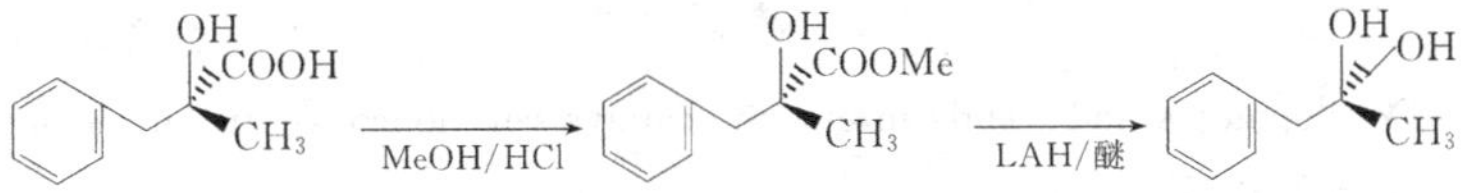

图 10-36 光学活性邻位二醇的合成

7. （S）-2-乙酰硫代-2-甲基己腈的制备

光学活性 2-磺酰氧基腈具有高构型稳定性，可作为活化氰醇与各种亲核试剂发生立体选择性反应，得到相反构型的取代物。Effenberger 等以手性酮氰醇（R）-**27** 为前体，经磺酰化后，得到产物（R）-**28**（产率为 76％，e.e. 值为 98％）。然后以硫代乙酸及三甲基吡啶为亲核试剂，与 2-磺酰氧基腈（R）-**28** 发生亲核取代生成（S）-**29**，其产率达 84％，e.e. 值为 97％（图 10-37）。

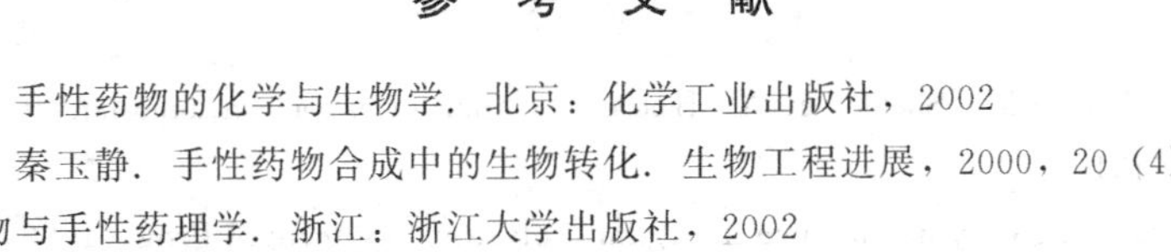

图 10-37 （S）-2-乙酰硫代-2-甲基己腈的制备

参 考 文 献

1 黄量，戴立信. 手性药物的化学与生物学. 北京：化学工业出版社，2002
2 陈绍怡，杨秀，秦玉静. 手性药物合成中的生物转化. 生物工程进展，2000，20（4）：60～63
3 曾苏. 手性药物与手性药理学. 浙江：浙江大学出版社，2002
4 叶秀林. 立体化学. 北京：北京大学出版社，1999
5 张玉彬. 生物催化的手性合成. 北京：化学工业出版社，2001
6 尤启冬，林国强. 手性药物——研究与应用. 北京：化学工业出版社，2004
7 Stinson S C. Chiral drugs. *Chemical and Engineering*，2000，78（43）：55～78
8 Patel R N 主编. 立体选择性生物催化（Stereoselective Biocatalysis）. 方唯硕主译. 北京：化学工业出版社，2004
9 赵临襄. 化学制药工艺学. 北京：中国药物科技出版社，2003
10 Paiva A L，Balcão V M，Malcata F X. Kinetics and mechanisms of reactions catalyzed by immobilized lipases. Enzyme Microb Technol，2000，27（3）：187～204

11 van Pouderoyen G, Eggert T, Jaeger K E, et al. The crystal structure of Bacillus subtilis lipase: A minimal alpha/beta hydrolase fold enzyme. J Mol Biol, 2001, 309 (1): 215~226

12 Gregory R J H. Cyanohydrins in nature and the laboratory: biology, preparations, and synthetic applications. Chem Rev, 1999, 99: 3649~3682

13 Li N, Zong M H, Liu C, et al. (R)-oxynitrilase-catalysed synthesis of chiral silicon-containing aliphatic (R)-ketone-cyanohydrins. Biotechnol Lett, 2003, 25: 219~222

14 Li N, Zong M H, Peng H S, et al. (R)-Oxynitrilase-catalyzed synthesis of (R)-2-trimethylsilyl-2-hydroxyl-ethylcyanide. J Mol Catal B: *Enzymatic*, 2003, 22: 7~12

15 Gruber K, Gartler G, Krammer B, et al. Reaction mechanism of hydroxynitrile lyases of the α/β-hydrolase superfamily. J Biol Chem, 2004, 279: 20501~20510

16 Zaks A, Klibanov A M. Enzyme catalysis in organic media at 100℃. Science, 1984, 224: 1249~1251

17 Klibanov A M. Improving enzymes by using them in organic solvents. Nature, 2001, 409: 241~246

18 Lee M Y, Dordick J S. Enzyme activation for nonaqueous media. Curr Opin Biotechnol, 2002, 13 (4): 376~384

19 Krishna S H. Developments and trends in enzyme catalysis in nonconventional media. Biotechnol Adv, 2002, 20 (3-4): 239~267

20 Dordick J S, Khmelnitsky Y L, Sergeeva M. The evolution of biotransformation technologies. Curr Opin Biotechnol, 1998, 1 (3): 311~318

21 Gelo-Pujic M, Guibe-Jampel E, Loupy A. Enzymatic glycosidations in dry media on mineral supports. Tetrahedron, 1997, 53 (51): 17247~17252

22 Welton T. Room-temperature ionic liquids. Solvents for synthesis and catalysis. Chem Rev, 1999, 2071~2083

23 Sheldon R A, Sorgedrager M J, van Rantwijk F, et al. Biocatalysis in ionic liquids. Green Chem, 2002, 4: 147~152

24 Okrasa K, Guibe-Jampel E, Therisod M. Ionic liquids as a new reaction medium for oxidase-peroxidase-catalyzed sulfoxidation. Tetrahedron: Asym, 2003, 14: 2487~2489

25 Cull S G, Holbrey J D, Vargas M V, et al. Room temperature replacements for organic solvents in multiphase bioprocess operations. Biotechnol Bioeng, 2000, 69: 227~233

26 Erbeldinger M, Mesiano A J, Russel A J. Enzymatic catalysis of formation of **Z**-aspartame in ionic liquid. An alternative to enzymatic catalysis in organic solvents. Biotechnol Prog, 2000, 16: 1129~1131

27 Kragl U, Eckstein M, Kaftzik N. Enzyme catalysis in ionic liquids. Curr Opin Biotechnol, 2002, 13: 565~571

28 van Rantwijk F, Lau R M, Sheldon R A. Biocatalytic transformations in ionic liquids. Trends Biotechnol, 2003, 21 (3): 131~138

29 Dordick J S. Designing enzymes for use in organic solvents. Biotechnol Prog, 1992, 8: 259~267

30 Klibanov A M. Why are enzymes less active in organic solvents than in water? Trends Biotechnol, 1997, 15 (3): 97~101

31 Martinek K, Leavashov A V, Klyachko N L, et al. Colloidal solution of water in organic solvents: amicroheterogeneous medium for enzymatic. Science, 1982, 218 (4575): 889~891

32 Morgan J A, Clark D S. Salt-activation of nonhydrolase enzymes for use in organic solvents. Biotechnol Bioeng, 2004, 85 (4): 456~459

33 Lou W Y, Zong M H, Wu H. Enhanced activity, enantioselectivity and stability of papain in asymmetric hydrolysis of D, L-p-hydroxyphenylglycine methyl ester with ionic liquid. Biocatal Biotransform, 2004, 22 (3): 171~176

34　Wescott C R，Noritomi H，Klibanov A M. Rational control of enzymatic enantioselectivity through salvation thermodynamics. J Am Chem Soc，1996，118：10365~10370

35　Ke T，Wescott C R，Klibanov A M. Prediction of the solvent dependence of enzymatic prochiral selectivity by means of structure based thermodynamic calculation. J Am Chem Soc，1996，118：3366~3374

36　Macmanus D A，Vulfson E N. Reversal of regioselectivity in the enzymatic acylation of secondary hydroxyl groups mediated by organic solvents. Enzyme Microb Technol，1997，20（3）：225~228

37　Halling P J. Salt hydrates for water activity control with biocatalysis in organic media. Biotechnol Technol，1992，6：271~276

38　Laane C，Boeren S，Vos K，et al. Rules for optimization of biocatalysis in organic solvents. Biotechnol Bioeng，1987，30（1）：81~87

39　Zaks A，Klibanov A M. Enzyme-catalyzed processes in organic solvents. Proc Natl Acad Sci，1985，82：3192~3196

40　Persson M，Wehtje E，Adlercreutz P. Factors governing the activity of lyophilized and immobilized lipase preparations in organic solvents. Chem Biochem，2002，3（6）：566~571

41　Palomo J M，Feranadez-Lorente G，Mateo C，et al. Modulation of the enantioselectivity of lipases via controlled immobilization and medium engineering：hydrolytic resolution of mandelic acid esters. Enzyme Microb Technol，2002，31（6）：775~783

42　Khmelnitsky Y L，Welch S H，Clark D S，et al. Salts dramatically enhance activity of enzymes suspended in organic solvents. J Am Chem Soc，1994，116：2647~2648

43　Khmelnitsky Y L，Budde C，Arnold J M，et al. Synthesis of water-soluble paclitaxel derivatives by enzymic acylation. J Am Chem Soc，1997，119：11554~11555

44　Lindsay J P，Clark D S，Dordick J S. Penicillin amidase is activated for use in nonaqueous media by lyophilizing in the presence of potassium chloride. Enzyme Microb Technol，2002，31：193~197

45　Ru M T，Wu K C，Lindsay J P，et al. Towards more active biocatalysis in organic media：increasing the activity of salt-activated enzymes. Biotechnol Bioeng，2001，75：187~196

46　Altreuter D H，Dordick J S，Clark D S. Nonaqueous biocatalytic synthesis of New cytotoxic doxorubicin derivatives exploiting unexpected differences in the regioselectivity of salt-activated and solubilized subtilisin. J Am Chem Soc，2002，124（9）：1871~1876

47　Dirk V U，Johan F J，Reinhoudt D N. Large acceleration of α-chymotrypsin-catalyzed dipetide formation by 18-crown-6 in organic solvents. Biotechnol Bioeng，1998，59：353~358

48　Griebenow K，Laureano Y D，Santos A M，et al. Improved enzyme activity and enantioselectivity in organic solvents by methyl-beta-cyclodextrin. J Am Chem Soc，1999，121（36）：8157~8163

49　Wang M X，Lin S J. Highly efficient and enantioselective synthesis of L-arylglycines and D-arylglycine amides from biotransformations of nitriles. Tetrahedron Lett，2001，42（39）：6925~6927

50　Wu S H，Guo Z W，Charles J S. Enhancing the enantioselectivity of Candida lipase-catalyzed ester hydrolysis via noncovalent enzyme modification. J Am Chem Soc，1990，112：1990~1995

51　刘幽燕，许建和，胡英. 表面活性剂对脂肪酶活性和选择性的影响. 化学学报，2000，58（2）：149~152

52　Zong M H，Fukui T，Kawamoto T，et al. Bioconversion of organosilicon compounds byhorse liver alcohol dehydrogenase. Appl Microbiol Biotechnol，1991，36（1）：40~43

53　Fukui T，Zong M H，Kawamoto T，et al. Kinetic resolution of organosilicon compounds by stereoselective dehydrogenation with horse liver alcohol dehydrogenase. Appl Microbiol Biotechnol，1992，38（2）：209~213

54　娄文勇，宗敏华，王菊芳等. 马肝醇脱氢酶催化有机硅酮不对称还原反应动力学. 生物化学与生物物

理进展，2003，30（3）：431～434

55 Lou W Y，Zong M H，Zhang Y Y，et al. Efficient synthesis of optically active organosilyl alcohol *via* asymmetric reduction of acyl silane with immobilized yeast. Enzyme Microb Technol，2004，35：190～196

56 元英进. 现代制药工艺学. 北京：化学工业出版社，2004

57 Luo D H，Zong M H，Xu J H. Biocatalytic synthesis of （－）-1-trimethylsilylethanol by asymmetric reduction of acetyltrimethylsilane with a new isolate *Rhodotorula* sp AS2.2241. J Mol Catal B：Enzym，2003，24（5）：83～88

58 Kim G J，Kim H S. Optimization of the enzymatic synthesis of d-*p*-hydroxyphenylglycine from D,L-5-substituted hydantoin using D-hydantoinase and *N*-carbamoylase. Enzyme Microb Technol，1995，17：63～67

59 Wegman M A，Hacking M A P J，Rops J，et al. Dynamic kinetic resolution of phenylglycine esters via lipase-catalyzed ammonolysis. Tetrahedron：Asymmetry，1999，10：1739～1750

60 Hacking M A P J，Wegman M A，Rops J，et al. Enantioselective synthesis of amino acid amides via enzymatic ammoniolysis of amino acid esters. J Mol Cata B：Enzym，1998，5：155～157

61 De Zoete M C，Dalen A C，van Rantwijk F，et al. Lipase-catalyzed ammonolysis of lipids：a facile synthesis of fatty acid amides. J Mol Catal B：Enzym，1996，2（3）：141～145

62 Du W，Zong M H，Guo Y，et al. Lipase-catalyzed enantioselective ammonolysis of phenylglycine methyl ester in organic solvent. Biotechnol Appl Biochem，2003，38：107～110

63 Du W，Zong M H，Guo Y，et al. Improving lipase-catalyzed enantioselective ammonolysis of phenylglycine methyl ester in organic solvent with *in situ* racemization. Biotechnol Lett，2003，25（6）：461～467

第十一章　动植物细胞培养技术制药

利用微生物发酵生产药物在制药业中很早就得到了应用，而且目前仍然是生物制药的重要方法之一，生产的药物种类很多，如抗生素、蛋白质、多肽、氨基酸、核酸、维生素、酶及辅酶、激素等。微生物发酵制药的发展为真核细胞包括动物细胞和植物细胞培养生产药物提供了良好的基础和借鉴。动物细胞培养技术起源于19世纪末期，而其应用于药物生产则始于20世纪50年代，随着杂交瘤细胞技术和基因工程技术的问世和发展，动物细胞培养生产药物也得到迅速发展，已经成为生物制药领域中一种非常重要的方法，生产的药物有细胞因子、特异性抗原、抗体、疫苗等。植物是人类赖以生存的食物和药品的重要来源之一。人们已知的3万多种天然产物中有80%来源于高等植物，就药物而言，全美药方中1/4的药品来源于植物。随着人口的增长和对植物药需求的急剧增加，人们对植物资源的掠夺性开发，造成许多植物资源枯竭。因此，通过植物细胞、组织或器官培养以满足人类对植物产品的巨大需求，成为当今植物生物技术领域的研究热点之一。细胞培养技术正在逐步形成一支独特的高新技术产业，并显示出巨大的工业发展前景。

第一节　动物细胞培养技术及其应用

动物细胞培养技术开始于19世纪的某些胚胎学技术，1885年，德国人Wilhelm Roux把鸡胚髓板在温热的盐水中维持存活了10d，该实验被认为是动物组织体外培养的萌芽实验。1887年，Arnold将蛙的白细胞放入盛有盐水的小碟子中，观察其运动情况，这些白细胞存活了一段时间。1903年，Jolly将蝾螈的白细胞在悬滴中保存了1个月。1907年，美国胚胎学家Ross Harrison将蛙胚神经组织块移植到蛙的淋巴液凝块中，发现该组织块不仅能存活几个星期，而且还长出了轴突（神经纤维），从而证明了动物组织在离体条件下培养是完全可行的。该实验被公认为动物组织培养开始的标志。其后，法国生物学家A. Carrel不但发现鸡胚浸出液对于某些细胞的生长具有很强的促进效应，还把外科无菌概念和无菌技术引入到组织培养技术中，他在没有抗生素存在的条件下，使鸡胚的心脏细胞维持生存达34年之久，共传代3400次，从而证明了动物细胞有可能在体外无限地生长。此后，随着抗生素、合成培养液、胰蛋白酶处理技术的发展以及培养器皿的改进，动物细胞培养技术得到了迅速发展，成为细胞工程中的一项重要的基础技术。

1940年，W. Earle建立了从单个细胞进行克隆培养的方法，并第一次有意识地进行了悬浮培养的尝试，他还建立了可以无限传代的C_3H小鼠结缔组织细胞系——L系。1951年，Earle等开发了能促进动物细胞体外培养的人工合成培养基。同年，Gay建立了第一个上皮型的人体细胞系——人体宫颈癌HeLa细胞系，随后，Enders等发现脊髓灰质炎病毒可在HeLa细胞中培养，通过体外繁殖病毒进行疫苗生产，是动物细胞培养技术应用历史上的伟大里程碑。动物细胞培养技术制备的疫苗分为减毒疫苗和灭活病毒疫苗。在1950~1985年，动物细胞工程等技术的发展使脊髓灰质炎、麻疹、流行性腮腺炎、乙型肝炎和带状疱疹病毒疫苗相继问世，同时许多兽用疫苗也得到迅速发展。Earle 和 Eagle 对动物细胞体外培养条件的系统分析研究是大规模动物细胞培养技术的重要突破。1955 年发展了一种化学成分确定的培养基即 DMEM 培养基，在此培养基中添加血清，可以代替当时普遍使用的生物体液进行细胞培养。适合细胞体外培养的培养基的发展和可悬浮培养的无限繁殖细胞系的建立大大推动了动物细胞的大规模培养。

1957 年，Graff 用灌注技术（perfusion technology）创造了悬浮细胞培养史上绝无仅有的细胞浓度高达 $(1\sim2)\times10^{10}$ 个/L 的记录，标志着现代灌注概念的诞生。1962 年，Capstick 成功地大规模悬浮培养小鼠肾细胞，标志着动物细胞大规模培养技术的起步。1967 年，Van Wezel 以 DEAE-Sephadex A50 为载体培养动物细胞获得成功。1975 年，Sato 等在培养基中用激素代替血清使垂体细胞株 GH3 在无血清介质中生长获得成功，预示着无血清培养技术的诱人前景。同年，Kohler 和 Milstein 成功地融合了小鼠 B 淋巴细胞和骨髓瘤细胞而产生能分泌预定单克隆抗体的杂交瘤细胞。1986 年，Demo Biotech 公司首次用微囊化技术大规模培养杂交瘤细胞生产单克隆抗体获得成功。1989 年，Konstantinovti 首次提出大规模细胞培养过程中生理状态控制，更新了细胞培养工艺中优化控制的理论。

通过动物细胞培养可生产下列药物。

① 病毒疫苗。如口蹄疫疫苗、狂犬疫苗、小儿麻痹症疫苗、乙型肝炎疫苗等。

② 酶。如组织纤溶酶原激活剂（TPA）、Ⅶ因子、Ⅷ因子等。

③ 多肽生长因子。如神经生长因子（NGF）、成纤维细胞生长因子（FGF）、血清扩展因子（SF）、表皮生长因子（EGF）、纤维黏结素（Fibronectin）等。

④ 激素。如红细胞生成素（EPO）、促黄体生成素（LH）、促滤泡素（FSH）等。

⑤ 非抗体免疫调节剂。如干扰素（IFN）、白介素（IL）、集落刺激因子（CSF）、B 细胞生长因子（BCGF）、T 细胞代替因子（TRF）、迁移抑制因子（MIF）、巨噬细胞激活因子（MAF）。

⑥ 病毒杀虫剂。如杆状病毒等。

⑦ 肿瘤特异性抗原。如癌胚抗原（CEA）等。

⑧ 单克隆抗体。

⑨ 皮肤重植。

动物细胞培养发展至今已成为生物、医学研究和应用中广泛采用的技术方法，利用动物细胞培养生产具有重要医用价值的酶、生长因子、疫苗和单抗等，已成为医药生物高技术产业的重要部分。利用动物细胞培养技术生产的生物制品已占世界生物高技术产品市场份额的 50%。生物技术药物是当前新药开发的重要领域，生物技术制药工业是下一个 10 年制药工业的重要新门类，期间将有数百种生物技术新药上市。美国最新预测几种畅销基因工程药物 2000 年全球销售额 EPO 大于 30 亿美元，G-CSF 大于 20 亿美元，HGH、IFN、UK 均大于 10 亿美元，胰岛素和降钙素大于 5 亿美元。动物细胞大规模培养技术是生物技术制药中非常重要的环节。目前，动物细胞培养技术水平的提高主要集中在培养规模的进一步扩大、优化细胞培养环境、改变细胞特性、提高产品的产率与保证其质量上。

一、动物细胞培养的特性

虽然动物细胞培养的基本原理和微生物细胞相同，但动物细胞对营养条件要求更加苛刻，培养时间更长，这给动物细胞的培养带来了一定的困难。动物细胞培养的特性如下：

①细胞生长缓慢，容易受微生物的污染，培养时需要抗生素，在动物细胞培养中，细菌、真菌、病毒或细胞均可引起污染，生物材料本身、培养基、各种器皿及环境也可引起污染；②动物细胞体积较大，无细胞壁，机械强度低，对环境的适应能力较差；③培养过程需氧量少，培养中的 pH 常用空气、氧、二氧化碳和氮的混合气体进行调节，且不耐受强力通风与搅拌；④体外动物细胞在形态结构上均不同程度地与原来体内细胞有所差异，活动度大，细胞在体外培养生长时具有群体效应、细胞黏附性、接触抑制性及密度依赖性；⑤培养过程产物分布于细胞内外，反应过程成本较高，产品价格昂贵；⑥培养过程中对营养的要求较高，往往需要多种氨基酸、维生素、辅酶、核酸、嘌呤、嘧啶、激素和生长因子等，其中很多成分系用血清、胚胎浸出液等提供，在许多情况下还需加入 10% 的胎牛或新生牛的血清；⑦动物细胞培养一般需要经历原代培养的过程，所谓原代培养是指直接从有机体得到的组织或将其分散成细胞后开始的培养，转移一部分原代培养物到新鲜培养基的培养，叫继代培养或传代培养。

二、培养基组成和制备

(一) 培养基的组成

培养基的选择和配制是体外细胞培养技术的一个关键部分。培养基主要包括氨基酸类、维生素类、盐类、葡萄糖类、缓冲系统、矿物类、有机补充物、激素类、生长因子类等物质。

1. 氨基酸类

必需氨基酸，体内不能合成而又是体外培养细胞所必需的——半胱氨酸和酪氨酸。某些特殊细胞所需要的不能自身合成的或在培养过程中容易丢失的非必需氨基酸。氨基酸类的浓度与所需细胞浓度有关，氨基酸浓度与细胞生长密度之间的平衡程度往往会影响细胞的存活和生长率。谷氨酰胺是多数细胞所需求的，但有些细胞系则利用谷氨酸。Reitzer 等（1979年）证明谷氨酰胺是作为能源和碳源被培养的细胞利用的。

2. 维生素类

有的人工培养液中仅含有 B 类维生素，有的有 C 类维生素。一般维生素的来源大多来自血清。减少培养液中血清含量，需要在培养基中增加维生素的种类和含量。

3. 盐类

盐类主要包括 Na^+、K^+、Mg^{2+}、Ca^{2+}、Cl^-、SO_4^{2-}、PO_4^{3-}、HCO_3^-，是调节培养液渗透压的主要成分。

4. 葡萄糖

各种培养液中大多数含有葡萄糖，作为能源物质。但在培养液中，尤其是培养胚胎性和转化细胞的培养中容易聚集乳酸，表明体外培养细胞的三羧酸循环功效未必与体内完全相同。相反证据证明培养细胞的能量和碳来自谷氨酰胺。

5. 缓冲系统

大多数平衡盐溶液采用磷酸盐缓冲系统。如采用分密封口的培养容器时可通入 CO_2，使 CO_2 与 HCO_3^- 间达到平衡。HEPES 现在被广泛用作缓冲系统。一般采用 25mmol/L HEPES，如浓度高于 50mmol/L，则对某些细胞类型有毒性。HEPES 的缓冲效果（pK_a），20℃时为 7.55，37℃时为 7.31，温度每改变 1℃，其缓冲效能只改变 0.014，HEPES 不是起维持 pH 恒定的作用，而是起稳定和抵抗快速 pH 变化的作用。HCO_3^- 是大多数培养细胞所必需的成分，但 HCO_3^- 的存在易引起培养液 pH 的明显改变。所以当在培养液中加入

HEPES 时，HCO_3^- 的浓度范围可以大一些，培养液中的氨基酸由于浓度很低，缓冲效能甚微。如果提高培养液中的氨基酸浓度，则可提高缓冲作用。此外，使用的缓冲系统还有MOPS、EPPS、PIPES、TAPSO、TES、TRICIN 等。

6. 矿物类

细胞所需要的多种矿物类是由血清提供的，所以当在培养液中补充血清时，一般不需要额外加入矿物类。在低血清或无血清培养液中，则需要补充铁、铜、锌、硒和其他稀有元素。

7. 有机补充物

如核苷类、三羧酸循环中间产物、丙酮酸盐及类脂化合物等有机补充物，在低血清培养液中是必需的成分，有助于细胞克隆和特化细胞的培养。

8. 激素类

不同的激素对细胞存活与生长显示不同的效果。胰岛素可以促进葡萄糖和氨基酸的吸收。生长激素存在于血清中，尤其是胚胎血清中。当生长激素与促生长因子结合后，有促进有丝分裂的效应。氢化可的松也存在于血清中，可促进细胞黏着和细胞增殖；但在某些情况下，如细胞密度比较高时，氢化可的松可能是细胞抑制剂，并能诱导细胞分化。

9. 生长因子类

血液自然凝固产生的血清比用物理方法制备的血清更能促进细胞增殖，这可能是由于血液凝固过程中从血小板释放出来的多肽所致。这类血小板衍生出的生长因子（PDGF）是多肽类中的一簇，可促进有丝分裂活性，可能是血清中的主要生长因子。其他如成纤维细胞生长因子（FGF）、表皮生长因子（EGF）、内皮生长因子（IGF）以及增殖刺激活性（MSA）均具有不同程度的特异性，它们或者来源于组织，或者来源于血清。

（二）培养液的物理性质

1. pH

大多数动物细胞系在 pH＝7.4 中生长最好。有的细胞系的生长最适 pH 稍有不同，但一般不能超过 6.8～7.6 的范围。个别细胞系如表皮细胞可以在 pH＝5.5 中维持存活。

指示剂酚红常用来检验培养液的 pH 变化。当酚红指示剂随 pH 变化其颜色也发生变化，红色为 pH＝7.4，橙色为 pH＝7.0，黄色为 pH＝6.5，略呈蓝红色为 pH＝7.6，紫色则为 pH＝7.8。如果有必要可以制备一套标准 pH，即将一套标准的、pH 不同的、消过毒的平衡盐溶液装入用于分装培养液的消毒瓶子内，加入一定浓度的酚红，密封瓶口备用。

2. 渗透性

大多数细胞能耐受相当大的渗透压。人类血浆的渗透压为 770kPa，小鼠类则为820kPa。培养液的渗透压一般介于 690～850kPa 之间，能为多数细胞所耐受。如果用略微低渗的培养液培养细胞也可以，因温育时有些蒸发可使渗透压得到一些修正。可用渗透测量仪测量渗透压，特别是工作人员自己配制培养液或改变培养液的成分时尤为重要。

3. 温度

温度除直接影响细胞生长外，与培养液的 pH 也有关。如低温时可增加 CO_2 的溶解性而影响 pH。最理想的做法是把配有血清的培养液，置于 36.5℃ 中过夜，然后再用于培养。

4. 黏度

培养液中血清的存在，直接影响培养液的黏度。黏度对细胞生长影响较小。但是在细胞悬浮培养或用胰蛋白酶处理时，为了尽量减少细胞受损伤，可通过提高溶液的黏度来克服。在培养液中加羧甲基纤维素或聚乙烯吡咯烷酮可增加培养液的黏度，这对于低血清或无血清培养液更为重要。

5. 表面张力和泡沫

培养液的表面张力有利于培养物粘于底物上面。在悬浮培养中，由于空气中含有 5% 的 CO_2 可产生气泡，通过培养液中的血清形成气泡。加入防泡沫硅后，可减少表面张力，使之不产生泡沫。

（三）培养液的水质

水是培养用液最主要的溶剂，配制培养液要用纯净的水。培养用液中的其他成分只有溶解于水中才有利于细胞吸收摄取。通常，细胞代谢产物也是直接溶解于水中而排泄的。水是细胞体外生存最基本的环境条件，体外培养的细胞对水质特别敏感，对水的纯度要求较高。培养用水中如果含有一些杂质，即使含量极微，有时也会影响细胞的存活和生长，甚至导致细胞死亡。细胞培养用水的最低质量要求为电阻率在 $1 \times 10^6 \Omega \cdot cm$ 以上，双蒸水的水质刚刚达到这一标准。用金属蒸馏器制备的蒸馏水，可能会含有某些金属离子，一般不作为培养用水。配制培养用液应用经石英玻璃蒸馏器三次蒸馏的三蒸水（电阻率为 $1.5 \times 10^6 \Omega \cdot cm$）或超纯水净化装置制备的超纯水。蒸馏水的贮存也很重要，应贮存于密封的清洗干净的玻璃瓶内，最好用龙头瓶贮存，用时由瓶下端的玻璃龙头放水，尽量少开启瓶口或从瓶口倒水，以防周围不洁的环境和空气污染水。制备的水存放时间不宜太长，一般不超过 2 周，最好现用现制。

（四）平衡盐溶液

细胞培养中所用的各种平衡盐溶液主要有三方面作用：①作为稀释和灌注的液体，维持细胞渗透压；②提供缓冲系统，使培养液的酸碱度维持在培养细胞生理范围内；③提供细胞正常代谢所需的水分和无机离子。

另外，大多数平衡盐溶液内附加有葡萄糖，作为细胞能量的来源。要达到这几点，平衡盐溶液的组成和含量应符合如下条件：①要与培养物来源的动物血清相近似；②呈溶液状态，利于物质的传递和扩散；③是等渗的，否则会引起细胞的收缩（高渗透压）和膨胀（低渗透压）。

一般可通过间接法即蒸气压、沸点或冰点的测量法来测定溶液的渗透压，其中冰点下降法较好，因溶液中有血细胞、胶体悬液和乳胶之类的存在，对结果的影响很少。Tyrode 溶液的渗透压就是根据它的冰点（$-0.62℃$）计算的，此冰点正处于大多数动物血清冰点的范围内，如鸡血清的冰点为 $-0.60 \sim -0.65℃$，兔血清的冰点为 $-0.55 \sim -0.66℃$，人血清的冰点为 $-0.48 \sim -0.65℃$。

（五）无血清培养基

目前，普遍使用的人工合成培养液培养动物细胞，仍需要补充 5% ~ 10% 的血清。在添加血清的培养基中，血清具有下列主要功能：①提供对维持细胞指数生长的激素，基本培养液中没有或量很少的营养物，以及主要的低分子量的营养物；②提供结合蛋白质，能识别维生素、脂类、金属和其他激素等，能结合或调节它们所结合的物质活力；③有些情况下，结合蛋白质能与有毒金属和热原结合，起到解毒作用；④是细胞贴壁、铺展在塑料培养基质上所需因子的来源；⑤起酸碱度缓冲剂作用；⑥提供蛋白酶抑制剂，使细胞传代时使用的胰蛋白酶失活，保护细胞不受损伤。

但是，血清的存在对实验却有许多难以排除的缺陷：①在进行激素和药物研究时，血清成分与激素或药物结合的结果，干扰了其对细胞的作用；②在进行细胞营养研究时，由于血清组成的复杂和不稳定，妨碍对细胞营养要求的确切了解；③干扰对培养细胞释放产物的分析；④血清只能过滤消毒，过滤消毒只能除去细菌，但不能除去血清中可能含有的病毒和支原体；⑤血清中可能有抑制病毒的因素，干扰病毒研究实验。

因此，人们早已期望用不含血清的培养液培养细胞，或用已知或纯化成分替代培养液中的血清成分。

血清是一种复杂的混合物，其组成成分大部分已为人所知，还有一部分尚不知，而且血清组成及其含量常随供血动物的性别、年龄、生理条件和营养条件而有所不同。因此，为了预测某些因子对细胞生长是否有刺激作用，必须先减低血清的作用。最简单的办法是减少培养液中血清的浓度，使细胞生长减缓。然后再加入预测因子，检测其对细胞生长的影响。有些因子（如转铁蛋白）需要大量减少血清浓度后才能显示其刺激作用，然而此法的效果是有限的。Ham 实验室采用的方法是：小心调节培养液的组成成分，一直到配制出适合细胞生长的营养液。Sato 实验室用有血清培养液培养依赖激素生长的细胞时，不补充激素情况下细胞照常生长，所以推断血清已存在有供细胞生长所需的激素混合物。为此他们采用的方法是：在培养液中加入适当的激素成分部分地取代血清。另外，还可以采用逐一取消组分的分析法，检测哪些成分是某细胞系或细胞株所需要的。

从 20 世纪 50 年代开始，逐步进行了无血清培养基培养动物细胞的尝试，先后出现了多种无血清培养基，如 NCTC 109、NCTC 135、MB 752/1、MB 705/1、MCDB 104、Ham F12、DEM 等。无血清培养基一般由三部分组成，即基础培养基、生长因子和激素、基质。最为常用的基础培养基是 Ham F12 和 DME 以 1∶1 制成的混合培养基。一些专用于无血清培养的培养基已经有商品供应，较有名的有 SFRE199-1、SFRE199-2、NCTC135、MCDB151、MCDB201、MCDB302 等。

目前无血清培养基（又称无血清限定培养基或简称限定培养基）已在全世界广泛应用和发展，是动物细胞和组织培养技术的一个重大进展。这类培养基主要以各种激素（如前列腺素、生长激素、胰岛素等）、生长因子（如表皮生长因子、神经生长因子、成纤维细胞生长因子等）、维生素、载体蛋白（如转铁蛋白、铜蓝蛋白等）、微量元素（镉、硒等）、乙醇胺以及贴壁与展开因子（如昆布氨酸、纤维网素等）取代血清培养基中的血清部分。表 11-1 列出了无血清培养基中常用的补充因子。

表 11-1　无血清培养基中常用的补充因子

成　　分	浓　　度	成　　分	浓　　度
激素和生长因子		雌二醇	$1\sim10$nmol/L
胰岛素(INS)	$0.1\sim10\mu$g/ml	睾酮	$1\sim10$nmol/L
胰高血糖素	$0.05\sim5\mu$g/ml	结合蛋白类	
表皮生长因子(EGF)	$1\sim100$ng/ml	转铁蛋白(TF)	$0.5\sim100\mu$g/ml
神经生长因子(NGF)	$1\sim10$ng/ml	无脂肪酸白蛋白	1mg/ml
母羊因子(gimmel actor)	$0.5\sim10\mu$g/ml	贴壁和铺展因子	
成纤维细胞生长因子(FGF)	$1\sim100$ng/ml	冷不溶球蛋白	$2\sim10\mu$g/ml
促卵泡激素释放因子(FSH)	$50\sim500$ng/ml	血清铺展因子	$0.5\sim5\mu$g/ml
生长激素(GH)	$50\sim500$ng/ml	胎球蛋白	0.5mg/ml
促黄体激素(LH)	$0.5\sim2\mu$g/ml	胶原胶	基底膜层
促甲状腺激素释放因子(TRH)	$1\sim10$ng/ml	聚赖氨酸膜	基底膜层
促黄体激素释放因子(LHRH)	$1\sim10$ng/ml	低相对分子质量营养因子	
前列腺素 E₁(PG-E₁)	$1\sim100$ng/ml	H_2SeO_3	$10\sim100$nmol/L
前列腺素 F₂α	$1\sim100$ng/ml	$CdSO_4$	0.5μg/L
三碘甲腺原氨酸(T₃)	$1\sim100$pmol/L	丁二胺(腐胺)	100μmol/L
甲状旁腺激素(PTH)	1ng/ml	维生素C	10μg/ml
Somatomedin C	1ng/ml	维生素E	10μg/ml
氢化可的松(HC)	$10\sim100$nmol/L	维生素A	50ng/ml
黄体酮	$1\sim100$nmol/L	亚油酸	$3\sim5\mu$g/ml

（六）培养液的配制

配制培养液是一种非常细致的工作，应尽量选择简单易行、准确的方法，在配制过程中要避免污染，配制的培养液应便于使用和贮存，对培养液中随培养条件、温育、培养时间的变化而易发生变化的成分要有适当的措施，对于不能充分溶解的细微悬浮颗粒，可通入CO_2助其溶解。

1. 基本配制法

一般情况下是先制备浓缩的母液。浓缩母液可在低 pH 情况下制备（pH＝3.5～5.0），这样有利于各成分的充分溶解。用时，分别从各母液量取所需体积，混合，如表 11-2 所示。

表 11-2　母液及其所需量

母　液	混合时所需体积/ml
100×氨基酸浓缩液（溶于水）	100
50×酪氨酸和色氨酸浓缩液（溶于 0.1mol/L HCl）	200
1000×维生素类浓缩液（溶于水）	10
100×葡萄糖浓缩液（溶于平衡溶液）	100

混合母液要通过 0.2μm 的微孔滤膜过滤消毒，可滤掉大部分细菌和真核生物，如果要除去支原体，要使用两层连续排列的滤膜。冷冻贮存，使用时，取 41ml 混合母液，用 959ml 消毒的平衡盐溶液稀释。

现在各种常用的人工培养液大多已商品化。一般有三种商品形式：1 倍的工作液，10 倍浓缩液和粉末状。由于谷氨酰胺不稳定，所以要分开配制，并冷冻保存。

在培养瓶密封、缓冲能力低、CO_2/HCO_3^- 浓度较低的情况下，从 10 倍浓缩母液配制工作培养液。用 1mol/L 碳酸氢钠调节 pH，20℃时 pH 为 7.2，36.5℃时 pH 调节为 7.4。如果补充加入 HEPES 缓冲液，其配制方法见表 11-3。

表 11-3　工作培养液的配制

母　液	混合时所需体积/ml	母　液	混合时所需体积/ml
10 倍浓缩液	100	1mmol/L HEPES	20
200mmol/L 谷氨酰胺	10	5.6% NaHCO₃	6
100 倍非必需氨基酸	10	水	854

当培养瓶不密封时，在 CO_2 培养箱培养细胞时，有两种配制方法，见表 11-4。配制好以后，在 36.5℃时用 1mol/L 氢氧化钠调节 pH 为 7.4。

表 11-4　需 CO_2 的条件下工作培养液的配制

母　液	2% CO_2 条件下/ml	5% CO_2 条件下/ml
10 倍浓缩液	100	100
200mmol/L 谷氨酰胺	10	10
1mmol/L HEPES	20	—
5.6% NaHCO₃	12	36
水	858	854

在培养液中需要补充血清时，由于血清几乎是等渗的，所以可以直接加入。配制含 10% 血清的培养液：1000ml 完全培养液中加入 111ml 血清。

2. 抗生素的选择和应用

在动物细胞培养中，培养液中往往需要加入抗生素，抑制可能存在的霉菌或细菌的生长，而不影响细胞生长。加入抗生素的种类、剂量和加入时间等，与污染来源、抗生素专一性、抗生素的抗菌谱、抗生素的稳定性等有密切关系。常用的抗生素有青霉素 G（10^5 U/L）、硫酸卡那霉素（100mg/L）、硫酸新霉素（50mg/L）、庆大霉素（50mg/L）、两性霉素 B（2.5mg/L）、制霉菌素（50mg/L）、链霉素等。现在最常采用的是青霉素和链霉素合并使用，青霉素的用量为每毫升培养液加 50～100U，链霉素为每毫升培养液加 50～100μg。青霉素相当不稳定，应该在使用时添加到培养液中，链霉素在培养液中能较长时期保存活力。要注意的是，不同的动物细胞系所应用的抗生素浓度有所不同，但添加均不能过量。

三、细胞培养过程的监控

（一）细胞生长的检测

体外培养的动物细胞根据生长方式可分为贴壁生长细胞和悬浮生长细胞，这两类细胞在培养过程中都要进行细胞检查和细胞计数。

1. 细胞计数

（1）细胞悬液　将经消化的细胞加入培养液中，制成一定浓度的细胞悬液，在分装到培养容器之前，需要计算出细胞悬液的浓度，即每毫升悬液中含有的细胞数目。除了总浓度外，还应该区分活细胞数目和死细胞数目，只有活细胞数目才是有效的，计算出活细胞浓度后，根据要分装的容器数和所需要的培养初始浓度，再将细胞悬液进行稀释进行培养。

（2）活细胞染色　常用台盼蓝染色法，采用台盼蓝对细胞进行染色时，死细胞被染成均匀的蓝色，而活细胞则不被染色。

（3）细胞计数　常用血球计数板进行细胞计数。根据情况决定是否稀释培养液，如果稀释，计算时要乘以稀释倍数。具体做法是：用吸管吸取少量染色的细胞悬液滴于计数板上，使悬液自由充满盖片下方间隙，滴入的细胞悬液不能过多，过多会导致盖片漂移，也不能过少，过少易产生气泡，影响计数。等待片刻后，在显微镜下观察，并计算出计数板四角大方格内的细胞数，压线者只计上线和右线的细胞，然后按下式计算出细胞浓度：

$$细胞浓度（细胞数/ml 原细胞液）=\frac{四大格中细胞总数}{4}×10000×稀释倍数$$

2. 细胞常规检查

细胞接种或继代后，每天或每隔 1～2d 就要对细胞进行常规性检查，检查的主要内容包括：培养的细胞是否被污染、细胞的生长状态、培养条件（如温度、pH、溶氧、葡萄糖等变化情况等）等。如有异常，应及时采取措施。

（1）细胞生长　初代组织块培养或细胞悬液在接种以后，都有一个潜伏期，不同的组织或细胞潜伏期的长短不同。接种后的细胞在细胞生长过程中一般要经过 4 个阶段。

① 游离期　细胞在接种前一般都制成细胞悬液，接种后，细胞在培养液中呈悬浮状态，此时细胞质回缩，细胞体变成圆形。

② 吸附期　新接种的细胞在培养液中悬浮一段时间以后，贴附于培养器皿表面。各种细胞贴附速度不同，这与细胞种类、培养基成分、底物性质等有关。一般初代培养细胞贴壁较慢，大约 10～24h，而继代培养细胞或恶性细胞系贴壁速度较快，30min 内即可完成。培养基偏酸或偏碱、培养基被污染、胶塞有毒、培养瓶清洗不干净等都不利于细胞贴壁。细胞贴壁后并不马上分裂，而是仍要潜伏一段时间。潜伏时间的长短与细胞接种量、细胞种类、培养基性质有关。初代培养细胞大约 24～96h，继代培养细胞和肿瘤细胞约 6～24h。相对来

说，接种量大的比接种量小的潜伏时间短。

③ 繁殖期　即生长期，细胞贴壁后细胞变长，进而过渡成为极性细胞，经过一段时间的潜伏后，细胞逐渐出现分裂，进入生长期，细胞数目不断增加，繁殖数量逐渐增多，同时有一定的移动现象，细胞相互接触汇合成片，这时，正常细胞会因为细胞相互接触而使移动停止，这种现象叫接触抑制。接触抑制只抑制细胞运动，并不抑制细胞分裂。随着细胞继续分裂、增殖，达到一定密度时，细胞停止分裂，这种现象叫密度抑制。

④ 衰亡期　当细胞密度达到一定时，如果不及时进行传代，由于营养物质的耗尽及有害物质的作用，培养细胞进入死亡细胞多于分裂细胞的衰亡期。此时细胞轮廓增强，细胞内堆积有颗粒状物，为膨胀的线粒体，细胞变得粗糙，严重时细胞从培养容器壁上脱落，只有进行继代培养，细胞才能继续生长和繁殖。细胞的生命周期是有限的，细胞的分裂次数也是有限的。正常细胞都有一定的最高分裂次数的限制，如人细胞的最高分裂次数50～60次。其后，细胞开始衰老，停止分裂后，细胞最终死亡。

（2）细胞形态　生长良好的细胞，在一般显微镜下观察时透明度大，轮廓不清，只有用相差显微镜才能看清楚细胞的细微形态。细胞生长不良时，轮廓增强，细胞质中常出现空泡、脂肪滴和其他颗粒状物，细胞之间的空隙加大，细胞形态变得不规则和失去原有特点，如上皮细胞会变成成纤维细胞等。

（3）营养液　在正常情况下，培养液呈桃红色，用一般恒温箱培养时，随细胞生长时间延长，CO_2 积累增多，在超出缓冲范围后，营养液酸化变黄，此时如不调节 pH，对细胞会造成不利的影响，严重时造成细胞死亡。培养在自控 5% CO_2 的恒温箱中可避免此麻烦。营养液碱化变红除了因为瓶口不严，CO_2 溢出外，也可能由于培养瓶和瓶塞没洗干净，残留碱性物质所致。更换营养液的时间，可依营养物的消耗而定，细胞生长旺盛时 2～3d 换一次，生长缓慢时 3～4d 也可。

3. 细胞培养物中微生物污染的检查

动物细胞培养体系造成污染的微生物主要是细菌、真菌、支原体等。判断所培养细胞是否被微生物污染，可以通过以下方法进行检测：

（1）细菌污染的观察及检测　在细菌污染培养物的初期，由于受培养体系内抗生素的作用，其繁殖处于抑制状态，细胞生长不受明显影响，不易为肉眼观察到，易被忽视。怀疑培养细胞有细菌污染时，可将细胞置于无抗生素的培养液中进行培养，若培养物确有细菌污染，就可在 24h 内获得阳性结果。当培养体系内细菌数量达到一定程度时，在消耗大量养分的同时产生大量代谢产物，从而导致培养液外观浑浊。在倒置镜下可见视野内布满点状的细菌颗粒，原来清晰的背景变得模糊。亦可用下列方法进行确定：滴加数滴结晶紫液在已固定的细胞涂片上染色 1min 后用水洗去染液，再滴加碘液 1min 后倾去碘液，滴加 95% 酒精脱色，1min 后用水冲洗，滴加沙黄染液复染 0.5min，用水冲洗后待干镜检。固紫染色阳性呈紫色，对青霉素敏感；固紫染色阴性呈红色，对氯霉素敏感，大多数球菌呈固紫染色阳性，杆菌呈阴性。

（2）真菌污染的观察及检测　真菌是一种真核微生物。真菌的生长速度较缓慢。37℃的培养温度已经超过真菌最适生长温度（25℃左右），因而其生长速度更慢，一般培养 72h 左右显微镜下可见真菌生长，形态有丝状，单细胞和长链状排列的细胞，96h 时肉眼才能观察到棉絮状的菌丝团等。污染酵母菌培养物，类似于细菌污染，在倒置相差显微镜下可以观察到圆形或卵圆形的酵母菌，有时可见酵母菌连接成假菌丝。开启瓶盖，可闻到酒或酸的发酵样异味，随着培养液的酸度下降，培养液外观呈现黄绿色。污染霉菌培养物，在倒置相差显微镜下能见到成树枝状生长的菌丝。当怀疑有真菌污染培养物时，除可用倒置相差显微镜对培养液进行直接镜检和染色法检查外，还可用收集培养物，反复冻融后，用加双层微孔滤膜的微型滤器过滤除菌。

（3）支原体污染的检测

① 培养法　将疑有支原体污染的培养物 0.5ml 经−20℃冻融后接种到支原体琼脂平皿上，于 37℃无氧条件下培养 7～14d，观察有无支原体菌落形成。

② 荧光染色法　荧光染料用 Hoechst33258，支原体内含有 DNA，通过支原体 DNA 结合荧光染料后，在荧光显微镜下能见到发绿色荧光的小亮点。被支原体污染的细胞不仅在细胞核而且在细胞核外及细胞膜上均显示荧光。

③ 聚合酶链反应（PCR）方法　是一种快速敏感的支原体检测方法。根据常规 PCR 反应原理和实验步骤即可完成对培养物中支原体的快速检测，具有很高的灵敏度。可快速检测细胞培养物和生物制品、牛血清等生物材料中的支原体污染，比常规培养法和 DNA 间接荧光染色法快 5～10d。

排除支原体污染的方法主要有三种：

① 抗生素处理　可以用卡那霉素处理，一般每毫升培养液加 $100\mu g$ 处理三周，可清除细胞培养物中的支原体污染。也有用卡那霉素成功地处理污染的培养物。将培养瓶直放，内装加有卡那霉素（$600\mu g/ml$）的生长液至瓶颈部，于 37℃下孵育 18h，然后换入常规生长液（内含 $200\mu g/ml$ 卡那霉素）再进行培养。

金霉素也可以用来清除支原体，但它对细胞的毒性比卡那霉素高，比较好的浓度是 $100\sim200\mu g/ml$。此外还可采用四环素，如在细胞生长期的早期应用 $2.5\mu g/ml$ 四环素，能有效清除支原体，继代培养细胞系用这种抗生素处理 1～4 代，然后再在不含四环素的培养液中培养，即检查不出支原体。

对于某些对卡那霉素和四环素有抗性的支原体污染，可用泰乐菌素有效地消除掉。应用浓度为 $100\mu g/ml$，该浓度对培养细胞无不良影响。被污染的细胞用 $50\mu g/ml$ 泰乐菌素处理 6d 或连续处理 2 代，可以有效地清除支原体污染。

② 用支原体血清处理　用特异性抗血清处理被支原体污染的细胞培养物，可永久地清除支原体污染。此法可克服对抗生素的耐药性和高浓度对细胞的毒性作用。对某些支原体进行中和时，必须具有耐热血清成分，否则灭活血清无效。

免疫血清制备方法为：用 $10^{-7}\sim10^{-10}$ 集落形成单位的自污染细胞培养物分离的支原体免疫家兔，腹腔注射，共 4 次，间隔 4d，与同源株做凝集试验，其抗血清必须具有 1∶32 以上凝集效价。

培养物用含 5％抗血清的培养液进行培养，5d 后换用同样的培养液，总处理时间为 11d，然后在不含抗血清的培养液内培养。

污染株可用平碟中和试验或免疫荧光法检查，以选择特异血清来处理该培养物。如果用细胞培养物最常污染的支原体特异多价血清，那么事先不必进行特异性检查，即可应用。

③ 高温处理　由于支原体和所培养细胞的耐热性不同，因而可以用不同温度进行处理，以破坏支原体。因支原体对温度较为敏感，因此可将培养物在 41℃下放置18h，以破坏支原体，而细胞则不被破坏，或损害很小。

有些污染支原体单独用新生霉素或卡那霉素都有耐药性，若先用新生霉素（$50\mu g/ml$）

处理，继续在 $41℃$ 下处理 $18h$，即可除去该支原体污染。

（二）影响细胞培养的理化因素及其监测

体外培养的动物细胞比植物细胞、微生物细胞对环境更加敏感。影响动物细胞培养的因素主要有 CO_2、溶解氧（OD）、温度、pH、葡萄糖、氨、乳酸、甲基乙二醛（MG）、培养基成分等。一般来说，最适 CO_2 水平为 $4\%\sim10\%$，溶解氧维持在 $20\%\sim50\%$，温度大多在 $37℃$，pH 在 $7.0\sim7.4$ 之间。葡萄糖是细胞培养过程中主要的能量来源，必须维持在一定水平。氨、乳酸、甲基乙二醛（MG）、CO_2 和 O_2 等是动物细胞培养的主要限制因素。

1. 温度

适宜的培养温度是细胞体外生长繁殖的必要条件，不同类型的动物细胞对温度的要求不完全一样。如哺乳类细胞的最适培养温度为 $37℃$，温度低于 $37℃$，细胞生长缓慢，温度高于 $37℃$，细胞失去存活力；鸡细胞在 $30\sim42℃$；昆虫类细胞 $25\sim28℃$；冷水鱼细胞 $20℃$，凉水鱼细胞 $23℃$，温水鱼细胞 $26℃$。由于细胞的代谢强度与温度在一定范围内成正比，超过温度将对细胞造成较大损伤甚至死亡，而低温对细胞的伤害较小。动物细胞培养比多数微生物细胞培养对温度控制具有更严格的要求，培养液的温度由铂电阻温度计来监测，其灵敏度为 $\pm0.025℃$。培养容器的温度控制误差约在 $0.05℃$ 之内。

2. pH 值

pH 是动物细胞培养的关键性参数。pH 影响细胞的存活、生长及代谢，大多数细胞生长的 pH 范围在 $7.0\sim7.5$ 之间，如果 pH 低于 6.8 或高于 7.6 将不利于细胞生长，严重时甚至导致细胞死亡。不同种类细胞对 pH 的要求不一样。培养液的 pH 控制通常使用缓冲系统：

其一，利用 CO_2 和碳酸氢盐调节。这时 pH 取决于 CO_2 和碳酸氢盐的浓度比，加入 CO_2 使 pH 降低，而加入碳酸氢盐则使培养液的 pH 升高。在培养初期阶段细胞产生的 CO_2 和乳酸量较少，CO_2 可从系统中置换出来，在细胞培养的后期阶段，由于细胞密度增加，产生的 CO_2 和乳酸增加，使 pH 变低，这时可加入碳酸氢盐。为了防止加碱引起的局部 pH 过高，可以通过给细胞提供氧气而改变通入反应容器气流中 CO_2 的浓度。

其二，使用磷酸盐缓冲液（PBS）。用以保持培养液的 pH 在一定范围内保持相对稳定。该缓冲系统的缺点是，当培养容器封闭条件不好时，缓冲液产生的 CO_2 容易外逸。

其三，羟乙基哌嗪乙烷磺酸（HEPES）缓冲液。这是目前使用较多的一种方法，它是一种氢离子缓冲系统，可使细胞产生的 CO_2 不外逸，而且它对细胞没有副作用，可使培养液 pH 较长时间地保持稳定。通常 HEPES 使用的浓度为 $10\sim50mmol/L$。

可使用 pH 控制系统来控制培养过程中的 pH。pH 控制系统的基础是一支可高压灭菌的 pH 电极，它将信号提供给控制器，而后通过控制器转换为数字或模拟显示，这就是 pH 控制系统。pH 的控制需要定义上、下限，pH 范围的这两个设定值可交替打开激活控制泵或电磁阀，向培养液中补加酸或碱，将 pH 调节在控制范围内。培养基一旦与顶部空间达到平衡，pH 很少会上升而高于上限，所以无需额外补酸。如果需要加碱，建议使用 5.5% 的碳酸氢钠溶液。$0.2mol/L$ 的氢氧化钠溶液仅在高转速下可以使用，这样可在局部高浓度的碱损伤细胞前将碱进行稀释，或者在安装有灌流管路时也可使用氢氧化钠。通常，输液泵可作为 pH 控制器的一部分，气体供应通过电磁阀控制，95% 的空气则间接通入。在高于上限时，二氧化碳与空气混合通入，而低于这个值则仅通入空气。这本身也是一种控制因素，可以排出二氧化碳，同时满足培养物对氧气的需求。pH 的调节很容易实现计算机控制。

3. 溶氧的监测与控制

溶氧是动物细胞培养必不可少的条件，它不仅影响细胞的产率，而且直接或间接地影响细胞的代谢。早在 1968 年 Kilbum 等就报道了鼠 LS 细胞在控制和与不控制氧分压的情况下细胞的生长状况不同。当不控制培养液的氧分压时，气相中的氧分压从培养起始的 21kPa，下降到对数生长期的 16kPa，而培养液中的氧分压则从接种后的 21kPa 明显下降到 17kPa，接着几乎立即下降，至 2.5d 后进入无氧状态，3d 后培养液中的氧分压才又开始上升，因此，在延长的无氧期，细胞繁殖受到限制。而在控制氧分压时，从 2kPa 到 43kPa，细胞存活量可达最大，为 1.2×10^6 个/ml，比不控制氧分压所获得的高 50%。同时还发现，最佳的培养液氧分压范围为 5～13kPa。

不同类型动物细胞所需溶氧的最适水平不同，空气饱和度应在 10%～100% 范围内。可根据需要向培养液中加入空气、氧气或氮气控制溶氧。常用的供氧方法有：

① 脉冲式直接喷雾供氧　该技术稳定，虽可引起细胞损伤，但其供氧能力强，仍是细胞培养所不可缺少的方法，适用于耐剪切力较强的细胞。

② 使用多孔硅胶管供氧　此法是使氧气硅胶管内向管外的培养液中扩散，不易产生气泡，氧气供给速度不受管内气体的流速及搅拌速度的影响。但硅胶管的厚度及其两侧的浓度梯度是两个重要的影响因素。

③ 使用多孔特氟隆管供氧　疏水性多孔特氟隆（聚四氟乙烯）管使管内的氧气分散，并与培养液形成气液界面，直接溶解于培养液。只要保持管内适当的压力，就可使此界面在管外形成，维持氧气的移动。但此法要注意控制管内的压力，如压力过高，管表面有可能产生气泡；管内压力过低，则液体有可能浸入。

4. 葡萄糖和乳酸

葡萄糖为培养的细胞提供碳源和能源，其摄入量直接影响细胞的生长、乳酸含量及代谢产物的含量等。乳酸是细胞内糖代谢的产物，高浓度乳酸会抑制乳酸脱氢酶（LDH），从而减少乳酸产生。LDH 受到抑制后阻止了 NADH 向 NAD^+ 的再生及其偶联的丙酮酸/乳酸转换，从而导致 NADH 增加。NADH 增加导致糖酵解途径的抑制，从而使丙酮酸浓度减少，引起谷氨酰胺（Gln）消耗减少。由于糖酵解和 Gln 的分解速度降低，能量产生减少，更多的能量用于维持离子浓度梯度，因此高浓度乳酸必然抑制细胞生长。为了解培养过程中细胞的健康状况，应经常取样进行乳酸产量和葡萄糖摄入量的测定，操作方法可参照 Sigma 技术报告。

5. 氨

体外动物细胞培养中氨的积累是细胞生长受抑制的主要因素之一。氨的积累使细胞内的 UDP-氨基己糖（UDP-N-乙酰葡萄糖胺和 UDP-N-乙酰半乳糖胺）含量增加，影响细胞的生长和蛋白质的糖基化过程。氨的积累抑制了 Gln 代谢途径，使天冬氨酸（Asp）和 Glu 的消耗增加。细胞消耗 Asp 增加，可能使细胞线粒体膜上苹果酸-天冬氨酸泵转运 NADH 加快，是细胞维持糖酵解途径的需要。Asp 消耗的增加可能会从 Gln 代谢得以补偿。氨来源于两个个方面：一是直接来源于培养基；二是来源于细胞代谢。但两者都涉及 Gln，因此要防止培养基中 Gln 自然分解，限制 Gln 用量，并尽量去除培养基中的氨。

孙祥明等研究了重组 CHO 细胞批培养过程中，氨浓度对细胞的葡萄糖、谷氨酰胺及其他氨基酸代谢的影响。表明：细胞对葡萄糖和谷氨酰胺的得率系数随着氨浓度的增加而降低，起始氨浓度为 5.66mmol/L 的批培养过程与起始氨浓度为 0.21mmol/L 的批培养过程相比，细胞对葡萄糖和谷氨酰胺的得率系数分别下降了 78% 和 74%，细胞对其他氨基酸的得率系数也分别下降了 50%～70%。氨浓度的增加明显地改变了细胞的代谢途径，葡萄糖代谢更倾向于厌氧的乳酸生成。在谷氨酰胺的代谢过程中，谷氨酸经谷氨酸脱氢酶进一步生成 α-酮戊二酸的过程受到了氨的抑制，而氨对谷氨酸经谷氨-转氨酶反应生成 α-酮戊二酸的过程有促进作用，但总体上谷氨酸进一步脱氨生成 α-酮戊二酸的反应受到了氨的限制。

6. 甲基乙二醛

甲基乙二醛（MG）主要是丙糖磷酸去除磷酸基后的代谢产物，也是脂类、氨基酸代谢的产物，对细胞有潜在的损伤作用，MG 能与蛋白质、氨基酸和核酸的氨基和巯基反应。细胞内的 MG 含量取决于乙二醛缩酶和还原酶的活性，代谢途径是糖酵解途径。当葡萄糖的浓度很高（100mmol/L）时，细胞内 MG 的含量是正常培养条件下的约两倍。培养基中的 Gln 浓度的增加也会使 MG 浓度上升。培养基中加入胎牛血清可降低 MG 浓度。

四、培养方法和模式

(一) 动物细胞培养方法

动物细胞体外培养时，按其对生长基质的依赖性差异可分为两类：一类是贴壁依赖性细胞，这类细胞必须贴附于基质表面才能生长，体外贴壁生长的细胞从形态上大体可分为上皮细胞型和成纤维细胞型，还有一些难于确定其稳定形态的细胞；另一类为非贴壁依赖性细胞，这类细胞生长不需贴附在基质表面，可采用类似于微生物细胞的悬浮培养，这类细胞主要包括来源于血液、淋巴组织的细胞、许多肿瘤细胞（包括杂交瘤细胞）和某些转化细胞。根据动物细胞类型及其生长特性的不同，可采用贴壁培养、悬浮培养和固定化培养等三种方法。

1. 贴壁培养法

大多数动物细胞在离体培养条件下都需要附着在带有适量正电荷的固体或半固体的表面上才能正常生长，并最终在附着表面扩展成单层。其基本操作过程是：先将采集到的活体动物组织在无菌条件下采用物理（机械分散法）或化学（酶消化法）的方法分散成细胞悬液，经过滤、离心、纯化、漂洗后接种到加有适宜培养液的培养皿（瓶、板）中，再放入二氧化碳培养箱进行培养。用此法培养的细胞生长良好且易于观察，适于实验室研究。但贴壁生长的细胞有接触抑制的特性，一旦细胞形成单层，生长就会受到抑制，细胞产量有限。如要继续培养，还需将已形成单层的细胞再分散，稀释后重新接种，然后进行继代培养。

2. 悬浮培养

少数动物细胞属于悬浮生长型，这些细胞在离体培养时不需要附着物，悬浮于培养液中即可良好生长，可以是单个或细小的细胞团，细胞呈圆形。悬浮生长的细胞其培养和传代都十分简便。培养时只需将采集到的活体动物组织经分散、过滤、纯化、漂洗后，按一定密度接种于适宜培养液中，置于特定的培养条件下即可良好生长。传代时不需要再分散，只需按比例稀释后即可继续培养。此法细胞增殖快，产量高，培养过程简单，是大规模培养动物细胞的理想模式。但在动物体中只有少数种类的细胞适于悬浮培养，细胞密度较低，转化细胞悬浮培养有潜在致癌危险，培养病毒易失去病毒标记而降低免疫能力，此外，贴壁依赖性细胞不能进行悬浮培养。

3. 固定化培养

动物细胞的固定化培养类似于微生物细胞的固定化培养，即将动物细胞固定在载体上进行培养的技术。制备固定化细胞有几种不同的方法，各种方法的特点如表 11-5 所示。

表 11-5　动物细胞固定化各种方法的特点

项　　目	吸附	共价贴附	离子/共价交联	包埋	微囊
负载能力	低	低	高	高	高
机械保护	无	无	有	有	有
细胞活性	高	低	高	高	高
制备	简单	复杂	简单	简单	复杂
扩散限制	无	无	有	有	有
细胞泄漏	有	无	无	无	无

（1）吸附　在适当的条件下，将动物细胞与支持物混合，细胞普遍贴附在支持物的表面。这种方法的优点是制备简单，扩散限制小；缺点是负荷能力低，细胞容易脱落，细胞对机械剪切的抗性较差。吸附的一个特例是微载体培养贴壁依赖性细胞。

（2）共价贴附　该法是将动物细胞与支持物通过化学键结合在一起。其优点是扩散限制小，细胞不易漏；缺点是制备较复杂，需用化学试剂处理，对细胞活性有损伤，细胞不能得到保护。

（3）离子/共价交联　利用聚合物（如聚胺等）处理动物细胞悬浮液，在细胞之间形成连接桥，使细胞产生絮结。该法制备的固定化细胞活性较高，但抗机械剪切较差，细胞容易泄漏。采用化学交联剂如戊二醛进行交联，可增强细胞的机械稳定性，防止细胞泄漏，但往往会引起部分细胞死亡及扩散限制。

（4）微囊法　微囊化法是将完整的动物细胞包埋进薄的半透膜中，它是在液体状态和生理条件下制备的，对细胞生长条件改变不大，所以包埋在微囊中的细胞能够成活，并可培养生长。动物细胞微囊化后，降低了剪切力对细胞的影响。微囊内部的小环境与液体培养差不多，细胞在微囊中能够生长良好。微囊化培养还使细胞密度增高，使产物浓度增加，纯度提高。

（5）包埋　此法步骤简单，条件温和，细胞与高聚物或高聚物单体混合，随着凝胶的形成，将细胞包埋进高聚物内部的网格中。这种方法负荷量大，细胞泄漏少，对机械剪切的抗性较强，缺点是存在扩散限制，大分子基质往往不能渗透进高聚物的网格中。

（二）细胞培养的操作模式

无论是贴壁依赖性细胞还是悬浮细胞，按操作方式来分，可分为分批式、流加式、半连续式、连续式和灌注式 5 种方式。

1. 分批式操作

分批式培养是指将动物细胞和培养液一次性装入培养容器中，进行培养，细胞不断生长，产物不断形成，经过一段时间的培养后，将整个反应体系取出。

分批式培养细胞的生长可分为延迟期、对数生长期、减速期、稳定期和衰退期 5 个阶段。如图 11-1 所示。

延迟期是指细胞接种到细胞分裂繁殖这段时间。延迟期的长短与种子细胞种类、种龄和环境条件等有关。延迟期是细胞分裂繁殖前的准备阶段，在此阶段，细胞逐渐适应新的环境条件，同时又不断积累细胞分裂繁殖所必需的某些活性物质，使活性物质的浓度达到一定浓度。选用旺盛生长的对数生长期细胞作为种子细胞，可缩短延迟期。细胞通过延迟期的准备阶段后，开始迅速分裂繁殖，进入对数生长期，此时细胞随时间呈指数函数形式增长。细胞通过对数生长期迅速繁殖后，由于环境条件的变化，如营养物质的消耗、抑制物质的积累、细胞生长空间的减少等原因，细胞经过减速期逐渐进入稳定期，细胞生长和代谢减慢，细胞数目基本保持不变。在经过稳定期之后，由于环境条件不断恶化、细胞遗传特性的改变等原因，细胞逐渐进入衰退期，细胞不断死亡或发生自溶。

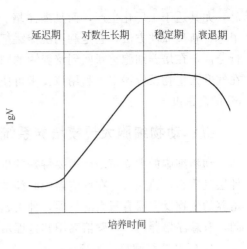

图 11-1　分批式培养细胞生长曲线

N—细胞浓度（个/ml）

2. 流加式操作

流加式培养是指先将一定量的培养液装入培养容器中，在适宜条件下接种细胞并进行培养，细胞不断生长，产物也不断形成，随着细胞对营养物质的不断消耗，再将新的营养成分不断补充进培养容器中，使细胞进一步获得充足的营养，进行生长代谢，直到培养终止时取出整个反应体系。

流加式操作的特点：一是能够调节细胞培养的环境中营养物质的浓度，避免某些营养成分出现的底物抑制现象，或防止由于营养成分的消耗而影响细胞的生长及产物的形成；二是由于在培养过程中加入了新的培养液，整个反应体积是变化的。

最常见需流加的营养成分是葡萄糖、谷氨酰胺等物质。

3. 半连续式操作

半连续培养又叫反复分批式培养或换液培养，是指在分批式操作的基础上，只取出部分培养体系，剩余部分重新补充新的培养液，再按分批式操作方式进行培养。这种方式的特点是经过多次换液，但总培养体积保持不变。

4. 连续式操作

连续式培养是指将种子细胞和培养液一起加入培养容器中进行培养，一方面新鲜培养液不断加入培养容器中，另一方面又将反应液连续不断地取出，使细胞的培养条件处于一种恒定状态。与分批式操作和半连续式操作不同的是，连续培养可以控制细胞的培养条件长时间保持稳定，可使细胞维持在优化状态下，促进细胞生长和产物的形成。连续培养过程中可以连续不断地收获产物，并能提高细胞密度，在生产过程中被用于培养非贴壁依赖性细胞。

5. 灌注培养

灌注培养指细胞接种后进行培养，一方面新鲜培养液不断流入培养容器，另一方面反应液不断地从培养容器中被取出，但是细胞不被取出，而是留在容器内，使细胞处于一种不断的营养状态。

灌注培养是相对于批式培养而言的。在批式培养中，一次加足培养细胞、培养载体、培养液后，培养一定时间，然后一次性收获细胞及细胞产品。这种培养方法很难达到很高的细胞密度。灌注培养则是通过在生物反应器上添加一个动力装置，不断地向培养物中加入新鲜培养液，同时不断地抽走相同量的旧培养液，培养细胞可以达到很高的密度。这是因为：①旧培养液里含有细胞代谢产生的废物（如 NH_3），这些物质对细胞是有毒的，会抑制其生长；②新鲜培养液里含有细胞生长需要的丰富营养物质，培养细胞能够旺盛生长。灌注培养的优势是可以长期高密度培养动物细胞，这对于以获取细胞分泌物为目的的细胞培养来说特别有利。由于分泌物就在不断抽走的培养液里，通过分离纯化，就能源源不断地获得细胞产品，尤其适于工厂化生产，而且灌注培养也有助于减少培养细胞污染的机会。Wen 等报道了一种新型灌注方法，它是利用沉淀罐把抽出的培养物首先进行沉淀，再将培养液和细胞进行分离，在培养细胞重新回到培养罐的同时，更换新鲜培养液，使细胞处于旺盛生长状态。在气升式生物反应器中，利用该技术可使生产单克隆抗体的杂交瘤细胞达到 1.31×10^7 个/ml 的高密度。

五、动物细胞大规模培养系统

动物细胞的大规模培养需要特殊的生物反应器。与微生物和植物细胞不同，动物细胞的外层是质膜，脆性大，在反应器中必须减少剪切力。自 20 世纪 70 年代以来，用于动物细胞培养的生物反应器有很大的发展，种类越来越多，规模越来越大。根据生物反应器的用途不同，有悬浮培养用、贴壁培养用和包埋培养用生物反应器等。

1. 气升式细胞培养系统

气升式（air lift）细胞培养系统是利用气升式生物反应器进行细胞培养，其基本原理是气体混合物从底部的喷射管进入反应器的中央导流管，使得中央导流管侧的液体密度低于外部区域从而形成循环。气升式生物反应器主要采用内循环，但也有采用外循环式。1979 年 Katinger 等首次应用气升式生物反应器进行动物细胞悬浮培养。英国 Celltech 公司是应用气升式生物反应器进行动物细胞大规模培养的成功范例，1985 年应用 100L 规模的气升式生物反应器进行大规模培养杂交瘤细胞。该公司已经开发出了 10000L 规模的气升式生物反应器用于各类单抗的大量生产。国内已经有人设计制造了 10L 规模的气升式生物反应器用于培养哺乳动物细胞、昆虫细胞等各类生物制品。

气升式生物反应器与搅拌式生物反应器相比，产生湍流温和而均匀，剪切力相当小，反应器内没有机械运动部件，因而细胞损伤率比较低；直接喷射空气供氧，氧气传递速率高；液体循环量大，使细胞和营养成分能均匀地分布于培养液中。

2. 中空纤维管细胞培养系统

中空纤维管（hollow-fiber）细胞培养系统是利用中空纤维管反应器进行细胞培养，其原理为泵动培养液通过成束的合成空心纤维管（毛细管）而使细胞固着在毛细管内壁生长。如果毛细管的直径为 $350\mu m$，表面积/体积比率为 30.7，大量成束的毛细管内壁提供了大量的生长表面积。它的用途较广，既可培养悬浮生长的细胞，又可培养贴壁依赖性细胞，细胞密度最高可达 10^9 个/ml。由于这种培养方法在分离和纯化分泌物时很方便，因而在生产激素和单抗时被广泛应用。并相继开发出了由硅胶、聚砜、聚丙烯等材料构建的新的空心纤维培养系统。

Tanase 等利用多种不同的微滤中空纤维（micro-filtration hollow fiber）生物反应器培养动物细胞以生产 TPA，并比较它们对 TPA 产量的影响。如果微滤中空纤维生物反应器能为动物细胞提供均匀而充足的氧并维持细胞良好的生理环境，便可进行放大培养。Gramer 等介绍了一种微型中空纤维生物反应器，与 T-培养瓶相比，利用此生物反应器进行鼠类杂交瘤培养时，在不同培养条件下细胞生长特性与工业大规模中空纤维培养系统〔AcuSyst-Maximizer（r）〕更具有比拟性。因此，可利用微型中空纤维生物反应器为 Maximizer 培养系统预测细胞最佳生长条件。

3. 微载体细胞培养系统

许多被培养的动物细胞都是贴壁依赖性细胞，所以大规模动物细胞培养中都使用微载体。理想的微载体应有利于细胞的快速附着和扩展，有利于细胞高密度生长，不干涉代谢产物的合成和分泌，允许细胞易于脱落。目前采用的微载体培养是一种工业化高密度培养动物细胞的有效体系，根据生产所需生物制品的不同，选择不同种类的细胞，目前常用于微载体培养的细胞主要有杂交瘤细胞、CHO 细胞、成纤维细胞、Vero 细胞、BHK 细胞等 60 多种。用于动物细胞培养的微载体由传统的固体小颗粒微载体发展到现在的多孔微载体，多孔微载体用于高密度动物细胞培养是 1985 年由 Verax 公司开创的，最初用于流化床生物反应器生产单抗。与传统微载体相比多孔微载体有许多优点：①细胞容易固定，可以很好地培养贴壁依赖型动物细胞和悬浮细胞，可以使细胞在载体内部生长；②保护细胞免受外界剪切力的损伤；③适用于固定床、流化床、气升式及普通搅拌式等多种生物反应器；④比表面积大，为细胞提供充分生长空间；⑤可以长期固定培养细胞从而稳定获取细胞分泌产物。

自使用微载体后已经取得了许多技术上的进步。微载体的大小和电荷量达到了最优化，以提高细胞的生长能力；表层材料如骨胶原/明胶、玻璃、聚赖氨酸用于微载体的表面；微载体的基质材料更多，如 DEAE-葡聚糖、骨胶原/明胶、玻璃、聚丙乙烯、聚丙烯酰胺、纤维素。球形微载体因制造容易而普遍使用，近年来开始使用的多孔微载体可提供大的表面积/体积比率和最大的细胞密度。细胞成功地在微载体上扩展的能力随细胞系和培养基不同而变化，为特定细胞选择合适的微载体比选择微载体本身更重要。选择微载体对细胞附着、细胞的进一步扩展和重组蛋白的表达有更大的影响。以下为部分微载体的介绍（见表 11-6）。Cytodex 和 Cytopore 微载体都适合高密度细胞培养。因为 Cytopore 微载体有更大的表面积，漂浮的细胞比率低，细胞生长速度更快，所以比 Cytodex 微载体更适合高密度细胞培养。Cytodex 1 和 Cytodex 3 有更快的细胞转移速度，细胞的球转球过程在微载体之间完成，而不是通过漂浮的细胞。因大多数细胞生活在多孔的 Cytopore 微载体内，表面的细胞较少，降低了细胞的转移速度，所以 Cytodex 和 Cytopore 微载体有不同的细胞转移速度。多孔微载体的研制替代了容易使细胞受机械搅拌与喷气损伤的常规载体。对于有些细胞株尽可能贴在微载体内，但"移动性"很差，因此需要发明一种更好的培养方式，提高微孔的开放性或者改善其表面特性，从而提高细胞贴壁率同时增加细胞移动性。军事医学科学院在化工冶金研究所的协助下用聚苯乙烯试制了 SH-2 型微载体，可以耐受 110℃高压蒸汽灭菌，在 121℃

表 11-6 部分微载体

微载体	厂家	类型	基质	电荷 Q/C	密度 $\rho/(g/ml)$	小孔直径 $d/\mu m$	面积 $A/(cm^2/g)$	装载量 $\rho/(g/L)$
Biosilon	Nunc	实心	聚丙乙烯	—	1.05	160~300	255	20
Cytodex 1	Pharmacia	实心	DEAE-葡聚糖	+	1.03	147~248	4400	2.5
Cytodex 3	Pharmacia	实心	DEAE-葡聚糖	+	1.04	141~211	2700	2.5
Collagen	SoloHill	实心	聚丙乙烯	无	1.03	150~210	325	20
Plastic	SoloHill	实心	聚丙乙烯	无	1.03	150~210	325	20
FACT	SoloHill	实心	聚丙乙烯	无	1.03	150~210	325	20
ProNectin	SoloHill	实心	聚丙乙烯	无	1.03	150~210	325	20
Plastic Plus	SoloHill	实心	聚丙乙烯	+	1.03	150~210	324	20
Culispher-G	Hyclone	多孔	明胶	无	1.04	170~270	—	1
Culispher-GL	Hyclone	多孔	明胶	无	1.04	170~270	—	1
Culispher-S	Hyclone	多孔	明胶	无	1.04	170~270	—	1
Cytopore 1	Pharmacia	多孔	纤维素	+1.1	1.03	200~280	11000	1
Cytopore 2	Pharmacia	多孔	纤维素	+1.8	1.03	200~280	11000	1

下使用也仅部分结团。使用后经胰酶消化、硫化处理后可以反复使用。采用 SH-2 型微载体和新研制的低血清培养基添加剂 BIGBEGF-2，在改进了的灌流系统控制下灌流培养产尿激酶原 CHO 工程细胞 CL-11G，所得细胞密度超过 1×10^7 个/ml，尿激酶原平均活性为 4007IU/ml，最高达 6614IU/ml，均高于以前采用 5% 血清培养基和 Biosilon 微载体培养时的水平。此外，还用 CT-3 型微载体（由华东理工大学研制）成功培养了 Vero 细胞。

4. 微囊培养系统

微囊法又叫生物微胶囊法，它是利用半渗透性生物高分子薄膜固定活体组织或细胞的微型胶囊，有人把这种生物微胶囊叫做人工细胞。该法是美国 Damon Biotech 公司创建的一种比较理想的大规模动物细胞培养法。其基本技术是：先将欲培养的动物细胞悬浮于海藻酸钠溶液中，之后使其通过一种成滴装置（微囊发生器）而逐滴滴入 $CaCl_2$ 溶液中，海藻酸钠一旦进入 $CaCl_2$ 溶液后即形成半透膜微囊，从而将细胞封闭在其内。然后再将这种包含有细胞的微囊悬浮于培养液中培养。这样培养液中的水和营养物质可透过半透膜进入微囊供应给细胞，细胞的代谢物也可透过半透膜被排出，而细胞分泌的大分子物质则被阻留而积累于囊内。当培养一段时间后，在细胞密度达到 10^7 个/ml 时即可分离收集微囊，最后破开微囊就能获得高度纯化的大分子产物。

1980 年加拿大多伦多大学的 F. Lim 和 A. Sun 发明了海藻酸钠-聚赖氨酸-海藻酸钠（APA）微胶囊并用于包埋猪胰岛细胞取得成功，后来又成功包埋肝细胞。但是这种微胶囊中聚赖氨酸价格较高而使成本提高，后来人们又发现来源广泛价格便宜的壳多糖也可和海藻酸钠混合用于包埋细胞。孙多先等利用海藻酸钠-壳多糖-海藻酸钠对肝细胞进行包埋，微胶囊化的肝细胞在 PPMI1640 培养液中保持活性，且能合成并释放低分子蛋白质，这种结构有利于肝细胞微胶囊植入体内后发挥功能而不被宿主免疫系统所排斥。用这种包埋材料还可以包埋胰腺胸腺和甲状腺等外分泌腺细胞。Matthew HW 等利用羧甲基纤维素、硫酸软骨素 A、壳多糖、多聚半乳糖混合制得的微胶囊培养兔的肝细胞，结果证明这种微胶囊可以很好地支持肝脏内皮细胞，并且优于海藻酸钠-聚赖氨酸-海藻酸钠制备的微胶囊。

微囊培养系统具有以下几个特点：①细胞密度大；②产物单位体积浓度高；③分离纯化操作经济简便；④产物活性、纯度好。但微囊技术成功率一般只有 50% 左右，培养液用量大，囊内部分死亡细胞对产物造成污染。这些问题还有待于进一步改进。

5. 搅拌罐细胞培养系统

搅拌罐（stir tank）细胞培养系统是利用搅拌罐（stir tank）生物反应器（STR）进行细胞培养。B. Braun MD10 搅拌罐生物反应器，内装一个 $100\mu m$ 孔径的旋转滤器，工作体积为 8L。一个数字控制装置（DCU）用于控制温度、pH、搅拌速度和溶氧。底部的环形喷气结构起通气作用。新鲜培养基分散进入旋转滤器的外部区域，从旋转滤器的中间获得无微载体的收集液。旋转滤器一般由不锈钢丝网构成，有良好的生物相容性，易于清洗和消毒，可重复和长期使用。这种装置已经大规模悬浮培养多种细胞。

Kamen 等利用螺旋带叶轮（helical ribbon impeller）减小生物反应器培养过程中的剪切作用，并通过表面充气及诱导表面气泡产生，分别采用有血清培养基（TNMFH）和无血清培养基（IPL/41）对 Sf9 昆虫细胞进行悬浮培养，生产重组异源蛋白。Shi 等设计了一种具有双层滤网的新型搅拌器（annular cage impeller），与美国 NBS 公司开发的 cell-lift 搅拌器相比，它不仅提高了氧传递速率、活细胞浓度以及单克隆抗体产物浓度，而且有利于保护细胞免受流体剪切破坏。近年来，随着生物反应器培养中流体流动状态及混合现象研究的深入，许多新型搅拌器相继出现，为动物细胞搅拌式生物反应器培养提供广阔的发展前景。

6. 固定床细胞培养系统

固定床（fixed bed）细胞培养系统是利用固定床生物反应器进行细胞培养。固定床生物反应器在流化床玻璃柱的底部加一个有 0.5mm 小孔的钢网。但培养基循环的方向相反，微载体堆积于钢网上没有移动。固化床内的线性流速减低至 14cm/min（流化床内的线性流速 75cm/min），气体通过硅胶膜扩散。把外部通气装置的通气管长度从 10m 缩短至 2m，可以减少工作体积大于 70～100ml。开孔玻璃载体（硼酸硅玻璃）直径 400～700μm，孔径 60～120μm，孔积率 50%，可供细胞附着。

7. 流化床细胞培养系统

流化床（fluidizbed）细胞培养系统是利用流化床生物反应器进行细胞培养。流化床生物反应器的基本原理是培养液通过反应器垂直向上循环流动，不断提供给细胞必要的营养成分，使细胞得以在微粒中生长；同时，不断加入新鲜培养液。这种反应器的传质性能好，并在循环系统中采用膜气体交换器，能快速提供给高密度细胞所需要的氧，同时排出代谢产物；反应器中的液体流速足以使细胞微粒悬浮却不损坏脆弱的细胞。流化床生物反应器满足了高密度细胞培养，使高产量细胞长时间停留在反应器中，优化了细胞生长与产物合成的环境等细胞培养的要求。可用于贴壁依赖性细胞和非贴壁依赖性细胞的培养。

8. 堆积床细胞培养系统

堆积床（packed bed）细胞培养系统是利用堆积床生物反应器进行细胞培养。Celligen Plus 堆积床生物反应器的工作原理为：当推进器（impeller）旋转时，培养基通过推进器的中心空管螺旋式地从罐体底部往上流，然后从 3 个出口中流出，通过堆积床向下流动至罐体底部，再通过推进器的中心管往上流。细胞附着在堆积床的聚酯片上，气体从喷射器喷出进入培养基中。通过调节气体混合物的组成成分，完成对 pH 和溶氧的控制，加入氧气或氮气以满足培养过程中氧气的吸收；当 pH 太高时加入 CO_2；空气作为一种填充气体，保持气体进入罐体时流速的稳定。培养基通过蠕动泵从培养基贮存瓶（media reservoir）中进入反应器，收集液通过蠕动泵从反应器中流出进入收集瓶。堆积床有以下特点：贴壁依赖性和悬浮细胞可成功地在堆积床内附着；细胞不接触气液界面，低漩流和低剪切力，细胞受到的伤害很小；反应器能以分批式或连续/灌流方式运转，并可维持长时间；聚酯片提供高的表面积/体积比率，维持高细胞密度。

Park 等在由填充床反应器和外循环装置构成的连续流动的培养系统中培养动物细胞。反应器中的填料是带有微孔的陶瓷珠粒，细胞在微孔内生长，同时培养液也可以在孔内扩散。实验证明该反应器适于动物细胞的高密度培养，细胞终期密度达到了 5×10^8 个/ml。Chiou 等在以聚氨酯和纤维素泡沫为填料的填充床反应器中培养昆虫细胞，证明这两种微孔材料适合昆虫细胞的生长且不易脱落。在两类填充床中高密度培养的细胞其最终平均密度达到了 4.3×10^7 个/ml 和 5.2×10^7 个/ml。John 等在以玻璃纤维作环形填料的气升式填充床反应器中模仿鼠类骨髓细胞生长环境培养细胞，证明这类反应器可以用于动物细胞的大规模培养。Cong 等用微载体培养提供种子细胞，也在填充床反应器中成功实现了 CHO 细胞的大规模培养，最大细胞密度达到了 2×10^7 个/ml。

9. 一次性（disposable）生物反应器

这种生物反应器由预先消毒的、FDA 认可的、对生物无害的聚乙烯塑料箱组成，箱中部分填充培养基并接种细胞。箱中其余部分是空气，培养过程中空气连续通过这里，空气通过完整的过滤器进入箱体。前后摇动箱体使液气界面产生波动，大大提高了氧气的溶解量，有利于排出 CO_2 控制 pH，也促使培养液混合均匀，细胞和颗粒不会下沉。废气通过一个消毒过滤器和逆止阀。整个生物反应器置于传统的细胞培养用 CO_2 培养箱中，便于控制温度和 pH，或者在箱体底部加热控制温度。培养细胞的密度可达到 7×10^6 个/ml 和 100L 的工作体积。使用前箱体用 γ 射线消毒，用后丢弃。特殊的开孔可进行无菌加样、取样，而不必把生物反应器置于层流罩中。装置简单，易于操作，成本低，低剪切力，无空气鼓泡减低了气泡对细胞的损害。可用于培养动物细胞和植物细胞，并十分适合生产病毒。已经此反应器成功悬浮培养重组 NS0 细胞生产单克隆抗体；悬浮培养人 293 细胞生产腺病毒（adeno virus）；用昆虫 Sf9 细胞生产棒状病毒（baculo virus）；用微载体 Cytodex3 培养人 393 细胞。

六、动物细胞大规模培养在制药中的应用

利用动物细胞大规模培养技术生产大分子生物制品始于 20 世纪 60 年代，当时是为了满足生产 FMD 疫苗的需要。后来随着大规模培养技术的逐渐成熟和转基因技术的发展与应用，人们发现利用动物细胞大规模培养技术来生产大分子药用蛋白比原核细胞表达系统更有优越性。因为，重组 DNA 技术修饰过的动物细胞能够正常地加工、折叠、糖基化、转运、组装和分泌由插入的外源基因所编码的蛋白质，而细菌系统的表达产物则常以没有活性的包涵体形成存在。随着大量永久性细胞株的创建，在商业利益的刺激下，动物细胞大规模培养技术也迅速发展起来，并被应用。动物细胞培养主要用于生产激素、疫苗、单克隆抗体、酶、多肽等功能性蛋白质以及皮肤、血管、心脏、大脑、肝、肾、胃、肠等组织器官。在医药工业和医学工程的发展中占有重要的地位。大规模动物细胞培养生产药物产品将是生物制药领域中的一个很重要的方面，具有重大的经济效益和社会效益。生物技术工业在过去 10 年有显著增长，并继续快速发展；今后几十年内还将有更多的蛋白质、抗体、多肽药物由动物细胞培养来生产。

1. 疫苗

依据现代科学技术发展的趋势，按照疫苗的来源，可将现今广为应用及以后可能发展的疫苗分为 8 大类：①减毒活疫苗；②灭活疫苗；③多糖疫苗；④组分疫苗（亚单位疫苗）；⑤基因工程疫苗；⑥合成肽疫苗；⑦抗独特型抗体疫苗；⑧核酸疫苗。

疫苗在疫苗产业早期，往往利用动物来生产疫苗，如用家兔人工感染狂犬病毒生产狂犬疫苗，用奶牛来生产天花疫苗，用某些细菌接种到动物身上来生产抵抗该种细菌的疫苗。在 1920～1950 年，已经开发了多种病毒或细菌疫苗，如伤寒疫苗、肺结核疫苗、破伤风疫苗、霍乱疫苗、百日咳疫苗、流感疫苗和黄热病疫苗等。早在 20 世纪 50 年代，已经能够利用动物细胞培养技术来生产病毒。先在反应器中大规模培养动物细胞，待细胞长到一定密度后，接种病毒，病毒利用培养的细胞进行复制，从而生产大量的病毒，这一突破是动物细胞技术或细胞工程的真正开始。基于动物细胞技术生产的病毒疫苗包括减毒的活病毒，或是灭活的病毒。在过去的 30 多年时间内，用动物细胞技术生产的疫苗挽救了几百万人和动物的生命。1950～1985 年期间，细胞工程及其他技术的进步，生产了多种人用疫苗来预防脊髓灰质炎、麻疹、腮腺炎、风疹、乙肝和带状疱疹等，并用于生产多种兽用疫苗（表 11-7）。

表 11-7　动物细胞培养技术生产的疫苗

人　用　疫　苗			兽　用　疫　苗
狂犬病疫苗	风疹疫苗	乙肝疫苗	口蹄疫疫苗
腮腺炎疫苗	脊髓灰质炎疫苗	带状疱疹疫苗	Marek's 病疫苗
甲肝疫苗	黄热病疫苗	腺病毒疫苗	假性狂犬病疫苗
脑炎疫苗	麻疹疫苗	日本脑炎疫苗	犬细小病毒
登革热疫苗			

注：资料来源于 The Animal Cell Technology Industrial Platform（www. actip. org）；The Food and Drug Administration（www. fda. gov）。

在动物细胞技术早期，一般培养原代细胞，例如：生产脊髓灰质炎疫苗的细胞取自猴肾，细胞培养几天后用病毒感染，扩增大量病毒用于制备疫苗。虽然动物细胞技术发展迅猛，大大降低了实验动物的用量，提高了生产效率，但由于原代细胞增殖能力有限，一般只能通过简单增加动物的数量来增加产量。而使用具有无限增殖潜力的细胞系，则使疫苗生产得到飞跃。某些来自人体或动物体内的细胞，在一定条件下的体外培养后，可以获得无限增殖的潜力，用它们来生产疫苗可以大大降低实验动物的用量。更为重要的是，用动物细胞体外大规模培养技术生产的疫苗可以保证质量，因为所用的细胞性质均一，经过严格的安全检验，克服了动物个体间的差异产生的疫苗质量不稳定的问题，并且大大降低了来自动物的病原体传染给使用者的可能性。用类似的细胞培养技术可生产酶、细胞因子、抗体等生物制品，而先决条件是能够获得可分泌目标蛋白的细胞系。但是，在基因工程技术出现之前，细胞表达蛋白的水平很低，因而用这种工艺生产蛋白制品产量低、成本高，因此早期的动物细胞技术只用于疫苗及少量的干扰素和尿激酶的生产。基因重组技术和杂交瘤技术大大促进了动物细胞技术的进步以及在工业领域的应用，使得动物细胞大规模培养技术在生产疫苗中越来越重要。

传统上一直把细胞培养产物用于人类和牲畜的病毒疫苗，这些疫苗至今已被大规模应用。口蹄疫是大规模动物细胞培养方法生产的主要产品之一。1983 年，英国 Wellcome 公司用于生产口蹄疫疫苗的细胞培养液高达 210 万升以上。其他产品如狂犬病、脊髓灰质炎和牛白血病等病毒疫苗，以及 HTLV-1 也是用这种方法生产的，不过其产量较低。美国 Genentech 公司应用 SV40 为载体，将乙肝疫苗表面抗原基因插入哺乳动物细胞内，已获得高效表达，制成乙肝疫苗，目前正在进行临床试验。

2. 单克隆抗体

单克隆抗体在体外诊断、体内造影、人和家畜的治疗以及工业上的应用日益广泛，需要量可达数百克。有些系统的单克隆抗体的需要量在今后几年内将迅速增加到几千克的数量级。为此，迫切需要更有效的生产方法。采用传统方法（小鼠或大鼠的腹水瘤培养法）生产单克隆抗体，已经不能适应实际需要。应用大规模细胞培养系统生产各种不同的单克隆抗体是经济可靠的方法。如英国 Celltech 公司采用 10L、100L 和 1000L 自动气升式培养系统，培养各种生产单克隆抗体的小鼠、大鼠和人的细胞株，生产各种单克隆抗体的产品。到目前为止，已成功地在 1000L 培养系统中，采用无血清培养液生产优质的单克隆抗体。法国输血中心大量制备可分辨 A 型、B 型和 AB 型的单抗血型诊断盒。1988 年，朱德厚等与上海血液中心合作，应用大规模动物细胞培养系统，生产抗 A 和抗 B 单克隆抗体作为血型定型试剂取得成功。中空纤维培养系统和大载体培养系统一次运转达 6 个月和 3 个月即可收获两种单克隆抗体效价在规定标准以上的产品达 50L，经过临床 11 万例的血型鉴定应用，无一例产生血型错判，达到 20 世纪 80 年代同类产品水平，并可节约人血 100L。

这一产品的推广应用和批量生产将有明显的社会效益和经济效益。其他一些国家先后制备成测定血和尿中的各种激素、特殊蛋白质、血型、各种药物、诊断细菌性或病毒性病原等的单克隆抗体诊断试剂盒。

3. 基因重组产品

重组蛋白质药物是指利用 DNA 重组技术生产的蛋白质。首先需鉴定具有药物作用活性的目的蛋白质，分离或合成编码该目的蛋白质的基因，然后将其插入合适的载体，转入宿主细胞（大肠杆菌等细菌、酵母或哺乳动物细胞），构建能高效表达目的蛋白质的菌种库或细胞库，最后扩大规模应用发酵罐或生物反应器进行发酵或细胞培养生产目的蛋白质。1977年，Hirose 和 Itakura 利用基因工程方法表达了人脑激素生长抑素，这是首次用基因工程方法生产具有药用价值的蛋白质，标志着基因工程药物开始走向实用阶段。

为什么选择动物细胞来生产生物制品呢？有多种宿主系统可供 DNA 重组技术选择，来表达目的蛋白。常见的宿主系统有：细菌、酵母、霉菌、丝状真菌、植物细胞、哺乳动物细胞以及动植物。各种表达系统各有利弊，主要应考虑产品的特性来选择。细菌等原核表达系统繁殖快、易于培养，但表达的蛋白质缺乏转录后的修饰，如缺乏蛋白质限制性酶切位点、二硫键、特殊的糖基化、磷酸化、酰胺化作用于及形成天然蛋白质精确的三维结构的环境等。而许多蛋白的生物活性与转录后的修饰有关，并且原核系统表达的蛋白一般为胞内产物，需要破碎细胞才能提取产物，给产物的分离纯化带来困难，同时还容易受到外源毒素的污染。而真核表达系统表达的蛋白具有转录后的修饰作用，与人体自身分泌的天然蛋白无论在结构和功能上都非常近似（因而美国 FDA 倾向在 21 世纪都采用真核表达系统生产蛋白质药物），几乎所有用原核细胞表达的蛋白均可采用真核表达系统生产，反之则不尽然。并且，用动物细胞表达系统表达的蛋白都是胞外分泌的，产物的分离纯化过程非常简单，但是由于细胞大规模培养技术比较复杂，目前仍处于发展完善阶段，因而许多重组蛋白仍选用原核表达系统生产。原核表达系统一般用于小分子、结构简单的蛋白生产，蛋白转录后无需修饰，如胰岛素。而真核表达系统主要用于生产大分子、结构复杂的蛋白，并且转录后的修饰对蛋白的生物活性具有重要影响，如组织型纤溶酶原激活剂（TPA）、促红细胞生成素等（EPO）。某些蛋白既可用原核表达系统，也可用真核表达系统来生产，如干扰素 α、人生长激素等，它们不需要转录后的修饰便具有生物活性。在这种情况下，应综合考察生产的经济成本和技术难易等因素来选择表达系统。表 11-8 列出了各种表达系统的优缺点。

表 11-8　生产重组蛋白的各种表达系统的特点

蛋白结构的正确性(正确折叠、二硫键正确配对等)	N 末端甲硫氨酸的去除	胞外分泌型产物	蛋白转录后的修饰，如糖基化	培养时间
不定	确定	不定	不定，但糖基化组成和结构与哺乳动物细胞表达的蛋白不同	几天
不定	不定	不定	没有	几十小时
不定	不定	极少	没有	几十小时
确定	确定	确定	有	几周～几月

目前已经批准上市的重组蛋白质药物主要包括六大类：细胞因子类、激素类、治疗心血管及血液病的活性蛋白质类、治疗和营养神经的活性蛋白质类、可溶性细胞因子受体类及导

向毒素类。而按蛋白质结构又可分为三类：①与人的多肽和蛋白质完全相同；②与人的多肽和蛋白质密切相关但在氨基酸序列或翻译后修饰上有一定的差异，生物活性或免疫原性有所改变；③与人的多肽和蛋白质较少相关或完全无关，如一些具有调节活性，但和已知人的多肽和蛋白质无同源性的多肽和蛋白质、双功能融合蛋白、经蛋白质工程改造和模拟的活性蛋白质等。截至 2002 年底，美国 FDA 通过了 234 种生物技术药物，大部分为重组蛋白质药物，但采用动物细胞生产的重组蛋白质药物数目不多，见表 11-9。

表 11-9　美国 FDA 批准临床使用的采用动物细胞生产的部分重组蛋白质药物（1996～2003 年 4 月）

商品名	学　名	宿主细胞	临床适应证	生　产　商	批准时间/年
Aldurazyme	Laronidase	CHO	Ⅰ型黏多糖增多症	Biomarin Pharmaceutical Inc.	2003
Amevive	Alefacept	CHO	慢性斑块性银屑病、关节炎	Biogen Inc.	2003
Aranesp	Darbepoetin alfa	CHO	肾性贫血	Amgen Inc.	2001
AVONEX	Inte rferon beta-1a	CHO	多发性硬化症	Biogen Inc.	1996
Bene Fix	Chagulation Factor Ⅸ	CHO	B 型血友病	Genetics Institute Inc.	1997
Cathflo Activase	Alteplase	CHO	中央静脉栓塞	Genentech Inc.	2001
Enbrel	Etanercept	CHO	类风湿关节炎	Immunex Corp.	1998
Fabrazyme	Agalsidase beta	CHO	法布里病（酰基鞘氨醇己三糖苷酶缺乏病）	Genzyme Corp.	2003
Kogenate FS	Artibemophilic Factor	BHK	A 性溶血症	Bayer Corp.	2000
Novo Seven	Coagulation Factor Ⅶa	BHK	血友病溶血症	Novo Nordisk A/S	1999
Rebif	Interferon betar-1a	CHO	多发性硬化症	Serono Inc.	2002
ReFacto	Antibe mopbilic Factor	CHO	A 型血友病	Genetics Institue Inc.	2000
TNKase	Tenecteplase	CHO	急性心肌梗死病人的溶栓治疗	Genetech Inc.	2000

而目前为止，中国批准上市的重组蛋白质药物已有 10 余种，多采用原核细胞和酵母细胞表达，利用哺乳动物细胞生产重组蛋白质药物则仍处于实验室和中试研究阶段。

昆虫细胞作为生产治疗性蛋白（如单克隆抗体）的一种潜在有效的方法正日益受到重视。目前开发昆虫细胞系的公司有 SmithKline（SB）公司和 Cystar 公司，他们认为利用昆虫细胞生产药用蛋白可能是有用而廉价的技术。

据 SB 公司称，他们的昆虫细胞优于哺乳动物细胞和细菌细胞培养物，因为不到 3 周时间即可在单个果蝇血细胞中插入某种基因的 1000 多个拷贝；而将同样数量的基因拷贝克隆到哺乳动物细胞则需要 6 个多月。

由昆虫细胞产生的蛋白还可通过基因工程方法适当折叠，并具有必需的糖基尾，因此能用于动物研究。SB 公司的昆虫细胞还能经改变后在无血清培养基上生长，故无需昂贵的生长因子，从而省却了从血清中分离蛋白产物所需的高成本的纯化步骤。此外，果蝇细胞还能用于检测作用物与果蝇体内受体之间的相互作用。目前，SB 公司除利用果蝇细胞来生产单克隆抗体外，还在生产受体分子、病毒抗原和免疫系统复合物。

SB 公司已经利用该技术生产了价值 500 万美元的巨噬细胞集落刺激因子。Cystar 公司正利用蝴蝶细胞生产人源化鼠单克隆抗体，用于治疗与自身免疫有关的疾病，如同种移植物排斥反应、类风湿性关节炎和多发性硬化症。目前他们公司拥有 15 种蝴蝶细胞系，并正在人源化这些制品。该公司的三种人源化单克隆抗体正在进行动物研究，它们是针对 CD2 的单克隆抗体 CS2.2、CD58（抗原呈递细胞上的 CD2 配体）的单链单克隆抗体 CS3.1 和全长抗 CD29 单克隆抗体 K20。前二者用大肠杆菌制备，后者利用杆状病毒表达载体在蝴蝶细胞中产生。

另外，Cystar 公司还利用蝴蝶细胞制备鼠抗 CD11 亚单位单克隆抗体，用该单克隆抗体治疗再灌注损伤和出血性休克。

第二节 植物细胞培养技术及其应用

一、植物细胞培养技术的发展概况

植物细胞培养的概念是 20 世纪初期提出来的。100 多年来，植物细胞培养无论是在理论研究还是在应用研究中都取得了巨大的进展。归纳起来，植物细胞培养的发展经历了三个阶段，即基础研究阶段、技术储备阶段和高速发展阶段。

1. 植物细胞培养的基础理论发展阶段

植物细胞培养的理论基础主要有两点：其一是细胞学说；其二是植物细胞的全能性理论。

19 世纪 30 年代，施旺（Schwann）和施莱登（Schleiden）创立了细胞学说，认为细胞是生物体的基本构成单位，并认为在与生物体内相同的生理条件下，每个细胞都能独立生存和发展。

1902 年，哈勃兰德（Haberlandt）根据细胞学说提出了植物细胞全能性概念，认为植物细胞具有再生成完整植株的潜在全能性，首次提出分离植物单细胞并将其培养成为植株的设想。

1934 年，温特（Went）发现了第一种植物生长素——吲哚乙酸（IAA）。其后一系列植物生长素，如吲哚丁酸（IBA）、萘乙酸（NAA）、2,4-二氯苯氧乙酸（2,4-D）等相继被发现。生长素是一类能够促进细胞生长的含有苯环的化合物，在植物组织和细胞培养领域广泛应用。它与分裂素一起对细胞的生长、分裂、分化、发育、新陈代谢等方面起调节控制作用。

1943 年，怀特（White）正式提出植物细胞全能性理论，认为每个植物细胞具有母株植物的全套遗传信息，具有发育成完整植株的能力。并且进行了番茄根培养研究，通过根尖培养获得了无性繁殖系。

1954 年，缪尔（Muir）首次进行了植物细胞的悬浮培养，成功地由经过无菌处理的冠瘿组织的悬浮培养物中分离得到单细胞，并通过看护培养使细胞生长分裂，从而创立了单细胞培养的看护培养技术。

1956 年，米勒（Miller）等在鲱鱼精子中发现了具有强力促进植物细胞分裂和出芽作用的腺嘌呤衍生物——激动素（kinetin）。其后，其他的分裂素，如玉米素（ZT）、6-苄基腺嘌呤（6-BA）等陆续被发现。从此，生长素与分裂素在植物细胞培养中广泛使用。对植物组织培养和细胞培养的发展起着极大的推动作用。

1958 年，斯特瓦德（Steward）从胡萝卜韧皮部诱导得到愈伤组织，再分离获得单细胞，经过分化培养，形成了再生植株，通过完整的实验证实了植物细胞具有全能性。

经过了 50 多年的研究，在原来的细胞学说的基础上，提出并且通过完整的实验证明了植物细胞具有全能性。从植物外植体中可以分离出植物细胞，植物细胞具有母体植株的全套遗传信息，可以在一定的条件下，分化发育形成新的植株。发现并阐明了植物生长激素对细胞生长、分裂的作用，分裂素和生长素两种激素的比例对细胞的生长、分裂、分化、发育起着重要的调节控制作用。分裂素与生长素的比例高时，有利于出芽；比例低时，有利于生根；比例适当时，维持细胞生长繁殖而不分化。这些基础研究成果，为植物组织培养和植物细胞培养的发展打下了坚实的基础，创造了有利的条件。

2. 植物细胞培养的基本技术发展阶段

20 世纪 80 年代以前，植物组织培养的概念是指从植物体中取出器官、组织、细胞、原生质体等，然后模拟机体的生理条件，在体外进行培养，使之生存、形成组织或长成植株的技术过程。即植物细胞培养当时包括在植物组织培养的范围内，并没有独立的植物细胞培养的概念。

20 世纪 60 年代以来，植物组织培养技术及其应用迅速发展，许多现今在植物组织培养和植物细胞培养中常用的培养基，都是在 60 年代、70 年代设计和配制的。

1962 年，穆拉辛格（Murashinge）和斯库格（Skoog）为烟草细胞培养而设计了 MS 培养基。其主要特点是无机盐浓度较高，为较稳定的离子平衡溶液。其营养成分的种类和比例较为适宜，可以满足植物细胞的营养要求，其中硝酸盐（硝酸钾、硝酸铵）的浓度比其他培养基高。广泛应用于植物细胞、组织和原生质体培养。LS 和 RM 培养基是在其基础上演变而来的。

1968 年甘伯尔格（Gamborg）等为大豆细胞培养而设计了 B_5 培养基。其主要特点是铵的浓度较低，适用于双子叶植物特别是木本植物的组织、细胞培养。

1974 年设计了适用于原生质体培养的 KM-8P 培养基。其特点是有机成分的种类较全面，包括多种单糖、维生素和有机酸，在原生质体培养中广泛应用。

1970 年设计了适合烟草等原生质体的培养的 NT 培养基。特别适用于烟草叶原生质体的培养。

1974 年朱至清为水稻等禾谷类作物的花药培养设计了 N_6 培养基。其特点是成分较为简单，氮源（硝酸钾和硫酸铵）的含量高。已广泛用于禾谷类植物的花药培养和组织培养。

各种植物组织和细胞培养基的设计和应用，使植物组织培养走向大规模开发应用的阶段。

用于组织培养的植物组织包括根、茎、叶、花、未成熟的果实、种子和愈伤组织等。可以根据具体情况，选用适宜的组织、器官作为外植体。

常用的植物组织培养有茎尖培养、芽尖培养、根尖培养、花器培养、发状根培养等。其中茎尖培养、芽尖培养、根尖培养是植物快速繁殖的常用方法；花器培养和茎尖培养是获得无病毒植株的重要途径。

1960 年，莫雷尔（Morel）采用一种兰花（*Cymbindium*）的茎尖培养，实现了快速繁殖和去病毒两个目的，推动世界上许多国家兴起并发展了兰花工业。现在，兰科植物中的几十个属都可以采用组织培养进行试管苗的工厂化生产。此外，水稻、马铃薯等作物，葡萄、香蕉、菠萝、草莓、木瓜等水果，玫瑰、郁金香等花卉等都实现了工厂化育苗。

随着培养基的研制和培养技术的发展，植物组织培养技术已经成为农业高新技术中最重要、最活跃的领域。

植物组织培养与植物细胞培养在理论基础、培养技术、培养基等方面有许多相同之处，所以植物组织培养的发展客观上为植物细胞培养的迅速发展提供了良好的技术储备，为植物细胞培养的产生和发展奠定基础。

3. 植物细胞培养应用发展阶段

植物细胞培养是从植物体中获得植物细胞，然后在一定的条件下培养，以获得所需的细胞或各种产物的技术过程。

植物细胞培养是在植物组织培养的基础上发展起来的技术。其基本理论和基本技术与植物组织培养大同小异。主要的不同点在于植物细胞培养的对象是各种形式的植物细胞，其主要目的是获得各种植物细胞和所需的各种代谢产物。

1956年，尼克尔（Nichell）和劳廷（Routin）提出了植物细胞培养生产化合物的第一个专利申请。表明植物细胞培养有可能用于次级代谢物的生产。

20世纪60年代以来，植物组织培养的迅速发展为植物细胞培养奠定了技术基础。各种植物细胞培养基的设计、植物细胞生物反应器的研制、植物细胞培养动力学研究、植物细胞培养生产次级代谢物的调节控制理论与应用等方面的研究都取得显著进展，植物细胞培养已经建立起专门技术，逐步形成新的学科体系。

1979年，国际组织培养协会专业术语委员会建议将组织培养和细胞培养的概念加以区分。以此为契机，20世纪80年代以来植物细胞培养进入了高速发展阶段。

植物组织培养与植物细胞培养之间关系密切，不可能也没有必要进行严格的区分。一般说来，以各种植物的器官和组织，如根、茎、叶、花、未成熟的果实、种子、愈伤组织等为培养对象的培养技术属于植物组织培养。而以各种形式的植物细胞，如脱分化的薄壁细胞（愈伤组织）、单细胞、单倍体细胞、原生质体、小细胞团、固定化细胞等为培养对象的培养技术属于植物细胞培养。其中愈伤组织既是一种植物组织又是一种植物细胞，所以愈伤组织培养既属于组织培养又属于细胞培养。

在培养目的方面，植物组织培养主要用于形成组织和再生成植株，而植物细胞培养主要用于次级代谢物的生产。然而，这也不是绝对的。植物组织培养也可以用于生产各种次级代谢产物，例如，发状根培养就可以在生物反应器中生产各种次级代谢物，这方面的研究不少，并取得显著进展。植物细胞培养除了生产次级代谢物以外，还可以利用植物细胞进行生物转化，将外源底物转化为所需的产物，也可以通过植物细胞培养进行种质保存、人工种子制备和进行植株的快速繁殖等。

利用植物的细胞培养进行植物有效成分的生产发展较晚。原因是人们一直认为未分化的植物细胞（比如愈伤组织和悬浮的植物细胞）同分化的细胞和特殊的植物器官不同，不具有产生次生代谢产物的能力。到20世纪70年代人们还看不到利用植物细胞培养进行天然产物生产的潜力。目标代谢产物产量低（通常小于细胞干重的1%），且植物细胞的生长缓慢是制约这一技术发展的主要原因；此外，在当时植物细胞所特有的生理生化特征还没有被认知，人们单纯地模拟培养微生物的条件来培养植物细胞也影响了该技术的发展；另外，当时有效成分的分析手段落后也限制了该领域的发展。70年代后，该技术开始有所发展，利用植物细胞培养生产一些药用有效成分已经在工业上获得了成功。据80年代末期的统计表明，当时全世界有40多种资源植物的次生代谢细胞工程的研究获得成功，悬浮培养体系中次生代谢物质的产量达到或超过整株植物的产量，研究达到中试水平。其中培养紫草细胞生产紫草宁的成功比较令人瞩目，1984年日本的Mitsui石化公司利用紫草的细胞培养生产紫草宁，规模达到750L，产物最终浓度达到1400mg/L。

20世纪90年代至今，利用植物细胞工程进行天然产物的生产进入了一个新的发展阶段，它与基因工程、快速繁殖形成了三大主流。90年代全世界已经有1000多种植物被进行过细胞培养方面的研究。利用植物细胞培养生产的植物次生代谢产物包括药用成分、香料、色素、杀菌剂等，已经成功地培养出了紫草宁、人参皂苷、紫杉醇、阿马里新、花青素、青蒿素、长春花碱等一系列的天然植物次生代谢物质。同时也探索出了悬浮培养、固定化培养、两相培养、高密度培养以及与基因工程相结合的一系列培养方法。目前，利用植物细胞培养生产天然的植物成分主要致力于高产细胞株的筛选、悬浮培养技术中培养条件的优化、细胞固定化培养以及利用基因工程手段培育高产细胞系等。迄今为止，已经从 400 多种植物中分离出细胞，并通过细胞培养，获得 600 多种人们所需的各种化合物。

　　植物是各种天然产物的主要来源，以往大多数是采用各种生化分离技术直接从植物中提取分离这些物质。与提取分离法相比，植物细胞培养生产次级代谢物具有提高产率、缩短周期、提高产品质量等显著特点，而且不占用耕地、不受地理环境和气候条件等的影响。为此，发展植物细胞培养技术，生产各种植物来源的有重要应用价值的天然产物，对于农业产品的工业化生产具有深远的意义。

二、植物细胞培养的特性及营养

（一）植物细胞的特性

　　细胞是生命活动的基本单位。除了病毒以外，其他的所有生物体均由细胞构成。各种细胞的共同特点是可以进行自我复制和新陈代谢。然而不同的细胞又具有各自不同的特性。植物细胞与微生物细胞、动物细胞一样，都可以在人工控制条件的生物反应器中生长、繁殖，生产人们所需的各种产物。然而植物细胞与微生物、动物细胞比较，在细胞体积、倍增时间、营养要求、对光照的要求、对剪切力的敏感程度以及人们进行细胞培养的主要目的产物等方面的特性都有所不同，如表 11-10 所示。

表 11-10　植物、微生物、动物细胞的特性比较

特　　性	植 物 细 胞	微 生 物 细 胞	动 物 细 胞
细胞大小/μm	20～300	1～10	10～100
倍增时间/h	>12	0.3～6	>15
营养要求	简单	简单	复杂
光照要求	大多数要求光照	不要求	不要求
对剪切力	敏感	大多数不敏感	敏感
主要产物	色素、药物、香精、酶、多肽等次级代谢物	醇、有机酸、氨基酸、抗生素、核苷酸、酶等	疫苗、激素、单克隆抗体、多肽、酶等功能蛋白质

　　从表 11-10 中可以看到，植物细胞与动物细胞及微生物细胞之间的特性差异主要有：

　　（1）植物细胞的形态虽然根据细胞种类、培养条件和培养时间的不同有很大的差别，但是都比微生物细胞大得多，体积比微生物细胞大 $10^3 \sim 10^6$ 倍；一般植物细胞的体积也比动物细胞大。植物细胞在分批培养过程中，细胞形态会随着培养时间的不同而改变，一般在分批培养的初期，细胞体积较大；随着进入旺盛生长期，细胞进行分裂，使体积变小，并且容易聚集成细胞团；进入生长平衡期后，细胞伸长，体积变大，细胞团比较容易分散成单个细胞。例如，烟草细胞在培养初期平均长度为 $93\mu m$，随着培养的进行，细胞分裂，平均长度缩短到 $50\mu m$，细胞容易聚集成细胞团。进入平衡期后，细胞长度又变为 $90\sim100\mu m$。

　　（2）植物细胞的生长速率和代谢速率比微生物低，生长倍增时间较微生物长；生产周期也比微生物长。植物细胞的平均倍增时间都在 12h 以上，比微生物长得多。例如，烟

草细胞的倍增时间约为 20h，胡萝卜细胞的倍增时间约为 33h，酵母平均倍增时间 1.2h，大肠杆菌却只有 20min。而细菌和酵母细胞的一般生产周期 1～2d，霉菌细胞生产周期 4～7d。

（3）植物细胞和微生物细胞的营养要求较为简单，而动物细胞的营养要求复杂。

（4）植物细胞具有群体生长特性，单细胞难以生长、繁殖。所以在植物细胞培养时，接种到培养基中的植物细胞需要达到一定的浓密度，才有利于细胞培养。

（5）植物细胞容易结成细胞团。由于有这个特性，所以一般所说的植物细胞悬浮培养主要是指小细胞团悬浮培养。

（6）植物细胞与动物细胞、微生物细胞的主要不同点之一，是大多数植物细胞的生长以及次级代谢物的生产要求一定的光照强度和光照时间，并且不同波长的光具有不同的效果。在植物细胞大规模培养过程中，如何满足植物细胞对光照的要求，是反应器设计和实际操作中要认真考虑并有待研究解决的问题。

（7）植物细胞与动物细胞一样，对剪切力敏感，这在生物反应器的研制和培养过程通风、搅拌方面要严加控制。相比之下，微生物细胞，尤其是细菌对剪切力具有较强的耐受能力。植物细胞和微生物、动物细胞用于生产的主要目的产物各不相同。植物细胞主要用于生产色素、药物、香精和酶等次级代谢物；微生物主要用于生产醇类、有机酸、氨基酸、核苷酸、抗生素和酶等；而动物细胞主要用于生产疫苗、激素、抗体、多肽生长因子和酶等功能蛋白质。

（二）植物细胞培养技术的特点

植物细胞培养技术的特点是利用植物细胞的体外培养生产有价值的天然产物，与大田生产相比有如下优点：①不受地区、季节、土壤及有害生物的影响；②代谢产物的生产完全在人工控制条件下进行，可以通过改变培养条件和选择优良培养体系得到超整株植物产量的代谢产物；③有利于细胞筛选、生物转化、寻找新的有效成分；④减少大量用于种植原料的农田，以便进行粮食作物的生产；⑤有利于研究植物的代谢途径，还可以利用基因工程手段探索或创造新的合成路线，得到新的有价值的物质。

（三）植物细胞的培养方法

植物细胞培养的方法多种多样，按照培养基的不同可以分为固体培养和液体培养。其中液体培养又可以按照培养方式的不同分为液体薄层静止培养和液体悬浮培养等。

固体培养是指细胞在含有琼脂的固体培养基上生长繁殖的培养过程。植物细胞培养所使用的固体培养基除了含有植物细胞生长繁殖所需的各种组分以外，还含有 0.7%～0.8% 的琼脂，培养基呈半固体状态。固体培养在愈伤组织的诱导和继代培养、细胞和小细胞团的筛选、诱变、单细胞培养和原生质体培养等方面广泛使用。

液体薄层静止培养是将接种有单细胞的少量液体培养基置于培养皿中，形成一薄层，在静止条件下进行培养，使细胞生长繁殖的培养过程。在单细胞培养中使用。

液体悬浮培养是指细胞悬浮在液体培养基中进行培养的过程。植物细胞生产次级代谢物的过程，以及通过植物细胞进行生物转化将外源底物转化为所需产物的过程，通常是在生物反应器中采用液体悬浮培养技术进行。按照培养对象的不同，植物细胞培养可以分为愈伤组织培养、单细胞培养、单倍体细胞培养、原生质体培养、固定化细胞培养、小细胞团培养等，如表 11-11 所示。

表 11-11　植物细胞培养的各种方法

培养方法	培 养 基	培养对象	用　　途
愈伤组织培养	固体培养基	愈伤组织	获得大量、优良的愈伤组织和小细胞团,用于种子保存和植物细胞的液体悬浮培养等
单细胞培养	固体培养基,条件培养基,液体培养基	植物单细胞	使单细胞分裂、生长、繁殖,获得由单细胞形成的细胞团和细胞系,研究单细胞的分裂、生长、繁殖、分化、发育的过程等
单倍体细胞培养	固体培养基	花药细胞	使单倍体细胞,主要是植物雄性生殖细胞(花药)发育成胚状体,分裂、生长为单倍体植株或纯合二倍体植株,在植物的育种中广泛使用
原生质体培养	液体培养基,固体培养基	植物原生质体	由原生质体形成细胞系;进行原生质体融合或基因转移,获得具有优良遗传特性的新细胞;固定化原生质体生产胞内产物;分化成完整的植株等
固定化细胞培养	液体培养基	固定化细胞	植物细胞外次级代谢产物的生产;进行生物转化,将外源底物转化为所需的产物;人工种子的制造等
小细胞团培养	液体培养基,固体培养基	小细胞团	在生物反应器中进行大规模悬浮培养,以获得所需的各种次级代谢物,进行生物转化;在固体培养基上培养,用以种质保存,分化成为完整的植株等

（四）植物细胞培养基

培养基是指人工配制的用于细胞生长、繁殖和代谢产物生成、积累的各种营养物质的混合物。按照培养基的流动性不同，可以分为液体培养基和固体培养基两大类。固体培养基是在液体培养基的基础上加进一定量的琼脂制成。用于微生物培养的固体培养基一般加入 1.5% 左右的琼脂，而用于植物细胞培养的固体培养基一般加入 0.7%～0.8% 的琼脂制成半固体状态。

在培养基的设计和配制时，应当根据细胞的特性和要求，特别注意各种组分的种类和含量，以满足细胞生长、繁殖和新陈代谢的需要，并调节至适宜的 pH。还必须注意到，有些细胞在生长繁殖阶段和生产代谢物的阶段所要求的培养基有所不同，必须根据需要配制不同的生长培养基和生成培养基。

1. 植物细胞培养基的基本成分

植物细胞培养生产次级代谢物的培养基多种多样，其组分比较复杂，但是培养基一般都含有碳源、氮源、无机盐和生长因子等几大类组分。

（1）碳源　碳源是指能够为细胞提供碳素化合物的营养物质。在一般情况下，碳源也是为细胞提供能量的能源。

碳是构成细胞的主要元素之一，也是所有植物次级代谢物的重要组成元素。所以碳源是必不可少的营养物质。

在植物细胞培养生产次级代谢物的过程中，首先要从细胞的营养要求和代谢调节方面考虑碳源的选择，此外还要考虑到原料的来源是否充裕、价格是否低廉、对发酵工艺条件和产物的分离纯化有否影响等因素。

不同的细胞对碳源的利用有所不同，在配制培养基时，应当根据细胞的营养需要而选择不同的碳源。植物细胞主要采用蔗糖为碳源；具有叶绿体的植物和藻类可以利用二氧化碳为碳源等。

在植物细胞培养生产次级代谢物的过程中，除了根据细胞的不同营养要求以外，还要充分注意到某些碳源对次级代谢物的生物合成具有代谢调节的功能，主要包括酶生物合成的诱导作用以及分解代谢物阻遏作用。

（2）氮源　氮源是指能向细胞提供氮元素的营养物质。

氮元素是各种细胞中蛋白质、核酸等组分的重要组成元素之一，也是生物碱等次级代谢物的组成元素。氮源是植物细胞生长、繁殖和生物碱等次级代谢物的生成和积累所必不可少的营养物质。

氮源可以分为有机氮源和无机氮源两大类。有机氮源主要是各种蛋白质及其水解产物，例如，酪蛋白、豆饼粉、花生饼粉、蛋白胨、酵母膏、牛肉膏、蛋白水解液、多肽、氨基酸等。无机氮源是各种含氮的无机化合物，如氨水、硫酸铵、磷酸铵、硝酸铵、硝酸钾、硝酸钠等铵盐和硝酸盐等。

不同的细胞对氮源有不同的要求，应当根据细胞的营养要求进行选择和配置。一般说来，动物细胞要求有机氮源；植物细胞主要使用无机氮源；微生物细胞中，异养型细胞要求有机氮源，自养型细胞可以采用无机氮源，也可以采用含有有机氮源和无机氮源的混合氮源。

植物细胞培养基通常采用一定量的硝酸盐和铵盐作为混合无机氮源，铵盐和硝酸盐的比例对植物细胞的生长和新陈代谢有显著的影响。在设计和配制时应该充分注意。在植物细胞培养过程中，必要时可以添加一定量的有机氮源，如酪蛋白水解物、酵母提取液等，以促进细胞生长繁殖和新陈代谢。

此外，碳和氮两者的比例，即碳氮比（C/N），对细胞生长和某些次级代谢物的产量有显著影响。所谓碳氮比一般是指培养基中碳元素（C）的总量与氮元素（N）总量摩尔比。可以通过测定和计算培养基中碳素和氮素的摩尔含量而得出。有时也采用培养基中所含的碳源总量和氮源总量之比来表示碳氮比。这两种比值是不同的，有时相差很大，在使用时要注意。

（3）无机盐　无机盐的主要作用是提供细胞生命活动所必不可缺的各种无机元素，并对细胞内外的 pH、氧化还原电位和渗透压起调节作用。

不同的无机元素在细胞的生命活动中作用有所不同。有些是细胞的主要组成元素，如磷、硫等；有些是酶分子的组成元素，如磷、硫、锌、钙等；有些作为酶的激活剂调节酶的活性，如钾、镁、锌、铜、铁、锰、钙、钼、钴、氯、溴、碘等；有些则对 pH、氧化还原电位、渗透压等起调节作用，如钠、钾、钙、磷、氯等。

根据细胞对无机元素需要量的不同，无机元素可以分为大量元素和微量元素两大类。大量元素主要有磷、硫、钾、钠、钙、镁等；微量元素是指细胞生命活动必不可少，但是需要量微小的元素，主要包括铜、锰、锌、钼、钴、溴、碘等。微量元素的需要量很少，过量反而对细胞的生命活动有不良影响，必须严加控制。

无机元素是通过在培养基中添加无机盐来提供的。一般采用添加水溶性的硫酸盐、磷酸盐、盐酸盐或硝酸盐等。有些微量元素在配制培养基所使用的水中已经足量，不必再添加。

（4）生长因素　生长因素是指细胞生长繁殖所必需的微量有机化合物。主要包括各种氨基酸、嘌呤、嘧啶、维生素以及生长激素等。氨基酸是蛋白质和多肽的组分；嘌呤、嘧啶是核酸和某些辅酶或辅基的组分；维生素主要起辅酶作用；生长激素则分别对细胞的生长、分裂和代谢起调节作用。有的细胞可以通过自身的新陈代谢合成所需的生长因素，有的细胞属营养缺陷型细胞，本身缺少合成某一种或某几种生长因素的能力，需要在培养基中添加所需的生长因素，细胞才能正常生长、繁殖和新陈代谢。

植物生长激素又称为植物生长调节剂，包括生长素、分裂素、赤霉素、脱落酸、乙烯 5大类。生长素（auxin）是一类对植物细胞的生长和生根起促进作用的化合物，常用的有萘乙酸（NAA）、吲哚乙酸（IAA）、2,4-二氯苯氧乙酸（2,4-D），此外还有 2,4,5-三氯苯氧乙酸（2,4,5-T）、4-氨基-3,5,6-三氯吡啶羧酸等。分裂素是促进细胞分裂和出芽的腺嘌呤衍生物，常用的有激动素（6-呋喃氨基嘌呤，KT）、玉米素（6-异戊烯腺嘌呤，ZT）、6-苄基腺嘌呤（6-BA）等。赤霉素（gibberellin）是促进植物出芽、长苗的一类含有赤霉烷（gibberellane）基本结构的萜类物质，在植物快速繁殖中广泛使用，常用的有赤霉酸（GA）等。脱落酸（abscisic acid，ABA）是控制植物落叶、休眠的一类物质。乙烯和乙烯利是控制植物果实成熟的化合物。它们在植物的生命活动中具有重要作用，但在植物细胞培养中基本上不使用。

在植物细胞培养生产次级代谢物过程中最常用的植物生长激素是生长素和分裂素。生长素和分裂素的种类、含量及其比例都对植物细胞的生长、繁殖、分化、发育和新陈代谢起着重要调节控制作用。一般说来，分裂素与生长素的比例高的时候，细胞容易分化出芽；比例低的时候，容易分化生根；在比例适当的时候，细胞可以维持生长、繁殖而不分化。在培养基的设计和配制中应当多加注意。

2. 几种常用的植物细胞培养基

植物细胞培养基种类多种多样，现将常用的几种培养基的组成介绍如下（见表 11-12）。

表 11-12　几种常用植物细胞培养基的组成

组　分	MS		B$_5$		SH		N$_6$	
大量元素	mg/L	mmol/L	mg/L	mmol/L	mg/L	mmol/L	mg/L	mmol/L
NH$_4$NO$_3$	1650	20.6						
KNO$_3$	1900	18.8	2500	25	2500	25	2830	28
CaCl$_2$·2H$_2$O	440	3.0	150	1.0	200	1.4	166	1.1
MgSO$_4$·7H$_2$O	370	1.5	250	1.0	400	1.6	185	0.75
KH$_2$PO$_4$	170	1.25					400	2.94
NaH$_2$PO$_4$·H$_2$O			150	1.1	125	0.9		
(NH$_4$)$_2$SO$_4$			134	2.0			463	6.6
KCl					750	19.0		
微量元素	mg/L	μmol/L	mg/L	μmol/L	mg/L	μmol/L	mg/L	μmol/L
KI	0.83	5.0	0.75	4.5	1.0	6.0	0.8	4.8
H$_2$BO$_3$	6.2	100	3.0	50	5.0	80	1.6	26
MnSO$_4$·H$_2$O	15.6	92.5	10	60	10	60	3.3	19.5
ZnSO$_4$·7H$_2$O	8.6	30	2.0	7.0	1.0	3.5	1.5	5.2
NaMoO$_4$·7H$_2$O	0.25	1.0	0.25	1.0	0.25	1.0		
CuSO$_4$·5H$_2$O	0.025	1.0	0.025	0.1	0.02	0.1		
CoCl$_2$·6H$_2$O	0.025	0.1	0.025	0.1				
FeSO$_4$·7H$_2$O	27.8	100	27.8	100	15	55	27.8	100
Na$_2$-EDTA	37.3	100	37.3	100	20	55	37.3	100
蔗糖/(g/L)	30		20		30		50	
pH	5.7		5.5		5.8		5.8	

（1）MS 培养基　MS 培养基是 1962 年由穆拉辛格（Murashinge）和斯库格（Skoog）为烟草细胞培养而设计的培养基。无机盐浓度较高，为较稳定的离子平衡溶液。其营养成分的种类和比例较为适宜，可以满足植物细胞的营养要求，其中硝酸盐（硝酸钾、硝酸铵）的

浓度比其他培养基高。广泛应用于植物细胞、组织和原生质体培养，效果良好。LS 和 RM 培养基是在其基础上演变而来的。

（2）B_5 培养基　B_5 培养基是 1968 年甘伯尔格（Gamborg）等为大豆细胞培养而设计的培养基。其主要特点是铵的浓度较低，适用于双子叶植物特别是木本植物的组织、细胞培养。

（3）White 培养基　White 培养基是 1934 年由 White 为番茄根尖培养而设计的培养基。1963 年作了改良，提高了培养基中 $MgSO_4$ 的浓度，增加了微量元素硼（B）。其特点是无机盐浓度较低，适用于生根培养。

（4）KM-8P 培养基　KM-8P 培养基是 1974 年为原生质体培养而设计的培养基。其特点是有机成分的种类较全面，包括多种单糖、维生素和有机酸，在原生质体培养中广泛应用。

（5）NT 培养基　NT 培养基是 1970 年设计的适用于烟草等原生质体培养的培养基。

（6）N_6 培养基　N_6 培养基是 1974 年朱至清为水稻等禾谷类作物的花药培养而设计的培养基。其特点是成分较为简单，氮源（硝酸钾和硫酸铵）的含量高。已广泛用于禾谷类植物的花药培养和组织培养。

3. 植物细胞培养基的配制

植物细胞培养基的组成成分较多，各组分的性质和含量各不相同。为了减少每次配制培养基时称取试剂的麻烦，同时为了减少微量试剂在称量时造成的误差，通常将各种组分分成大量元素液、微量元素液、维生素溶液和植物激素溶液等几个大类，先配制成 10 倍或者 100 倍浓度的母液，放在冰箱保存备用。在使用时，吸取一定体积的各类母液，按照比例混合、稀释，制备得到所需的培养基（表 11-13～表 11-16）。

表 11-13　MS 和 B_5 培养基的组成

组　　分	MS 培养基	B_5 培养基	组　　分	MS 培养基	B_5 培养基
碳源	蔗糖 30g/L	蔗糖 20g/L	铁盐	MFe 液 10ml/L	B_5Fe 液 10ml/L
大量元素	MS_1 液 100ml/L	B_5L 液 100ml/L	维生素	MB^+ 液 10ml/L	B_5V 液 10ml/L
微量元素	MS_2 液 10ml/L	B_5M 液 10ml/L	pH	5.7	5.5

表 11-14　MS 和 B_5 培养基中大量元素母液（10 倍浓度）的组成

组　　分	MS_1 液/(g/L)	B_5L 液/(g/L)	组　　分	MS_1 液/(g/L)	B_5L 液/(g/L)
KNO_3	19.0	25.0	$MgSO_4 \cdot 7H_2O$	3.7	2.5
NH_4NO_3	16.5	—	KH_2PO_4	1.7	—
$(NH_4)_2SO_4$	—	1.34	NaH_2PO_4	—	1.5
$CaCl_2 \cdot 2H_2O$	4.4	1.5			

表 11-15　MS 和 B_5 培养基中微量元素母液（100 倍浓度）的组成

组　　分	MS_2 液/(g/L)	B_5M 液/(g/L)	组　　分	MS_2 液/(g/L)	B_5M 液/(g/L)
H_2BO_3	0.62	0.30	$CuSO_4 \cdot 5H_2O$	0.0025	0.0025
$MgSO_4 \cdot H_2O$	1.56	1.0	$CoCl_2 \cdot 6H_2O$	0.0025	0.0025
$ZnSO_4 \cdot 7H_2O$	0.86	0.2	KI	0.083	0.075
$Na_2MoO_4 \cdot 2H_2O$	0.025	0.025			

表 11-16　MS 和 B_5 培养基中铁盐母液（100 倍浓度）的组成

组　　分	MFe 液/(g/L)	B_5Fe 液/(g/L)
$FeSO_4 \cdot 7H_2O$	2.78	2.78
Na_2-EDTA	3.73	3.73

（1）大量元素母液　即是含有 N、P、S、K、Ca、Mg、Na 等大量元素的无机盐混合液。由于各组分的含量较高，一般配制成 10 倍浓度的母液。在使用时，每配制成 1000ml 培养液，吸取 100ml 母液。在配制母液时，要先将各个组分单独溶解，然后按照一定的顺序一边搅拌，一边混合，特别要注意将钙离子（Ca^{2+}）与硫酸根、磷酸根离子错开，以免生成硫酸钙或磷酸钙沉淀。

（2）微量元素母液　即含有 B、Mn、Zn、Co、Cu、Mo、I 等微量元素的无机盐混合液。由于各组分的含量低，一般配制成 100 倍浓度的母液。在使用时，每配制 1000ml 培养液，吸取 10ml 母液。

（3）铁盐母液　由于铁离子与其他无机元素混在一起放置时，容易生成沉淀，所以铁盐必须单独配制成铁盐母液。铁盐一般采用螯合铁（Fe-EDTA）。通常配制成 100 倍（或者 200 倍）浓度的铁盐母液，在使用时，每配制 1000ml 培养液，吸取 10ml（或者 5ml）铁盐母液。在 MS 和 B_5 培养基中，铁盐浓度为 0.1mmol/L。若配制 100 倍浓度的铁盐母液，即配制 10mmol/L 铁盐母液，可以用 2.78g $FeSO_4 \cdot 7H_2O$ 和 3.73g Na_2-EDTA 溶于 1000ml 水中，在使用时，每配制 1000ml 培养液，吸取 10ml 母液。

（4）维生素母液　是各种维生素和某些氨基酸的混合液。一般配制成 100 倍浓度的母液。在使用时，每配制 1000ml 培养液，吸取 10ml 母液。

（5）植物激素母液　各种植物激素单独配制成母液，一般浓度为 100mg/L，使用时根据需要取用。由于大多数植物激素难溶于水，需要先溶于有机溶剂或者酸、碱溶液中，再加水定容到一定的浓度。它们的配制方法如下：

① 2,4-D（2,4-二氯苯氧乙酸）母液　称取 2,4-D 10mg，加入 2ml 95％乙醇，稍加热使之完全溶解，（或者用 2ml 1mol/L 的 NaOH 溶解后）加蒸馏水定容至 100ml。

② IAA（吲哚乙酸）母液　称取 IAA 10mg，溶于 2ml 95％乙醇中，再用蒸馏水定容至 100ml。IBA（吲哚丁酸）、GA（赤霉酸）母液的配制方法与此相同。

③ NAA（萘乙酸）母液　称取 NAA 10mg，用 2ml 热水溶解后，定容至 100ml。

④ KT（激动素）母液　称取 KT 10mg，溶于 2ml 1mol/L 的 HCl 中，用蒸馏水定容至 100ml。BA（苄基腺嘌呤）母液的配制方法与此相同。

⑤ 玉米素母液　称取玉米素 10mg，溶于 2ml 95％的乙醇中，再加热水定容至 100ml。

（6）液体培养基的配制　液体培养基的配制一般经过下列步骤：

① 设计好培养基组分的种类和比例　不同的细胞有不同的营养要求；相同的细胞在用于不同产物的生产时，对培养基的要求亦有所不同；在不同的培养阶段，培养基也可能不一样，在生长阶段要采用生长培养基，在次生代谢物产生阶段，要采用生产培养基等，需要根据细胞生长繁殖的营养要求设计或选用不同的培养基配方。

② 将母液进行混合　将上述预先配制好各种母液按照培养基配方进行混合。混合时要按照一定的顺序，先吸取大量元素母液，再依次加入微量元素母液、铁盐母液、蔗糖、维生素母液、植物生长激素母液等，将混合液调节至所需 pH，最后用蒸馏水定容至所需体积。

③ 培养基的灭菌处理　培养基在配制时必须进行灭菌处理，以杀灭培养基中的微生物，保证植物细胞培养不受污染。植物细胞培养基的灭菌不是在全部配置好后再进行，而是首先加入大量元素母液、微量元素母液、铁盐母液和蔗糖，溶解混匀后，进行加热灭菌，冷却后再加入单独除菌处理的维生素母液和植物生长激素母液。维生素和植物生长激素在高温下容易破坏，所以维生素母液和植物生长激素母液通常采用超滤膜进行过滤除菌。

三、提高植物细胞培养中药物产量的方法

自 20 世纪 70 年代以来，利用植物细胞培养生产药物的研究取得了飞速发展。已对 400 多种植物进行了细胞培养研究，从培养物中分离到 600 多种次生代谢产物，其中有 60 多种在含量上超过或等于其原植物。在植物细胞培养中，选择高产的外植体，寻找合适的培养条件等，是提高植物细胞的生长速度和次生代谢产物的产量是其实现工业化生产的先决条件。

（一）外植体选择

不同外植体的愈伤组织诱导能力及愈伤组织合成次级代谢产物能力不同，所以在利用植物细胞悬浮培养生产次生代谢产物时，选择能诱导出疏松易碎、生长快速且具有较高次生代谢产物合成能力的愈伤组织的外植体是非常重要的。如 Mischenko 等在茜草（*Rubia cordifolia*）愈伤组织培养过程中发现，来源于叶柄和茎的愈伤组织蒽醌累积量比来源于茎尖和叶的愈伤组织高。

（二）高产细胞系的选择

在外植体诱导出愈伤组织后，筛选生长快、次生代谢产物合成能力强的细胞系是植物细胞培养工业化的前提。杜金华等用小细胞团法筛选出的花色苷含量高的玫瑰茄（*Hibscus sabdariffa*）细胞系，花色苷含量和产量分别比对照提高了 14.5 倍和 16 倍。目前，筛选高产细胞系的方法一般有目测法、放射免疫法、酶联免疫法、流动细胞测定法、琼脂小块法等。

（三）最适物理因素的选择

影响植物细胞生长及次生代谢产物积累的物理因子主要包括光照、pH、通气状况、接种量等。能有效地调控这些外界因子，是植物细胞实现工业化生产的必要条件。

（1）光照　光对于次生代谢产物的积累具有重要的作用。朱新贵等在光质对玫瑰茄悬浮细胞花青素合成的影响研究中发现，蓝光是促进玫瑰茄细胞产生花青素的最有效单色光，红光和橙光无效，其他单色光随其波长接近蓝光，正效应增强。元英进等研究单色光对长春花愈伤组织影响时发现，以白光为基准，蓝光对细胞生长和生物碱积累均有促进作用，红光和黄光影响程度在白光之下，绿光有抑制作用。

（2）pH 值　盛长忠等的研究表明，南方红豆杉（*Taxus chinensis*）的愈伤组织生长及紫杉醇的含量受 pH 的影响较大，pH＝5.5 时对愈伤组织生长最为有利，达接种量的 3.84 倍，但紫杉醇的含量较低，pH＝7.0 时，愈伤组织的生长量仅为接种量的 2.80 倍，而紫杉醇含量却达 pH＝5.5 时的 2 倍多。

（3）通气状况　Schlatmann 等在 15L 搅拌式反应器中高密度培养长春花（*Gatharanthus roseus*）细胞时，发现当溶解氧（DO）小于 29% 时，阿吗碱产率小于 $0.06\mu mol/(g \cdot d)$，DO 大于 43% 时，阿吗碱产率恒为 $0.21\mu mol/(g \cdot d)$，而当 DO 在 29% 与 43% 之间时，DO 与阿吗碱产量显著相关。

（4）接种量　培养细胞生长及其产物累积需要有一适合的接种量。在紫草（*Lithospermumery hrorhizon*）细胞培养中，细胞收获量与接种细胞量呈正比例增加，细胞的紫草素产率（干重）在接种量达 6g/L 时为 11%，达最大值，大于 6g/L 时，紫草素的含量急剧下降。

（四）化学因素的优化

1. 培养基种类及激素影响

在细胞培养中，愈伤组织生长和次生代谢物产生的最佳培养基一般是不一致的。钟青平

等研究不同培养条件下的栀子（*Gardenia jasminoides*）愈伤组织生长和栀子黄色素的产生时，发现 B_5、MG_5 基本培养基有利于愈伤组织生长；M_9 基本培养基有利于黄色素合成。在基本培养基一致的情况下，激素种类和浓度对细胞生长和次生代谢物的积累具有至关重要的作用。韩爱明等在研究生长调节物质对高山红景天（*Rhodiola sachlinensis*）细胞生长及红景天苷积累的影响时发现，在不同生长调节物质（NAA、2,4-D、IAA、BA、KT 等）组合中，当所用浓度相同时，以 NAA 和 6-BA 组合效果最好，生物量和红景天苷含量都最高。当 NAA 的质量浓度为 1mg/L、6-BA 的质量浓度为 0～3mg/L 时，红景天苷含量则随 6-BA 浓度增大缓慢降低。当 6-BA 的质量浓度为 3mg/L 时，生物量在加入较小浓度的 NAA 后成倍增长。NAA 的质量浓度在 0.05～0.3mg/L 时，对细胞生长影响不大，但大大促进了红景天苷的积累，质量浓度大于 0.3mg/L 时，细胞生长明显受到抑制，生物量急剧减小，而红景天苷含量仍然逐渐升高。

2. 诱导剂的添加

诱导剂是一类可以引起代谢途径改变或代谢强度改变的物质，其主要作用是可以调节代谢进程的某些酶活性，并能对某些关键酶在转录水平上进行调节，包括一些无机盐、真菌提取液、葡聚糖等。诱导剂有生物诱导剂和非生物诱导剂两种。Gregorio 等用 PC2500 感染长春花得到的肿瘤细胞进行液体培养，在其细胞悬浮系中分别加入不同质量浓度（0.5～2.0mmol/L）的诱导剂乙酰水杨酸（ASA）、1mmol/L 的 ASA 促使总碱含量增加 5.05 倍，总酚含量增加 15.78 倍，呋喃香豆素类增加 14.76 倍。袁丽红等研究发现，在紫草细胞的生产培养基中加入 0.2% 的表面活性剂吐温 20 可明显提高细胞向外分泌紫草素的能力，其分泌量比未加吐温 20 的细胞高 30.52%，紫草素产量高达 37.82%，比对照提高了 19.88%。

3. 前体物质的添加

在培养基中添加合适的前体物质可大大提高植物细胞次生代谢产物的产量。在葡萄糖细胞培养中，在指数生长期开始添加 $[1\text{-}^{13}C]$-苯丙氨酸，可促使花青素的积累，获得的 ^{13}C-花青素含量占总含量的 65%。在培养基中添加 0.05～0.2mmol/L 的苯丙氨酸、苯甲酸、苯甲酰甘氨酸、丝氨酸和甘氨酸，能使东北红豆杉（*Taxuscus pidata*）中紫杉醇含量高出 1～4 倍，这些物质参与了紫杉醇侧链的合成。

4. 抑制剂的添加

使用抑制支路代谢和其他相关次级代谢途径的抑制剂，可使代谢流更多地流向所需次级代谢产物。在云南红豆杉培养基中添加抑制甾体合成的代谢抑制剂氯化氯胆碱（CCC）可提高紫杉醇的含量。质量浓度为 5.0mg/L 的 CCC 可使紫杉醇质量提高 60% 以上。但高浓度的 CCC 反而起抑制作用。

（五）培养技术的选择

1. 两步培养技术

植物细胞生物量增长与次生代谢产物积累之间往往是不同步的，因而为了提高目的产物的产率，可采用两步培养技术。在新疆紫草（*Arnebia euchroma*）细胞两步培养过程中，第一步培养细胞生长迅速，与接种量相比，干重增加 5 倍，但色素合成较少，外泌至培养基中的色素质量浓度为 58mg/L，胞内为 134mg/L，当换入 M_9 培养基后，细胞生长明显减弱，细胞内色素上升很快，到培养结束后，胞内色素质量浓度达 1300mg/L，培养液中色素质量浓度为 60mg/L。在黄连细胞培养中，先在生长培养基中培养 3 周，然后在合成培养基中培养 3 周，每升培养液可获生物碱 556mg，两步法培养生物碱产率为一步法培的 1.72 倍。

2. 固定化培养技术

植物细胞固定化是将植物细胞包裹于一些多糖或多聚化合物上进行培养，并生产有用代谢物的技术，具有提高反应效率、延续反应时间及保持产物生产的稳定性等特点。吕华等发现固定化培养的硬紫草（*Lithospermum erythrorhizon*）细胞中色素产量（以鲜重计）达 20mg/g，高于悬浮细胞（以鲜重计为 17mg/g）；M_9 培养基中固定化硬紫草细胞能在长达 80d 的时间内不断形成色素，而悬浮细胞在 40d 时基本解体，不再产生色素。

3. 两相培养技术

两相培养技术是指在植物细胞培养体系中加入水溶性或脂溶性的有机化合物，或者是具有吸附作用的多聚化合物，使培养体系由于分配系数不同而形成上、下两相，细胞在其中一相中生长并合成次生代谢物，这些次生代谢物又通过主动或被动运输的方式释放到胞外，并被另一相所吸附，这样由于产物的不断释放与回收，可以减少由于产物积累在胞内形成的反馈机制，有利于提高产物积累含量，并有可能真正实现植物细胞的连续培养，从而大大降低生产成本。在孔雀草（*Tagetes patula*）发状根培养体系中加入正十六烷可促使 30%～70% 的噻吩分泌出来，而不加正十六烷的对照组只有 1% 左右分泌到培养基中。在花菱草细胞悬浮培养中，加入一种液体硅胶，可使血根碱的含量提高 10 倍。

4. 毛状根培养技术

毛状根是双子叶植物各器官受发根土壤杆菌（*Agrobacterium rhizogenes*）感染后产生的病态组织。感染过程中，发根农杆菌 Ti 质粒 T-DNA 转移并整合到植物基因组中。具有激素自养，增殖速度快，次级代谢产物含量高且稳定等特点。用发根土壤杆菌感染短叶红豆杉（*Taxus brevifolia*）芽外植体诱导出发状根，5 株发状根在无激素的 B_5 液体培养基中悬浮培养 20d，生物量平均增加约 9 倍，是同等条件下短叶红豆杉愈伤组织液体培养物的 2.9 倍，发状根紫杉醇含量为愈伤组织的 1.3～8.0 倍。

5. 冠瘿培养技术

通过根瘤农杆菌感染植物可以将其 Ti 质粒的 T-DNA 片段整合进入植物细胞的基因组，诱导冠瘿组织的发生。冠瘿组织离体培养时也具有激素自主性、增殖速率较常规细胞培养快等特点，其次生代谢产物合成稳定性与能力较强，用来生产有用次生代谢产物有着良好的开发前景。用根瘤农杆菌（*A. tumefaciers*）直接感染鼠尾草（*Salvia officimalis*）的无菌苗诱导出冠瘿，并将冠瘿在 6,7-V 无激素培养基上继代培养，不断地挑选红色细胞团，12 个月继代培养后，获得 1 个高丹参酮产量的冠瘿系 C1。C1 在液体培养基中生长良好并保持高丹参酮产量特性。留兰香冠瘿瘤组织进行离体培养时，产生的芳香油总产量虽然低于原植物的叶片，但主要活性成分芳樟醇和乙酸芳樟醇的含量却占总含量的 94%。

6. 反义技术

植物次生代谢是多途径的，是植物体内一系列酶促反应的结果。反义技术是根据碱基互补原理，通过人工合成或者是生物体合成的特定互补的 DNA 或 RNA 片段（或者是其化学修饰产物），抑制或封闭某些基因表达的技术。通过此技术，可以将反义 DNA 或 RNA 片段导入植物，使催化某一分代谢中的关键酶的活性受到抑制或增强。这样，目的化合物的含量可以提高，而其他化合物的合成途径则受到抑制。通过反义技术调节亚麻属中的一种植物（*Linuns favum*）发根中内植醇脱氢酶的活性，可以抑制分支代谢中木质素分子的合成而使抗癌物 5-甲氧基鬼臼毒素的含量提高。

四、植物细胞大规模培养系统

自从植物细胞培养技术建立以来，其大规模培养系统即生物反应器的研究也应运而生；1956 年，Routies 和 Nichell 在专利申请中详细介绍了用 30L 鼓泡塔反应器培养植物细胞生产有用次生代谢物质。1959 年，Tulecke 和 Nickell 在 20L 通气的硫酸瓶进行了蔷薇（*Rosa sp.*）、银杏（*Ginkgo biloba*）、冬青（*Ilex aquifolium*）等植物细胞的悬浮培养。1967 年，Kaul 和 Staba 大规模培养牙签草（*Ammi visnaga*）细胞，得到了植物次生代谢物呋喃色酮（faranochromes），推动了植物细胞培养的发展。尽管植物细胞培养的成本比较高，但由于许多植物次级代谢物的重要药用价值，它们有着巨大的市场需求和高昂的售价，因此，利用植物细胞培养生产贵重药物既是解决天然植物资源匮乏、活性成分不稳定等问题的有效途径，又有着丰厚的利润回报。植物细胞培养生物反应器的研制工作毫无疑问地与不同植物细胞的不同生理、代谢方式相关，同时也与不同的培养方式，如分批、补料分批、半连续、连续、两步法等相联系，以下就植物细胞培养生物反应器的研制情况作一介绍。

1. 搅拌式生物反应器

20 世纪 70 年代是植物细胞大规模培养的初期，这一时期的研究工作主要是借用了微生物培养使用的搅拌式生物反应器，它用于植物细胞培养的一个重要的优点是可以直接借用微生物培养的经验进行研究和控制。这方面的工作，日本科学家开展得比较早。1972 年，Kato就利用 30L 的搅拌式生物反应器半连续培养烟草（*Nicotiana tabacum*）细胞以获取尼古丁。随后，他们又成功地在 1500L 搅拌式生物反应器上对烟草细胞进行了 5d 的连续培养。这个实验最后放大到在 20000L 的生物反应器上进行分批和连续发酵实验，连续培养时间持续了 66d。紫草细胞培养生产紫草宁的实验也使用了搅拌式生物反应器，Fujita 等用 200L 的生物反应器进行细胞的增殖，然后转接到 750L 的生物反应器上进行紫草宁的合成。机械搅拌式生物反应器有较大的操作范围，混合程度高，适应性广，在大规模生产中广泛使用。搅拌罐中产生的剪切力大，容易损伤细胞，直接影响细胞的生长和代谢，特别对于次级产物生成影响极大。搅拌转速越高，产生剪切力越大，对植物细胞伤害越大。对于有些对剪切力敏感的细胞，传统的机械搅拌罐不适用。

但是，对搅拌罐进行改进，包括改变搅拌形式、叶轮结构与类型、空气分布器等，力求减少产生的剪切力，同时满足供氧与混合的要求，是可以适应植物细胞培养的要求的。Kaman等采用带有 1 个双螺旋带状叶轮（helicalribbon impeller）和 3 个表面挡板的搅拌罐，证明适于剪切力敏感的高密度细胞培养。Jolicoeur 等进行了类似的研究，在反应器中得到与摇瓶相同的高浓度生物量。Hooker 等在搅拌式生物反应器内培养了烟草细胞，发现使用大的平叶搅拌器有利于植物细胞生长和次级代谢物的产生；Tanaka 等进行了几种不同搅拌器的实验，结果显示桨形板搅拌器既能满足植物细胞的溶氧需求，其搅拌剪切强度又不致对植物细胞造成伤害，适合于植物细胞培养；钟建江等通过培养紫苏细胞进行比较，发现以带微孔金属丝网作为空气分布器的三叶螺旋桨反应器（MRP）能提供较小的剪切力和良好的供氧及混合状态，优于六平叶涡轮桨反应器，并认为在高浓度细胞培养时，MRP 型反应器将显示更大的优越性。离心式叶轮反应器（centrifugalim-peller bioreactor）与细胞升式反应器（cell-lift bioreactor）相比具有较高升液能力、较低剪切力、较短混合时间，在高浓度下具有高得多的溶解氧系数，表明有用于剪切力敏感的生物系统的巨大潜力。Kreis 等比较了使用不同搅拌器的搅拌式生物反应器和气升式生物反应器对金花小檗（*Berberis wilsonae*）

细胞合成原小檗碱的影响，结果显示平叶形搅拌器加挡板与气升式生物反应器相当，是比较适宜于植物细胞培养的；Fulzele 等用带有螺旋形搅拌器的 40L 反应器培养毛地黄细胞，9d 的周期，从 15g 地高辛得到了 13g 去乙酰毛地黄苷；Jolicoeur 等使用 11L 装有垂直带搅拌器的搅拌式生物反应器培养长春花细胞，培养液细胞浓度（以干重计）达到了 25～27g/L。Scragg 等使用 3L 搅拌式生物反应器培养苦树（*Picrasma quassioides*）细胞生产苦木素的实验显示，植物细胞经过几年的驯化后，对剪切的耐受能力大大提高。从前人的实验可以看到，单就剪切对细胞造成伤害、抑制植物细胞生长和次级代谢物合成而言，对搅拌器加以改进可以减小搅拌过程中的剪切力，这样，搅拌式生物反应器就可以用于植物细胞培养。

2. 鼓泡式反应器

通过对培养紫苏细胞的生物反应器比较发现鼓泡式反应器优于机械搅拌式反应器。但由于鼓泡式反应器对氧的利用率较低，如果用较大通气量，则产生的剪切力会损伤细胞。研究表明，喷大气泡时，湍流剪切力是抑制细胞生长和损害细胞的重要原因。较大气泡或较高气速导致较高剪切力，从而对植物细胞有害。

3. 气升式生物反应器

植物细胞生长较慢，比较典型的是代时 20～120h，而有些植物细胞如紫杉（*Taxus sp.*）细胞，其代时达到 10～20d。这就要求所用的生物反应器具有极好的防止杂菌污染的能力。搅拌式生物反应器搅拌轴和罐体间的轴封往往容易泄漏造成染菌，而搅拌器的改造容易产生死角，成为新的染菌源；气升式生物反应器结构简单，没有泄漏点，也不存在死角，能较好地满足这一要求。因此，从 20 世纪 70 年代后期开始，植物细胞培养较多地采用了气升式生物反应器。Wagner 等进行了用不同生物反应器培养海巴戟（*Morinda citrifolia*）细胞生产蒽醌的实验，结果显示气升式生物反应器最好；Scragg 等成功地进行了气升式生物反应器培养长春花细胞生产蛇根碱的实验；Tonsley 等在 10L 的气升式生物反应器中培养了雷公藤（*Triterygium wilfordii*）细胞；Hegarty 考察了不同的通气比对气升式生物反应器中长春花细胞生长的影响；Smart 用 85L 的气升式生物反应器培养了长春花细胞，考察了气升式生物反应器的优缺点，结果也显示气升式生物反应器对长春花细胞生长和产物产生有利；Fulzele 等在 20L 气升式生物反应器内培养长春花（*Vinca rosea*）细胞生产的阿吗碱，产率（以干细胞计）达 315μg/g。

气升式生物反应器依靠大量通气输入动量和能量，以保证反应器内培养液的良好的传热、传质，并保证不出现死角。但过量的通气驱除了发酵液中的二氧化碳和乙烯，对细胞的生长反有阻碍作用。植物细胞的摄氧速率较低，一般仅为 1～10mmol/(L·h)，过高的溶氧对植物细胞合成次级代谢产物不利。相反，在通气过程中，同时通入乙烷和二氧化碳能提高唐松草（*Thalictrum rugosum*）细胞的产小檗碱能力。

"八五"期间，刘大陆、查丽杭等发明了"气升内错流"式新型植物细胞培养反应器 Alicrof Bioreactor（air lift internal cross flow bioreactor），该反应器能够适应植物细胞培养周期长、培养液随培养进程而蒸发减少的生物反应过程；可抑制气泡的聚合，减弱气泡在液面破裂时产生的冲击力对细胞的损伤；可提高降液区气含率，消除降液区缺氧现象；可强化混合与氧传递，大大降低反应器高度。使用这种反应器培养新疆紫草（*Arnebia euchroma*）细胞，培养结束时细胞量（以干重计）达到 12g/L，紫草宁含量达到了细胞干重的 10%，是天然植株含量的 2～8 倍。

4. 膜反应器

中空纤维膜是另一种可供细胞固定化的载体。由于细胞并不黏附在膜上，因此更好控制压降和流体压力，不受操作规模的限制。Shuler 首次报道用膜反应器系统培养植物细胞。Jose 等（1983）进一步用中空纤维反应器培养胡萝卜（*D. carota*）和碧冬茄（*P. hybrida*）生产代谢产物酚类物质。复合膜反应器也被用于植物细胞的培养，其优点是目的代谢产物可以有选择地同反应介质分离。用一种搅拌膜反应器培养 *Thalictrumrugosum*，在不通空气下，氧分压可在 36g/L 的高细胞（干重）密度下维持在 30%。Lang 也研究了植物细胞膜反应器，将细胞固定在膜上 3mm 厚一层，培养基在膜下封闭回路循环流动，营养透过膜扩散至细胞层，次级代谢物分泌透过膜扩散至培养基。Humphrey 对植物细胞培养微孔膜通气反应器进行了研究，分析了氧传递，为需要小剪切力的植物细胞培养的膜通气反应器提供设计依据，设计应考虑的因素包括管的长度、直径和膜厚度、进气的组成和压力、细胞生长培养阶段等。

5. 光照培养生物反应器

植物的独特的光合作用功能，使得植物细胞内的多种酶需要光照的刺激和诱导，才能合成或表现较高的生理活性。Schmauder 等曾利用光照气升式生物反应器培养金鸡纳树（*Cinchomasuccirubra*）细胞生产金鸡纳生物碱。Zhong 等利用 2.6L 搅拌式生物反应器研究了光照对白苏细胞培养生产花青苷的影响。Ogbonna 等提出了容积光分布系数（K_{iv}）的概念，并研制了新型光照生物反应器。而 Cornet 等就螺旋藻在生物反应器内进行光照培养，建立的光在培养液内进行散射、传播的偏微分方程以及光传播与螺旋藻生长的关联式对植物细胞培养具有一定的借鉴意义。

许多植物细胞培养过程中需要光照，往往考虑在普通反应器基础上增加光照系统，但在实际中存在很多问题，如光源的安装和保护、光的传递，还有光照系统对反应器供气、混合的影响等。小规模实验往往采用外部光照，反应器表面有透明的照明区，光源固定在反应器外部周围。但大规模生产时透光窗的设置、内部培养物对光的均匀接受等问题难以解决，因此许多人对采用内部光源的反应器进行了研究。Mori 等发明的反应器将多个透明圆柱体平行安装在反应器罐内，光源放置在透明圆柱体中，供给 CO_2 的气体交换器在罐内两个圆柱之间。Ogbonna 等研制了一种用于大规模培养光合细胞的新型内部光照搅拌式光生物反应器，它由每个单元都包含光源的多个单元组成。大的光生物反应器通过增加单元数目得到，每个单元中心固定一个玻璃管，光源插入其中，由搅拌桨实现混合，该搅拌桨设计成旋转时不接触玻璃管，玻璃管同时作为挡板，该反应器在低转速下仍有较高混合程度，而且剪切力较小。由于发光体并非机械固定在反应器上，且通过玻璃管与发酵液分离，因此反应器可高压灭菌，而发光体在冷却后插入玻璃管。Yamamurak 等研究固定 CO_2 的光反应器，特别之处在于搅拌器具有发光作用。

6. 其他类型的生物反应器

日本学者研究了转鼓式生物反应器，Shibasaki 等用 7L 的转鼓式生物反应器培养烟草细胞，实验了不同通气量、不同转速下细胞的生长情况，结果显示，细胞生长速率是气升式生物反应器培养条件下的 1.5 倍。Tanaka 等则使用这种反应器培养了长春花细胞，他的实验证明，与通用搅拌罐比较，转鼓式生物反应器具有明显的优势，尤其是它对细胞的剪切力很小，在较高培养液黏度下，供氧效率较高。Valluri 等在培养檀香木（*Santaluralbum*）细胞生产酚类化合物的过程中使用了细胞提升式搅拌器，最后产物浓度达到了 32.5mg/L。Kim

等在培养唐松草细胞生产小檗碱时，使用了空气和细胞双升式搅拌器，细胞浓度达到 31g/L，产物浓度达到了 32.5mg/L。

转鼓式反应器用于烟草细胞悬浮培养的研究发现，与有一个通风管的气升式反应器相比，相同条件下转鼓式反应器中生长速率高，其氧的传递及剪切力对细胞的伤害水平方面均优于气升式反应器。

Dubuis 等用新型环回式流化床反应器（loop fluidized bed reactor）进行 coffeaarabica 培养，测定了生长和产物合成的动力学参数，认为该反应器操作方便，消除了气体直接喷射引起的剪切力，易于测定放大所需的参数，适合中试和工业化生产。Na-gai 等用固定床反应器培养固定化烟草细胞，生长速率与摇瓶相同，胞内合成与摇瓶无明显区别。Tyler 等报道了一种植物细胞表面固定化培养系统，避免了传统搅拌罐悬浮培养中的流体流动力或剪切力问题，并促进植物细胞凝聚的特性，使次级代谢产物合成和积累增加，而且该系统培养基交换简单，次级产物提取容易。

五、植物细胞培养技术在制药中的应用

利用植物细胞培养进行有用物质的生产，不受环境生态和气候条件的限制，且增殖速度比整个植物体栽培快得多。据报道迷迭香酸是从鞘蕊花属细胞培养得到，以细胞干重计高达 27% 的含量，这是从整植株培养中得到的 9 倍。再如日本三井石油化学公司开发出来的世界第一个植物细胞培养的工业化产品红色素也是如此。此外柠檬叶鸡眼藤（*Morindacitrifolia*）的培养细胞中蒽醌含量比完整植株的含量大约高 10 倍。以下就是利用植物细胞培养技术生产药物的成功例子：

1. 植物细胞培养生产抗癌药物——紫杉醇

紫杉醇是一种用于卵巢癌、乳腺癌、肺癌的高效、低毒、广谱并且作用机制独特的抗癌药物。植物细胞培养生产紫杉醇被公认为是一种生产紫杉醇长期有希望的方法。这种方法的优点是不破坏资源，只取少量材料就能得到细胞系，并且可以一代代繁殖下去，既保护了生态平衡，也不受培养地区季节、病虫害等因素的影响，且繁殖得快，可以大规模进行生产，在人工控制下得到理想产量。日本曾从短叶红豆杉（*T. Brevofolia*）和东北红豆杉（*T. Cetenhum*）中进行诱导愈伤组织、筛选得到的细胞在培养 4 周增殖了 5 倍，紫杉醇含量达到 0.05%，比原来的红豆杉皮紫杉醇含量高出 10 倍。Ketchum 从 6 种紫杉醇属植物中进行愈伤组织的诱导，获得了产生紫杉醇的细胞株，其中 2 个细胞株在悬浮培养条件下培养超过 29 个月和 16 个月。悬浮培养的细胞紫杉醇的含量超过了 20mg/L。国内也有不少的研究单位，如中科院昆明植物研究所经过多年研究，对多种红豆杉的不同外植体进行愈伤组织的诱导、培养，筛选出了紫杉醇高产的细胞株。Shuler 等在探讨东北红豆杉细胞培养中，培养基中营养成分的消耗规律时发现蔗糖、葡萄糖、果糖、磷源、氮源及钙、镁和铁离子在产生紫杉醇中都起重要作用。其中 Pork 等考查了培养基中起始糖的浓度。在 20～100g/L 时的影响，当糖浓度达到 40g/L 时，细胞比生长速度最大，为 0.017U/d，当糖浓度达到 60g/L 时悬浮细胞的浓度最高达 34g/L，当糖浓度达到 80g/L 时，紫杉醇的产量为 1.36mg/L。此外，适合的生物反应器和最佳环境条件也直接影响细胞培养紫杉醇的产量。目前报道的有 Yonn&Park 在 5L 反应器中培养，细胞接种量为 33.3%，经 10d 培养，细胞干重、湿重均可增至 4 倍。在培养第 9 天时胞外紫杉醇含量最高为 1.8μg/g。昆明植物研究所在 10L 的反应器培养中，细胞生长和紫杉醇生产与摇瓶培养结果大致相同。

2. 植物细胞培养生产紫草宁

紫草宁可用作创伤、烧伤以及痔疮的治疗药物。紫草宁产生于紫草系多年生植物的根部。早在 1974 年 Tabata 等就研究了在何种培养基上可以使培养紫草细胞产生紫草宁衍生物。1977 年 Miznkami 也报道了蔗糖、氮元素等营养成分对紫草宁生产的影响。1981 年 Tabata 和 Fujita 等又用大的培养容器进行细胞悬浮培养并获得了紫草宁衍生物。日本在 1983 年进行紫草细胞大规模培养来生产紫草宁。中国南京大学生物系从 1986 年开始对该项目进行研究，在进行大量的研究之后得出，在适当的条件下，培养的紫草细胞悬浮物中紫草宁含量占干重的 14%，比紫草根中的含量高几倍。

3. 植物细胞培养生产人参皂苷

人参是用于治疗与保健的名贵药材，它的主要成分是人参皂苷。1964 年罗士伟首先成功地进行了人参组织培养。随后在日本、前苏联、联邦德国、美国等研究人员都先后发表了关于人参组织培养的研究报告。这一研究之所以成为热门，原因就在于人参天然资源极少，而人工栽培周期很长，这样使得人参价格昂贵。为此日本于 1986 年开始有 13L 培养罐悬浮培养人参细胞从中提取人参皂苷。古谷于 1970 年及 Theng 于 1974 年先后从人参根、茎、叶的愈伤组织中的人参皂苷分离出人参皂苷 Rb_1 和 Rb_2，并证明这些成分的药理与生药朝鲜人参相同，含量相当于人参根的 50%，占鲜重的 1.3%。

4. 植物细胞培养生产毛地黄毒苷

毛地黄毒苷是一种强心苷类。毛地黄细胞培养物能够进行植株所不能够或能极微量进行的生物合成过程。毛地黄毒苷能被毛地黄（*Digitais Purpurea*）和希腊毛地黄（*Digitais Lanatia*）的细胞培养物葡萄糖基化变成紫花毛地黄糖苷 A。毛地黄毒苷和紫花毛地黄糖苷 A 可被毛地黄的细胞培养物变成芰毒苷和紫花毛地黄糖苷 B。而希腊毛地黄的细胞培养物能将紫花毛地黄糖苷 A 化变成朊乙酰毛花毛地黄糖苷 C，而这种化合物 C-12 可被羟基化为毛花毛地黄糖苷 C。那些强心甾有重要的医用价值，以微生物发酵生产强心苷效率很低，而以毛地黄细胞悬浮培养生产强心苷则很有发展前景。

5. 植物细胞培养阿吗碱

阿吗碱被广泛应用于解除脑血流的阻塞等循环系统方面的疾病。它存在于萝芙木属 20 个种、长春花属 4 个种、帽柱木属 2 个种、茜草科和夹竹桃科中。阿吗碱是植物代谢过程中的次生代谢产物，医药对阿吗碱的需求始终供不应求。而且目前的生产方式陈旧，它是从干燥的萝芙根中提取的，这样生产方式落后于需求的发展。Zenk 通过大量的试验研究用 30L 培养罐进行细胞悬浮培养，获得高产细胞株。

6. 植物细胞培养生产天然色素

现在各种合成色素泛滥使用，越来越危害人类的健康，寻求无毒、安全的天然色素就显得无比重要。1987 年和 1989 年 Liker 和 Francis 建议用植物细胞培养的方法来生产花青素。在此之后，有许多研究单位和工厂进行深入细致的研究。目前已报道的能产生花青素的植物有：大戟属（*Euphorbiamilli*）、翠菊属（*Callistpephuschinensis*）、甜生豆、矢车菊属（*Cemntaureacyanus*）、玫瑰花、紫菊属（*Perilla frutescens*）、苹果、葡萄、胡萝卜、野生胡萝卜、葡萄藤、土当归、商陆（*Phytolacaamericana*）、筋骨草属（*Ajugareptans*）、靼苔属等。同时也报道了植物细胞培养生产花青素的代谢途径、高产细胞株的选育、最佳培养基的成分、细胞生长时期与花青素积累的关系，产物的提取等的研究工作。首先是 Takedajunko 给出了在他的胡萝卜悬浮细胞培养生产花青素的研究过程中发现了合成花青素途径中几种关键酶的变化。在胡萝卜细胞悬浮培养 5d 后，加入 2,4-D 培养基中暗培养，其中苯丙氨酸裂解酶（PAL）、4-香豆酰～CoA 连接酶（4Cl）、肉桂酸-4 羟化酶（C_4H）、查尔酮合成酶（CHS）、查尔酮-黄烷酮异构酶（CHF1）活性很快增加。紫光和白光连续照射可诱导矢加菊属植物细胞产生花青素，光照诱导提高了与总代谢有关的酶的活性，在短时间的光照下，花青素的积累与 CHS 的活性几乎成正相关。Mizukami Hajime 在进行玫瑰茄细胞培养中花青素的积累与 PAS、CHS 活性变化的关系时发现，用 IAA 代替 2,4-D 时 CHS 显著受到黑暗抑制。除光照长短会影响花青素的形成，光的强度也会影响花青素的形成。据报道，生产花青素的最适光照为 2000～10000lx。当光照强度为 27.2W/m^2 荧光灯时，紫菊属悬浮细胞在反应器中培养 10d 花青素产率可达 3.0g/L，产量比同等条件下暗培养增加两倍。除此之外，在植物细胞培养的研究领域里科研人员还对生长素、刺激剂、细胞生长的各个时期以及培养基的成分等对合成花青素的影响做了大量的研究工作，取得了很大进展。Harogae Yasush 等，在 MS 培养基上挑选出繁殖快的高产花青素的葡萄细胞系。30L 的反应器中悬浮培养葡萄细胞，粗花青素产率为 0.3%。Kobayashi、Yoshinori 等在光照条件下悬浮培养土当归细胞，在 500L 反应器中培养 16d，细胞重量增加 26 倍，花青素产量增加 5 倍。目前报道过的用植物细胞培养生产的色素有胡萝卜素、叶黄素、单宁、黄酮体等。

参 考 文 献

1 朱宝泉. 生物制药技术. 北京：化学工业出版社，2004. 4
2 徐永华. 动物细胞工程. 北京：化学工业出版社，2003. 6
3 王捷. 动物细胞培养技术与应用. 北京：化学工业出版社，2004. 3
4 郭勇. 生物制药技术. 北京：中国轻工业出版社，2000. 1
5 周维燕. 植物细胞工程原理与技术. 北京：中国农业大学出版社，2001. 8
6 郭勇，崔堂兵，谢秀祯. 植物细胞培养技术与应用. 北京：化学工业出版社，2003. 12